U0384919

# 现代 X 线投照技术学

主　编　郑晓林　朱纯生
副主编　邹玉坚　王宇飞
编　者　（按姓氏笔画排序）
王宇飞　方学文　朱纯生　刘碧华
李知胜　邹玉坚　张玉兰　陈海东
郑晓林　洪国斌

中国出版集团
世界图书出版公司
西安　北京　广州　上海

**图书在版编目（CIP）数据**

现代X线投照技术学/郑晓林，朱纯生主编. —西安：世界图书出版西安有限公司，2017.1（2024.6重印）
ISBN 978-7-5192-1910-9

Ⅰ.①现… Ⅱ.①郑… ②朱… Ⅲ.①X射线摄影 Ⅳ.①TB867

中国版本图书馆CIP数据核字（2016）第246001号

---

书　　名　现代X线投照技术学
　　　　　XIANDAI X-XIAN TOUZHAO JISHUXUE
主　　编　郑晓林　朱纯生
责任编辑　王梦华
出版发行　世界图书出版西安有限公司
地　　址　西安市雁塔区曲江新区汇新路355号
邮　　编　710061
电　　话　029-87214941　029-87233647(市场营销部)
　　　　　029-87234767(总编室)
网　　址　http://www.wpcxa.com
邮　　箱　xast@wpcxa.com
经　　销　新华书店
印　　刷　陕西金和印务有限公司
开　　本　889mm×1194mm　1/16
印　　张　23.5
字　　数　510千字
版　　次　2017年1月第1版
印　　次　2024年6月第5次印刷
书　　号　ISBN 978-7-5192-1910-9
定　　价　200.00元

---

# 前言

FORWORD

以放射诊断为主体的医学影像学在临床诊断与治疗中起着支柱性作用。当前，虽然大型医疗设备发展日新月异，新技术、新序列层出不穷，但是普通X线摄影在临床工作中仍然是不可代替和不可缺少的。依照规范化临床诊疗要求，X线摄影是诊断疾病最基本的常规方法，它是检出病变的第一道关口，也为进一步明确诊断指明了方向。

东莞市人民医院是广东省大型的综合性三级甲等医院之一，放射科各部门所承担的病人检查任务繁重，其中放射投照人次所占比例最大。我院放射科十多年来如一日，坚持病人第一、质量第一、安全第一的原则，在学术上和管理上，脚踏实地地做了大量、细致的工作，使科室的规章制度、工作流程不断完善，检查和诊断质量明显提高。我们深刻体会到，规避医疗风险、提高诊断质量从普通放射投照工作入手非常有必要，只要普通放射各项工作开展顺利，则整个放射科就能稳定。由于本院放射科普通X线投照位置齐全，故积累了大量的资料和较丰富的经验，为了与同道们分享我们的体会，特编写了《现代X线投照技术学》一书。

本书是关于普通X线投照技术的专著，内容系统且全面，既详细描述了现代数字化X线的原理，又包含了传统X线的投照方法，共计22万余字，728幅图像。全书分为10章。在第1章的总论中，描述了X线的特性、发展史、X线数字化成像原理，并有较大篇幅的图像质量、机房、放射防护管理和投照与诊断之间的关系等内容，涉及了执行规章制度的必要性。具体投照位置是按解剖部位将其归类到各自的章节，均详细描述了应用解剖及解剖标志、摆位方法及分析、标准图像的展示、常见的问题和注意事项；其中的乳腺X线摄影章节，内容全面、知识新颖，包括了常规投照和补充投照位置、X线导向下的穿刺活检、定位，及其乳腺摄影中的特殊安全、质量管理规范。在造影检查章节，除了有关于常用的X线造影方法，还强调了对比剂使用过程中的安全性，使操作者能够充分了解对比剂的性质、不良反应的表现及处理原则。本书对常用的名词和位置进行了英文标识，在书的最后部分汇集成中英文词汇对照表，以方便操作人员查询、使用。

为投照位置做出标准示范姿势者是本院放射科技术员张智斌先生，为此，向他表示衷心的感谢。

各章节图文并茂，针对每个投照的摆位方法和注意点从解剖特点和投照原理层面进行解释，使读者能从道理上得到理解。此书适合普通X线摄影的专业技术人员和放射技术学员使用。

在本书编写的过程中，部分少见部位图像不很齐全，尚缺乏一定的完整性。书中的内容也难免有不对之处，敬请读者批评指正为感！

郑晓林

2016年6月19日

# 目　录

CONTENTS

## 第1章　总　论

## 第2章 胸 部



## 第3章 腹 部

## 第4章 脊 柱



## 第5章 骨 盆



## 第6章 上 肢

## 第7章 下 肢

## 第8章 头 部

## 第9章 乳 腺

## 第10章 X线造影检查



## 中英文词汇对照

# 第1章 总 论

# 第1节　X线的产生和特性

X线(X-ray)是1895年德国物理学家威廉·孔拉德·伦琴(Wilhelm Conrad Rŏntgen)(图1-1-1)意外发现的。伦琴在物理实验室里冲洗照片时,发现放在放电管旁边的一盒照相底片曝光了。当时房间里不透一丝光线,照相底片被密封在厚厚的几层黑纸里,怎么会曝光呢?经过反复试验后,才知道是有不可见的光线从放电管里出来,穿透密封纸使底片曝光。这天伦琴的夫人到实验室来看望他,伦琴将她的手放在暗盒里,用放电管照射几分钟,然后将底片冲洗出来,便留下了历史上第一张人体骨骼的X线照片(图1-1-2,图1-1-3)。伦琴发现了这种射线,还不了解这种射线的本质,就给它取名为"X射线",又叫"X光"。从此,X线在医学和其他领域中得到了广泛的应用。1900年4月1日,伦琴作为物理学家第一个获得了诺贝尔物理学奖。

**图1-1-1**　德国物理学家威廉·孔拉德·伦琴(Wilhelm Conrad Rŏntgen)(资料图)

**图1-1-2**　伦琴在物理实验室做实验(资料图)

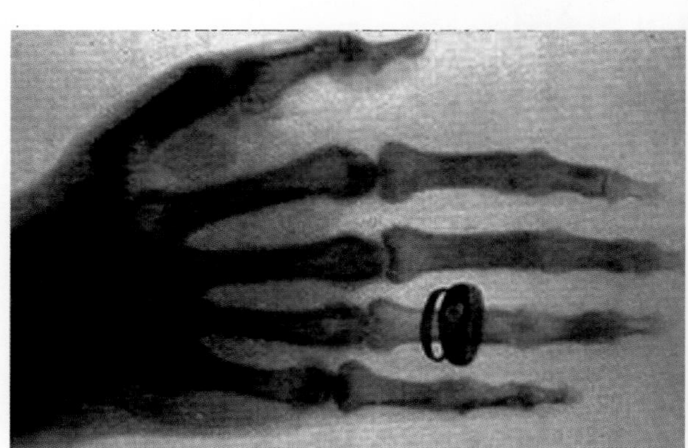

**图1-1-3**　历史上第一张人体骨骼的X线照片,系伦琴夫人的手部照片,据记载当时摄影耗时几分钟(资料图)

## 1.1　X线的产生

产生X线需要三个条件,即电子源(electron headstream),能提供足够数量的自由电子;高速运行的电子流(electron flow);阳极靶面

(anodic target),使高速电子运行的电子流撞击靶面产生X线。所以X线的发生装置主要包括X线管(X-ray tube)、变压器(transformer)和操作台(console)。

X线管为高度真空的二极管,阴极端装有灯丝,阳极端由斜面的钨靶和散热装置组成。变压器有连接阴极灯丝降压变压器,电压在12V以下,用于加热灯丝产生电子云;及连接X线两端的升压变压器,向X线管的阴、阳极两端提供高压,使电子云能高速运行,电压一般在40~150kV。操作装置由调节X线管的电压、电流和曝光时间等元件组成。

阴极灯丝加热后,周围有大量的自由电子即电子云,当X线管的升压变压器接通时,阴阳极两端产生高压电压。在电场的作用下,阴极的自由电子形成电子流,向阳极高速运行,撞击在阳极靶面上。电子撞击阳极靶面的同时,运动的速度和方向发生改变,能量降低,损失的能量以X线的形式发射出来(图1-1-4)。

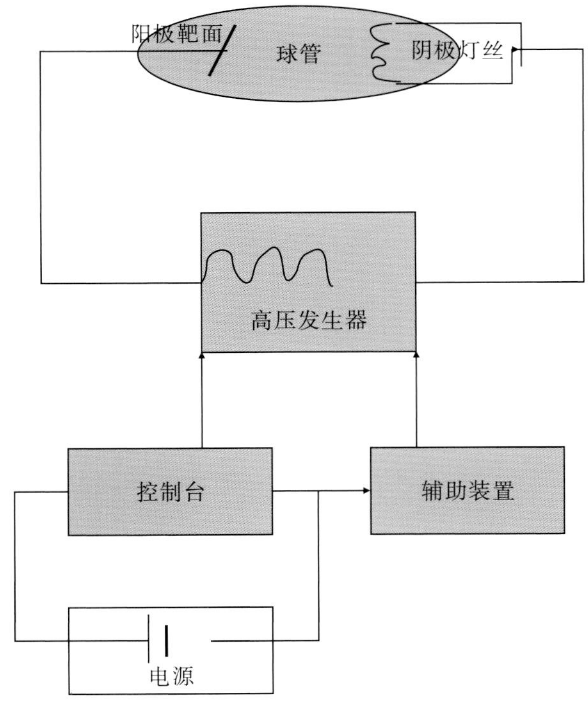


图1-1-4　X线机的基本构成及电路简图

## 1.2　X射线谱

医用X线球管产生的X射线谱有连续性X射线谱和标识(特征)性X射线谱两种。

### 1.2.1　连续X射线谱

高速运行的电子与阳极靶面撞击,受物质原子核库仑场的作用而速度骤减,电子的动能转化为光辐射能的形式放出。此光辐射为一定波长的X线即连续性X线光谱(successional X-ray spectrum),连续X线谱的波长与阳极的原子序数无关,而仅与质点的动能有关,某一波长和能量强度与管电压存在着严格的线性关系,根据这一关系类推,可得相应于该波长的管电压,利用这个方法可求得相当精确的两个基本物理常数 $h$ 和 $e$ 的比值。故管电压越大,连续性X线的波长越短,能量越大,波长范围为700~0.1Å。

### 1.2.2　标识(特征)X射线谱

核外电子的运行轨道离原子核的距离不同其能量的高低也不同。核外电子的排列类似分层排列,排列在内层、离核近的电子能量低,排列在离核远的层面的电子能量高,也就是说核外电子具有不同的能级,低能级的运行轨道的电子必需吸收一定的能量才能进入高能级运行轨道;反之高能级运行轨道的电子释放一定的能量就进入低能级运行轨道。核外电子吸收或释放能量进入不同能级的运行轨道的过程称为跃迁(transition)。

当冲击阳极靶面的电子能量足够大时,阳极靶面的原子内层的某些电子被击出,或跃迁到外部壳层,或使该原子电离,而在内层留下空位。然后,处在较外层的电子便跃入内层以填补这个空位。故跃迁中发射出具有一定波长的线状标识X射线谱(identifying X-ray spectrum)。

电子以高速撞击阳极靶面,1%的能量转变为X线,从X线管发射出来;99%的能量转化为热能,由散热设施散发。所产生的X线谱是连续性X射线谱和标识(特征)性X射线谱的叠加,两者比例随管电压升高而变化,管电压越高，连续性 X 射线谱比例减少，而标识(特征)性 X 射线谱比例增高。

## 1.3 X 线的特性

X 线属于光波，即电磁波。波长范围为 0.0006～50nm，在电磁波波谱中，波长介于紫外线与 r 射线之间，其波长比可见光线短，属于不可见光波。医用 X 线成像设备所发出的 X 线波长范围一般在 0.031～0.008nm，相当于 40～150kV 管电压为电子运行提供的速度。由于 X 线波长短、能量高、穿透性强，穿过物体时撞击其分子产生二次射线，故在医用 X 线检查过程中，专业人员必需了解以下特性。

### 1.3.1 穿透性与吸收作用

X 线波长短、能量高，具有很强的穿透物体的能力。能穿透可见光不能穿透的物体，在穿过时与物体发生作用。一定量的 X 线穿过物体时，穿过物体后的 X 线量与穿过物体之前的量相比有不同程度的减少，部分射线被物体吸收。透过的射线强度有一定的衰减，这一特性称为 X 线的穿透性(penetrability)和吸收作用(absorbing effect)。X 线的穿透能力与管电压(tube voltage)有关，管电压越高，X 线的波长越短，能量越高，穿透力越强。反之，管电压越低，X 线波长越长，能量越小，穿透力较弱。X 线穿透物体后，通过的射线尚与物体(组织)的密度(density)、厚度(thickness)有关，物体密度越高、厚度越大，吸收 X 线越多，通过的 X 线量越少；反之，X 线被吸收较少，通过的 X 线量多。X 线的穿透性随不同物体对其吸收不同，为其成像的基础(图 1-1-5，图 1-1-6)。例如，人体组织中，骨骼含有钙盐，密度最大，吸收 X 线最多。肌肉组织次之，脂肪组织密度较小，吸收 X 线较少，体内的空气吸收 X 线量最少。X 线照射人体后，通过的射线量(X 线密度)有一定的差异，形成灰度不同的阴影，即 X 线图像(X-ray imaging)。

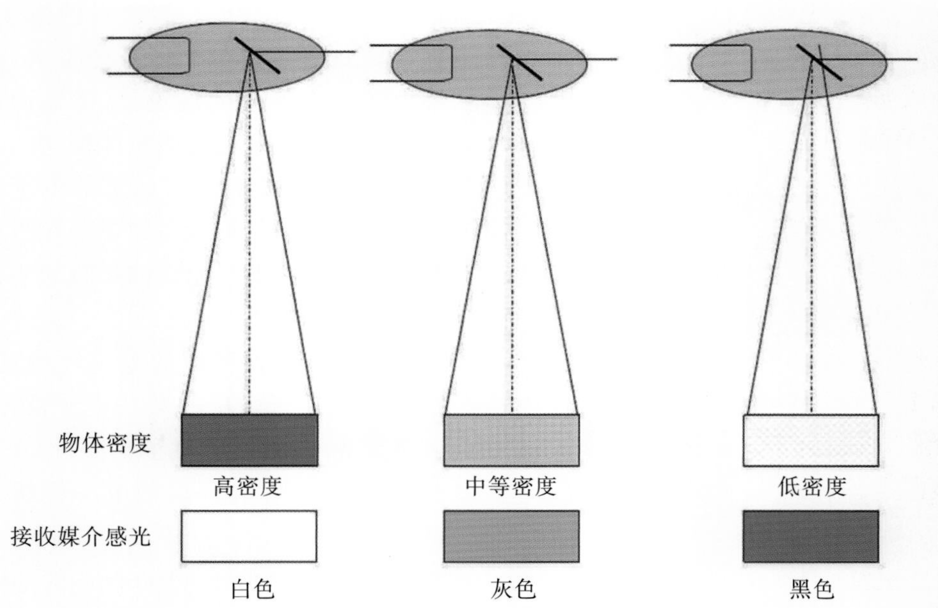


**图 1-1-5** X 线穿过的量与人体组织密度的关系：物体密度越高、厚度越大，吸收 X 线越多，通过的 X 线量越少，接受媒介感光越少；反之，X 线被吸收较少，通过的 X 线量多，接受媒介感光越多

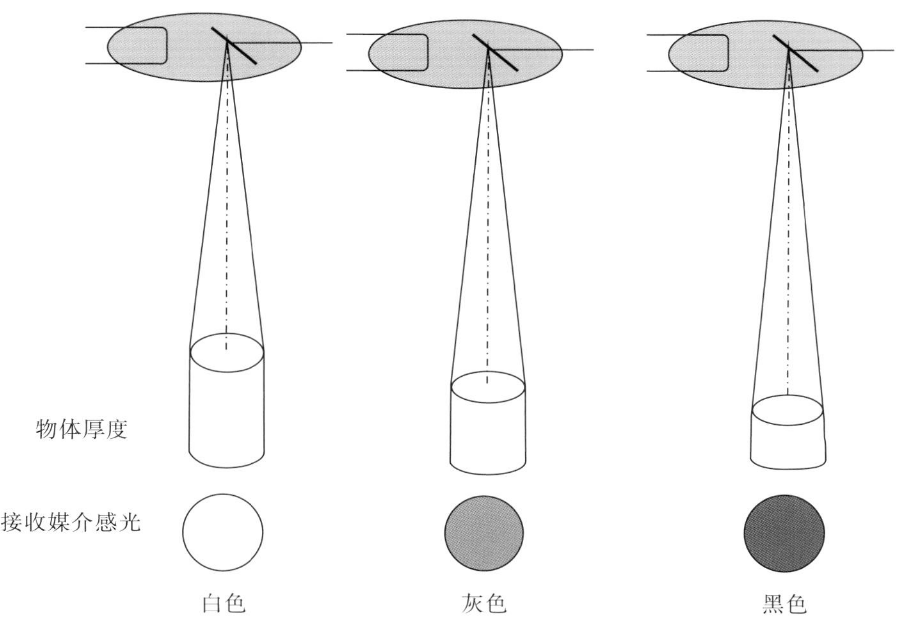


**图 1-1-6** X 线穿过的量与人体组织厚度的关系：厚度越大，吸收 X 线越多，通过的 X 线量越少，接受媒介感光越少；反之，X 线被吸收较少，通过的 X 线量多，接受媒介感光越多

### 1.3.3 荧光效应

当 X 照射荧光物质如硫化锌镉（zncds）、钨酸钙（tungstate）、碘化铯（cesium iodide）、稀土元素（lanthanon）等，激发这些荧光物质，使波长短的 X 线转换成波长长的可见荧光（fluorescence），这种转换称为 X 线的荧光效应（fluorescence effect）。透视检查即是应用其荧光效应。现代化的 CR 成像板、DR 探测器表面由荧光物质（碘化铯、非晶硅等）构成，在通过人体后、具有密度差的 X 线照射后，产生荧光，然后经过光电转换等一系列过程，形成数字化的 X 线图像，故荧光作用也是数字化 X 线照片的基础。荧光效应只在荧光物质受 X 线激发时才产生荧光，激发停止便恢复常态，用于成像的荧光物质能够反复使用。

### 1.3.4 感光效应

X 线与可见光一样，具有光化作用。涂有溴化银（silver bromide）的胶片经 X 线照射后，发生化学反应，溴化银中的银离子（$Ag^{+}$）还原为金属银（Ag），沉积于胶片的胶膜内，形成灰黑度不同的潜影（latent image）。金属银呈黑色，感光后的胶片经过显影（develop）、定影等冲洗过程，未感光的银离子被溶解掉，为白色透明状；而感光的金属银存留在胶膜上，形成层次不同的黑、灰色，最终获得传统的 X 线照片。因此，感光效应是传统 X 线摄片的基础。

### 1.3.5 电离效应

X 线通过任何物质使原子带电，产生电离效应（ionization effcet）。X 线具有足够的能量撞击核外电子，被撞击的电子获得能量脱离轨道，使原子失去核外电子带正电。脱离原子的电子又可撞击其他原子，产生二次电离。X 线在液体和固体中产生的电离瞬间消失，而在空气中产生的电离电荷很容易收集，电离程度与空气所吸收 X 线量成正比，因而可通过测量空气的电离程度来测量 X 线的量。当 X 线通过人体时，产生的电离作用可引起生物学方面的改变，造成组织损伤，是放射治疗的基础，也是 X 线检查中需要对人体进行防护的原因。

### 1.3.6 生物效应

X 线照射生物体时，与机体细胞、组织、体液等物质相互作用，引起物质的原子或分子电离,造成生物体直接和间接损伤,称为生物效应(biologic effect)。X线直接破坏机体内某些大分子结构,如使蛋白分子链、核糖核酸或脱氧核糖核酸的,破坏一些对物质代谢有重要作用的酶等,也可直接损伤细胞结构。X线可电离机体内广泛存在的水分子,形成一些自由基,这些自由基以间接作用来损伤机体。辐射损伤的发病机制和其他疾病一样,致病因子作用于机体之后,除引起分子水平,细胞水平的变化以外,还可产生一系列的继发作用,导致器官水平的障碍乃至整体水平的变化。所以接受大量的X线照射,在临床上便可出现放射损伤的体征和症状。对X线高度敏感的组织有淋巴组织,骨髓组织(幼稚的红细胞、粒细胞和巨核细胞),胃肠上皮,尤其是小肠隐窝上皮细胞,性腺(精原细胞、卵细胞),胚胎组织。中度敏感组织有感觉器官(角膜、晶状体、结膜),内皮细胞(主要是血管、血窦和淋巴管内皮细胞),皮肤上皮(包括毛囊上皮),唾液腺,肾、肝、肺组织的上皮细胞。轻度敏感组织有中枢神经系统,内分泌系统(性腺除外),心脏。因此,X线的生物效应也是X线用于放射治疗和放射防护的基础。

# 第2节　X线成像的基本原理和图像特点

## 2.1　X线的成像原理

X线人体图像的实质是X线的光子在感光接受体上形成的X线密度影像。感光体(sensitizer)可以是不同性质的物体,如荧光屏(fluorescence screen)、传统X线胶片(film)、存储光电信号的影像板(imaging plate)和探测器(detector)等。X线之所以能使人体形成影像,一方面是基于X线的特性,即其穿透性、荧光效应和感光效应;另一方面是基于人体组织有密度和厚度的差别,即其吸收作用。由于人体各部位的解剖结构和组织密度存在差别,当X线透过人体某个部位时,其内的各种组织吸收X线量的程度不同,到达感光接受体上的X线量(X线光子的疏密程度)也有差异。这样,就形成有赖于人体不同组织密度的灰度不同,即黑白对比的影像。

例如,X线穿透低密度组织时,被吸收少,剩余X线多,使线胶片等感光体上的感光物质感光多,经光化学反应还原的金属银也多,在数字化的感光体上产生的电流信号多,故在X线图像上呈较深的黑色阴影;在荧光屏上生成的荧光多,故荧光屏上也就明亮。高密度组织则恰相反,当X线通过时,被吸收的射线多,剩余的X线少,使线胶片等感光体上的感光物质感光少,经光化学反应还原的金属银也少,在数字化的感光体上产生的电流信号少,故在X线图像上呈较浅的灰色阴影或接近白色;在荧光屏上生成的荧光少,故荧光屏上也就黑暗。

## 2.2　人体组织X线图像特点

X线的成像原理决定了X线图像为不同灰度的黑白影像。人体组织结构是由不同元素组成的,依各种组织单位体积内各元素量总和的大小而形成不同的密度。人体组织结构的密度可归纳为高密度(high density)、中等密度(middle density)、较低密度(mild density)和低密度(low density)四类:①属于高密度的有骨组织和钙化性病变,基本上表现为白色(在胶片上)或黑色(在荧光屏上)阴影。骨组织依其体积、结构、密度不同构成内在的密度差别,其中身体的中轴骨如颅骨、脊柱、骨盆、下肢骨的骨骼体积较大、密度最高；其他的四肢骨由近侧到远侧密度逐渐减低，末端指骨密度最低。从骨质内在结构层面看，骨皮质组织致密，钙盐存积多，密度最高；骨小梁为松质骨，因小梁间孔含骨髓和脂肪组织，密度相对减低。病变组织的钙化或钙化灶也属于高密度类，依钙化或骨化钙盐沉积的多少表现密度不同。大范围钙化如胸膜大片钙化、肾自截、成骨性肿瘤等表现为高密度影；小范围钙化如血管壁钙化、乳腺癌的小灶状钙化和软骨类肿瘤环形钙化密度相对减低。②属于中等密度的有软骨、肌肉、实质器官、肺门大血管以及体内液体等，病变组织有胸膜腔和腹腔积液（积血）、肿瘤性肿块、实变组织、未气化的脓肿和肉芽肿等。这类组织表现为灰白色（胶片）或灰黑色（荧光屏）阴影。中等密度的组织密度差别小，只能依靠周围的不同组织对比显示出组织轮廓，如胸壁软组织和肢体的肌肉组织由骨质和深筋膜的脂肪衬托而显示其轮廓；肺门大血管则由含气肺组织显示其清晰的轮廓；肝脏、脾脏、双肾和腰大肌的质地与边缘均能显示清楚。肿瘤、肉芽肿、未气化的脓肿、一定量的胸膜腔或腹腔积液均表现为中等密度，除了具有天然对比的器官如肺部、骨组织能直接显示，其他软组织器官内的病变因缺乏对比而难以显示，但肝肿瘤、肾肿瘤、肾积水等导致器官的轮廓改变则提示组织异常。③较低密度的有脂肪组织。脂肪化学成分以碳、氢原子为主，组织结构疏松，X 线图像上密度较低，表现为灰黑色（胶片等）和亮度较高（荧光屏）的阴影。人体的脂肪组织主要分布于浅筋膜即皮下脂肪，具体有面部软组织、胸壁脂肪、腹壁的腹脂线、四肢的皮下脂肪；体腔内分布有肾周脂肪、腰大肌周围脂肪、横纹肌肾筋膜等。X 线图像表现为线状低密度阴影。病变脂肪组织有脂肪瘤（位于软组织、腹腔），畸胎瘤（颅脑、腹腔和盆腔），错构瘤（肾脏），呈团状或不规则状低密度阴影。④低密度即为体内的气体阴影，表现为黑色（胶片等）和透亮（荧光屏）的阴影。人体的呼吸道及肺组织、胃肠道、鼻窦和乳突内均存在气体。上述结构因气体的衬托产生良好的天然对比，即肺组织内的支气管血管纹理影像，胃泡的胃底壁，结肠内气体显示的结肠带、结肠袋及其皱襞，鼻窦内气体使相互重叠的结构如筛窦、额窦、上颌窦和蝶窦均能显示清楚。人体的病理性气体有体腔内异常积气，即颅内积气、气胸、气腹，组织内气体即皮下气肿、颈部和纵膈气肿，病变内积气即脓肿、空洞、空腔，体内气体异常增多即肺气肿、肠梗阻等，上述气体极易观察到。

组织的密度对 X 线成像起决定性的作用，但厚度的差别也是产生影像对比的重要因素之一。密度与厚度在成像中所起的作用要看哪一个占优势。例如，在胸部，肋骨密度高但厚度小，而心脏大血管密度虽低，但厚度大，因而心脏大血管的影像反而比肋骨影像更白。同样，胸腔大量积液的密度为中等，但因厚度大，所以其影像也比肋骨影像要白。需要指出，人体组织结构的密度与 X 线片上的影像密度是两个不同的概念。前者是指人体组织中单位体积内物质的质量，而后者则指 X 线图像显示出来的由黑到白的灰度。但是物质密度与其本身的比重成正比，物质的密度高，比重大，吸收的 X 线量多，影像在照片上呈白影。反之，物质的密度低，比重小，吸收的 X 线量少，影像在照片上呈黑影。因此，照片上的白影与黑影，虽然也与物体的厚度有关，但却可反映物质密度的高低。在术语中，通常用密度的高与低表达影像的白与黑。例如用高密度、中等密度和低密度分别表达白影、灰影和黑影，并表示物质密度。人体组织密度发生改变时，则用密度增高或密度减低来表达影像的白影与黑影。

# 第3节　X线图像质量及其影响因素

X线图像质量是由对比度、分辨率、清晰度、噪声、失真度和有无伪影等多种因素综合体现出来的，任何一幅X线图像均包含上述因素。高质量的X线图像是显示人体部位的结构和病变的关键。一幅X线图像的形成，需要经过一系列程序，每个程序即从X线光源、照片操作到感光媒体，对图像质量高低的影响均有重要作用。理解图像质量的评定标准和影响因素，对日常技术工作非常重要。

## 3.1　评估图像质量标准

### 3.1.1　对比度

对比度(contrast)是图像能显示机体结构最小密度差别的能力。X线图像的对比度实际上是反映机体部位的客观对比度，即物体本身的物理结构的差别，由构成被检者组织器官的密度、原子序数和厚度的差异形成。X射线影像的对比度是以图像内各不同点的光密度差异表示的。人体的某一组织器官要在图像上看出来，至少它与周围的组织相比要有足够的客观对比度，如果图像有良好的对比度，被检组织器官的结构能够最大限度被观察到。因此，对比度是X线图像质量的最基本特征。

### 3.1.2　分辨力

分辨力(resolution)包括密度分辨力(density resolution)和空间分辨力(spatial resolution)。密度分辨力又称低对比度分辨力，是可以从均一背景中分辨出来的特定形状和面积的低对比度微小目标。空间分辨力图像能够分辨机体结构中两点的最小距离，及显示最小结构的能力。分辨力是在机体客观对比度与图像对比度为基础上形成的，有两个含义，一是对比度有一个限值，二是有一定大小的限值，是评估X线图像的重要指标之一，能反映组织细微结构和细微变化，是诊断肿瘤、炎症、结石等病变的关键。图像分辨力越高，能显示的结构越小；图像的分辨力越低，能显示的结构就越粗略。

### 3.1.3　清晰度

清晰度(definition)指被显示的组织结构或细微细节的影像边缘的锐利程度。清晰度良好的图像结构(主要是细微结构)边缘之间无重叠，清晰可辨(图1-3-1)。理想情况下，机体内每一个小物点的影像应为一个边缘清晰的小点。然而在实际图像中，每个小物点的影像均有不同程度的扩展，或者说变模糊(不锐利)了。通常用小物点的模糊图像的线度表示物点图像的模糊程度，也称模糊度。图像模糊即清晰度减低的主要影响是降低了小物体和细节的对比度，从而影响对细节的观察。因为清晰度与多种因素即焦点大小、运动因素、投照因素、组织结构和设备因素等有关，故清晰度也是衡量影像质量的主要参数之一。

### 3.1.4　噪　声

噪声(noise)是图像在摄取或传输时所受的随机信号干扰，是图像中各种妨碍人们对其信息接受的因素，表现为斑点、细粒、网纹或雪花等。图像噪声的主要来源是放射性粒子在空间或时间上的随机分布和存在于视频系统中的电子噪声，其大小则取决于成像方法的不同。噪声对可见与不可见结构间的边界有影响。图像噪声增大，则降低图像对结构的显示能力。在大多数X光成像系统中，噪声对低对比度结构的影响最明显。

### 3.1.5 伪 影

伪影(artifacts)也称伪像,是指被检查机体部位中并不存在、却在图像上出现的各种形态的影像,也就是真实解剖或病变形态以外的影像。伪影大致分为与患者有关和与机器有关的两类。与患者有关的伪影有移动伪影、异物影等;与设备有关的伪影有滤线栅伪影、接受媒介(胶片、IP版和探测器)破损和打印机故障伪影等。伪影一般能够辨认,但可能会遮盖病变,使一幅图像部分模糊或者被误认为有用的信息,造成误诊。

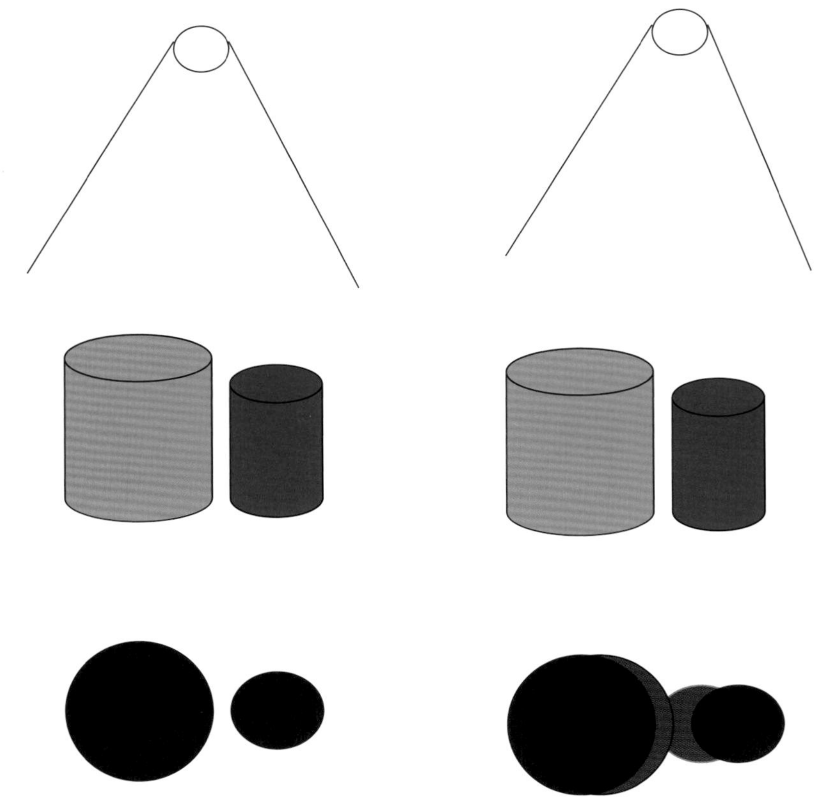

**图1-3-1** 图像清晰度示意图,左侧两物体图像(最下行)彼此能够分开,结构的边缘能够分辨,即清晰度良好;右侧两物体图像边缘因半影较大相互重叠,结构的边缘不能分辨,即清晰度低

### 3.1.6 失 真

失真(distortion)是图像中有用信息的大小、形状和相对位置有不同程度的改变,与原有的真实性不符,着重强调图像结构的几何形态发生改变,即变形。由于中心线、被检部位和接受媒介三者的因素,X线图像均有一定的放大、变形。失真包括放大(结构呈比例放大)、放大变形(结构形态与实际不符)和位置变形(结构之间的相对位置与真实位置增加和缩短)。应尽量减少失真的程度,要注意中心线与被检部位垂直,被检部位与接受媒体平行和被检部位尽量接近接受媒介。

## 3.2 图像质量的影响因素

图像质量与设备和患者多种因素密切相关,操作者应该充分理解和掌握其影响因素,针对成像目的合理应用,即可改善图像质量。影响图像质量的因素如下。

### 3.2.1 焦　点

焦点(focal point)是影响X线图像质量的重要因素,特别是在图像的清晰度和失真方面。焦点分为实际焦点(practical focal point)和有效焦点(effective focal point)。实际焦点是阴极灯丝产生的电子流撞击阳极靶面的面积,现代常用的X线管的电子聚焦后以细长方形撞击在靶面上,所形成的实际焦点面积为细长方形,其大小主要是以焦点的宽度衡量。有效焦点又称为作用焦点,为实际焦点在与X线管长轴垂直方向上的投影,有效焦点的大小=实际焦点面积×sin α(α靶面与X线管垂直方向的夹角)。投射的X线为锥形光束,其图像边缘存在模糊半影。有效焦点越小,图像半影越窄,图像越清晰;有效焦点越大,图像半影越宽,图像越模糊。故焦点的大小直接影响图像的分辨力和清晰度这两个重要的质量指标。

### 3.2.2 中心线

中心线(center beam)是X线束中心部分的射线,并垂直X线球管长轴的射线,其代表X线束的投射方向。在X线束中,斜射线与中心线的夹角越小,就越靠近中心线方向。在投照过程中,眼睛是看不见中心线的,用X线球管的定位灯来代表中心线。在投照时,要求中心线垂直并通过被检部位的中心。中心线有倾斜时,造成被照体的形态变化、影像失真,所显示的结构拉长或缩短失真,结构之间的位置也发生变化。当中心线偏移或倾斜时,X线束分布不均匀,同时投射方向不对称,使同一影像上的清晰度和分辨力不一致。故应该避免不规范使用中心线的情况(图1-3-2)。

### 3.2.3 散射线

从X线球管发出的原发射线进入被检部位后,一部分穿过被检部位,使接受媒介感光。另一部分与机体相互作用即被吸收。①被吸收的射线在体内变为热能,完全被消耗。②与原子中的电子撞击发生能量、方向的改变,成为散射线(scatter X-rays)或继发射线(second X-rays)。散射线的量与原发射线和被检部位性质有关,管电压越高即X线波长越短、被检部位越厚,散射线越多。照射野越大,散射线的范围和量也越大。散射线同样能使接受媒介感光形成灰雾,从而使图像的清晰度下降。因此,在投照时控制好管电压,合理使用滤线设备,对于提高照片的清晰度是有利的。一般减少或排除散射线的方法有:①在X线管窗口上安装遮光器(shade),将焦点以外的射线吸收掉。②将光圈调到适合被检部位的范围,缩小照射野,可减少散射线。③空气间隙法(Groedel法),根据X线衰减与距离的平方呈反比的规律,增加被检部位与接受媒介之间的距离,使散射线衰减、减少,此种方法导致图像模糊、失真等,使用时应使用小焦点加以弥补。④滤线栅法,滤线栅(grid)能有效减少或消除散射线,其结构是用0.05~0.1mm的薄铅条间隔能透过X线的物质平行排列形成的板状物体,放置在被检部位与接受媒介之间,允许垂直方向的X线通过并到达接受媒介,而方向不一的散射线被铅条吸收。使用滤线栅法,需要加大曝光条件。

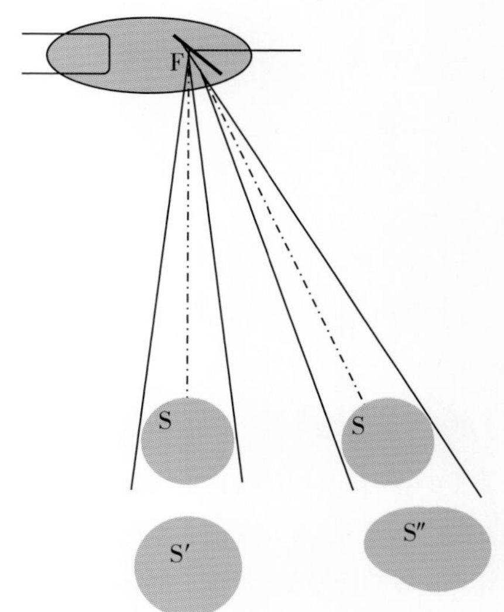


**图1-3-2**　中心线垂直并经过物体"S"中心射入(图像左侧),其投影"S′"无明显变形。中心线有一定的偏斜角度射入物体"S"(图像右侧),其投影"S″"明显变形,X线倾斜角度小的一侧放大率小,倾斜角度大的一侧放大率大

### 3.2.4　X 线的质与量

X 线的质是指 X 线的穿透能力，决定于 X 线的波长，波长越短，能量越高，穿透力越强；波长越长，能量越低，穿透力越弱。所以 X 线的质也决定于管电压，管电压越高 X 线的质越高，反之 X 线的质降低。X 线的量是指单位时间内通过与射线垂直方向上单位面积光子数的多少，由球管灯丝周围的电子数决定，调整灯丝电流和曝光时间则改变 X 线的量，工作中常常以毫安·秒（mAs）来表示。所以灯丝电流越大，曝光时间越长，X 线的量越大，反之越低。掌握好 X 线的质与量特性和决定因素，有利于在不同部位的检查中应用不同的曝光条件。例如被检部位密度高、体积大（厚），必须提高管电压，增加毫安·秒，射线才能充分穿透被检部位，组织吸收较多的 X 线后仍能产生良好的对比和足够的感光量。如果被检部位密度低、密度差小，则必须降低管电压，避免 X 线完全穿透，不能显示组织结构。

### 3.2.5　有效焦点、被检部位和接受媒介之间的关系

有效焦点的中心线垂直并通过被检部位的中点、被检部位与接受媒体（receiving medium）平行时，即三者方向、位置准确的情况下，根据放大率公式：$M = G/S = (a + b)/a = 1 + b/a$（M 为放大率，G 为被检部位，S 为被检部位的影像，a 为焦点到被检部位的距离，b 为被检部位到接受媒介的距离）和半影公式：$H = F \times b/a$（H 为半影，F 为焦点尺寸），焦点离被检部位越远，同时被检物体与接受媒介越近，图像放大较小、半影较少，图像失真度小、清晰度和分辨力高。被检部位与接受媒介距离固定，焦点离被检部位越近，则图像内结构被放大明显，半影较大。焦点与被检部位固定，被检部位与接受媒介越远，则图像内结构被放大明显，半影较大（图 1－3－3）。当焦点偏离被检部位中心及中心线偏离时，锥形束的 X 线射入被检物体的倾斜方向不同，图像表现为近焦点侧结构放大率小、半影小，远离焦点侧结构放大、拉长明显，半影较大，即失真和图像模糊，同时结构变形（图 1－3－2）。当被检部位与接受媒介不平行时，结构缩短，近接受媒介侧放大较少、半影少，即失真度小、图像清晰，而远离接受媒介部分的图像放大较明显、半影增大，结构失真明显、图像模糊，其结果为所显示的结构变形、失真、清晰度、分辨率不同程度减低（图 1－3－4）。

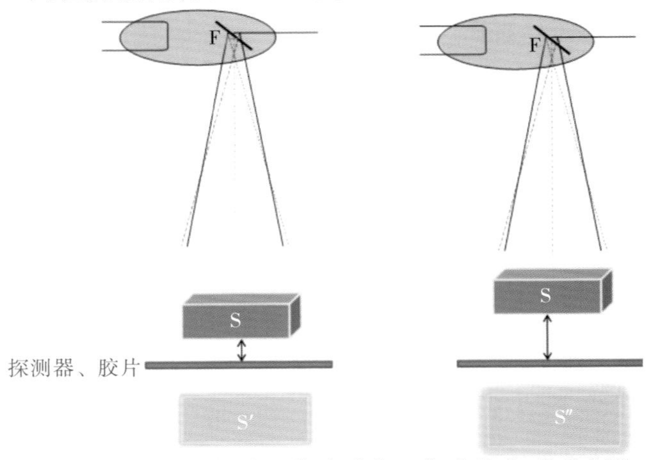

图 1－3－3　被照物体和接受媒介距离的关系：物体“S”与接受媒介较近时（图像左侧），其投影“S’”放大较少，半影小；物体“S”与接受媒介较远时（图像右侧），其投影“S’’”放大较多，半影宽

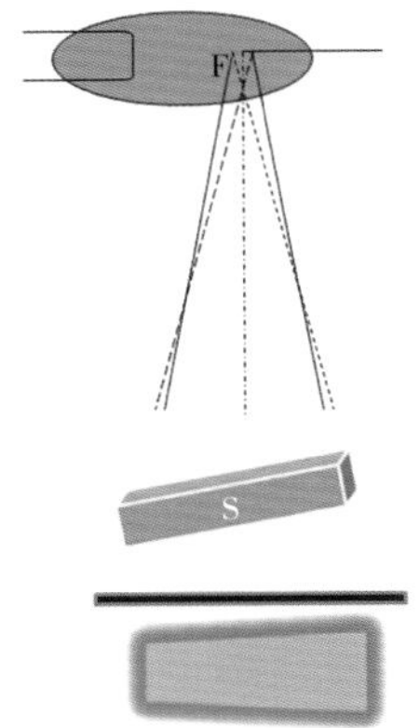

图 1－3－4　被照物体“S”和接受媒介不平行时，其投影缩短，近接受媒介侧放大较少、半影少，即失真度小、图像清晰；而远离接受媒介部分的图像放大较明显、半影增大。结果为所显示的结构变形、失真、清晰度、分辨率不同程度减低

### 3.2.6　运动因素

X 线曝光过程中，X 线管、被检部位和接受

媒介三者其中有一项发生移动，都可造图影象模糊，从而使照片的清晰度降低。常发生的原因有：①X线管移动：一般是由于管球固定不好所致。②被检部位移动：是主要的运动因素，其移动方式可分为自主和不自主两种，前者由于曝光时间过长、患者体位不舒适、投照时被检部位呈不稳定状态等，使患者不能坚持静止状态、配合不好的人为移动；后者由于心脏和大血管的搏动，胃肠道的蠕动所致。③接受媒介移动：震动是由于活动滤线栅运动幅度过大；移动是由于接受媒介固定不良。

### 3.2.7 设备各环节的完好性

X线投照的图像的形成必须经过多个设备环节，从X线发生装置到接受媒介中，任何一个部件异常或故障，均会影响图像质量。常见有低压灯丝电路接触不良，X线量不足；高压部分发生故障，X线穿透力不够或过强，均会是被检部位结构显示不清。X线球管靶面缺损、不平，则X线束分布不均匀，甚至局部无X线，图像表现黑白不均匀和视野缺损。X线球管遮光器故障或使用的窗口过大，散射线增多，图像的清晰度、对比度下降，灰雾度增加。活动滤线栅失灵或固定滤线栅方向放反，图像出现粗大的显示缺损的条纹。图像出现随机形态的伪影多数由X线信息转换或接受媒介异常，常见的问题有：CR在X线信息转换中，激光头附着灰尘；X线胶片药膜和CR所用的影像板感光成分脱落、划痕、附有灰尘，DR探测器损坏等，伪影范围较大者影响观察和诊断。另外打印机的各种故障同样造成胶片曝光、伪影等质量问题。对于操作人员，要求了解上述影响图像质量的基本知识。

# 第4节　X线的设备和发展

虽然用于放射诊断的设备如CT、MRI等已经广泛应用，新技术层出不穷，但是普通X线检查是疾病诊断的基本方法，其作用不可代替。相对于CT和MR等数字化影像，数字化X线影像（digitalizing X-ray imaging）出现较晚，曾经是放射影像实现全面数字化的瓶颈。在20世纪80年代，计算机X线摄影（CR）问世，开创了X线数字化的先河，但CR不是真正意义上的X线影像数字化，随后人们应用现代晶体加上计算机技术研制出X线直接成像（DR），从而真正实现了X线检查数字化，从此改变了传统胶片记录X线图像的状态。普通X线摄影经历了传统X线摄影即屏－片系统（screen-film system）、CR和DR 3个主要阶段：

## 4.1 传统X线摄影

传统X线摄影技术是放射影像诊断中应用最早、最广泛的成像方式。它以胶片为图像采集、显示、存储和传递的载体，以X射线入射方向上人体组织的X射线吸收差异呈现为不同密度的影像。传统X线机是由X线发生装置（包括球管、低压电路、高压电路、高压发生器、控制台等结构）和辅助装置（包括胸片架、摄影床）组成。X线接受媒介为X线胶片，不属于X线机的一部分，设备没有图像处理工作站，故结构简单，这些使之与数字化X线机有根本区别。作为接受媒介的胶片的结构包括：表层为保护膜，其深面依次有含溴化银分子的乳剂层和具有一定厚度及硬度的片基，影像分辨率是由胶片的溴化银分子颗粒大小、涂布密度和均匀度所决定的。

X线摄影时，仅有1%～2%透过人体的X线光子使胶片感光。X线量子利用率低，要使胶片达到足够的曝光量就必须使用大剂量曝光，为了弥补感光效率低的缺点，增感屏的应用必不可少。增感屏（intensifying screen）是涂有能发射荧光的颗粒物质的薄板，放置在暗盒内并紧贴X线胶片，当受到X线照射时能发出荧光，使X线胶片感光，大大提高了胶片的感光效率，同时也降低了图像的清晰度。胶片的乳剂感光后经过显影，人体的结构、病变信息以光学影像的形式表现为可见的光密度影像。普通X线摄影方法被使用了近100年，具有受检者受到过多的X射线辐射、X线转换为可见光的效率低、曝光宽容度低的缺点。因胶片受其曝光宽容度不能涵盖人体结构的全部信息量的限制，在使用中对曝光技术条件的优化选择较为复杂，这对传统放射医技人员的技能要求较高。同现代数字X射线技术相比，胶片存档的难度大，人力、物力投人多。据统计，X线摄影有20%的时间浪费在了存档、取档上。传统X线成像过程复杂，大致包括拍摄（photograph）、显影、定影（fixation）、记录（recording）、存储（memory）等一系列步骤，常出现操作不成功而再次重复，不但效率低，而且存在各种风险。

## 4.2 计算机放射摄影系统

计算机放射摄影系统（computed radiography，CR）属于数字化成像方法，是传统光学X线成像到完全数字化成像的过度阶段。他是以影像板（imaging plate，IP）为影像载体来替代传统的X线胶片，其原理是X线的密度信息以潜影的形式被IP板记录下来，IP板具有光致发光的特性，当激光对其进行扫描时，释放出可见光，经光电转换，使光强度储存于计算机内，经数模转换而形成数字影像。CR属于模拟数字图像，并非真正的数字化。

CR的临床应用，使传统X线摄影转变为数字化X线摄影得以实现。

CR的组成有：

（1）X线机，与传统的X线机可兼容使用。

（2）影像板（IP板），是CR组成的关键部分，代替了传统X线胶片作为接受媒介，准确的说它是一个影像信息的采集与信息形成的转换部件。其外观和结构形式如同X线摄影用的增感屏，由保护层、成像层、支持层和背衬层复合而成的一块薄板。成像层中含有微量二价铕离子的氟卤化钡晶体，是记录影像的核心物质，该晶体内的化合物经过X线照射后可将接受到的X线模拟影像以潜影的形式储存在晶体内。一般来说，这种潜影信息在IP中的留存时间可达8h以上。解读潜影信息是用激光束扫描影像板，激发储存在其内的潜影能量，使之转换成荧光输出。

（3）信息读出装置，其作用是将影像板中储存的潜影信息解读出来。它由激光器（laser apparatus）、光扫描器（light scanner）、光电倍增管（photomultiplier）、放大器（amplifier）、模/数（A/D）转换器（analog /digital converter）、影像处理单元和输出接口等部分组成。在IP板被装入信息读出装置入口后，激光器发出的精细激光束经过机械移动光扫描器的放射，逐行扫描在欲被解读潜影信息的IP板上。与激光束扫描的同时，IP板不断被驱动系统向前推进，在既定时间内激光束可将IP板完整扫描一遍。激光所照射之处，IP板上的晶体被强光激发，出现“光致发光”现象，有蓝色荧光出现，荧光亮度的强弱与该点潜影信息密度为线形关系。该荧光被沿着激光扫描线设置的高效光导器采集，并导入光电倍增管，由此转化为相对应的电信号（图1-4-1）。

（4）影像信息处理，信息读出装置将收集的电信号送入影像处理计算机，输入的电信号与X线密度（照射量）相对应，为连续性变化的，这些电信号即为模拟图像（analog imaging），计算机对电信号进行采样、量化，包括在空间位置上采样量化和辐射值（信号强度）的采样量化，使电信号变为数字信息，也就是模拟/数字（analog/digital，A/D）变换而成为数字图像（digital image）。数字图像以像素的方式存储在计算机内，每个采样点为一个像素（pixel），像素具有位置、大小和像素值三要素，像素值表示其所在位置的辐射量，以明暗的方式显示在显示屏上，即实现数模转换（digital/analog，D/A）转换。

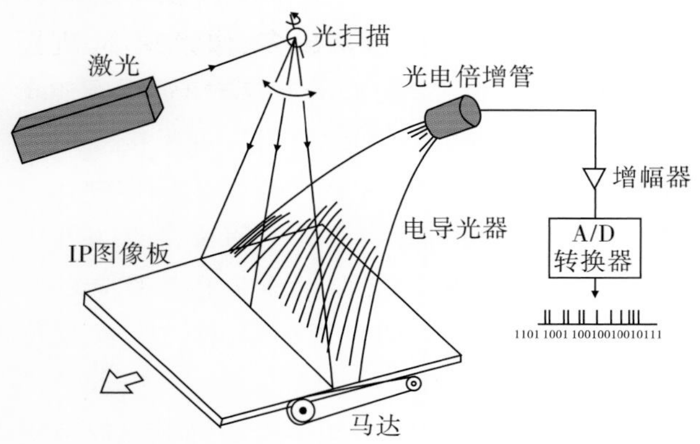


**图 1-4-1** CR 工作原理：激光束扫描带有潜影的 IP 板时，X 线感光的部分出现“光致发光”现象，有蓝色荧光出现，荧光亮度的强弱与该点潜影信息密度为线形关系，经计算机转后形成 X 线影像

（5）影像显示，CR 图像实际上是数字图像，必须通过显示屏（display）显示，其图像由若干个灰阶（gray scale）连续性变化的像素组成，灰阶差异表示被检部位的结构。因图像的显示范围固定，所以像素越小、越多，图像的分辨率越高，显示的细节越清晰；反之，图像质量较低。CR 图像宽容度大，对曝光条件要求不苛刻，在曝光过度或不足的一定的限度内，通过调节窗宽（window width）、窗位（widow level），使图像以最佳质量显示。故使用 CR 较传统 X 线投照成功率提高。IP 板接受 X 线信息效率高，需要的 X 线量降低，以减少患者接受的辐射量。且图像显示细节如骨纹理清晰，图像分辨率和清晰度高。因为 CR 图像是数字信息，图像存储为服务器（server）、刻录光盘（recording disc）等形式，同时使用激光相机打印（laser printer）。

CR 的使用，使普通 X 线摄影摆脱了胶片储存、暗室操作和显影剂、定影剂的使用，大大节省了房屋空间和消除了环境污染。

## 4.3 直接数字化 X 线摄影

直接数字化 X 线摄影（Direct Digital Radiography，DR）指采用平板探测器（flat detector）直接把 X 线影像信息转化为数字信号的技术。是真正意义上的数字化 X 射线摄影系统，也是当前的发展趋势，将有利于提高医疗诊断质量，促进医院现代化管理水平的提高。

DR 成像的关键是光电转化在平板探测器内直接完成，电信号输出到处理计算机即形成数字图像，其成像原理依平板探测器的感光材料和结构不同而略有区别，目前常用的有一下类型：

（1）非晶硒平板探测器：非晶硒平板探测器（amorphous selenium plate director）结构由浅入深由顶层电极层（top electrode layer）、绝缘层（insulated layer）、非晶硒层（amorphous selenium layer）、集电矩阵（collection matrix layer）即薄膜晶体管（thin film transistor，TFT）组成（图 1-4-2），并带有电荷放大器和输出电路。其中集电矩阵为其核心部件，它实际上是薄膜晶体管排成的阵列（array），内含存储电容和场效应晶体管（field effect transistor）。一个薄膜晶体管即是图像的一个像素。顶层电极与集电矩阵（薄膜晶体管）之间存在 1～5kV 的电压差。当 X 线照射在平板探测器时，硒层的电子被击出，形成自

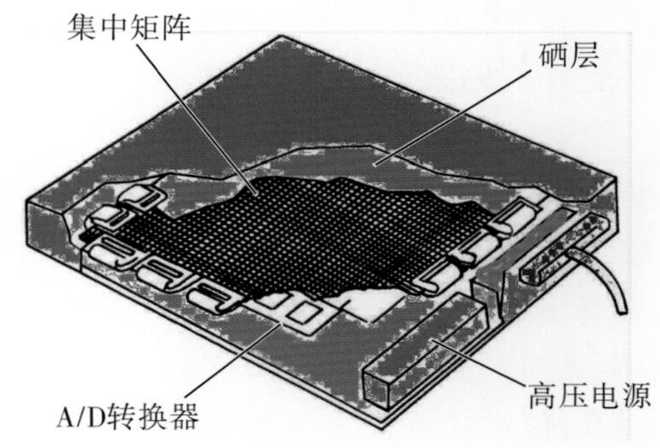


**图 1-4-2** 非晶硒平板探测器结构图，由浅入深由顶层电极层、绝缘层、非晶硒层、集电矩阵即薄膜晶体管组成

由电子和带有电子层空穴原子，在 1～5kV 的电压差的作用下形成电流并使存储电容充电。存储电容的电荷量与入射的 X 线光子量呈正比，电荷量经放大和输出到处理计算机，经定位、定量转化为数字信号，所得的数字连续性变化与平板探测器位置相对应，量化的大小代表不同的灰度而形成图像。

(2)非晶硅平板探测器：非晶硅平板探测器(amorphous silicon plate director)的结构由浅入深为外壳(crust)、碘化铯晶体(cesium iodide crystal)、探测器矩阵(detector matrix)(带有非晶硅光电二极管和存储电容)和基板层(basic plate)组成，附带的 A/D 转换器、驱动器和放大器，其中一个非晶硅光电二极管就是图像的一个像素。X 线照射位于探测器较浅层的碘化铯闪烁晶体，发出可见光，可见光激发碘化铯层下的非晶硅光电二极管阵列，使光电二极管产生电流，将可见光转换为电信号，在光电二极管自身的电容上形成储存电荷。每一像素电荷量的变化与入射 X 线的强弱成正比，同时该阵列还将空间上连续的 X 线图像转换为一定数量的行和列构成的总阵列图像。在中央程序控制器的统一控制下，居于行方向的行驱动电路与居于列方向的读取电路将电荷信号逐行取出，转换为串行脉冲序列并量化为数字信号。获取的数字信号经通道接口电路传至图像处理器(imaging processor)，从而形成 X 线数字图像。

DR 的集电矩阵或探测器矩阵的密度决定了图像的像素大小和一定单位面积中的像素量：即单位面积内的像素越多、像素越小，则图像矩阵越高，也就是空间分辨率越高、图像质量越高。决定 DR 图像质量因素还有平板的量子检测效率(quanta check effect)和调制传递函数(modulation transfer function)、采集矩阵、采集灰阶、最小像素尺寸等重要因素构成。直接的数字化摄影是普通 X 线摄影数字化(CR)基础上又一大进步，与存贮荧光体方式的间接数字化摄影相比，具有四大特点：①接受 X 线信息的效率高，患者受照射剂量更小；②具有更高的动态范围、量子检出效能；③能覆盖更大的对比度范围，图像层次更丰富；④图像分辨率力提高，速度更快，工作效率更高。

# 第 5 节　X 线投照基本原则和规范

普通 X 线检查为疾病诊断最基本的检查，应用广泛；X 线设备从传统型发展到现代的直接数字化型，其精密度和技术含量明显提高。随着医疗结构的变化，临床与患者对影像学检查的要求不断增加。这些均要求投照技术人员必需掌握各种检查原则、遵守规范，了解 X 线检查相关的基础理论、专业知识，同时具有相当的计算机水平。

## 5.1　机房制度和设备使用规范

(1)严格控制机房环境：温度(temperature)设置在 20℃～23℃，湿度(humidity)设置为 50%～60%，室内保持清洁，无灰尘。

(2)开机前检查供电电源、电压和电流应处于稳定状态才能开机。按设备说明书要求电源电压为 380V 或 220V，使用时供电电压上下波动不超过 10%。

(3)开机顺序为：合上供电电源，然后按压设备电源，观察控制台、球管、高压、探测器等部件指示灯是否处于正常状态，待显示屏的电脑控制程序通过自检后进入检查程序。

(4)关机顺序为：首先将球管、探测器归位，退出检查程序，点击显示屏上的关机按钮，确认计算机运行完毕，按压机器电源开关，最后断开供电电源。如果按设备要求探测器必须长期处于通电状态，可退出计算机检查程序，不必关机。

(5)遵守操作规程，正确使用球管、检查床和滤线栅等制动开关，解除制动开关方可移动各部件。定期对设备进行检测和校准，保证设备正常运行及处于最佳状态。

(6)探测器为设备的贵重部件，使用时要小心、轻放，严禁撞击、摔打。

(7)定期清洁设备，防止灰尘进入造成内部电路短路。操作台禁止放置水杯、食物。

(8)确保机房消防、水、电、物品安全。

## 5.2 检查流程规范

(1)对到诊的患者进行确认，以口头询问和查看其带入的检查条码。

(2)打开被检者电子申请单。

(3)核对被检者姓名、年龄、性别、科室、床号、检查部位。对婴幼儿、老年人和意识不清者，必须核对腕带，并与家属和陪护沟通。

(4)阅读病史，确定检查项目的正确性和可靠性。病史与检查项目不符合，则与申请医生沟通，杜绝发生错误。

(5)被检者申请单信息与投照信息(图像信息)保持一致。

(6)每次曝光完毕，立即通知被检者。

(7)确认图像合格，方可允许被检者离开。

(8)按申请单要求，需要打片者，调节图像的窗宽、窗位，使图像质量最佳，并选择正确的胶片规格，发送打片指令。不需要打片者，不得打片，以避免浪费。

(9)操作人员在申请单上签名确认。

(10)关闭患者申请单和退出设备中检查窗口，以便检查下一位患者。

## 5.3 X线摄影原则

(1)操作人员熟练掌握人体的解剖结构，特别是人体各部位的基线、体表标志、体表投影以及其用途。

(2)熟练掌握X线的特性，以便在投照时合理应用。

(3)正确使用身体各个位置的曝光条件。在躯干检查中，按被检者胖、瘦适当增加kV和mAs。婴幼儿和不合作者需提高kV、mA值，尽量缩短曝光时间。

(4)焦点大小的选择，大视野照片使用大焦点，小视野或显示精细结构部位者使用小焦点。一般来说，在X线负荷量允许的前提下，尽量采用小焦点投照，以保证图像清晰。

(5)焦点—被检部位—接受媒介的距离，为了较少X线束的倾斜度，因接受媒介到被检部位常为固定距离，焦点—被检部位常用距离为100cm，但胸部摄影为150～180cm，心脏摄影为180～200cm，儿童胸部摄影为100cm。某些部位如中耳乳突可缩短到100cm以下，但不得小于被检部位到滤线栅的距离。被检部位与接受媒介应该尽量贴近，以减少放大、变形及减少图像模糊度。

(6)中心线方向的应用，中心线需垂直被检部位和接受媒介(探测器等)。若受患者体位的限制，被检部位与接受媒介成角，中心线应垂直于被检部位和接受媒介夹角的平分线。某些部位的投照，为了减少结构的重叠，需适当使中心线倾斜一定的角度，以显示需要观察的结构，如颅骨中下颌骨侧位、颞骨摄影等。

(7)滤线栅的使用，厚度大(如胸部、腹部等)、密度高(如颅骨、腰椎)和超过60kV，使用滤线栅。滤线栅的焦距与焦点到被检部位一致。

(8)球管、接受媒介到位及锁定，使其方向与位置不再改变，使患者体位处于稳定状态，被检部位保持静止。

(9)按检查部位规范要求决定患者曝光时的呼吸状态：心脏、头部、肩部、颈部、上臂和盆腔平静呼吸后屏气曝光。胸部、膈上肋骨深吸气屏气曝光。腹部、膈下肋骨呼气后屏气曝光。胸骨在缓慢连续呼吸状态下曝光。其他部位不受呼吸影响。

## 5.4　计算机操作规定

(1)严格遵守操作者权限规定,操作者必须使用自己的工号和密码进入工作界面。密码定期修改,不得借予他人使用或使用他人的工号和密码。

(2)执行计算机开、关机步骤规定。

(3)操作者仅在投照使用界面使用计算机,不得进入程序系统,随意更改、编辑计算机语言。不得安装与工作无关的程序和软件,如游戏等。

(4)不得使用U盘、光盘和连接外网,避免病毒进入工作系统。不得随意导出图像和其他资料。

(5)规范操作,按流程的规定打开患者检查记录、投照。检查完毕,立即关闭记录。严禁不规范操作,使被检者资料和图像相互混淆。严禁移动图像到其他文件夹。

(6)熟练掌握数字化X线摄影的各种参数设置,躯干和头颅检查时,将被检者前后、上下方位,并与设备内参数设置一致,以避免图像中左右、上下标记颠倒。四肢检查时,注意正确选择左右,避免左右错误。

(7)定期检查计算机硬盘空间,可用空间应保持在40%以上。确认图像合格并安全传送到PACS系统后,及时删除最前期图像,保证计算机的运行速度。

(8)数字化X线图像包含的信息丰富,宽容性大,操作人员应该应用窗口技术将图像调节到显示特定结构最佳状态。所谓窗口技术是指调节图像灰阶的亮度和灰阶显示最低密度到最高密度的范围。以窗宽和窗位来表示,所谓窗宽指图像能显示出的密度差值的大小,窗位是指窗宽的中位值。图像的窗位设置应与重点被观察组织相当,窗宽调节到能满足于不同密度的组织具有足够的对比。

(9)计算机不能工作时,首先检查电源、各种连接线及插入口、硬盘空间、各种开关状态是否正常等常见故障,如各项均正常,则将设备按规定顺序关机和重新启动计算机系统。如还不能解决,及时通知有关工程师并报告错误代码和故障情况。

(10)工作结束后,退出PACS系统和患者检查界面,关闭计算机。

## 5.5　正确处理与被检者之间的关系

(1)对患者态度和蔼,按实际情况做好解释工作,力求被检者的理解和配合。

(2)检查前除去一切不透X线的异物。数字化X线设备的图像分辨率高,层次丰富,对被检者的衣着、异物的处理要求也高。被检者检查时必须除去发夹、文胸、饰物、膏药;更换上符合投照要求的衣裤。

(3)使被检者处于舒适体位和被检部位稳定、静止,必要时加沙袋、垫板。

(4)向被检者清楚表达所摆体位目的,使其充分理解。

(5)对呼气、吸气有要求的投照部位,需预先训练呼吸。

(6)保护被检者个人隐私,不得泄露。尊重被检者,不得暴露患者敏感部位。

(7)检查完毕后,告知取报告时间、地点。

(8)坚守岗位。正确处理平诊和急诊之间的关系,遵守急诊患者优先检查的原则。

(9)对危重、抢救患者,评估检查风险,启用绿色通道,尽量缩短检查时间。

(10)患者在检查中出现突发事件或呼吸、心跳停止者,就地抢救,同时通知临床和其他工作人员,以求帮助。

(11)遇骨折等不能随意搬动或移动检查部位的情况,依具体情况,利用X线的光学特性和调整球管、被检部位和接受媒介之间的关系,尽力获得符合诊断要求的图像。

## 5.6　造影检查规定

由X线技术人员独立或主要执行的造影检查有:分泌性尿路造影、逆行肾盂造影、膀胱造影和T形管胆道造影等。在造影过程中,操作人员必需遵守无菌原则和有关对比剂使用规定。

(1)操作者在造影前向患者讲解对比剂的用途和可能发生不同程度不良反应的风险,并签署知情同意书。

(2)掌握含碘对比剂的禁忌证。被检者在脱水、长期未进食的状态,暂不进行造影检查,待其身体状态改善后才能进行。

(3)明确判断对比剂的轻、中、重度反应及掌握处理不同程度不良反应的基本原则。

(4)对比剂注入血管时,需加温至37℃,注入后密切观察被检者的表现。检查过程中不得将被检者独自留在检查室内。

(5)检查完毕后继续观察被检者,并保留静脉通道,直到确定无迟发型反应后,才允许其离开,并嘱被检者多饮水,便于对比剂及时排泄。

(6)在注射对比剂全过程中,严格遵守无菌技术。

(7)定期检查检查室的抢救药品,保证其在有效期内,保持抢救设备的完好性,以备急用。

## 5.7 放射防护

X线穿透人体产生生物效应,接受次数多和较大剂量的照射,会导致放射损伤。操作人员应遵照国家有关放射防护卫生标准的规定,认真执行保护条例,采取防护措施。

(1)加强自我防护意识,携带剂量检测器,定期监测射线工作者所接受的剂量。

(2)定期接受体格检查。

(3)定期参加放射防护培训班,并获得放射工作许可证(Radiation Work Licence)。

(4)保证工作警示灯(caution light)、警示标志(caution symbol)、防护门锁的完好性(图1-5-1)。曝光时关闭并锁定检查室的防护门。

(5)设计正确的检查程序,规范操作,在投照时,注意投照位置、范围及曝射条件的准确性,力求检查一次成功。不得因投照失败对某一部位反复曝光。

(6)到达人体的X线,有原发射线和继发射线两类,后者是前者照射穿透其他物质过程中产生的,其能量较前者小,却是导致放射损伤的主要成分。故投照时应该使用球管遮光器,在满足显示野的前提下,尽量缩小光圈。

(7)执行屏蔽防护的规定。对患者的晶体、甲状腺、性腺等部位用防护工具遮盖。特别是儿童患者,检查时尽量遮盖显示野以外的部位。曝光时请陪护人员离开,如情况不允许,则陪护人员必需穿戴防护用品(defending facility)(图1-5-2)。

(8)执行距离防护原则。利用X线照射量与距离平方成反比这一原理,通过增加X线源与人体间距离以减少照射量。

(9)孕妇特别是怀孕8周之内者不宜接受X线检查,如果因病情需要,必需知情告知,并签署知情同意书。

图1-5-1 X线警示标志及防护门、门灯联动装置

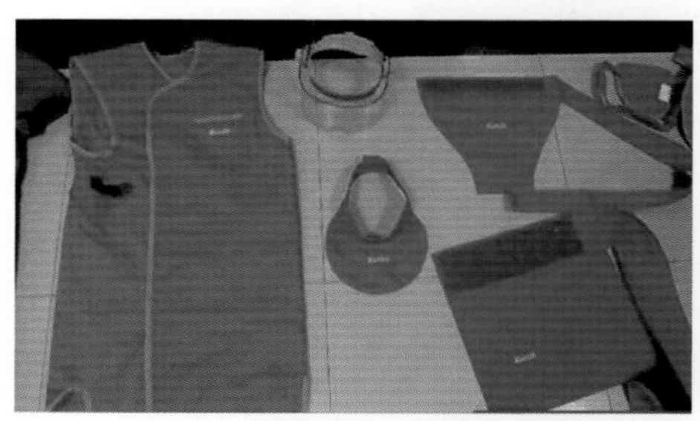

图1-5-2 放射防护用具

# 第6节 X线投照与诊断的关系

X线诊断用于临床已有百年历史。尽管先进的影像检查技术不断出现,如CT和MRI等在疾病诊断中显示出了很大的优越性,但它们并不能取代X线检查。X线仍然是临床常规检查和临床诊断的基础,它能整体性、概括性的显示疾病,指导进一步检查的方向,最终明确诊断。X线检查还具有成像清晰、经济、简便等优点。因此,X线投照的方方面面均与图像质量有直接的关系,同时对诊断有决定性的影响。

## 6.1 正确选择投照部位是显示病变的基本条件

X线投照部位选择的准确性,在相当程度上,取决于申请医生和放射操作技术人员对疾病的X线影像的特点及其解剖、病理基础的认识。疾病诊断的过程中,投照部位正确,就为X线诊断提供了基本条件。作为X线检查的直接执行者,放射科X线操作人员在决定投照部位上也起到关键的作用。所以操作人员除了掌握X线设备性能和使用、各种投照技术,还要了解临床疾病的检查适应证,以根据病情合理规范地决定投照部位。

首先,放射操作技术人员必须认真阅读申请单,了解被检者的病情及所申请检查的部位,原则上是按照申请单来执行。但实际工作中,一方面,常常有被检者的病情与申请部位不符合,甚至出现矛盾或明显的错误的情况,例如,左右错误、部位错误和方法错误等。另一方面,放射科投照专业化强,技术复杂,常有申请医生对某些投照位置用途不了解而开出的部位错误或者不规范,例如在临床上最常见的退行性病变中,因骨质增生产生尺神经麻痹和腕管症候群,应该用X线特殊的投照部位即尺神经沟位和腕管位观察和诊断,但是多数申请医生不能开出类似上述情况的准确部位。操作人员既要有高度的责任心来杜绝人为错误,又要有一定的临床知识和经验,更重要的是对疾病(症状)与解剖之间的关系有充分的理解,保证所选择的投照部位准确,为诊断提供基本条件。

## 6.2 投照方位标准化对诊断的作用

普通X线摄影与其他影像学检查不同,对摆位置的精确性要求高,难度大。人体结构复杂,每个器官(包括骨质)均有其特定的位置和解剖形态,结构之间的连接如关节间隙和孔道方向各异。为了能够清晰地显示出某部位和结构,操作人员必须非常熟悉其解剖特点,正确应用X线的入射方向、被检部位处于的位置和接受媒介之间的关系。在投照过程中,只有做到标准的投照方位(指中心线方向、待显示的结构和接受媒介三者之间的关系正确)才能显示病变和结构,特别在显示不规则部位、神经和血管孔和管道等方面。所以投照方位的标准化(standardization)强调的是对操作者的技术水平的要求。以下是对投照方位标准较高的位置举例。

(1)颅脑:例如,欲要显示视神经孔,首先要了解视神经管与正中矢状面呈约37°夹角,与水平面平行,投照时头颅的正中矢状面与台面呈约53°夹角,才能使视神经管垂直于台面,中心线垂直投照,就能将视神经管形成圆形影像。又如颞骨中耳摄影,必须了乳头、外耳道、中耳鼓室、鼓窦和内耳道之间的解剖位置关系,即外耳道、内耳道在颞骨内的排列与冠状面近似平行,乳突气房和鼓窦位置偏后方。按观察目的调整头颅和中心线的位置,以显示不同的结构。劳氏位、伦氏位、许氏位为侧方或侧斜方投影,内、外耳道及中耳鼓室近于重叠,鼓室盖呈切线,故这些位置依照颞骨岩部位置和中心线的角度差别,在显示鼓室、鼓窦及其入口和鼓室盖的着重点不同。梅氏位是颞骨岩部与台面垂直,中心线向足侧倾斜,能从轴位的方向将颞骨内的外、中、内耳结构无重叠地显示。斯氏位则使颞骨岩部与台面平行,可从前后方向显示外耳、中耳、内耳结构。

(2)颈椎:颈椎的X线摄影,除了常规的正侧位外,双斜位非常重要的,其观察椎间孔的变化必不可少。椎间孔的方向是与冠状位呈50°夹角,故投照时人体冠状位与接受媒介呈50°夹角,因为水平方向的因素,中心线需向头侧倾斜15°夹角,才能以标准状态显示椎间孔。临床上常常要求显示头颈交界处的寰椎侧块、枢椎齿状突、外侧寰枢关节和寰枕关节,在鼻外孔至外耳孔连线垂直于接受媒介时,寰枕、寰枢交接的结构与口腔在同一水平面,应用张口位,能清晰显示这些结构。

(3)胸部:肺尖部位的肺组织因被锁骨遮挡,常规正位显示欠佳,采用前弓位置,利用X现锥形束的特点,能清楚显示肺尖的肺组织。心脏各房室在前后方向重叠,一定角度的右前斜位能显示右心室轮廓(在图像前缘)、左心室和左心房轮廓(图像后缘);一定角度左前斜位能显示各房室的轮廓。胸骨位于胸廓正中,后方有胸椎重叠,从正面方向显示胸骨,应使胸骨贴近接受媒介,中心线则倾斜一定的角度射入,锥形束的X线将胸椎抛向胸骨之外。又如腋段肋骨在正侧位重叠较大,应用斜位或切线位方能显示,在投照时摆位的方向与角度均有精确的要求。

(4)腰椎:腰椎的斜位投照,操作人员需了解腰椎的椎间关节从内向外的方向与冠状位呈45°夹角,椎弓根峡部位于上下关节突前,并与关节面垂直。腰椎斜位摄影应呈仰卧体位,被观察侧向下,冠状面与台面成,45°夹角,椎间关节面垂直于台面,椎弓根峡部平行于台面,能显示椎间关节、上下关节突和椎弓根峡部。

(5)四肢骨:如要获得标准的肩关节正位,需要了解到人体处于标准位置时,肩关节间隙与矢状面存在约10°夹角,只有在被检者处于前后位、被检侧贴近台面,冠状面与台面呈10°夹角,中心线向足侧倾斜15°,才能经过肩关节间隙,能将肩关节间隙完全显示。腕关节的构成骨排列相互重叠,常规的正位、侧位难以全面显示各骨的结构。例如,要观察舟状骨时,必须使手部向尺侧偏斜,中心线向近侧倾斜20°,则舟状骨与接受媒介趋于平行,能显示其两端和腰部。又如髋关节前后位摄影,因为股骨颈包括股骨头与冠状面呈18°~19°前旋角,只有将足尖内旋一定角度时,股骨颈与台面平行,有利于显示股骨颈和干颈角。如果足部处于中间位置,股骨颈缩短,但能良好地显示小转子。

## 6.3 规范的技术操作在诊断中的作用

投照中规范性技术操作在诊断中占有重要的位置,每位操作技术人员均应该严格遵守。在质量控制中,将规范性操作落实到位,涉及到诸多细节,是目前存在的难题。本节强调的规范技术操作着重强调的是规范摆位、规范X线束的应用及曝光条件的合理性,并解释它们与诊断之间的关系。因为X线摄影应用在全身各部位、各器官的诊断中,所以不同投照部位有不同的规范要求。操作人员应该认识到只有在规范操作下所获得的图像才对诊断具有较大的价值。在摆位置方面,必须以人体解剖标准的参考面、线为基准,注意被检者整体体位对被检部位稳定性、舒适性的影响,使图像显示的解剖结构处于标准位置,有利于显示病变与周围结构之间的关系,正确定位。X线束的应用中,要注意大、小焦点的选择,将遮光器调节到适当的显示野，中心线的方向等，使图像清晰，最大限度显示病变。遵守曝光条件的选择规定，使图像具有最佳的对比度和层次。焦点—被检部位—接受媒介之间关系的规范性也是影响图像质量即诊断的重要因素。具体位置的操作中，如胸部摄影的屏气不良直接影响观察者对肺、支气管有无异常的判断；四肢摄影要求包括一端的关节，有利于病变的定位；观察儿童骨骺必须位置标准并且双侧对照。操作技术人员应重视规范性操作，自觉杜绝因为违规导致病变漏诊、误诊的问题发生。

## 6.4 X线图像质量是诊断的关键

一幅高质量的X线图像处决于两个因素，一是几何投影形态正确，二是能清晰显示需要观察的病变和其他组织的细微结构。这两方面的因素与投照方向、中心线摄入点、摆位是否规范、曝光条件、设备的先进性以及操作人员对投照目的的理解等多方面有关，故图像质量(imaging quality)是与投照有关的综合性因素决定的。图像质量的是疾病诊断关键：几何形态不失真或最小程度的失真，才能使诊断医生获得最基本的真实信息。人眼对低于0.2和高于2.5的光学密度(optical density)不能辨别，故图像必须具有适当的光学密度，光学密度过低表示曝光不足，表现直接曝光区黑而其他组织影像呈灰色，不能显示细节和层次；光学密度过高表示曝光过度，表现为图像普遍较黑，使图像的细微结构和病变不能显示。不同组织的密度差异即为对比度，其也是图像的光学密度的差异，图像具有良好的对比度才能显示出不同的结构。两种组织或器官比邻存在时(例如病灶)，其X线影像的界限必须清晰地显示出来，如果图像不能显示，观察者就不能观察病变或结构。显示两种结构的界线的程度称为图像的锐利度，与之相反的概念称为模糊度，也是图像质量的衡量标准之一。高质量的图像还要具有非常小的噪声，噪声即为图像中的"斑点"。有学者将噪声定义为光学密度上的随机涨落，在数字图像中把不需要、不确定、不可预测的干扰信号称为随机信号(random signal)，随机信号的斑点能淹没图像中微小病灶和微小结构的信息。要想提高图像质量，就应把噪声减少到最低限度。

图像质量的高低将直接影响医生的诊断，评价X线图像质量的根据应该是让医生能够观察到被检者体内的某个病变组织及其状况和其周围的应该观察到的结构，才能够为发现病变(不漏诊)和定性诊断提供条件。

(邹玉坚　郑晓林　王宇飞)

## 参考文献

[1] 谭少庆，丁耀军．计算机X线摄影系统的临床应用．医学影像学杂志，2010，20(8)：11145.

[2] 齐伟光，柯卫军，柯于昌．数字X线成像设备原理及应用．中国医学装备，2007，4(12)：49.

[3] 朱戈，阮兴云，徐志荣，等．医用X线机数字与胶片成像的原理对比．中国医学装备，2006，3(6)：14－15.

[5] 南喜文，杨午．X线几何学成像原理及应用．中外医学放射技术，1993，95(7)：13－14.

[6] 柏树令．系统解剖学．5版．北京：人民卫生出版社．2001.

[7] 全国中等卫生学校试用教材《X线投照技术》编写组．X线投照技术．山东科学技术出版社，1980.

[8] 于兹喜，王昌元，徐跃，等．计算机X线摄影观察者操作特征性曲线特征探讨．中华放射学杂志，2003，37(5)：460－463.

[9] 刘伟伟，李军，范医鲁．计算机X线摄影影像质量控制和管理，中国中西医结合影像杂志，2005，3(9)：215－216.

[10] 董旭．医用X线数字摄影(DR/CR)系统检测方法的研究和评定．中国医学装备，2010，7(1)：8－11.

[11] 马晓周，袁斌，杨宇，等．新论X线防护．医用放射技术杂志，2006，250(6)：55－56.

# 第2章　胸　部

# 第1节　应用解剖及定位标记

## 1.1　应用解剖

胸部(thorax)以胸骨(sternum)、肋骨(rib)、肋软骨(cartilago costalis)和胸椎(thoracic vertebra)连接构成的胸廓(thoracic cage)为支架,内含肺部(lungs)、心脏(heart)和大血管(large vessel)等结构,其上续颈部,下接腹部。肋骨共12对,长条的弓形弯曲,分前端、后端及体部3部分。第1~7肋骨长度渐次增加,其肋软骨与胸骨相接,第8肋以下渐短,第8~10肋的软骨与上位肋软骨相接而形成肋弓(rib arch),第11~12肋软骨游离与腹壁肌层中。

胸骨(sternum)位于前胸壁正中处的皮下,由胸骨柄(manubrium sterni)、胸骨体(corpora sterni)和剑突(cartilago ensiformis)组成,其为前面微凸,后面微凹,上宽下窄的长扁体。两侧接1~7肋软骨,胸骨柄略呈三角形,上部宽厚下部薄而窄,上缘微凹处为颈静脉切迹(成人平第2胸椎下缘);上缘外侧上、后、外部为锁骨切迹,与锁骨的胸骨端组成胸锁关节;下缘与胸骨体相连,向前微凸处称胸骨角(约平第4胸椎下缘)。胸骨体为长方形骨板,下缘与剑突相接。剑突扁薄,形状变化大,约平第10胸椎。

肺(lungs)位于胸腔内纵隔(mediastinum)两侧,左肺因心脏窄而长,右肺因肝脏宽而短。婴幼儿肺比较宽短,老年人有肺气肿者较长。每侧肺都可分为肺尖(apex pulmonis)、肺底(base of lung)、肋面(facies costalis)和纵膈面(facies mediastinum)。肺尖钝圆,约高出锁骨内1/3部2~3cm。肺底向上凹陷。肺纵膈面中间凹陷处为肺门,是支气管、血管、淋巴管和神经出入肺脏处。左肺分上下两叶,右肺分上、中、下三叶。左、右支气管进入肺门后又分为肺叶、肺段支气管,再不断分支呈树枝状,称支气管树(bronchia tree)。分支直径小于1mm称细支气管(fine bronchia),末端为终末细支气管(end bronchia),与肺泡(alveolus)相通,每一细支气管连同其各级分支和末端的肺泡组成肺小叶(lobuli pulmonum),肺小叶是肺野内X线病理改变的基本单位。支气管树和肺泡为肺实质,结缔组织、血管和淋巴管等为肺间质。肺呈海绵状,质软而轻,内含空气。气管和支气管是连接喉与肺之间的管道,气管分颈段和胸段。颈段与喉相接,与第7颈椎水平,沿颈正中线下行。胸段在上纵膈内向下后方行走,至胸骨角水平分为左、右支气管。左支气管长4~5cm,与气管的延长线夹角约40°~50°,右支气管粗短,长2~3cm,与气管延长线夹角为25°~30°。

心脏外裹心包,位于左右肺之间的纵隔内,正中线偏右为心脏的1/3部,偏左为心脏的2/3部(图2-1-1)。

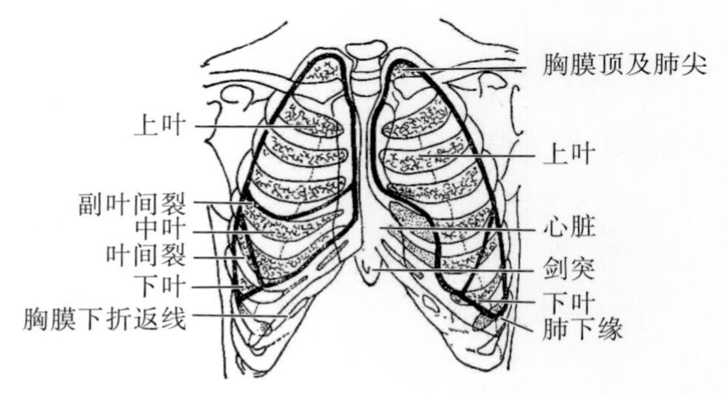


图2-1-1　胸部解剖示意图

## 1.2　体表定位

### 1.2.1　解剖标志

1. 胸骨静脉切迹(vein incisure of ster-

num),平第二胸椎椎体。

2. 胸骨体中点,平第6胸椎椎体。

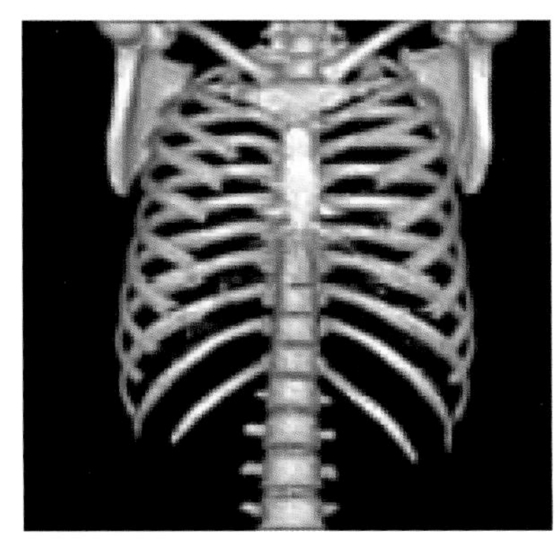

图2-1-2　胸部骨性胸廓解剖图(3D-CT重建)

3. 肩胛骨下角(inferior angle of scapula),平第7胸椎或第7后肋间。

4. 剑突(cartilago ensiformis),平第10胸椎椎体。

5. 肋弓下缘(margo inferior of costal arch),平第3腰椎椎体(图2-1-2)。

### 1.2.2　定位平面

1. 冠状面(coronal plane):使人体分成前后两部分的断面称为冠状面。

2. 矢状面(sagittal plane):使人体分为左右两部分的面,称为矢状面。把人体分为左右相等两部分的矢状面叫正中矢状面。

3. 横断面(transverse plane):使人体分为上下两部分,与矢状面、冠状面垂直,与地面平行的断面,称为横断面(水平面)。

请见图2-1-3。

### 1.2.3　定位线

1. 前正中线(lineae mediana anterior):通过胸骨正中的垂直线。

2. 锁骨中线(midclavicular line):通过锁骨中点所做的垂直线。

3. 胸骨旁线(parasternal line):经胸骨外侧缘最宽处所做的垂直线。

4. 肩胛下线(infrascapular line):通过肩胛下角与后正中线平行的上下走行线。

5. 腋中线(midaxillary line):经腋前线和腋后线之间的中点所做的垂直线。

6. 腋前线(anterior axillary line)和腋后线(posterior axillary line);分别沿腋窝前壁、腋窝后壁与胸壁交界处所做的垂直线。

7. 后正中线(posterior midline):沿身体后面正中所做的垂直线。

请见图2-1-4。

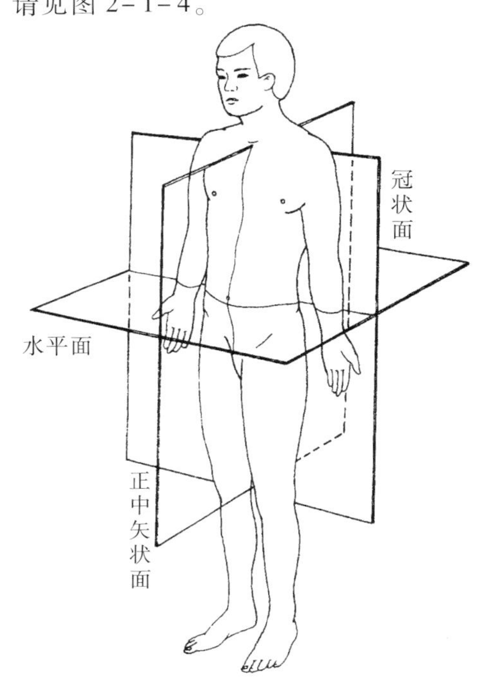


图2-1-3　人体各平面示意图

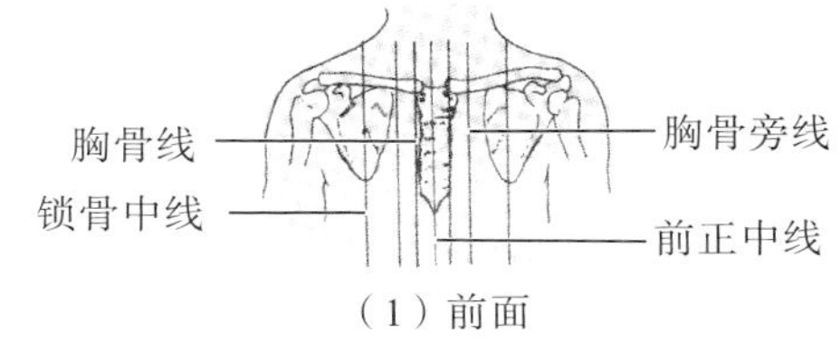


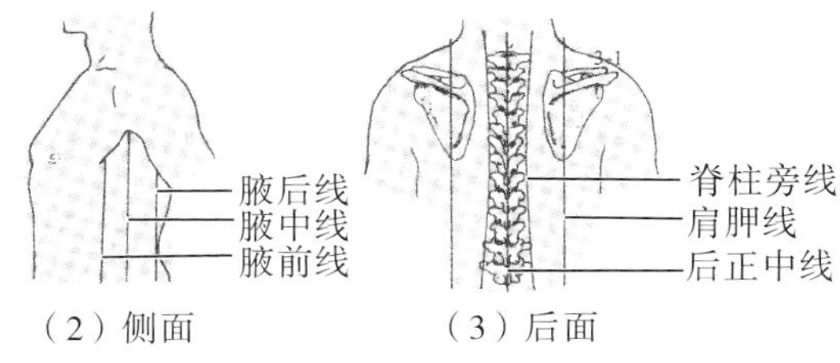


图2-1-4　胸部X线所用的定位线

# 第2节 胸部各部摄影技术

## 2.1 胸部后前位

### 2.1.1 应用

胸部的组织结构密度差别大，有骨骼、软组织和含气的肺组织，X线穿过后能形成良好的天然对比。特别是在含气的肺组织内能衬托出各级支气管、血管影像，即肺纹理。在肺组织内出现微小病变致使密度发生改变均能被显示。胸部后前位（thorax postero-anterior position）是从正面的双肺、心脏胸壁等结构的投影像，是应用最广泛的摄影位置和最重要的摄影位置。后前位用于观察肺、纵隔和胸壁等部位的肿瘤、炎症、外伤和心脏血管情况的首诊，也是各临床科室在诊断的常规检查中必须执行的一项检查，以了解全身情况，属于常规摄影位置，也是健康体检最常用的检查项目。

### 2.1.2 体位设计

1. 患者面向摄影架直立，双足稍分开，身体冠状面平行于成像接收器（imaging receiver，IR）。头稍后仰，下颌置于暗盒上缘，双肩放平。前胸壁紧贴IR，双手背置于髋部，双肘弯曲内收，使双肩、手臂、肘紧靠IR。

2. 中心线对准两肩胛骨下角连线中点射入（心脏稍下2cm）（图2-2-1）。

3. 焦点至接受媒介的距离150cm。

4. 深吸气后屏气曝光。

5. 曝光因子：视野43cm×35cm，125kV，自动曝光控制（automic exposure control，AEC）控制曝光（两侧电离室），感度400，0.1mm铜板滤过。

### 2.1.3 体位分析

1. 此位置显示胸部正面投影图像。

2. 取站立后前位的依据。

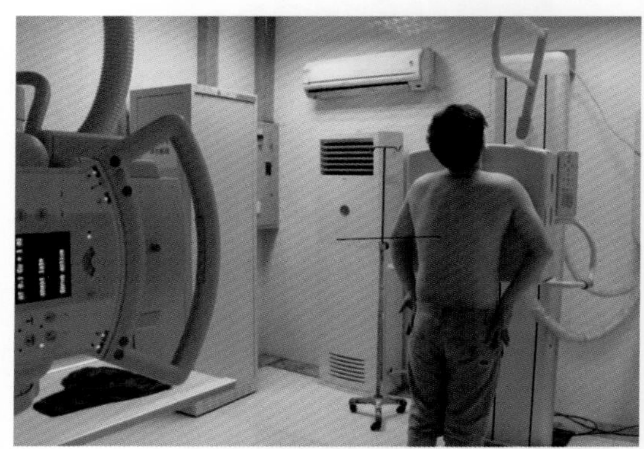

图2-2-1 胸部后前位摆位图，标记为中心线射入点

①站立可使膈肌下降，使下肺野充分显。

②肩胛骨外移，不与肺野重叠。

③后肋间隙窄，前肋间隙宽。如采用前后位则前肋间隙更宽，后肋间隙更窄，会影响对肺组织的显示。

④因心脏靠前，减少放大程度。又能使心脏与肺组织重叠减小，使肺野扩展加大，中内肺野重叠减小。

⑤取站立位，对于液气胸、空洞液化观察更充分、细致。

3. 取远距离摄影。使前肺组织与后肺组织的放大比例更为减小；增加照片的清晰度。

4. 深吸气屏气曝光。

①膈肌下降，肺组织含气量上升，使肺组织与周围胸廓对比良好，降低摄影条件，减少辐射。

②屏气使肋骨、肺组织运动停止，增加清晰度。

5. 中心线入射点的确定。

①对肺野照射：两肩胛骨下角连线中点平第7胸椎。

②对心脏照射：两肩胛骨下角连线中点下2cm（平第8胸椎）。

### 2.1.4 标准图像显示

1. 照片包括两侧胸廓、肺野、肋隔角及肺尖，胸椎长轴与照片长轴重合。

2. 两胸锁关节对称显示，肺尖充分显示。

3. 肺纹理可从肺门连续追踪到肺外带。

4. 肩胛骨向外侧拉开，不与肺野相重叠。

5. 肋骨、肺纹理、膈肌边缘清晰显示，各组织之间层次分明，对比良好（图 2-2-2，图 2-2-3）。

6. 第 1-4 胸椎椎体清晰可见，第 4 胸椎以下椎体隐约可见。显示野上缘包括第 6、7 颈椎。

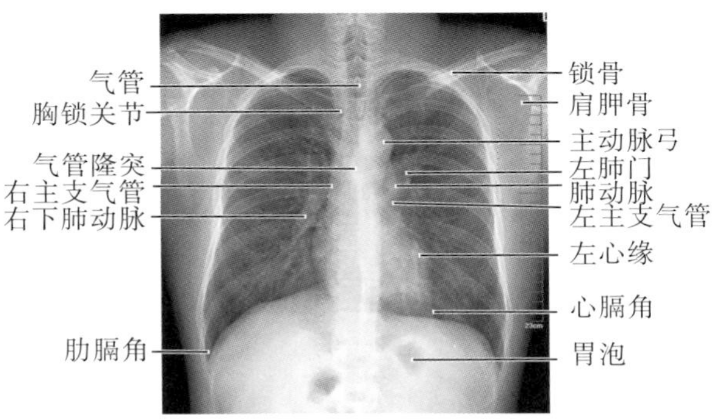


图 2-2-2　标准胸部后前位 X 线表现

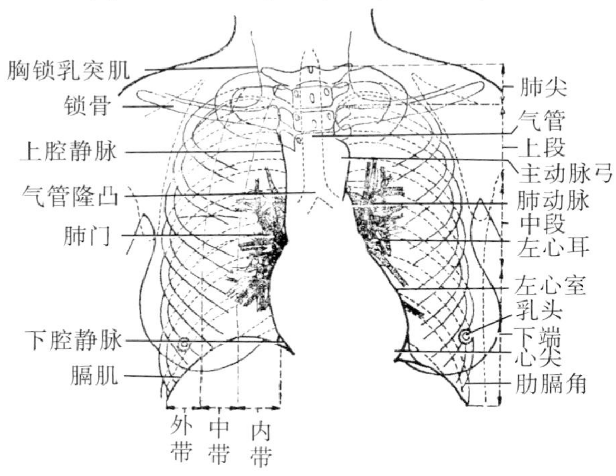


图 2-2-3　胸部后前位 X 线表现示意图

### 2.1.5 常见的非标准图像显示

1. 身体未紧贴 IR，前、后正中线偏向 IR 正中线一侧，冠状面未平行 IR 导致两侧胸锁关节不对称（图 2-2-4）。

2. 双肘关节未内旋或者肩关节未紧贴 IR 致使肩胛骨投影于肺野内（图 2-2-5）。

3. 呼吸训练不佳，呈呼气相（隔面上抬）（图 2-2-6），未屏气曝光，肺纹理、膈肌边缘模糊（儿童常见）。

4. 曝光条件不符合规范（比如外伤患者采用高仟伏模式）等，图像层次不分明（图 2-2-7）。

5. 取景比例不适当（不美观）、肩关节上耸（图 2-2-8，图 2-2-9）。

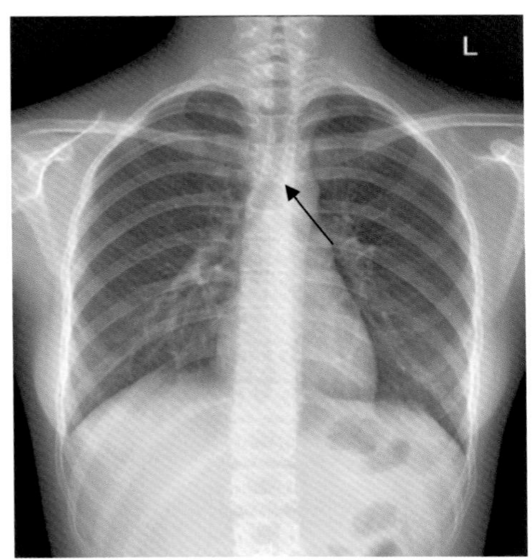

图 2-2-4　两侧胸锁关节不对称，左侧关节间隙较宽（箭头）

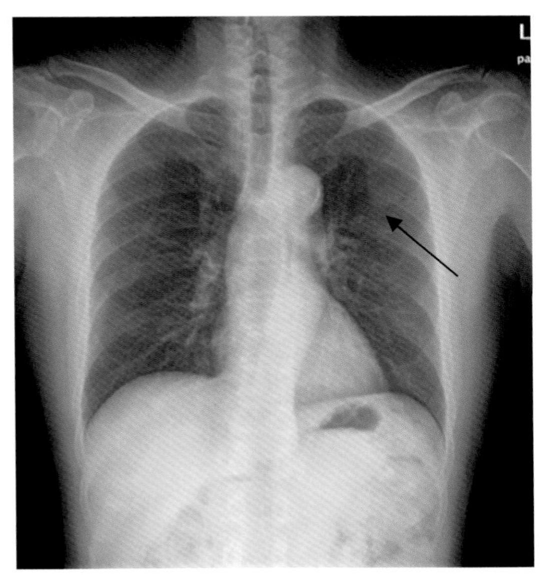

图 2-2-5　肩胛骨投影于肺野内（箭头）

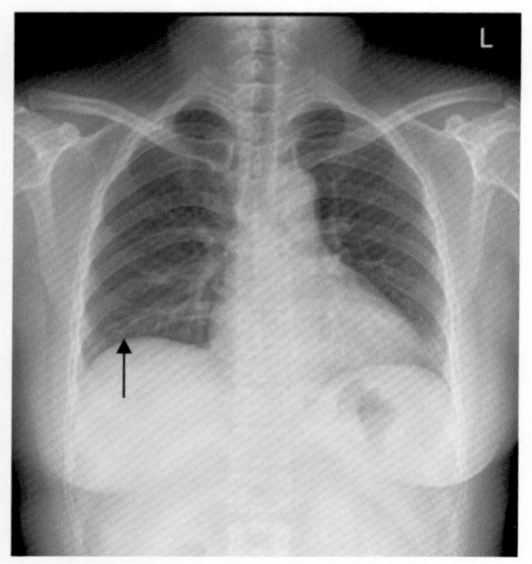


图 2-2-6 膈面上抬至第 10 后肋以上(箭头)

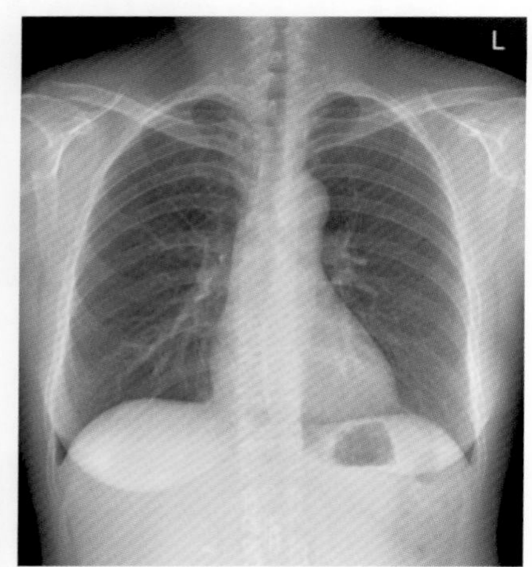


图 2-7 图像层次不分明,肋骨皮质不清楚

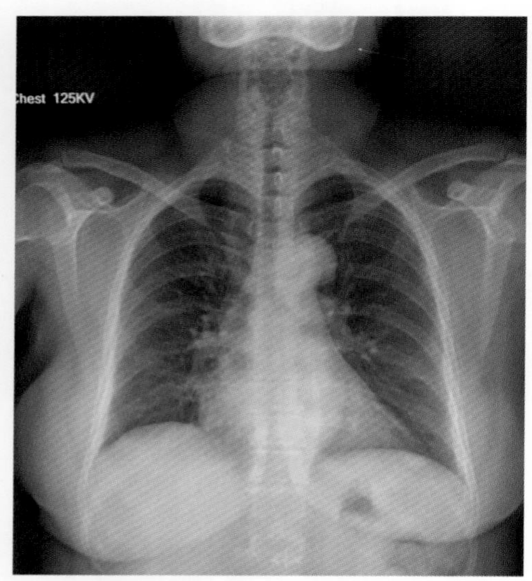


图 2-2-8 取景不当,头颈部显示太多(箭头)

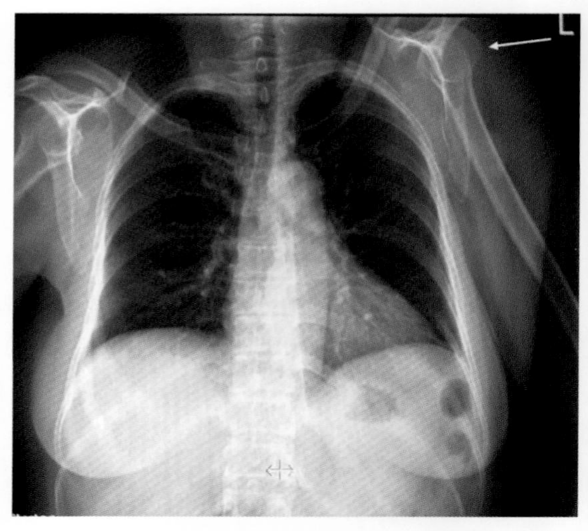


图 2-2-9 左肩上抬,左右不对称

### 2.1.6 注意事项

1. 注意采用高千伏摄影的适应证,外伤观察肋骨的患者不宜用高千伏摄影。因为高千伏摄影图像层次较丰富,肋骨皮质边缘显示不清。肋骨骨质所包含空间频率的范围较广,其中高频率带对应图像的细节与轮廓的锐利度,而低频率带指物体整体的变化。若只增强高频部分,因对比度差使骨折线不易显示;若只增强低频部分,却模糊边缘细节,特别在老年骨质疏松患者中,骨折线很模糊,有时与肺纹理不易区分,采用低千伏摄影能解决这一问题。

2. 心脏摄影必须采用远距离摄影,即焦片距 180～200cm,平静呼吸下屏气曝光。

3. 对于年老体弱患者可采用臂抱胸片架姿势,以防止跌倒和肩胛骨外展不与肺野重叠。

4. 对于瘦小女性,由于受到宽大胸片架限制,双肘关节内收不能完全,应使其肩部尽量紧贴胸片架,可使肩胛骨充分外展不至于过分与肺野重叠。

## 2.2 胸部侧位

### 2.2.1 应用

胸部侧位(thorax lateral position)是从侧方观察胸部的结构,是胸部正位的重要补充位置。观察正位显示不佳的心脏后方的肺组织、胸骨与纵隔之间、前后肋膈角部位等处病变,如肺内、肺门、纵隔、胸壁等部位的立体形态，对定位更具有帮助。观察心脏时结合正位，显示心脏大小、心脏前缘、后缘的改变，用于对各房室异常的定位。

### 2.2.2 体位设计

1. 人体侧立于摄影架前，病变侧身体紧贴IR，两足稍分开，以使身体稳固；双臂上举抓住固定架或者交叉抱头，人体冠状面与IR垂直。

2. 中心线从胸骨体中部与腋中线交点垂直到达IR（图2-2-10）。

3. 深吸气后屏气曝光。

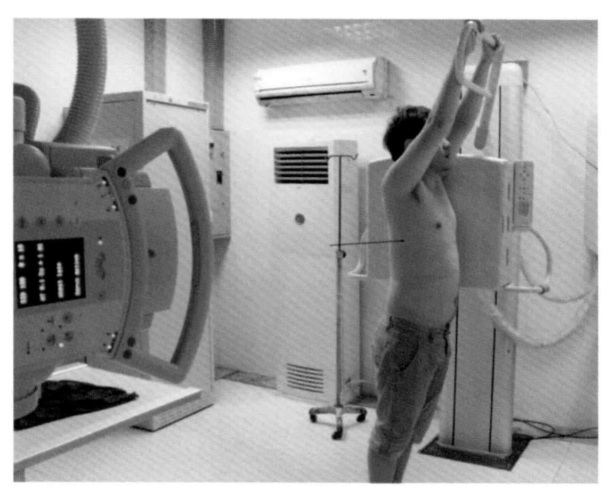

图2-2-10 胸部侧位摄影位置图

4. 曝光因子：视野43cm × 35cm，125kV，AEC控制曝光（中间电离室），感度400，0.1mm铜板滤过。

### 2.2.3 体位分析

1. 此位置显示胸部侧位投影像。

2. 两肺、心脏的解剖结构分重叠，纵隔与双肺野之间密度差减小。

3. 获得标准侧位像的操作要点。

（1）胸部冠状面与IR垂直，保证真正的侧位投影像。

（2）双臂上举，前臂交叉抱头，使肩胛骨上移，减少对肺野的重叠和干扰。

（3）远距离摄影（180 ~ 200cm），减小放大失真。

（4）中心线入射点：胸骨体中部平面与腋中线交点。

（5）呼吸方式：深吸气后屏气，使肺组织充分膨胀。

### 2.2.4 标准图像显示

1. 照片必须包括肺尖，前后肋隔角及前后胸壁。

2. 肺尖圆盖部清晰显示，颈部气管影像清晰。

3. 第4胸椎以下椎体呈标准侧位，椎体边缘呈单边，清晰可见，椎体后肋骨重叠良好。

4. 心脏、主动脉走向清晰显示。

5. 胸骨呈侧位投影像（图2-2-11，图2-2-12）。

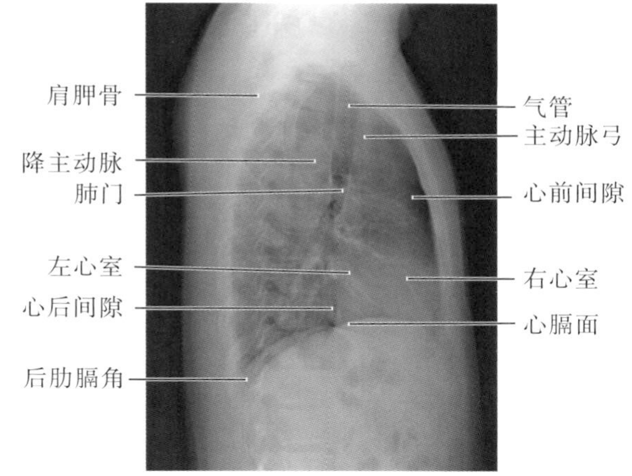


图2-2-11 标准胸部侧位X线表现

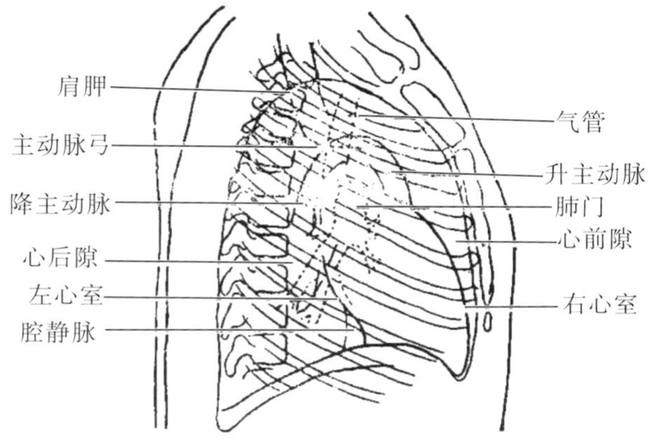


图2-2-12 胸部侧位示意图

### 2.2.5 常见的非标准图像显示

1. 身体冠状面未与 IR 垂直,导致肋骨重叠欠佳,侧位不标准(图 2-2-13)。

2. 身体瘦长者易后肋膈角包不全(图 2-2-14)。

3. 上臂未上举或者上举不全使上臂软组织与肺尖重叠(图 2-2-15)。

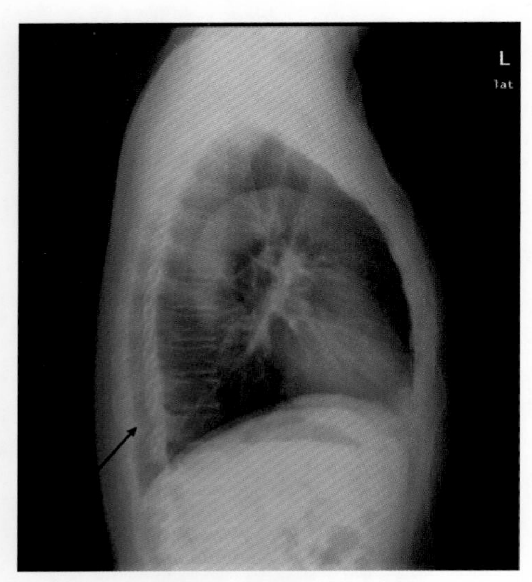

图 2-2-13 冠状面位于 IR 垂直,两侧后部肋骨未重叠(箭头)

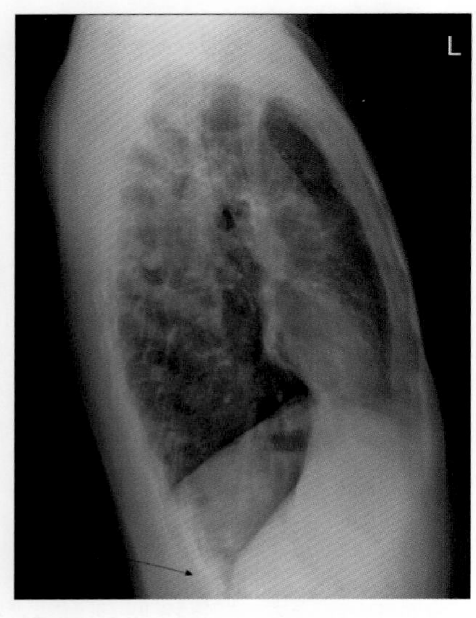

图 2-14 后肋膈角未包全(箭头)

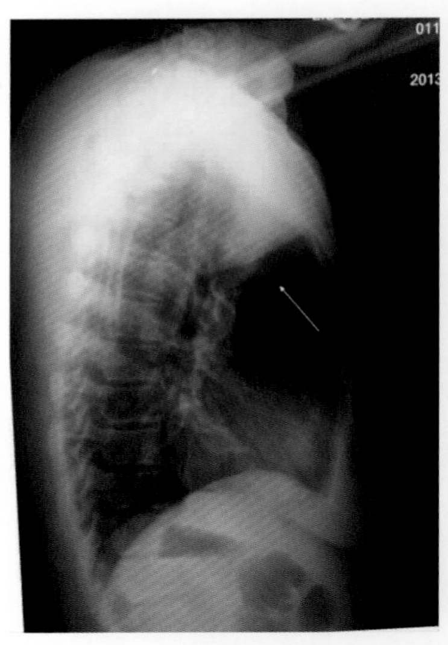
图 2-2-15 上臂与肺野重叠过多(箭头),上部肺野和肺尖被遮挡

### 2.2.6 注意事项

1. 根据病史或者正位图像信息,摆位时使患者的病变侧贴近接受媒介。如无类似情况按一定习惯,使左侧或右侧贴近 IR 均可,注意左右标记准确(如左侧贴近 IR,在图像上做“左”标记)。

2. 身高体瘦者由于肺部狭长,注意要包全后肋隔角,如标准状态下包括不全时,应加照局部,以保证肺部全面显示。

3. 观察心脏时采用左侧位吞钡,注意训练患者,最好先让患者吞一口钡剂,然后含一大口,发出吞钡指令后,延时 3 ~ 5s 再曝光。

4. 对于肺气肿或者气胸患者采用高感度,肥胖者或者大量胸腔积液用低感度摄影。

5. 胸部侧位摄影,组织厚度大,操作者应根据患者的体型适当增加摄影条件。

## 2.3 胸部前弓位

### 2.3.1 应用

胸部前弓位(thorax anterior arch position)是胸部正面方向的接近半轴位的投影像。根据 X 线的成像原理,前弓位使锁骨投影到肺尖上方,以观察肺尖部锁骨上下区病变;前弓位为右肺中叶和其临近的叶间裂呈轴位摄影,能更清楚显示右肺中叶，其内病变在轴位方向重叠，密度增高，得到发现或更明确的显示。也是显示叶间裂情况的必选位置。

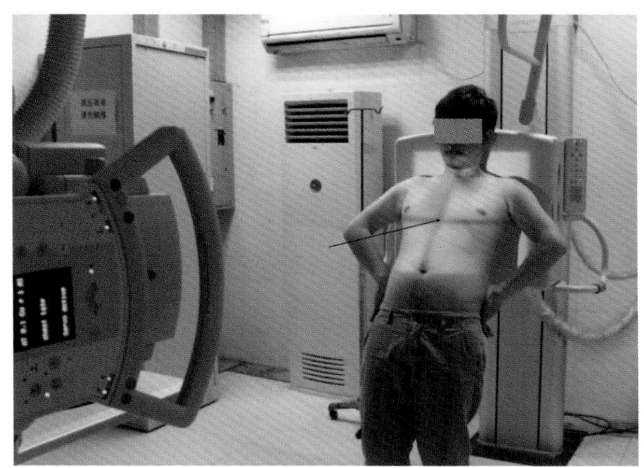

图 2-2-16 前弓位摄影摆位置图。中心线射入点和射入方向已标出

### 2.3.2 体位设计

1. 前后方向：患者立于摄影架前 30cm 处，身体后仰，背靠探测器，身体冠状面与 IR 呈 45°角，两手背置于髋部侧后方，双肘弯曲内旋，双肩向前伸（图 2-2-16）。

2. 后前方向：人体面对摄影架，双手抓住胸片架，身体后仰，使冠状面与 IR 呈 30°角。

3. 深吸气后屏气曝光。

4. 中心线入射点：前后方向——水平通过胸骨体中点；后前方向——水平通过两肩胛骨下角连线中点。

5. 曝光因子：视野 43cm × 35cm，125kV，AEC 控制曝光（两侧电离室），感度 400，0.1mm 铜板滤过。

### 2.3.3 体位分析

1. 此位置的前后方向用于显示肺尖、锁骨上下区，后前方向用于显示右肺中叶及叶间裂。

2. 从解剖结构分析：①肺尖与锁骨相重叠；②右肺中叶长轴与人体冠状面成角，其上半部与上叶基底部相重叠。

3. 获得标准图像要点：

（1）显示肺尖部，推荐用前后方向，胸部冠状面与探测器呈 45°，中心线水平通过胸骨体中点。

（2）显示右肺中叶，推荐用后前方向，胸部冠状面与探测器呈 30°，中心线水平通过两肩胛骨下角连线中点。

（3）被检查者后仰不到位，需调整中心线的方向。

### 2.3.4 标准图像显示

1. 两肺野对称显示，肺纹理清晰，呈横行走向。

2. 两侧锁骨投影于肺尖之上，肺尖充分暴露。

3. 左右主支气管呈水平走向，支气管分叉角度增大。

3. 前后肋接近水平重叠（图 2-2-17，图2-2-18）。

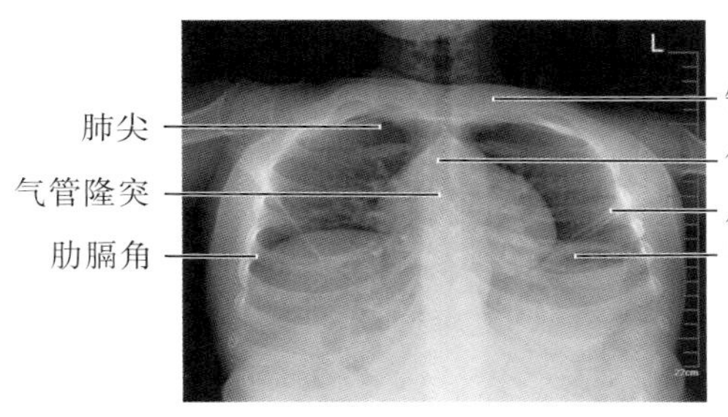


图 2-2-17 标准前弓位 X 线表现

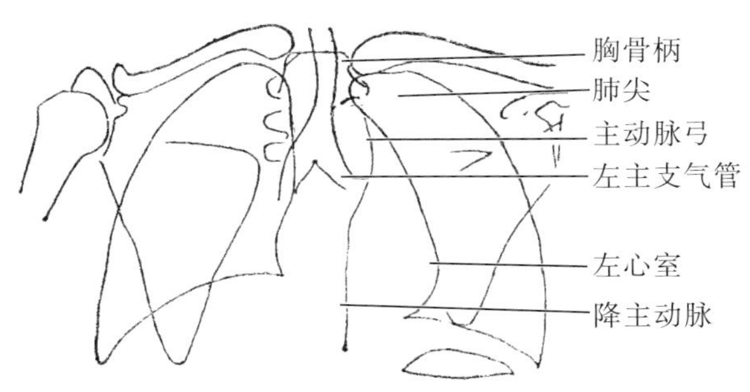


图 2-2-18 前弓位示意图

### 2.3.5 常见的非标准图像显示

人体冠状面倾斜角度不够或者中心未向头侧倾斜，致使锁骨没有完全投照到肺尖之上（图 2-2-19）。

### 2.3.6 注意事项

1. 认真阅读病史，按诊断要求选用前后位或后前位。

2. 年老体弱者慎用此体位，或者需家属陪同注意防护。

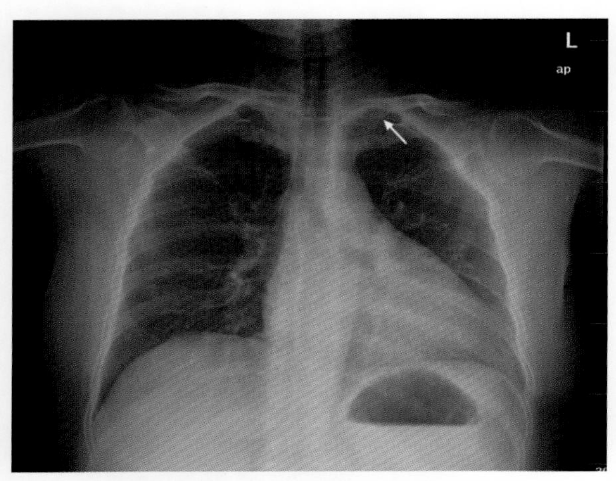


图 2-2-19 锁骨与肺尖重叠

3. 身体不能倾斜足够角度者，需倾斜中心线投照。如前后位前凸角度不足时，使 X 线球管向上倾斜一定的角度；同理，后前方向，将球管向下倾斜一定角度。

## 2.4 心脏右前斜位（第一斜位）

### 2.4.1 应用

心脏右前斜位（right anterior oblique of heart）相等于心脏自身形态的侧位投影像，图像前缘为右心室、肺动脉段前壁，后缘大部分为左心房后缘，下部是左心室后壁部分，此位置显示食管与心脏的关系最清楚，故该位置主要用于观察心脏，显示左心房、肺动脉干和右心室漏斗轮廓，以及房室形态和增大、扩张的程度。此部位全面显示左心房与食管接触段，常常结合食管吞钡摄片，也用于显示增大的右心房。同时能在切线方向（右侧肋骨）和展开方向（左侧肋骨）显示肋骨，也用于肋骨骨折诊断和观察。

### 2.4.2 体位设计

1. 人体斜站立于摄影架前，右侧前胸壁紧贴 IR，左臂抱头，右臂内旋置于髋后，胸部冠状面与 IR 呈 45°~55°夹角。

2. 中心线水平通过左侧背部中线与第 7 胸椎水平线交点。

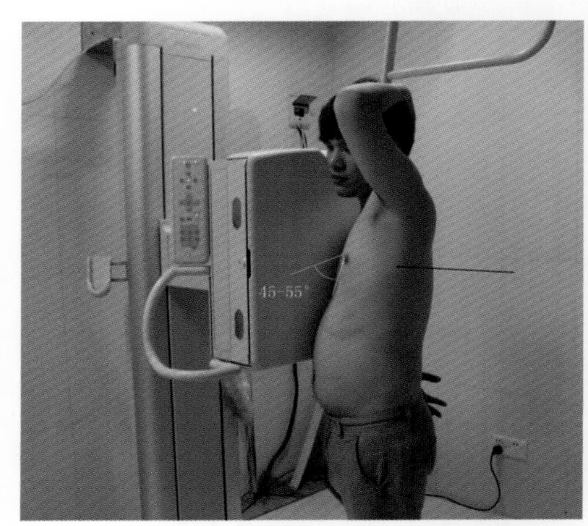


图 2-2-20 心脏右前斜位摄影摆位图。中心线射入点和射入方向已标出

3. 平静呼吸下吞钡屏气曝光（图 2-2-20，图 2-2-21）。

4. 曝光因子：视野 43cm × 35cm，125kV，AEC 控制曝光（中间电离室），感度 400，0.1mm 铜板滤过。

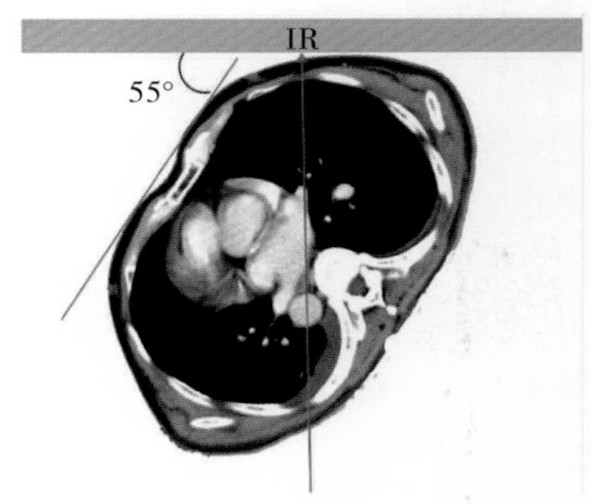


图 2-2-21 心脏右前斜位摄影原理图（CT 断面图像），右侧向前贴近接受媒介，冠状位与 IR 呈 55°夹角

### 2.4.3 体位分析

1. 此位置为解剖上的心脏自身侧位投影像。

2. 从解剖结构分析：

（1）右前斜使胸骨、心脏、右后肺野、胸椎由正位的重叠关系变为并列关系。

(2)在此位置上,左心房、右心室正好与射线相切,从而显示其边缘、形态大小。

(3)能显示心前间隙的大小和食管与心脏之间的关系。

2. 获得标准图像的要点:

(1)胸部右前斜旋转角度受胸部前后径影响,前后径偏大者,旋转角度适当减小。

(2)避开重叠:左上臂上举抱头,右手叉腰并内旋。

(3)平静呼吸下,吞钡,屏气曝光。

(4)中心线入射点:以心脏为中心,即左侧背部中线与第7胸椎水平线交点。

### 2.4.4 标准图像显示

1. 照片包括全部胸部结构。

2. 心脏不与胸椎、右后肺野重叠,胸段食管钡剂充盈显示良好。

3. 心前间隙呈三角形,肺尖、肺纹理及肺门结构显示良好(图2-2-22,图2-2-23)。

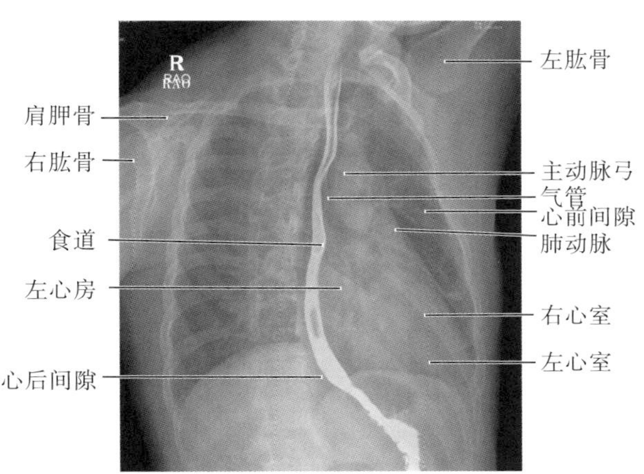


图2-2-22　标准心脏右前斜位X线表现

### 2.4.5 常见非标准图像显示

1. 身体冠状面旋转角度不足,脊柱和心脏为完全分离,左心房、右心室的边缘不能充分显示(图2-2-24)。

2. 冠状位旋转角度过大,接近侧位,同样不能显示心脏左心房、右心室边缘。

3. 食管吞钡时机把握不当,食管充盈不佳,影响对心脏大小的观察(图2-2-24)。

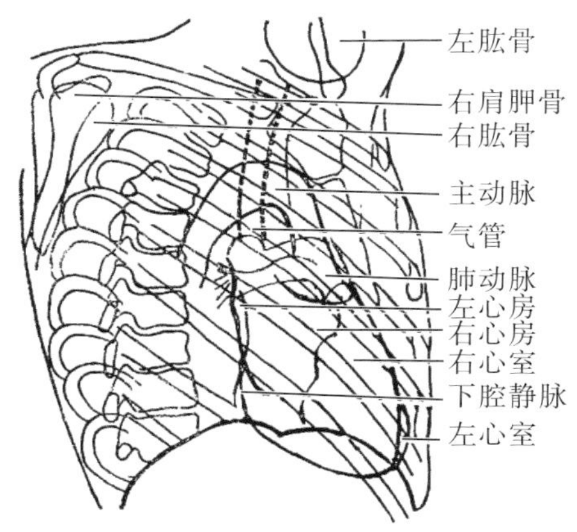


图2-2-23　心脏右前斜位示意图

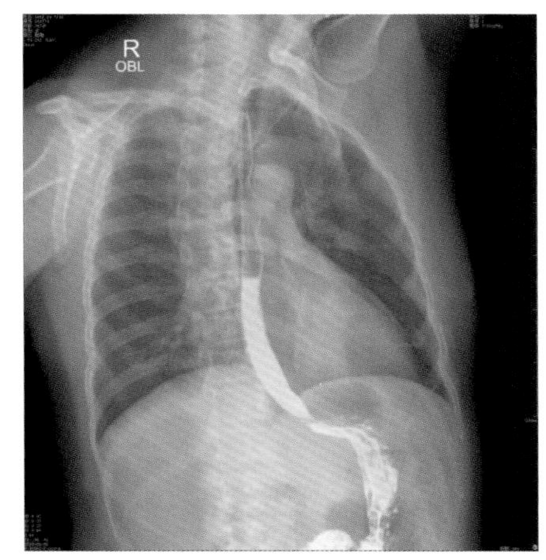


图2-2-24　身体选择角度不足,左房与脊柱重叠,食管钡剂充盈不良

### 2.4.6 注意事项

1. 此位置与心脏正位、左前斜位组成心脏三位片,除非在特殊情况下,不做单独拍摄。

2. 吞钡时注意训练患者,选择适当延时时机曝光,使食道胸段充盈良好。

3. 需了解旋转角度与患者胸部前后径有联系。

4. 观察肋骨的斜位采用小角度20°~30°,根据病变选择体位。

5. 采用短时间曝光,以免食管蠕动产生模糊影像。

## 2.5 心脏左前斜位(第二斜位)

### 2.5.1 应用

心脏左前斜位(left anterior oblique of heart)是心脏自身解剖的后前位方向的投影像,所产生的图像将心脏的左心房、左心室和右心房、右心室显示在左右两边,心尖重叠于心脏的投影内。主动脉窗充分展开,其内的主支气管、肺动脉等均能显示。故该位置主要用于观察心脏影像,显示左心室、右心室、右心房、左心房,在解剖上接近心脏的正位,从另一方向提供各房室形态和扩张、增大信息。同时显示肺动脉、主动脉窗及左心房增大时左主支气管受压、抬高情况,也用于显示肋骨切线位和部分段肋骨全貌。

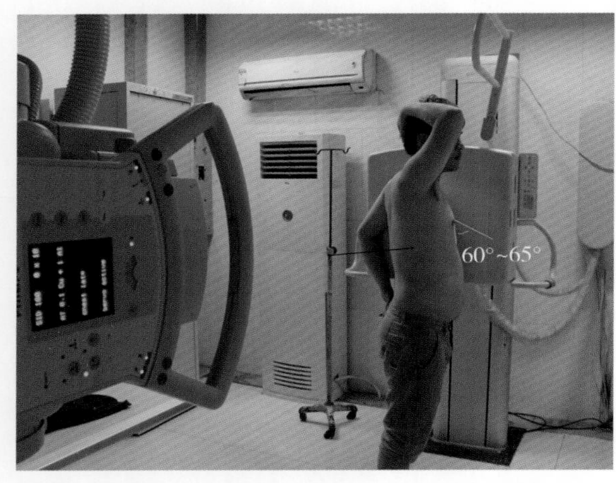


图 2-2-25　左前斜位摄影摆位图。中心线射入点和射入方向已标出

### 2.5.2 体位设计

1. 左侧前胸壁紧贴 IR,右臂抱头,左臂内旋,置于髋后,使冠状面与暗盒呈 60°~65°。

2. 平静呼吸下屏气曝光。

3. 中心线水平通过右侧腋后线与第 7 胸椎水平线交点(图 2-2-25,图 2-2-26)。

4. 曝光因子:视野 43cm × 35cm,125kV,AEC 控制曝光(中间电离室),感度 400,0.1mm 铜板滤过。

### 2.5.3 体位分析

1. 此位置显示心脏左前斜位投影像。

2. 从解剖结构分析:

(1)左前斜使心脏、左后肺野、胸椎由正位的重叠关系变为斜位的并列关系。

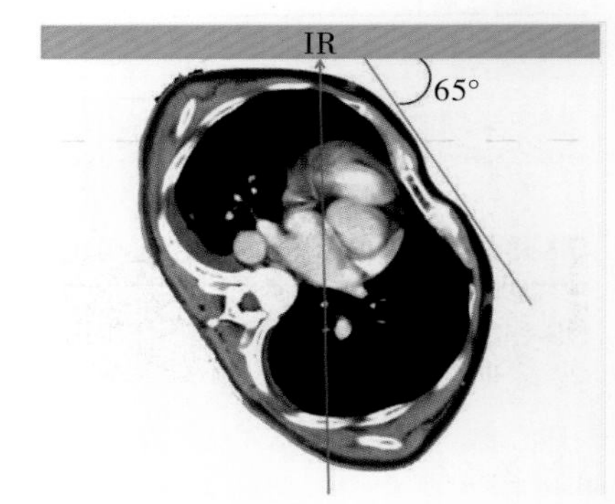


图 2-2-26　左前斜位摄影原理图(CT 扫描图像心脏轴位图像)

(2)在此位置上,右心房、右心室、左心房、左心室与射线相切,从而显示其形态大小。

3. 获得标准影像的要求:

(1)胸部左前斜旋转角度受胸部前后径影响,前后径越大,旋转角度越小,胸部选择 60°~65°(因心脏偏左),最大化显示主动脉窗。

(2)避开重叠:左上臂上举抱头,右手叉腰并内旋。

(3)平静呼吸下,屏气曝光。

(4)中心线从右侧腋后线与第 7 胸椎水平线交点射入(以心脏为中心)。

### 2.5.4 标准图像显示

1. 照片包括肺尖、肋隔角及两侧胸壁。

2. 胸椎投影与胸部左侧 1/3 处,心脏及大血管于胸椎前显示,心前间隙呈长条形。

3. 心尖重叠与心影内,平分左、右半心,右心缘上部为右心房(右心耳),下部为右心室;左心缘上部为左心房(左心耳),下部为左心室。

4. 显示胸主动脉全段,以及充分显示主动脉窗。

5. 显示左右主支气管、支气管分叉,以及左主支气管与左心房的关系(图 2-2-27,图 2-2-28)。

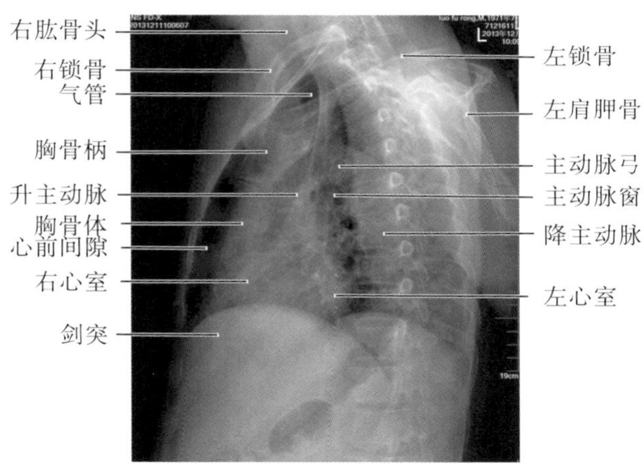


图 2-2-27 标准左前斜位 X 线表现

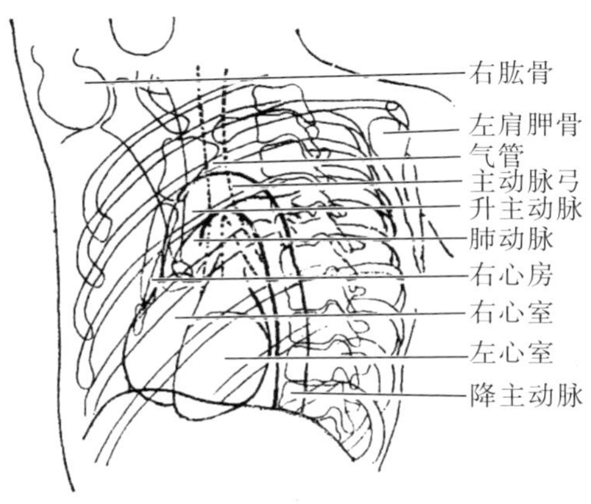


图 2-2-28 胸部左前斜位示意图

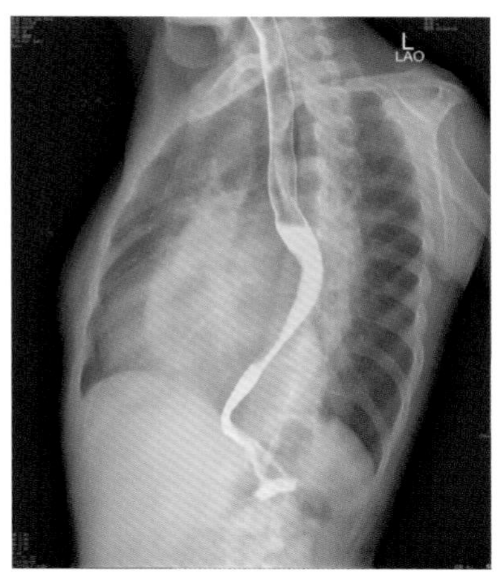


图 2-2-29 左前斜位不应食管吞钡

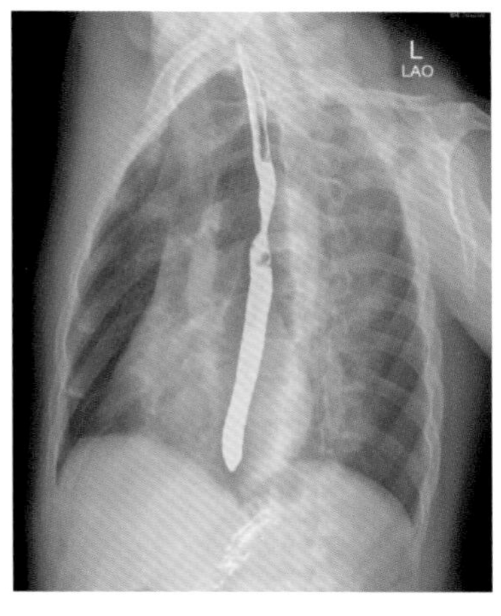


图 2-2-30 身体旋转不足，主动脉窗显示不充分

### 2.5.5 常见的非标准图像显示

1. 在心脏左前斜位投照食管吞钡无意义(图 2-2-29)。

2. 身体冠状面选择角度不够致使主动脉窗显示不佳(图 2-2-30)。

3. 冠状位与接收媒介夹角小于所要求的角度，左右心重叠，且降主动脉与心影重叠。

4. 冠状位与接收媒介夹角大于所要求的角度，图像近似侧位，仍不能显示左右心脏的侧缘。

5. 左前斜位不应吞钡，因为左主支气管横跨食管，吞钡时蠕动使之产生模糊(图 2-2-29)。

### 2.5.6 注意事项

1. 此位置与心脏正位、右前斜组成心脏三位片，除非特殊情况，不应单独使用。

2. 左前斜位不应吞钡，因为左主支气管横跨食道，吞钡时蠕动使之影像模糊(图 2-2-29)。

3. 操作时应特别注意身体倾斜角度的准确性，需依被检者的胸廓形态调整倾斜角度。

4. 肋骨斜位主要是观察腋中区肋骨弯曲部的骨质情况，应采用小角度 20°～30°，根据病变选择前后位还是后前位(图 2-2-31，图 2-2-32)。

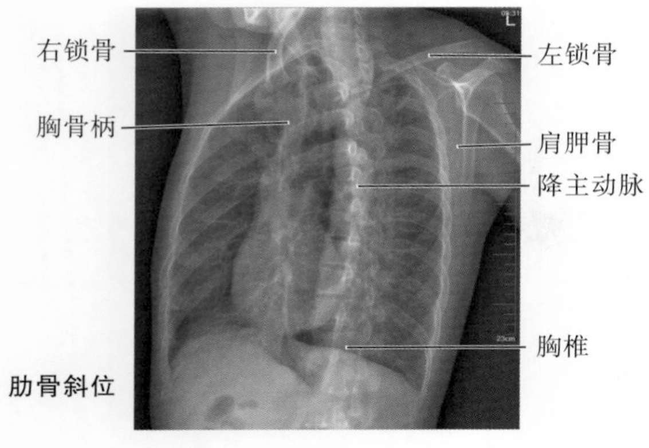


图 2-2-31　左前斜位，双腋侧肋骨显示良好

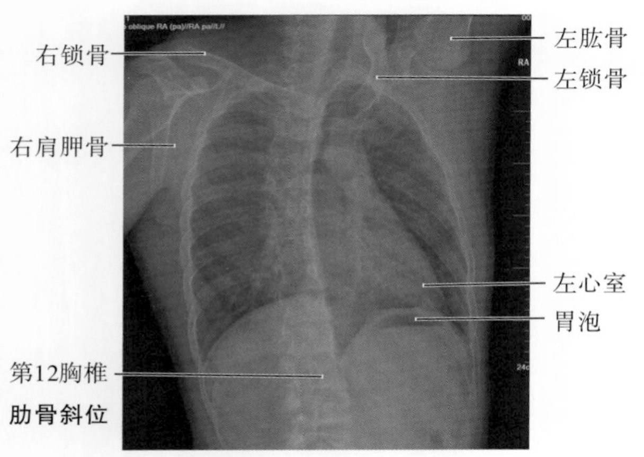


图 2-2-32　右前斜位，双腋侧肋骨显示良好

## 2.6　胸部仰卧正位

### 2.6.1　应用

胸部仰卧正位（supine thorax orthophoria）为胸部正位投影像，由于投照时为卧位，膈肌上升，胸腔缩短，双肺不能充分扩张，心脏呈横行位置，影像对各解剖结构的充分显示程度不足，故该位置主要用于婴幼儿胸部摄影，也用于不能站立者，重症患者和床边摄影。

### 2.6.2　体位设计

1. 患者仰卧于摄影床上，双上肢置于身体两侧稍分开，双下肢伸直，身体长轴与摄影床纵轴平行。

2. 中心线垂直通过胸骨体中点。

3. 能控制呼吸者采用深吸气后屏气曝光，不能配合者采用短时间快速曝光（图 2-2-33）。

4. 曝光因子：视野 43cm × 43cm，117kV，AEC 控制曝光（两侧电离室），感度 400，0.1mm 铝板滤过。

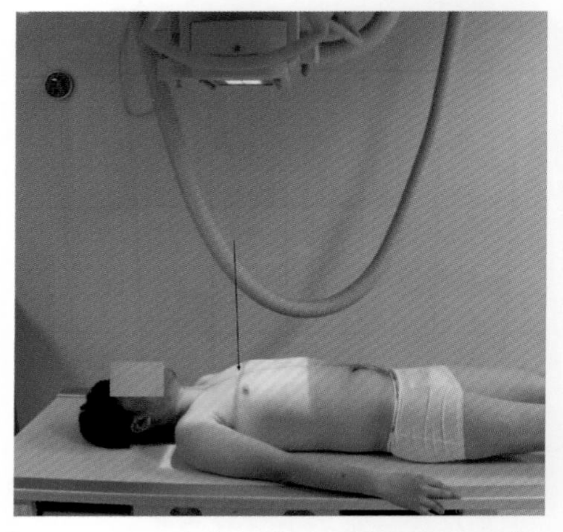

图 2-2-33　胸部仰卧位摄影摆位图。中心线射入点和射入方向已标出

### 2.6.3　体位分析

1. 此位置显示胸部仰卧正面投影像。

2. 大多患者无自主能力，肩胛骨不可避免地会与肺组织重叠。

3. 前肋和肋间隙相对后肋放大明显，使前肋间隙显示明显增宽。

4. 因为体位因素，卧位胸部图像表现为心脏呈横形增大，肺体积缩小，膈肌位置升高。与立位图像表现不同。

5. 最大限度地保持患者不动是关键。婴幼儿由于哭闹、躁动需要家属固定双大腿和双上肢。成人不能配合，采取一定的措施以获得清晰的图像。

### 2.6.4　标准图像显示

1. 照片包括肺尖、两侧胸壁和双肋膈角。

2. 肺部结构清楚，肺纹理清晰可见，肋骨及心影边缘较锐利。

3. 前肋间隙较后肋间隙明显增宽，但边缘尚清晰。

4. 双侧肩胛骨位于肺野中外带。

5. 体位左右对称，气管基本居中，双侧胸锁关节间隙相等。

6. 图像对比度良好（图 2-2-34）。

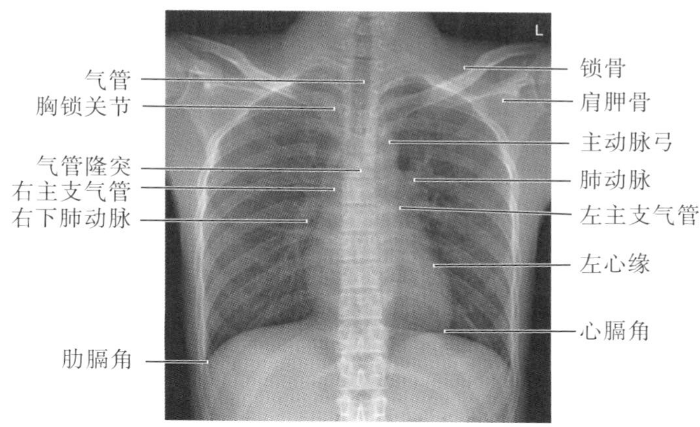


图 2-2-34　标准胸部仰卧位 X 线表现

### 2.6.5　常见的非标准图像

1. 身体未完全平卧或者中心线入射点不准确，胸部失真较明显，图像对比度不一致。

2. 患者身体长轴未做到与接收媒介纵轴一致，胸部图像呈斜行显示（图 2-2-35）。

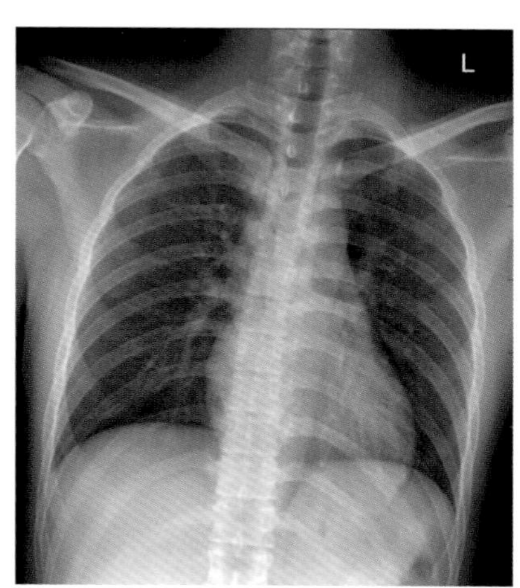


图 2-2-35　身体长轴与 IR 长轴不平行，胸锁关节不对称

3. 身体左右不等高，致使左右不对称，具体表现为双胸锁关节间隙宽窄不一（图 2-2-35）。

### 2.6.6　注意事项

1. 此体位的关键是患者的制动，不能配合的需要家属协助，婴幼儿腹部需要铅皮遮盖并注意适宜的照射野。

2. 摄影条件采用高 kV，短时间曝光，以免产生模糊。

3. 观察患者的呼吸运动，选择吸气时快速曝光（儿童主要是腹式呼吸）。

4. 摆位时尽量使被检者平卧，将身体摆正（移动身体长轴与接收媒介纵轴平行）。

## 2.7　膈下肋骨正位

### 2.7.1　应用

膈下肋骨正位（rib orthophoria underneath diaphragm）是指第 8 肋骨以下的肋骨正位，其高度位于膈肌水平，胸部图像与高密度膈肌重叠，影响观察。膈下肋骨正位以第 8 ~ 12 肋骨为投照中心的胸部正位投影像，用于是观察膈下肋骨（第 8 ~ 12 肋）的骨质情况，投照方法以清晰地显示膈下肋骨为目的。多应用于下部肋骨骨折和其他病变的诊断。

### 2.7.2　体位设计

1. 患者仰卧于摄影床上，身体正中矢状面与台面正中线重合并垂直。

2. 显示范围上缘包括肩胛骨下角，下缘包括脐。

3. 中心线：向头侧倾斜 10° ~ 15°，入射点为剑突（图 2-2-36）。

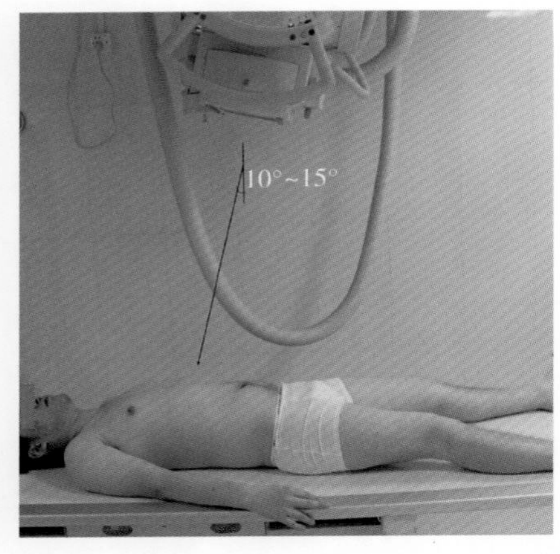


图 2-2-36

3. 深呼气后屏气曝光。

4. 曝光因子：视野 43cm × 43cm，80kV，AEC 控制曝光（中间电离室），感度 400，0.1mm 铝板滤过。

### 2.7.3 体位分析

1. 此位置显示第 8～12 肋骨正位投影像。

2. 膈下肋骨与膈肌及腹部脏器重叠，对比度较小。

3. 采用中心线向头侧倾斜 10°～15°并深呼气后屏气曝光方法，同时加大曝光条件，以减少肋骨与软组织重叠、使肋骨清晰显示。

### 2.7.4 标准图像显示

1. 显示野以第 8～12 肋骨为中心。摆位左右对称。

2. 与膈肌重叠的第 8～12 肋骨能清晰显示。

3. 膈下肋骨充分展开，与膈上前肋重叠减少。

4. 肋骨显示清晰，对比良好（图 2-2-37，图 2-2-38）。

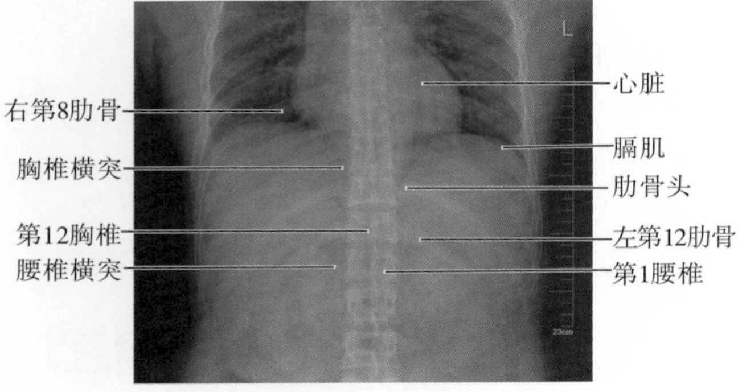


图 2-2-37 标准膈下肋骨正位 X 线表现

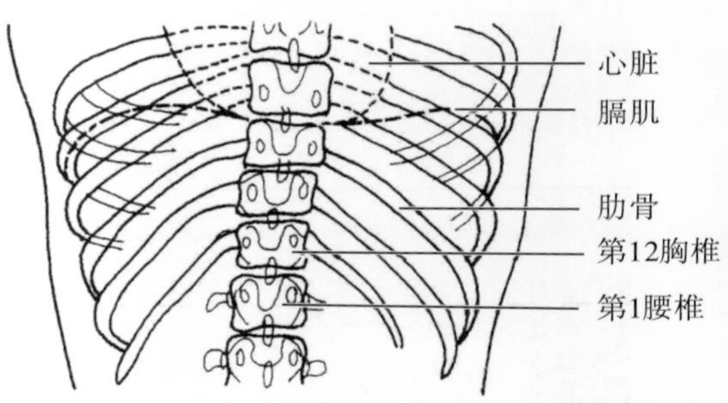


图 2-2-38 膈下肋骨正位示意图

### 2.7.5 常见的非标准图像显示

1. 中心线未向头侧倾斜（图 2-2-39），膈下肋骨未充分展开。

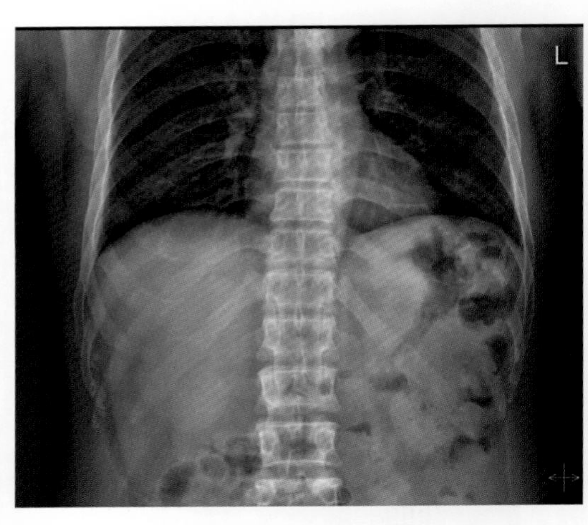


图 2-2-39 膈下肋骨未展开，显示不充分

2. 采用常规胸部正位代替膈下肋骨正位（图 2-2-40），使膈下肋骨显示不充分，结构重叠程度增大。

3. 未深呼气后屏气曝光或者摄影曝光条件不合适（图 2-2-41），膈下肋骨与软组织对比不良、显示不清。

### 2.7.6 注意事项

1. 肋骨摄影不宜采用高 kV 技术，但是上腹部组织较厚，需要在胸部摄影基础上加大曝光条件（与腹部正位摄影相当，即 81kV 左右）。

2. 了解膈下肋骨的解剖，掌握相应的投照原理，注意投照方向和中心线倾斜角度。

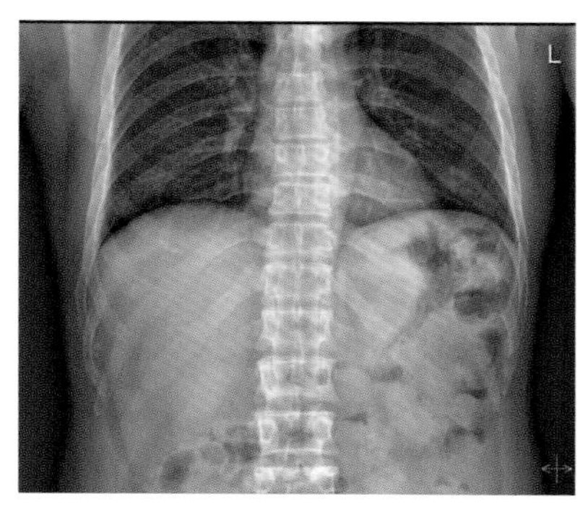

图 2-2-39　膈下肋骨未展开，显示不充分

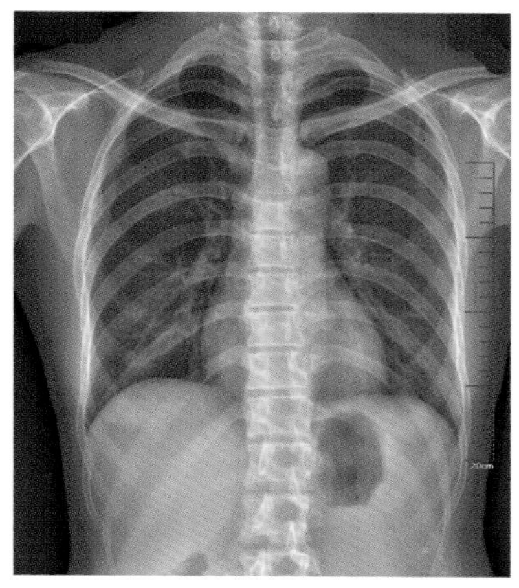

图 2-2-40　用胸部后前位显示膈下肋骨

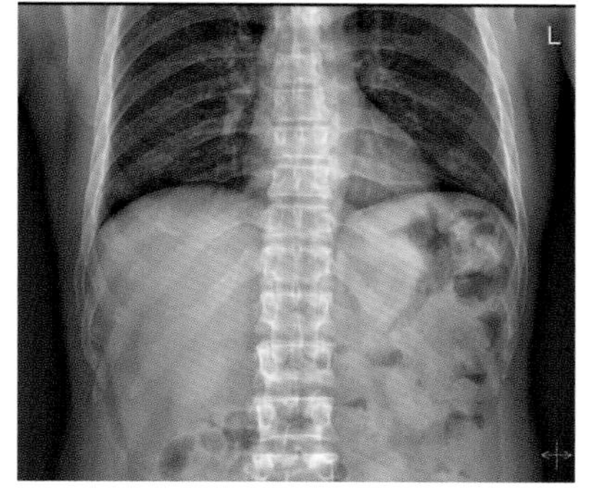

图 2-2-41　摄影条件不合适，肋骨模糊

3. 摄影时嘱患者尽量深呼气，使肋骨充分展开。

## 2.8　胸骨后前位

### 2.8.1　应用

胸骨后前位（sternum posterior anterior position）是胸骨的正位稍偏斜位的投影像，用于显示胸骨各部分和与之相连的关节，可观察骨质情况，如骨折、肿瘤等病变。因胸骨位于前胸壁中部，故需要相应的投照方法和技术才能充分显示。

### 2.8.2　体位设计

1. 患者站立于摄影床一侧，俯卧于床上，使胸骨紧贴台面，两臂内旋置于身旁。

2. 中心线：向左侧倾斜，倾斜角范围 15°～22°（倾斜角与胸廓径、焦片距有关），从右侧肩胛骨下角平棘突水平右 6～7cm 射入（图 2-2-42）。

3. 患者浅呼吸、低千伏、低毫安、长时间和近距离曝光。

4. 曝光因子：源像距（source image dislance，SID）70cm，视野 32cm × 25cm，55～60kV，500ms，8mAs 0.1mm 铜板滤过。

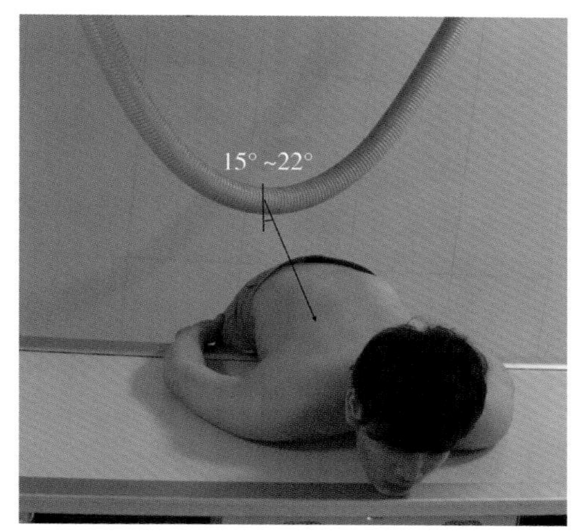


图 2-2-42　胸骨后前位摄影摆位图。中心线射入点和射入方向已标出

### 2.8.3　体位分析

1. 此位置显示胸骨接近正面投影像。

2. 胸骨为扁骨，骨质薄，容易被穿透，所以需要低千伏，低毫安。

3. 采用呼吸技术，长时间浅呼吸，最好两个周期以上，使得肋骨模糊而胸骨在下静止不动，更突出胸骨影像。

4. 由于与纵隔脊柱重叠，不易分开，故中心线倾斜照射。胸廓前后径越小倾斜角度越大，中心线倾斜角度 a = 40（常数）—胸部前后径（cm）。

4. 为了不使肩胛骨与胸骨重叠,双上臂内旋。

### 2.8.4 标准图像显示

1. 胸骨接近正位像投影。

2. 胸骨清晰显示于胸椎右侧,不与脊柱重叠。

3. 肋骨显示模糊(图 2-2-43,图 2-2-44)。

4. 胸骨柄、胸骨体和剑突包括在视野内。

5. 双侧胸锁关节显示清楚。

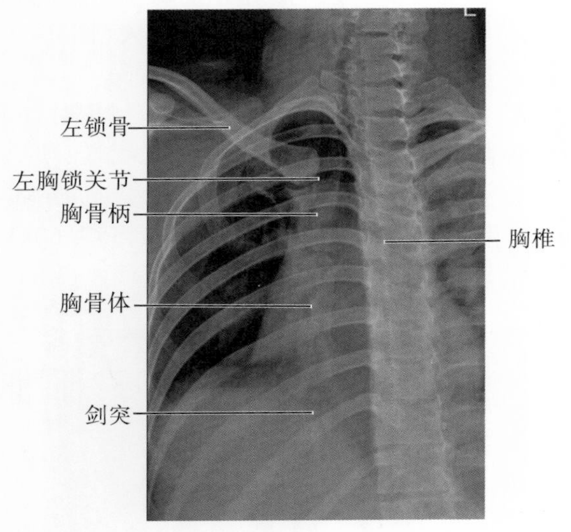


图 2-2-43 标准胸骨后前位 X 线表现

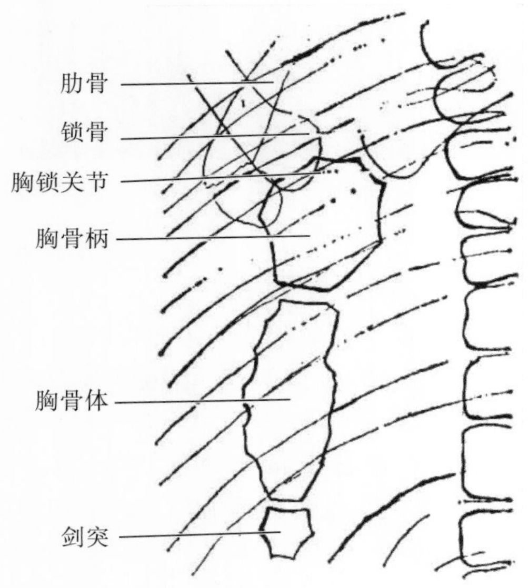


图 2-2-44 胸骨后前位示意图

### 2.8.5 常见的非标准图像显示

1. 摄影条件不当,肋骨显示清楚而胸骨显示不清(图 2-2-45)。

2. 呼吸过度,导致整体图像模糊(图 2-2-46)。

3. 中心线倾斜角度不准确或者身体旋转过度,几乎变成侧位图像(图 2-2-47)。

4. 身体旋转不够,胸骨与脊柱重叠(图 2-2-46)。

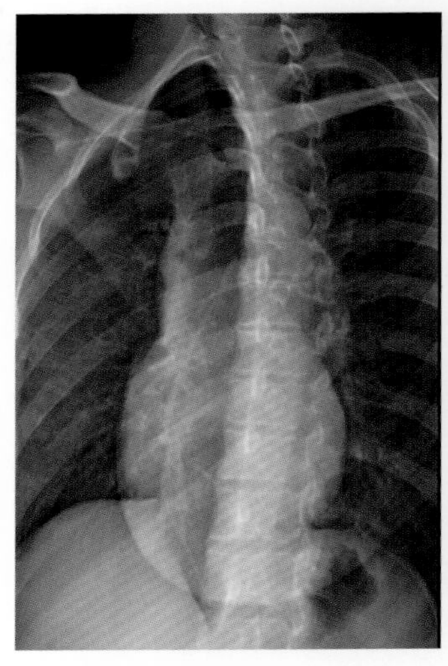

图 2-2-45 摄影条件不当,肋骨清楚而胸部不清楚

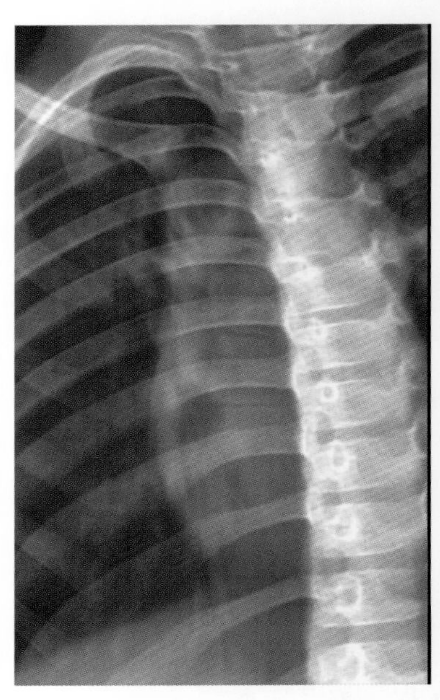

图 2-2-46 投照角度不足,胸骨柄与脊柱重叠,过度呼吸致图像模糊

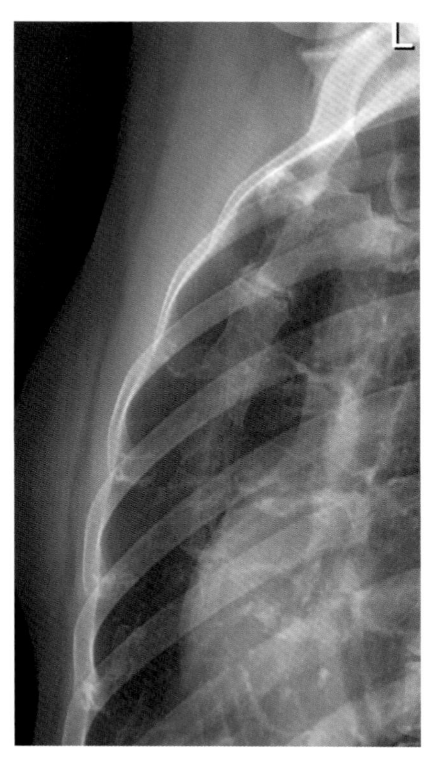


图 2-2-47　投照角度不足或者身体旋转几乎成侧位像

2.8.6　注意事项

1. 倾斜角度：一般需要倾斜中心线或转动患者身体成右前斜位，体厚较大者旋转的角度应减小，体厚小者旋转的角度应增大，目的是要将胸骨移于胸椎一旁（15°～22°）。

2. 入射点：入射点与棘突的距离也与体厚有关，体厚越大，距离越远，反之亦然。

3. 摄影条件是成功的关键，如果条件应用不当（条件太高或不足），胸骨均难以显示。故摄影条件应该用低千伏、低毫安、长时间。

4. 同时需要掌握呼吸技术。呼吸幅度大，胸骨均不能清楚显示。利用适当的呼吸运动使肋骨影像模糊，最佳两个呼吸周期。

5. 胸骨摄影时间较长，同时要求做呼吸运动，要注意被检者整体体位保持静止。

## 2.9　胸骨侧位

2.9.1　应用

胸骨侧位（sternum lateral position）是胸骨侧方向的投影像，能显示胸骨骨皮质、胸骨柄与骨体之间的关节间隙。用于观察胸骨前后缘是否规则，后面骨质情况及周围结构与病变（骨折、肿瘤、退行性变等）。可与胸骨正位联合使用。

2.9.2　体位设计

1. 患者站立于摄影架前，双足分开站稳，下颌抬高，两臂背后交叉，两肩后倾，使胸骨前挺。

2. 冠状面与 IR 垂直，胸壁前缘位于 IR 纵向中线前约 4cm。

3. 中心线：胸骨中部距前壁后 4cm 处入射。深吸气后屏气曝光（图 2-2-48）。

4. 曝光因子：视野 32cm×25cm，80～90kV，AEC 控制曝光（中间电离室），感度 400，0.1mm 铝板滤过。

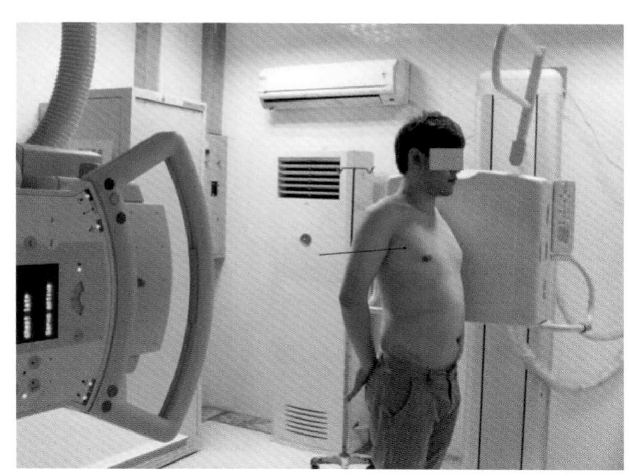

图 2-2-48　胸骨侧位摄影摆位图。中心线射入点和射入方向已标出

2.9.3　体位分析

1. 此位置显示胸骨侧面投影像。

2. 胸骨在胸部之前缘，与肋骨相连，胸大肌与之重叠，侧位射线正好与之相切。

2.9.4　标准图像显示

1. 胸骨显示在图像正中。

2. 胸骨前后缘锐利，无双边影。

3. 胸骨柄与胸骨体之间的关节面积间隙清晰。

4. 胸骨纹理清晰显示。

5. 胸骨柄下部与胸骨体上部肋软骨结合部要与胸骨后缘呈两锐利平行线(图 2-2-49,图 2-2-50)。

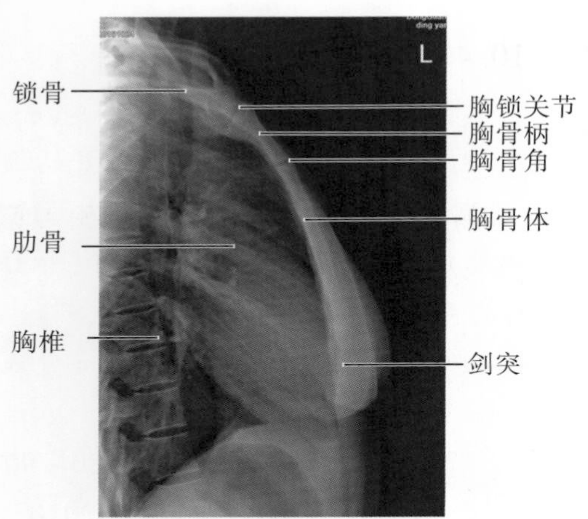


图 2-2-49　标准胸骨侧位 X 线表现

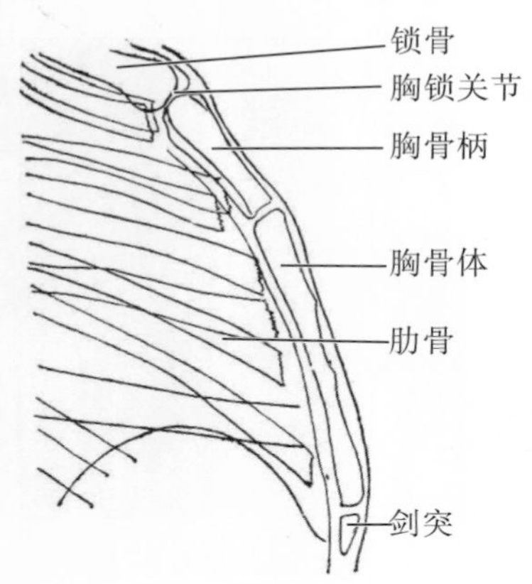


图 2-2-50　胸骨侧位示意图

### 2.9.5　常见的非标准图像显示

1. 两肩未向后挺,胸大肌、上臂软组织与胸骨柄重叠,导致显示不佳(图 2-2-51)。

2. 曝光条件不恰当,采用高千伏摄影,散射线较多,图像分辨率减低(图 2-2-52)。

3. 身体冠状面未垂直于 IR,有旋转,胸骨前后缘有双边影(图 2-2-53)。

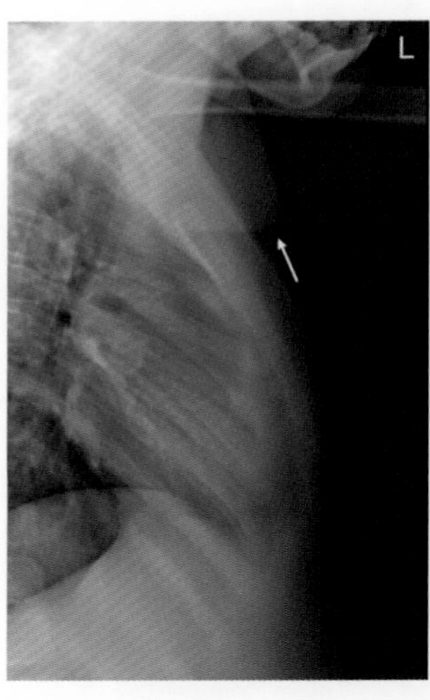


图 2-2-51　上臂软组织与胸骨柄重叠(箭头)

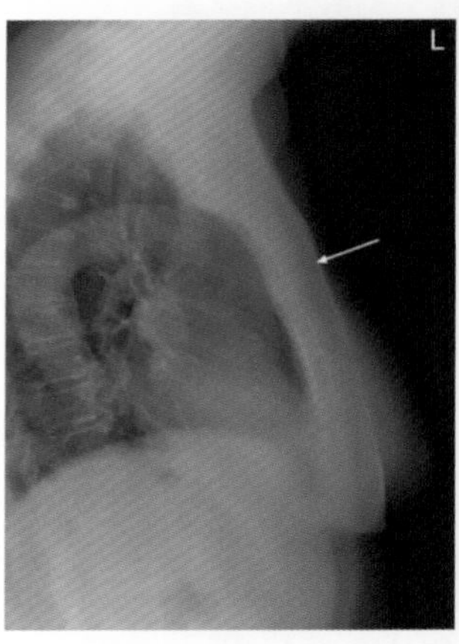


图 2-2-52　摄影条件不当,胸部骨质显示不佳(箭头)

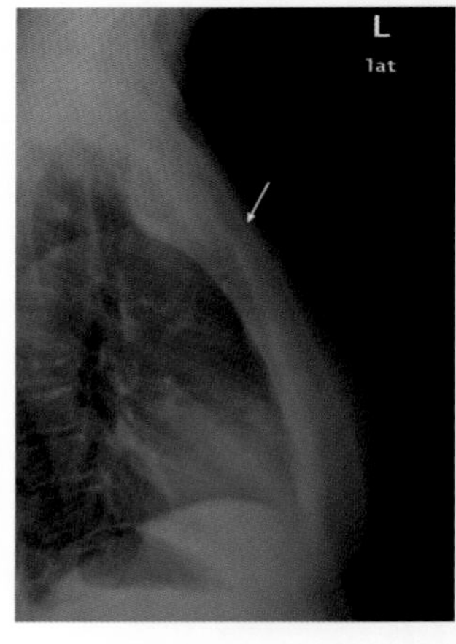


图 2-2-53　胸骨前后缘出现双边影(箭头)

### 2.9.6 注意事项

1. 胸骨侧位摄影可采用站立或者侧卧位。

2. 摆位时注意嘱被检者两肩后挺,使胸骨前突,胸骨柄显示更佳。

3. 不可以用高千伏摄影,避免散射线。

## 2.10 胸锁关节后前位

### 2.10.1 应用

胸锁关节后前位(articulationes sternoclavicularis postero-anterior position)是双侧胸锁关节正位投影。主要观察胸锁关节间隙和关节面、胸骨柄及锁骨内侧段骨质结构及病变。用于对胸锁关节疾病的观察和诊断,并有利于双侧对比。

### 2.10.2 体位设计

1. 患者俯卧于摄影床上,两臂放于身旁,双肩尽量内收,头略抬起,颏部支撑于台面。

2. 中心线:经胸骨颈静脉切迹(第2胸椎下缘)水平、后正中线上垂直射入(图2-2-54)。

3. 平静呼吸下屏气曝光。

4. 曝光因子:视野24cm×18cm,76~80kV,AEC控制曝光(中间电离室),感度400,0.1mm铝板滤过。

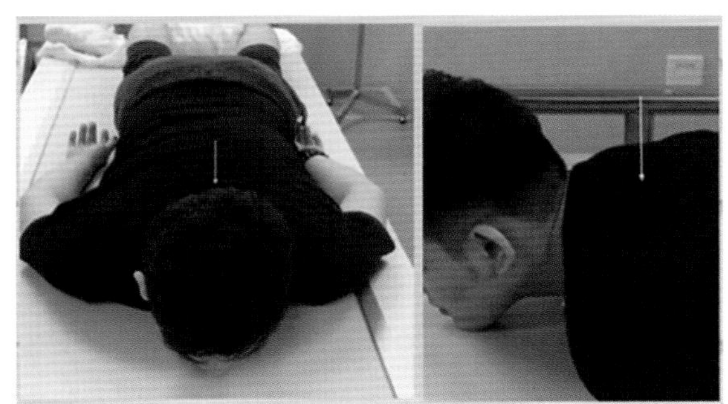

图2-2-54 胸锁关节正位摄影摆位图,中心线方向和入射点均标出(箭头)

### 2.10.3 体位分析

1. 此位置显示双侧胸锁关节正位投影像。

2. 胸锁关节在胸椎之前,锁骨内侧,双侧胸锁关节间距稍宽于椎体,必须对称才能显示,身体稍有旋转就会与脊柱重叠。

3. 双侧肩部内收可使双侧胸锁关节贴近台面。

4. 双侧胸锁关节间隙走向为从后内向前外呈"八"字形,锥形的X线由后前位投照,可显示双侧胸锁关节间隙。

### 2.10.4 标准图像显示

1. 两侧胸锁关节对称显示于图像中心,不与椎体重叠。

2. 双侧胸锁关节间隙呈线状低密度影,关节面边缘锐利。

2. 骨质显示清楚,对比良好(图2-2-55,图2-2-56)。

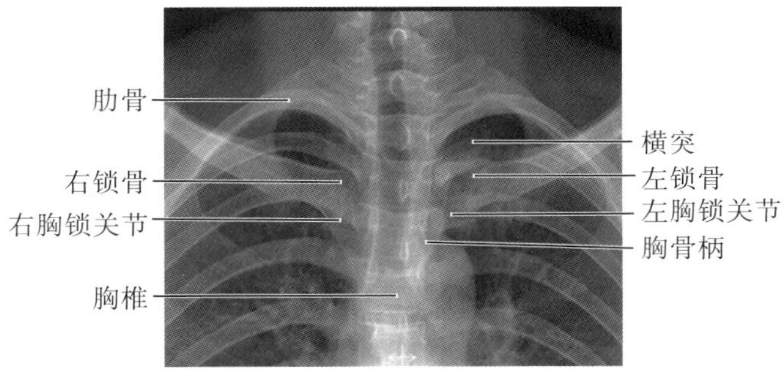


图2-2-55 标准胸锁关节正位X线表现

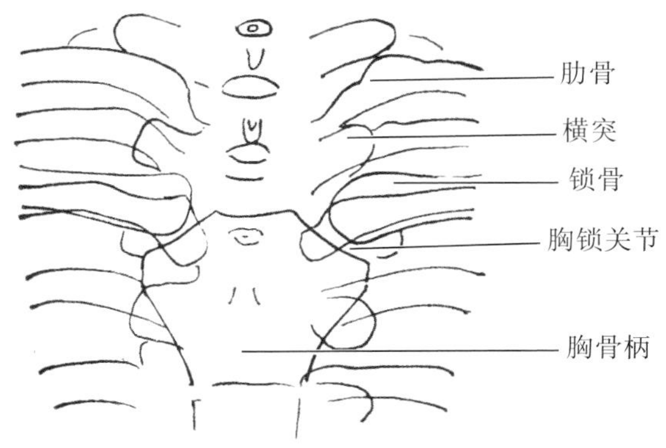


图2-2-56 胸锁关节正位示意图

### 2.10.5 常见的非标准图像显示

1. 身体冠状面不平行与IR导致关节间隙不等宽(图2-2-57)。

2. 采用不适当的摄影条件如胸部高千伏摄影模式(图2-1-58)。

3. 中心线未垂直射入,关节间隙和关节面不能显示。

4. 双侧胸锁关节未贴近台面，结构边缘模糊。

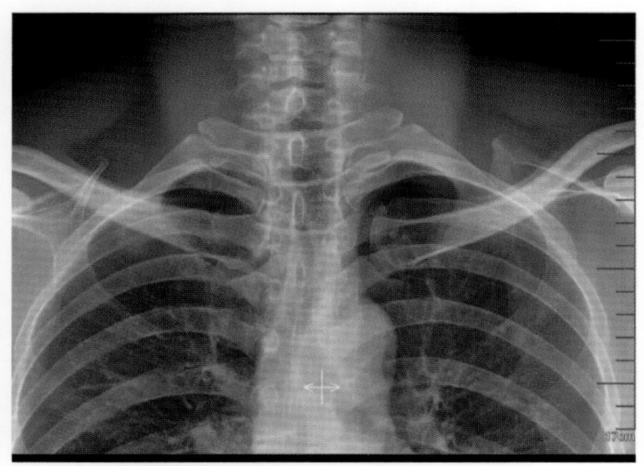

图 2-2-57　胸锁关节间隙不对称

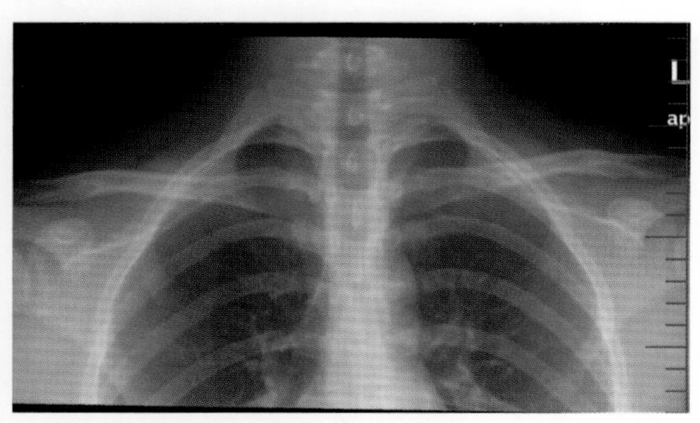

图 2-2-58　采用胸部高千伏条件对骨质显示不佳

### 2.10.6　注意事项

1. 摄影时注意双肩内收，紧贴 IR，且双侧对称。

2. 由于主要观察骨质情况，不可以使用高千伏模式摄影条件。

3. 摄影时正确使用体表标志，保证中心线投射的准确性，使肩锁关节能够显示。

## 2.11　单侧胸锁关节斜位（左、右侧胸锁关节斜位）

### 2.11.1　应用

单侧胸锁关节斜位（articulationes sternoclavicularis oblique position）也称左、右胸锁关节斜位（left or right articulationes sternoclavicularis oblique position）是沿关节间隙方向局部显示胸锁关节的投影像。目的是更清楚、细致地显示胸锁关节间隙和关节面，用于对胸锁关节的局部观察，以发现或进一步显示胸锁关节情况和病变。一般行双侧投照，进行对比观察。

### 2.11.2　体位设计

1. 患者俯卧于摄影床上（或者站立于立位摄影架前），被检侧贴近接受媒介。

2. 对侧向后体旋转使冠状面与检查台面呈 30°～40°夹角，前侧手臂放于身后，后侧手臂置于胸前以保持身体平衡。

3. 头部轻度后仰，下颌置于台面，与被检侧肩部、对侧手部形成三角形支撑点，加强体位的稳定性。

4. 中心线：经胸骨颈静脉切迹（第 2 胸椎下缘）向对侧移动 5cm 处垂直射入（图 2-2-59）。

5. 平静呼吸下屏气曝光。

6. 曝光因子：视野 18cm × 24cm，76～80kV，AEC 控制曝光（中间电离室），感度 400，0.1mm 铝板滤过。

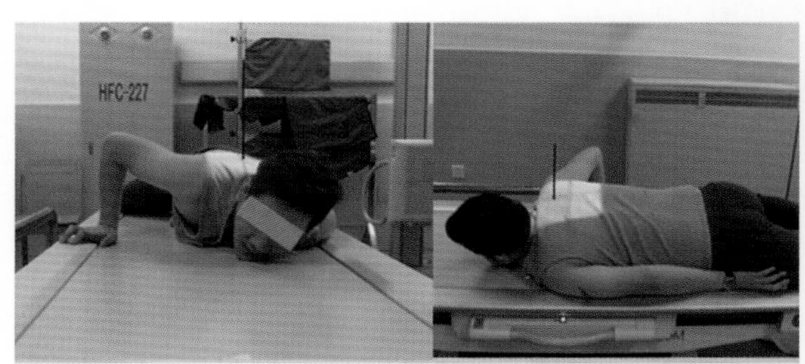


图 2-2-59　胸锁关节斜位摄影摆位图，显示摆位要点，标出中心线投射方向和射入点（见标记）

### 2.11.3　体位分析

1. 此位置显示胸锁关节斜位投影像。

2. 胸锁关节由锁骨内侧端下半部与胸骨柄构成关节，在胸椎前方，锁骨内侧并稍宽于椎体。胸锁关节间隙实际是由内向外与正中矢状面呈 30°～40°夹角，使身体旋转 30°～40°角度正好使关节间隙与中心线相切，而显示单侧胸锁关节(图 2-2-60)。

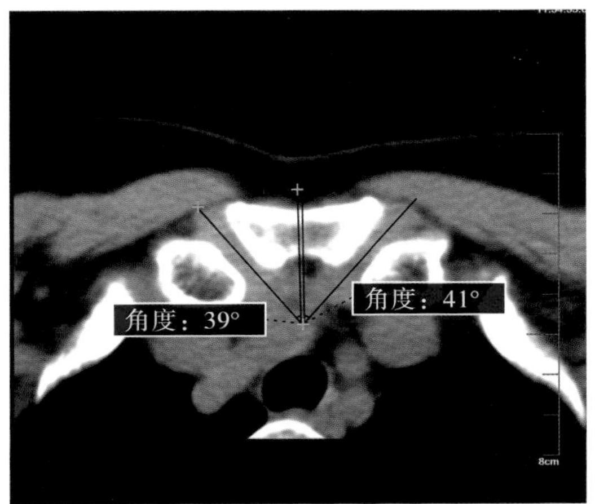


图 2-2-60 胸锁关节 CT 扫描，说明胸锁关节间隙自后内向前外方向。

### 2.11.4 标准图像显示

1. 被检侧胸锁关节位于图像中央。

2. 胸锁关节间隙、关节面清晰，不与椎体重叠。

4. 对侧胸锁关节面与中心线近乎垂直方向，故不能显示。

3. 骨质显示清楚，对比度良好(图 2-2-61、图 2-2-62)。

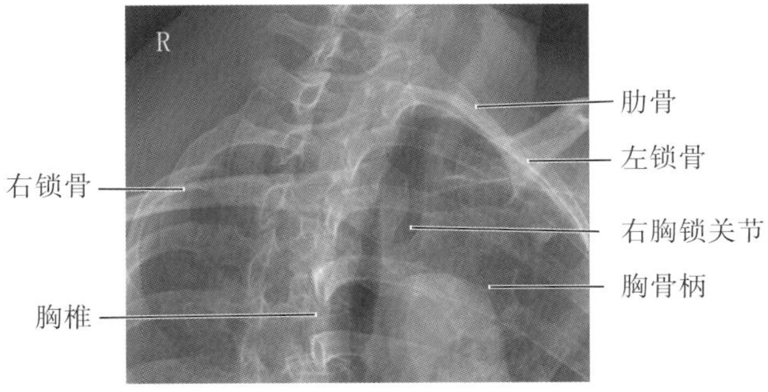


图 2-2-61 标准胸锁关节斜位 X 线表现

### 2.11.5 常见的非标准图像显示

1. 身体冠状面旋转角度不足，胸锁关节与脊柱重叠(图 2-2-63)。

2. 曝光条件设置不合理，骨质显示不清(图 2-2-64)。

3. 中心线向足侧倾斜，使胸锁关节与主动脉结重叠(图 2-2-64)。

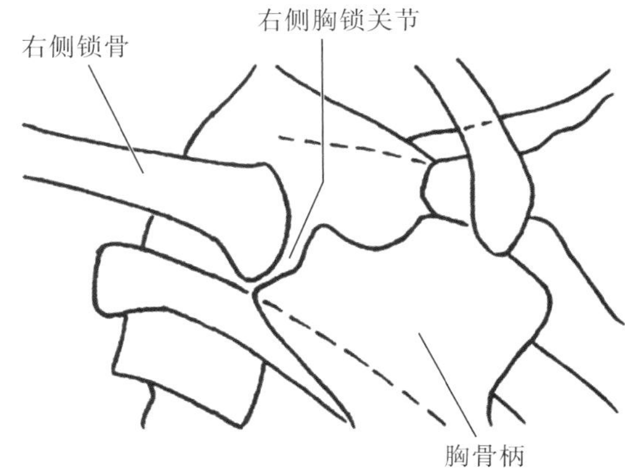


图 2-2-62 胸锁关节斜位示意图

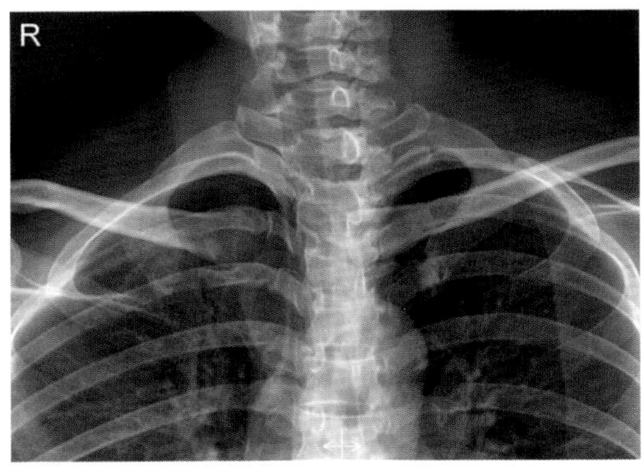


图 2-2-63 旋转角度不足，关节与脊柱重叠

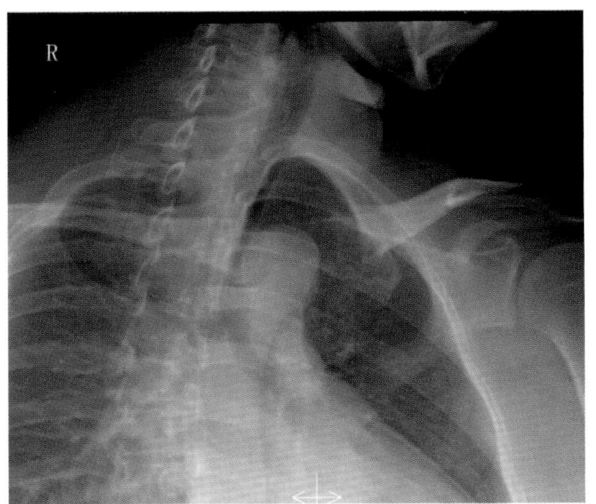


图 2-2-64 采用高千伏曝光致骨质显示不佳，胸锁关节与主动脉结重叠

### 2.10.6 注意事项

1. 根据胸锁关节间隙在横断面的走行方向，右前斜位显示右侧胸锁关节，左前斜位显示左侧胸锁关节。操作人员需理解其解剖特点。

2. 需注意身体旋转角度与胸廓前后径有关，胸部前后径越小旋转角度应越大。

3. 旋转角度需准确，否则难以显示关节间隙。

4. 千伏增高，图像模糊，故操作者应掌握好曝光条件。

5. 注意中心线入射点，向头侧或足侧偏斜均影响胸锁关节的显示。

6. 肩锁关节斜位应同时双侧投照，有利于比较观察，发现异常征象。

（朱纯生　邹玉坚）

## 参考文献

[1]崔慧先主编. 系统解剖学. 6 版. 人民卫生出版社，2008.

[2]赵文前，孙玉芝，薛剑峰，等. 直接数字化 X 线摄影在胸部的应用. 中国影像影像杂志，2003，11（1）：45－30.

[3]朱健，王青宏. DR 胸部 X 线摄影在临床的应用. 实用放射学杂志，2009，10（6）：367－369.

[4]周慕连，王鸣鹏，邹仲. 高千伏胸部 X 摄影技术及在临床应用，1984，1（3）：20－23.

[5]张学鸿. 胸部 X 线摄影照射野临床应用研究. 当代医学，2012，15：114－115.

[6]顾晓林，龚沈初，沈云霞. 35 例肺部隐匿部位病变的数字化 X 线摄影的分析. 中国医学影像学杂志，2007，15（1）：56－58.

[7]沈志华，胡茂能，余梁. 多轴位 X 线摄影在肋骨骨折诊断中的价值. 安徽卫生职业学院学报，2011，10（6）：43.

[8]胡洪斌. 肋骨骨折的多体位 X 线摄影诊断的临床应用（附 174 例报告）. 医学影像和检验，2014，03：1743－1744.

[9]周大桂，王澜，牛玉鸾. 心脏双斜位摄影质量控制的探讨. 临床和试验医学杂志，2002，1（1）：39－40.

[10]吴洪伟，严证明. 直接数字化 X 线摄影在胸骨特殊位摄影中的应用体会. 实用医技杂志，2009，16（1）：7－8.

[11]欧阳忠南，李意义. 胸锁关节脱位的影像学诊断. 中华骨科杂志，1997，17（6）：402.

# 第3章 腹部

# 第1节　应用解剖及定位标记

## 1.1　应用解剖

腹部(abdomen)指膈肌(diaphragm)以下至骨盆之间的范围,包括腹壁(abdominal wall)、腹膜(peritoneum)和腹腔脏器(celiac organ)。各脏器有一定的形态和位置,在正常范围内可因体型、体位、功能状态和年龄不同有一定程度的变化,一般直立位较卧位时低。瘦长人腹腔窄长,脏器细长,位置较低;矮胖者腹腔短宽,脏器横宽,位置较高。各脏器在呼吸时随膈肌上下移动,器官本身的充盈和邻近器官的挤压,也可使之发生形态和位置的改变。腹部脏器有中空性器官和实质性器官。右上腹(superiorabdomen)为肝脏(liver)所在。左上腹为脾脏(spleen)、胃底(gastro-bottom)。中上腹有胃体(gastro-body)、十二指肠(duodenum)、胰腺(pancreas)。中下腹(midabdomen and inferiorabdomen)主要为肠道(intestine),周围有结肠(colon)围绕。下腹包括盆腔(pelvic cavity)有生殖系统(senital system)。中、下腹尚有双肾(kidney)、输尿管(ureter)和膀胱(bladder)。中空性器官的腔内含有内容物,如消化道(digestive tract)、胆道(biliary tract)等。人在进食和消化过程中,空气可随食物进入消化道,消化道内还产生气体,使影像密度不均,在腹部X线图像中能产生对比。实质性器官缺乏明显天然对比,对X线吸收差别较小,只能在较低密度如脂肪或器官间空隙的映衬下出现致密的阴影,显示出轮廓。上述腹部解剖特点,导致对腹部X线检查的曝光参数有一定的要求。

## 1.2　腹部分区

腹部分区(abdominal region)常用“九分法”:即两条水平线和两条垂直线将腹部分为九个区。上水平线为经过两侧肋弓下缘最低的连线,下水平线为经过两侧髂嵴最高点的连线;两条垂直线分别为左、右锁骨中点与腹股沟韧带中点的连线。所分九个区,上部为腹上区及左右季肋区(regiones hypochondriaca),中部为脐区(regiones umbilica)及左右腰区(regiones waist),下部为腹下区及左右髂区(regiones ilium)(图3-1-1)。

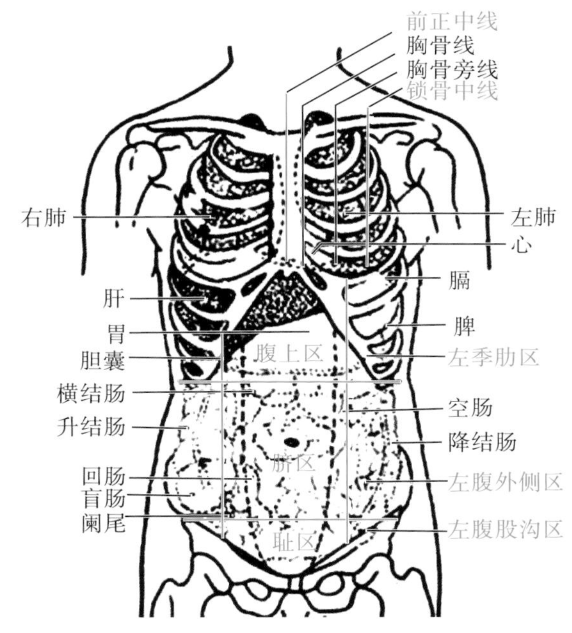


图3-1-1　腹部九个分区法示意图

## 1.3　体表定位标志与定位线

### 1.3.1　体表定位标志

1. 剑突(xiphoid):代表腹部中央上界。

2. 右侧膈肌顶点(apex of diaphragm):为膈肌向上集中的止点,形成中心腱,平静呼吸状态平大约平第5前肋间,为腹部的右上顶点,肝右叶的上缘,深吸气、深呼气移动范围较大,需要加以注意。

3. 左侧膈肌顶点:为左侧膈肌向上集中的顶点,为左侧膈肌中心腱,为肝左叶、脾脏的上缘,较右侧膈肌位置低2cm左右。

4. 髂骨上缘(upper margin of iliac crest):为髂骨上缘的最高点,与脐同一水平。

5. 脐(umbilicus):为腹部X线检查的重要解剖标志,卧位时脐上3cm平第3腰椎,并经过髂棘上缘连线。

6. 髂前上棘(anterior superior iliac spine):髂骨前缘最突出的隆起。

7. 腹股沟韧带(inguinal ligament):耻骨联合与髂前上棘之间、腹外斜肌腱膜卷曲增厚而形成,体表为腹部与大腿的分界线。

8. 耻骨联合(pubic symphysis):代表腹部下界。

#### 1.3.2 定位线

1. 前正中线(anterior midline):剑突 - 脐 - 耻骨联合之间的连线。

2. 后正中线((posterior midline):与腰椎棘突一致。

3. 两肋弓(arch of rib)最低点的连线,平第3腰椎。

4. 两髂棘(iliac crest)之间连线:与脐同一水平面。

5. 两髂前上棘之间的连线:较脐水平低1~2cm。

6. 两腹直肌旁线(linea pararectalis)即锁骨中线(midclavicular line):与腹直肌外缘走向一致,呈上下方向。右侧腹直肌旁线与肋弓相交处为胆囊底的体表投影。

## 第2节 全腹部各部位摄影技术

### 2.1 腹部仰卧前后位(卧位正位)

#### 2.1.1 应用

腹部仰卧前后位(abdominal supine anter-posterior position)即卧位正位(abdominal supine orthotopia),可概观腹腔脏器,解剖上主要为消化系统、泌尿系统和生殖系统所在。在临床上,患者出现上述各系统相关症状,要行腹部X线检查。能够显示膈肌位置,肝脏、脾脏和双肾等实质器官的大小,肠管位置、形态和积气、积液情况,腹腔内游离气体。大量积液表现腹部密度增高。另外腹壁的腹脂线是否清晰对疾病诊断有意义。适应证较广泛,包括腹部肿瘤、炎症、结石、急腹症、外伤和自发性出血等疾病,更常用于急腹症、泌尿系统和胆管系统结石。

#### 2.1.2 体位设计

1. 人体仰卧于摄影台上,双下肢伸直,正中矢状面与台面中线垂直并重合,双上肢置于身体两侧并稍分开。

2. 以14×17in(1in = 2.54cm)的接收媒介为准(成人),显示野下缘包括尺骨联合下缘,外侧包括腹壁软组织。

3. 深呼气后屏气曝光。中心线垂直通过剑 - 耻连线中点(指男性,女性则下移3cm)射入IR(图3-2-1)。

4:曝光因子:显示野43cm×40cm,80±

5kV，AEC 控制曝光，感度 280，左右间电离室，0.1mm 铜滤过。

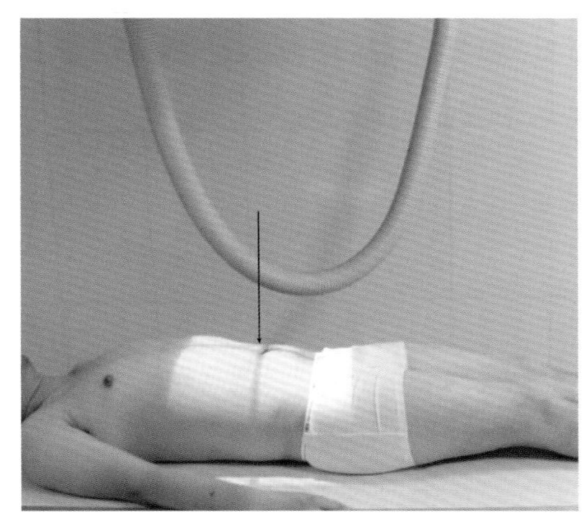

图 3-2-1 腹部仰卧前后位摄影摆位图，标记线为中心线入射方向和入射点

### 2.1.3 体位分析

1. 显示腹部正面投影像。

2. 腹部仰卧位摄影以包括耻骨联合下缘为准，显示野上缘一般位于膈肌以下。

3. 各脏器在平卧时位置稳定，能显示的程度最大。实质器官（肝、肾、脾）边缘能够显示。消化道是空腔器官，含气与肠壁之间密度差大，管壁显示清楚。

4. 拍摄符合要求腹部平片的要点：

（1）清洁肠道，减少干扰——利于观察结石。

（2）深呼气后屏气曝光——减小厚度。

（3）耻骨联合包括技术——IR 下缘超出耻骨联合下缘 2～3cm。

（4）中心线入射点：剑－耻连线中点（男性），剑－耻连线中点下 3cm（女性）。

### 2.1.4 标准图像显示

1. 照片上缘包括第 12 胸椎，下包括耻骨联合，左右两侧腹壁。

2. 腰椎居于照片长轴上，左右对称显示，肾轮廓及腰大肌阴影清晰可见。腹部软组织层次清楚。

3. 腹部区域无其他异物干扰，骨骼清晰显示（图 3-2-2，图 3-2-3）。

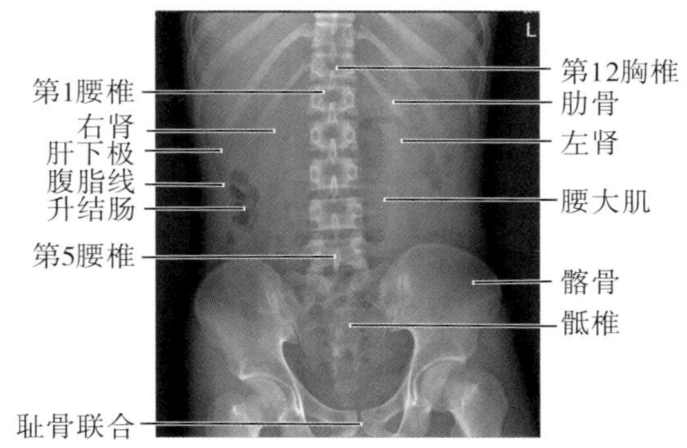


图 3-2-2 腹部仰卧前后位标准 X 线表现

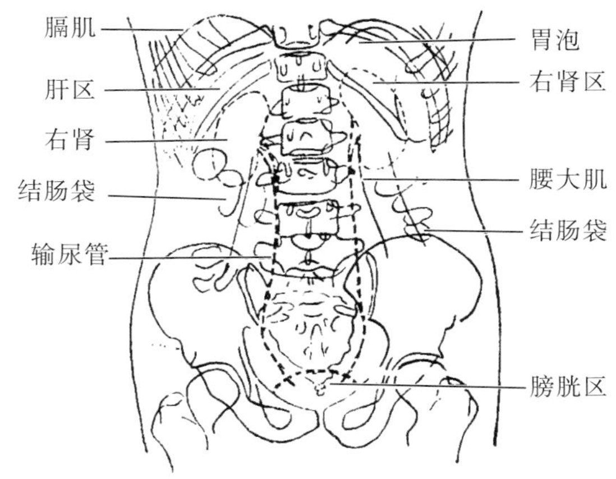


图 3-2-3 腹部仰卧前后位示意图

### 2.1.5 常见的非标准图像显示

1. 中心线定位不准，定位过高，未包括耻骨联合（图 3-2-4）或包括不全。

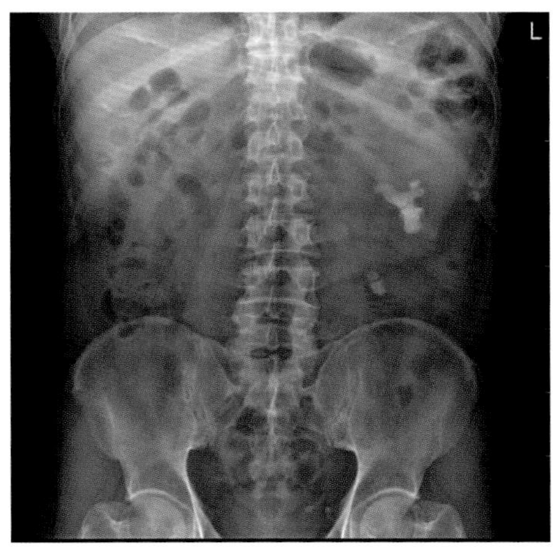


图 3-2-4 耻骨联合未包括

2. 定位过低，未包括肾上极。

3. 视野偏左侧或右侧，一侧腹脂线未包括在视野内。

4. 有肠道异物影干扰，影响观察特别是泌尿系统结石(图3-2-5)。

5. 未屏住呼吸导致图像模糊。

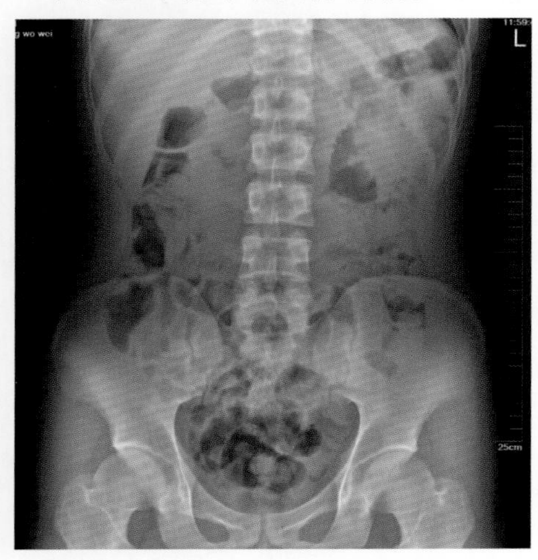


**图3-2-5** 肠道内容物过多影响观察

### 2.1.6 注意事项

1. 泌尿系统结石和胆道结石为检查目的者，建议做肠道清洁。

2. 急腹症患者摄仰卧位时，应与立位同时摄影观察。

3. 腹部仰卧位，要求包全耻骨联合，避免漏检膀胱或盆腔病变。

4. 腹部外伤异物，腹腔内穿通伤的定位，在皮肤外缘破口应放金属标记。

5. 对于体型较长患者，一次摄影不能包全腹部，建议分两次摄影。

6. 摄影时注意嘱患者屏气，避免呼吸使影像模糊。

## 2.2 腹部站立后前位(腹部站立正位)

### 2.2.1 应用

腹部站立后前位(abdominal standing post-anterior position)或站立正位(abdominal standing orthotopia)用于观察腹部在立位状态下的表现，视野必须包括膈肌以上。立位时由于重力对肠内容物的影响，气体移至上方，液体在下方，在某些病理情况下，表现出特征性异常，如膈下气体、肠间气体，液气平面，并衬托出肠壁和其他解剖结构的轮廓。主要用于急腹症的检查，如消化道穿孔、肠梗阻、含气脓肿、胆石症及腹部巨大肿块等。

### 2.2.2 体位设计

1. 患者站立于摄影架前，背向球管，腹部前壁紧贴IR。

2. 双上肢上抬置于IR上缘，双下肢稍分开站立。

3. 人体正中矢状线与IR垂直并重合。

4. IR、光圈上缘包括第7后肋即包两侧肩胛骨下角以下2cm(右侧膈肌顶)(图3-2-6)。

5. 中心线对准IR中心垂直入射。

6. 吸气后屏气曝光。

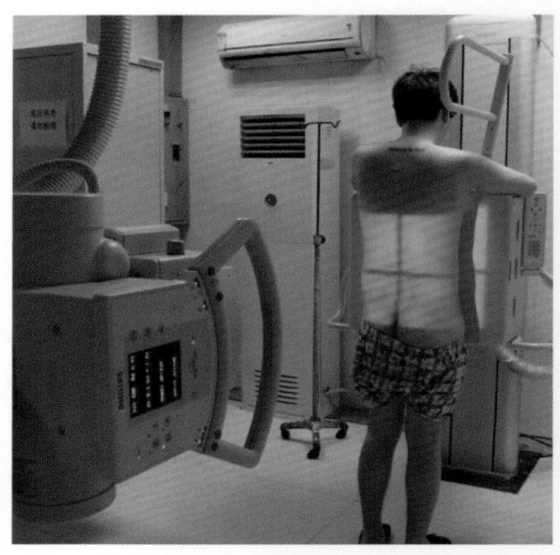

**图3-2-6** 腹部站立后前位摄影摆位图，光圈上缘包括第5后肋之上，中心线对准视野中心

7. 曝光因子：显示野43cm×40cm，80±5kV，AEC控制曝光，感度280，左右电离室，0.1mm铜滤过。

### 2.2.3 体位分析

1. 显示腹部(包括双侧膈肌)正面投影像。

2. 在站立是利用重力作用能显示液气平面和膈下游离气体等征象。

3. 采用后前位理由:

(1)人体生殖腺靠前,采用后前位有利于减少辐射。

(2)急腹症患者由于病情痛苦、身体无力,另外腹痛致身体前屈,采用后前位可使患者抓住摄影架以防跌倒。

(3)有利于定位和防止患者移动。

4. 膈肌包括技术:由于膈肌位置移动幅度较大,IR 上缘包两侧肩胛骨下角以下缘 2cm,并且吸气后屏气。

5. 腹部站立位强调包括膈肌,视野下缘位于耻骨联合以上。

### 2.2.4 标准图像显示

1. 显示野上缘位于双侧膈肌以上(图 3-2-7)。

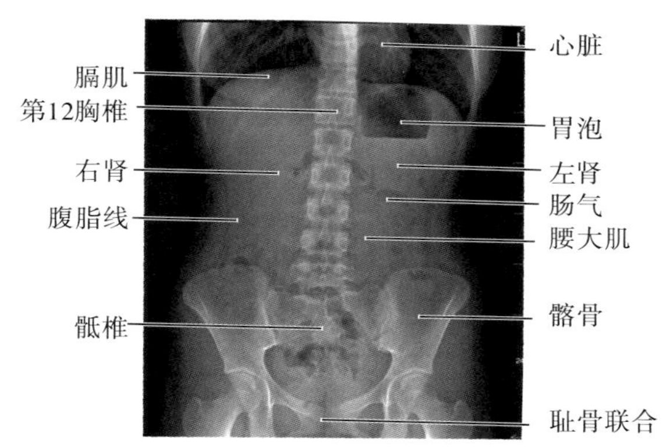


图 3-2-7 腹部站立后前位标准 X 线表现

2. 显示野下缘按 IR 的上下范围尽量接近耻骨联合。

3. 两侧膈肌、腹壁软组织及骨盆腔对称显示,椎体棘突位于照片正中。

4. 膈肌边缘锐利,肾、腰大肌、腹膜外脂线及骨盆显示清晰(图 3-2-8)。

### 2.2.5 常见的非标准图像显示

1. 患者体位不标准,例如人体冠状面未平行 IR,两侧髂骨不对称(图 3-2-9)。

2. 患者未屏气呼吸,导致膈面模糊(图 3-2-10)。

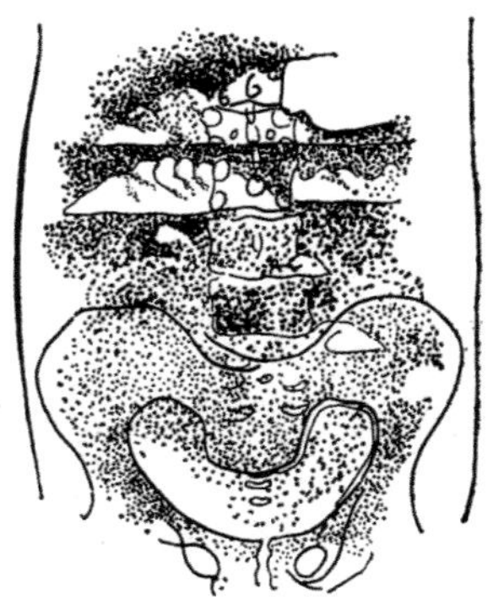

图 3-2-8 腹部站立后前位 X 线表现示意图

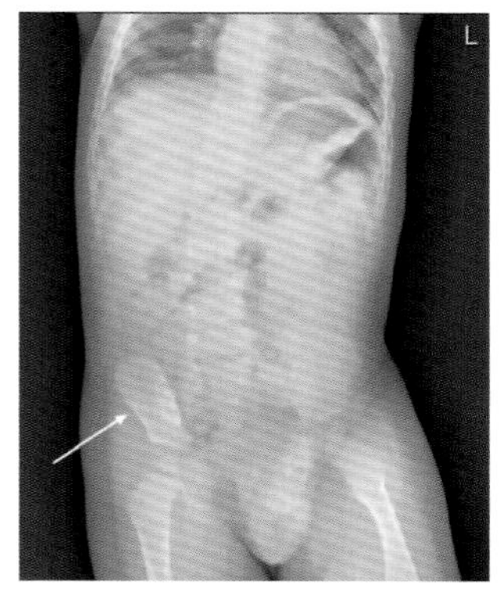


图 3-2-9 体位不标准,两侧髂骨不对称(箭头)

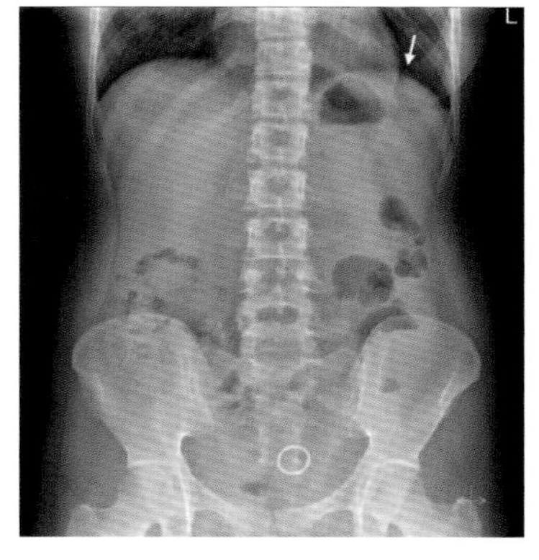


图 3-2-10 曝光时未屏气,导致膈面模糊(箭头)

3. 视野或中心线上移,盆腔甚至下部包括不够。

4. 曝光条件掌握不佳,灰度较大、结构显示不清晰。

5. 摄影条件过高，少量游离气体不能明确显示。

### 2.2.6 注意事项

1. 患者就诊时卧床的应事先站立 10min 左右，使腹腔内气体或液体充分移动到位，液气平面显示更佳。

2. 患者病情严重，病情不允许站立者，不得强行投照，可采用侧卧水平正位（左侧卧位）代替。

3. 膈肌至耻骨联合距离长，而 IR（显示野）有限。对急腹症患者，要注意以包括膈肌、中上腹为主，下缘包完骨盆入口即可。

4. 摄影时注意取景规范，避免过于强调包括膈肌，使视野和中心线上移，腹部包括不全。

5. 摄影条件不应过高，以免不能显示少量隔下游离气体。

## 2.3 腹部侧卧前后位

### 2.3.1 应用

腹部侧卧前后位（abdominal lateral decubitus position）是被检者侧卧体位时的腹部正位影像，其用途基本与腹部立位的相同，但主要用于病重不能站立的急腹症的检查。在诊断消化道穿孔、肠梗阻、含气脓肿等疾病中，人体侧卧位时因重力对肠内容物的影响，使病理性的液气平面分开，以显示出异常征象，如移动性游离气体，液气平面，并衬托出肠壁和其他解剖结构的轮廓。根据诊断需要可选择左侧侧卧位和右侧侧卧位投照。

### 2.3.2 体位设计

1. 人体侧卧摄影床上，身体冠状面与台面垂直。

2. 腹部前后壁连线中点平行检查床中线，并与之重合。

3. 两臂上举，曲肘抱头，下肢屈曲，保持身体平衡。

4. 将球管旋转于被检者前方，探测器或接受媒介贴于患者的后面（腰背部），长轴与被检者上下方向一致。

5. IR、光圈上缘包括第 7 后肋即约包两侧肩胛骨下角以下 2cm（右侧膈肌顶）（图 3-2-11）。

6. 中心线对准视野中心，深呼气后屏气曝光。

6. 曝光因子：显示野 43cm × 40cm，80 ± 5kV，AEC 控制曝光，感度 280，左右电离室，0.1mm 铜滤过。

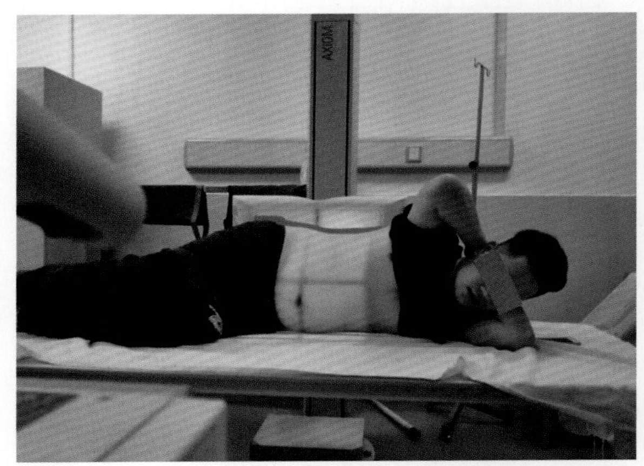

**图 3-2-11** 腹部侧卧前后位摆位图。中心线入射点和入射方向已标出

### 2.3.3 体位分析

1. 腹部侧卧前后位为腹部的正位投影像。

2. 由于重力的作用，气体位于上部，液体位于下部（近床侧）。

3. 如果出现游离气体，着重观察远离床面侧的侧腹壁下方。

4. 左右侧腹部的解剖结构不同，可根据诊断的要求选择哪一侧向下。如观察肝周（镰状韧带）、右侧膈下脓肿等应采取左侧贴床侧卧位；观察脾、胃周围（脾胃韧带）、小网膜囊等应采取右侧贴床的侧卧位。

5. 由于体位限制接收媒介的标准摆放，显示野以包括远离床侧的腹部为主，并要求包括膈肌以上。

### 2.3.4 标准图像显示

1. 显示野上缘位于双侧膈肌以上（图3-2-12）。

2. 双侧膈肌完整包括在显示野内，远离床面的一侧及大部分腹部均包括于视野内。

3. 两侧上肢与腹部无重叠，腰椎椎体排列弯曲度小。

4. 肠内容物充分得到静止，液气平面清晰。

5. 膈肌边缘锐利，肾、腰大肌、腹膜外脂线及骨盆显示清晰。

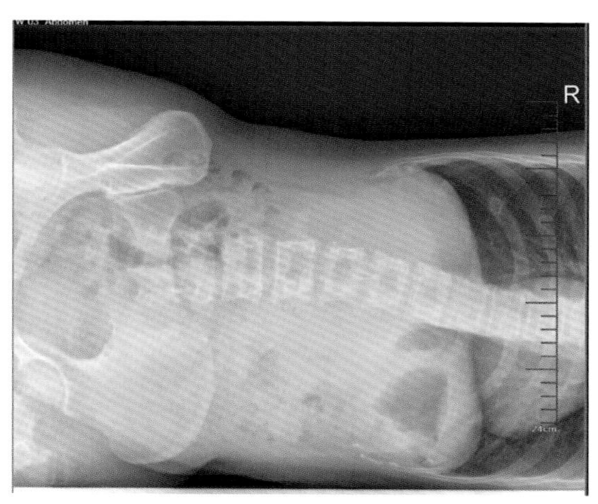


图3-2-12　腹部侧卧前后位标准X线表现

### 2.3.5 常见的非标准图像显示

1. 患者体位不标准，人体冠状面未垂直IR，影响显示效果。

2. 患者未屏气呼吸，导致膈面模糊。

3. 双侧膈肌包括不全，或显示野未能充分包括腹部。

4. 被检者侧卧后，等候时间太短即曝光，肠内容物未充分静止，显示模糊。

5. 患者近床侧未加用托垫，脊柱弯曲明显，影响观察。

6. 摄影条件过高，少量游离气体不能明确显示。

7. 曝光条件掌握不佳，灰度较大，结构显示不清晰。

### 2.3.6 注意事项

1. 患者检查时需事先侧卧10min左右，使腹腔内气体或液体充分移动到位，液气平面显示更佳。

2. 注意使接受媒介范围超过远离床面侧和膈肌。

3. 摆位时将台面侧加托垫，使贴台面侧腹侧壁垫高，腰椎变直。

4. 摄影时注意取景规范，避免过于强调包括膈肌使视野和中心线上移，而腹部包括不全。

5. 球管处于水平方向投照，尽量远离患者。

6. 摄影条件不应过高，以免不能显示少量膈下游离气体。

## 2.4 腹部侧位

### 2.4.1 应用

腹部侧位（abdominal lateral position）是腹部侧方的投影像，依患者的情况，可采取右侧位或左侧位。与腹部正位联合使用，使腹部异常表现能够在不同方向观察，病变显示更加全面。并有利于正位所显示的病变定位，主要用于腹部异物、结石和泌尿系统双J管置入后等的观察与诊断。

### 2.4.2 体位设计

1. 人体侧卧摄影床上，身体冠状面与台面垂直。

2. 腹部前后壁连线中点平行检查床中线，并与之重合。

3. 两臂上举，曲肘抱头，双下肢屈曲，保持身体平衡。

4. 显示野（光圈）下缘平耻骨联合以下，上缘尽接受媒介的最大范围包括上腹部以上。

5. 中心线对准与脐平面腋中线，深呼气后屏气曝光（图3-2-13）。

6. 曝光因子：显示野43cm × 40cm，80 ± 5kV，AEC控制曝光，感度280，中间电离室，0.1mm铜滤过。

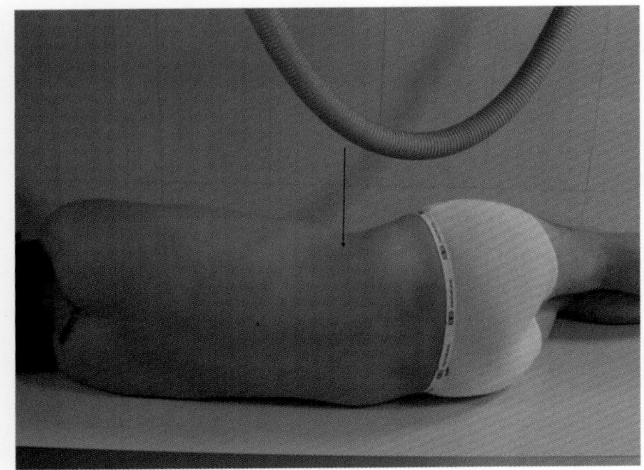

图 3-2-13 腹部侧位摄影摆位图。中心线入射点和入射方向已标出

### 2.4.3 体位分析

1. 此位置显示腹部侧位投影像。

2. 脊柱在人体后侧，与双肾重叠，腹部肠腔在脊柱前，结肠、小肠相互重叠。

3. 患者投照时上肢、下肢屈曲，目的是为了稳定体位，更重要的是使腰椎向前曲度减少，减少对腹部脏器的遮盖。

4. 膈顶至耻骨联合距离大，视野下缘应该以包括耻骨联合为准。

5. 深吸气后屏气曝光目的是尽量包全膈肌。

### 2.4.4 标准图像显示

1. 照片范围包括耻骨联合、前后腹壁，最大限度包括膈肌。

2. 脊柱呈标准侧位像，两侧髂骨重叠良好。

3. 曝光条件穿透力好，肝、脾重叠影像和肠管内气体均能显示。

4. 屏气到位，膈肌、肠壁边缘清楚。

5. 前腹脂线和腰部皮下脂肪均显示清晰(图 3-2-14，图 3-2-15)。

### 2.4.5 常见非标准图像显示

1. 身体冠状面未垂直台面，脊柱不呈标准侧位像，腹部呈斜位影像。

2. 中心线入射点不准确，或显示野包括位置过高、过低，使腹部上或下部未包全。

3. 身体长轴不与 IR 长轴一致，腹部影像上下偏斜。

4. 侧卧位组织厚度大，曝光条件不适当，图像质量不佳。

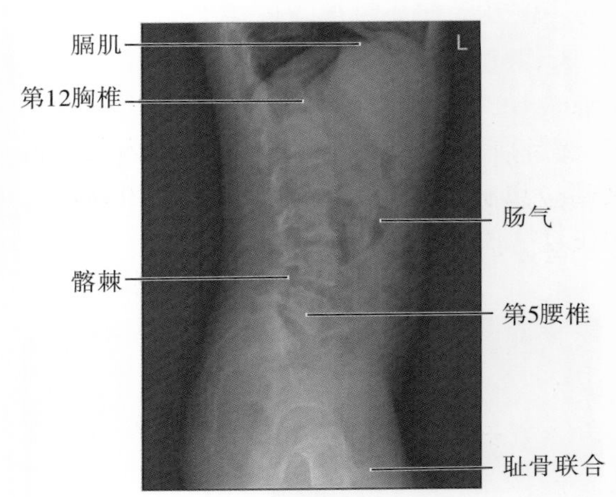


图 3-2-14 腹部侧位标准 X 线表现

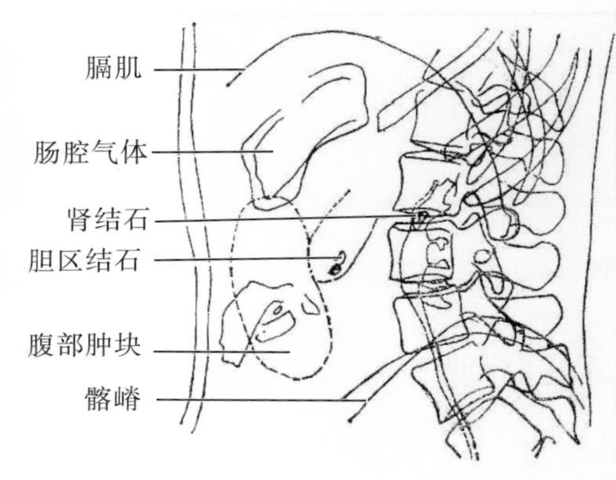


图 3-2-15 腹部侧位示意图

### 2.4.6 注意事项

1. 为使被检查者能保持冠状面与床成为 90°(保持侧位)，双髋关节、膝关节稍弯曲。

2. 做到使患者深吸气后屏气曝光，以尽量包括膈肌和图像无呼吸移动伪影。

3. 腹部侧位以显示野下缘包括耻骨联合为准。

4. 侧卧位时，人体体积厚，需要采用与腰椎侧位相同的曝光条件。

5. 以病变侧贴台面。

## 2.5 腹部倒立前后位和倒立侧位

### 2.5.1 应用

腹部倒立前后位(abdominal upside-down anter-posterior position)和倒立侧位(upside-down lateral position)是诊断儿童先天性肛门闭锁的常规位置。投照时于肛门外口处放置一金属标记,然后使儿童倒立,通过观察直肠内气体的上缘到金属标记的位置的距离,估计闭锁段肠管的长度。腹部倒立正位 + 侧位,定位更加准确。

### 2.5.2 体位设计

1. 肛门外口处放一金属标记,勿用力下压。

2. 摄影协助者站在患儿的右侧,右手抓住患儿的踝部,将其下肢抬高。左手托其肩部,使患儿呈倒立位。

3. 将患儿臀背部置于探测器前,臀部高度平探测器中上部,使有效视野上缘高于肛门5cm。

4. 投照方位:

(1)腹部倒立前后位,患儿臀背部紧贴探测器,人体正中线与探测器正中纵轴线重合,冠状面与探测器平行。

(2)腹部倒立侧位,将患儿一侧贴近探测器,腹部前后径之中点置于探测器纵行中轴线上,正中矢状面与探测器平行。

5. 中心线对准IR中心经耻骨联合上缘水平入射。

6. 曝光因子:显示野30cm × 24cm,70 ± 5kV,AEC控制曝光,感度400,中间电离室,0.1mm铜滤过。

### 2.5.3 体位分析

1. 此位置是人体的倒立图像,用于新生儿。

2. 以确定肛门与直肠内气体之间的距离和位置为主,故行正面、侧面投影像。

3. 显示腹部,以包括肛门、直肠位置为主。

4. 患婴儿生后20h是摄片的适当时间,此时气体进入直肠的盲端。

5. 在倒立时,气体由于重力作用到达直肠盲端后,能显示直肠盲端到肛门标记物之间的距离。

6. 正侧位联合投照使盲端与标记从不同方向显示,便于观察其形态与定位。

### 2.5.4 标准图像的显示

1. 照片范围:从肛门到膈肌的腹部影像。

2. 倒立正位两侧膈肌、腹壁软组织及骨盆腔对称显示,椎体棘突位于照片正中。

3. 倒立侧位腹部呈标准侧位,脊柱附件完全重叠。

4. 金属标记位置放置正确,大小适中,显示清晰。

5. 闭锁的直肠末端充气明显,可见直肠盲端充气影像(图3-2-16,图3-2-17)。

6. 曝光条件适当,图像对比度好。

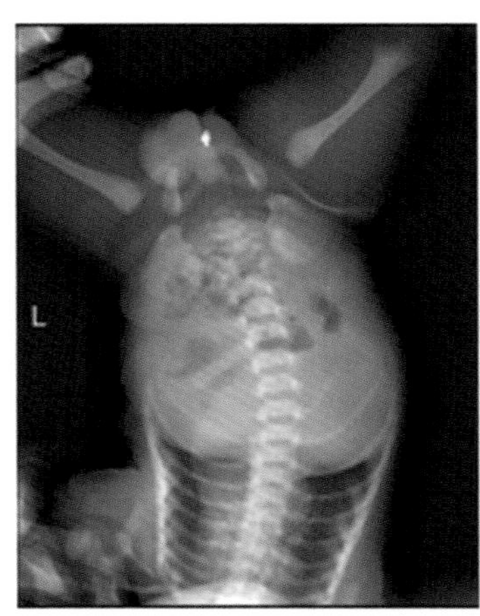


图3-2-16　标准的腹部倒立正位X线表现,肛门金属标记位置正确,腹部位置基本对称,图像对比度好

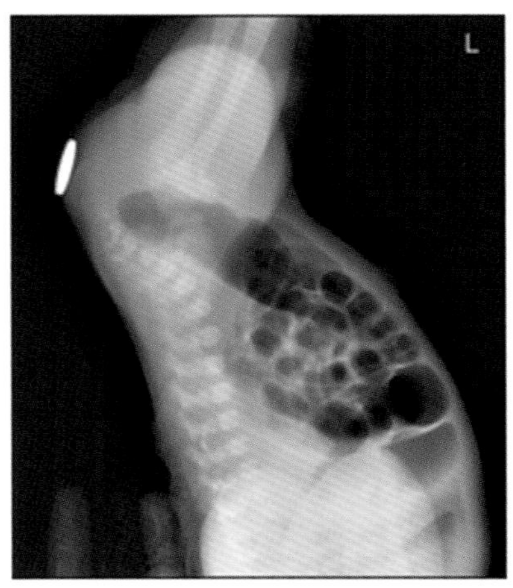


图3-2-17　标准的腹部倒立侧位X线表现,肛门金属标记位置正确,腹部呈标准侧位,脊柱附件完全重叠

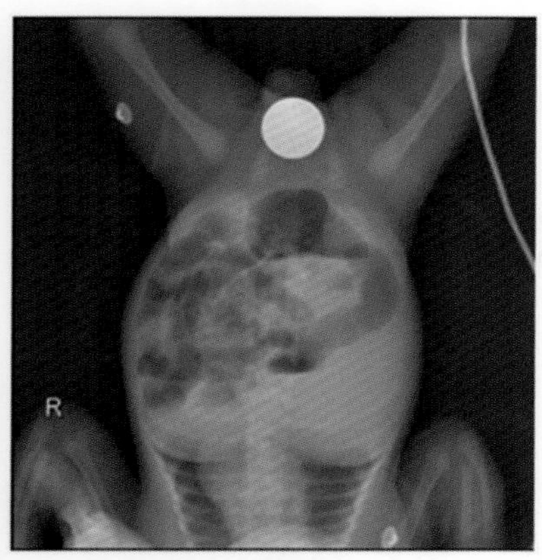

图 3-2-18　金属标记物过大,遮盖周围软组织

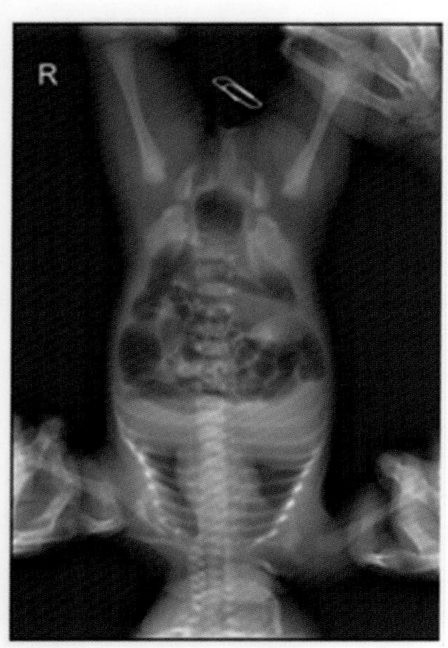

图 3-2-19　金属标记物形态不适当,放置不到位

### 2.5.5　常见的非标准片显示

1. 金属标记物选择不当,过大遮盖周围组织,影响观察(图 3-2-18)。标记物形状不对,不能放置到位(图 3-2-19)。

2. 正位时人体冠状面未平行 IR,两侧髂骨不对称(图 3-2-20)。

3. 患儿体位不正,身体向一侧弯曲。

4. 腹部侧位冠状位未与 IR 垂直,腰椎两侧结构和股骨未重叠(图 3-2-21)

摄影协助者手与腹部重叠。

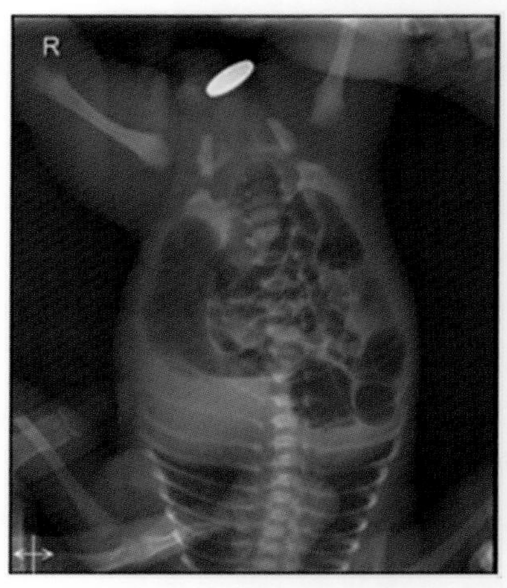

图 3-2-20　患儿冠状位与 IR 不平行,脊柱和腹部呈斜位

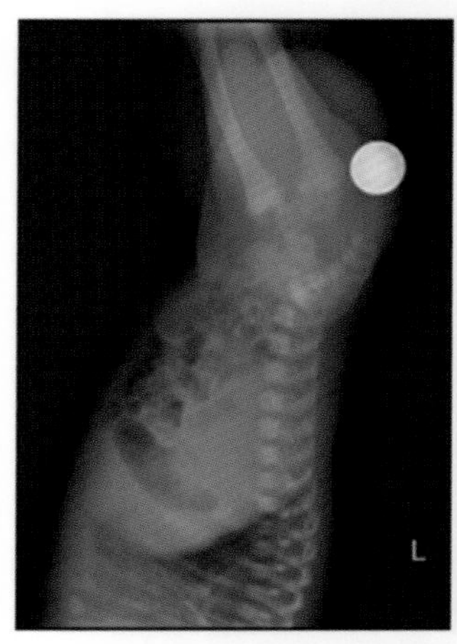

图 3-2-21　患儿冠状位与 IR 不垂直,脊柱呈斜位,双侧股骨未重叠

### 3.5.6　注意事项

1. 摄影时,需要协助者将患儿倒立,务必注意安全,防止将患儿滑落。

2. 倒立患儿后,保持静止,等候数分钟,使气体充盈盲端。

3. 金属标记大小适当,使之能放置到位、正确(肛门外口),有利于准确反映盲端与肛门的距离。

4. 尽量捕捉呼气相曝光。

5. 摄影条件不能过高。

6. 为了减少婴儿辐射量,可单独采用腹部倒立侧位,以满足诊断要求(图 3-2-17)。

# 第3节 腹部局部摄影技术

## 3.1 双肾区前后位

### 3.1.1 应用

双肾区前后位(double kidney region anter-posterior position)是包括双肾区域的前后方向的局部投影像,可显示双肾轮廓、形态、大小和肾周脂肪,并包括肾周软组织和输尿管上段的范围。此位置用于分泌性尿路造影(intravenous pyelography,IVP),对比剂注入静脉后的不同时间进行摄影,可观察肾脏分泌功能和肾盂、输尿管上段影像形态及分泌晚期肾实质的密度,也用于其他方法的造影的补充摄影。是诊断肾结石、肾盂内外肿瘤和肾周肿瘤、肾和肾周炎性病变(脓肿、结核、肾盂肾炎等)等疾病不可缺少的方法。

### 3.1.2 体位设计

1. 人体仰卧摄影台上,人体正中矢状面与台面中线垂直,前、后正中线与台面中线重合。

2. 双上肢置于身体两侧并与躯干分开,双下肢伸直。

3. 光圈(显示野)上缘包括第11肋骨,下缘包括第3腰椎。

4. 中心线经胸骨剑突与脐连线中点,垂直射入IR(或显示野)中心(图3-3-1)。

5. 平静呼吸状态下屏气曝光。

6. 曝光因子:显示野25cm×40cm,80±5kV,AEC控制曝光,感度280,左右电离室,0.1mm铜滤过。

### 3.1.3 体位分析

1. 以局部摄影显示腹部双肾区正面投影像。

2. 显示野依双肾的解剖位置而定,上下范围是第11肋骨到第3腰椎。

3. 中心线对剑-脐连线中点,即双侧肾上下方向中点。

4. 双肾位于腹膜后,仰卧位贴近台面,位置固定,易于显示清楚。

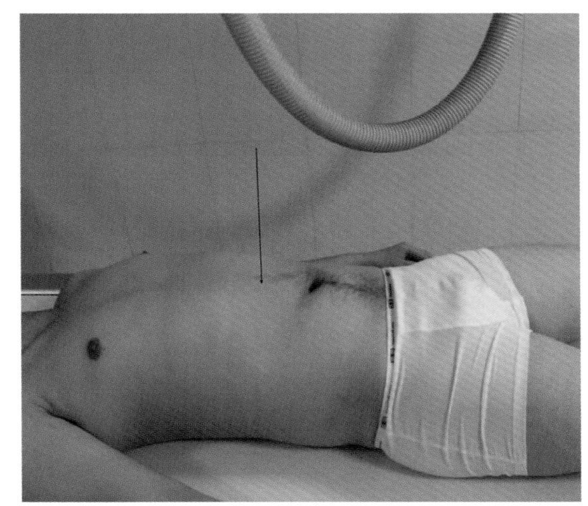

图3-3-1 双肾区前后位摄影摆位图,中心线的射入方向和射入点已标出

### 3.1.4 标准图像显示

1. 图像完全包括双肾及部分上段输尿管,双肾位于显示野中央区域。腰椎在图像的中轴,呈标准正位。

2. 双肾轮廓、肾周脂肪与腰大肌清晰可见。

3. 肾功能正常时,对比剂充盈肾盂,显示双肾盂、肾盏边缘清楚,随时间推移逐渐增浓(图3-3-2)。

4. 无肠道气体和其他内容物干扰遮盖双肾、输尿管区域。

5. 图像对比度、分辨率良好,腰椎骨纹理清楚。

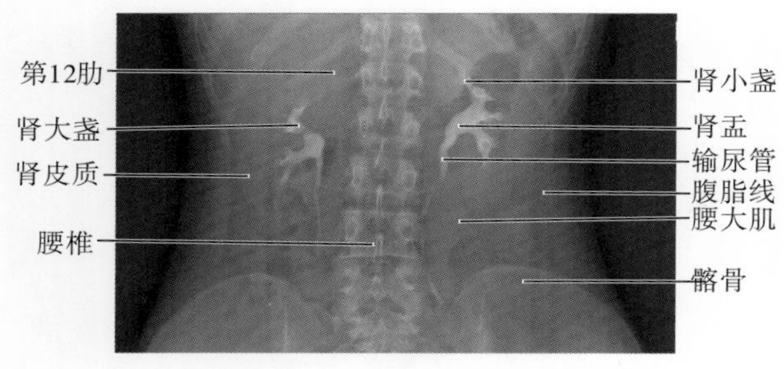


图3-3-2 标准的双肾区前后位X线表现

### 3.1.5 常见非标准图像显示

1. 定位不准确,双肾上极或下极未完全包括于显示野内。

2. 摆位不标准,体位偏斜,致使结构显示不充分。

3. 肠道内容物过多,双肾、输尿管上段被遮掩,影响观察。

4. 曝光条件不当,图像对比度、清晰度下降。

3. 压迫用具位于显示野、有异物重叠或者对比剂污染等。

### 3.1.6 注意事项

1. 此摄影位置主要用于IVP检查,操作时需注意对比剂使用的安全性、无菌技术等,详见造影有关章节。

2. 根据解剖标记,正确估计双肾的位置及双肾上下的高度,使双肾上、下极完全包括于视野内。

3. 摆位时应按要求操作,避免体位不正,影响观察。

4. 因腹部加压使组织厚度增加、注射造影剂密度较高,曝光条件要适当加大。

5. 如果患者肠内容物过多而遮掩双肾区,嘱清洁肠道,符合摄影要求后才能检查。

6. 严格按照规定时间摄影。

## 3.2 膀胱区前后位

### 3.2.1 应用

膀胱区前后位(bladder anter-posterior position)是正位方向膀胱区域的局部影像。此位置能避开耻骨联合对膀胱颈和下部的重叠,全面显示膀胱。根据诊断需要,为了进一步观察膀胱区,可准确显示膀胱内的密度改变、造影剂充盈缺损和膀胱形态轮廓。适合于膀胱区非造影检查和造影检查,主要用于膀胱结石、结核和肿瘤等疾病的诊断,也常用于显示膀胱异物。

### 3.2.2 体位设计

1. 人体仰卧摄影台上,人体正中矢状面与台面中线垂直,前、后正中线与台面中线重合。

2. 双上肢置于身体两侧并与躯干分开,双下肢伸直。

3. 接受媒介下缘(IR下缘)于耻骨联合下缘5cm,上缘平双侧髂嵴连线高度。

4. 中心线向足侧倾斜10°经髂前上棘连线中点与耻骨联合连线中点射入到IR中心(图3-3-3)。

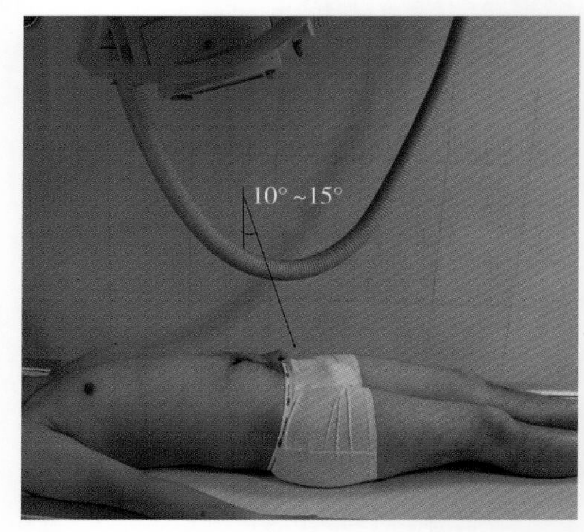


图3-3-3 膀胱区前后位摄影摆位图,中心线摄入方向和摄入点已标出

5. 深呼气后屏气曝光。

6. 曝光因子:显示野28cm×25cm,70±5kV,AEC控制曝光,感度280,中间电离室,0.1mm铜滤过。

### 3.2.3 体位分析

1. 膀胱正位为膀胱区正位局部投影像。

2. 膀胱位于真盆腔内,紧邻耻骨联合,摆位时以耻骨联合作为定位标记。

3. 膀胱在充盈状态下，其颈部和下部分体部与耻骨联合重叠，欲将膀胱在正位方向完全显示，中心线需要向足侧倾斜一定角度（10°左右），消除耻骨联合的遮盖。

### 3.2.4 标准图像显示

1. 图像范围，下缘包括耻骨联合以下、整个真性盆腔、假性盆腔下部分。两侧包括双侧髋关节外侧缘。

2. 耻骨联合、骶尾骨纵中线与图像中线重叠，双侧坐骨棘对称。。

3. 非造影图像，尾骨位于耻骨联合之上，不与耻骨联合重叠，说明中心线向头侧倾斜，耻骨联合未遮挡膀胱下部。

4. 造影图像，见膀胱位于真性盆腔中心，膀胱下缘位于耻骨联合以上（图 3-3-4）。

5. 无肠道异物干扰，骨质结构晰，图像对比度、分辨率良好。

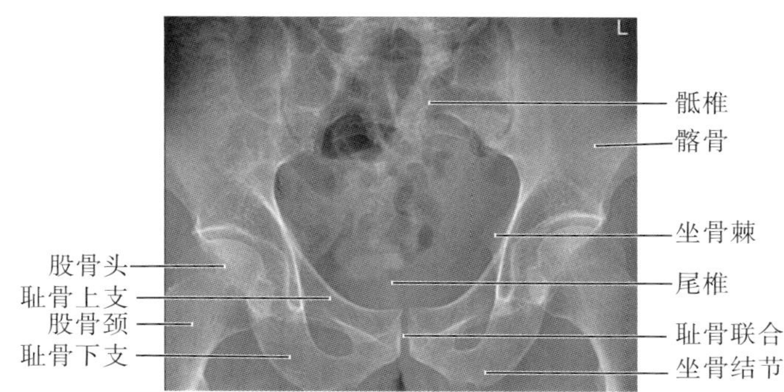


图 3-3-4 标准膀胱区前后位 X 线表现

### 3.2.5 常见的非标准图像显示

1. 中心线未向足侧倾斜，表现为尾骨与耻骨联合重叠（图 3-3-5）。

2. 骨盆正位代替膀胱正位，为不规范摄影（图 3-3-6）。

3. 盆腔内的肠道内容物较多，使膀胱区显示不清，可致结石漏诊。

4. 正中矢状面未与台面垂直，膀胱影像（造影）呈斜位。

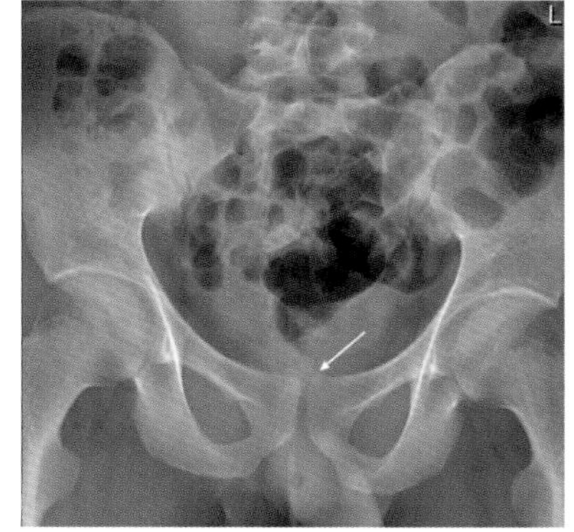


图 3-3-5 尾骨与耻骨联合重叠（箭头），说明中心线未向足侧倾斜

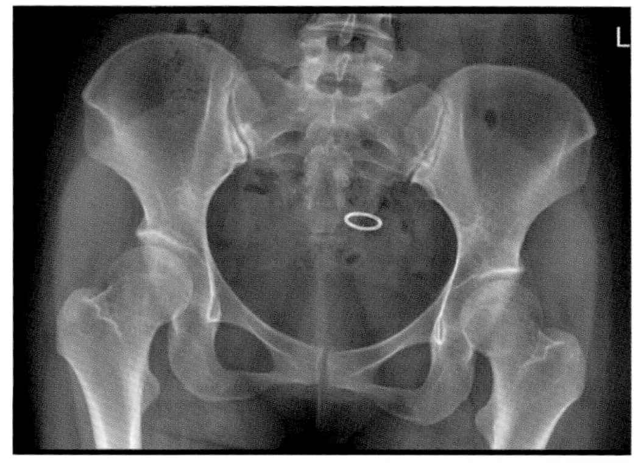


图 3-3-6 视野过大和骨盆正位代替此体位

### 3.2.6 注意事项

1. 投照时,中心线需要向足侧倾斜,以消除耻骨联合与膀胱重叠,使膀胱下部与膀胱颈能够显示。

2. 规范操作,不得以骨盆正位代替膀胱正位。

3. 摄影前清洁肠道,避免肠道内容物对影像的干扰。

## 3.3 膀胱区斜位

### 3.3.1 应用

膀胱区斜位(bladder oblique position)是膀胱从左或右侧方向的斜位投影像,为膀胱正位的补充位置。因膀胱近似球形,从斜侧方观察膀胱区情况,能显示切线位置的充盈缺损和壁上病变等异常改变。用于观察膀胱区结石、肿瘤、炎症的诊断等。膀胱造影和 IVP 膀胱显影后,通过斜位观察,能区分膀胱内、外病变,病变与后尿道的关系及膀胱轮廓改变(膀胱憩室)等。

### 3.3.2 体位设计

1. 人体斜卧摄影床上,身体向左或右旋转,使躯干正中矢状面与台面呈 45°。

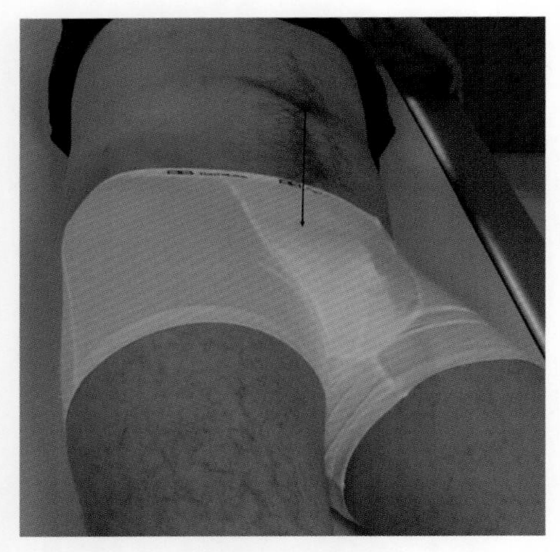

图 3-3-7 膀胱斜位摄影摆位图,中心线射入点及方向见标记

2. 距耻骨联合上缘 4cm 处位于接收媒介(IR)的中央处。

3. 中心线垂直通过膀胱区(耻骨联合上 4cm 向左或右 5cm 处)射入(图 3-3-7)。

4. 曝光因子:显示野 28cm × 25cm,70 ± 5kV,AEC 控制曝光,感度 280,中间电离室,0.1mm 铜滤过。

### 3.3.3 体位分析

1. 此图像显示膀胱区斜位投影像。

2. 斜位方向根据诊断需要选择向左侧或右侧,也可同时行双斜位检查。

3. 对膀胱正位的补充。

4. 人体冠状面倾斜 45°,骨盆的表现为抬高侧闭孔平行展示,髂骨翼接近矢状位;贴床侧闭孔呈矢状位,髂骨翼呈平行显示。

5. 充分显示膀胱两侧缘,左后斜位显示膀胱左前缘及右后缘,右后斜位显示膀胱右前缘和左后缘。

6. 由于体位倾斜,膀胱后侧壁与盆腔侧壁有一定程度重叠。

### 3.3.4 标准图像显示

1. 图像范围包括整个盆腔内壁,倾斜角度标准,骨盆结构形态、方位正确。

2. 贴床侧膀胱部分与髂骨少部分重叠。

3. 造影片膀胱充盈良好,呈椭圆形,位于耻骨上方(图 3-3-8)。

4. 无肠道异物干扰,骨质结构清晰,层次分明。

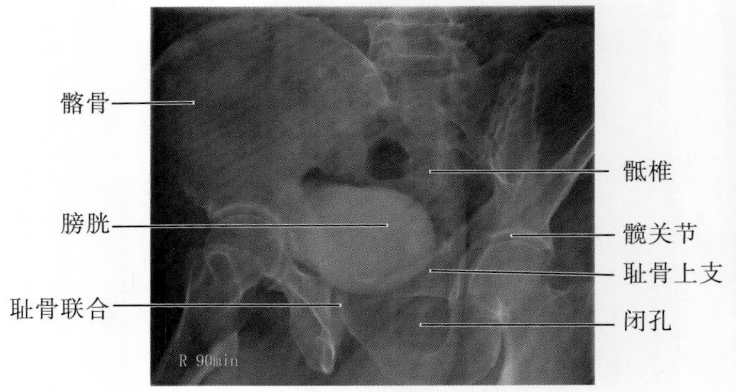


图 3-3-8 标准膀胱斜位 X 线表现

### 3.3.5 常见的非标准片显示

1. 体位倾斜过大,使膀胱后、侧壁与髂骨重叠较多。

2. 体位倾斜不足,不能充分显示膀胱的前、侧壁和后、侧壁。

3. 曝光条件不恰当,图像对比、分辨率差。

4. 造影片膀胱充盈不佳。

### 3.3.6 注意事项

1. 操作者需充分了解临床要求,根据病变选择合适斜位方向。

2. 注意正确显示膀胱左右侧斜位:左后斜位显示膀胱左前缘及右后缘,右后斜位显示膀胱右前缘和左后缘。

3. 必要时拍摄双斜位。

4. 摆位需倾斜角度适当,使膀胱与盆壁骨质重叠程度减少。

5. 由于侧位两侧髂骨重叠、厚实、密度大,需注意摄影条件。

6. 摆位时使患者舒适,保持体位稳定,必要时加棉垫等支撑物。

## 3.4 尿道前后位

### 3.4.1 应用

尿道前后位(urethra anter-posterior position)是指男性尿道的正位投影像。女性尿道短而直,一般不需要行此检查。尿道上端开口于膀胱颈的尿道内口,下端止于尿道外口,分为尿道前列腺部、膜部和阴茎海绵体部,呈向前、向后的弯曲走形。此位置为尿道的局部摄影,着重显示后尿道区域。能显示尿道结石、异物,通过尿道造影显示尿道全程。用于后尿道及周围组织的损伤、结石、炎症(结核)和异物等疾病的诊断,同时观察膀胱、耻骨和耻骨联合等情况。

### 3.4.2 体位设计

1. 人体仰卧摄影台上,人体正中矢状面垂直并重合台面中线。双下肢伸直。

2. 将阴茎顺直置于人体正中不与其他软组织重叠。

3. 耻骨联合位于图像中心区,显示野上缘平髂前下棘,下缘包括尿道下端以下。

4. 中心线垂直通过耻骨联合到达 IR 中线,平静呼吸屏气下曝光(图 3-3-9)。

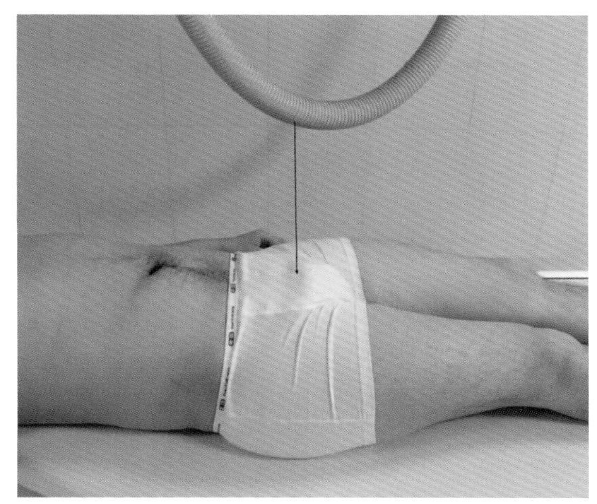

图 3-3-9 后尿道前后位摄影摆位图。标记线为中心线射入点和方向

4. 曝光因子:显示野 28cm × 25cm,70 ± 5kV,AEC 控制曝光,感度 280,中间电离室,0.1mm 铜滤过。

### 3.4.3 体位分析

1. 此体位是后尿道正位投影像。

2. 尿道开口于膀胱颈部的尿道内口,后尿道穿过前列腺和尿生殖隔上下走行,与投影方向平行,位于耻骨联合上方水平,后前位投照能够显示。

3. 尿道海绵体部的耻骨下弯位于耻骨联合后方,由后向前走行与之重叠,在正位几乎呈轴位显示。

4. 尿道海绵体下部为上下走行,正位能显示。

5. 此位置适合显示后尿道即后尿道结石和尿道造影。

### 3.4.4 标准图像显示

1. 显示野符合要求,耻骨联合位于图像中央区域或稍偏上方。

2. 被检者体位正确,双侧骨盆结构对称。

3. 尿道全部包括在视野内,其影像呈正中之上下走行。

4. 小骨盆呈三角形显示。

5. 骨纹理显示清晰,阴茎软组织层次分明,对比度良好(图 3-3-10)。

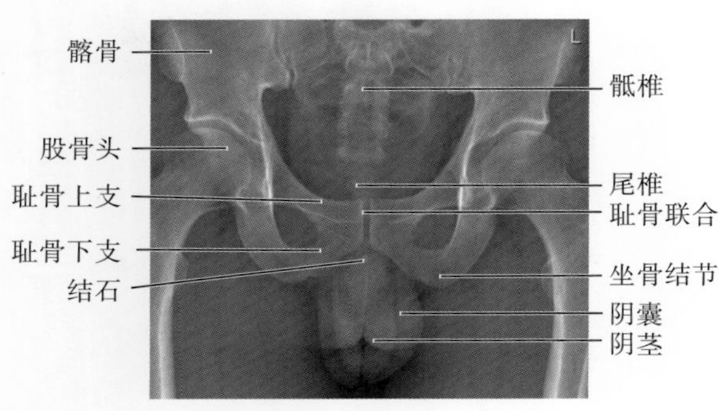


**图 3-3-10** 后尿道前后位标准 X 线表现

### 3.4.5 非标准图像显示

1. 照射野过大,以骨盆正位代替(图 3-3-11)。

2. 中心线入射方向发生倾斜使后尿道与耻骨联合重叠,影响后尿道结石显示。

3. 被检者体位不正,尿道不在显示野中央区域。

4. 尿道(阴茎)未摆正,向一侧偏斜,或呈前后轴位,影响观察。

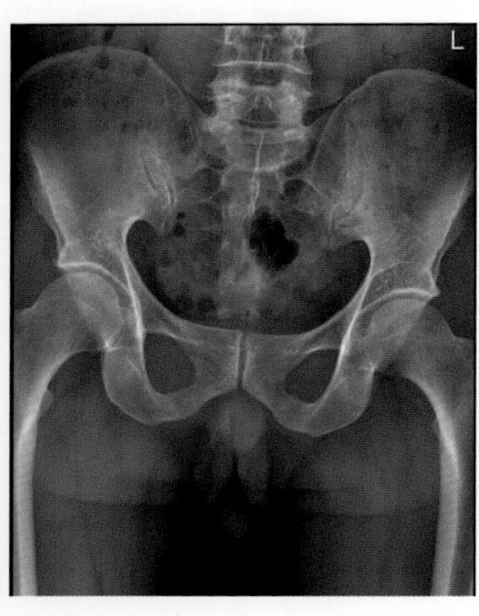


**图 3-3-11** 骨盆正位代替尿道前位,照射野过大

5. 曝光条件过大,阴茎等软组织被射线穿透。

### 3.4.6 注意事项

1. 显示野不得过大,以免不能清晰地显示尿道。

2. 中心线入射方向和入射点正确,使后尿道不与耻骨联合重叠,否则造成后尿道结石的漏诊。

3. 摆位时应注意将阴茎拉直、摆正。

4. 除去衣物皱褶等外来伪影的干扰。

5. 阴茎为密度较低的组织,曝光条件不宜过大。

## 3.5 尿道斜位

### 3.5.1 应用

尿道斜位(urethra oblique position)是后尿道正位的补充。由于尿道存在向前、向后的生理弯曲,前后位摄影部分呈轴位重叠,且海绵体段上部被耻骨联合遮挡,故希望通过位置的倾斜,观察后尿道的全貌,及其周围结构,重点用于结石、外伤等疾病的诊断。后尿道排泄性造影时,此位置能显示后尿道本身及与膀胱颈、前尿道的关系。

### 3.5.2 体位设计

1. 患者侧斜卧于摄影床上,人体冠状面与台面呈 30°,双侧髋关节弯曲(图 3-3-12)。

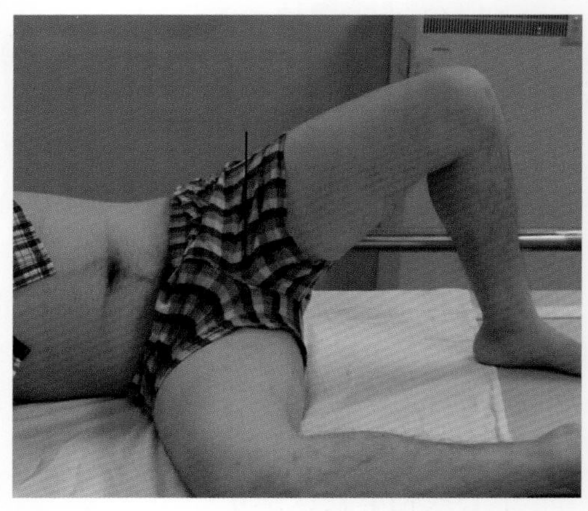

**图 3-3-12** 后尿道斜位摄影摆位图,标记示中心线射入点和方向

2. 抬高侧足底踏摄影床上，髋、膝外展以免与尿道重叠，将阴茎拉直不与大腿重叠。

3. 耻骨联合位于显示野中心，显示野上缘包括髂前下棘，下缘包括阴茎以下。

4. 中心线垂直通过耻骨联合到达 IR 中心。

5. 曝光因子：显示野 28cm × 25cm，70 ± 5kV，AEC 控制曝光，感度 280，中间电离室，0.1mm 铜滤过。

### 3.5.3 体位分析

1. 尿道在矢状面方向存在两个弯曲，正位方向投照，部分尿道呈轴位。尿道斜位能消除重叠，全面显示尿道。

2. 因尿道内口开口于膀胱底部，尿道外口开口于阴茎头。尿道斜位能显示整个尿道即为前列腺部、膜部和海绵体部形态、大小及走行。

3. 尿道斜位能消除尿道与盆腔解剖结构的重叠。后尿道前有耻骨联合；后有直肠和乙状结肠重叠；左右与髋关节重叠；耻骨下弯位于耻骨联合后方，由后向前走行与之重叠，采取 30° 斜位使尿道均能充分展开显示。

### 3.5.4 标准图像显示

1. 图像范围包括显示野所要求的盆腔结构、后尿道区域和阴茎全部。耻骨联合位于显示野中央区域。

2. 阴茎呈拉直状态，不与股骨重叠。

3. 后尿道区域位于耻骨联合略下方，偏向抬高侧，骶、尾骨位于其外侧，不与后尿道区重叠。

4. 骨纹理显示清晰，阴茎软组织层次分明（图 3-3-13）。

### 3.5.5 常见的非标准图像显示

1. 旋转角度过大，阴茎软组织与股骨重叠（图 3-3-14）。

2. 旋转角度过小，后尿道与耻骨联合和骶尾骨未完全分离。

3. 中心线偏移使尿道不在图像正中。

4. 曝光条件过大，阴茎等软组织被射线穿透。

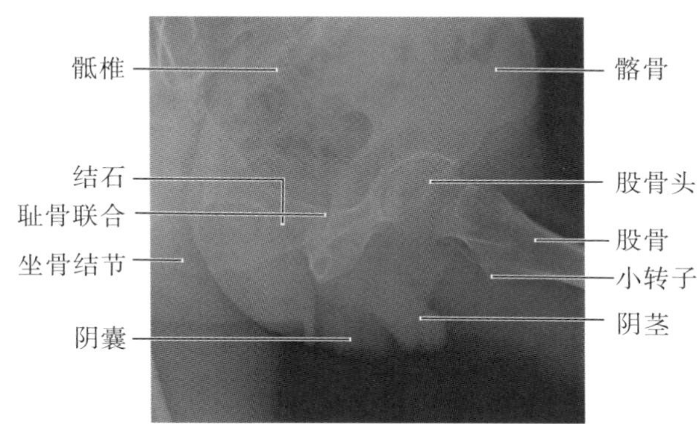


**图 3-3-13** 标准的后尿道斜位 X 线表现

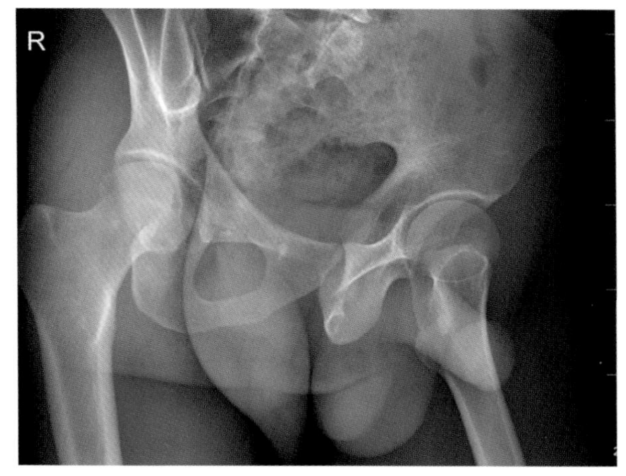


**图 3-3-14** 阴茎软组织与股骨重叠

### 3.5.6 注意事项

1. 此位置以观察后尿道结石为主，投照时需注意使用。正确使用倾斜角度，充分显示后尿道区域。

2. 使被检者抬高侧髋部、膝部尽量外旋，避免阴茎与股骨重叠。

3. 应用耻骨联合解剖标志准确定位，保证耻骨联合与后尿道位于视野中央区域。

4. 嘱被检者抬高侧足底踩稳台面，保持体位稳定、静止。

5. 注意衣服、床单皱褶产生的伪影。

（张玉兰　朱纯生）

## 参考文献

[1]柏树令. 系统解剖学. 5 版,北京:人民卫生出版社,2001.

[2]蒋争春,姚利兴,袁伟. 腹部低剂量数字化 X 线摄影的探讨. 现代医用影像学,2011,20(12):364-367.

[3]王云晋. 数字 X 线摄影与传统 X 线摄影对比分析. 中国卫生产业,2012,9(1):140-141.

[4]彭志,吴昊,廖建斌. 数字摄影 DR 在急腹症中的应用体会. 江西医药,2013,48(3):252-253.

[5]饶志文,夏卓娅. 83 例 DR 非压迫排泄性尿路造影技术探讨. 医药前沿,2013,27:380

[6]刘庚年,李松年. 腹部诊断学,北京:北京医科大学中国协和医科大学联合出版社,1993.

[7]孟代英. X 线投照技术. 山东:山东科学技术出版社,1980.

[8]钟秋升,黄艳. 老年人多发膀胱憩室的影像学分析.《中国保健》医学研究版,2008,16(17):773-774.

# 第4章 脊柱

2.2.3.5 常见的非标准图像显示
2.2.3.6 注意事项
2.3 腰椎
2.3.1 腰椎前后位(正位)
2.3.1.1 应用
2.3.1.2 体位设计
2.3.1.3 体位分析
2.3.1.4 标准图像显示
2.3.1.5 常见的非标准图像显示
2.3.1.5 注意事项
2.3.2 腰椎侧位
2.3.2.1 应用
2.3.2.2 体位设计
2.3.2.3 体位分析
2.3.2.4 标准图像显示
2.3.2.5 常见的非标准图像显示
2.3.2.6 注意事项
2.3.3 腰椎过伸位
2.3.3.1 应用
2.3.3.2 体位设计
2.3.3.3 体位分析
2.3.3.4 标准图像显示
2.3.3.5 常见的非标准图像显示
2.3.3.6 注意事项
2.3.4 腰椎过屈位
2.3.4.1 应用
2.3.4.2 体位设计
2.3.4.3 体位分析
2.3.4.4 标准图像显示
2.3.4.5 常见的非标准图像显示
2.3.4.6 注意事项
2.3.5 腰椎斜位
2.3.5.1 应用
2.3.5.2 体位设计
2.3.5.3 体位分析
2.3.5.4 标准图像显示
2.3.5.5 常见的非标准图像显示
2.3.5.6 注意事项
2.4 骶、尾椎
2.4.1 骶椎前后位
2.4.1.1 应用
2.4.1.2 体位设计
2.4.1.3 体位分析
2.4.1.4 标准图像显示
2.4.1.5 常见的非标准图像显示
2.4.1.6 注意事项
2.4.2 尾椎前后位
2.4.2.1 应用
2.4.2.2 体位设计
2.4.2.3 体位分析
2.4.2.4 标准图像显示
2.4.2.5 常见的非标准图像显示
2.4.2.6 注意事项
2.4.3 骶、尾椎侧位
2.4.3.1 应用
2.4.3.2 体位设计
2.4.3.3 体位分析
2.4.3.4 标准图像显示
2.4.3.5 常见的非标准图像显示
2.4.3.6 注意事项
2.5 腰骶关节
2.5.1 腰骶关节前后位
2.5.1.1 应用
2.5.1.2 体位设计
2.5.1.3 体位分析
2.5.1.4 标准图像显示
2.5.1.5 常见的非标准图像显示
2.5.1.5 注意事项
2.5.2 腰骶关节侧位
2.5.2.1 应用
2.5.2.2 体位设计
2.5.2.3 体位分析
2.5.2.4 标准图像显示
2.5.2.5 常见的非标准图像显示
2.5.2.6 注意事项
2.6 数字化全脊柱拼接成像
2.6.1 应用
2.6.2 数字化全脊柱拼接成像类型和基本原理
2.6.3 操作方法
2.6.4 拼接后处理
2.6.5 效果分析
2.6.6 标准图像显示
2.6.7 常见的非标准图像的显示
2.6.8 注意事项

# 第1节　应用解剖与定位标记

## 1.1　应用解剖

脊柱(vertebral column)是人体中轴骨的主要组成部分,由7个颈椎(cervical vertebra)、12个胸椎(thoracic vertebra)、5个腰椎(lumbar vertebra)、5个骶椎(sacrum)和4个尾椎(coccyx)借韧带、椎间盘及椎间关节连接而成。位于颈、背、腰、臀部中央,具有支撑身体、保持身体姿态的功能,有一定的活动范围,可以做前屈、后伸、左右侧弯和轻微旋转运动。正位观为直柱状,侧位观有4个生理弯曲,颈段及腰段曲度突向前,胸段及骶尾段曲度突向后。

X线摄片以观察脊柱骨质结构(椎骨)为主,椎骨(vertebra)一般形态由前方的椎体(vertebral body)和后方的椎弓(vertebral arch)组成,椎体为短圆柱体,主要为骨松质构成,表面皮质较薄。椎弓部分有左右椎弓根(radix arcus vertebrae)与椎体相连,椎弓根上、下缘凹陷,相邻上、下凹陷形成椎间孔(foramen intervertebrale)。椎弓后部的较宽的骨质结构为椎板(vertebral plate),其外侧的骨性突出称为横突(transverse process)。椎板上下面分别有上关节突(superior articular process)、下关节突(inferior articular process),相邻上下关节突组成椎间关节(articuli intervertebrales)。椎弓正中向后突出为棘突(spinous process)。椎体、椎弓根和椎板共同围成椎孔(vertebral foramen)。

从X线摄片应用为出发点,脊柱各段的脊椎形态各有特点:颈椎的第1椎体称为寰椎(atlas),由前、后弓及两侧侧块组成,第2颈椎也称枢椎(epistropheus)椎体上缘有一指状凸起,称为齿状突(odontoid process),第1颈椎前弓后面与齿状突形成寰枢关节(atlantoaxial joint)。第3~7颈椎椎体较小,两侧上缘有突起称椎体钩(uncus corporis vertebrae),与下面椎体两侧唇缘相接,形成钩锥关节(Luschka关节)。上下关节突的关节面接近水平。第7颈椎棘突特别长,于体表能触及,常作为椎体计数的体表标记。胸椎椎体自上而下逐渐增大,上关节面向后,下关节面向前,椎间关节面呈冠状面方向。腰椎椎体粗大,椎间关节的关节面呈矢状面方向。骶骨由5块椎体融合成块,上宽下窄,前、后面中线两侧分别有4对骶孔。尾椎体积较小,由3~4块退化的椎体融合形成,下端游离(图4-1-1)。

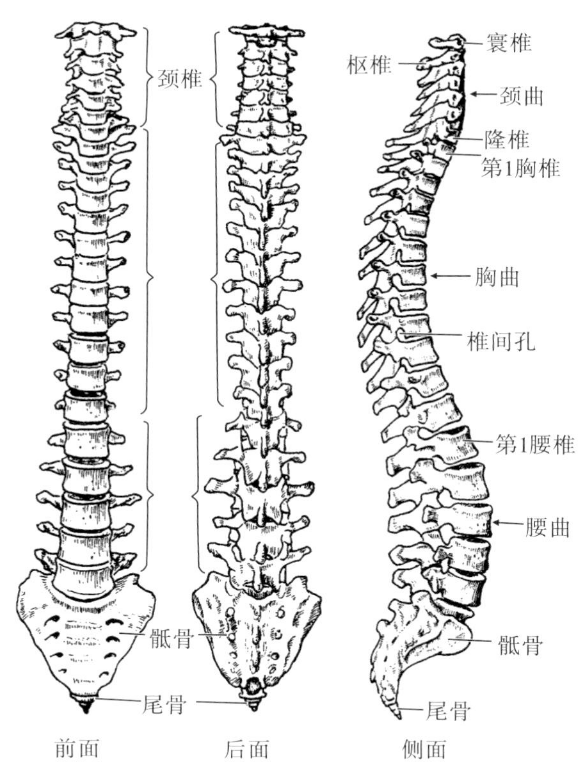


图4-1-1　脊柱解剖示意图

理解脊柱的骨性解剖对X线摄片具有重要的意义：寰枢关节后方是人体重要生命中枢及脊髓与脑的连接处，在相关的病理状态下，必须显示其解剖和病变。椎间孔是神经出入通道，脊神经病变（肿瘤）其大小、形态可能发生异常。椎间关节病变是诊断结缔组织疾病的重要依据，根据其不同的方位摄影，方能清楚显示。颈椎、腰椎退行性变是最常见的疾病之一，了解病变发生的部位、通过摄影技术显示病变也是值得注意的问题。

### 1.2 体表定位

1. 下颌角（angle of mandible）：平第3颈椎。
2. 舌骨（hyoid bone）：平第4颈椎。
3. 甲状软骨（cartilagines peltata）：平第5颈椎。
4. 环状软骨（annular cartilage）：平第6颈椎下缘。
5. 第7颈椎棘突：颈背下部突出处。
6. 两肩胛骨上角连线中点：平第7颈椎下2cm。
7. 胸骨颈静脉切迹（incisurae jugularis）：平第2、3胸椎之间（图4-1-2）。
9. 胸骨角（sternal angle）：平第4、5胸椎之间。
10. 两乳头连线中点（男）：平第6胸椎。
11. 胸骨体（body of the sternum）中点：平第7胸椎。
12. 剑突（cartilago ensiformis）末端：平第11胸椎。
13. 剑突与肚脐（umbilicus）连线中点：平第1腰椎。
14. 肚脐上3cm和两髂嵴（crista iliaca）连线上3cm：平第3腰椎。
15. 肚脐和两髂嵴连线：平第4腰椎。
16. 脐下3cm和两髂嵴连线下3cm：平第5腰椎。
17. 两髂前上棘（anterior superior iliac spine）连线：平第2骶椎。
18. 耻骨联合（pubic symphysis）：平尾骨。

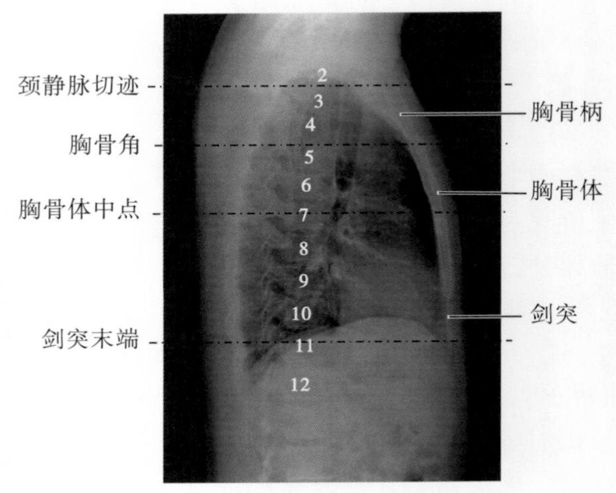


图4-1-2 胸椎和胸骨标记图

# 第2节 脊柱各部位摄影技术

### 2.1 颈椎

颈椎位于脊柱上段，上接头颅，下连胸椎（胸腔），弯曲向前。第1颈椎（寰椎）、第2颈椎（枢椎）及寰枢关节与下颌骨、牙槽骨和部分枕骨重叠，第7颈椎与胸廓骨重叠。颈椎椎体较小，椎间孔接近冠状面。颈椎椎体和附件与神经、血管关系密切，显示不同的结构具有各自的临床意义。

#### 2.1.1 颈椎前后位

##### 2.1.1.1 应用

颈椎前后位（cervical vertebra anter-posterior position）为颈椎X线摄影的常规位置之一，需结

合颈椎侧位片同时观察。用于诊断颈椎病、颈椎炎症(结核、类风湿等结缔组织病)、外伤性(骨折、脱位)、发育异常(颈肋、融合椎、胸腔开口综合征)、肿瘤(神经源性肿瘤、转移瘤、原发性骨肿瘤)等。眩晕,手足感觉异常如麻、痛,手足无力等也常进行颈椎正侧位检查。

1.2.3.2 体位设计

1. 人体取仰卧体位(或站立前后位),头颈部正中矢状面垂直 IR,并重合 IR 中线。

2. 下颌抬高,乳齿线垂直 IR。

3. 中心线向头侧倾斜 5°~7°经甲状软骨射入。

4. 患者平静呼吸下曝光(图4-2-1)。

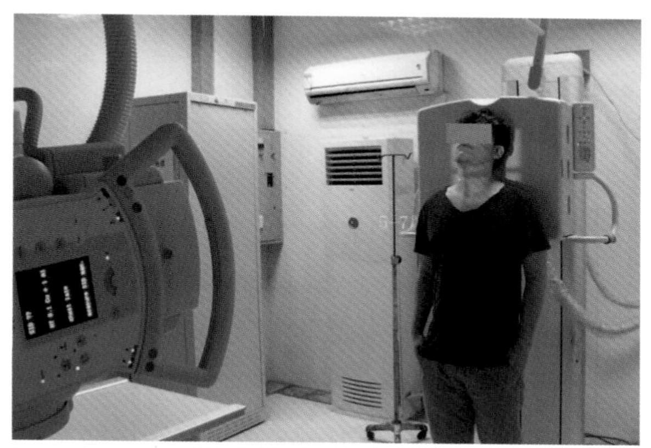

图4-2-1 颈椎前后位摄影摆位图,光圈中央十字交叉为中心线射入点

5. 曝光因子:显示视野 24cm×18cm,70±5kV,AEC 控制曝光,感度 280,中间电离室,0.1mm 铜滤过。

1.2.3.3 体位分析

1. 此位置显示第 3~7 颈椎正面投影像。

2. 因下颌骨体部位于颈椎前面,即使使下颌尽量抬高,仍会遮挡第 1、2 颈椎。

3. 颈椎前有下颌骨重叠,故需要头后仰使乳齿线(上门牙与乳突连线)垂直 IR。

4. 颈曲前凸,中心线向头侧倾斜 5°~7°使之平行于椎间隙。

5. 中心线入射点:为甲状软骨其平第 4 颈椎,即从颈椎序列中心射入,而不致上下颈椎放大失真。

2.1.1.4 标准图像显示

1. 图像显示上缘包括下颌骨下部和乳突,下缘包括第 1 胸椎及部分肋骨。

2. 第 3~7 颈椎竖直,排列于 IR 长轴线上。

3. 颈椎棘突居椎体正中,两侧椎弓根位置对称,椎间隙清晰可见,钩椎关节显示良好。

3. 各椎体骨纹理显示清楚、软组织的肌肉、脂肪层次分明(图4-2-2,4-2-3)。

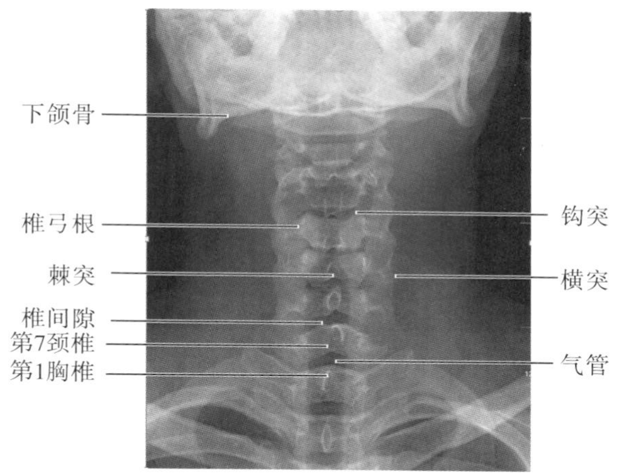


图4-2-2 标准颈椎前后位的 X 线表现

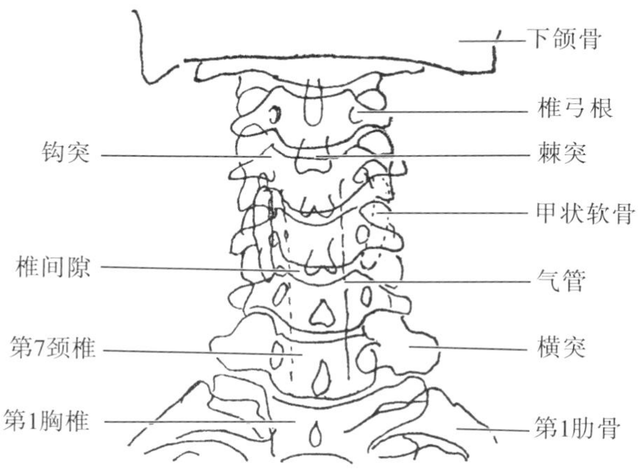


图4-2-3 颈椎前后位示意图

2.1.1.5 常见的非标准图像显示

1. 头部后仰过度或者中心线向头侧倾斜角度过大导致枕骨与上部颈椎重叠(图4-2-4);头部后仰不够,则下颌骨与上部颈椎重叠(图4-2-5)。

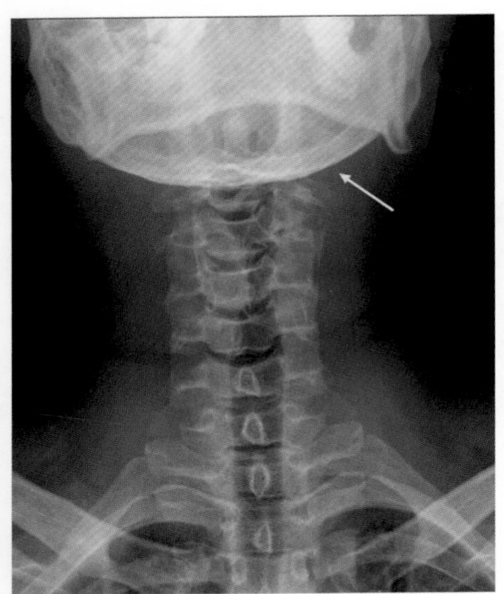

图4-2-4　枕骨与上部颈椎重叠(箭头)

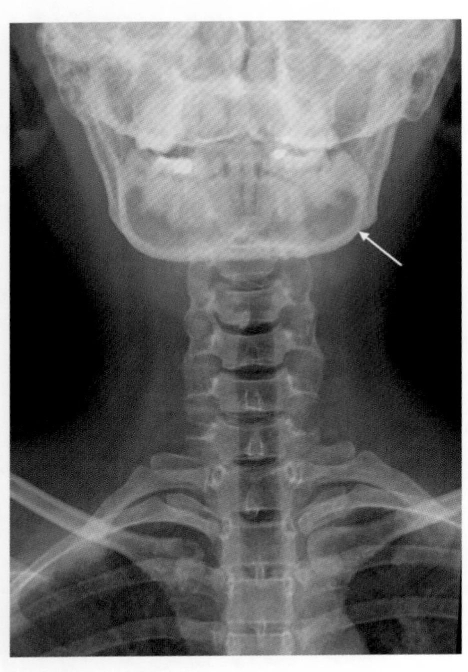

图4-2-5　下颌骨与上部颈椎重叠(箭头)

2. 颈部正中矢状面未与 IR 垂直致使两侧椎弓根不对称(图4-2-6)。

3. 颈部未伸直,向一侧弯屈(图4-2-7)。

4. 颈部正中矢状面未与 IR 垂直,钩椎关节显示不清。

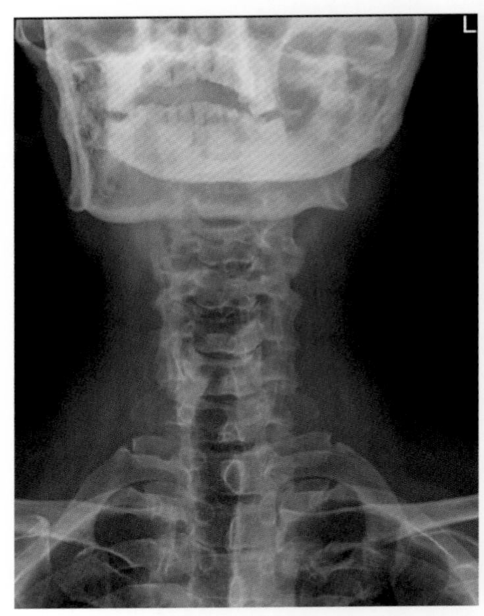


图4-2-6　颈部旋转导致棘突不在正中

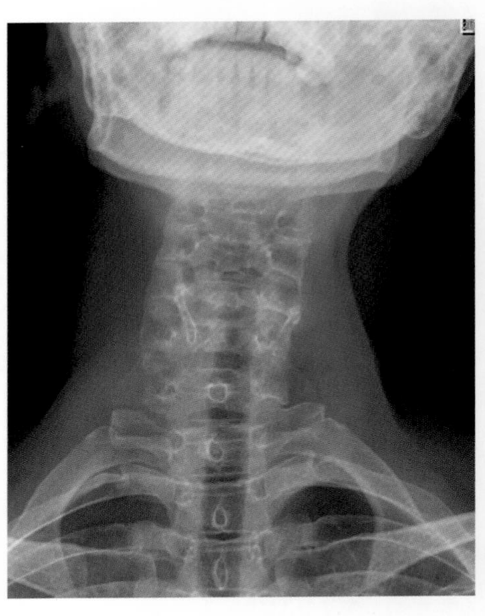

图4-2-7　颈部侧弯

2.1.1.6　注意事项

1. 外伤患者疑似脊髓损伤的应在医生指导下拍摄。

2. 下颌骨不能抬高者可倾斜角度加大,使中心线平行于下颌骨骸部与枕骨下缘连线。

3. 实践中还可以使下颌骨骸部与枕骨下缘连线垂直于 IR,中心线垂直从甲状软骨射入(图4-2-8)。

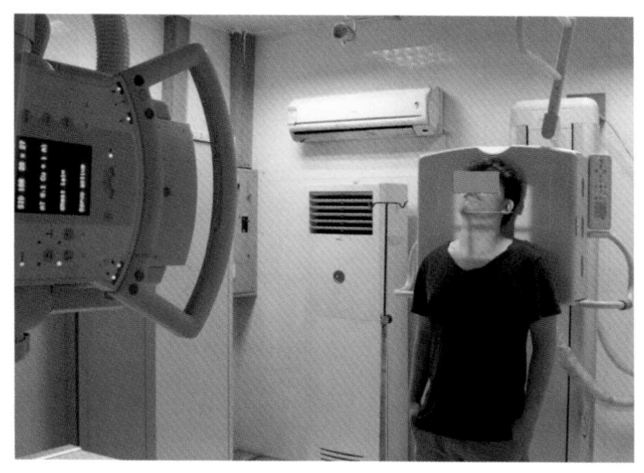

图4-2-8　颈椎前后位,下颌骨髁部与枕骨下缘连线垂直于 IR 的摆位图

4. 下颌骨后仰的角度到位标准是下颌骨与枕骨重叠。

5. 颈椎为人体活动度最大的部位,投照时操作者需注意患者矢状面保持与 IR 垂直,避免颈椎旋转,使椎间隙和钩椎关节重叠。

### 2.1.2　颈椎侧位

#### 2.1.2.1　应用

颈椎侧位(cervical vertebra lateral position)是观察颈椎侧方的整体影像,包括椎体、椎弓、椎间隙和颈椎序列曲线,是显示项韧带的最佳位置。本位置能清楚显示椎体前后缘骨质改变、椎间隙异常及韧带钙化。也用于观察椎前软组织及喉咽腔结构。与颈椎正位共同构成颈椎 X 线检查的常规摄影位置,用于外伤性(压缩性骨折、前后方向脱位)、颈椎病(退行性变)、炎症(结核、颈椎其他特异性或非特异性炎症)、发育异常(融合椎)等。也用于观察椎前软组织肿胀、脓肿和气道是否受压。

#### 2.1.2.2　体位设计

1. 人体侧立或者侧坐位,头颈部冠状面垂直于 IR。

2. 下颌抬高,门齿反咬,上门齿与乳突尖端连线平行于水平线,肩部下垂。

3. 中心线水平通过甲状软骨后 2cm(第 4 颈椎)处垂直投射(图4-2-9)。

4. 曝光因子:显示视野 24cm × 18cm,70 ± 5kV,AEC 控制曝光,感度 280,中间电离室,0.1mm 铜滤过。

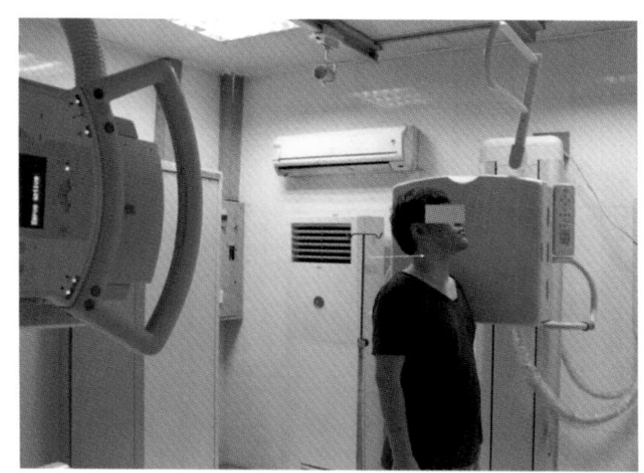

图4-2-9　颈椎侧位摄影摆位图

#### 2.1.2.3　体位分析

1. 此位置显示第 1 ~ 7 颈椎侧面观全貌。

2. 获得标准侧位的操作要点:

(1)避开下颌骨和肩部的重叠。头部稍后仰,咬合面水平,双肩下垂(不得耸肩)。

(2)特别注意的是使颈部冠状面垂直于 IR。

(3)中心入射点为第 4 颈椎(相当于甲状软骨平面)。

(4)远距离投照:由于颈部与 IR 有段距离,这样物片距加大,为减少放大模糊应采用 150 ~ 200cm 远距离投照。

(5)由于患者取站立位或坐位,防止身体晃动,采用短时间曝光。

#### 2.1.2.4　标准图像显示

1. 图像上缘包括第 1 颈椎以上,即平外耳孔;下缘包括第 1 胸椎。

2. 第 1 ~ 7 颈椎显示在照片正中,表现为自然生理曲度。

3. 下颌骨不与椎体重叠,第 7 颈椎不与肩部软组织重叠。

4. 椎体前、后缘无双边影。各椎间隙及椎间关节显示清晰、边缘锐利。

5. 气管、颈部软组织与椎体层次分明。

6. 椎体骨纹理、骨皮质显示清晰(图4-2-10,图4-2-11)。

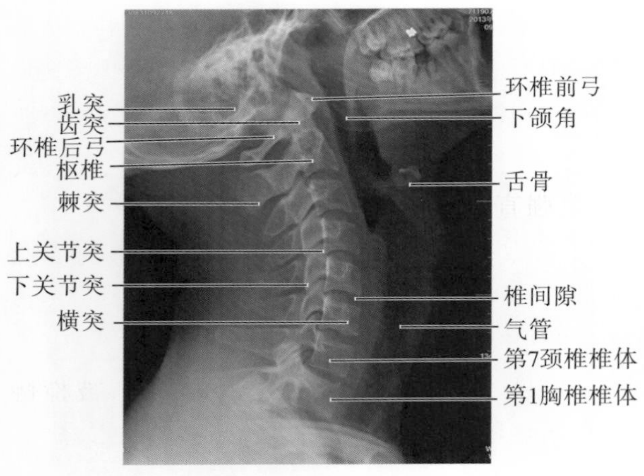


图4-2-10　标准颈椎侧位X线表现

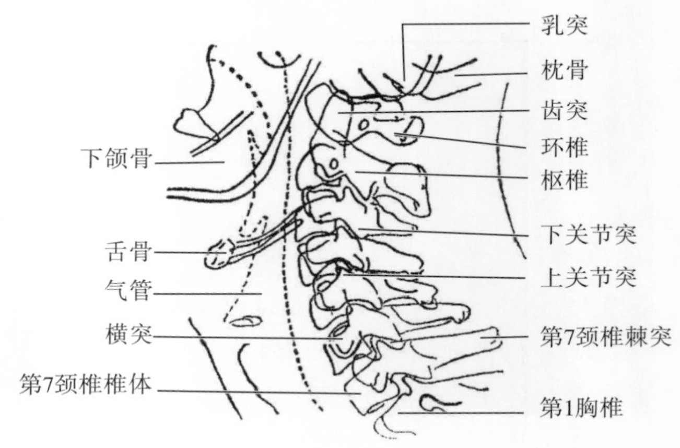


图4-2-11　颈椎侧位示意图

2.1.2.5　常见的非标准图像显示

1. 颈部冠状面不与IR垂直，椎体后缘产生双边影（图4-2-12）。

2. 颈粗脖短患者或者肩部上耸，导致第7颈椎椎体被厚的软组织重叠，难以显示（图4-2-13）。

3. 患者头部上仰过度，正常颈椎曲度改变（图4-2-14）。

4. 上仰不足，下颌角与椎体重叠（图4-2-15）。

5. 颈部旋转，上下部椎体位置不一致（图4-2-14）。

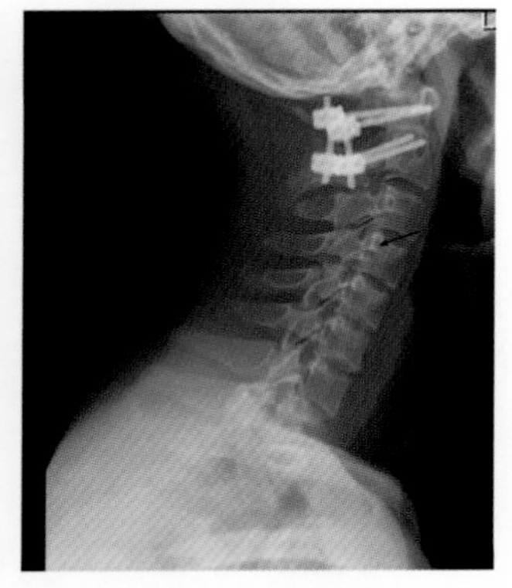

图4-2-12　椎体后缘产生双边影（箭头）

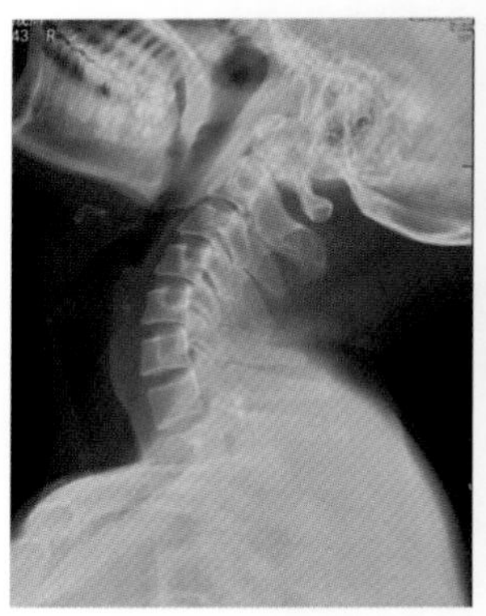

图4-2-14　头部上仰过度，正常颈椎曲度改变

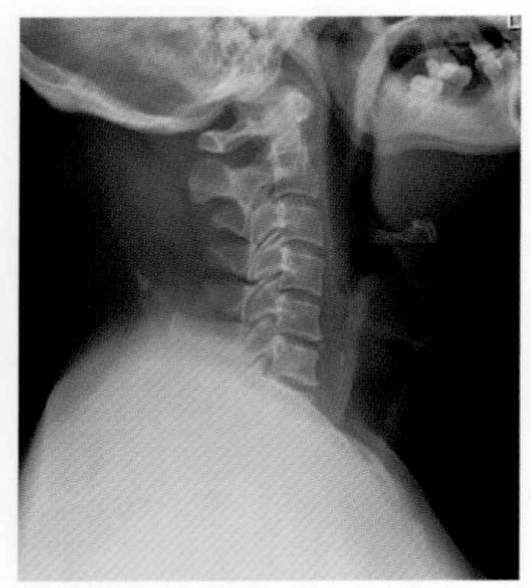

图4-2-13　第7颈椎与软组织重叠，不能显示

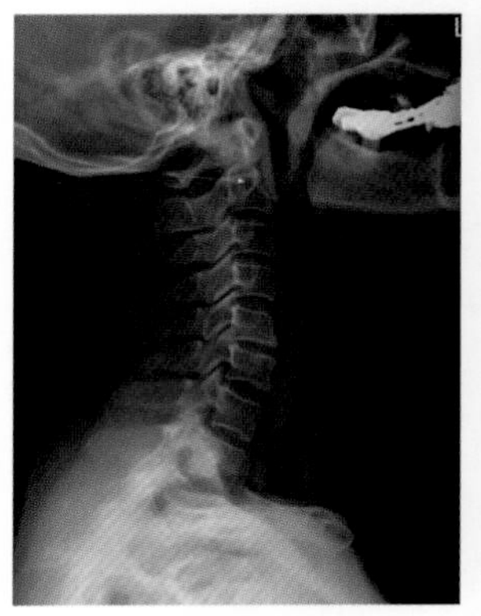

图4-2-15　下颌角与椎体重叠（箭头）

2.1.2.6　注意事项

1. 为保持颈椎正常(自然)生理曲度,下颌不可上抬过高。

2. 对于矮胖患者,肩部尽量下垂,必要时手握重物。

3. 对于肌性斜颈患者的侧位检查,可施加适当外力进行纠正,使颈椎长轴尽量平行 IR。

4. 外伤颈椎侧位摄影,事先评估风险,尽可能采用仰卧水平侧位投照,搬动时头部与躯干部整体移动,避免检查时加重损伤。

5. 怀疑颅底凹陷的患者,采用高位颈椎侧位,必须包全全颅基底部和颈椎,中心线对准乳突尖端下缘。

6. 保持被检者身体稳定、静止,采取短时间曝光。

### 2.1.3　颈椎双斜位

2.1.3.1　应用

颈椎双斜位(cervical vertebra dual oblique position)能显示骨性颈椎椎间孔的形态、大小、边缘(由椎体后缘、椎弓根和椎间关节突构成的椎间孔边缘)。椎间孔是颈段脊神经出入处,该位置对神经根型颈椎病的诊断有意义。由于累积颈椎骨质的病变发病率高,故此位置应用非常广泛,常规照双侧斜位。主要在颈椎退行性变、颈椎病、特异性脊柱炎(类风湿性关节炎、风湿病、强直性脊柱炎)、外伤和颈椎肿瘤的诊断中用于观察椎间孔的情况,估计神经根的受压程度。

2.1.3.2　体位设计

1. 人体站立于摄影架前,面对 IR,被检侧贴近摄影架,使人体正中矢状面与 IR 呈 45°~55°。

2. 头偏转向对侧,下颌稍仰起,咬合面与水平面一致。

3. 双肩部尽量下垂。

4. 甲状软骨后方 2cm 位于显示野中点,显示野上缘包括外耳孔以上 1~2cm,下缘包括第 2 胸椎水平。

5. 中心线向足侧倾斜 5°~7°,从甲状软骨后 2cm 射入(图4-2-16)。

6. 曝光因子:显示野 24cm×18cm,70±5kV,AEC 控制曝光,感度 400,中间电离室,0.1mm 铜滤过。

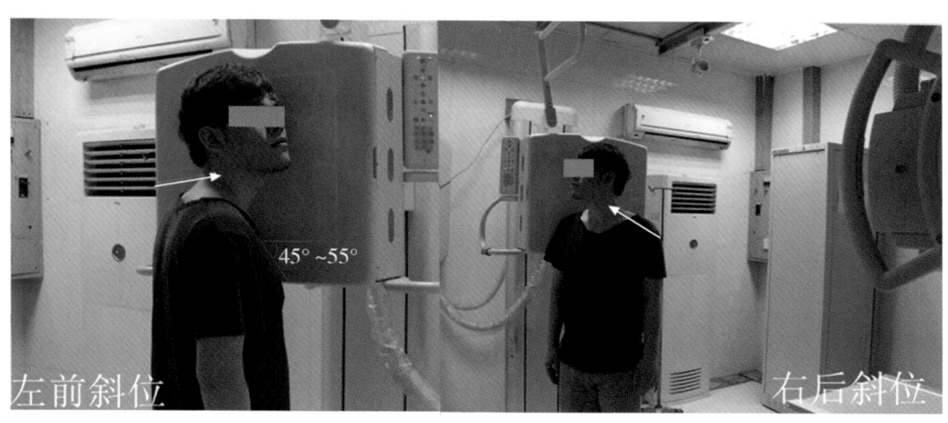


图4-2-16　颈椎双斜位摆位图,白色箭头标出的是中心线的射入点和方向

2.1.3.3　体位分析

1. 椎间孔解剖基础:

(1)从轴面观方向观,椎间孔与正中矢状面形成夹角(图4-2-17)。

(2)从水平方向观看,椎间孔由后上向前下成 5~7°角。

(3)上部颈椎椎间孔与正中矢状面呈 45°夹角,下部颈椎间孔与正中矢状面呈 55°角。

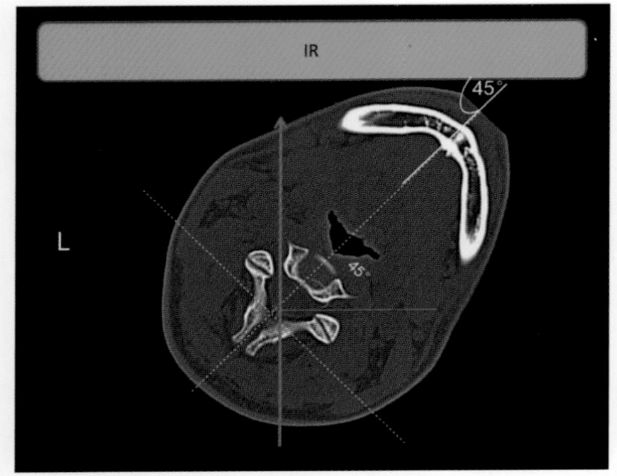


图4-2-17　CT 轴位扫描图像,可说明颈椎斜位摄影原理(左前斜位)。红色箭头为椎间孔中轴线及方向

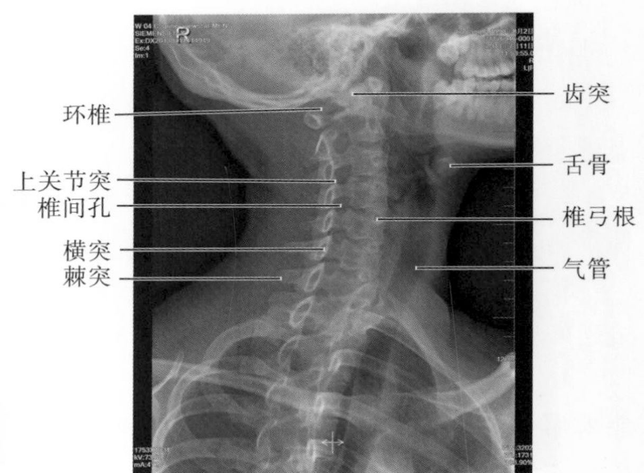


图4-2-18　标准颈椎斜 X 线表现

2. 显示第 2 ~ 7 椎间孔全貌摆位要点:

(1)人体站立于摄影架前,面对 IR,被检侧贴近摄影架,使人体正中矢状面与 IR 呈 45° ~ 55°,使椎间孔呈轴位像。

(2)头偏转向对侧,下颌仰起,咬合面与水平面一致,使下颌骨不与椎体重叠。

(3)中心线向足侧倾斜 5° ~ 7°,从甲状软骨后 2cm 射入,使椎间孔不与对侧椎弓重叠。

(4)采用后前位(左前斜位或右前斜位)被观察侧贴片,使椎间孔不变形、失真,结构清晰。

2.1.3.4　标准图像显示

1. 显示野上缘包括枕外隆凸,下缘包括颈静脉切迹。

2. 第 1 ~ 7 颈椎显示于照片正中,下颌骨与椎体不重叠。

3. 椎间孔呈卵圆形,边缘锐利,以最大径线展示:显示侧椎间孔位于椎体和近侧横突之间,其远侧的横突呈轴位,表现为类圆形致密影,对侧椎弓根重叠与椎体前部。

4. 椎体骨纹理清晰显示(图4-2-18,图4-2-19)。

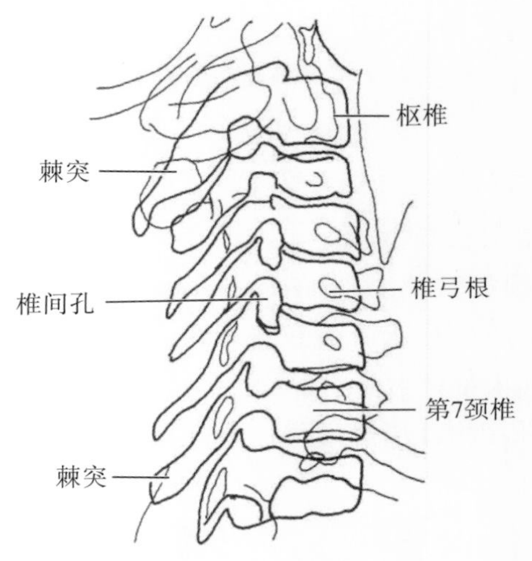


图4-2-19　颈椎斜位示意图

2.1.3.5　常见非标准图像显示

1. 身体冠状面与 IR 角度不恰当导致椎间孔显示不完整、变形、较实际大小变窄。

2. 颈椎于上下方向矢状面与 IR 之间的角度不一致,有旋转,使上下部椎间孔显示程度不同(图 4-2-20)。

3. 头部未按规范偏转导致下颌角与椎体重叠(图4-2-21)。

4. 抬头过高导致枕骨与椎体重叠(图4-2-22)。

5. 左右椎间孔标识错误。

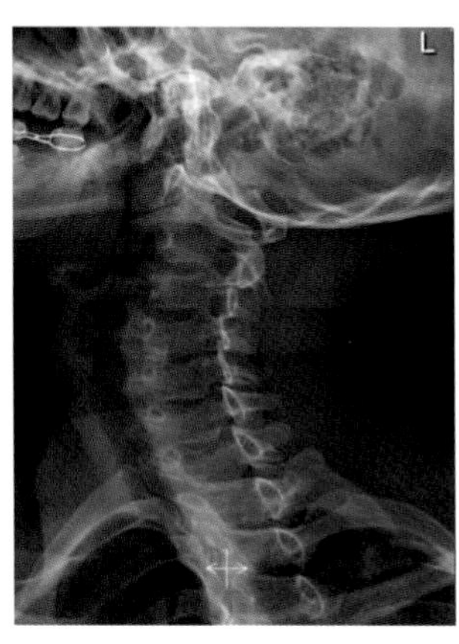

图4-2-20 颈椎下位，上下部冠状面（矢状面）倾斜角度不一致，造成上下椎间孔大小不一

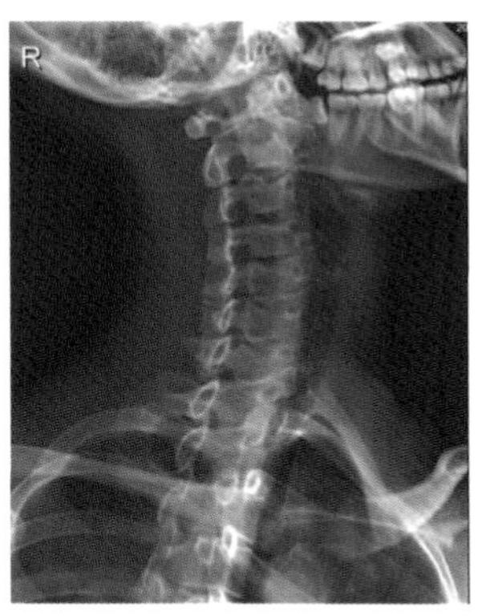

图4-2-21 下颌上抬不够，下颌体部与颈椎上部重叠

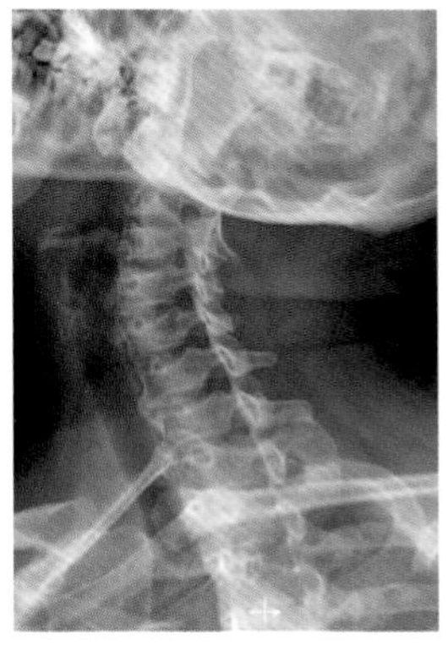

图4-2-22 下颌上抬过度，使枕骨与颈椎上部重叠

2.1.3.6 注意事项

1. 根据摄影光学原理，被摄肢体尽量靠近IR（物片距尽量小），才能减少放大、变形和失真。建议采用后前方向摄影，即右前斜位和左前斜位，被观察侧椎间孔贴片，这样椎间孔与IR更近，并减少甲状腺辐射剂量。

2. 如果患者不能配合，采用前后方向投照即左后斜位、右后斜位。

3. 故颈椎双斜位存在左右侧正确归属问题，操作者应注意理解解剖结构和投照方向，正确标记“左侧”和“右侧”。

4. 例如左前斜位显示左侧椎间孔，右前斜位显示右侧椎间孔。同理，左后斜位显示右侧椎间孔，右后斜位显示左侧椎间孔。

5. 保持被检者位置标准，头部和颈部的冠状面（矢状面）保持同一平面，避免旋转，使上下椎间孔大小显示不一致。

6. 保持正确的倾斜角度，使椎间孔轴位显示（显示其真实大小），以免造成椎间孔狭窄的假象。

7. 使下颌上抬适度，避免颅骨与颈椎上部重叠。

### 2.1.4 颈椎张口位

2.1.4.1 应用

颈椎张口位（cervical vertebra open mouth position）从正面显示第1颈椎（寰椎）、第2颈椎（枢椎）。第1颈椎和第2颈椎是脊柱与头颅的连接处，是颅脊部的一部分。重要解剖结构有寰枕关节（第1颈椎与枕骨髁连接）、寰枢关节（第1颈椎前弓与齿状突连接）和第1颈椎和第2颈椎之间的椎间隙。这些结构前面有面骨重叠，后面有枕骨部分重叠。故通过张口位加上局部投照重点观察齿状突、齿状突基底部、枢椎椎体、寰椎侧块和环枢侧关节等颅脊部之间的间隙。常用于颅脊部外伤（寰枢关节脱位、齿状突骨折）、发育异常（融合椎、先天性斜颈）、肿瘤、炎症等病变的诊断。

2.1.4.2 体位设计

1. 人体仰卧于摄影床上，头颈部正中矢状面与IR垂直并其中线重合。

2. 头稍后仰，张大口，使乳－齿线（上门齿与乳突连线）垂直于IR。

3. 下颌骨体（下颌牙）尽量下压。

4. 口腔中点即双侧口角连线与前正中线交

叉点置于显示野中心。

5. 中心线近距离平行通过乳齿线,从口腔中心垂直射入(图4-2-23,图4-2-24)。

6. 曝光因子:显示野 18cm × 20cm,65 ± 5kV,AEC 控制曝光,感度 400,中间电离室,0.1mm 铜滤过。

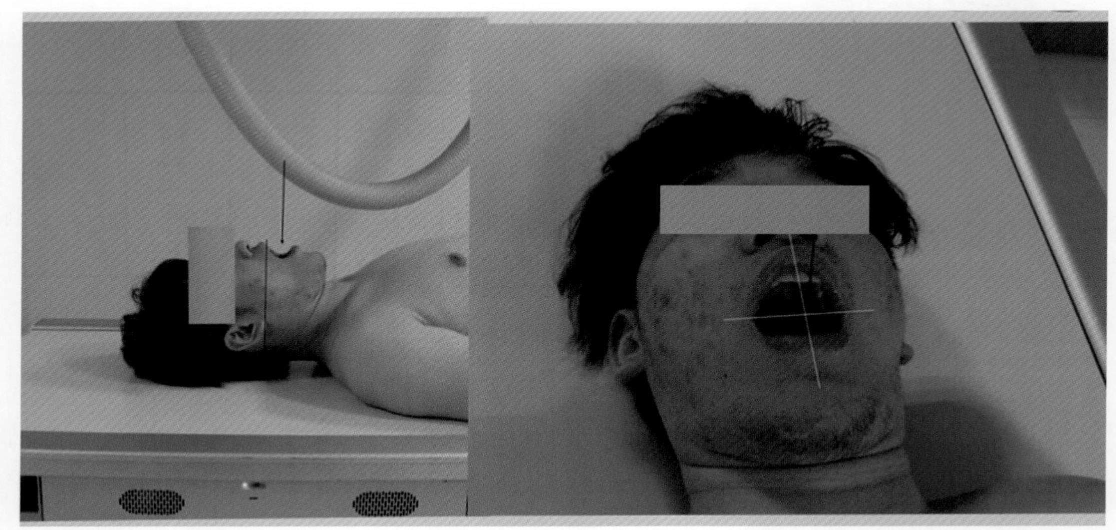

**图4-2-23(右)、图4-2-24(左)** 颈椎张口位摆位图,图中标出门齿线与 IR 垂直,以及中心线射入点

2.1.4.3 体位分析

1. 此位置显示寰枢关节为主的颅脊部结构及其连接的正面投影像。

2. 寰椎、枢椎张口位的解剖基础:

(1)前方有上、下颌骨及切牙;后方有枕骨粗隆重叠。

(2)投照时张口,消除下颌骨及门齿的重叠,尽量张口,上下颌骨之间的距离尽可能大。

(3)乳齿线垂直于 IR,中心线平行于门枕线从口中射入;摆位时头部不能过度后仰,否则枕骨下缘与齿状突重叠。

(4)近距离投照:增大斜射线与门齿夹角,将上下和切牙向两边推移(但不能超出滤线栅焦距的范围,焦距 1 米左右的范围是 70 ~ 130cm)。

3. 正中矢状面垂直于台面,使齿状突位于中央,寰枢侧关节对称,避免形成半脱位等假象。

2.1.4.4 标准图像显示

1. 显示野包括上颌门齿和下颌中切牙的范围,上下齿之间为第 1 颈椎、第 2 颈椎的正位投影像。

2. 枢椎之齿状突尖部能够显示,未被上颌牙下缘重叠,第 1 颈椎和第 2 颈椎椎间隙缘未与下颌牙齿上缘重叠。

3. 上颌切牙与枕骨重叠。

4. 正常情况,枢椎齿状突位于正中,其两侧与寰椎侧块之间的间隙(寰枢关节)对称,寰枢关节显示清楚。

5. 枢椎棘突影像位于椎体正中。

6. 寰椎、枢椎骨质骨纹理和骨皮质显示清晰(图4-2-25,图4-2-26)。

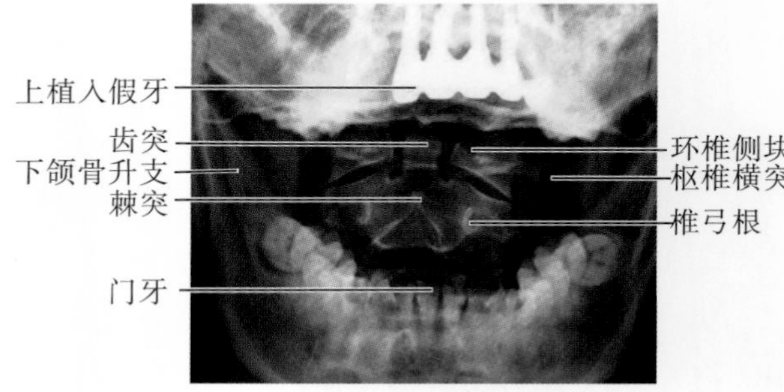


**图4-2-25** 标准颈椎张口位 X 线表现

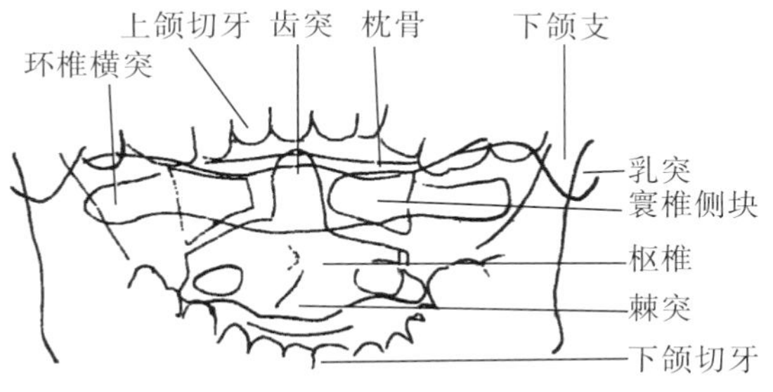


图4-2-26　颈椎张口位示意图

2.1.4.5　常见的非标准图像显示

1. 乳齿线与台面呈大于90°夹角，头部上仰过高，枕骨与齿状突重叠（图4-2-27）。

2. 乳齿线与台面呈小于90°夹角，头部上仰不够，上颌切牙与齿状突重叠（图4-2-28）。

3. 因发育变异，虽然枕骨下缘与上颌切牙重叠，但仍不能完全显示齿突（图4-2-29）。

4. 中心线倾斜或者偏移导致寰椎关节双边影（图4-2-30）。

5. 正中矢状面未与台面垂直，使两侧寰枢关节间隙不对称，枢椎棘突偏离椎体中线。

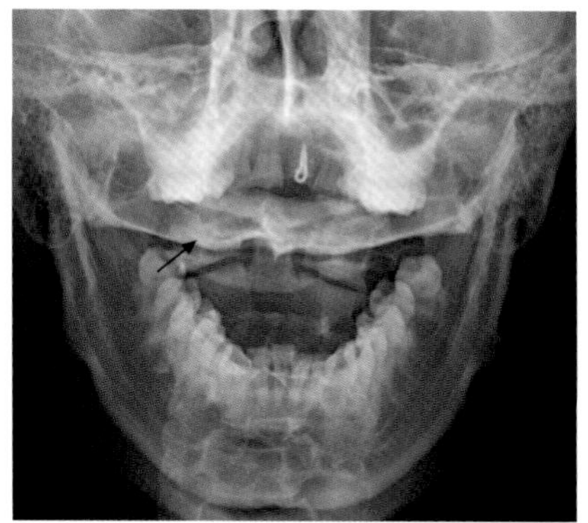

图4-2-27　头部上抬过度，枕骨下缘齿状突重叠（箭头）

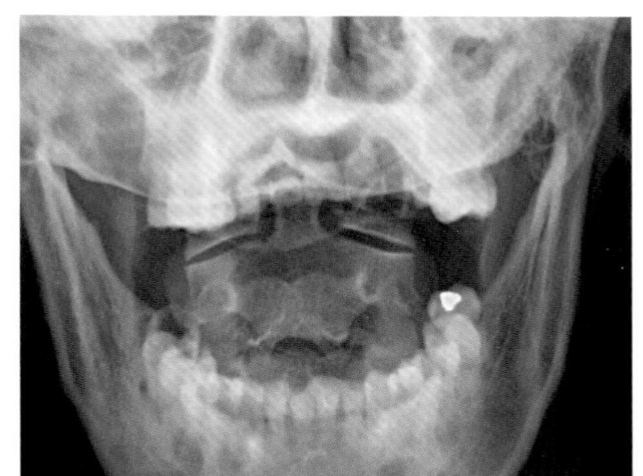

图4-2-28　上颌骨上抬不足，上颌门切牙与齿状突重叠

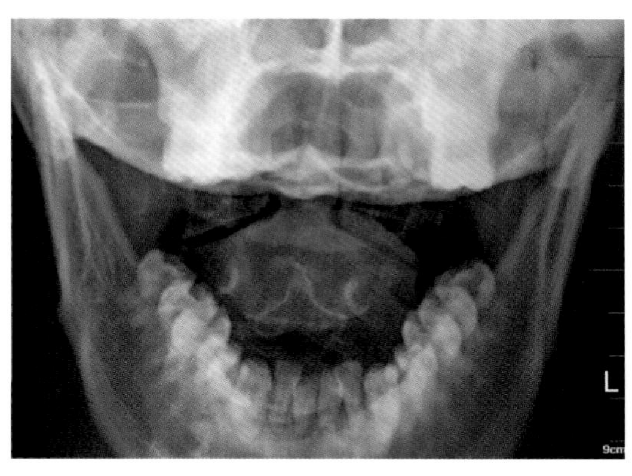


图4-2-29　解剖变异，枕骨下缘与门齿重叠，还不能完全显示齿突

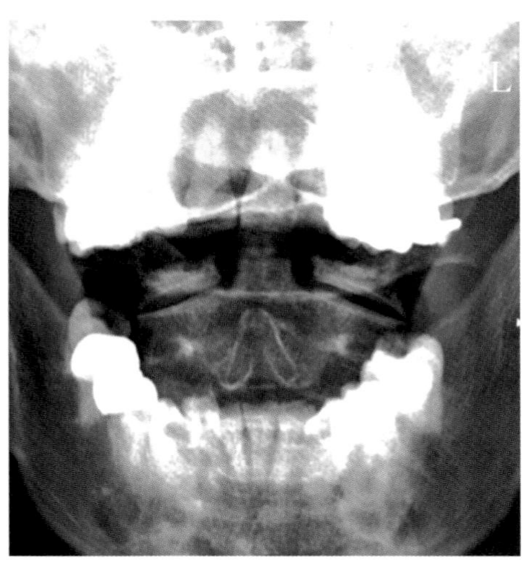


图4-2-30　寰椎关节双边影

2.1.4.6 注意事项

1. 如要显示第1颈椎和第2颈椎及颅脊部连接，不适合用常规颈椎正位，而需用颈椎张口位局部投照。

2. 注意头部后仰（上颌抬高）适度，体位到位的标准是上门齿与枕骨下缘重叠。头后仰不足门齿与齿状突重叠，后仰过度枕骨下缘与齿状突重叠。

3. 有些患者解剖变异不能显示出齿状突。可先检查颈椎侧位，观察枕骨下缘与前门齿咬合面连线与齿状突的结构关系，若齿状突在连线上，则很难显示，建议行CT检查+MPR重建代替。

4. 外伤不能后仰的，可倾斜中心线，使之与乳齿线平行。

5. 摆位时需注意矢状面方向，体位左右不对称使两侧寰枢侧关节间距不等，产生半脱位假象。第2颈椎棘突是否位于椎体正中是评估、区分位置不标准或寰枢关节半脱位的标志。

6. 采用近距离、小照射野投照，充分显示结构及减少散射线。

### 2.1.5 颈椎过伸位

2.1.5.1 应用

颈椎过伸位（cervical vertebra extension position）是从侧位方向观察颈椎的后伸程度，属于功能性体位。后伸运动是颈椎的运动功能之一，参与的结构有颈部的后伸肌群、韧带、椎间关节、椎体等。在颈椎后伸运动图像中，通过观察颈椎的后伸程度即后伸是否受限、椎体序列的连续性等，以评估颈椎的运动状态、颈椎的稳定性和有关结构的病变。与过屈位联合应用，是诊断颈椎病、颈椎退行性变等的常用摄影位置。

2.1.5.2 体位设计

1. 人体侧立或者侧坐位，头颈部冠状面垂直于IR。

2. 身体保持直立状态，身体（胸部）冠状位与IR垂直，双侧肩部下垂。

3. 颌抬高，头部后仰，使颈部做伸展运动。

4. 甲状软骨后方2cm位于显示野中点，显示野上缘包括外耳孔以上1～2cm，下缘包括第2胸椎水平。

5. 中心线水平通过甲状软骨后2cm（第4颈椎）处垂直投射入（图4-2-31）。

6. 曝光因子：显示野30cm×24cm，70±5kV，AEC控制曝光，感度280，中间电离室，0.1mm铜滤过。

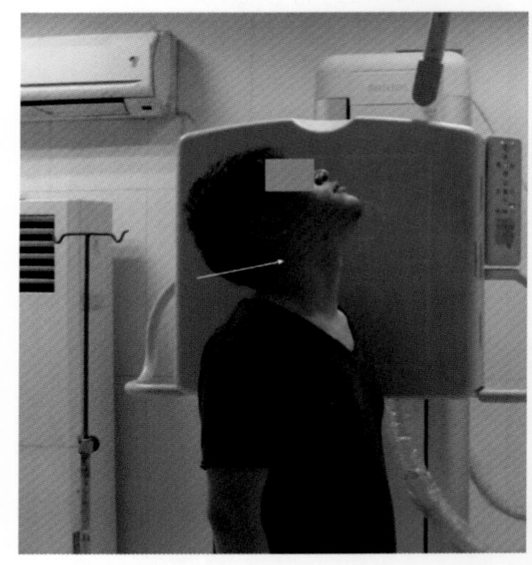

图4-2-31 颈椎过伸位摄影摆位图，白箭头表示中心线射入点

2.1.5.3 体位分析

1. 此位置显示第1～7颈椎侧面观过伸状态像，反映颈椎的运动功能。

2. 后伸的程度受前纵韧带的柔软度限制。

3. 颈椎后伸肌群收缩，使颈椎的生理弯曲加大，椎间隙前部增宽，棘突聚拢。

4. 后伸肌群上部附着于枕部，故做后伸运动时，同时进行头部后仰、颈椎后伸。

5. 如果椎间关节脱位、椎间盘发生病变，颈椎连接稳定性减低或丧失，颈椎后缘的连续性中断。

2.1.5.4 标准图像显示

1. 图像上缘包括外耳孔和下颌骨下部，下缘包括第1胸椎。

2. 颈椎呈标准的侧位方向投影，椎体前缘为切线表现，无双边影，棘突前后方向与 IR 平行。

3. 颈椎的生理曲度增大，第 1 ~7 颈椎显示在图像正中，椎间隙前部增宽、后部变窄，棘突紧密靠近。

4. 下颌骨不与椎体重叠，第 7 颈椎不与肩部软组织重叠。

5. 各椎间隙及椎间关节显示清晰、边缘锐利。

6. 椎体骨纹理、骨皮质显示清晰（图4-2-32）。

2.1.5.5 常见的非标准图像显示

1. 颈部冠状面不与 IR 垂直，椎体后缘产生双边影。

2. 颈粗脖短患者或者肩部上耸，导致第 7 颈椎椎体被厚的软组织重叠，难以显示（图4-2-33）。

3. 患者头部上仰不足，颈部未做明显的过伸运动，故图像不是过伸状态的表现（图4-2-34）。

4. 视野过大，中心线入射点偏上或偏下致椎间隙显示不清（图4-2-35）。

5. 身体未保持垂直，与颈部一同向后倾斜，不是标准的过伸位表现。

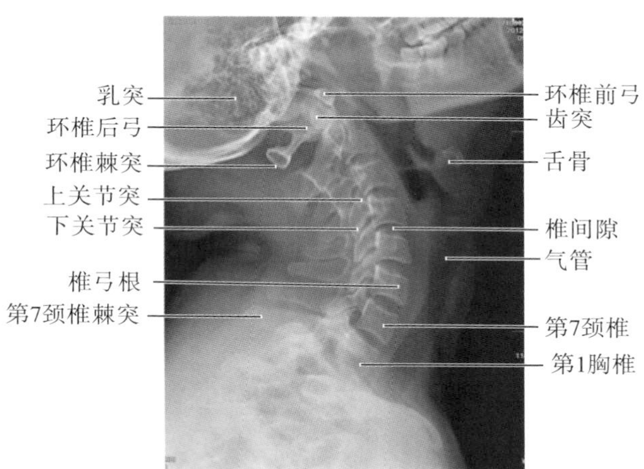


图4-2-32 颈椎过伸位标准 X 线表现

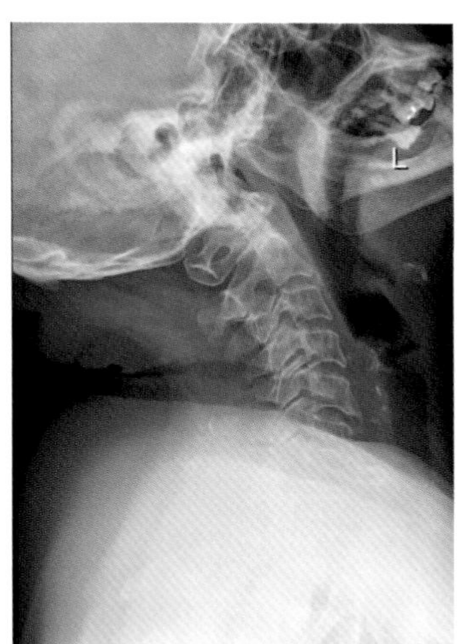


图4-2-33 第 7 颈椎椎体被厚的软组织重叠，未能显示

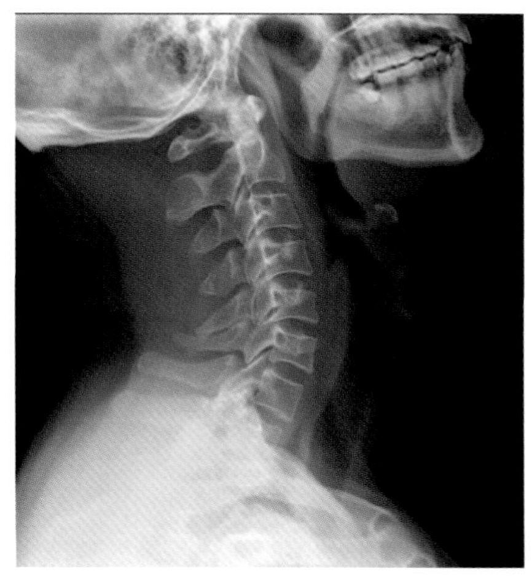

图4-2-34 头部上仰不足，不是过伸状态，棘突未紧密靠近

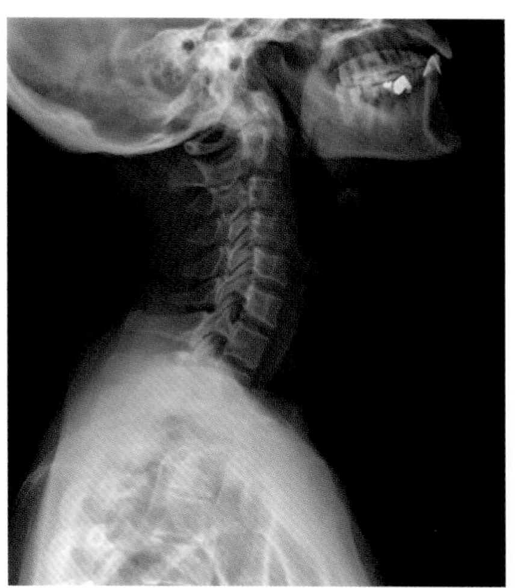

图4-2-35 视野过大，中心线入射点偏上或偏下致椎间隙显示不清

2.1.5.6 注意事项

1. 要获得标准位置，需在标准的颈椎侧位基础上进行后仰。

2. 身体保持直立，做过伸运动过程中，注意不要跟随后倾。

3. 注意嘱被检者做后伸运动到位。

4. 避开下颌骨和肩部的重叠：

(1)下颌抬高，头部尽可能向后仰，同时保证颈椎呈过伸状态。

(2)双肩下垂(不得耸肩)。

5. 过伸位在严重的颈椎病可能加重椎体滑脱，在颈椎骨折患者可能引发神经系统损伤，甚至造成高位截瘫。以上情况应禁做功能位检查，如有必要则在专科医生现场指导下进行。

### 2.1.6 颈椎过屈位

2.1.6.1 应用

颈椎过屈位(cervical vertebra flex position)是从侧位方向观察颈椎的屈曲程度，同样属于功能性体位。屈曲运动与后伸运动一样，是颈椎的运动功能之一，参与的结构同过伸位。在颈椎屈曲运动图像中，通过观察颈椎的屈曲程度即屈曲是否受限、椎体序列的连续性等，以评估颈椎的运动状态、颈椎的稳定性和有关结构的病变。与后伸位联合应用，是诊断颈椎病、颈椎退行性变等的常用摄影位置。

2.1.6.2 体位设计

1. 人体侧立或者侧坐位，头颈部冠状面垂直于IR。

2. 身体保持直立状态，身体(胸部)冠状位与IR垂直，双侧肩部下垂。

3. 头部尽可能向前低头，下颌骨颏部紧贴胸骨，使颈部做屈曲运动。

4. 甲状软骨后方2cm位于显示野中点，显示野上缘包括外耳孔以上1~2cm，下缘包括第2胸椎水平。

5. 中心线水平通过甲状软骨后2cm(第4颈椎)处垂直投射入(图4-2-36)。

6. 曝光因子：显示野30cm×24cm，70±5kV，AEC控制曝光，感度280，中间电离室，0.1mm铜滤过。

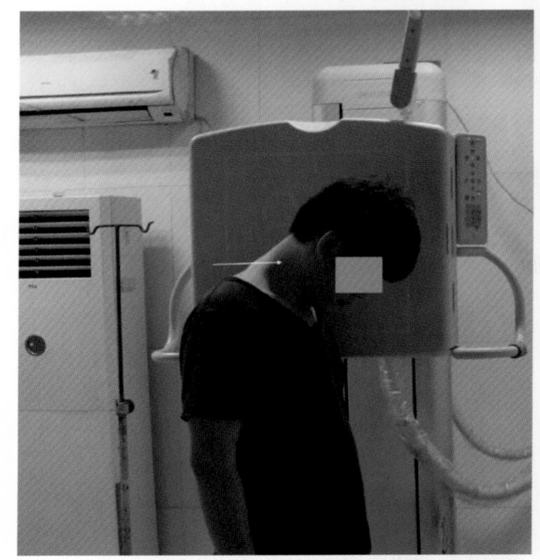

**图4-2-36** 颈椎过伸位摄影摆位图，白箭头表示中心线射入点

2.1.6.3 体位分析

1. 此位置显示第1~7颈椎侧面观屈曲状态像，反映颈椎的运动功能。

2. 屈曲的程度受后纵韧带和棘上纵韧带的柔软度限制。

3. 颈椎屈肌群收缩，牵拉下颌内收，使颈椎产生原生理弯曲的反向曲度或变直，椎间隙后部增宽，前部变窄，棘突分散。

4. 屈曲肌群上部附着于下颌骨，并位于颈部两侧，收缩时，使下颌内收，颈椎同时做屈曲动作。

5. 下颌内收和颈椎屈曲同时进行使下颌骨体部不与颈椎前部重叠。

6. 如果椎间关节脱位、椎间盘发生病变，颈椎连接稳定性减低或丧失，颈椎后缘的连续性中断。

2.1.6.4 标准图像显示

1. 图像上缘包括外耳孔和下颌骨下部，下缘包括第1胸椎。

2. 颈椎呈标准的侧位方向投影，椎体前缘为切线表现，无双边影，棘突前后方向与IR平行。

3. 下颌骨颏部软组织与颈静脉切迹靠近，说明为标准动作。

4. 颈椎曲度与其生理曲度相反，向后弯曲或变直，第 1～7 颈椎显示在图像正中，椎间隙后部增宽、前部变窄，棘突分散。

5. 下颌骨不与椎体重叠，第 7 颈椎不与肩部软组织重叠。

6. 各椎间隙及椎间关节显示清晰、边缘锐利。

7. 椎体骨纹理、骨皮质显示清晰(图4－2－37)。

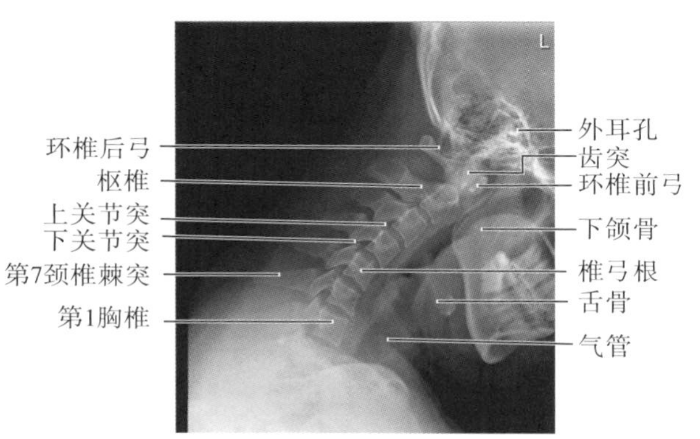


图4－2－37 颈椎过伸位标准 X 线表现

2.1.6.5 常见的非标准图像显示

1. 颈部冠状面不与 IR 垂直，椎体后缘产生双边影。

2. 颈粗脖短患者或者肩部上耸者，导致第 7 颈椎椎体被厚的软组织重叠，难以显示(图4－2－38)。

3. 动作不到位或不正确，不是过屈状态(图4－2－39)。

4. 尽管做下颌内收(低头)，但未同时行颈椎屈曲动作，颈椎向后弯曲不明显，下颌骨支与颈椎前部重叠(图4－2－39)。

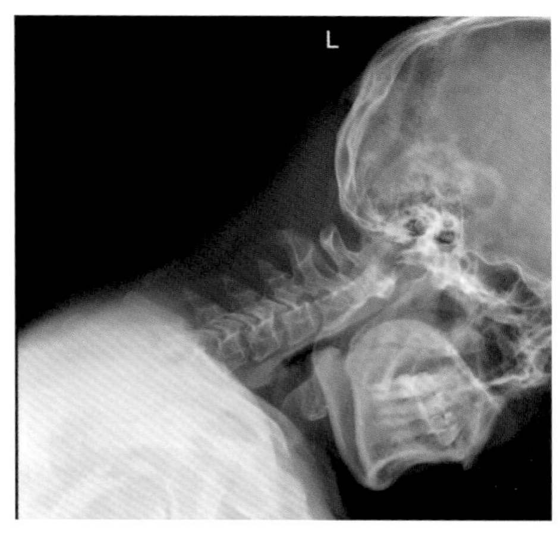


图4－2－38 第 7 颈椎椎体与肩部重叠，显示不清

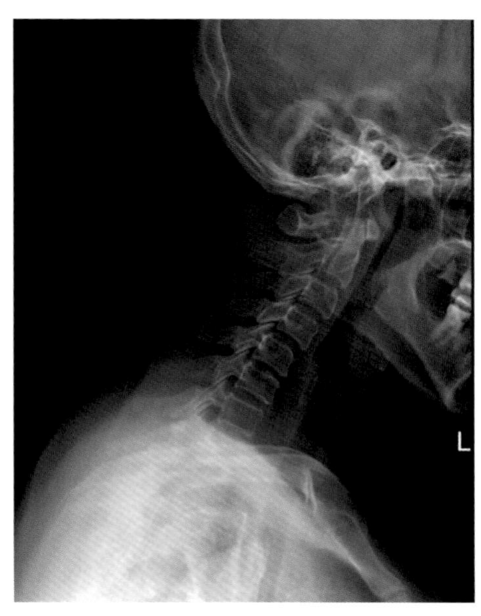


图4－2－39 下颌骨颏部软组织与颈静脉切迹相距远，不是过屈状态。下颌支与颈椎重叠

2.1.6.6 注意事项

1. 要获得标准位置，需在标准的颈椎侧位基础上做屈曲动作。

2. 身体保持直立，做屈曲运动过程中，注意不要跟随前倾。

3. 注意嘱被检者动作正确、到位，即下颌内收和颈部屈曲同时进行。

4. 避开下颌骨和肩部的重叠：

(1)头部尽可能向前低头，下颌骨颏部近贴胸骨，保证过屈状态。

(2)双肩下垂(不得耸肩)。

5. 过屈位在严重的颈椎病可能加重椎体滑脱，在颈椎骨折患者可能引发神经系统损伤，甚至造成高位截瘫。以上情况应禁做功能位检查，如有必要则在专科医生现场指导下进行。

## 2.2 胸椎

胸椎椎体的上、下面较平，有时中央有凹陷现象。上位胸椎近似颈椎，下位胸椎近似腰椎，中间者形态典型。椎体自上而下逐渐增大。第1～8胸椎椎体的两侧上下分别有上肋凹与下肋凹，第9～12胸椎椎体两侧各有一个肋凹，各椎横突前面有横突肋凹，只有第12胸椎横突短而缺如。胸椎的椎间关节面接近冠状面，棘突较长，向后下方倾斜；椎弓向后方垂直走行。由于有肋骨固定，为脊柱各段中活动性最小的部分。胸段的脊神经自椎间孔出椎管，进入肋下沟形成肋间神经，同时胸椎及椎旁为后纵隔的后壁，故神经源性肿瘤或其他后纵隔肿瘤如血管瘤容易累及胸椎及椎旁结构。

### 2.2.1 胸椎前后位

2.2.1.1 应用

胸椎前后位（thorax vertebra anter-posterior position）观察第1～12胸椎正位及椎旁结构，主要显示椎体、椎弓根、椎间隙、胸肋关节和椎旁软组织影像。用于诊断外伤（骨折、脱位）、发育畸形、骨质破坏（原发或转移性肿瘤、结核、其他特异性和非特异性炎症）、退行性改变等，与胸椎侧位构成常规胸椎X线检查方法。

2.2.1.2 体位设计

1. 人体仰卧于摄影床上或者站立与胸片架前，正中矢状面垂直IR并重合IR中线。

2. 头部稍后仰，双手置于身体两侧。

3. 第7胸椎位于显示野上下中点处，其胸部前面的体表标志是颈静脉切迹与剑突连线的中点。

4. 平静呼吸下曝光。

5. 中心线经第7胸椎垂直射入（颈静脉切迹与剑突连线中点）（图4-2-40）。

6. 曝光因子：显示野43cm×22cm，80±5kV，AEC控制曝光，感度280，中间电离室，0.1mm铜滤过。

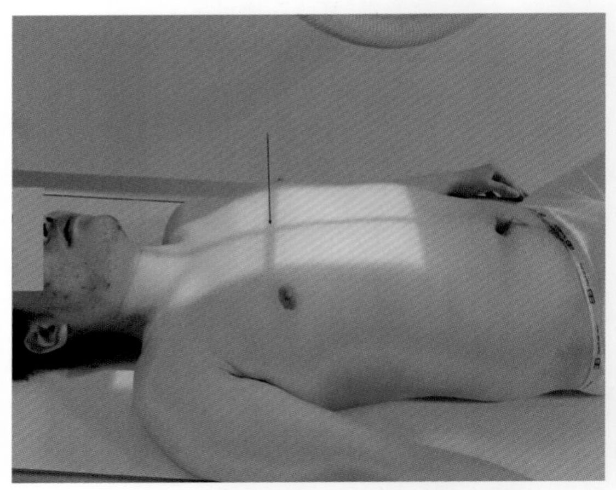

图4-2-40 胸椎前后位摄影摆位图。中心线射入点和摄入方向已标出

2.2.1.3 体位分析

1. 胸椎正位摄影的解剖基础：

（1）前方有纵隔、胸骨重叠，上部密度较低，中部密度高、下部有心脏重叠而密度更高，所以使用阴极端效应：阴极对准中下部，阳极段对准上部。

（2）胸椎凸向后，采用前后位即仰卧位，使胸椎生理曲度减少并与IR贴近，最大限度降低失真和变形。患者处于仰卧位，体位舒适、稳定，易操作。

2. 此位置显示第1～12胸椎正面投影像，显示椎弓根、棘突轴位影像，同时显示胸肋关节及椎旁软组织。

3. 显示野和中心线位置的确定，应用胸椎在前胸壁上的体表标志。

2.2.1.4 标准图像显示

1. 显示野上缘包括第7颈椎，下缘第1腰椎，两侧包括胸椎附件以外。

2. 图像中第1～12胸椎显示于IR长轴上，与显示野上下方向平行。

3. 胸椎棘突居中，椎弓根到椎体外缘距离相等。

4. 椎间隙显示清楚，左右等宽。

5. 各椎体结构纹理及骨皮质清晰，椎旁软组织能分辨（图4-2-41，4-2-42）。

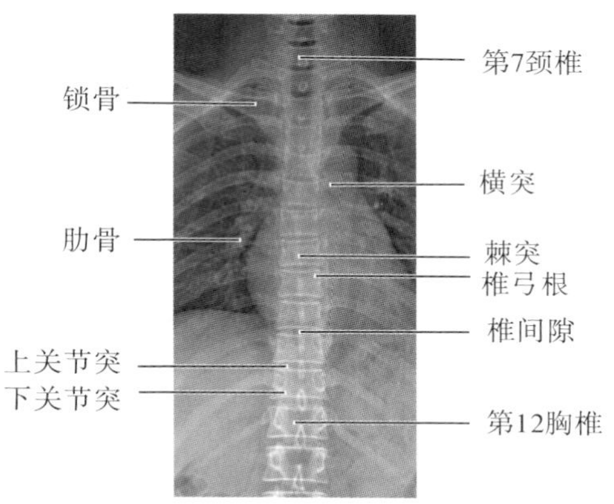


图4-2-41 标准胸椎前后位X线表现

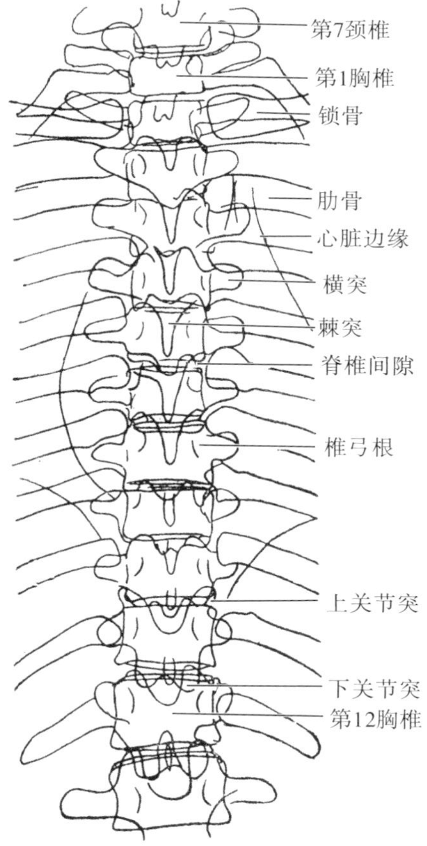


图4-2-42 胸椎前后位示意图

2.2.1.5 常见的非标准图像

1. 胸椎曲度增大者如老年性骨质疏松所致和后凸畸形，导致胸椎椎体变形、部分椎间隙显示不清。

2. 矢状面未与IR垂直，上下段胸椎旋转，棘突不在正中，椎弓根左右不对称(图4-2-43)。

3. 患者身体向一侧侧弯，体位不正(图4-2-44)。

4. 胸椎未与显示野上下径平行。

5. 摄影条件不当：条件较低X线未充分穿透纵膈，下段胸椎显示不够清晰；曝光过度，上段胸椎穿透(图4-2-45)。

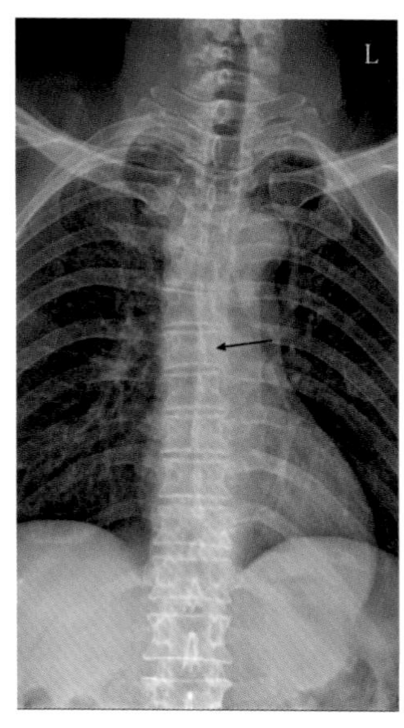


图4-2-43 矢状面未于台面垂直，椎弓根影到椎体两侧距离不等(箭头)

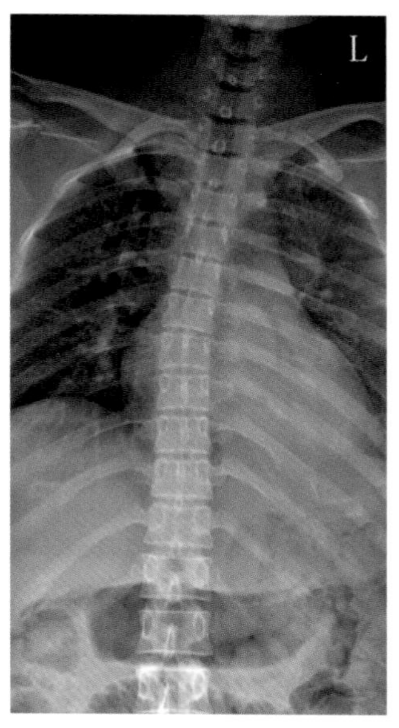


图4-2-44 身体(胸椎)侧弯

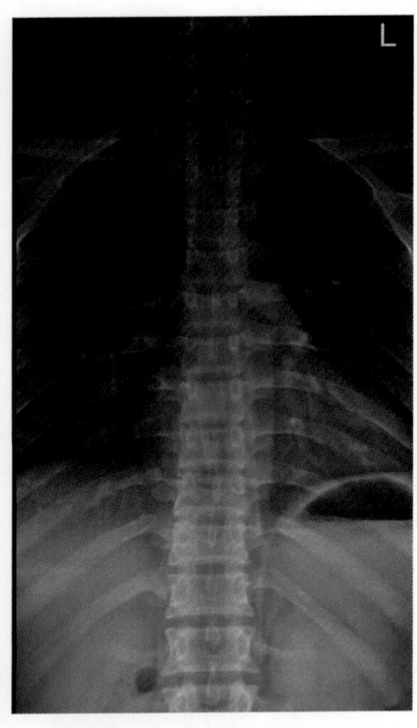


图4-2-45 曝光条件不当，上段胸椎穿透，显示不清

2.2.1.6 注意事项

1. 由于下部胸椎有心脏纵隔重叠，密度很高，因此摄影是利用阳极效应，将阳极置于头侧。

2. 由于全段胸椎较长，而射线是锥形光束投影特点，上端和下端胸椎会有一定变形，椎间隙也会斜射而变窄。因此建议增大源像距(source to image receptor distance，SID)，即X线焦点到影像接收器表面的距离到180cm，若患者能配合，首选立位投照。

3. 胸椎侧弯患者的背部可能左右不对称，人体正中矢状面垂直IR的标志是上部颈椎和下部腰椎保持正位而不旋转。

4. 胸椎弯曲过大者，应选择显示病变存在一段为主，增加托垫或中心线适当倾斜，使病变部分变形失真减少。

### 2.2.2 胸椎侧位

2.2.2.1 应用

胸椎侧位(thorax vertebra lateral position)是为了从侧面观察胸椎，主要显示第3胸椎以下的椎体、椎间隙和椎体后方的部分椎弓，具体包括椎体排列、曲度、骨质情况等，椎体前方软组织厚度显示和与纵隔的关系也能显示。胸椎侧位与胸椎正位共同为胸椎X线的常规检查，故应用范围同胸椎正位。

第1～2胸椎椎体因为肩部组织较厚、重叠，不能显示，椎体后方的椎弓因有肋骨重叠也显示不清。

2.2.2.2 体位设计

1. 人体侧卧于床上或者侧立与胸片架前，胸部冠状面垂直于IR，腋后线与IR中线重合。

2. 双上臂前弓上举，双下肢屈曲，以保持身体稳定。

3. 第7胸椎位于显示野上下的中点。

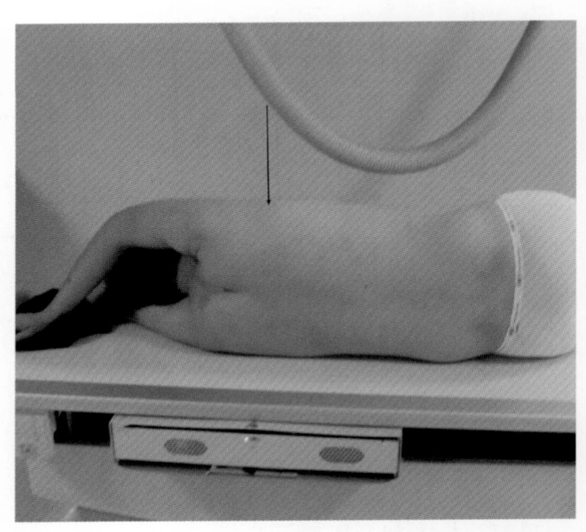

图4-2-46 胸椎侧位摄影摆位图，箭头所指为中心线的射入点和投射方向

4. 平静呼吸曝光。

5. 中心线垂直通过第7胸椎(肩胛骨下缘)(图4-2-46)。

6. 曝光因子：显示野43cm×22cm，80±5kV，AEC控制曝光，感度280，中间电离室，0.1mm铜滤过。

2.2.2.3 体位分析

1. 胸椎侧位是除第1胸椎和第2胸椎以外的胸椎侧位投影像。

2. 胸椎上段与肩部重叠，加上要求双侧上臂上举，故第1胸椎和第2胸椎不能显示。

3. 胸椎下段与膈肌和腹腔组织重叠，组织

厚度大,需用较高千伏摄影。

4. 胸椎居于人体正中,侧位时距离 IR 较远,故 SID 要求在 100cm 以上,使射线倾斜度较少,减少放大率。

5. 椎弓部分与两侧肋骨重叠,即近椎体的部分能显示,而棘突完全与肋骨重叠,显示不清。

6. 此位置显示第 3 ~ 12 胸椎以椎体、椎间隙为主。

2.2.2.3 标准图像显示

1. 显示野上缘包括第 7 颈椎,下缘第 1 腰椎。

2. 图像包括第 1 ~ 12 胸椎序列于胶片长轴上。

3. 各椎体无双边现象,椎间隙清晰可见。

4. 双侧后肋重叠程度大,与椎弓根部分重叠,与棘突完全重叠。但未于椎体后缘重叠。

5. 各椎体纹理及骨皮质结构清晰(图4-2-47,图4-2-48)。

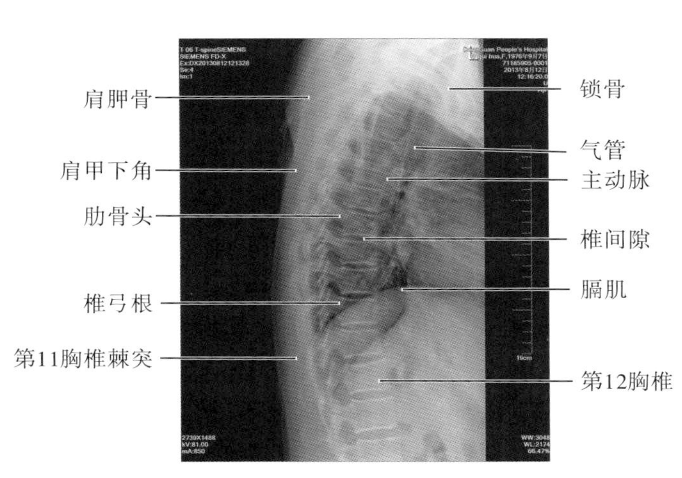


图4-2-47　标准胸椎侧位 X 线表现

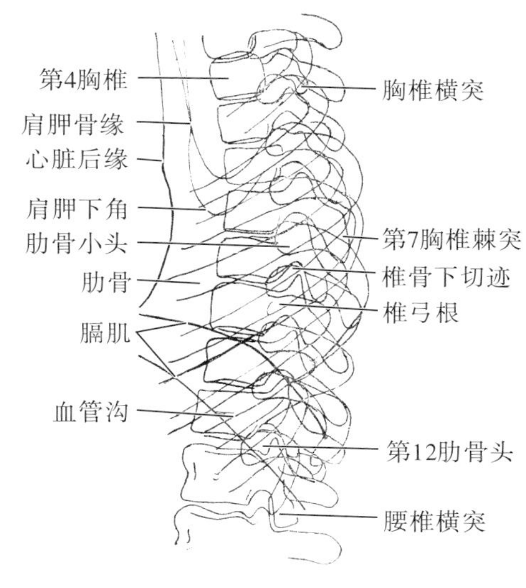


图4-2-48　胸椎侧位示意图

2.2.2.4 常见的非标准图像显示

1. 身体冠状面未垂直 IR 或者中心线入射偏斜导致两侧肋骨不重叠,椎体后缘双边影(图4-2-49)。

2. 中心线入射点定位不准确导致不能包全全部胸椎所在的范围。

3. 体位不正,胸椎序列不与 IR 长轴平行(图4-2-50)。

4. 胸椎摄影曝光条件要高于胸部侧位,产生噪声影响观察腹段胸椎(图4-2-51)。

5. 曝光条件较低,与膈肌重叠的下段胸椎显示不清。

2.2.2.5 注意事项

1. 必须了解胸椎正位不能显示第 1 胸椎和第 2 胸椎,如要观察,照上段胸椎侧位。

2. 摆位时需正确使用体表标记,使肩胛下角置于显示野上下径的中点,调整光圈大小,包全胸椎结构。

3. 胸椎位于胸部的后侧(位置偏后),摆位时使腋后线与显示野上下方向的正中线一致才能确保胸椎位于显示野中部。

4. 双侧肋骨前段与胸椎椎体重叠,平静呼吸下曝光,使肋骨模糊,有利于胸椎椎体的清晰显示。

5. 人体侧卧时,腰部相对于肩部而言,离台面较近,为了保持胸椎从上至下与台面平行,应在腰部处加托垫,使胸椎呈标准位置。

6. 胸椎横隔面胸腹交界处密度差异大,注意调整,可用组织均衡技术(tissue equalization)方法进行处理:组织均衡技术也称为动态范围处理技术，主要是为了提高微细强度差异的可觉察性，同时也降低了差异的幅度。它是利用数字化成像系统宽广的曝光范围将标准的数字图像分解为许多反映不同密度区域的图像，然后经过加权整合得到新的图像，在新的图像中不同体厚的细节均可显示。

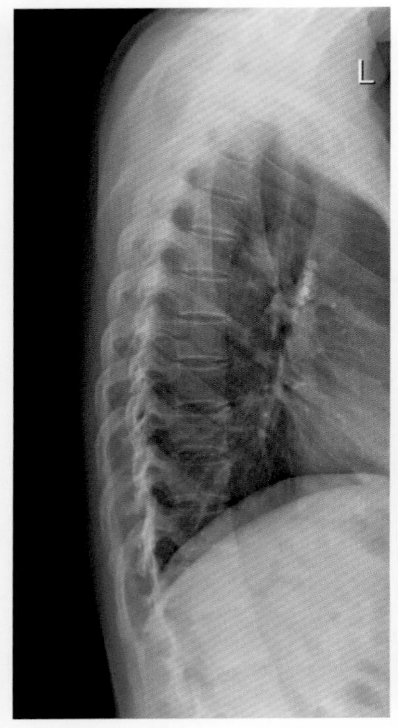

**图4-2-49** 冠状面未于台面垂直，椎体后缘双边影

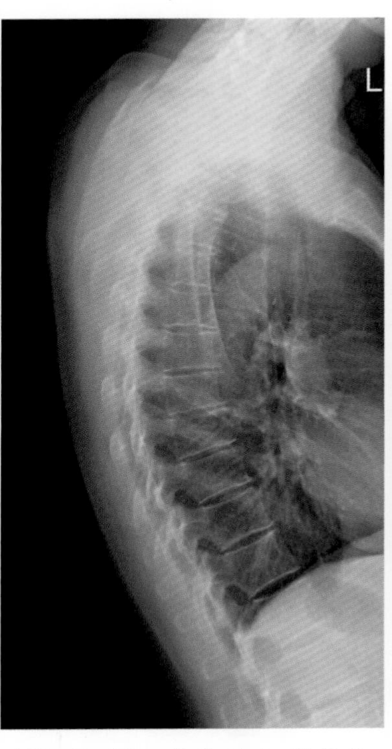

**图4-2-50** 体位不正，胸椎长轴与显示野长轴不平行

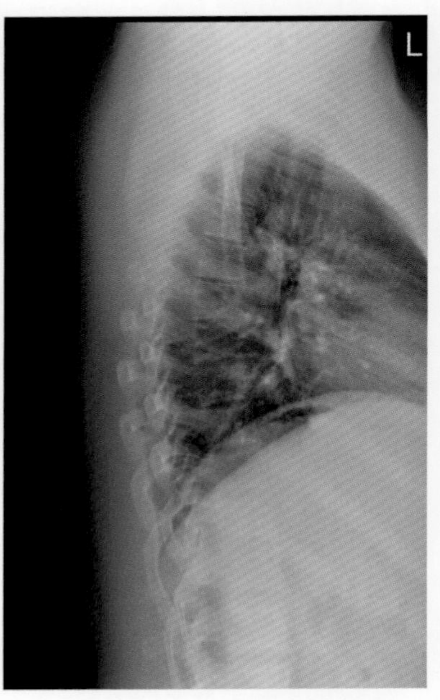

**图4-2-51** 曝光条件不当，噪声较大，图像不清晰

### 2.2.3 上段胸椎侧位

#### 2.2.3.1 应用

上段胸椎正侧位（upper thorax vertebra lateral position）显示上段胸椎的侧面影像。肌肉、锁骨、肩胛骨和肩关节等从侧方与上段胸椎重叠，常规胸椎侧位不能显示第1～2胸椎。且在摄影胸椎侧位过程中，为了显示大部分胸椎，被检者双侧上臂上举，进一步重叠了第1～2胸椎椎体。上段胸椎侧位是通过特殊的摆位方法弥补常规胸椎侧位的不足，清楚显示被肩部结构重叠的胸椎影像，以满足诊断要求。故此位置用于发生在上段胸椎特别是第1～2胸椎的肿瘤、炎症和外伤等疾病的诊断。

#### 2.2.3.2 体位设计

1. 人体侧卧于摄影床，头部垫高。双下肢屈曲，保持体位稳定。

2. 靠床侧手臂前伸、上举向前抱住头部，对侧手臂向后下拉，使肩部尽量下垂。

3. 第1胸椎棘突置于显示野上下径的中点（体表标记为第7颈椎棘突之下）。

4. 身体轻度后倾，使身体冠状面与床面约呈70°夹角。

5. 远侧锁骨上窝后壁与台面正中线重合。

6. 中心线垂直通过远台侧锁骨上窝（图4-2-52，图4-2-53）。

7. 平静呼吸下屏气曝光。

8. 曝光因子：显示野30cm×24cm，80±5kV，AEC控制曝光，感度280，中间电离室，0.2mm铜滤过。

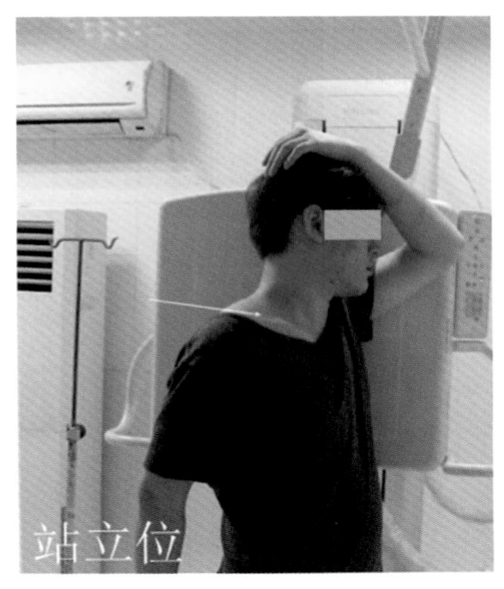


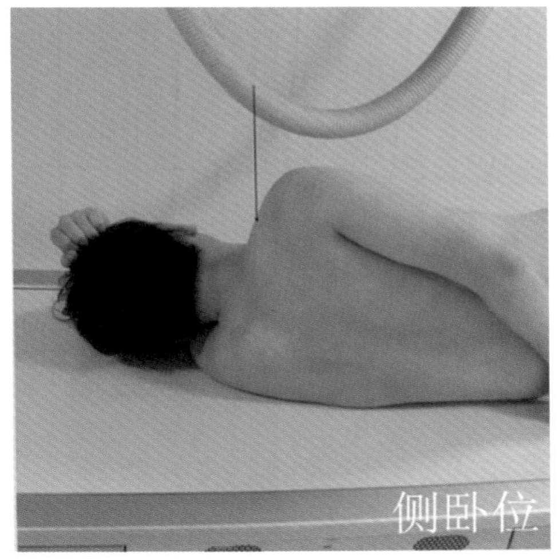


图4-2-52 上胸椎侧位摄影摆位图，中心线射入点的方向用箭头标出

2.2.3.3 体位分析

1. 如果采取完整的侧位，由于双侧肩部与胸椎重叠，射线不易穿透。需将两侧肩部错开，具体方法是采用游泳姿势：一侧肩部往前拉，一侧往后拉，人体矢状面稍向前或后倾斜。

2. 为了使胸椎保持侧位位置，后倾角度适当，一般要求在70°左右（图4-2-53）。

3. 上段胸椎位于显示野中央区，中心线垂直投照，能清晰显示上段胸椎。

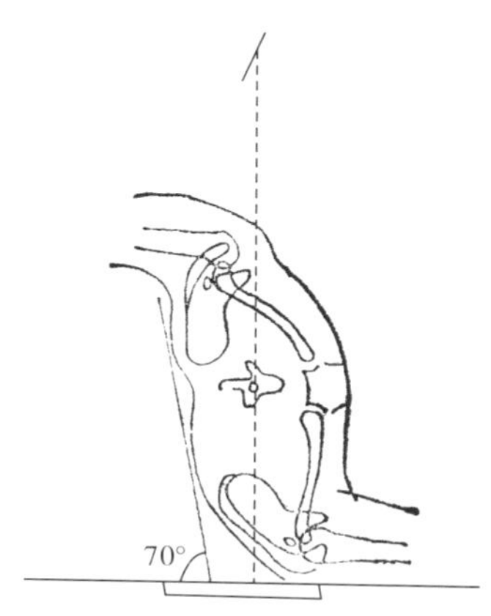


图4-2-53 上胸椎侧位摄影摆位原理图，中心线射入点的方向用箭头标出

4. 由于被检者上臂一侧上抬抱头，另一侧向后，故双侧锁骨不呈重叠状态，而是上下分开，第1胸椎和第2胸椎位于其间，与轴位组织重叠程度少。

5. 故此位置显示第1～第3胸椎为主的上段胸椎侧位投影像。

2.2.3.4 标准图像显示

1. 照片范围包括第六颈椎到第四胸椎，所照椎体呈侧位像显示图像中央区。

2. 胸椎呈标准侧位影像，椎体边缘无双边影。

3. 图像层次丰富，对比度好，使显示野内较复杂的结构清晰可辨。

4. 上段胸椎（第1～第3胸椎为中心）椎体充分显示，双侧锁骨分别位于要显示的胸椎上下方，基本不与椎体重叠。近台面侧肱骨头位于第1胸椎的上方（图4-2-54，图4-2-55）。

5. 各椎体骨纹理和骨皮质结构显示清晰。

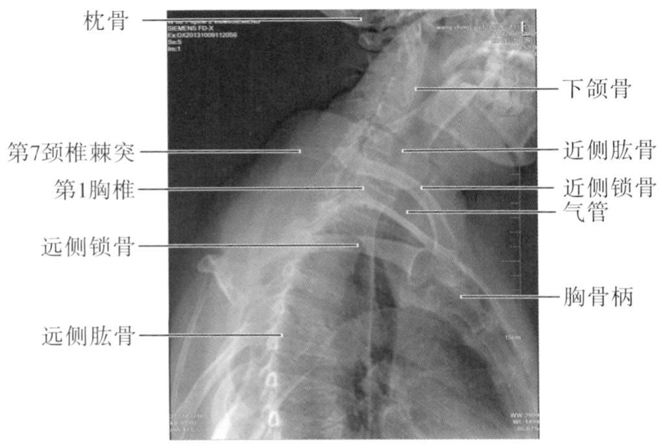


图4-2-54 标准上胸椎侧位X线表现

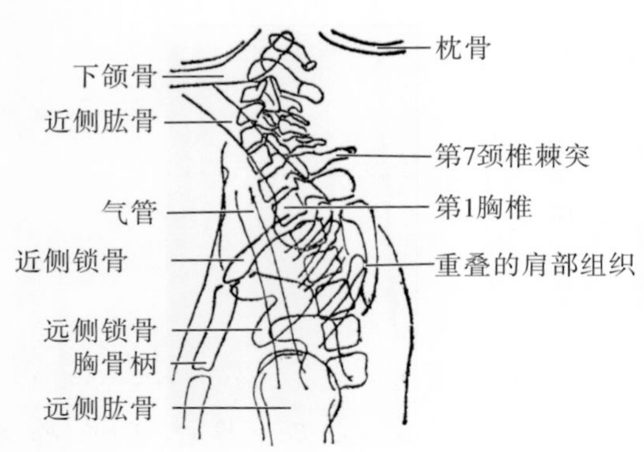


图4-2-55　上胸椎侧位示意图

2.2.3.5　常见的非标准图像显示

1. 未按要点摆位，双侧肩关节和锁骨未错开，与上段胸椎重叠，使第1～第3胸椎不能显示（图4-2-56）。

2. 曝光条件不足，X线不能穿透组织。

3. 近侧上肢未向前展开，肱骨头与附件重叠（图4-2-57）。

4. 人身体倾斜角度太大，胸椎呈斜位。

5. 身体未倾斜，胸椎与轴位结构不能充分分开，仍有部分重叠。

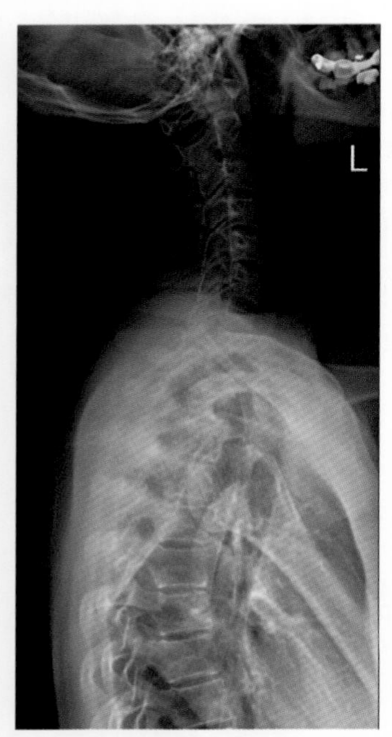


图4-2-56　未按要点摆位，上段胸椎完全重叠，不能显示

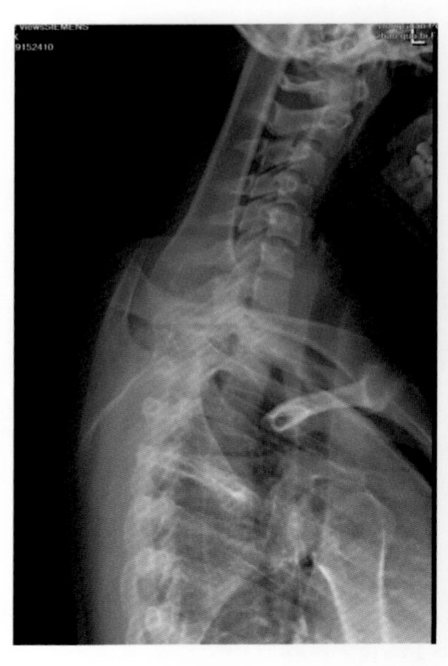

图4-2-57　一侧肱骨头与上段胸椎附件重叠

2.2.3.6　注意事项

1. 操作者在投照过程中要理解成像原理，将双侧肩关节和锁骨分开，充分显示上段胸椎。

2. 注意冠状面与床面的关系，也就是说身体要倾斜适当，既要减少重叠，又要使上段胸椎保持侧位。

3. 在按要点摆位，但周围结构与上段胸椎仍重叠较多时，可将中心线向足侧倾斜3°～5°，以帮助分开双肩。

4. 为提高清晰度，采用小照射野。

5. 由于组织较厚，需要有较长的曝光时间，故应对曝光条件进行整合，保证图像质量。

6. 此位置亦称游泳位，肢体活动度较大，脊柱外伤患者接受检查存在潜在危险性，建议改用其他检查方法（CT、MRI）。

## 2.3　腰椎

腰椎椎体较大，无横突孔及肋关节。腰椎正面观自上而下逐渐增宽，呈直线排列，侧面观自上而下逐渐前凸。椎间关节面接近矢状面，棘突宽大呈板状，水平走向（图4-2-58）。第5腰椎借椎间盘与骶椎连接，连接处形成腰骶角（为第1骶骨与水平面的夹角，约34°）。常见的先天变异有最末一对肋骨短小如横突形态的胸

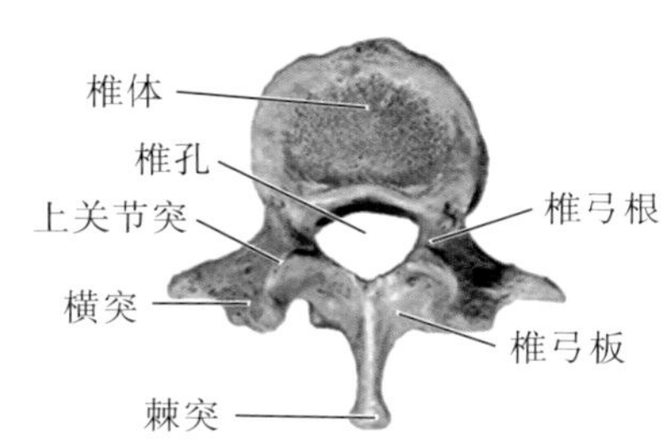


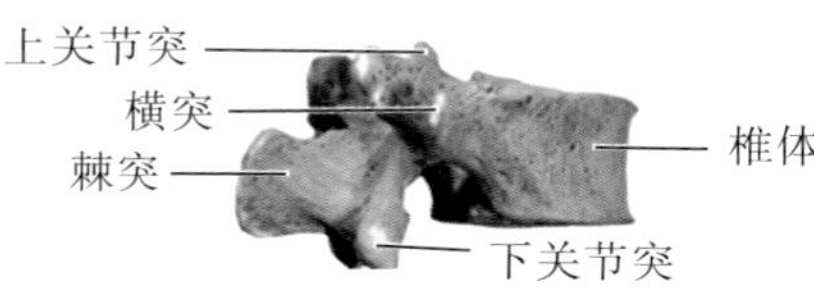


图4-2-58 腰椎解剖图

椎腰化,也常见第5腰椎与骶骨部分或者全部融合的腰椎骶化,以及骶椎具有腰椎形态的骶椎腰化。腰椎为脊柱活动度最大的脊柱段,是身体重量的支柱,故外伤、病变最常累及腰椎及其附属结构(韧带、关节囊和肌肉筋膜)。腰椎X线检查在临床上应用广泛,非常重要,是腰椎骨折、退行性变、结核、化脓性炎症、特异性炎症(结缔组织病、自身免疫性炎症)、肿瘤(原发和继发性肿瘤)和椎旁疾病必不可少的检查方法。

### 2.3.1 腰椎前后位(正位)

2.3.1.1 应用

腰椎前后位(lumbar vertebra anter-posterior position)即腰椎正位((lumbar vertebra orthodontic position)是从正面观察第1~第5腰椎的骨质结构和椎旁软组织的摄影,能全面显示腰椎椎体、附件、椎间隙及与腰椎相邻的上下解剖部位、椎旁软组织(肌肉、脂肪)等,在椎间盘、韧带、椎旁组织发生病变时也能显示。腰椎正位一般与侧位共同组成腰椎X线摄影的常规方法。主要应用于外伤性(椎体和椎弓骨折、脱位)、退行性病变(骨质增生、韧带钙化、椎间盘变性、脊柱滑脱)、感染性疾病(结核、化脓性)、发育畸形、肿瘤(原发性骨肿瘤、转移性肿瘤、血液病)和免疫性疾病(强直性脊柱炎、类风湿病)等等。

2.3.1.2 体位设计

1. 人体仰卧摄影床上,腹部正中矢状面与台面中线垂直并重合。

2. 双上肢上举,下肢弯曲,双足踏台面。

3. 脐上3cm置于显示野上下径中点。显示野上缘于剑突、下缘接近耻骨联合。

4. 中心线垂直通过脐上3cm或者肋弓下缘(第3腰椎)与正中矢状面交点。

5. 平静呼吸下曝光(图4-2-59)。

6. 曝光因子:显示野38cm×22cm,75±5kV,AEC控制曝光,感度280,中间电离室,0.1mm铜滤过。

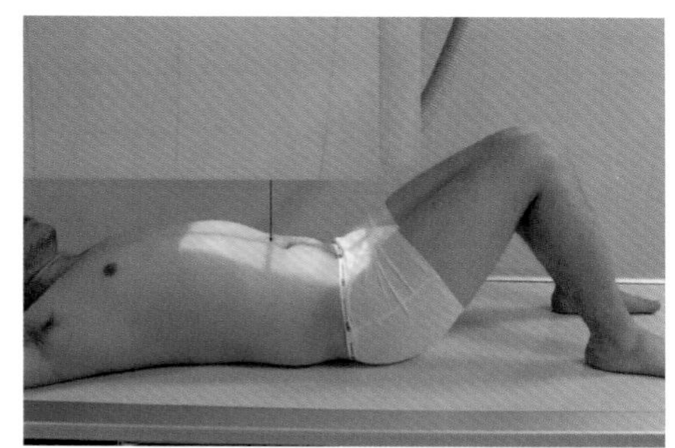

图4-2-59 腰椎前后位摄影摆位图。中心线射入点和摄入方向已标出

2.3.1.3 体位分析

1. 此位置显示第1~5腰椎及上下相邻解剖结构的正位投影像。

2. 腰椎正位摄影的解剖基础:

(1)腰椎上部位于密度高、体积大的上腹部,下部位于密度较低的中下腹部,采用阳极效应即上部对准阴极,下部对准阳极,能使图像保持密度差一致。

(2)腰椎排列前凸,需双膝屈曲,足底平踏台面,使腰椎曲度变直,贴近床面,减少第3~5腰椎放大失真并使椎间隙平行于射线(图4-2-59,图4-2-60)。

(3)中心线入射点垂直通过第3腰椎椎体。

3. 摆位时注意适当牵拉,使腰椎处于伸直状态,以免造成腰椎侧弯的假象。

2.3.1.4 标准图像显示

1. 图像上缘包括第12胸椎体,下缘第1骶椎体以下。

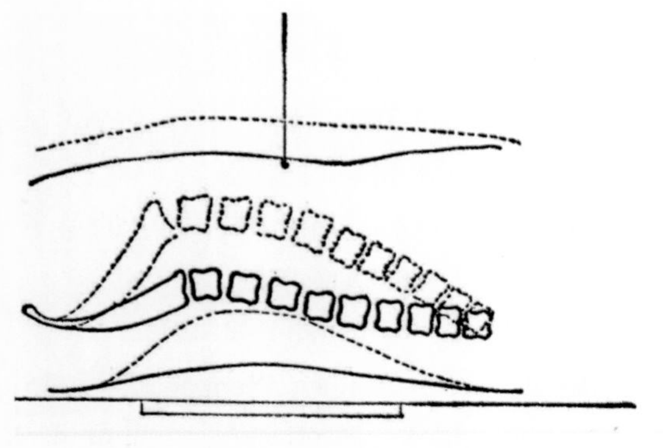
图4-2-60 腰椎前后位摄影原理图

2. 第1～5腰椎排列与图像纵轴线平行，并位于图像正中线上。

3. 棘突居中，横突、椎弓根对称显示。

4. 椎间隙清晰，左右宽窄一致（病理性侧弯除外）。

5. 第3腰椎椎体上下缘无双边影。

6. 腰椎骨纹理和骨皮质结构清晰。

7. 腰大肌及肌间脂肪线能分辨（图4-2-61，图4-2-62）。

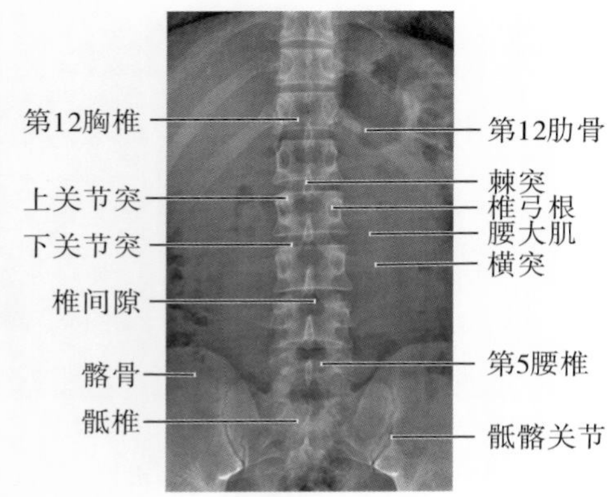

图4-2-61 标准腰椎前后位X线解表现

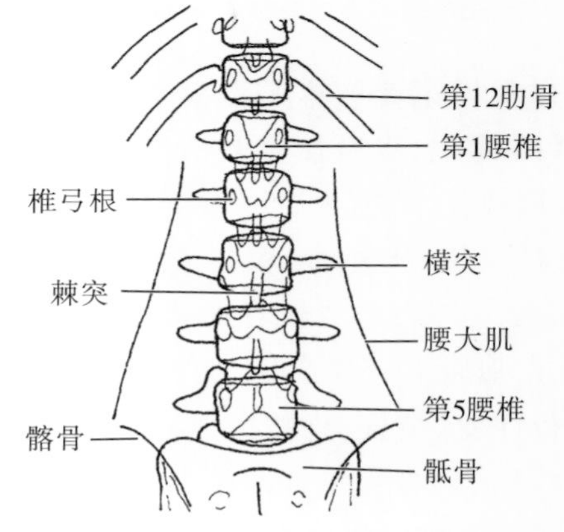

图4-2-62 腰椎前后位显示图

2.3.1.5 常见的非标准图像显示

1. 人体正中矢状面未垂直于台面，腰椎呈斜位，表现为双侧椎弓根到椎体侧缘不等。

2. 中心线入射点不准确导致椎体上下边缘出现双边影（图4-2-63）。

3. 拍摄时，患者体位不正，腰椎序列出现侧弯等假象（图4-2-64）。

4. 条件使用不当：曝光不足，穿透不够，图像不清晰；曝光过量，图像灰度增大。

5. 消化道内容物（如过多的肠内充气）与腰椎重叠，影响观察。

2.3.1.5 注意事项

1. 做好摄影前准备，肠内容物过多，需清洁肠道。去除可能重叠腰椎的物品，如腰带、拉链、纽扣和膏药。

2. 中心线入射点脐上3cm相当于第3腰椎，但对于肥胖者不适合，可根据剑突进行定位。

3. 要求卧位摄影，以减少人体重量的干扰。

4. 被检者应做到上肢上举包头，下肢屈曲，使腰椎生理曲度减小或变直，并贴近台面，其图像失真度减小。

5. 腰椎摄影受被检者体型影响较大，注意按被检者的体型调整曝光条件。

6. 对于外伤患者，可疑第12胸椎至第2腰椎压缩性骨折者，显示野范围扩大到第11胸椎至第2骶椎范围。另外搬动患者时注意方法和力度，避免加重损伤。

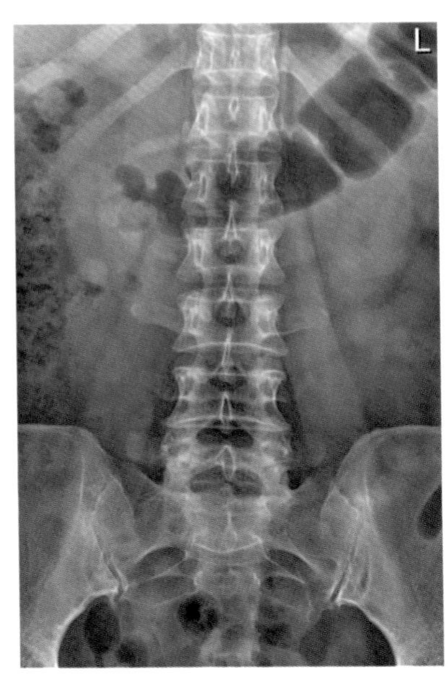

图4-2-63 椎体上下边缘出现双边影

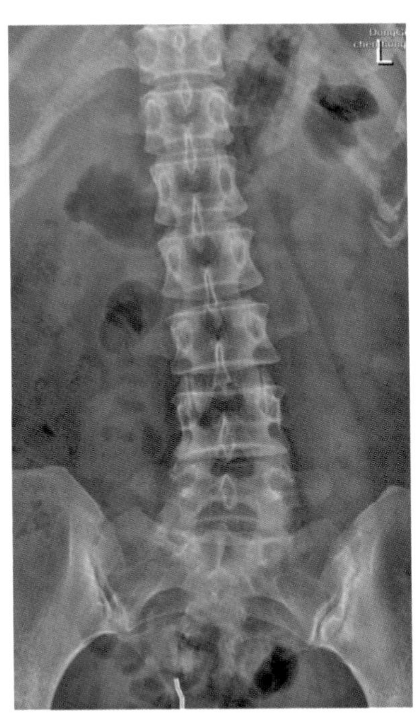

图4-2-64 体位不正，腰椎序列出现侧弯

### 2.3.2 腰椎侧位

2.3.2.1 应用

腰椎侧位（lumbar vertebra lateral position）从侧面观察第1腰椎到第5腰椎的骨质结构和椎旁软组织。与胸椎不同的是，腰椎没有肋骨等结构重叠，故侧位能全面显示腰椎椎体、椎间隙、椎弓及上下之椎间孔、椎间关节和棘突。在椎间盘、韧带发生病变时显示椎体前缘骨质、韧带改变尤为清楚，也能显示椎间关节、前、后纵韧带及棘上韧带的病变。腰椎侧位一般与正位共同组成腰椎X线摄影的常规方法。主要的临床应用与腰椎正位相同，但在退行性变、脊神经根肿瘤及脊柱滑脱等疾病的诊断中更有价值。

2.3.2.2 体位设计

1. 人体侧卧于摄影床，腹部冠状面与台面垂直，腋后线与台面中线平行并重合。

2. 双上肢前屈约90°，下肢屈曲，保持身体的稳定性。

3. 脐上3cm置于显示野上下径中点。显示野上缘于剑突、下缘接近耻骨联合。

4. 中心线垂直通过腋中线与髂嵴上4cm交叉点（图4-2-65）。

5. 平静呼吸下曝光。

6. 曝光因子：显示野38cm×22cm，90±10kV，AEC控制曝光，感度280，中间电离室，0.2mm铜滤过。

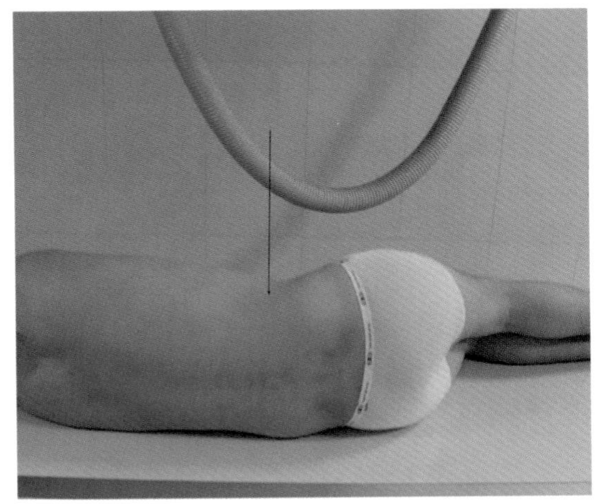

图4-2-65 腰椎侧位摄影摆位图。中心线射入点和摄入方向已标出

2.3.2.3 体位分析

1. 此位置显示第1～5腰椎及上下相邻结构的侧位投影像。

2. 腰椎椎体从上自下体积逐渐增大，第5腰椎体积最大。

3. 与正位不同，腰椎与周围关系是上段腰椎侧位上腹部器官对其无影响，故其上段密度较低；下部腰椎与髂骨重叠，故下段腰椎密度较高。

4. 腰椎处于人体正中，与台面距离远，有放大模糊效应。

5. 腰椎位于人体后部，需将腋后线与台面中线重合。

6. 呼吸对图像质量影响不明显，一般不做要求。

2.3.2.4 标准图像显示

1. 图像上缘包括胸12胸椎椎体，下缘包括第1骶椎体以下。

2. 第1腰椎至第5腰椎排列成自然的生理弯曲形，位于图像长轴中轴线上。

3. 诸椎体边缘无双边影(包括上下前后缘)，椎间隙清晰呈切线显示，无椎体边缘重叠其内。

4. 无过多的肠内容物干扰。

5. 双侧椎弓根完全重叠，棘突平行于IR，呈方形。

6. 腰椎的骨纹理和骨皮质结构清晰(图4-2-66，图4-2-67)。

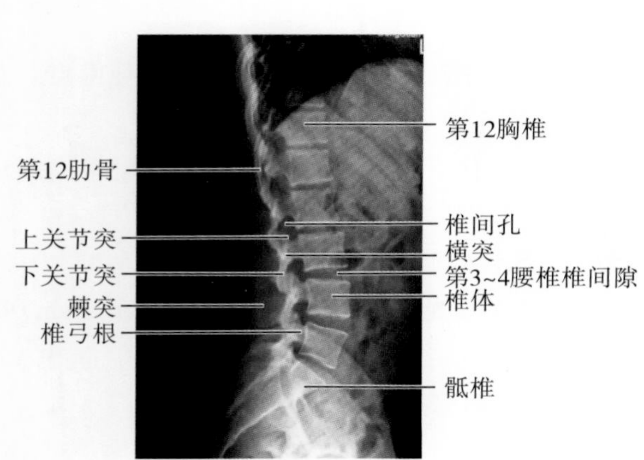


图4-2-66 标准腰椎侧位X线表现

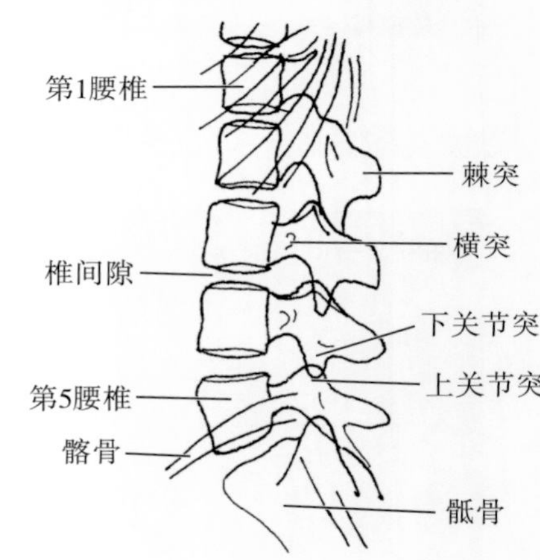


图4-2-67 腰椎侧位示意图

2.3.2.5 常见的非标准图像显示

1. 身体冠状面未与台面垂直。腰椎不呈标准侧位，椎体出现双边影，附件与椎体有重叠。

2. 中心线入射点向前后方向偏移，致椎体后缘双边影(图4-2-68)。中心线向头足侧偏移，致椎体上下缘双边影，椎体边缘位于椎间隙内。

3. 腰椎中部向床侧凹陷，且未加托垫时，椎体变形，且上下缘呈双边影(图4-2-69)。

4. 摄影条件过大致棘突或者第12胸椎体不能显示。

2.3.2.6 注意事项

1. 做好摄影前准备，肠内容物过多，需清洁肠道。去除可能重叠腰椎的物品，如腰带、拉链、纽扣和膏药。

2. 中心线入射点脐上3cm相当于第3腰椎，但对于肥胖者不适合，可根据剑突进行定位。

3. 要求卧位摄影，以减少人体重量的干扰。

4. 被检者应做到上肢和下肢前屈，保持体位稳定。

5. 腰椎摄影受被检者体型影响较大，注意按被检者的体型调整曝光条件。

6. 胸腰交界处密度差异大，注意调整对比度或者采用组织均衡处理。使用阳极效应，阴极对准下部——使上下密度保持一致。

7. 侧位腰椎与IR距离较大，需用远距离摄影，减小放大失真。

8. 侧卧腰部凹陷者，需要增加托垫，使腰椎

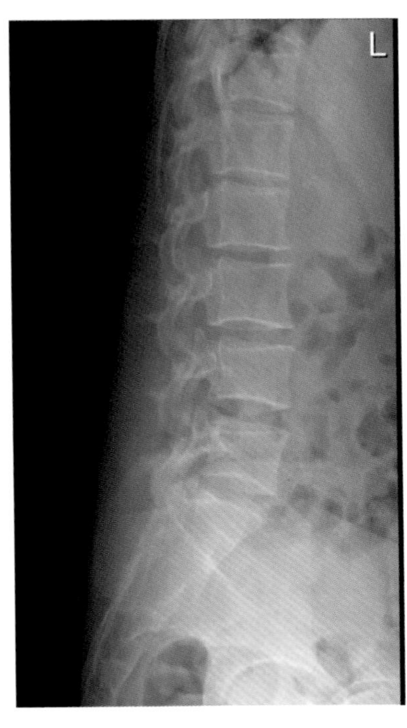


图4-2-68　椎体后面双边影

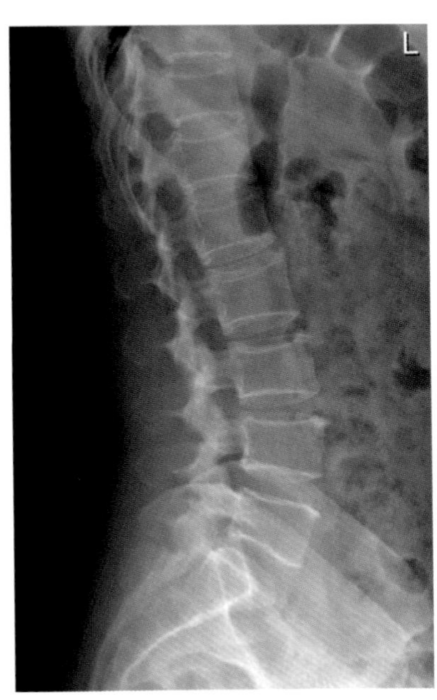


图4-2-69　椎体上下缘呈双边影

轴线变直并与台面平行，进一步可将中心线向足侧倾斜5°～10°投照。

9. 对于外伤患者，可疑第12胸椎至第2腰椎压缩性骨折者，显示野范围扩大到第11胸椎至第2骶椎范围。另外搬动患者时注意方法和力度，以避免加重损伤。

### 2.3.3　腰椎过伸位

#### 2.3.3.1　应用

腰椎过伸位(lumbar vertebra extension position)是观察腰椎做后伸运动下的形态学表现，属于功能性体位。与腰椎后伸运动相关的结构有前纵韧带、椎间关节、椎体等。通过观察腰椎的后伸程度即后伸是否受限、椎体序列的连续性等，以评估腰椎的运动状态、腰椎的稳定性和有关结构的病变。与过屈位联合应用，是诊断腰椎退行性变等的常用摄影位置，是诊断椎体不稳、椎体滑脱的重要方法，并对第4腰椎和第5腰椎椎弓根峡部裂有辅助诊断作用。

#### 2.3.3.2　体位设计

1. 人体侧立于摄影架前，身体冠状面垂直于IR。

2. 双手抱头，患者自然用力使腰部尽可能向后伸展。

3. 第3腰椎置于显示野上下径的中点上。

4. 中心线呈垂直方向通过腋后线与髂嵴上3横指交叉点(第3腰椎高度)(图4-2-70)。

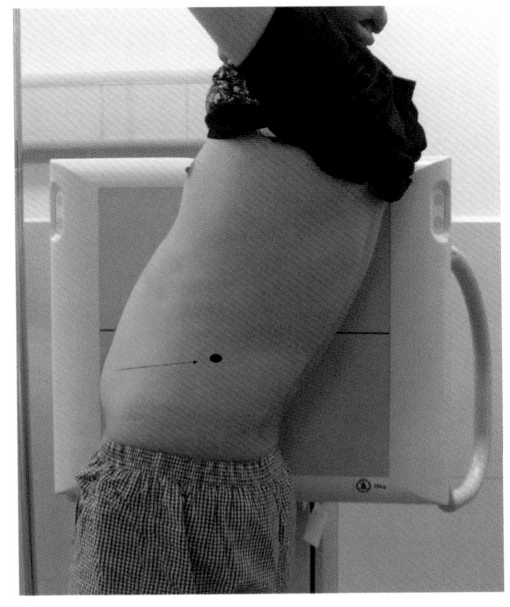

图4-2-70　腰椎过伸位摄影摆位图，已标出中心线入射点及方向

5. 曝光因子：显示野 43cm × 35cm，90 ± 5kV，AEC 控制曝光，感度 280，中间电离室，0.1mm 铜滤过。

2.3.3.3 体位分析

1. 此位置并列显示第 1 ~5 腰椎过伸状态下的侧面投影像。

2. 腰椎过伸位是以标准侧位为基础的。

3. 双手抱头保持胸背部稳定，有利于腰椎做后伸运动。

4. 腰部尽可能向后伸展，以双侧髋关节为支撑点，运动前后骨盆位置无改变。

5. 腰椎过伸，向前的曲度大于生理曲度，上部向后倾斜。

6. 在椎弓根断裂、椎间盘和椎间关节稳定性丧失的状态下，过伸位时椎体排列的不连续性表现的尤为明显。

2.3.3.4 标准图像显示

1. 图像上缘包括第 12 胸椎体，下缘包括第 1 骶椎体。

2. 第 1 腰椎到第 5 腰椎自下方向后上方走向，生理曲度变大，向前凸变得明显。

3. 在投照方向上，腰椎呈标准的侧位，即各椎体呈单边显示（包括上下前后缘），附件与椎体不重叠。

4. 椎间隙前部增宽，后部变窄，清晰显示。

5. 腰椎的骨纹理和骨皮质结构清晰。

6. 曝光条件适当，从椎体到棘突均能显示（图4-2-71）。

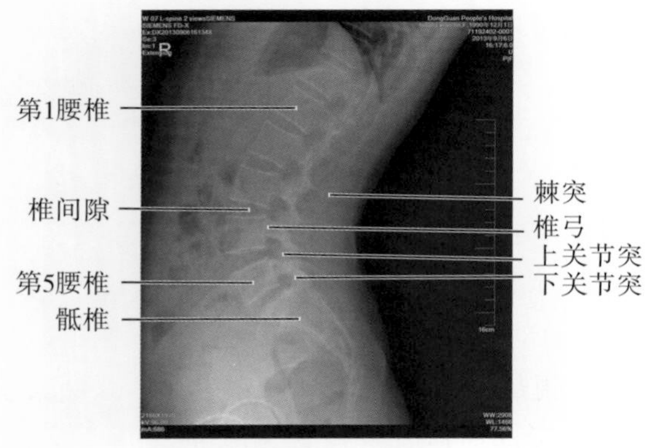


图4-2-71 腰椎过伸位标准 X 线表现

2.3.3.5 常见的非标准图像显示

1. 腰部冠状面不与 IR 垂直，椎体后缘产生双边影（图4-2-72）。

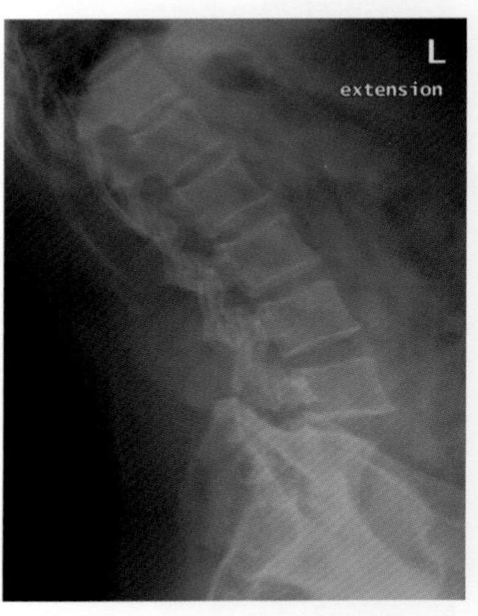


图4-2-72 冠状面未于 IR 垂直，椎体后缘见双边影

2. 中心线偏移：向前后方向偏移，于椎体前后缘出现双边影。向头足侧偏移，于椎体上下缘出现双边影。

3. 骨盆固定不佳，随腰椎一同后移，使过伸动作不到位。

4. 被检者未做过伸动作或过伸不到位，不是功能性体位而是似腰椎侧位。

5. 摄影条件不足，图像噪声增大影像观察（图4-2-73）。

6. 患者骨盆后倾或者过伸不足，呈假过伸状态（图4-2-74）。

2.3.3.6 注意事项

1. 曝光前，注意训练被检者，使过伸动作到位，提供准确的影像。

2. 做过伸运动之前，使被检者的冠状面垂直于 IR。

3. 腰椎过伸时，上部后移，注意于前后方向增大光圈，以包全腰椎前后缘的结构。

4. 在过伸中注意运动前后骨盆位置不变，否则导致过伸不到位。

5. 病情重的患者进行腰椎功能性检查时，

检查前一定要进行安全性评估，考虑到患者不能保持体位者，需要陪同人员配合或者在专科医生现场指导下进行。

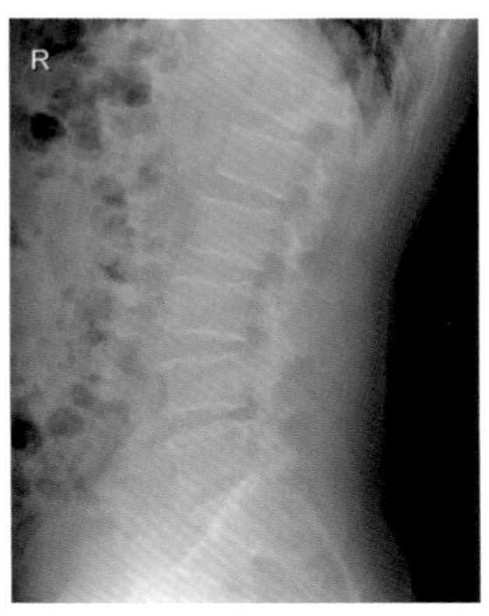

图4-2-73 曝光不足，噪声大

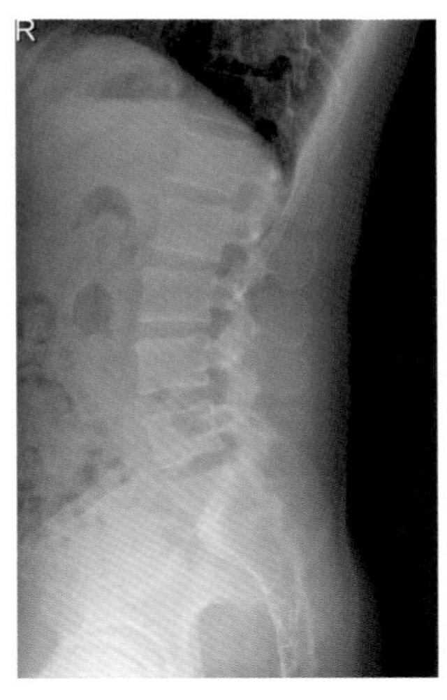

图4-2-74 过伸不足，呈腰椎侧位

## 2.3.4 腰椎过屈位

2.3.4.1 应用

腰椎过屈位（lumbar vertebra flex position）是观察腰椎做前屈运动时的形态学表现，属于功能性体位。与腰椎屈曲运动相关的结构有后纵韧带和棘上韧带、椎间关节、椎体等。通过观察腰椎的前屈程度即屈曲是否受限、椎体序列的连续性等，以评估腰椎的运动状态、腰椎的稳定性和有关结构的病变。与过伸位联合应用，是诊断腰椎椎退行性变等的常用摄影位置，是诊断椎体不稳、椎体滑脱的重要方法，并对第4腰椎和第5腰椎椎弓根峡部裂有辅助诊断作用。

2.3.4.2 体位设计

1. 人体侧立摄影架前，身体冠状面垂直于IR。

2. 双手抱头，患者自然用力使腰部尽可能向前弯腰并保持骨盆站立不动。

3. 第3腰椎置于显示野上下径的中点上。

4. 中心线呈垂直方向通过腋后线与髂嵴上3横指交叉点（第3腰椎高度）（图4-2-75）。

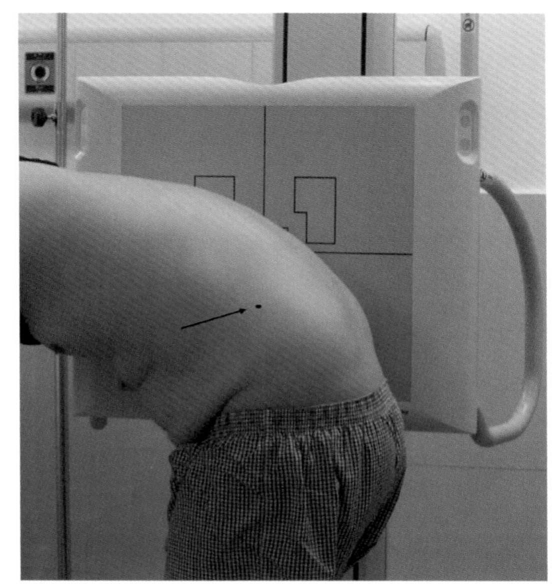

图4-2-75 腰椎过屈位摄影摆位图。中心线射入点和摄入方向已标出

5. 曝光因子：显示野43cm × 35cm，90 ± 5kV，AEC控制曝光，感度280，中间电离室，0.1mm铜滤过。

2.3.4.3 体位分析

1. 此位置并列显示第1～5腰椎侧面观过屈状态像。

2. 首先被检者呈标准的侧位是获得标准过屈位的基础。

3. 双手抱头保持胸背部稳定，有利于腰椎做前屈运动。

4. 腰部尽可能向前弯曲，以双侧髋关节为支撑点，运动前后骨盆位置无改变。

5. 腰椎过屈的表现为腰向前的曲度减小、

变直，上部向前倾斜。

6. 在椎弓根断裂、椎间盘和椎间关节稳定性丧失的状态下，过屈位时椎体的不连续性表现的尤为明显。

2.3.4.4 标准图像显示

1. 图像上缘包括胸12椎体，下缘包括骶1椎体。

2. 第1腰椎到第5腰椎自下方向前上方走向，生理曲度减小，或变直。

3. 在投照方向上，腰椎呈标准的侧位，即各椎体呈单边显示(包括上下前后缘)，附件与椎体不重叠。

4. 椎间隙前部变窄，后部增宽，清晰显示。

5. 腰椎的骨纹理和骨皮质结构清晰。

6. 曝光条件适当，从椎体到棘突均能显示(图4-2-76)。

2.3.4.5 常见的非标准图像显示

1. 腰部冠状面不与IR垂直，椎体后缘产生双边影(图4-2-77)。

2. 中心线偏移：向前后方向偏移，于椎体前后缘出现双边影。向头足侧偏移，于椎体上下缘出现双边影。

3. 患者骨盆前倾，呈假过屈状态(图4-2-78)。

4. 骨盆固定不佳，随腰椎一同前移，而弯腰动作进行不到位(图4-2-79)。

5. 摄影条件不足，图像噪声增大影响观察(图4-2-79)。

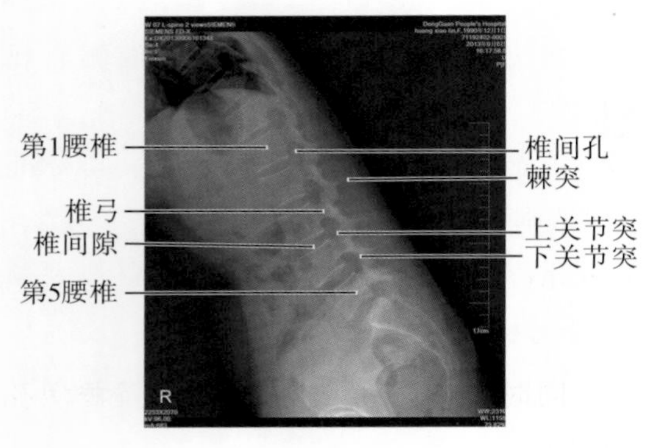


图4-2-76 腰椎过屈位标准X线表现

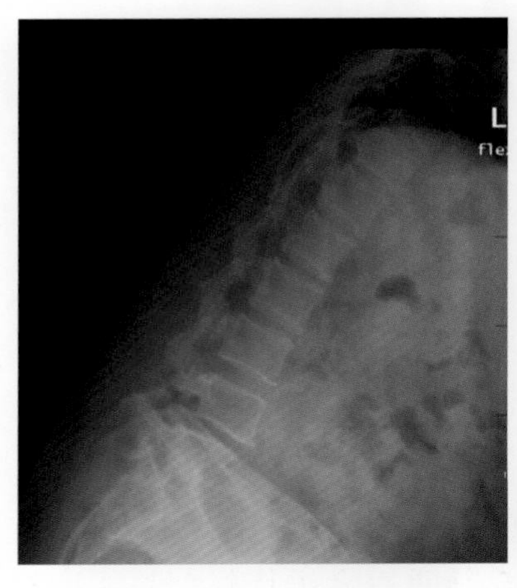


图4-2-77 冠状位与IR未垂直，椎体双边影

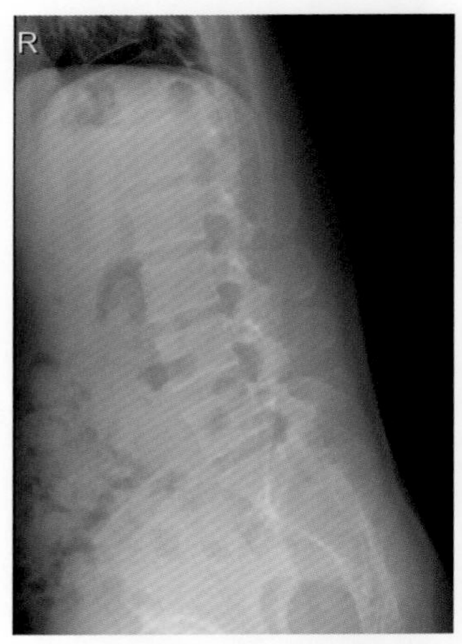


图4-2-78 过屈不足表现

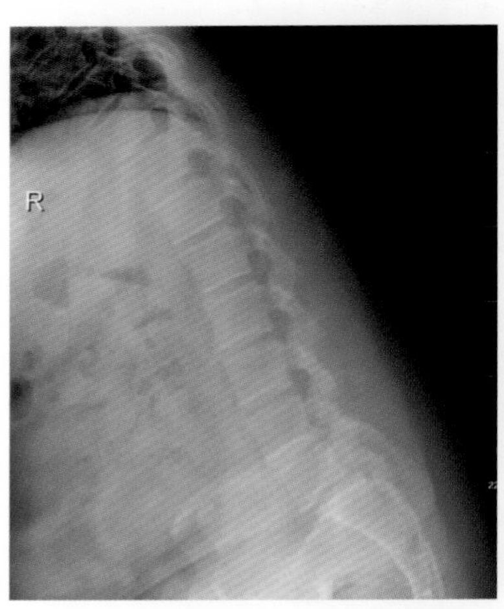


图4-2-79 曝光不足，噪声大，图像不清晰

2.3.4.6 注意事项

1. 曝光前,注意训练被检者,使屈曲动作到位,提供准确的表现。

2. 做屈曲运动之前,将被检者的冠状面垂直于 IR。

3. 腰椎屈曲时,上部前移,注意于前后方向增大光圈,以包全腰椎前后缘的结构。

4. 在过屈中注意运动前后骨盆位置不变,否则导致屈曲不到位。

5. 病情重患者进行腰椎功能性检查时,检查前一定要进行安全性评估,考虑到患者不能保持体位者,需要陪同人员配合或者在专科医生现场指导下进行。

### 2.3.5 腰椎斜位

2.3.5.1 应用

腰椎斜位(lumbar vertebra oblique position)包括左右侧斜位,是重点显示腰椎附件结构的投照位置,显示原理是将椎弓根平行于台面、垂直于投照方向,能完整显示椎弓根,同时也能显示椎间孔,上、下关节突及椎间关节面。最有价值的是能将椎弓峡部充分显示。该位置与腰椎正侧、屈、伸位组合使用,观察腰椎椎弓峡部裂、腰椎滑脱和椎间孔形态,同时显示上下关节突、椎体侧后缘骨质对椎间孔的影响。在腰椎滑脱、椎弓根峡部裂和腰椎退行性变等疾病的诊断中常用。

2.3.5.2 体位设计

1. 人体侧斜卧于摄影床上,人体纵轴平行于摄影床长轴。

2. 被观察侧贴近床,对侧腰背部抬高,使腹部冠状面与台面成 45°夹角。

3. 被检侧下肢轻度屈曲,膝关节贴近台面,对侧下肢屈曲并足底踏台面,以支撑身体呈斜位。

4. 抬高侧锁骨中线与检查床中线重合,肋弓最低点位于显示野上下方向的中点上。

5. 中心线垂直通过抬高侧锁骨中线与肋弓下缘交点(约第 3 腰椎高度)(图4-2-80)。

6. 平静呼吸下曝光。

7. 曝光因子:显示野 38cm × 22cm,90 ± 10kV,AEC 控制曝光,感度 400,中间电离室,0.1mm 铜滤过。

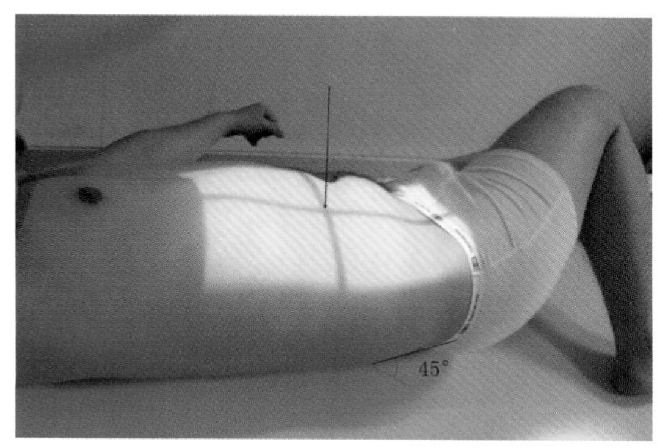


图4-2-80 腰椎斜位摄影摆位图,已标出人体正中矢状面与台面的夹角和中心线的方向、射入点

2.3.5.3 体位分析

1. 腰椎斜位解剖基础:从轴面观椎弓峡部由后内向前外走行,与人体矢状面呈 45°夹角。

2. 图像以椎弓峡部为中心,使其平行于台面并完全展示(图4-2-81)。

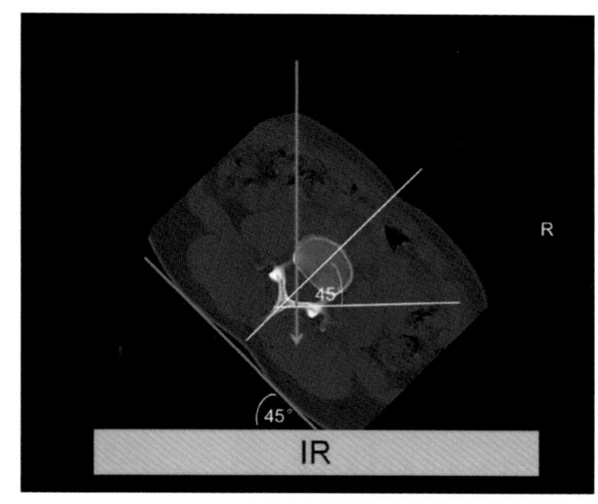


图4-2-81 CT 轴位扫描图像,即腰椎斜位摄影原理图(右后斜位)

3. 同时显示椎间孔形态、大小及椎间孔周围骨质结构。

4. 椎间关节间隙呈切线位显示。

5. 腰椎椎体呈斜位投影,椎间关节、横突与其后缘有重叠,而椎弓根经对侧椎间孔直接投影,不与轴位解剖结构重叠。

6. 腹部为人体较厚的部分,斜位其厚度、组织密度进一步增加。

2.3.5.4　标准图像显示

1. 图像显示野上缘包括第12胸椎,下缘包括骶椎上部。

2. 显示野包括全部腰椎椎体及附件,腰椎位于显示野长轴的中部。

3. 被摄侧椎弓峡部呈平面展开像,全貌显示清楚,其上缘前部有上关节突,下缘后部有下关节突,椎弓根下部上下缘凹陷,较其余部分狭窄。下部与轴位结构无明显重叠。

4. 被检侧上下关节面呈切线显示,椎间关节显示清楚。横突呈轴位显示。

5. 被检侧所显示的附件结构有一定特征:椎板为“狗头”,上关节突构成“狗头”部分的“狗耳”,横突为“狗眼”,椎弓根峡部较细,斜向后下,构成“狗颈”,呈现“狗头、狗颈状”形态,即椎弓根峡部形成“狗颈”。

6. 椎体呈斜位投影,与后缘被检侧横突、上关节突和椎板有一定重叠。对侧横突、椎弓位于后方,与棘突重叠。

7. 椎体及椎弓骨纹理、骨皮质结构显示清晰(图4-2-82~图4-2-84)。

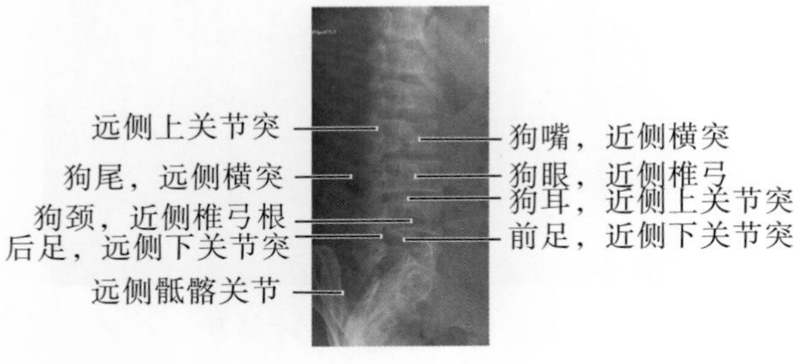


图4-2-82　标准腰椎斜位X线表现

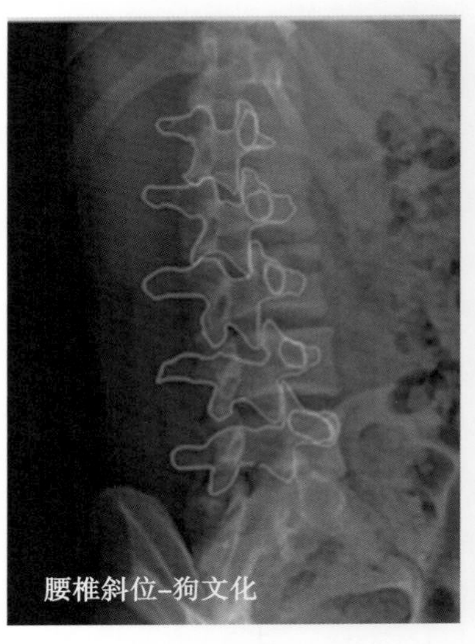


图4-2-83　腰椎斜位X线勾画图

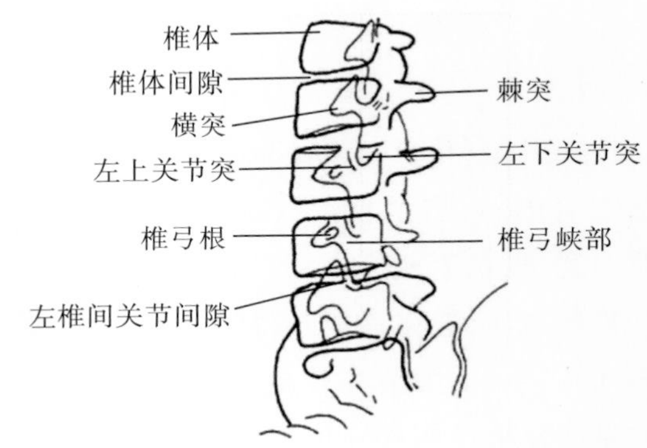


图4-2-84　腰椎斜位X线勾画图

2.3.5.5　常见的非标准图像显示

1. 身体矢状面与台面夹角小于45°,椎弓根前部的附件结构与椎体重叠减少;身体矢状面与台面夹角大于45°,椎弓根峡部与椎体重叠。此两种情况均不同程度地影响椎弓根及附件的显示(图4-2-85,图4-2-86)。

2. 身体矢状面上、下部分与台面成夹角不一致,使腰椎椎弓根峡部全貌显示程度不同(图4-2-87)。

3. 消化道内容物较多,例如气体与附件重叠,使其显示不清。

4. 体位不稳定,图像出现移动伪影。

5. 曝光条件使用不当,穿透不足,所显示的结构较模糊。

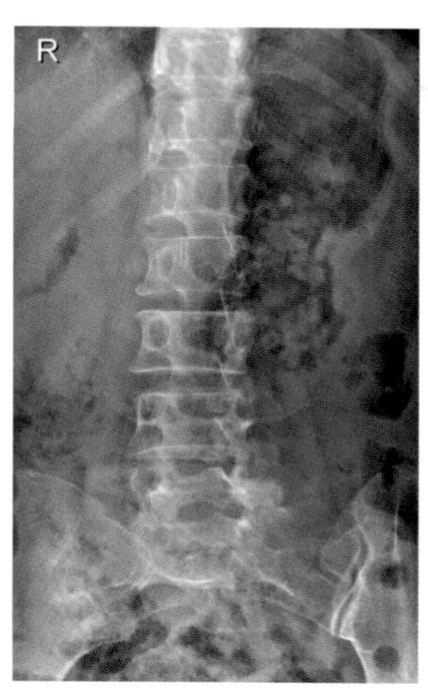


图4-2-85 人体矢状面与台面夹角小于45°,椎弓根与附件位于椎体后部

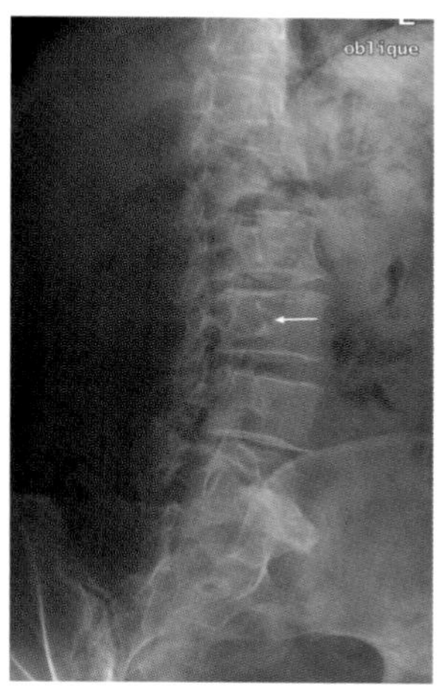

图4-2-86 人体矢状面与台面夹角大于45°,椎弓根位重叠于椎体前部

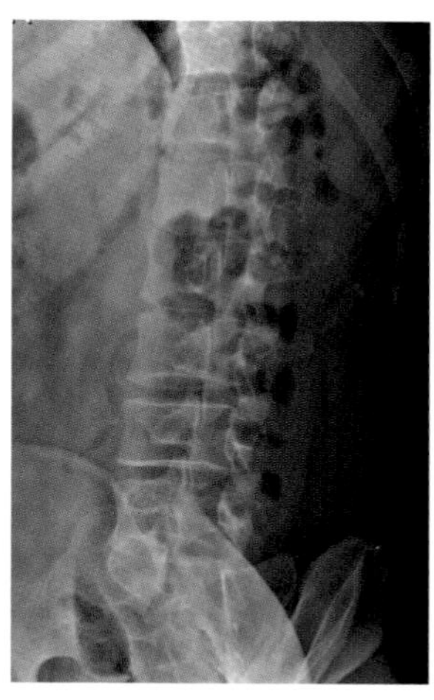

图4-2-87 身体上下倾斜不一致,出现上部椎弓根峡部不能充分显示

2.3.5.6 注意事项

1. 腰椎斜位为双侧分开投照,注意使“左、右”侧标记正确,即左后斜位显示左侧椎弓根峡部,右后斜位显示右侧椎弓根峡部。

2. 充分理解摆位置的解剖基础,要确保冠状面与台面成45°,使中心线与椎弓峡部垂直,椎弓峡部与台面平行。

3. 遇见非标准体型如肥胖、腰椎异常旋转者,需根据解剖学特点进行摆位。在脊柱旋转者,可试用上段腰椎的人体冠状面与台面成50°,下段腰椎的人体冠状面与床面的角度为30°~35°,显示峡部最佳。

4. 重视被检者体位的稳定性,必要时对侧肩部可加托垫。

5. 注意中心线入射点的准确性:锁骨中线与肋弓下缘水平线交叉点(第3腰椎水平)。

6. 远距离摄影,减小放大失真。

7. 根据被检者体型调整曝光条件,获得对比度、清晰度高的图像。

## 2.4 骶、尾椎

骶椎有5个椎体,椎体相互融合形成一块骶骨,上部宽厚、下部小呈倒立的三角形。前上缘突出,成为骶岬,前面凹,有4对骶前孔。后面凸出、粗糙,中线有骶中棘,两旁4对骶后孔。骶前、后孔均与骶管相通,有神经、血管出入。上面借椎间盘与腰椎相连,骶骨左右与髂骨组成骶髂关节。

尾骨由4块退化的尾椎融合成,呈尖向下的三角形,弯向前方。

### 2.4.1 骶椎前后位

2.4.1.1 应用

骶椎前后位(sacrum anter-posterior position)观察骶椎在正面方向投影的形态和骶髂关节,显示骶骨骨质、骶孔及骶髂关节结构,与骶尾骨侧位同时摄影。常用于诊断外伤骨折、原发和继发性肿瘤和与结缔组织相关的关节炎等疾病。由于经骶前孔、骶后孔出入的神经支配排便、生殖系统及盆部和臀部肌肉,患者出现相应症状,应摄片观察骶骨情况。

2.4.1.2　体位设计

1. 人体仰卧,人体正中矢状面垂直台面,并重合台面中线。

2. 第2骶椎(髂前上棘水平)到耻骨联合连线的中点置于显示野的中央。

3. 中心线入射点为髂前上棘连线中点与耻骨联合连线的中点;中心线倾向头侧倾斜10°~15°(图4-2-88)。

4. 平静呼吸下曝光。

5. 曝光因子:显示野30cm×24cm,70±5kV,AEC控制曝光,感度280,中间电离室,0.2mm铜滤过。

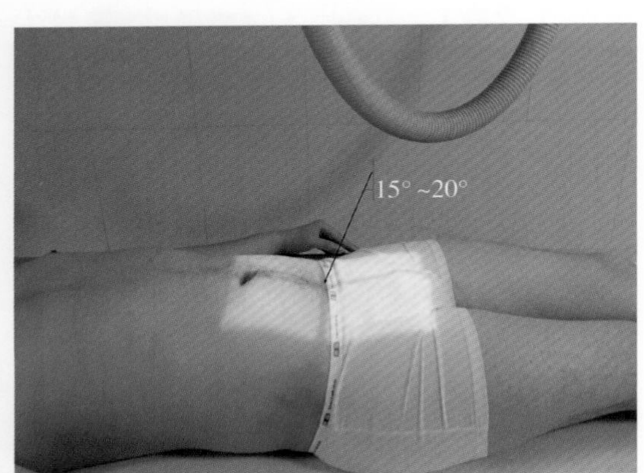


图4-2-88　骶椎前后位摄影摆位图,中心线摄入点和方向已标出

2.4.1.3　体位分析

1. 此位置显示骶骨的正位投影像。

2. 从人体矢状面看,骶骨走行方向为前上向后下,故中心线向头侧倾斜一定角度,减少骶骨的失真度。

3. 整个骶尾骨呈弧形,上接第5腰椎,下接尾椎,上部宽,下部窄。髂前上棘和耻骨联合为其体表标记。

4. 骶骨位于盆腔后壁,仰卧位能贴近台面,即贴近IR。

5. 骶骨为左右侧对称结构。

2.4.1.4　标准图像显示

1. 视野显示上缘第5腰椎,下缘包括耻骨联合,左右包括骶髂关节以外。

2. 骶尾骨于显示野上下方向长轴平行,骶正中嵴居中,左右骶孔和骶髂关节对称显示,尾椎与耻骨联合重叠。

3. 骶骨无变形、缩短。

4. 骨纹理、骨皮质结构显示清晰。

5. 无肠道内容物干扰(图4-2-89,图4-2-90)。

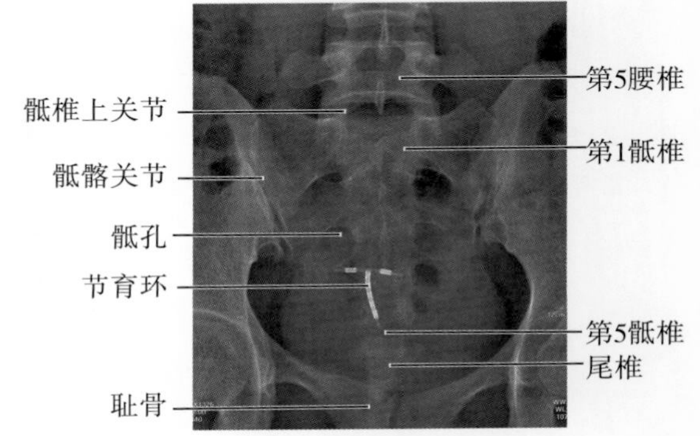


图4-2-89　骶椎前后位标准X线表现

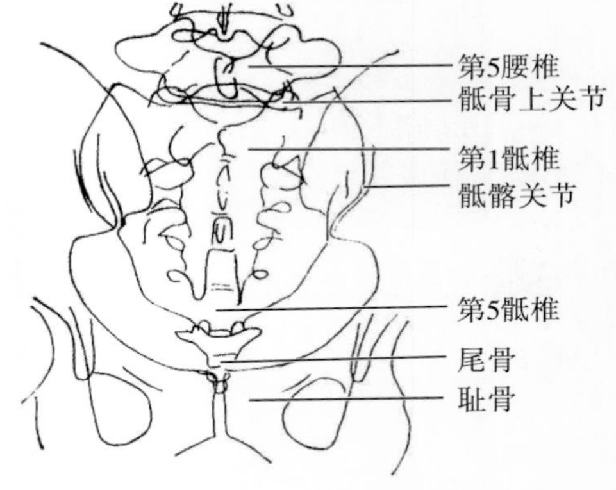


图4-2-90　骶椎后前位显示图

2.4.1.5　常见的非标准图像显示

1. 体位不正,骶骨长轴与显示野长轴不平行。

2. 中心线倾斜角度不足或未倾斜导致骶椎变形、缩短,骶孔与骨质重叠,显示不清(图4-2-91,图4-2-92)。

3. 肠道内容物干扰,遮盖骶骨(图4-2-93)。

4. 骨盆冠状面未与IR平行，骶椎下部不在骨盆中心，骶髂关节不对称（图4-2-94）。

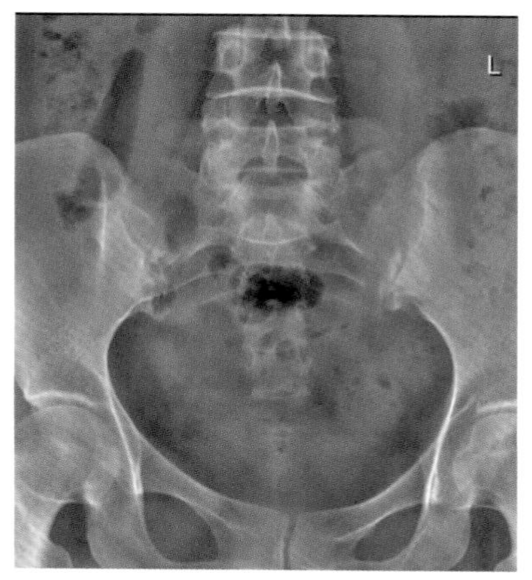


图4-2-91 中心线倾斜不足骶孔显示不清

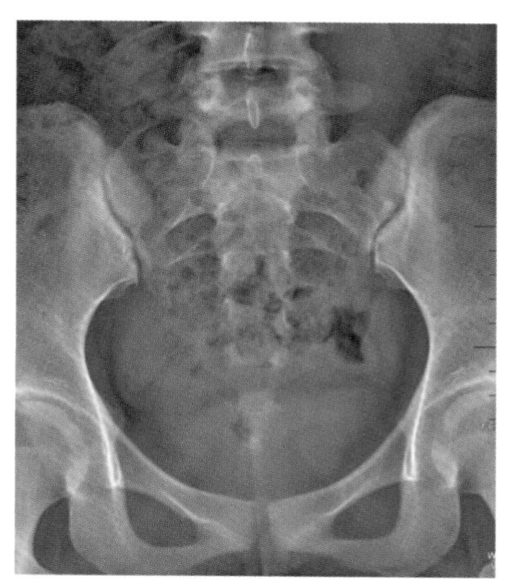

图4-2-92 未倾斜中心线骶孔显示不清

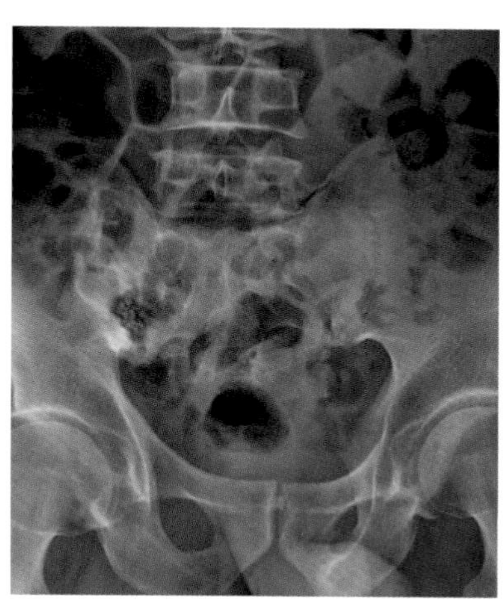

图4-2-93 肠道内容掩盖骶骨结构

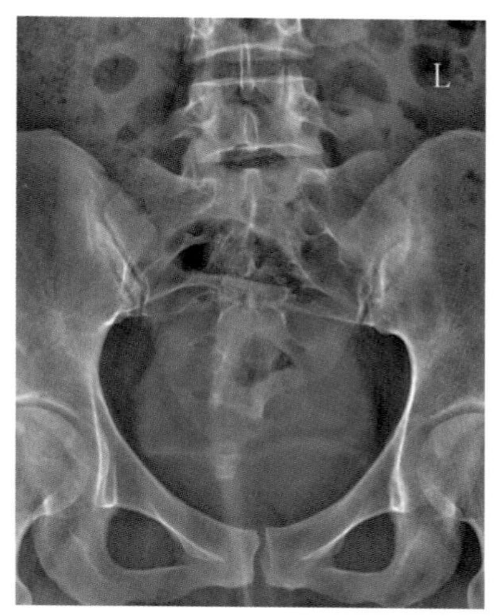


图4-2-94 骨盆旋转，骶椎下部不在骨盆中心，骶髂关节不对称

2.4.1.6 注意事项

1. 操作者严格按规范摆位，注意使人体体位如矢状面与台面的关系正确。

2. 掌握骶骨的体表标志，使图像能包全骶骨，又不使显示野过大。

3. 中心线需向头侧倾斜一定的角度，骶骨影像不失真。

4. 有肠道内容物干扰时，检查前应排便，必要时行清洁灌肠。

5. 外伤患者不能平卧者，采用立位投照或者俯卧位，但要将中心线向足侧倾斜。

6. 首次检查，不能确定具体部位，需要检查骶骨还是尾骨者，可垂直投照。确定病变后可倾斜角度局部投照。

### 2.4.2 尾椎前后位

2.4.2.1 应用

尾骨前后位（coccyx anter-posterior position）是从正面投影下的尾骨影像，即显示尾椎正位形态。尾椎上端紧邻骶椎，下端游离。因为尾椎的弯曲方向与骶椎不一致，故尾椎正位摄影方法有独特性。常用于诊断外伤骨折、原发和继发性肿瘤和与结缔组织相关的关节炎等疾病。与骶尾骨侧位同时摄影，为尾椎疾病常规X线检查方法。

2.4.2.2 体位设计

1. 人体仰卧，人体正中矢状面垂直重合于台面中心线。

2. 第2骶椎（髂前上棘水平）与耻骨联合连线的中点置于显示野上下方向的中点。

3. 中心线入射点经髂前上棘连线中点与耻骨联合连线的中心处射入，向足侧倾斜10°～15°（图4-2-95）。

4. 平静呼吸下曝光。

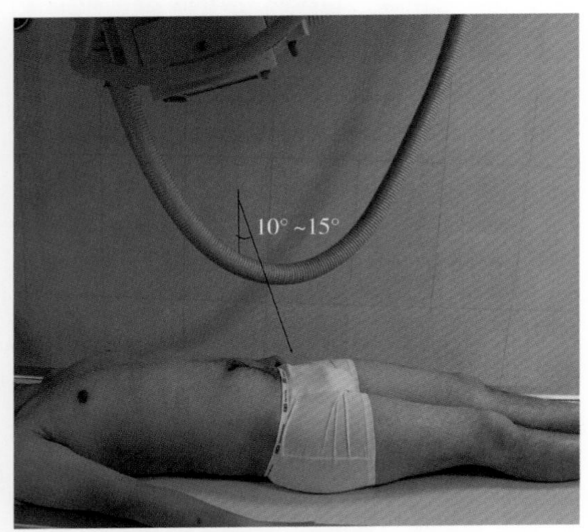


图4-2-95 尾椎前后位摆位图，已标出中心线的入射点和方向

5. 曝光因子：显示野30cm×24cm，70±5kV，AEC控制曝光，感度280，中间电离室，0.2mm铜滤过。

2.4.2.3 体位分析

1. 此位置显示尾骨的正位投影像。

2. 尾骨上端紧接骶骨，但倾斜方向不同，所以有自己特有的投照方法。

3. 骶尾骨正位摄影解剖基础：

（1）从人体矢状面看，尾骨走形方向：后上向前下。

（2）尾椎前有耻骨联合遮挡，必须避开重叠。

根据以上两点，中心线向足侧倾斜10°～15°可减少失真、消除重叠。

4. 尾骨位于人体后部，仰卧位能使其贴近台面（贴近IR），显示的更清晰。

2.4.2.4 标准图像显示

1. 视野显示上缘包括第5腰椎，下缘包括耻骨联合以下，左右包括骶髂关节。

2. 骶尾骨轴线与图像长轴平行，并位于上下方向的中线上。

3. 尾椎下端位于耻骨联合之上，与其无重叠。

4. 各节均能显示，尾椎到骨盆边缘距离相等。

5. 骨纹理、骨皮质结构显示清晰，无肠道内容物干扰（图4-2-96，图4-2-97）。

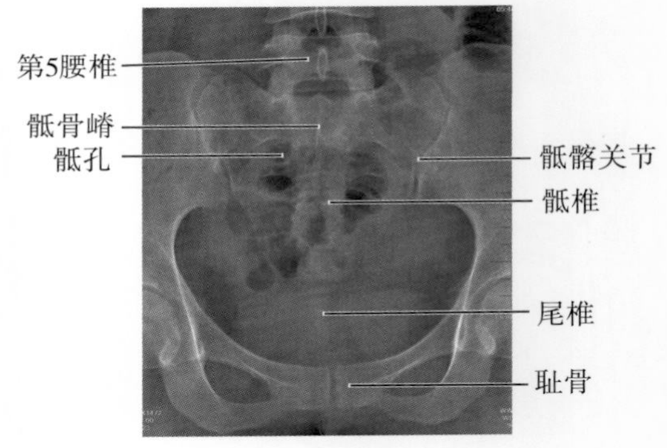


图4-2-96 尾椎前后位标准X线表现

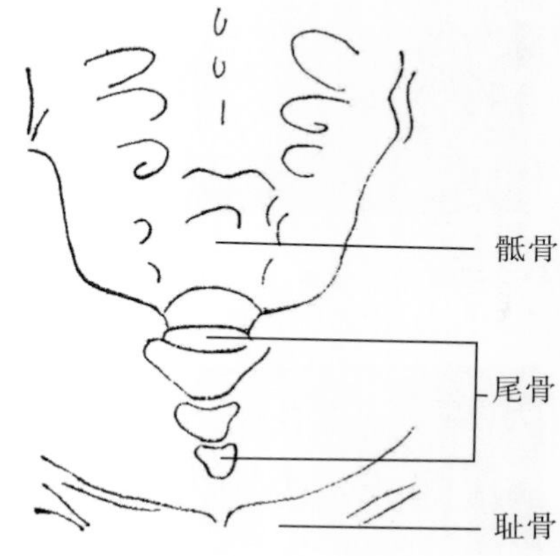


图4-2-97 尾椎后前位显示图

2.4.2.5 常见的非标准图像显示

1. 骶骨位置摆放偏下，不位于显示野中央，甚至位于显示野之外。

2. 中心线倾斜角度不足或未倾斜，导致尾椎与耻骨联合重叠（图4-2-98）。

3. 人体正中矢状面未于台面垂直，图像双侧不对称。

4. 肠道内容物等干扰，尾骨显示不清（图4-2-99）。

5. 身体冠状面旋转，造成骶骨影像扭曲。

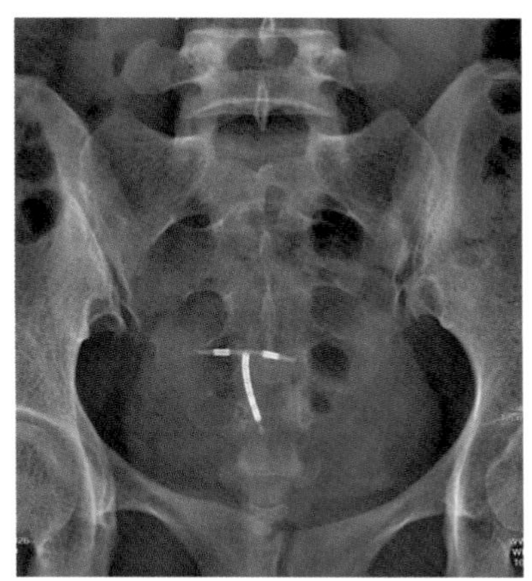

图4-2-98　尾椎与耻骨联合重叠

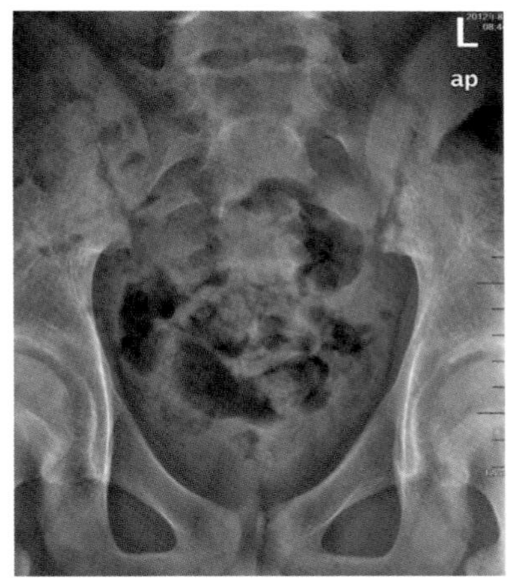


图4-2-99　肠道内容掩盖正常结构

2.4.2.6　注意事项

1. 尾骨为脊柱的末梢部位，位置正确与否难以判断，摆位置时需充分利用解剖标记，将骶骨置于正确的位置。

2. 耻骨联合位于尾骨的前方，注意中心线的射入点和倾斜方向。

3. 尾骨体积较小，采用投照条件应适当。

4. 外伤患者不能平卧者，采用立位投照，摆位规则与卧位相同。

5. 首次检查不能确定具体骶骨还是尾骨者，可垂直投照。确定病变后可倾斜角度局部投照。

6. 肠道内容物可干扰尾骨显示，故检查前排便，必要时行清洁灌肠。

### 2.4.3　骶、尾椎侧位

2.4.3.1　应用

骶、尾椎侧位（sacrum and coccyx lateral position）是从侧面显示骶、尾骨投影像，骶椎和尾椎位置密切，彼此紧邻，形成一体，故从侧位方向能将其一起显示。该位置能观察骶、尾骨曲度是否正常，前、后缘骨质结构及周围的软组织阴影。常与骶、尾骨正位组合使用，用于外伤骨折、肿瘤疾病等诊断。盆腔器官功能障碍者可行此检查。

2.4.3.2　体位设计

1. 人体侧卧于摄影床上，腹部冠状面与台面垂直。

2. 双上肢和双下肢向前屈曲，以保持身体稳定。

3. 腋后线向下的延伸线与检查床中线平行并重合。

4. 第5腰椎棘突与尾骨末梢连线的中点置于显示野上下方向的中点。

5. 中心线垂直通过骶骨中部或者尾骨稍上射入（图4-2-100）。

6. 平静呼吸下曝光。

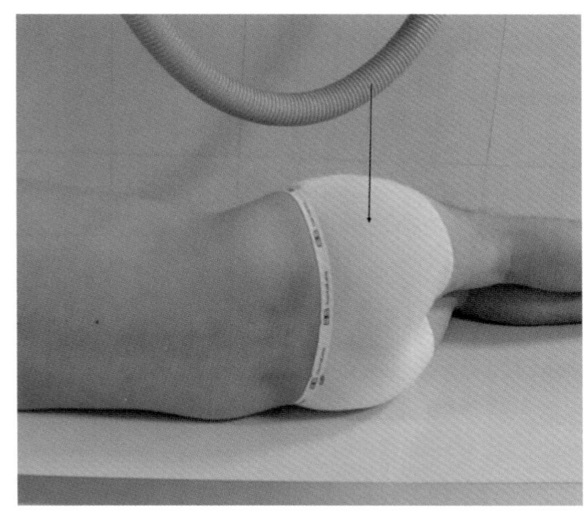

图4-2-100　骶尾椎侧位摄影摆位图，中心线的射入点与方向已标出

7. 曝光因子：显示野 30cm × 24cm，80 ± 5kV，AEC 控制曝光，感度 280，中间电离室，0.2mm 铜滤过。

2.4.3.3 体位分析

1. 此位置显示骶、尾骨的侧位投影像。

2. 骶、尾骨位于身体最后面，侧位方向两者为上下关系，互不重叠。

3. 骶、尾骨于前后方向有一定的弧度，在侧位能充分显示。

4. 骶椎与两侧髂骨重叠，组织厚度为全身中最大，摄影条件需加很高，单纯观察尾椎则需要降低摄影条件。

5. 骶、尾骨在侧卧时，与台面有一定距离，需要加大 SID 距离。

2.4.3.4 标准图像显示

1. 视野显示上缘第 5 腰椎，下缘包括坐骨结节。重点要包括骶、尾椎和腰骶关节。

2. 骶、尾椎位于显示野中央。

3. 骶、尾椎前缘椎体无双边，骶骨后缘骶管与退化的附件影平行排列。

4. 腰骶关节和尾间关节清晰显示。

5. 图像密度范围有一定的宽容度，既能显示高密度的骶骨，又能显示密度较低的尾骨。

6. 骨纹理、骨皮质结构显示清晰（图4-2-101，图4-2-102）。

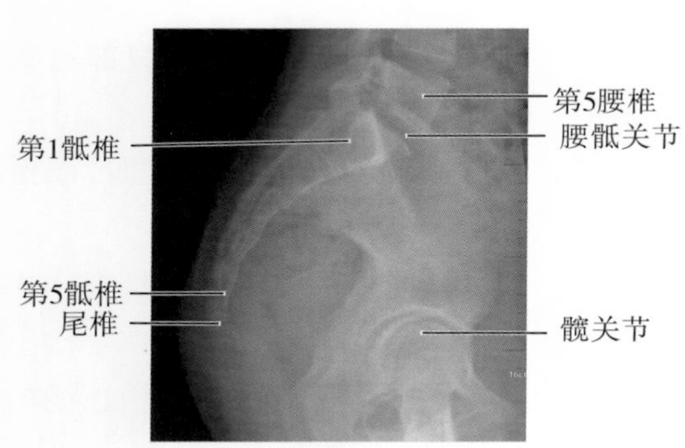


图4-2-101 骶尾椎侧位标准 X 线表现

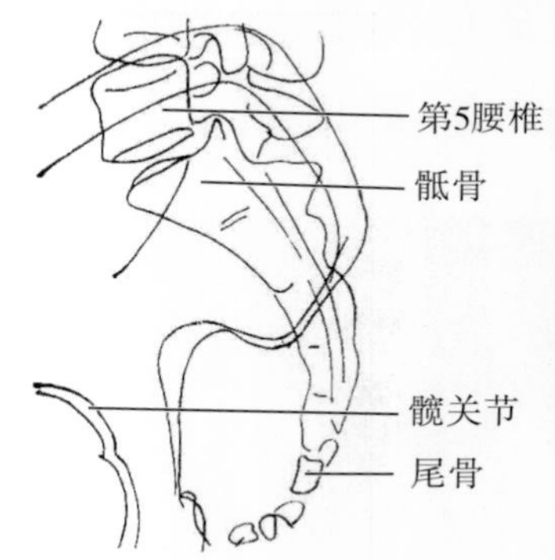


图4-2-102 骶尾椎侧位示意图

2.4.3.5 常见的非标准图像显示

1. 身体冠状面未垂直于台面，导致尾椎与股骨重叠（图4-2-103）。

2. 骶尾骨未达到标准的侧位，显示其曲度不够准确。

3. 尾骨位置估计不当，显示野下缘未包全尾骨下端。

4. 摄影条件不合适导致结构显示不清晰（图 4-2-104）。

5. 单纯重点拍摄尾椎的，中心线入射点未对准尾椎，使尾骨显示欠清晰（图4-2-105）。

6. 肠内容物干扰，与骶、尾骨影像重叠。

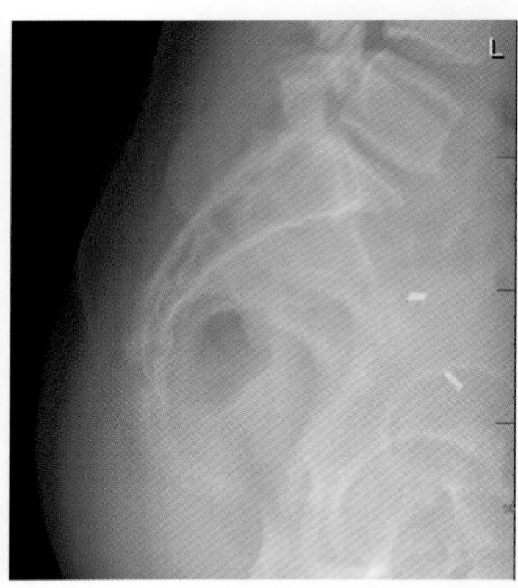


图4-2-103 身体旋转，尾椎与股骨大转子重叠

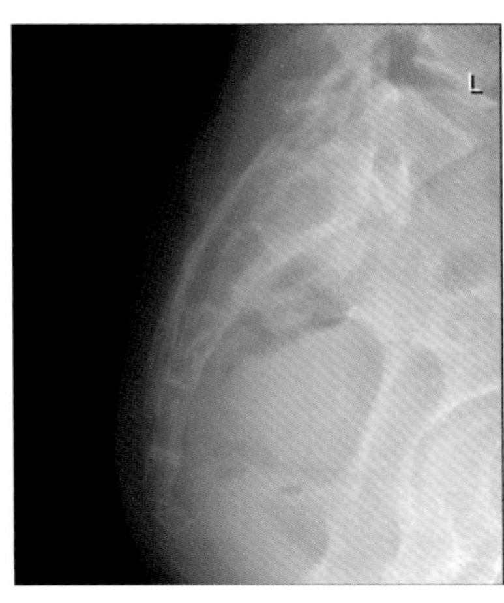


图4-2-104 散射线多致噪声大，尾椎显示不清

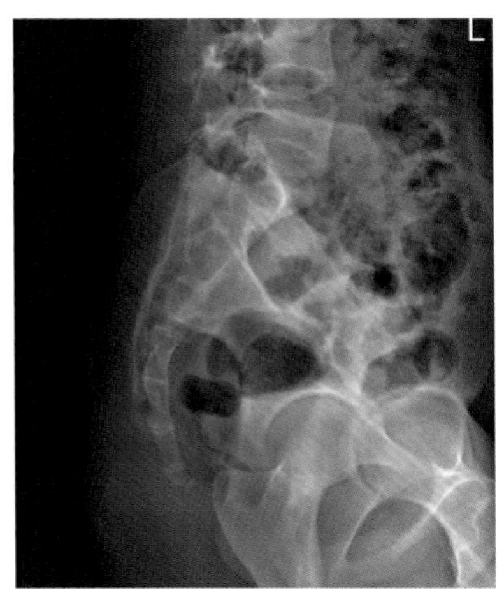


图4-2-105 单纯重点观察尾椎的，中心线入射点应对准尾椎

2.4.3.6 注意事项

1. 充分估计骶、尾骨的位置，使中心线、显示野标准，以获得正确图像。

2. 由于髋部组织密度大，采用适当千伏、低毫安，长时间曝光。在确定病变为尾椎情况下可降低摄影条件。

3. 清洁肠道，减少干扰，以防骨质破坏等异常不能显示。

4. 为减少散射线影响，臀部后可贴铅橡皮以吸收散射线，提高清晰度。

5. 在外伤患者中，侧位比正位意义更大，故更应强调保证图像质量的重要性。

## 2.5 腰骶关节

腰骶关节也称腰5-骶1间隙，是腰椎与骨盆的连接处。腰骶关节内有椎间盘充填，周围有强大的韧带固定。由于腰椎活动度大，而骶椎属于骨盆的组成部分，较固定，腰骶关节为两者的枢纽，同时也是承重最大的枢纽关节之一，故易于罹患损伤性病变如外伤性骨折、退行性变，一些其他病变如转移瘤、结核也好发于此位置。

### 2.5.1 腰骶关节前后位

2.5.1.1 应用

腰骶关节前后位(lumbosacralis joint anter-posterior position)从正位方向局限性观察腰骶关节，显示腰5-骶1间隙、第5腰椎下缘及第1骶椎上缘骨质，常与腰骶关节侧位共同应用。用于诊断腰椎退行性变、骨关节病、各种关节炎、外伤等疾病，显示椎间隙改变以间接评估椎间盘病变、腰、骶椎骨质增生、破坏、骨折、腰椎骶椎连续性等。

2.5.1.2 体位设计

1. 人体仰卧摄影床，正中矢状面与台面中线垂直并重合，下肢伸直。

2. 脐下3cm和两髂嵴连线下3cm(平第5腰椎)或稍下方置于显示野上下方向之中点。

3. 中心线向头侧倾斜15°(男)或20°(女)通过两髂前上棘连线中点射入(图4-2-106)。

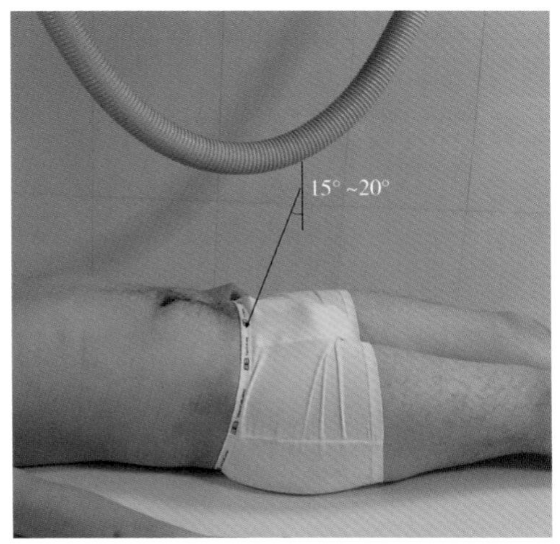


图4-2-106 腰骶关节前后位摆位图，中心线射入点和倾斜方向已标出

4. 平静呼吸下曝光。

5. 曝光因子：显示野 24cm × 18cm，80 ± 5kV，AEC 曝光，感度 280，中间电离室，0.2mm 铜滤过。

2.5.1.3 体位分析

1. 此位置显示局部的腰骶关节正位影像。

2. 解剖基础为：

(1)第 1 腰椎下缘与第 1 骶椎上缘借椎间盘形成关节，关节面由后上向前下走形，与水平面组成的交角叫腰骶角，平均约为 34°。

(2)男女腰骶角不同，女性稍大。

3. 腰骶关节正位以显示关节面与关节间隙为主，中心线倾斜角度必须准确。

4. 腰骶关节为高密度部位，对曝光条件中的射线的穿透性有一定的要求。

2.5.1.4 标准图像显示

1. 视野显示上缘第 5 腰椎，下缘包括骶椎上部，左右包全骶髂关节。

2. 腰骶关节位于显示野中央区。

3. 腰骶关节间隙边缘锐利，关节间隙充分显示，无上、下关节面重叠。

4. 上、下关节面基本呈切线位显示。

5. 腰、骶椎骨质纹理及骨皮质结构显清晰示。

6. 没有肠道内容物重叠、干扰（图4-2-107，图4-2-108）。

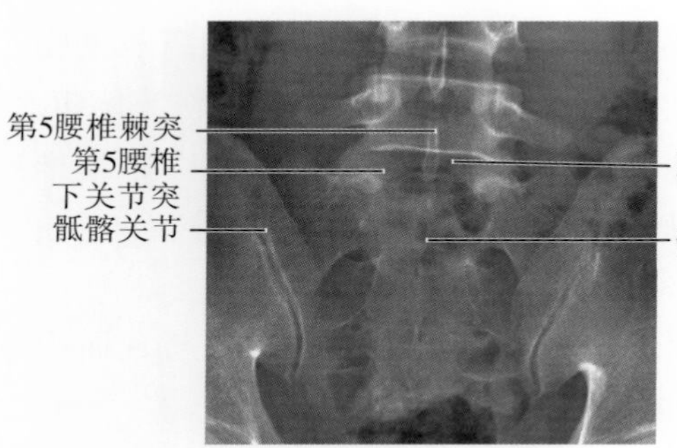


图4-2-107 腰骶关节标准前后位 X 线表现

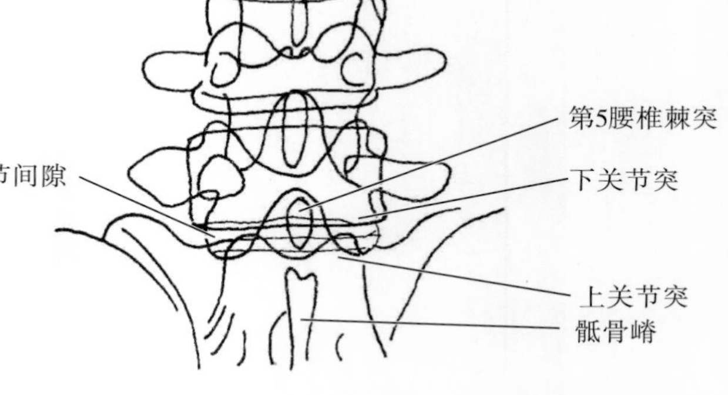


图4-2-108 腰骶关节前后位示意图

2.5.1.5 常见的非标准图像显示

1. 中心线入射点或者倾斜角度不准确导致腰骶关节间隙不能充分显示，上、下关节面线状高密度影消失（图4-2-109）。

2. 人体冠状面不平行于台面导致两侧结构不对称（图4-2-110）。

3. 人体纵轴线未伸直，向一侧侧弯，使腰椎关节左右不对称。

4. 投照条件使用不当，穿透力不够，结构显示不清；穿透力过强，图像灰度增大，清晰度下降。

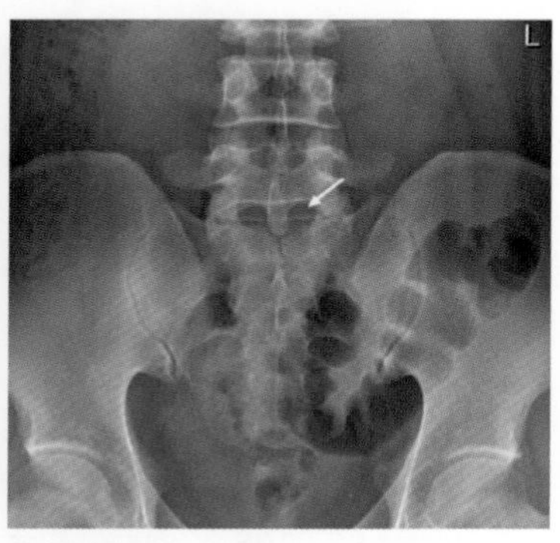


图4-2-109 腰骶关节显示不充分，椎体下缘呈双边影

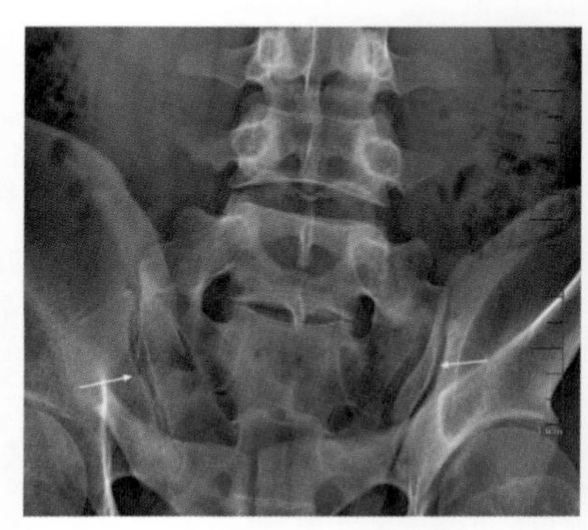

图4-2-110 骶髂关节不对称

2.5.1.5 注意事项

1. 观察腰骶关节，按腰骶关节正位规范摄影。不得以其他位置代替：如常规腰椎正位或者骨盆正位由于中心线角度与腰骶关节正位要求不同，腰骶关节都不能清晰显示。

2. 腰骶关节需应用解剖标志置于显示野中央区，有利于中心线准确穿过。

3. 应用小视野投照，使腰骶关节局部显示，有利于观察。

4. 腰骶部由于组织厚度大，注意正确使用曝光条件，使图像具有较高的对比度和清晰度。

5. 需注意男性腰骶角和女性腰骶角之间的差别。

6. 投照之前需保持消化道清洁。

### 2.5.2 腰骶关节侧位

2.5.2.1 应用

腰骶关节侧位（lumbosacralis joint lateral position）是从侧位方向投影，以显示腰骶关节侧位影像。此位置能够显示关节间隙的前后宽度、腰骶角的大小、上下关节面的相对位置和构成关节间隙的骨质情况。与正位比较，与周围结构无重叠，因而结构显示更为清楚，常与腰骶关节正位联合使用，临床应用范围同腰骶关节正位。

2.5.2.2 体位设计

1. 人体侧卧于摄影床如腰椎侧位，人体冠状面与台面中线垂直。

2. 腋后线的延伸线与台面中轴线平行并重合。

3. 脐下 3cm 和两髂嵴连线下 3cm（平第 5 腰椎）或稍下方置于显示野上下方向之中点。

4. 中心线经第 5 腰椎棘突向前 4cm 处，垂直射入 IR（图4-2-111）。

5. 平静呼吸下曝光。

6. 曝光因子：显示野 24cm × 18cm，90 ± 5kV，AEC 曝光，感度 280，中间电离室，0.2mm 铜滤过。

2.5.2.3 体位分析

1. 此位置显示局部腰骶关节侧位投影像。

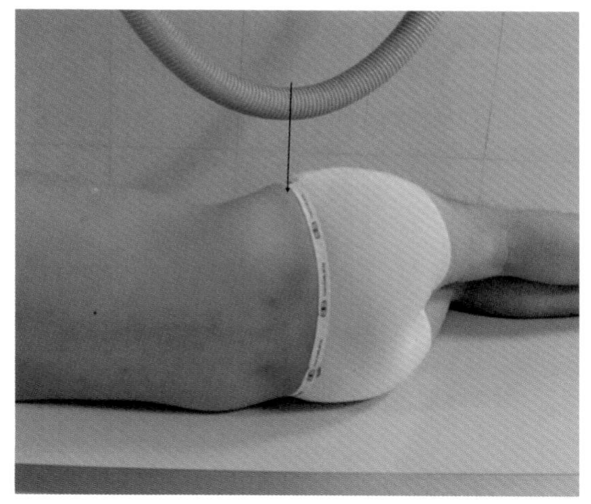

**图4-2-111** 腰骶关节侧位摄影摆位图，中心线射入点及方向已标出

2. 在标准的侧位条件下，能清晰显示腰骶关节间隙和上下关节面。

3. 双侧髂骨上缘高于腰骶关节，故从侧位方向与腰骶关节有重叠。

4. 腰骶关节位置在人体最后方，第 5 腰椎棘突可作为定位标志。

5. 该位置组织结构厚，密度高。

2.5.2.4 标准图像显示

1. 显示野上缘包括第 5 腰椎，下缘包括骶椎上部。

2. 第 5 腰椎与第 1 骶椎结构位于图像中部。

3. 腰骶关节间隙完全呈切线显示，关节面未与关节间隙重叠。

4. 上、下关节面呈线状，边缘锐利，无双边影。

5. 双侧髂骨翼呈模糊阴影。

6. 关节间隙及各骨质纹理及皮脂结构显示清晰（图4-2-112，图4-2-113）。

2.5.2.5 常见的非标准图像显示

1. 中心线入射点不准确导致腰骶关节间隙与关节面重叠（图4-2-114）。

2. 被检者体位不为标准侧位，双侧髂骨与腰骶关节重叠程度增加（图4-2-114）。

3. 对腰骶关节侧位投照意义不理解，以常规的腰椎侧位代替。

4. 消化道内容物干扰,气体和液体与腰骶关节重叠。

5. 摄影条件使用不当,图像不清晰。

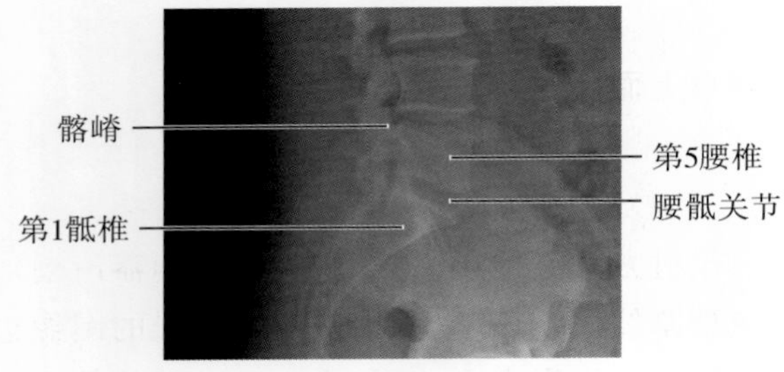


图4-2-112 腰骶关节侧标准 X 线表现

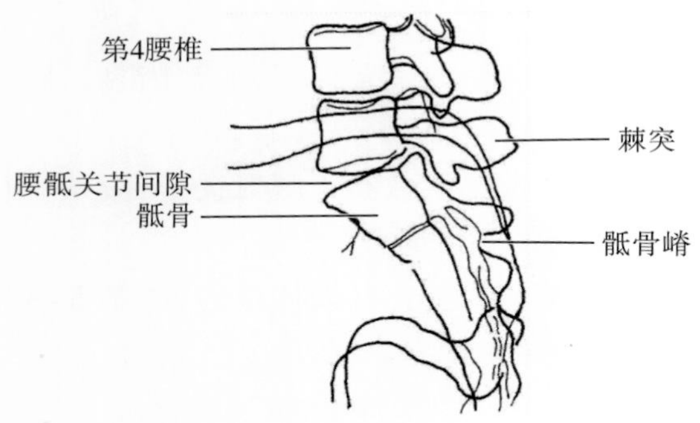


图4-2-113 腰骶关节侧位示意图

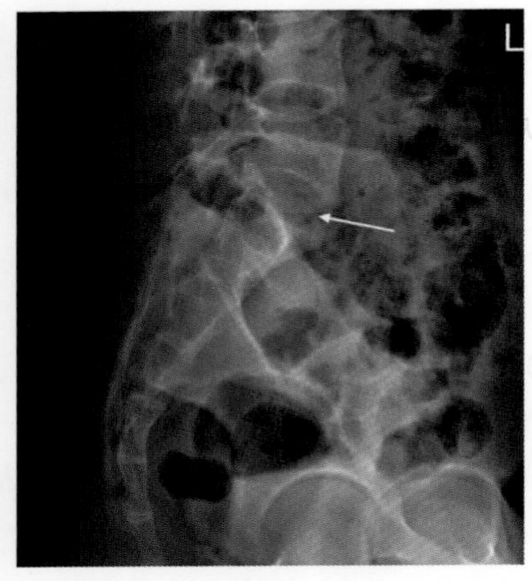

图4-2-114 关节间隙显示不充分,且髂骨翼与腰骶关节重叠明显(箭头)

2.5.2.6 注意事项

1. 腰骶关节位置必须摆放在显示野中央区域。

2. 中心线射入点应垂直经过腰骶关节,可用第 5 腰椎棘突做定位标记来估计其所在位置。

3. 使盆腔正中矢状面与台面平行。

4. 由于女性臀部较大,中心线可向足侧轻度倾斜。

5. 侧位组织密度大,需要加高摄影条件,同时缩小光圈。

6. 不得用常规腰椎侧位代替腰骶关节侧位,因为常规腰椎侧位的中心线入射点过高,中心线与腰骶关节面成角。

## 2.6 数字化全脊柱拼接成像

脊柱是由颈段、胸段、腰段和骶尾段的各节椎骨连接而成的长柱状结构,贯穿于躯干的全长。支持体重、维持平衡是其主要的作用之一。脊柱的各段弯曲是为维持躯体平衡、稳定的需要而形成的。如果脊柱某段结构形态和曲度异常,会很大程度地影响机体的活动能力和生活质量。用 X 线摄影的方法评估脊柱的形态和曲度,是诊断和治疗脊柱异常必不可少的方法。而传统的分段 X 线摄影、局部观察不能满足临床的要求,必须全面、整体观察,才能提供准确的信息。数字化全脊柱拼接技术,是在脊柱分段摄片后,用计算机软件进行追踪、定位,将脊柱全貌从正、侧位方向展现出来。全拼技术实际上就是将数幅相同放大率和失真度的图像根据人体解剖结果顺序连接,形成一副整体图像。

### 2.6.1 应用

数字化全脊柱拼接成像(digitizing whole spinal column splices imaging)是将脊柱分段摄影 X 线图像应用计算机软件跟踪技术从正、侧位方向拼接成脊柱骨性结构的全貌,以显示脊柱正面和侧面的形态、弯曲度。脊柱的椎体和弯曲度异常可由多种因素产生,主要是先天性(脊柱侧弯、椎体发育畸形)、神经肌肉病变(神经损伤、肌肉萎缩等)、肿瘤、炎症性破坏和代谢性骨质异常(老年性骨质疏松、代谢性骨病)等。全脊柱拼接成像是在以上疾病中,为制订治疗方案提供重要的形态信息,也用于脊柱矫形后效果评估,尤其应用于青少年脊柱曲度异常方面。

### 2.6.2 数字化全脊柱拼接成像类型和基本原理

1. 平移X线中心线成像:采集头、颈、胸、腰和骶尾段脊柱时,X线球管分段曝光采取平移的方式,即球管自上而下移动曝光。探测器随球管做同步移动。因为X线是锥形光束,每段曝光,相邻部分有一定的重叠。对重叠待拼接部分,计算机软件根据操作人员观察、选择的拼接点,整合出相似特征部分,例如将胸、腰椎连续处的椎间隙、附件等结构具有相似的特征连接在一起,拼接成像(图4-2-115A)。

2. 偏转X线中心束成像:X线束是一个锥形的光束。采集头、颈、胸、腰和骶尾段脊柱时,球管自上而下偏转焦点的角度,每偏转一定角度则曝光一次,照射野形状为上下方向的长扇形。由于光源发自同一点,各个锥形光束重叠部分的X线投射方向一致,光线平行。当探测器沿扇形光束切割线的方向移动时,在分次接受的图像边缘被照体的投影完全相同,边缘重叠区的数据处理后形成拼接图像(图4-2-115B)。

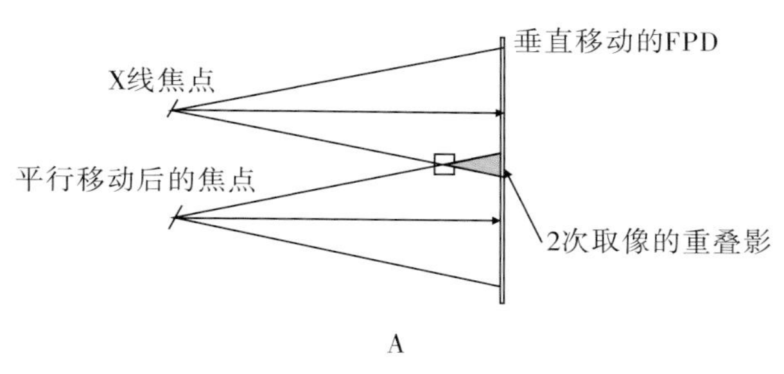


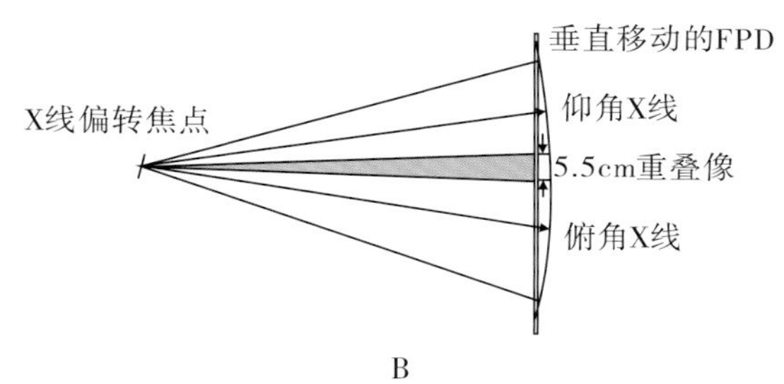


图4-2-115 脊柱全拼摄影原理图

### 2.6.3 操作方法

1. 设备准备:移动球管至离接受媒介3M处,更换焦距为3M滤线栅,将全脊柱拼接支架移至立位胸片架前。

2. 患者体位:

(1)脊柱正位:

①患者立于拼接支架踏板上,面向球管,背靠支架面板。

②双手扶住把手,双下肢直立,双足略分开,保持身体静止。

③双目平视前方,头、颈、胸和腹部的矢状面(冠状面)保持于同一平面,矢状面与拼接支架垂直。

④人体正中线与拼接支架中线重合。

(2)脊柱侧位:

①患者立于拼接支架踏板上,脊柱凸侧靠近支架面板。

②双手扶住把手,双下肢直立,双足略分开,保持身体静止。

③双目平视前方,头、颈、胸和腹部的矢状面(冠状面)保持于同一平面,矢状面与拼接支架平行。

④人体腋中线与拼接支架中线重合。

3. 调节缩光器的范围,分别摄取颈、胸、腰骶3段,各段之间留有3cm的重合。

4. 行正、侧位分别曝光:

(1)中心线设置,颈段摄影时,中心线向头侧倾斜15°;胸段摄影则中心线对准剑突,相当于上段胸椎的射线向头侧倾斜;腰段摄影,中心线对准第1和第2腰椎水平投照。

(2)然后中心线采用自动跟踪入射。

(3)持续按下曝光手闸,系统会根据所选择的采集范围自动设定2~4次连续曝光。

(4)拼接架接受媒介有效显示野上缘包括外耳孔之上,下缘包括耻骨联合下缘。

5. 曝光过程中嘱被检者屏气。

6. 曝光因子:焦距到滤线栅距离3m

(SID300cm),每次曝光显示野 43 × 35cm。90 ± 5kV,AEC 曝光,感度 280,中间电离室,0.2mm 铜滤过(图4-2-116A ~ C)。

7. 采集完毕,发送到工作站进行拼接。

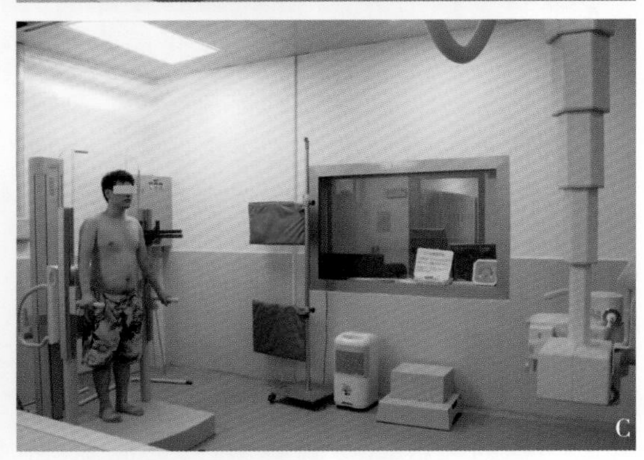

**图4-2-116A ~ C** 脊柱正位全拼摄影摆位图,球管平移法,球管自上而下移动

### 2.6.4 拼接后处理

1. 将各段脊柱正、侧位的序列图像分别导入拼接软件。

2. 在软件导向下逐步进行拼接过程。

3. 在相邻部位的两幅图像上分别找到相同的拼接点,以选择变形、失真最小的两点为佳。

4. 拼接完成后,对图像质量进行观察、评估,检查是否有失真、变形等缺陷。图像合格后可上传。

### 2.6.5 效果分析

1. 数字化全脊柱拼接成像,包括脊柱正、侧位两个方向的脊柱全貌投影像。

2. 与传统手动全脊柱拼接不同,数字化方法是采用电离室自动控制曝光技术,电离室前面的身体厚度、密度不同,得到反馈后曝光量也不同,有利于保证脊柱各段的密度一致。

3. X 线为锥形射线,在两段连接处射线呈斜行,会引起结构变形。例如,胸段摄影时,上段腰椎的射线是向足侧倾斜,而腰段摄影时,上段腰椎的射线是向头侧倾斜,两次曝光引起变形,只有使两次曝光的中心线尽量靠近时,拼接处变形才能减至最低。

4. 呼吸状态对拼接具有较大的影响,在曝光过程中,尽量做到屏气曝光,如不能屏气,则必须保持在同样的呼吸状态下曝光,否则会导致拼接处不能重合。

5. 各段摄影的显示野大小一致,使所产生的图像比例相同。

6. 尽量将焦点到接受媒介距离增大,使射线束倾斜度减少。

### 2.6.6 标准图像显示

1. 视野范围上缘包括外耳孔,下缘包括耻骨联合以下。正位两侧包括双肩,侧位前后包括脊柱前后方的躯干,生理弯曲较大的骶尾椎也包括于显示野内。

2. 图像清晰高,全段脊柱结构均能清楚显示。

3. 无运动伪影。

4. 全段密度均匀,拼接的各段无明显密度差异。

5. 拼接图像连接处过度自然、连续,无椎体丢失,无重复椎体。

6. 拼接点错位小,不超过 1mm。

7. 脊柱、肋骨无明显变形、失真，脊柱整体性好（图4-2-117，图4-2-118）。

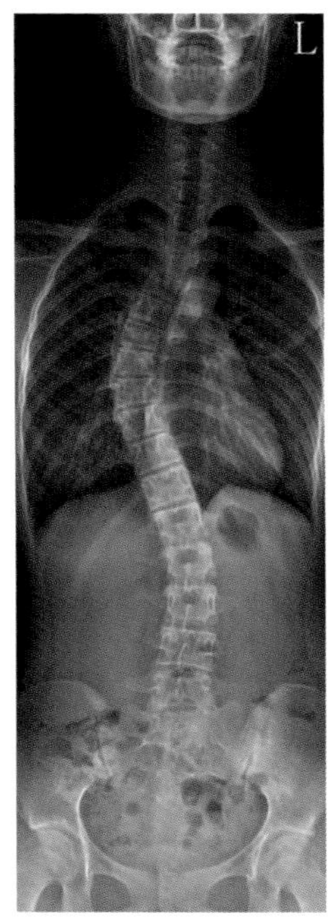


图4-2-117 标准全拼脊柱正位X线表现

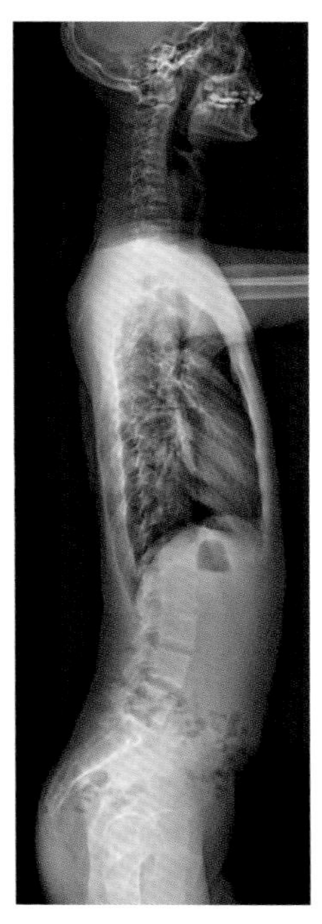

图4-2-118 标准全拼脊柱侧位X线表现

### 2.6.7 常见的非标准图像的显示

1. 操作者设置的采集范围上下缘超过外耳孔和耻骨联合，视野过大，影响观察效果（图4-2-119）。

2. 设置范围过小或摆位不当，脊柱等所要求的结构包括不全（图4-2-120，图4-2-121）。

3. 采集颈、胸、腰骶段时，按照默认光圈大小，使光圈大小不一，拼接各段不成比例。

4. 在后处理过程中选点错误，造成拼接处不连接，甚至椎体遗漏。

5. 患者体位不标准，脊柱不是标准的正、侧位，不能反映实际弯曲。

6. 患者在摄影过程中站立不稳，发生移动，影像中有移动伪影。

3. 摄影时中心线为水平方向不适当或重叠不够，造成拼接处出现横行空白（伪影）（图4-2-122）。

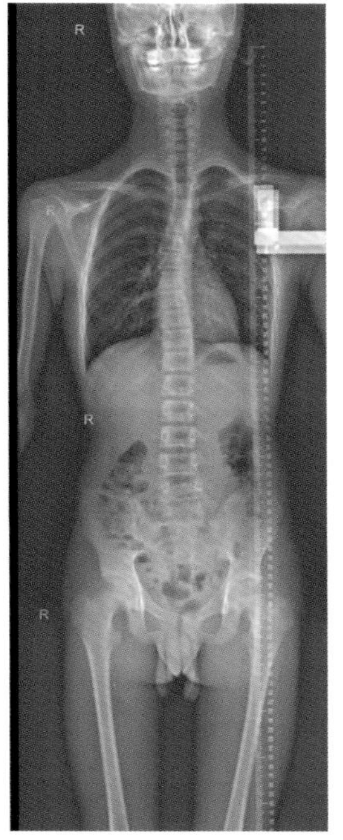

图4-2-119 采集视野过大

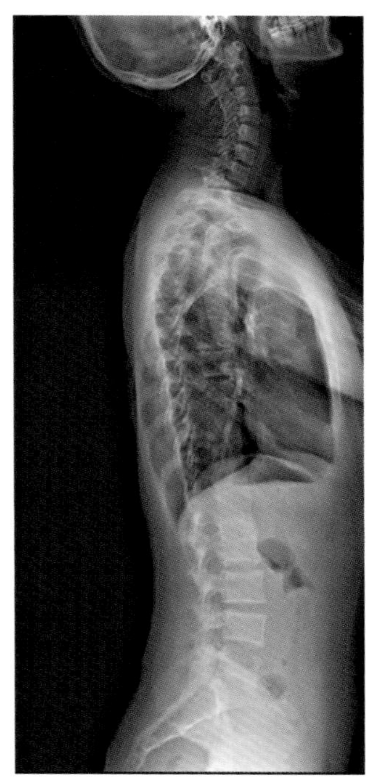

图4-2-120 尾骨未包全

### 2.6.8 注意事项

1. 向被检者详细解释检查步骤，取得其配合。被检者保持静止为检查成功的重要因素。

2. 为保证图像的一致性，在胸、腰椎处曝光

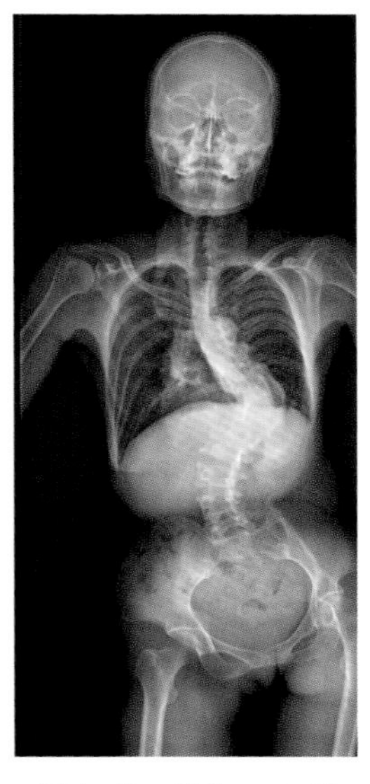

图4-2-121 左侧髋关节未包全

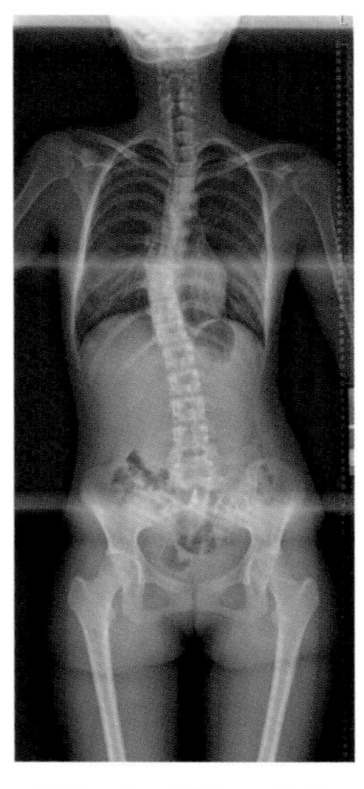

图4-2-122 拼接之间出现伪影

时要保持呼吸一致性,或嘱患者屏气。

3. 注意正确选择拼接点,如拼接点选择不对,可造成结构的不连续,严重时造成椎体遗漏,不能作为诊断依据。

4. 拼接点尽量避开肋骨。

5. DR 在照射野变动时,会按单个部位自动调节照射野,使各段照射野不同。如照射野不同,图像的比例也不同,使拼接图像内结构间的比例不对,不能用于诊断。只有在各段使用相同的照射野,所拼接的图像才能反映人体的真实情况,故在投照过程中要注意控制照射野。

6. 注意中心线的方向:颈段投照,可使中心线向头侧倾斜一定角度,与胸椎上段射线倾斜角差别减少,腰骶则中心线平行投照,其上段又与胸椎下段射线倾斜度接近,结果使拼接处结构显示的一致性增加。故中心线倾斜角度正确,能减少拼接处的椎体变形失真。

7. 由于摄影距离大,曝光量很大,应尽量缩小照射野,减少散射线。

8. 被检者保持体位静止,否则会引起拼接处错位,如硬性拼接,所显示的脊柱信息失真。

(朱纯生　洪国斌　刘碧华)

## 参考文献

[1]柏树令.系统解剖学.5 版.北京:人民卫生出版社,2001.

[2]刘布克.脊柱 X 线投照位置的选择,实用放射学杂志,1993,8:495.

[3]俞魁,曹增忠.颈椎 X 线征象与投照体位关系(附 100 例 X 线分析),中国中医骨伤科杂志,1994,2:34-36.

[4]沈毅强,梁定.数字化颈椎双斜位 X 线摄影新探讨.实用放射学杂志,2002,18(5):383.

[5]梁文华,钱立,彭东红,等.胸椎直接数字化 X 线摄影与传统 X 线摄影对比分析,影像诊断与介入放射学,2005,14(3):188-190.

[6]乐秀根.上段胸椎侧位摄影条件与 X 线诊断的密切关系.现代医学影像学,1999,1:39-40.

[7]何建勋,李新春,孙羽中鹏,等.直接数字化 X 线摄影在腰椎侧位中的应用价值,现代临床医学生物工程学杂志,2006,12(4):353-355.

[8]鲁永勤,程茹秀,冯庆宇,等.影响骶尾椎侧位计算机 X 线摄影图像质量的因素分析,中华放射学杂志,2008,7:773-774.

[9]王兆晖.骶尾椎侧位在 CR 摄影中的改进照法,医用放射技术杂志,2006,2:28.

[10]张任华,邓波红,陈华平,等.数字化 X 线在全脊柱摄影中的应用.中国临床医学影像杂志,2008,19(5):378-379.

[11]徐中佑,周焱,周赞.全脊柱与下肢 X 线成像技术的应用进展.四川医学,2015,1:112-114.

# 第5章 骨 盆

# 第1节 应用解剖与定位标记

## 1.1 应用解剖

骨盆(pelvis)由两侧髋骨及后面骶骨围成。髋骨(hipbone)由髂骨(iliac bone)、坐骨(ischium)和耻骨(pubis)在发育过程中融合而成。髂骨位于髋骨的上方,分髂骨翼(wing of ilium)和髂骨体(corpora ossis ilium)两部分。髂骨翼为髋骨上部宽广而薄的部分,其上方边缘较厚的叫髂嵴(crista iliaca),其前端结节隆起为髂前上棘(anterior superior iliac),其后下端隆起为髂后上棘(posterior superior iliac),其前内方有耳状关节面,与相应的骶骨关节面组成骶髂关节(articulationes sacroiliaca),髂骨前面凹陷呈浅窝状,即髂窝(fossa iliaca),为大骨盆的侧壁。髂骨翼的下方为髂骨体,比较厚,组成髋臼(acetabulum)的上部。坐骨是位于髋骨的后下方部分,略呈构型,分为坐骨体(corpora ossis ischii)、坐骨上支(rami superior ossis ischii)和坐骨下支(remi inferior ossis ischii)三部。坐骨体构成髋臼的后下部,其后缘三角形突出为坐骨棘(sciatic spine),坐骨棘上、下分别为坐骨大切迹(greater sciatic notch)和坐骨小切迹(lesser sciatic notch)。坐骨体延续向下为坐骨上支,上支后缘为坐骨结节(ossa sedentarium),为重要的体表标记。坐骨上支转向前上内的弯部为坐骨下支,与耻骨下支相接。耻骨位于髋骨的前下部分,也分耻骨体(corpora ossis pubis)、耻骨上支(rami superior ossis pubis)和耻骨下支(remi inferior ossis pubis)三部分。耻骨体构成髋臼的前下部,向前内下延续为耻骨上支,达耻骨结节处,再向外下延续为耻骨下支。耻骨上、下支交接处内侧有关节面,左右关节面形成耻骨联合(symphysis ossium pubis)。左右耻骨下支形成耻骨弓(arcus pubis),男性为70°~75°,女性为90°~100°,耻骨上支下缘、下支内缘和坐骨体的前缘构成闭孔(obturator)。骶骨前上缘的骶骨岬(sacropromontory)、和髋骨内面的弓状线(lineae arcuata)、耻骨梳(pecten ossis pubis)和耻骨结节(spinae pubis)上缘围成骨盆入口(骨盆上口),其下为小骨盆(简称骨盆),骶骨联合、耻骨联合下缘和两侧坐骨棘围成骨盆的下口。骨盆在解剖和功能上归类于躯干骨,具有容纳脏器、支持、保护的作用,其骨髓也是重要的造血器官(图5-1-1)。

## 1.2 体表定位

1. 髂棘:骨盆上界,其最高点在腋中线上,约与第4腰椎棘突和脐同一平面。

2. 髂前上棘:骨盆两侧前上方最突出的骨,X摄影标志。

3. 耻骨联合:腹部最下界。

4. 坐骨结节:骨盆最下界。

5. 腹股沟:腹部与大腿交界线,由外上至内下方向,与深面的腹股沟韧带走向一致。

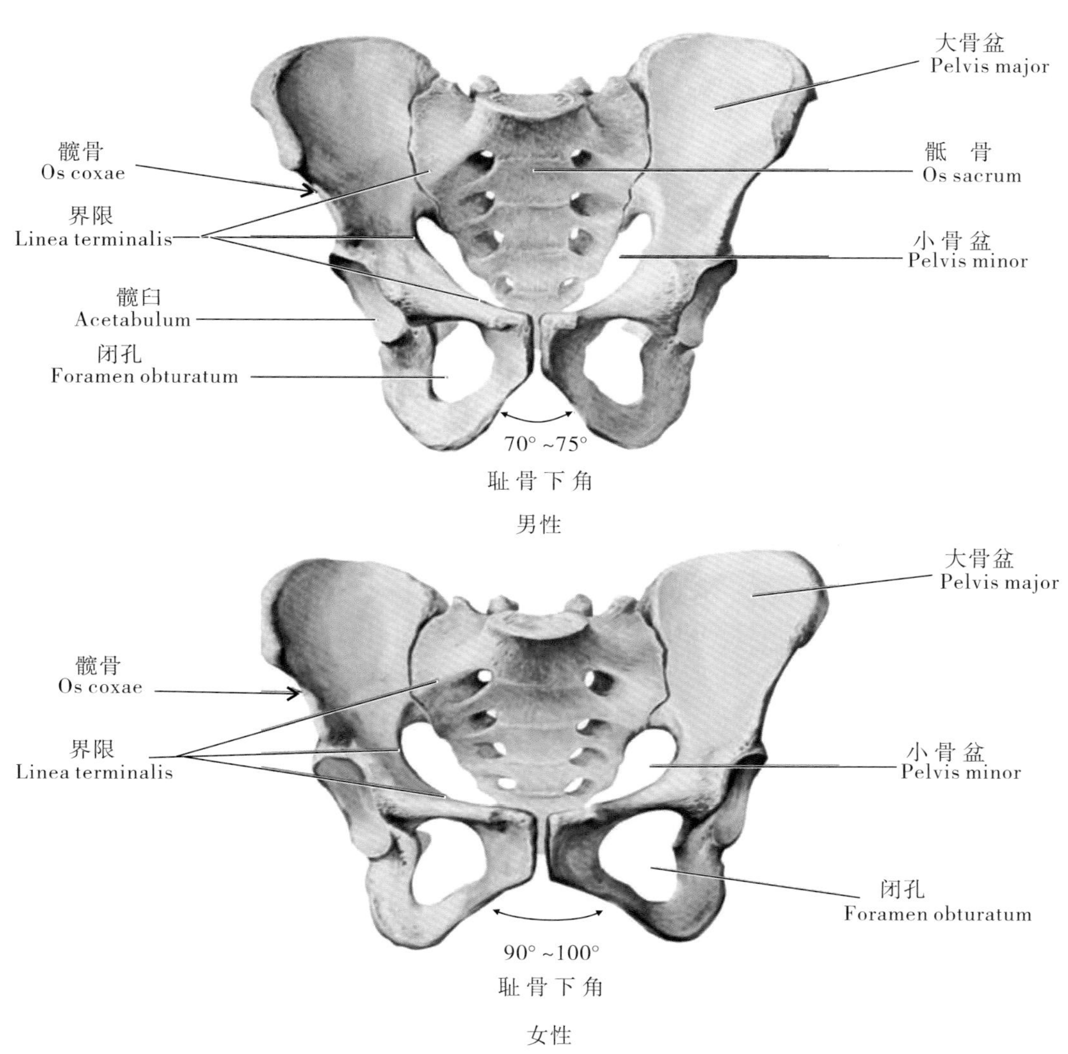


**图5-1-1**　骨盆解剖图，上图为男性盆腔，下图为女性盆腔

# 第2节　骨盆各部位摄影技术

## 2.1　骨盆前后位(正位)

### 2.1.1　应用

骨盆前后位(pelvic anterior and posterior position)即骨盆正位(pelvic orthophoria)能显示骨盆整体形态，全面显示骨盆构成骨，即骶尾骨、髋骨和股骨上段的骨质结构、密度，同时显示骶髂关节、髋关节和耻骨联合的结构。盆腔内所

容纳的脏器发生密度改变，也能在此位置显示出来。在生理功能上，骨盆构成骨终身保持较活跃的代谢状态，为人体重要的造血器官。骨盆前后位X线摄影用于外伤或骨盆骨折、泌尿系结石、盆腔和骨盆特异性和非特异性炎症、原发性和继发性肿瘤、发育畸形等。人体的系统性疾病如血液病、淋巴系统疾病、代谢性疾病、结缔组织病均能累及骨盆构成骨，故在上述疾病的诊断中，常规行骨盆正位X线检查。也用于髋关节病变如无菌性坏死、退行性变、炎症、外伤、畸形等疾病诊断，并有利于双侧对比。

### 2.1.2 体位设计

1. 人体仰卧于摄影床上，腹部盆腔正中矢状面与台面垂直（两侧髂前上棘与台面距离等高）。

2. 双下肢自然伸直并内旋15°左右，双足母趾并拢（图5-2-1）。

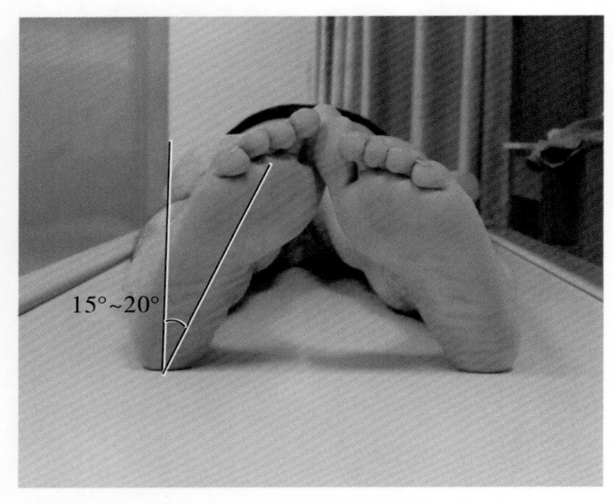


图5-2-1 骨盆前后位双足位置要求

3. 显示野（光圈）上缘包括髂棘最高点以上，下缘包括耻骨联合下缘以下，双侧包括股骨大转子。

4. 中心线垂直从双髂前上棘连线中心与耻骨联合上缘连线中点射入IR（图5-2-2）。

5. 平静呼吸下曝光。

6. 曝光因子：显示野35cm×43cm，75±5kV，AEC曝光（两侧电离室），感度280，0.1mm铜附加滤过。

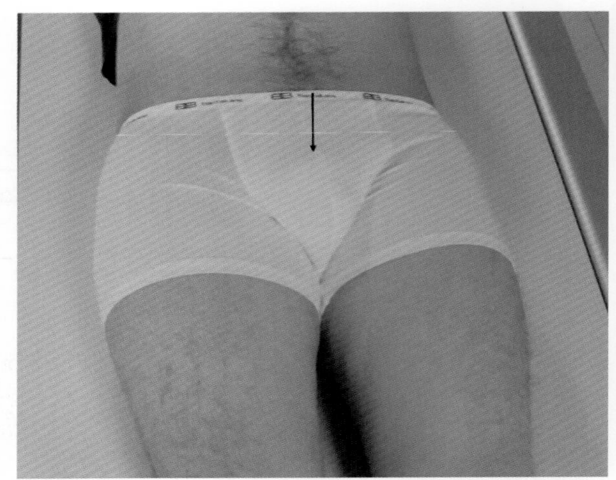

图5-2-2 骨盆前后位摆位图，黑箭头为中心线射入点和射入方向

### 2.1.3 体位分析

1. 此位置显示骨盆包括髋关节的正面投影像。

2. 摄影的解剖基础如下：

（1）骨盆正位要求前后位投照。从轴面骨盆观，髂骨从后内向前外走形，与人体冠状面呈45°左右，采用前后投照，按中心线方向，使双侧髂骨充分展开；若采用后位投照则髂骨被压缩变形。

（2）股骨头和股骨颈相对股骨干向前成15-20°角，所以双下肢必须内旋15-20°角使股骨颈展开。

（3）耻骨联合关节间隙呈矢状位，双侧骶髂关节呈近似矢状位，能清晰显示关节间隙。

3. 真性盆腔内的脏器与骨质重叠较少，发生密度改变时，能够显示。

### 2.1.4 标准图像显示

1. 图像显示范围上包括髂嵴，下包括股骨小转子，两侧包髋关节。

2. 骶骨嵴突、耻骨联合居中，左右骶髂关节对称，双侧髂骨翼充分展开。

3. 双侧髋关节对称，股骨颈充分显示，无缩短，小转子尖部位于股骨干内侧上段。

4. 髂骨、耻骨、坐骨等骨纹理清晰，无肠道内容为干扰；软组织影像层次分明（图5-2-3，图5-2-4）。

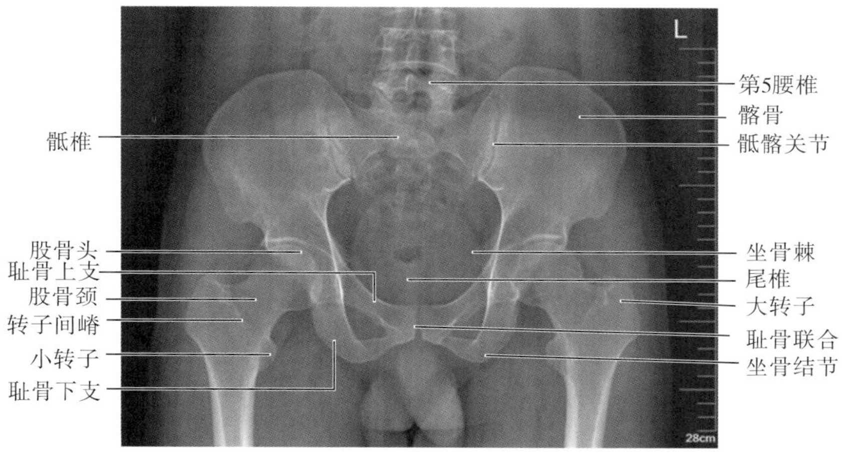


图 5-2-3　骨盆前后位标准 X 线表现

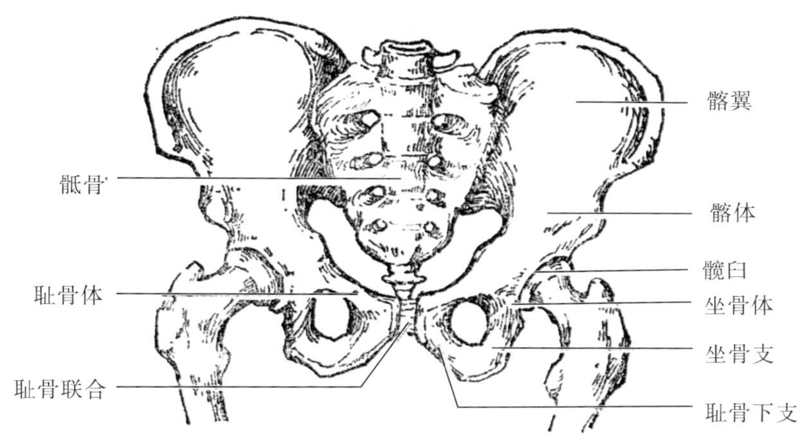


图 5-2-4　骨盆前后位示意图

### 2.1.5　常见非标准图像显示

1. 身体正中矢状面未垂直台面，或局部旋转，导致两侧髂骨不对称，并且双侧闭孔大小不等（图 5-2-5）。

2. 双足未内旋，股骨颈不能充分显示（箭头）（图 5-2-6）。

3. 双足过度内旋，股骨小转子与股骨干重叠（箭头（图 5-2-7）。

4. 曝光条件应用不当，对比度和分辨率不佳，骨小梁结构模糊（图 5-2-7）。

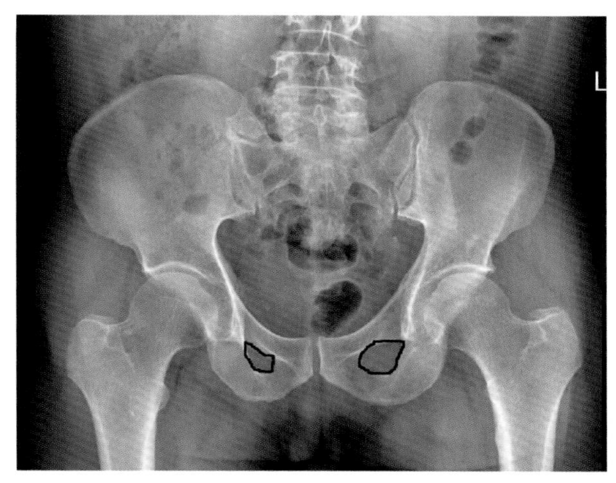


图 5-2-5　骨盆旋转，髂骨闭孔不等大

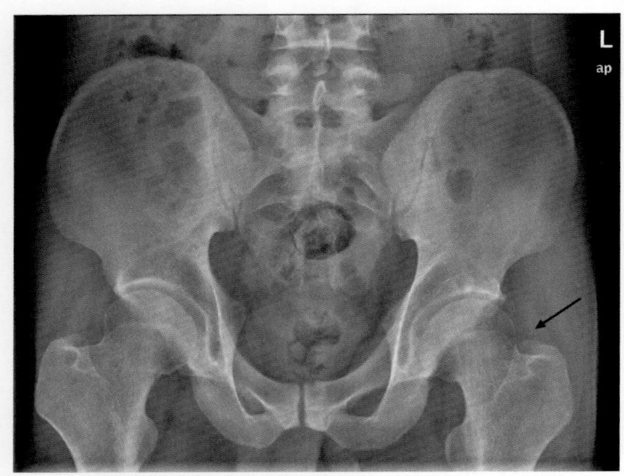


图 5-2-6　股骨颈未能充分显示

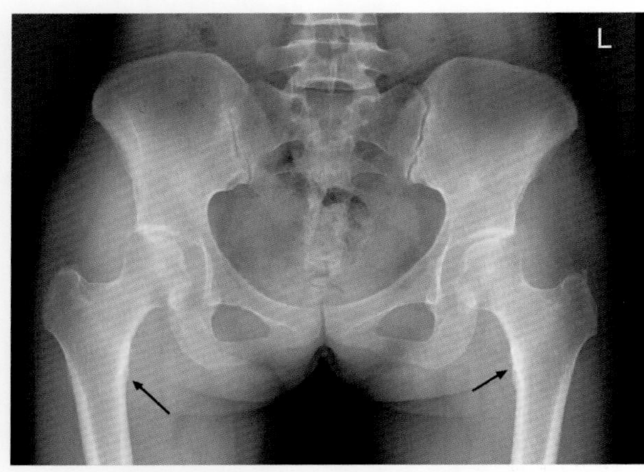


图 5-2-7　双足过度内旋,小转子与股骨重叠,且骨质细节显示不清

### 2.1.6　注意事项

1. 骨盆外伤累及范围大的患者和病情严重的患者,搬动时应多人平移过床。疑有股骨颈骨折或是脱位者不可以施加外力进行下肢的旋转。

2. 非必要情况,妊娠妇女避免做骨盆 X 线摄影。当做此检查时,应告知辐射危险并签订知情同意书。

3. 肠管内气体较多时,与骨质重叠,影响对骨质病变(骨质破坏、骨质疏松)的显示,检查前应该注意肠道情况。

4. 在常规情况下,操作者必须按规范,注意正中矢状面垂直台面,双足适当内旋,以获得标准图像。

## 2.2　骨盆侧位

### 2.2.1　应用

骨盆侧位(pelvic lateral position)是从侧位方向观察骨盆的投照位置,与正位图像联合应用。补充性观察在骨盆正位发现的病变、病变定位,应用范围与骨盆正位相同。除此之外,用于骶尾椎侧面观察。在妇产科方面,用于骨盆前后方向的各径线的测量,明确骨盆出入口的大小,以评估待产胎儿娩出的可能性。

### 2.2.2　体位设计

1. 人体侧卧于摄影床,下肢轻度屈曲,身体冠状面垂直于台面。

2. 显示野(光圈)上缘包括髂嵴最高点以上,下缘股骨粗隆以下,前、后范围包括皮肤。

3. 中心线垂直通过股骨粗隆上 5cm 向前 2cm 处射入 IR(图 5-2-8)。

4. 平静呼吸下曝光。

6. 曝光因子:显示野 43cm × 40cm,90 ± 5kV,AEC 曝光(中间电离室),感度 280,0.2mm 铜附加滤过。

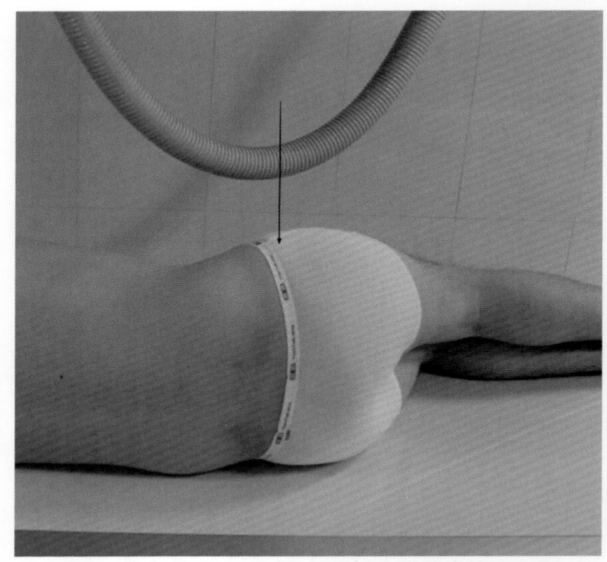

图 5-2-8　骨盆侧位摆位图,中心线入射方向和入射点已标出

### 2.2.3 体位分析

1. 此位置为骨盆的侧位投影像。

2. 由于X线放大效应,远离台面侧髂骨翼影像大于近台面侧影像,但两者的最高点位于上下方向的同一直线上。

3. 获得标准骨盆侧位的解剖基础如下:

(1)两侧背部和臀部后缘垂直于台面,即能保证人体冠状面与台面垂直。

(2)人体处于髋部屈曲位,坐骨结节是容易观察的解剖标志,其稍下方为股骨大小转子的高度;同样,远离台面侧嵴上缘高度位置较为明确,均可作为投照的定位标准。

4. 骨盆是人体最厚的部位,AEC曝光时采用低感度,减少散射线,增加图像清晰度。

### 2.2.4 标准图像显示

1. 下端腰椎椎体及骶椎、尾椎无双边影,表现为侧位图像。

2. 两侧髂棘、髋关节基本重叠,两侧耻骨联合面重叠。

3. 远离台面侧髂骨翼上缘(髂嵴)高于对侧,两侧髂骨翼最高点位于同一直线上,与腰椎椎体重叠(图5-2-9,图5-2-10)。

4. 骶骨岬、耻骨联合后缘、骶尾骨间隙、坐骨棘及坐骨结节等结构及其边缘显示清晰,以便测量骨盆径线时容易观察。

5. 骨盆骨质边缘锐利,骨纹理清晰,各结构之间对比度良好。

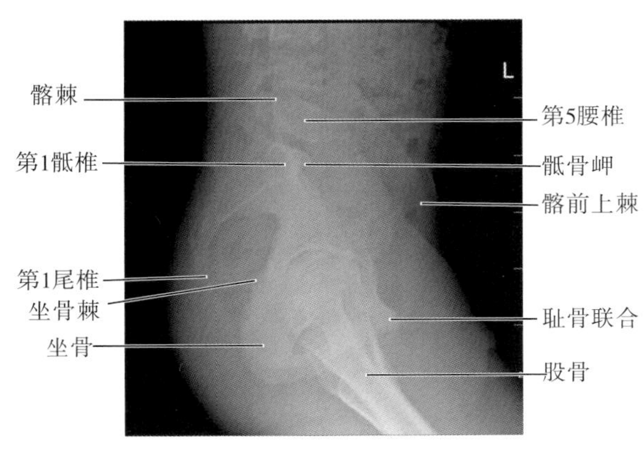


图5-2-9 标准骨盆侧位X线表现

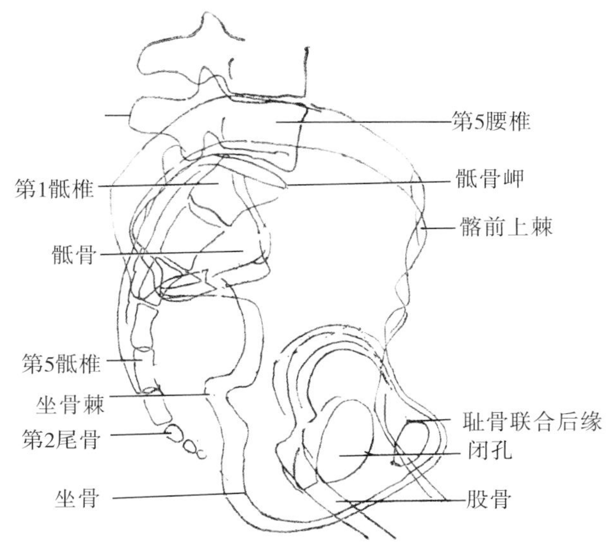


图5-2-10 骨盆侧位示意图

### 2.2.5 常见非标准图像显示

1. 最为常见是人体冠状面未与台面垂直,骨盆图像未能呈标准侧位,腰椎椎体、骶尾椎前后缘双边影,双侧髋关节呈前后方向分离(图5-2-11)。

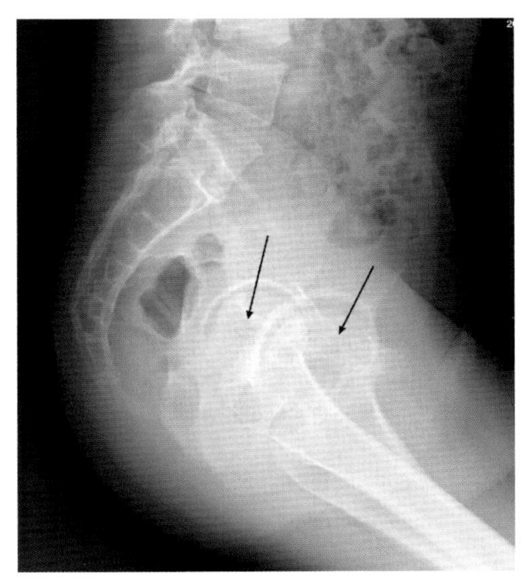

图5-2-11 身体有旋转双股骨头呈前后方向错开

2. 骨盆矢状面与台面不平行,表现两侧股骨头于上下方向分离。

3. 双侧髋关节过于屈曲,与坐骨结节和耻骨联合重叠，影响对骨盆径线测量的准确性。

4. 曝光条件不合适，图像发灰、层次缺乏，使骶骨岬、耻骨联合后缘、骶尾骨间隙、坐骨棘及坐骨结节等处应显示不清晰。

### 2.2.6 注意事项

1. 身体冠状面垂直台面，同时矢状面平行于台面，才能保证骨盆为标准侧位。

2. 使被检者髋关节和膝部弯曲以保持身体平衡，但髋关节屈曲应适度，以免与周围结构重叠。

3. 骨盆出入口测量的准确与否在临床上很重要，用于骨盆测量时，应该严格按要求摆位，图像必需符合测量标准。

4. 用于观察骶尾骨骨折时，中心线入射点应靠后。

5. 骨盆是人体最厚的部位，AEC 曝光时千伏值运用 90 以上，采用低感度(200 ~ 280)。

## 2.3 髂骨翼斜位(骨盆斜位)

### 2.3.1 应用

髂骨翼斜位(oblique position of iliac wing)即骨盆斜位(pelvic oblique position)是髂骨翼的正面投影位置。因为髂骨翼与人体冠状位呈大约45°度的夹角，常规的骨盆正位所显示的髂骨翼实际上为斜位图像，有一定的缩短变形，影响对髂骨翼区域的细小病变的观察。髂骨翼斜位使髂骨翼以单侧正面方向充分显示，能更细致观察髂骨翼的病变，如骨折线、骨质破坏等。特别是用于骨髓瘤、白血病和转移瘤方面有价值，是对骨盆正位的补充。此位置还可以清楚显示髋臼前、后缘和对侧闭孔斜，用于观察此部位的病变。

### 2.3.2 体位设计

1. 人体仰卧于摄影床，对侧抬高，对侧下肢尽量伸直，被检侧下肢屈曲，使冠状面与台面呈45°夹角。

2. 人体正中线与被检侧髂前上棘之间的连线中点(正中旁线)位于台面中线上。

3. 显示野(光圈)上缘包括髂嵴以上，下缘包括股骨大、小转子以下。

4. 中心线摄入点为平髂前上棘以下 5cm 水平线与旁正中线焦点，垂直射入到 IR 中心(图 2-2-12)。

5. 平静呼吸下曝光。

6. 曝光因子：显示野 35cm × 43cm，75 ± 5kV，AEC 曝光(中间电离室)，感度 280，0.1mm 铜附加滤过。

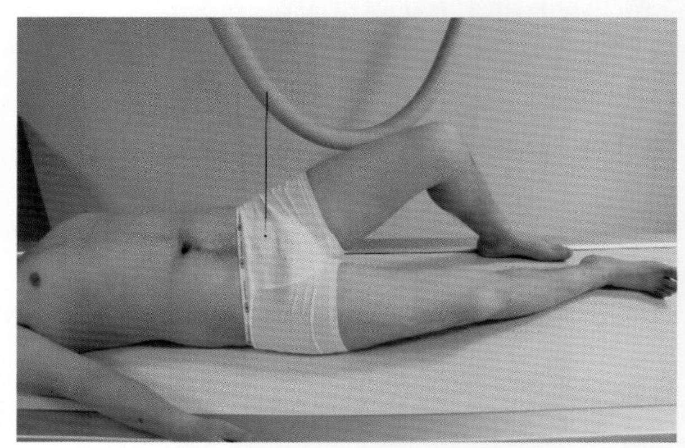

图 5-2-12 髂骨翼斜位摆位图，中心线摄入点和摄入方向已标出

### 2.3.3 体位分析

1. 髂骨翼斜位实为髂骨翼正面投影。

2. 为被检侧髂骨翼的单侧局部摄影，能细致显示髂骨翼的骨质结构。

3. 获得标准片的解剖基础如下：

(1)从骨盆轴位方向，髂骨翼从后内向前外走形，与人体冠状面呈 45°左右。

(2)投照时对侧抬高 45°，被检侧髂骨翼基本贴近台面，与 IR 平行，减少失真度和放大率(图 5-2-13)。

(3)被检侧旁的正中旁线与平髂前上棘下 5cm 水平线相交处即为被检查侧髂翼中点，应为中心线的摄入点。

4. 髂骨体、坐骨体和耻骨体融合部分的骨质平面与髂骨翼不同，在此位置上呈斜位显示。

5. 骶髂关节面与投射方向趋于平行，关节面骨质相互重叠；闭孔呈与投射方向垂直而不能显示。

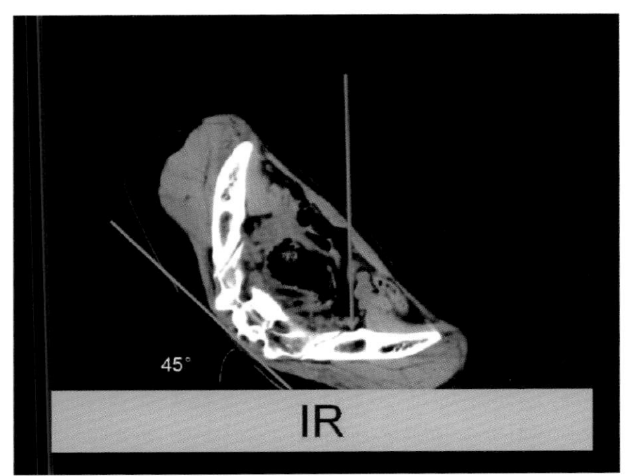


图 5-2-13 骨盆轴位 CT 扫描，被检侧髂骨翼与台面平行，能说明摄影原理

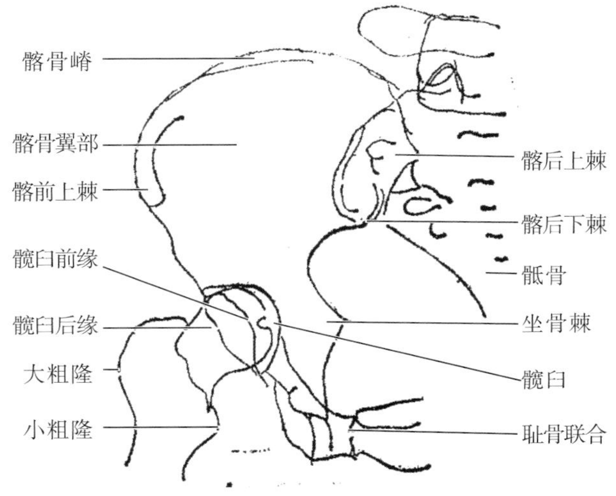


图 5-2-15 髂翼正位示意图

### 2.3.4 标准图像显示

1. 照片范围包括全部髂骨、同侧骶髂关节和髋关节。

2. 髂骨翼位于显示野中央部位。

3. 髂骨翼充分展开，无变形、缩短，骨质结构显示清晰。

4. 坐骨棘、坐骨大切迹和小切迹位于髂骨内侧缘。

5. 同侧闭孔与投射方向垂直，不能显示，但对侧闭孔与台面平行，呈正位投影，故此位置尚可用于观察对侧闭孔。

6. 股骨头、颈部约为侧斜位像，髋关节面、髋臼前后缘显示清楚（图 5-2-14，图 5-2-15）。

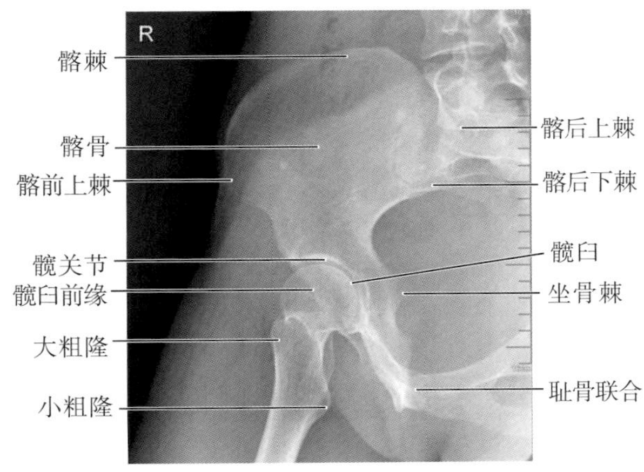


图 5-2-14 髂翼正位标准 X 线表现

### 2.3.5 常见非标准图像显示

1. 对侧大腿未充分伸直，投影到显示野内（图 5-2-16）。

2. 操作者未理解髂骨翼解剖特点，未掌握摄影要点，误将被检侧抬高，使投照方向相反，髂骨翼呈轴位投影（图 5-2-17）。

3. 人体冠状位与台面之间的夹角大于或小于 45°，均导致髂骨翼变形。

4. 肠道含气较多时，气体影与髂骨翼重叠，骨质结构显示不清。

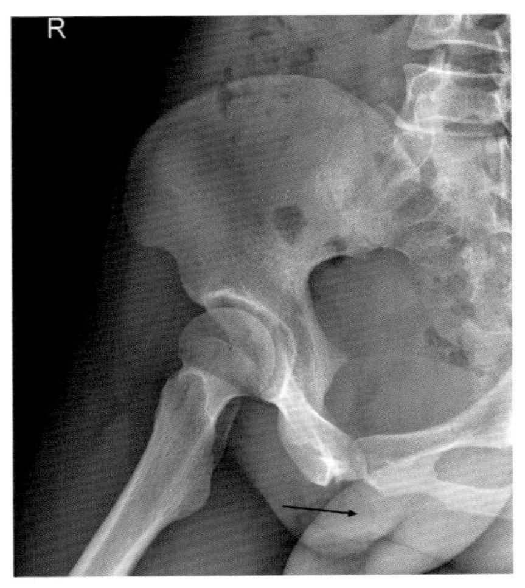


图 5-2-16 对侧大腿投射到显示野内（箭头）

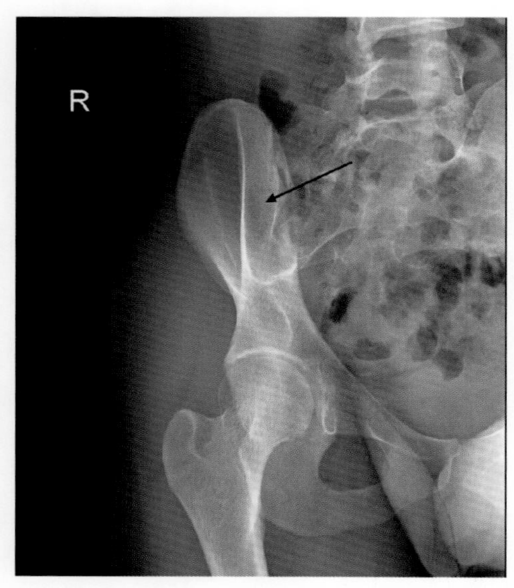


图 5-2-17　旋转方向错误，髂骨翼呈轴位显示（箭头）

### 2.3.6　注意事项

1. 摆位置时，注意对侧大腿伸直，外展，远离被检侧，避免重叠于显示野内。

2. 注意人体的冠状面与台面呈 45°夹角，使髂骨翼不失真。

3. 充分理解髂骨翼的解剖方向，使被检侧贴近台面，对侧抬高。

4. 注意中心线摄入点的准确性。

5. 肠道气体与髂骨翼重叠时，严重影响对骨质结构的观察。如肠内容物较多，需清洁肠道，减少肠内气体后进行检查。

6. 由于髂翼较薄，摄影条件应适应减低，不可曝光过度。

7. 骨盆骨折患者病情较痛苦，无论采用哪种斜位，都会加重患者痛苦，故要严格掌握适应证，谨慎使用。

## 2.4　骨盆入口位

### 2.4.1　应用

骨盆入口位（pelvic inlet position）是根据假性盆腔（false pelvic cavity）和真性盆腔（true pelvic cavity）之间的分界线（骨盆入口）的方向，有效地显示真性盆腔的构成骨和骨盆入口实际大小的投照方法。该位置有助于观察髂耻线、耻骨支、骶髂关节、和骶骨，同时能观察到骶髂关节、骶骨或髂骨翼等结构。用于诊断髂骨骨折是否合并内旋畸形、骶骨的压缩性骨折以及坐骨的撕脱性骨折等；评价骨折的骨盆环和骨盆变形情况，包括骨盆环损伤后骨盆移位方向和程度；良好显示髂骨和骶骨的骨折，以及与骶髂关节相关的病变。骨盆入口位在产科学方面用于骨盆径线的测量，以评价胎儿分娩的易难程度。

### 2.4.2　体位设计

1. 人体仰卧于摄影床上，正中线与台面中线平行并重合。

2. 两侧髂前上棘与台面距离相等，是正中矢状面与台面垂直，双下肢自然伸直并内旋 15°左右，双足母趾并拢。

3. 显示野（光圈）上缘包括髂棘上缘以上，下缘包括耻骨联合以下。

4. 中心线向足侧倾斜 30°～40°从双髂前上棘连线中点射入（图 5-2-18）。

5. 平静呼吸下曝光。

6. 曝光因子：显示野 43cm × 43cm，75 ± 5kV，AEC 曝光（两侧电离室），感度 280，0.1mm 铜附加滤过。

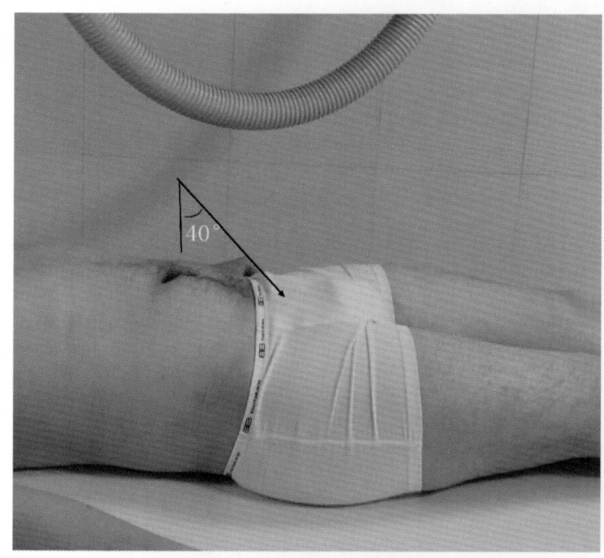


图 5-2-18　骨盆入口位摄影摆位图，中心线射入点和射入方向已标出

### 2.4.3 体位分析

1. 骨盆入口平面于前后方向上，与人体横断面呈 30°～40°夹角，中心线向足侧倾斜 30°～40°，趋于垂直于入口平面。

2. 骶骨岬、弓状线、耻骨梳和耻骨结节上缘围成骨盆入口，在图像上，上述结构为骨盆入口的内缘。

3. 骶骨岬形成入口后缘，则骶骨呈轴位投影。

4. 耻骨上、下支重叠。

5. 髂骨翼呈半轴位，形成上下缩短影像。

### 2.4.4 标准图像显示

1. 骨盆入口位于显示野中央区域。

2. 第 5 腰椎和骶骨棘突至耻骨联合连线居中，双侧骶髂关节、髋关节对称，双侧坐骨棘向内突出的距离相等。

3. 骨盆入口内缘骨皮质边缘锐利，从后向前由骶骨岬、弓状线、耻骨梳和耻骨结节构成。

4. 骨盆入口呈前后径较长的卵圆形形状。

5. 骨盆诸骨骨质结构显示清晰，对比度良好(图 5-2-19，图4-2-20)。

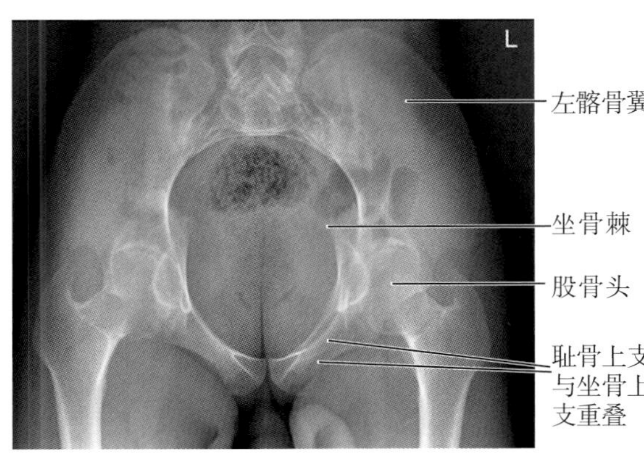


图 5-2-19 骨盆入口位标准 X 线表现

### 2.4.5 常见非标准图像显示

1. 中心线倾斜角度不足，骶骨岬前缘未能显示，可见骶尾骨投影与入口骨环内。

2. 中心线倾斜角度过大，第 5 腰椎和耻骨下支投影于骨环内。

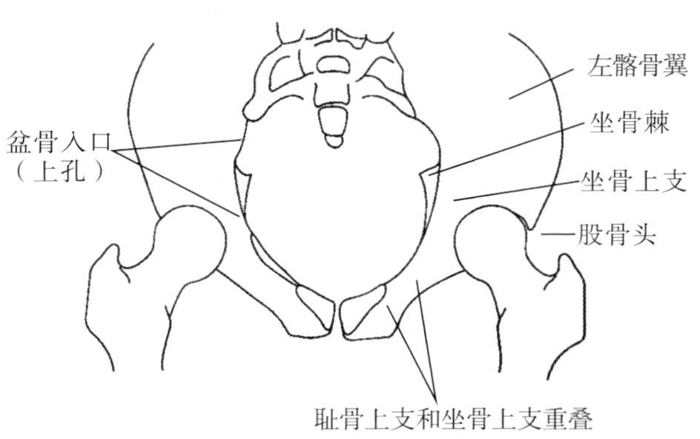


图 5-2-20 骨盆入口位示意图

3. 身体冠状面有旋转或矢状面未与台面垂直，骨盆结构左右不对称。

4. 中心线射入点偏离，骨盆入口环失真、变形。

5. 曝光条件不足，骨纹理显示不清。

### 2.4.6 注意事项

1. 骨盆外伤累及范围大，患者病情严重，搬动时应多人平移过床，疑是股骨颈骨折或是脱位者不可以施加外力进行下肢的旋转。

2. 妊娠妇女避免做骨盆 X 线摄影。如病情需要，必须检查，应告知辐射危害性并签订知情同意书。

3. 力求中心线倾斜的准确性。如被检者体型特殊，可预先摄骨盆标准侧位，测量骶骨岬与耻骨结节连线与人体横断面夹角，根据所测角度的大小决定中心线倾斜度。

4. 获得图像后，操作者应掌握评估位置是否准确的方法和认识骨盆入口的解剖结构，以使图像能真实反映骨盆入口各组成骨质的情况。

## 2.5 骨盆出口位

### 2.5.1 应用

骨盆出口位(pelvic outlet position)根据骨盆前壁的解剖特点，显示闭孔及其构成骨为主要目的的投照位置。骨盆前壁由双侧耻骨上、下支，坐骨上、下支和耻骨联合构成，这些骨质结构围成闭孔。骨盆前壁由下至上向前倾斜。该位置通过中心线的倾斜能完整地显示前壁骨质结构、闭孔形态和耻骨联合关节。用于以骨盆前壁骨折为主的诊断，能良好显示坐骨和耻骨支的骨折和移位情况。也用于耻骨联合脱位、退行性变、炎症等疾病的观察。是正位的补充位置。

### 2.5.2 体位设计

1. 人体仰卧于摄影床上，正中线与台面中线平行并重合。

2. 两侧髂前上棘与台面距离相等，使人体正中矢状面与台面垂直，双下肢自然伸直，双足内旋15°左右，母趾并拢。

3. 显示野(光圈)上缘包括髂棘上方，下缘包括耻骨联合下缘以下。

4. 中心线向头侧倾斜30°～40°，经耻骨联合下缘以上5cm处射入IR(图5-2-21)。

5. 平静呼吸下曝光。

4. 曝光因子：显示野43cm×43cm，75±5kV，AEC曝光(两侧电离室)，感度280，0.1mm铜附加滤过。

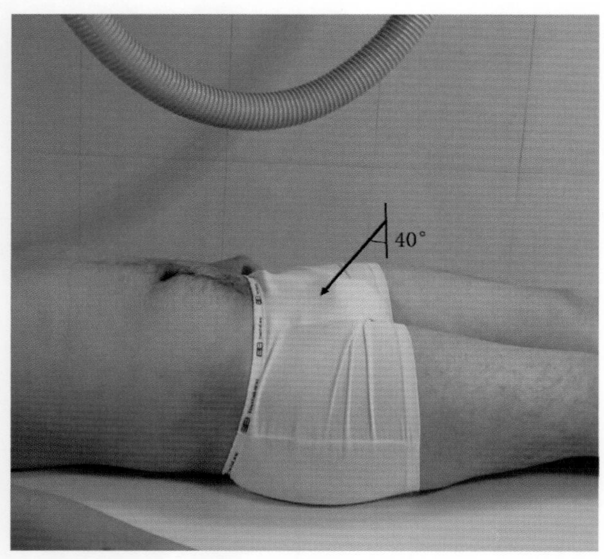


图5-2-21 骨盆出口位摄影摆位图，中心线射入方向和射入点已标出

### 2.5.3 体位分析

1. 骨盆出口在解剖概念上为尾骨尖、骶结节韧带下缘、坐骨结节、坐骨下支、耻骨下支和耻骨联合下缘组成，骨盆出口位能使上述骨性结构以前后方向、近似结构的正位显示。

2. 因为闭孔，及其围成骨：耻骨上、下，坐骨上、下支由下后向前上倾斜一定角度，故中心线向头侧倾斜，使上述结构全面展开、显示。

3. 中心线向头侧倾斜，避开耻骨与坐骨的重叠，充分显示坐骨体和坐骨结节。

4. 耻骨联合关节面于上下方向能最大限度显示。

5. 骶骨下部和尾骨虽然与耻骨联合重叠，但也能清晰地辨认。

### 2.5.4 标准图像显示

1. 骨盆出口构成骨位于显示野中央区域或中央区略偏下。

2. 第5腰椎和骶骨棘突至耻骨联合连线居中，双侧骶髂关节、髋关节对称。

3. 双侧闭孔大小相等、形态对称，上下径大于左右径。

4. 双侧耻骨上、下支，坐骨上、下支，坐骨结节呈正位显示。

5. 耻骨联合关节间隙呈轴位，与骶骨下部重叠。

6. 骨盆诸骨骨质结构显示清晰，对比度良好(图5-2-22，图5-2-23)。

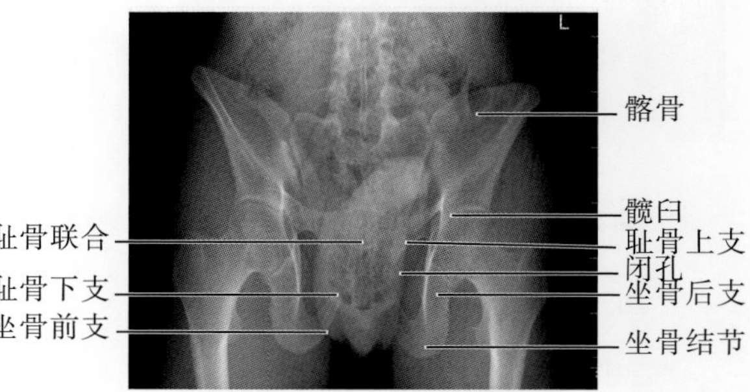


图5-2-22 骨盆出口位标准X线表现

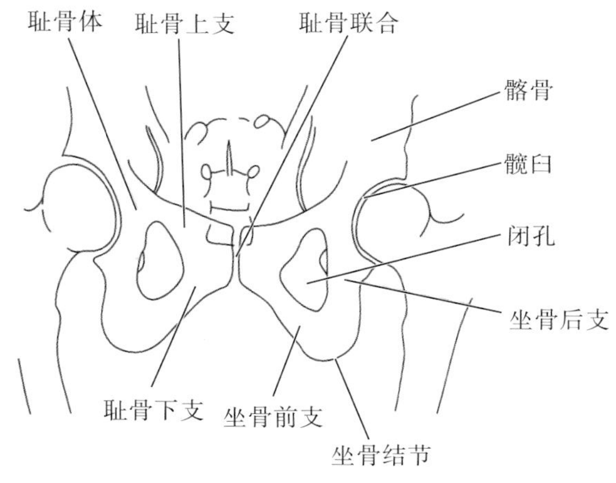


图 5-2-23 骨盆出口位示意图

### 2.4.5 常见非标准图像显示

1. 中心线倾斜角度不足,闭孔上下径缩短,耻骨联合关节间隙缩短,耻骨上下支重叠。

2. 中心线倾斜过大,闭孔、耻骨支、坐骨支变形,向上移位,与骶骨上段重叠。

3. 身体冠状面有旋转或矢状面未垂直于台面,所显示的结构左右不对称,耻骨联合关节间隙与骶骨棘分离。

4. 中心线偏离,耻骨,坐骨和闭孔不对称性变形。

5. 曝光条件不足,骨纹理显示不清。

### 2.4.6 注意事项

1. 骨盆外伤累及范围大,患者病情严重,搬动时应多人平移过床,疑是股骨颈骨折或是脱位者不可以施加外力进行下肢的旋转。

2. 妊娠妇女避免做骨盆 X 线摄影。如病情需要,必须检查,应告知辐射危害性并签订知情同意书。

3. 规范摆位,做到使身体的标志线和标志面的位置符合要求。

4. 注意中心线的入射点和入射方向的准确性,保证需要观察的结构不失真。

5. 正确应用曝光条件,使图像清晰,重叠的结构层次分明。

## 2.6 骶髂关节前后位

### 2.6.1 应用

骶髂关节前后位(articulationes sacroiliaca anter-posterior position)是从前后方向投照,同时显示双侧骶髂关节的摄影位置。能显示骶髂关节间隙、关节两侧缘的骨质改变,并可进行双侧对比。是诊断结缔组织病(强直性脊柱炎、类风湿性关节炎)、结核、脱位和肿瘤等疾病常用方法。

### 2.6.2 体位设计

1. 人体仰卧于摄影床上,正中线与台面中线平行并重合。

2. 两侧髂前上棘与台面距离相等,使腹正中矢状面与台面垂直,双下肢屈曲,双足底踏与台面。

3. 显示野(光圈)上缘包括第 5 腰椎上缘(平髂棘),下缘平耻骨联合上缘,两侧达腹股沟韧带中点。

4. 中心线向头侧倾斜 15°(男性)或 20°(女性),从双侧髂前上棘连线中心射入 IR(图 5-2-24)。

5. 平静呼吸下曝光。

6. 曝光因子:显示野 18cm × 24cm,75 ± 5kV,AEC 曝光(两侧电离室),感度 280,0.1mm 铜附加滤过。

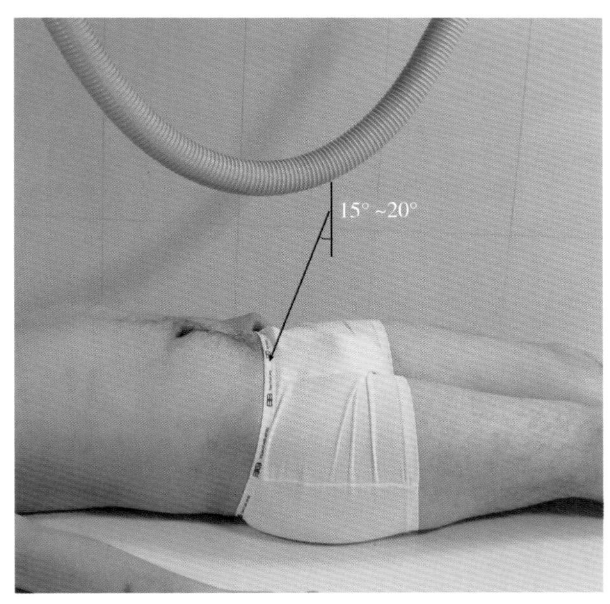


图 5-2-24 骶髂关节正位摄影摆位图,中心线射入点和射入方向已标出

2.6.3 体位分析

1. 骶髂关节位于腰背部，仰卧位可紧贴台面，双下肢屈曲，使第 5 腰椎与骶椎位于同一平面能上，增加体位的稳定性。

2. 骶髂关节前后位解剖基础如下

1）从侧面观：骶骨走形方向由前上向后下，与人体冠状面呈 15°～20°夹角。

2）轴位观，骶髂关节由后内向前外走形，与人体冠状面呈 70°～75°夹角。

2. 中心线要向头侧倾斜 15°～20°夹角，与骶髂关节前、后面垂直，使骶髂关节在上下方向充分显示。

3. 此位置显示的双侧骶髂关节面的前缘和前部的关节间隙，关节间隙的后部相互重叠而不能显示。

2.6.4 标准图像显示

1. 双侧骶髂关节及其内侧的骶骨位于显示野中央区域。

2. 所显示的结构包括第 5 腰椎、双侧髂骨内侧和骶椎。

3. 双侧骶髂关节对称，关节面、关节间隙显示清晰。

4. 腰椎棘突居中，双侧髂翼对称，第 5 腰椎和第 1 骶椎关节间隙呈切线，左右等宽，和骶孔可见。

5. 骶骨和骶髂关节间隙清晰可见，骨质结构清楚（图 5－2－25，图 5－2－26）。

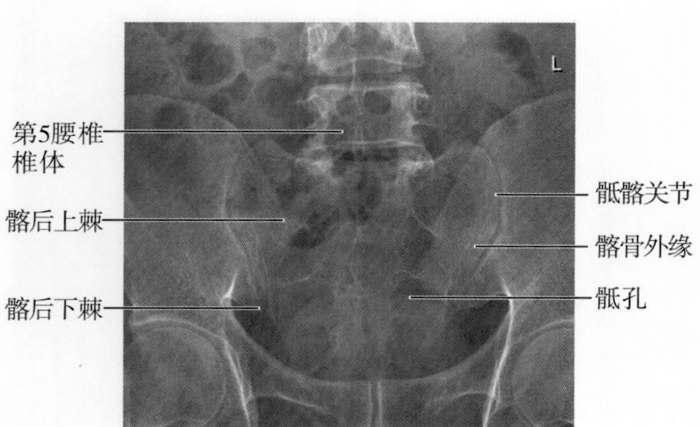


图 5－2－25　骶髂关节正位标准 X 线表现

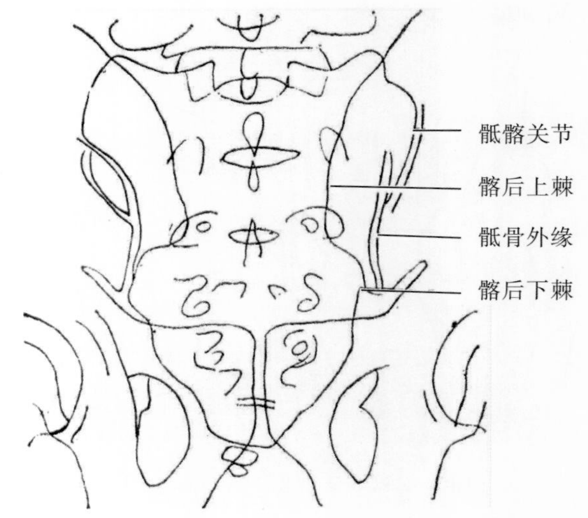


图 5－2－26　骶髂关节正位示意图

2.6.5 常见非标准图像显示

1. 中心线未向头侧倾斜或者倾斜角度不足，骶髂关节变短，第 5 腰椎椎体上下缘出现双边影（图 5－2－27）。

2. 人体正中矢状面未垂直台面，双侧骶髂关节和骨盆两侧结构不对称（图 5－2－28）。

3. 人体中线与台面中线不平行，图像偏斜，棘突与耻骨联合不在同一条直线上（图 5－2－28）。

4. 视野过大，骶髂关节细微结构显示欠佳。

5. 曝光条件使用不当，结构不清晰。

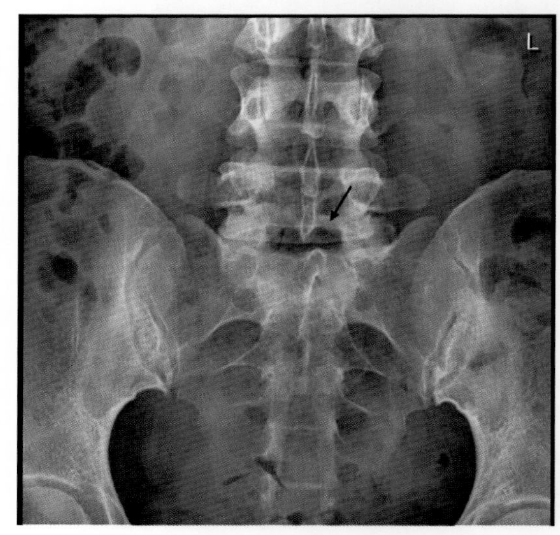


图 5－2－27　骶髂关节变短，第 5 腰椎上下缘双边影

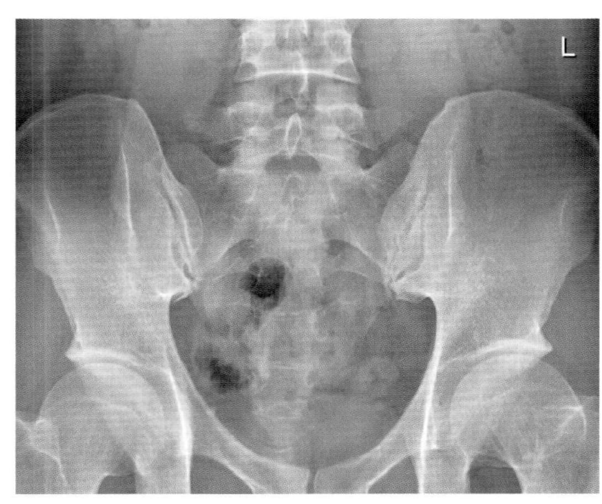


图 5-2-28　双侧不对称，脊柱棘突与耻骨联合不在同一条直线上

### 2.6.6　注意事项

1. 双侧骶髂关节前后位要求缩小视野、局部投照。

2. 此位置强调双侧骶髂关节同时显示，用于对比观察，注意摆位规范，矢状位垂直于台面，所显示的结构左右对称。

3. 操作者需掌握骶髂关节的解剖特点，正确倾斜中心线的角度，否者骶髂关节变形，影响观察。

4. 对于不能仰卧的可以采用俯卧位投照，中心线向足侧倾斜相应的角度。

## 2.7　骶髂关节斜位

### 2.7.1　应用

骶髂关节斜位（articulationes sacroiliaca oblique position）是根据骶髂关节间隙的方向，完全呈切线显示单侧关节间隙的投照位置。该方法消除了骶髂关节面骨质的重叠，能更客观真实显示骶髂关节间隙、关节面骨质情况，为双侧骶髂关节前后位的补充位置。以评价骶髂关节间隙是否存在、狭窄或消失，关节面骨质改变有无增生、硬化或破坏等。用于特异性和非特异性骶髂关节炎、退行性变、肿瘤等疾病的诊断。

### 2.7.2　体位设计

1. 人体斜卧摄影床上，正中线与检查台中线平行。

2. 被检侧抬高，男性抬高 20°～25°，女性 25°～30°。抬高侧上肢和下肢均呈一定的屈曲状态，起到支撑作用。

3. 显示野（光圈）上缘包括第 5 腰椎上缘（平髂棘）。抬高侧距髂前上棘内侧 5cm 于台面中线重合。

4. 中心线向头侧倾斜 15°～20°从抬高侧髂前上棘内 5cm 射入（图 5-2-29）。

5. 平静呼吸下曝光。

6. 曝光因子：显示野 18cm × 24cm，75 ± 5kV，AEC 曝光（中间电离室），感度 280，0.1mm 铜附加滤过。

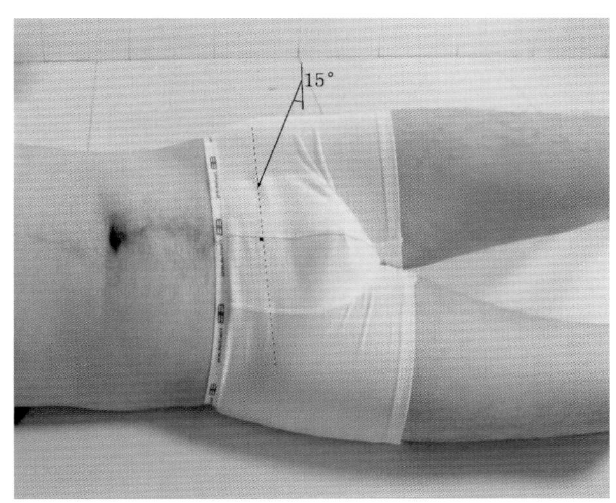


图 5-2-29　骶髂关节斜位摄影摆位图，中心线入射点位于抬高侧，向头侧倾斜

### 2.7.3　体位分析

1. 对于上下方向而言，骶骨走形方向由前上向后下，与人体冠状面呈 15°～20°夹角。

2. 对于左右方向而言，骶髂关节由后内向前外走形，与人体冠状面呈 70°～75°夹角。

3. 人体仰卧位时，被检侧抬高，同时将中心线倾斜相应的角度，使骶髂关节间隙呈切线位，也就是骶髂关节于前后方向、上下方向均需垂直于 IR，使需要显示侧的关节不变形（图 5-2-30）。

4. 被检侧骶髂关节前缘体表投影位于髂前上棘内侧约 5cm 处，即为中心线摄入点。

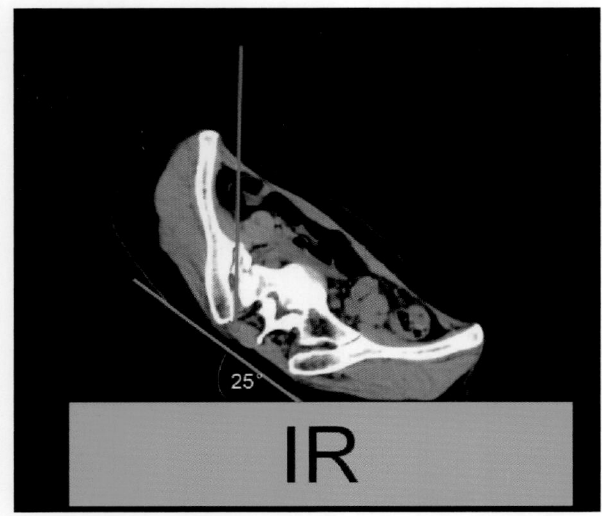


图 5-2-30　骨盆轴位 CT 扫描图像，作为骶髂关节斜位摄影原理图

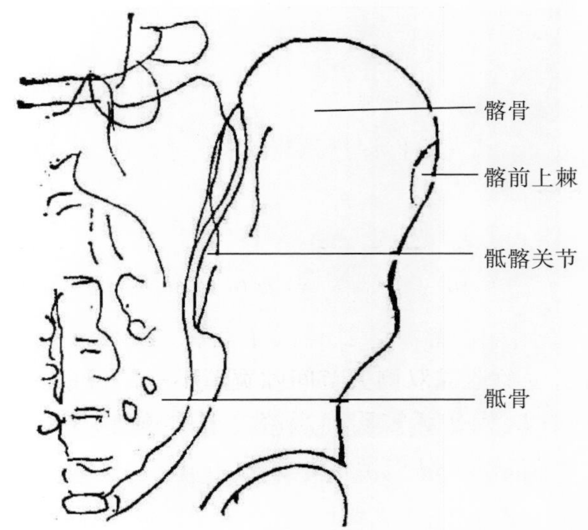


图 5-2-32　骶髂关节斜位示意图

### 2.7.4　标准图像显示

1. 被检侧骶髂关节位于显示野中央区域。

2. 显示野内包括单侧骶髂关节，关节间隙无骨质重叠，上下方向亦无变形、缩短。

3. 所显示的骶骨呈斜位，髂骨翼近似轴位。

4. 左、右侧图像位置、显示野大小一致。

5. 各组成骨皮质和骨小梁清晰可见，无肠道内容为干扰（图 5-2-31，图 5-2-32）。

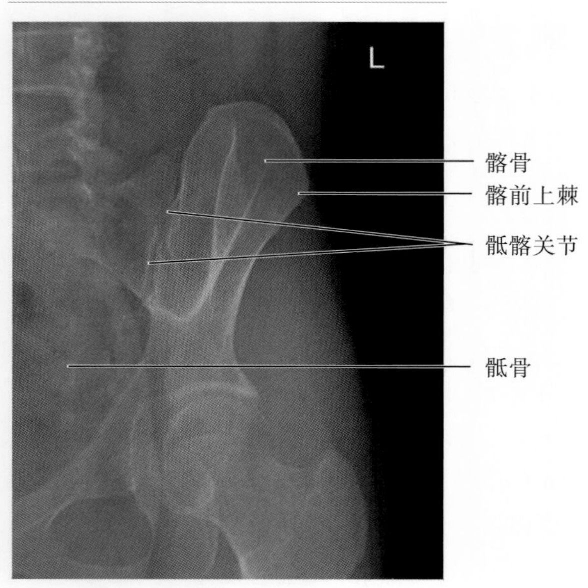


图 5-2-31　骶髂关节斜位标准 X 线表现

### 2.7.5　常见非标准图像显示

1. 人体抬高小于 25°，导致髂骨内侧缘与骶椎外侧缘重叠，关节间隙显示不充分。髂骨翼表现为斜位（图 5-2-33）。

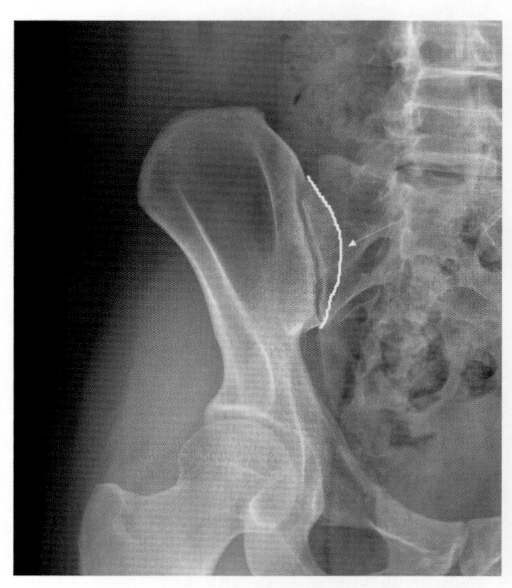

图 5-2-33　髂骨内侧缘与骶椎外侧缘重叠

2. 人体抬高角度大于 25°，使骶髂关节面骨质重叠，关节面间隙显示不佳，髂骨翼呈前后方向的轴位。

3. 中心线未向头侧倾斜，使骶髂关节在上下方向缩短。

4. 身体一侧抬高后，未采取有效固定措施，体位不稳，图像模糊。

5. 曝光条件使用不当，图像对比度、清晰度下降。

### 2.7.6 注意事项

1. 骶髂关节斜位为双侧骶髂关节分开投照，投照位置和照射野大小均需一致，以便对比，以免造成双侧关节间隙宽窄不一的假象。

2. 操作者需明确骶髂关节的倾斜方向，即注意观察右侧关节时用左后斜位，观察左侧用右后斜位。

3. 注意一侧身体抬高的角度和中心线倾斜角度的准确性，使骶髂关节间隙呈切线显示，同时保持结构不失真、变形。

4. 一侧身体抬高，需要采取有效的固定措施，使被检者体位稳定，所获得的图像清晰。

5. 疑是骶髂关节不稳定或者半脱位不宜采用该位置（骨盆外伤应尽量减少搬动和骨盆受压）。

（郑晓林　朱纯生　方学文）

## 参考文献

[1]柏树令. 系统解剖学. 5版. 北京：人民卫生出版社，2001.

[2]周美亚，吴献华，陈峰. 不同影像检查方法对骨盆骨折的临床应用价值. 医学影像学杂志，2011，21(1)：112-114.

[3]石银龙. 斜射线在骶髂关节摄影中的应用. 中外医用放射技术，2001，6：22-23.

[4]赵霞，马新文，刘虹，等. 女性骨盆入口平面倾斜度的探讨. 农垦医学，1997，4：270-272.

# 第6章 上肢

# 第1节 应用解剖与定位标记

## 1.1 应用解剖

上肢骨包括上肢带骨(cingulum membri superioris)和自由上肢骨(bones of free upper limb)两部分。上肢带骨包括锁骨(clavicalis)和肩胛骨(scapula),自由上肢骨包括肱骨(humerus),尺骨(os ulna),桡骨(radius)及8块腕骨(carpal),5块掌骨(metacarpale)和2节拇指骨(thumb phalange),14块近、中、远节指骨(phalange)。上肢带骨是连接躯干与上肢的结构,锁骨为长条形,分为内、中、外3段,各段约占1/3,内侧近圆形,前突;外侧扁平,内凹。锁骨内侧端与胸骨连接称为的胸锁关节(articulationes sternoclavicularis),锁骨外侧端与肩胛骨肩峰(acromion)连接形成肩锁关节(articulatio acromioclavicularis)。肩胛骨形态近似三角形,分为内侧缘、外侧缘和上缘,内侧缘较薄,外侧缘较厚,外侧缘上部有盂状关节面即关节盂与自由上肢骨的肱骨上端的关节面相连形成肩关节(shoulder joint)。上缘外侧有一切迹,有神经血管通过,最外侧呈向前弯曲的突起,即喙突(coracoid),为喙肱肌腱附着处。肩胛骨前面略凹陷,后面不平,上部有肩胛冈(mesoscapula)至内下向外上,延伸到肩峰。

自由上肢骨中的肱骨位于上臂,肱骨上端有圆形肩关节面,朝向内上后方,前外有肱骨大结节(humerus major tubercle)和肱骨小结节(humerus tubercule)。关节面下称为解剖颈(anatomical neck),解剖颈下方的骨端与骨干交界处略变细,称为外科颈(surgical neck)。肱骨上端前后扁平,下端前后有凹陷分别为冠突窝(fossae coronoidea)和鹰嘴窝(anconal fossa),其下端为肱骨滑车(trochlea),滑车的内上方、外上方分别有突起,即内上髁(epicondylus medialis)和外上髁(lateral epicondyle),外上髁下端有关节面。尺骨和桡骨位于前臂,尺骨位于内侧,骨干上端较粗,下端较细。上端为向前的半月形关节面,前缘为冠突(coronoid process),后缘为鹰嘴(olecranon),与肱骨滑车形成肘关节(elbow joint)重要部分。尺骨下端后方有一突起,称为尺骨茎突(styloid process of ulna)。桡骨位于尺骨外侧,上端呈圆柱形,上面有圆形关节面,周围有环状关节面,分别与肱骨外侧髁和尺骨上段外侧形成关节,即肱桡关节(humeroradial joint)、尺桡近侧关节(proximal radioulnar joint),共同构成肘关节。桡骨下端前后扁平,外侧突起,呈为桡骨茎突(styloid process of radius)。尺骨下端外侧面和桡骨下端内侧面形成尺桡远侧关节(distal radioulnar joint)。桡骨下面和尺骨下面形成球窝关节面,与腕骨形成近侧腕关节(proximal wrist joint)。腕骨(carpal bones)排列为上下两排,上排从外向内有舟状骨(navicular bone)、月骨(semilunar bone)、三角骨(ossa pyramidale)、豌豆骨(lenticular bone),组成卵圆形关节面与尺桡骨下端关节面形成近侧腕关节。下排从外到内有大多角骨(large multangular bone)、小多角骨(small multangular bone)、头状骨(capitate bone)和钩骨(hamate bone)。两排腕骨之间形成腕骨间关节(intercarpal joints),下排腕骨与第1~5掌骨上面形成腕掌关节(carpometacarpal joints);其中大多角骨与第1掌骨形成关节,称为鞍状关节(saddle-joint),小多角骨和头状骨分别与第2、3掌骨上端形成关节,钩骨与第4、5掌骨形成关节。拇指仅有2

节指骨即近节指骨和远节指骨。第 2 ~ 5 指骨均有 3 节指骨，分别为近节指骨、中节指骨和远节指骨。近节指骨和掌骨之间的关节称为掌指关节(metacarpophalangeal joints)，指骨之间的关节按排列称为近侧指间关节(proximal interphalangeal joints)和远侧指间关节(distal interphalangeal joints)(拇指除外)，掌骨、指骨的结构由近到远分为底、体、滑车，但远侧指骨远端称为粗隆(图 6-1-1)。

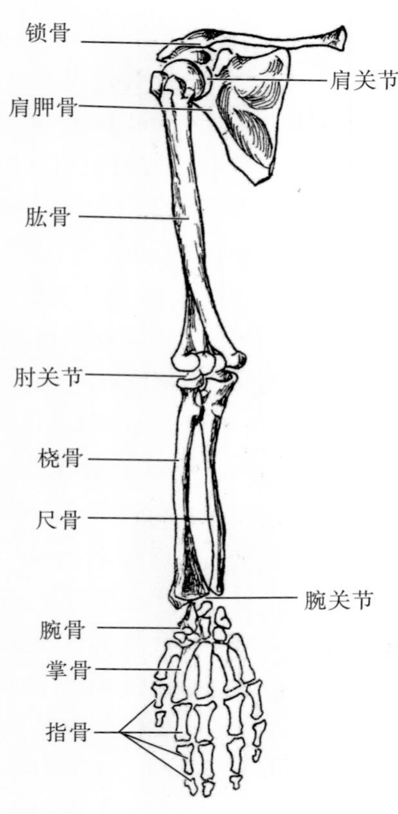


**图 6-1-1** 上肢解剖示意图

上肢骨相互之间的连接松弛，为身体活动度最大的部分，在摄影的过程中需要注意以下原则：①如果不受病情限制，严格按照规则摆位置，获得标准图像。② 掌握好曝光条件，要求图像分辨率高，骨纹理显示清晰，使细微骨折不漏诊。③轻度关节脱位、骨骺分离等，不易观察，需要双侧对比。④部分外伤，当时摄片骨折难以显示，需要复查才能明确表现。⑤炎症、肿瘤、外伤等情况，需要显示软组织，曝光时需要增加图像的层次。⑥摄影显示视野必须包括一侧关节和周围软组织。

## 1.2 体表定位

1. 锁骨：位于胸廓前上方，左右各一，全长易在皮下触及。内侧段走行凸向前，内侧端位于胸骨颈静脉切迹外侧。外侧段弯曲内凹，外侧与肩峰相接，位于肩部外上缘。

2. 肩胛骨：位于背外上方，皮下能触及。

(1)肩胛骨内侧缘：位于棘突两侧，于体表清晰可见。

(2)肩胛骨下角：平第 7 胸椎棘突。

(3)肩胛冈：位于肩胛骨后面上份的骨棘，位置为从内下斜向外上，肩峰为其外侧端，肩胛冈上下分别为冈上窝和冈下窝。

(4)肩峰：肩胛冈的最外侧，也为肩部的外上缘。

3. 肱骨大结节：可在肩部最外侧，三角肌附着缘下触及。

4. 肱骨内上髁：肱骨下端内侧皮下的骨性突起，尺神经沟位于其内侧。

5. 肱骨外上髁：位于肱骨下端侧皮下的骨性突起。

6. 尺骨鹰嘴：在肘关节后方较大的骨性隆起，位于皮下、肱骨内、外侧髁之间，容易触及。

7. 尺骨茎突：为尺骨下端、内后侧的骨性隆起。

8. 桡骨茎突：为桡骨下端外侧的骨性隆起。

# 第2节　摄影部位和技术

## 2.1　拇指正位

### 2.1.1　应用

拇指相对其他指骨而言,解剖、位置、功能特殊。拇指有2节指骨,自然状态下拇指位于手掌桡侧前方,掌侧面向内。支配拇指的神经、肌肉较其他指骨数量多,故拇指可行曲、展、对掌、旋转等复杂运动,能完成精细动作。拇指正位(Thumb orthophoria)是拇指掌、背侧方向的投影像,观察拇指及其关节或软组织,主要用于外伤性骨折、脱位、异物,各类骨、关节炎性病变,以及先天性畸形等疾病的诊断。

### 2.1.2　体位设计

1. 被检者侧坐于检查床旁,前臂伸直,手内旋近360°,掌面外翻向上使拇指掌侧面向上,背侧面向下,拇指长轴平行照射野长轴。

2. 拇指背面紧贴IR,余4指向背侧伸展,与拇指尽可能分开,或用对侧手将其固定。

3. 中心线经拇指掌指关节垂直射入(图6-2-1)。

4. 曝光因子:照射野9cm×12cm,45±5kV,3～4mAs。

### 2.1.3　体位分析

1. 此位置显示拇指和第1掌骨的正面投影像。

2. 拇指的自然位置是掌侧面向内侧,背侧面向外侧,外侧缘在前,内侧缘在后。而其正位是指其掌侧至背侧方向的投照。

3. 拇指受解剖上的限制,从正面方向摄影不能获得拇指正位的效果,只能获得斜位影像。

4. 摄影时,使手内旋,并掌面尽量翻向上,可使拇指呈正位。

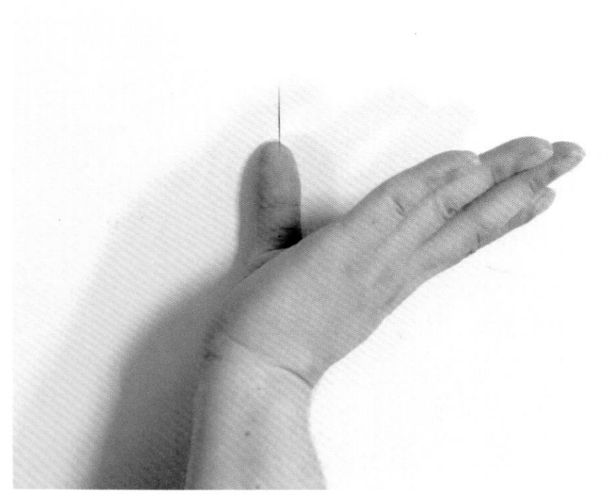

图6-2-1　拇指正位摄影摆位图

### 2.1.4　标准图像显示

1. 显示野范围包括拇指指尖、第1掌骨、部分腕骨及内、外侧软组织。

2. 拇指长轴平行照射野长轴。

3. 拇指骨呈正位影像,指间关节和掌指关节左右对称,指骨两侧凹陷边缘对称。

4. 与其他骨无重叠,第1掌骨基底部与掌部软组织略有重叠。

5. 拇指和第1掌骨骨纹理清晰显示,关节间隙及软组织显示良好(图6-2-3,图6-2-4)。

### 2.1.5　常见非标准图像显示

1. 摆位方法错误,手部在前后位上摄影,未使手部内旋,得到拇指斜位图像。

2. 手掌内旋不到位,拇指未呈标准正面像。

3. 拇指被其余掌指骨遮挡。

4. 曝光条件不当,骨纹理显示不清晰。

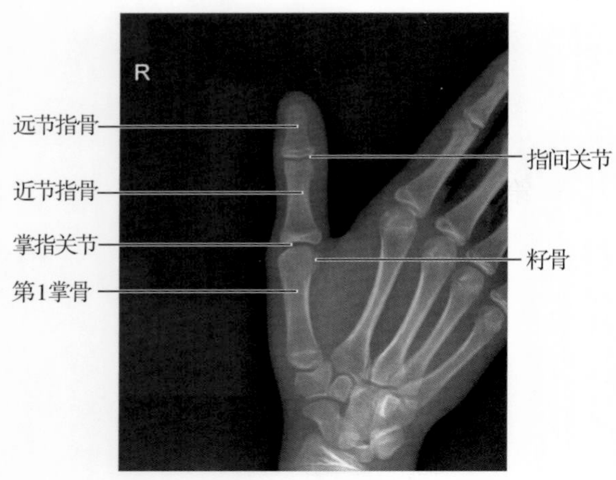


图 6-2-3　拇指正位标准 X 线表现

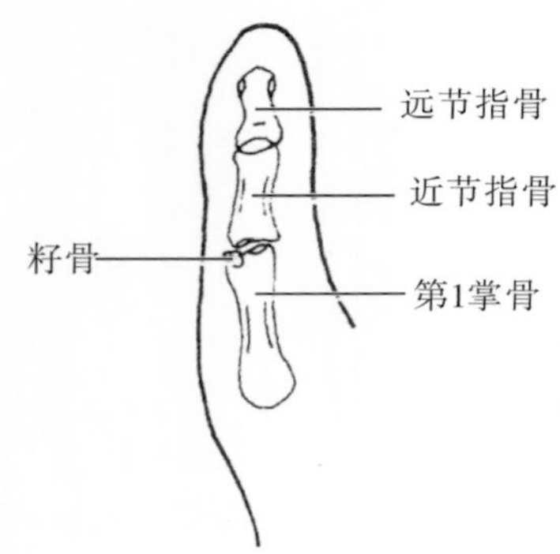


图 6-2-4　拇指正位示意图

### 2.1.6　注意事项

1. 拇指正位要求手部内旋幅度大,做到标准摆位存在困难,需要患者加以克服。

2. 操作人员预先演示摆位方法,使患者充分理解、配合,摆好体位。

3. 当被检者手腕或前臂活动部不便时可仿照手侧位的投照方法,得到拇指正位图像。

4. 手掌伸直或用对侧手将其远离拇指,使软组织不与第 1 腕掌关节重叠。

5. 摄影范围必须包括第 1 掌骨。

## 2.2　拇指侧位

### 2.2.1　应用

拇指侧位(lateral position of thumb)是相对于拇指正位上的侧面方向的投影像。根据上述拇指解剖特点,其在自然状态下近似于侧位位置,故操作容易。观察侧方的拇指骨质、关节及软组织改变。与正位一起联合使用,组成常规的拇指正侧位,用于外伤、炎症、肿瘤、先天畸形等疾病诊断。

### 2.2.2　体位设计

1. 被检者侧坐于检查床旁,前臂伸直,掌心向下,拇指轻度外展,第 2 ~ 5 指屈曲呈半握拳状,拇指长轴平行照射野长轴。

2. 拇指外侧面紧贴 IR,手部略内旋至拇指呈侧位。

3. 中心线经拇指掌指关节垂直射入(图 6-2-5)。

4. 曝光因子:照射野 9cm × 12cm,45 ± 5kV,3 ~ 4mAs。

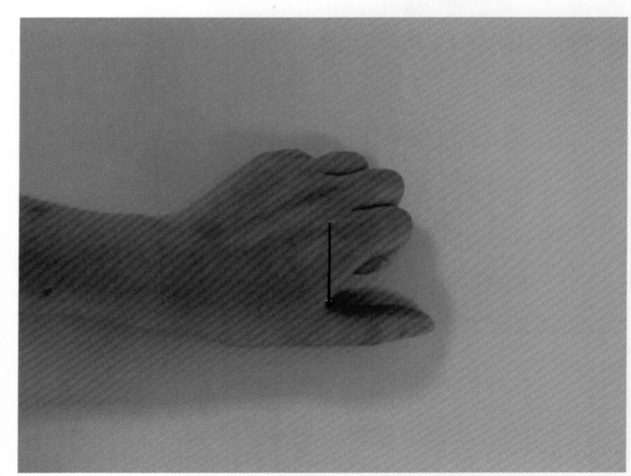

图 6-2-5　拇指侧位摄影摆位图,中心线射入点和射入方向已标出

### 2.2.3　体位分析

1. 此位置显示拇指和第 1 掌骨的侧面投影像。

2. 第 2 ~ 5 指屈曲呈半握拳状,才能使拇指处于自然放松状态,第 1 掌骨和拇指容易摆成侧位。

3. 手部略内旋至拇指呈侧位,拇指适当外展,使第 1 掌骨与邻近掌骨分开。

4. 中心线入射点:拇指掌指关节。

### 2.2.4 标准图像显示

1. 图像范围包括拇指指尖、第1掌骨、部分腕骨及前、后侧软组织。

2. 拇指长轴平行照射野长轴。

3. 拇指骨呈侧位影像，第1掌骨基底部与掌部略有重叠，第1掌骨及近节指骨前缘显示为凹陷边缘，其后缘相对平直。

4. 拇指与其他结构无重叠。

5. 拇指和第1掌骨骨纹理清晰显示，关节间隙及软组织显示良好（图6-2-6，图6-2-7）。

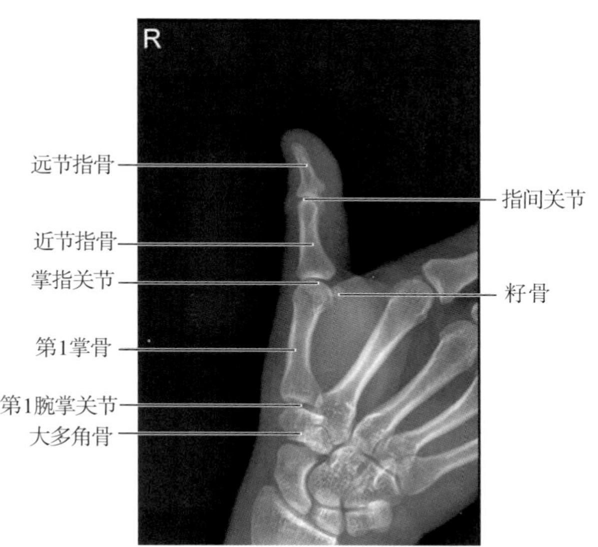


**图6-2-6** 拇指侧位标准X线表现

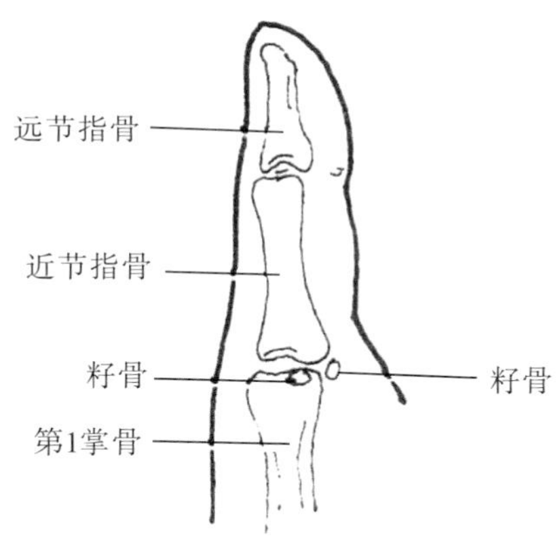


**图6-2-7** 拇指侧位示意图

### 2.2.5 常见的非标准图像显示

1. 手掌内旋不足致使拇指未呈标准侧面像，第1节指骨体部骨皮质两侧弧形内凹，说明为斜位图像。

2. 拇指未外展，第1掌骨与其他掌骨重叠（图6-2-8）。

3. 第2～4指骨未屈曲，拇指活动受限，不能摆成标准侧位。

4. 曝光条件不当，骨纹理显示不清晰。

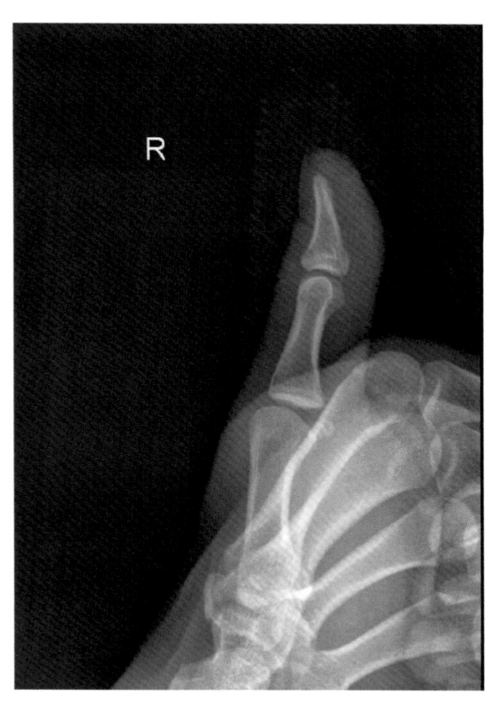


**图6-2-8** 第1掌骨与其他掌骨重叠

### 2.2.6 注意事项

1. 摄影时，操着者要注意是拇指掌侧面与IR垂直。

2. 手掌和手指呈握拳姿势，拇指和第1掌骨活动受限，两者则呈约45°斜位影像，而不能摆成标准的侧位。

3. 手部不内旋，拇指和第1掌骨同样不能呈标准的侧位。

4. 当被检者手指不能握拳时可垫高掌部内侧。

5. 拇指的X线片应完全包括第一掌骨。

6. 避免第1掌骨与其他骨质重叠。

## 2.3 第2～5指正位

### 2.3.1 应用

第2、3、4和第5指均有3节指骨，近节指骨经掌指关节与掌骨连接，中、远节指骨之间的关节分别为近侧指间关节与远侧指间关节。第2～5指正位（orthotopic of 2～5 finger）为手指的局部摄影，显示各节指骨、指间关节、掌指关节及软组织影像。常规与手指侧位联合应用。用于手指病变即外伤（骨折、关节脱位）、异物、局部炎症（骨、软组织、关节）、原发于指骨或手指软组织肿瘤和先天性畸形等诊断。

### 2.3.2 体位设计

1. 被检者侧坐于检查床旁，曲肘约90°，掌心向下，需要被观察的手指长轴平行照射野长轴。

2. 手掌紧贴IR，手指伸直，五指自然分开。

3. 中心线经近侧指间关节垂直射入（图6-2-9）。

4. 曝光因子：照射野9cm×12cm，45±5kV，3～4mAs。

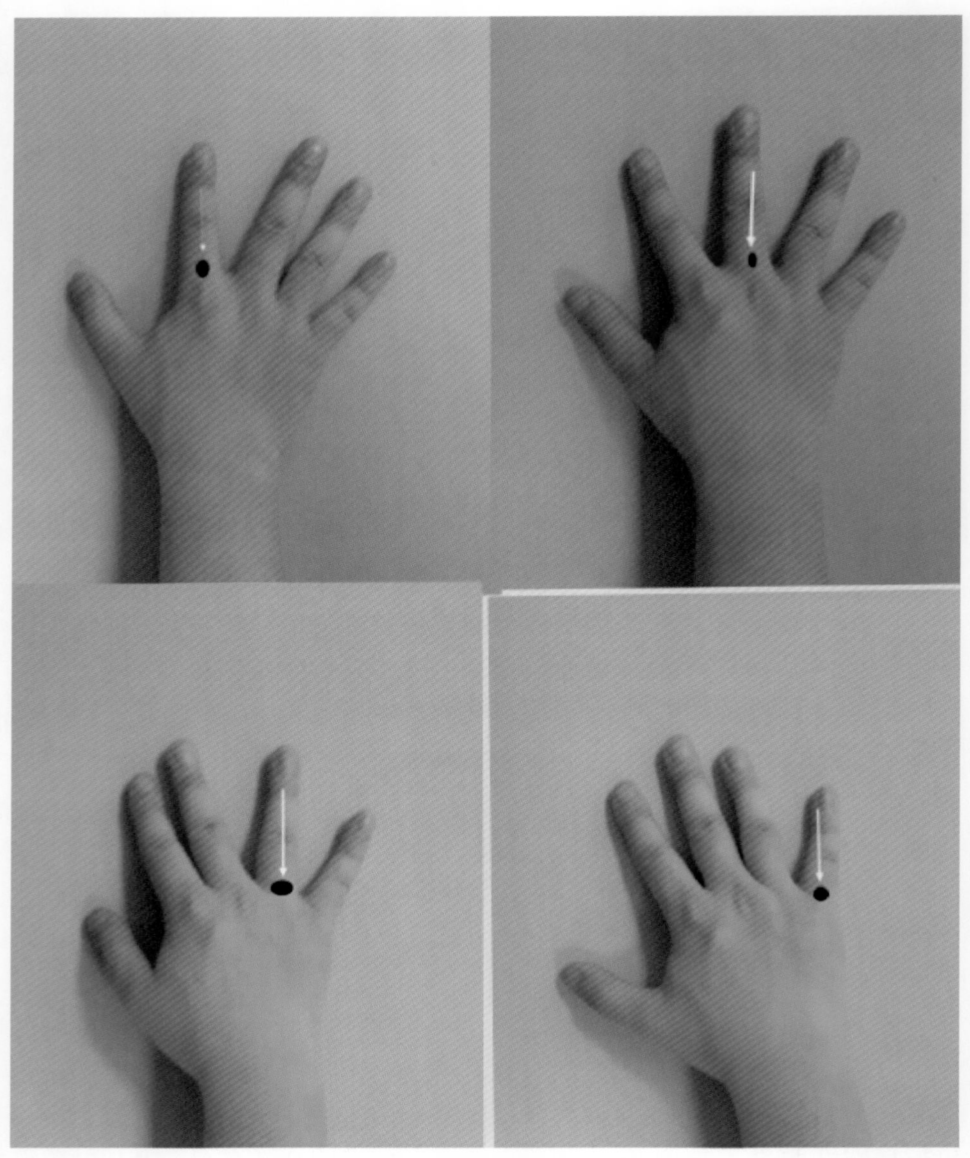

图6-2-9 第2～5手指正位摆位图，各指骨中心线射入点和方向已标出

### 2.3.3 体位分析

1. 此位置分别显示第2~5指骨的正面投影像。

2. 取手掌向下位可以使患者体位舒适、稳定。

3. 中心线入射点：近侧指间关节。

### 2.3.4 标准图像显示

1. 显示野范围包括指尖、掌骨远端及内、外侧软组织。

2. 第2~5指骨呈正位影像，指骨两侧凹陷边缘对称显示，关节间隙左右等宽，关节面无重叠。

3. 需要观察的手指长轴平行照射野长轴，相邻手指分离与其软组织无重叠。

4. 指骨骨纹理清晰显示，关节间隙及软组织显示良好(图6-2-10)。

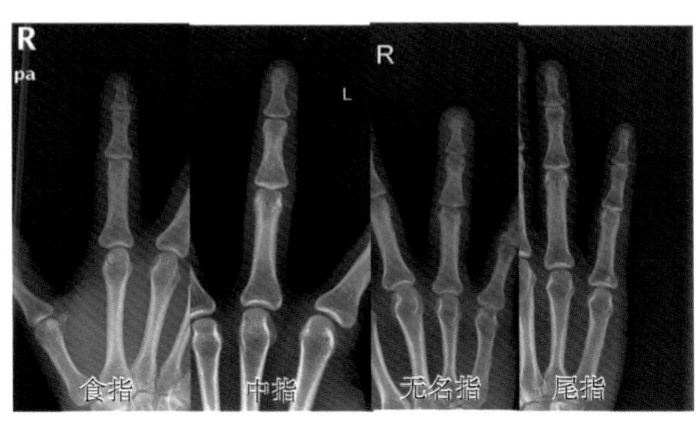


图6-2-10 第2~5指正位标准X线表现

### 2.3.5 常见的非标准图像显示

1. 需要观察的手指长轴与照射野长轴不平行。

2. 手指未伸直呈缩短变形，指间关节和掌指关节面重叠。

3. 手有旋转，指骨两侧凹陷边缘不对称，关节间隙左右不对称。

4. 曝光条件不当，骨纹理显示不清。

### 2.3.6 注意事项

1. 保持肢体舒适，肘关节屈曲，使腕关节、手掌、手指自然放置于检查床上。

2. 注意使手指伸直，并相邻手指分开。

3. 使需要观察的手指长轴与显示野长轴平行，并置于中心线上。

4. 手指不能伸直时，可以前后位投照以便斜射线让指骨尽量展开。

## 2.4 第2~5指侧位

### 2.4.1 应用

第2~5指侧位(lateral position of 2~5 finger)是手指各自的侧位方向的投影像。与手指正位联合使用，为常规的手指正侧位X线摄影，从不同方位观察，显示手指骨质、关节等结构与病变更为全面。用于手指病变即外伤(骨折、关节脱位)、异物、局部炎症(骨、软组织、关节)、原发于指骨或手指软组织肿瘤和先天性畸形等诊断。

### 2.4.2 体位设计

1. 被检者侧坐于检查床旁，被检指伸直，其余手指屈曲呈握拳状，手指长轴平行照射野长轴。

2. 检查第2指时，第2指外侧紧贴IR。检查第2、3、5指时，均内侧靠IR，被检指矢状面平行IR。

3. 手指侧位为单个手指投照，被检查的手指伸直。第2指、第3指和第5指投照时，其余手指呈握拳状。第4指投照时，第1~3指屈曲呈握拳状，第5指后伸与其分离。

3. 中心线经近侧指间关节垂直射入(图6-2-11)。

4. 曝光因子：照射野9cm×12cm，45±5kV，3~4mAs。

### 2.4.3 体位分析

1. 此位置分别显示第2~5指骨的侧面投影像。

2. 投照食指(第2指)时，其外侧能够贴近台面，在患者体位能够配合的前提下使用内外侧位；投照小指(第5指)时，其内侧可紧贴台面，均可缩小肢片距，提高分辨率。

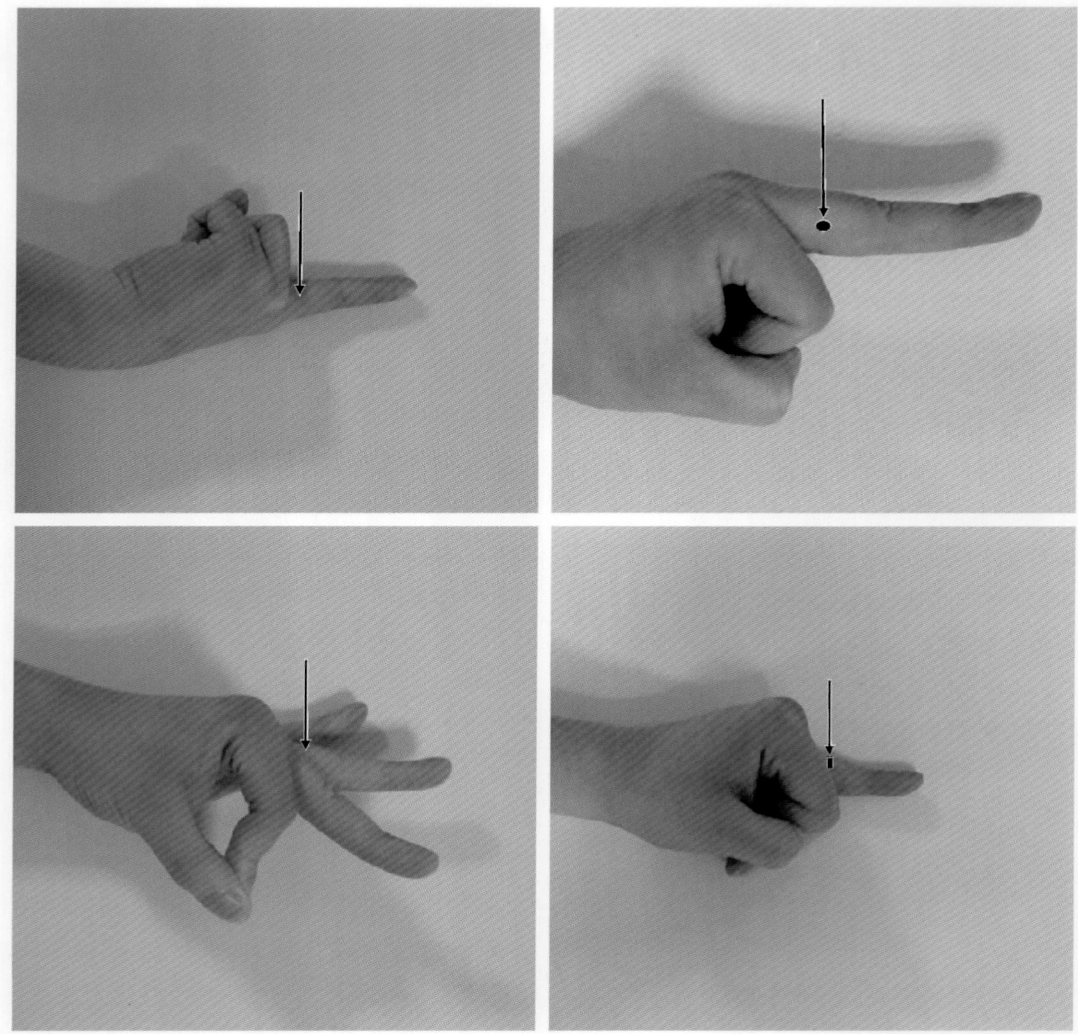

**图 6-2-11** 第 2～5 指骨侧位摄影摆位图，中心线摄入点和摄入方向已标出

3. 中指（第 3 指）和环指（第 4 指）即要尽量与台面平行，又要保持稳定静止，外内侧位为使被检者舒适的位置。

4. 由于各指侧面观相互重叠，投照时将需要被观察的手指伸直，其他手指屈曲。

### 2.4.4 标准图像显示

1. 图像范围包括指尖、掌骨远端及前、后侧软组织。

2. 手指长轴平行照射野长轴。

3. 指骨呈侧位影像，指骨前缘显示为凹陷边缘，其后缘相对平直。

4. 近节指骨基底部与掌部略有重叠，余被检指无重叠。

5. 指骨骨纹理清晰显示，指间关节间隙及软组织显示良好（图 6-2-12）。

### 2.4.5 常见非标准图像显示

1. 各指骨后端重叠较多，影响手指结构显示。

2. 手指长轴与显示野长轴不平行。

3. 手指的冠状面未与 IR 垂直（矢状面未与 IR 平行），显示的指骨的侧位像不标准。

4. 第 3 指、第 4 指投照时，未加托垫，手指长轴与 IR 不平行，造成变形、失真。

5. 近节指骨与其他结构重叠较多，影响观察。

6. 曝光条件不当，骨质结构显示不清晰。

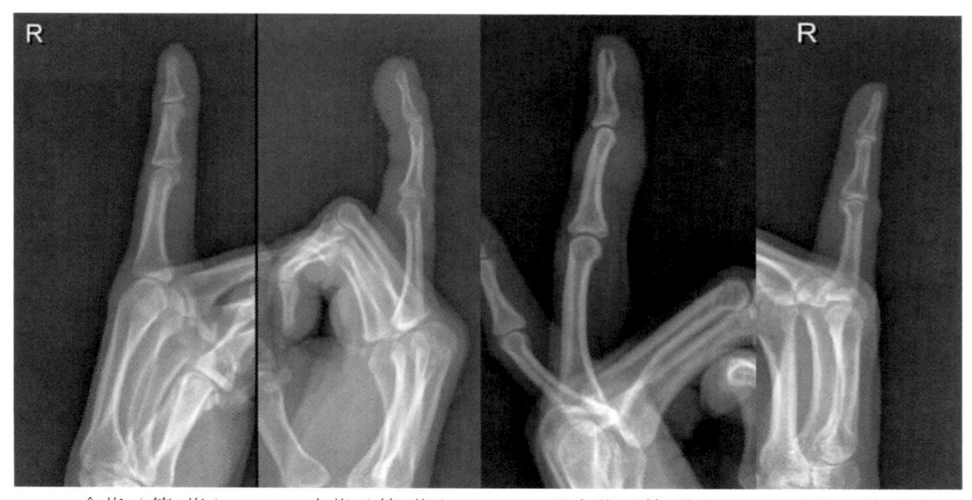


食指（第2指） 中指（第3指） 无名指（第4指） 小指（第5指）

图6-2-12 第2～5指骨侧位标准X线表现

### 2.4.6 注意事项

1. 手指矢状面应平行IR。

2. 投照第3～5指骨时，可用泡沫塑料或海绵块使其伸直并固定，以免手指变形、位置不标准和有移动伪影。

3. 注意不得接触病变或伤口处。

4. 操作者应嘱被检者尽量分开手指，避免过多重叠。

5. 注意曝光条件，防止X线过度穿透。

## 2.5 手部后前正位（手部正位）

### 2.5.1 应用

手部后前位（hand postero-anterior position）即手部正位（hand orthophoria）的X线摄影范围包括诸掌骨、指骨、腕骨及各骨之间的关节，是手部的正位投影影像。目的是对手部的结构整体显示，并完整的显示各种病变状态，手部不但容易发生外伤，也是全身性疾病或系统性疾病最常累及的部位，手部X线摄影有利于显示单发和多发性病变，观察腕部、掌部和手指的骨质、软组织情况，主要应用见下。

1. 外伤性：骨折、脱位和异物。

2. 炎性：类风湿性关节炎、风湿性关节炎、骨关节炎、骨结核、骨髓炎。

3. 肿瘤：腱鞘巨细胞瘤、转移瘤、脉管类肿瘤等。

4. 发育异常：先天性畸形、骨龄测量。

5. 代谢性、遗传性疾病：骨质疏松、垂体生长激素腺瘤、石骨症。

### 2.5.2 体位设计

1. 被检者侧坐于检查床旁，曲肘约90°，掌心向下置于检查台上。

2. 第3掌骨和第3指骨长轴平行照射野长轴，腕关节无偏斜。

3. 手掌紧贴IR，手指伸直，五指自然稍分开。

4. 中心线经第3掌指关节垂直射入（图6-2-13）。

5. 曝光因子：照射野24cm×18cm，50±5kV，3～4mAs。

6. 双手正位摄影，摆位方法同上，中心线经双侧拇指之间垂直射入，同时显示野相应增大。

### 2.5.3 体位分析

1. 此位置显示第2～5指骨的正面及拇指骨的斜位投影像。

2. 取手掌向下位可以使患者体位舒适、稳定。

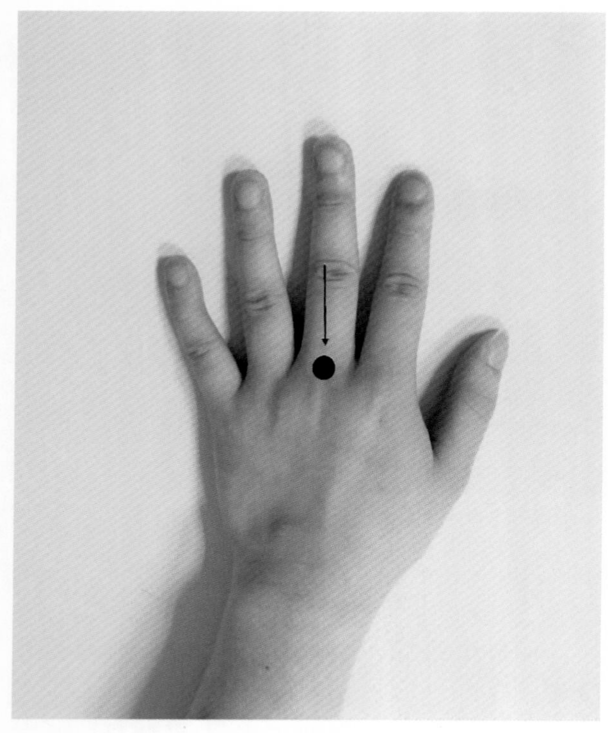

图 6-2-13　手后前正位摄影摆位图，中心线射入点与摄入方向已标出

3. 手部正位所规定的范围较大，包括腕关节。腕关节在自然状态下呈外展位，摆位时将前臂屈侧贴近台面，才能使腕关节和手部位置处于标准状态。

4. 中心线入射点为第 3 掌指关节，位于所要求显示结构的中央。

### 2.5.4　标准图像显示

1. 图像范围包括指尖、腕关节、部分尺桡骨及手部内、外侧软组织，手部长轴平行照射野长轴。

2. 第 2 ～ 5 掌、指骨后前正位影像，指骨两侧凹陷边缘对称显示，关节间隙两侧对称，关节面无重叠。第 1 ～ 5 指呈自然分离状态，周围软组织无重叠。

3. 拇指骨呈斜位影像。

4. 腕关节呈标准的正位，尺桡骨下端并列显示。

5. 手部诸骨骨纹理清晰显示，关节间隙及软组织显示良好（图 6-2-14，图 6-2-15）。

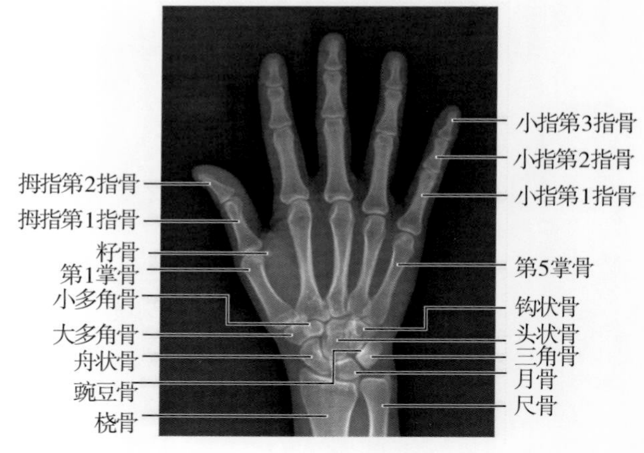


图 6-2-14　手后前正位标准 X 线表现

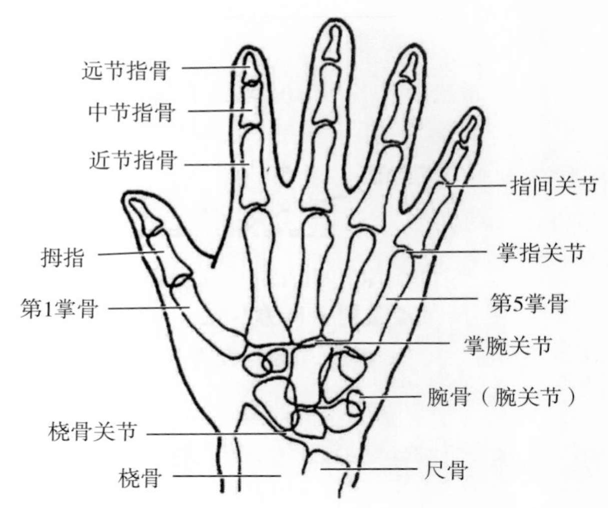


图 6-2-15　手后前正位示意图

### 2.5.5　常见的非标准图像显示

1. 手部和腕关节的长轴不一致，中指长轴与尺桡骨长轴不在同一方向上，手掌向尺或桡侧偏斜（图 6-2-16）。

2. 手指张开过大或者收拢致软组织重叠，均不呈自然位置（图 6-2-17）。

3. 手有旋转，第 2 ～5 指骨两侧的软组织不对称（图 6-2-18）。

4. 曝光条件不当，骨纹理显示模糊。

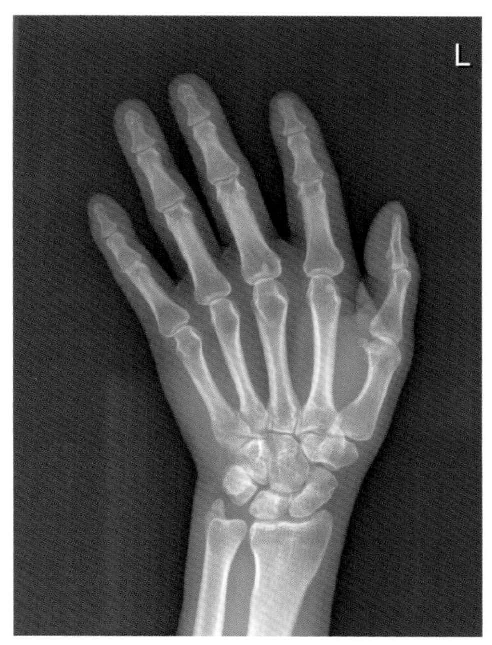

图 6-2-16　掌骨长轴不平行 IR 并尺偏斜

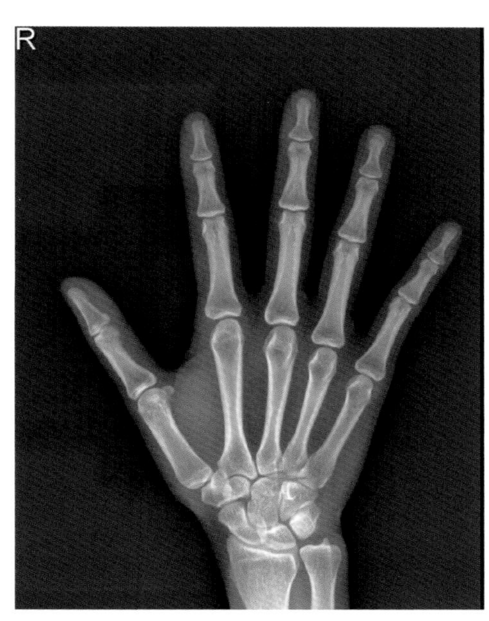

图 6-2-17　五指伸开过大

### 2.5.6　注意事项

1. 保持肢体舒适，肘关节屈曲，使腕关节、手掌、手指自然放置于检查床上。

2. 注意前臂屈侧贴近台面，腕关节平放，其纵轴与第 3 掌、指骨长轴一致。

3. 手指应伸直，五指自然稍分开。

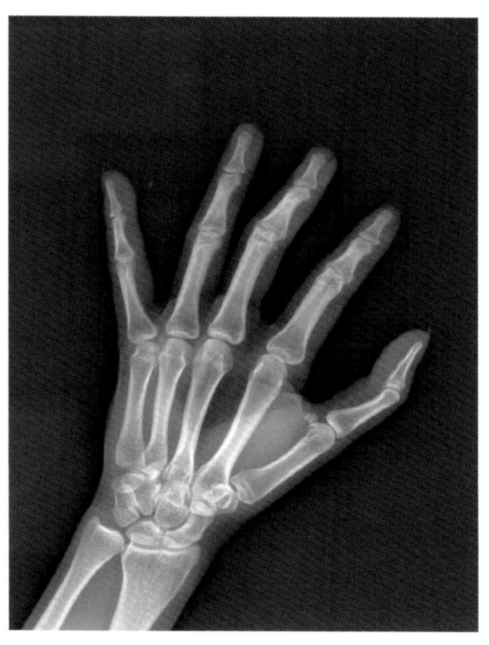
图 6-2-18　手掌有旋转，长轴未平行 IR

4. 手指不能伸直时，可以前后位投照以便斜射线让指骨尽量展开。

5. 双手正位摄影时中心线经拇指相对处垂直射入，需相应增加显示野。

## 2.6　手部后前斜位

### 2.6.1　应用

手部后前斜位（hand postero-anterior oblique position）从与正位不同的方向观察手部结构，为腕部、手掌和手指的斜位投影像。手部和腕部骨结构均为以冠状位为主的方向排列，侧位方向摄影使结构相互重叠，而手的斜位既能从不同方向观察结构与病变，又不会使结构相互重叠，该位置与手部正位联合使用，是手的 X 线检查的常规摄影。用于诊断外伤、炎症、肿瘤、先天性疾病、遗传代谢性疾病等。

### 2.6.2　体位设计

1. 被检者坐于检查床旁，掌心向下，手部长轴平行照射野长轴。

2. 第 5 掌、指骨掌内侧贴近 IR，手掌冠状面与 IR 约成 45°。

3. 五指均匀分开，稍屈曲，指尖均触及 IR。

4. 腕关节尺侧贴近台面，其冠状位倾斜度与手掌一致。

3. 中心线经第3掌指关节垂直射入(图6-2-19)。

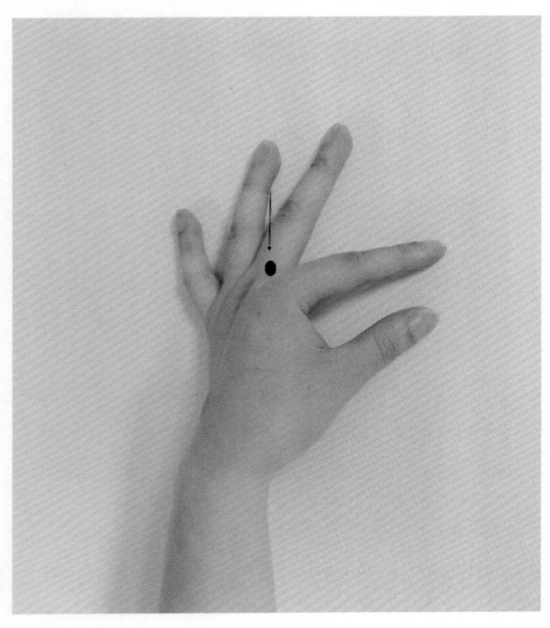

图6-2-19 手部后前斜位摄影摆位图

4. 曝光因子:照射野24cm×18cm,50±5kV,3~4mAs。

### 2.6.3 体位分析

1. 此位置显示第1~5掌指骨的后前斜位投影像。

2. 由于手指侧面相互重叠,概观片不能显示侧位像,所以,采用斜位对手部骨质调换角度观察。

3. 取手掌向下位可以使患者体位舒适、稳定。

4. 主要观察第1~3掌指骨的斜位影像,第3~5掌骨可有部分重叠。

5. 中心线入射点为第3掌指关节,为所要求显示结构的中央。

### 2.6.4 标准图像显示

1. 图像范围包括指尖、腕关节、部分尺桡骨及手部内、外侧软组织。

2. 手部长轴平行照射野长轴。

3. 第1~5掌指骨、腕关节呈斜位影像。

4. 第2、3掌骨远端无重叠,第3~5掌骨中部无重叠,第3~5掌骨远端部分重叠,第1~5指骨以适当的间隔呈分离状显示。

5. 手部诸骨骨纹理清晰显示,软组织显示良好,掌指关节及指间关节间隙与关节面重叠(图6-2-20,图6-2-21)。

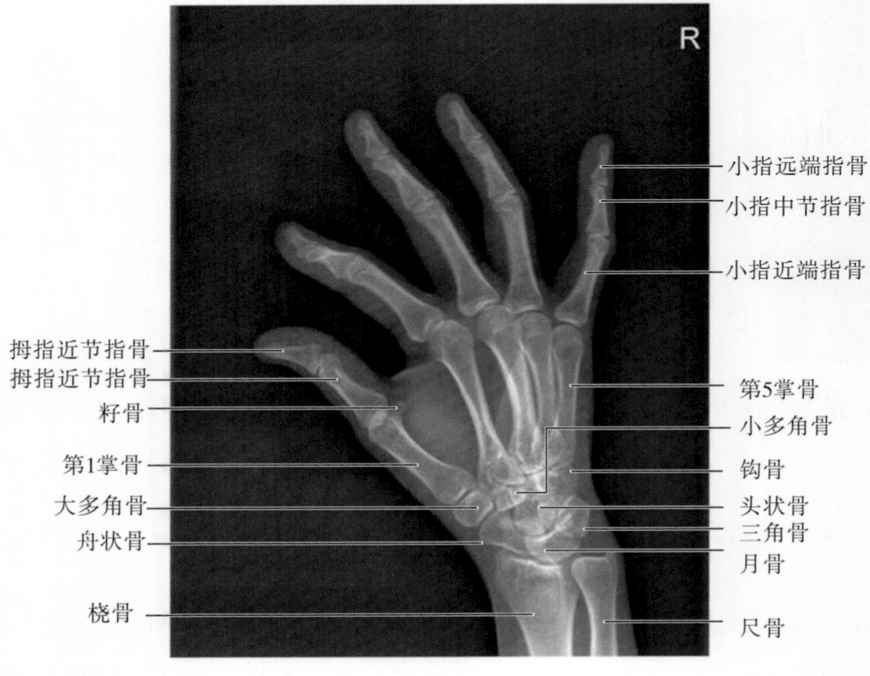


图6-2-20 手部后前斜位标准X线表现

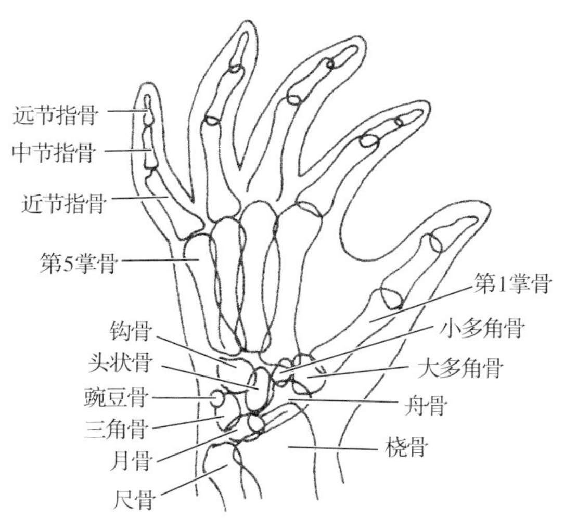


图 6-2-21 手部后前斜位示意图

### 2.6.5 常见的非标准图像显示

1. 手掌冠状面与 IR 成角不足,近似正位,不能有效地相对于正位改变方向进行观察(图 6-2-22)。

2. 手部冠状面与台面成角太大,接近侧位,结构过度重叠。

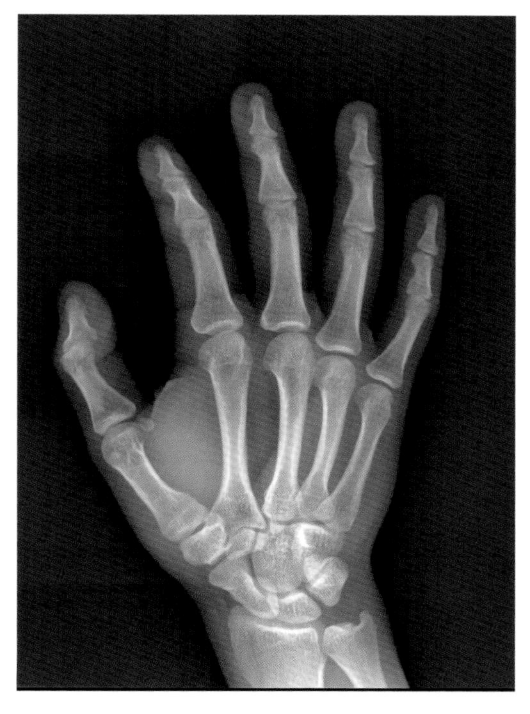

图 6-2-22 手掌旋转角度不足

3. 手指之间未充分分开,软组织有相互重叠(图 6-2-23)。

4. 腕关节与手掌冠状面不一致,所显示的结构扭曲。

5. 曝光条件不当,骨纹理显示不清晰图 6-2-23)。

6. 未做到指尖触及台面,出现运动伪影。

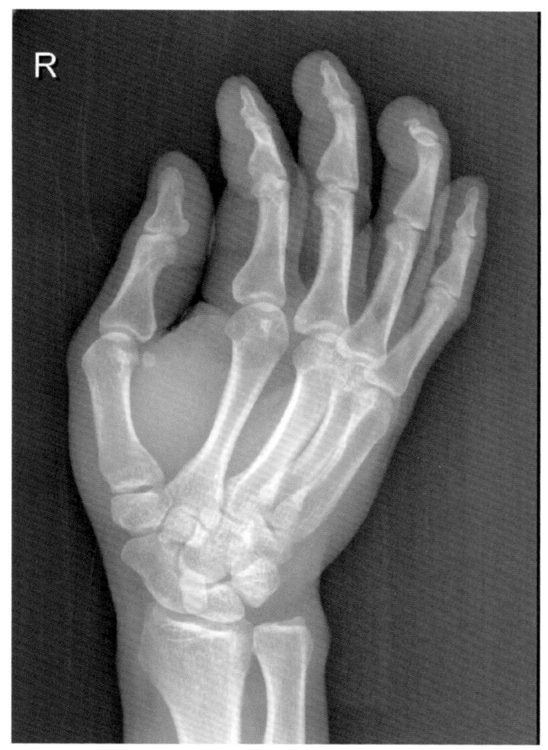


图 6-2-23 手指软组织重叠

### 2.6.6 注意事项

1. 摆位时注意腕关节与手掌冠状面一致,避免扭曲。

2. 腕、掌冠状面与台面呈 45°夹角。

3. 注意使各指尖触及台面,增加稳定性。

4. 若手部后前斜位摆位困难如手外科石膏外固定或需主要观察第 4、5 掌指骨斜位时可采取手部前后斜位,需注意手部倾斜方向。

5. 此位置掌指关节及指间关节间隙显示欠佳,若需主要观察指间关节,结合其他部位观察或将手指伸直。

## 2.7 手部侧位

### 2.7.1 应用

手部的骨质结构大致以冠状面方向排列，侧位投照使腕骨、掌骨和指骨相互重叠，不能明确分辨各结构，故手部侧位(hand lateral position)不作为常规摄影位置。但是，临床在诊断中有要求，如明确软组织异物的位置、外伤的骨质和关节移位方向、手部内固定针观察、手部矫形术后及类风湿性关节炎的观察手的变形等，均需要加照手的侧位。

### 2.7.2 体位设计

1. 被检者坐于摄影床旁，手部及手指伸直，腕部和手部冠状面与台面垂直，掌、指骨长轴平行于显示野长轴。

2. 拇指位于其余四指前方，与掌侧平行，小指及第5掌骨贴紧IR。

3. 中心线垂直通过第2掌骨头。

4. 曝光因子：照射野24cm×18cm，50±5kV，3~4mAs(图6-2-24)。

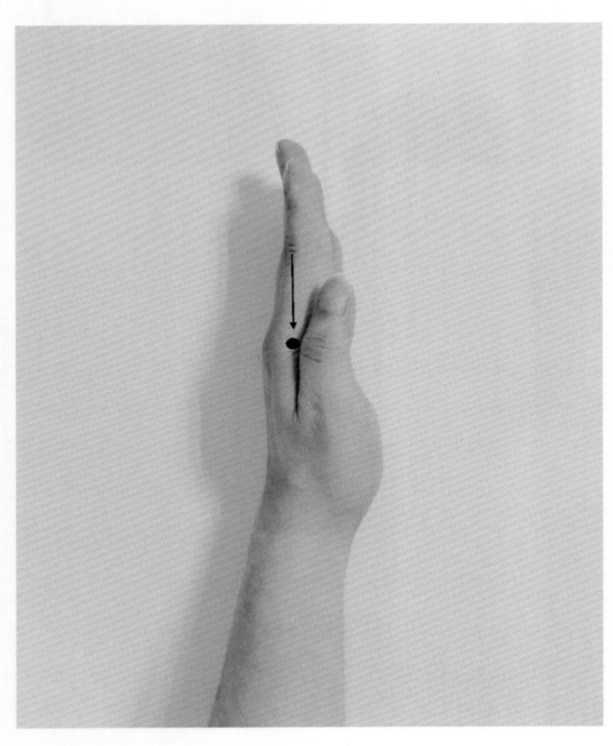

图6-2-24 手部侧位摄影摆位图

### 2.7.3 体位分析

1. 此位置为手的侧面像。

2. 手部侧面观，第2~5掌、指骨呈侧面像相互重叠，第1指骨呈正面像靠前。

3. 由于手部冠状面垂直IR，能显示手部软组织厚度，可以明确异物深度。

4. 手部侧位便于显示病变与前后方向的关系，如外伤时骨折块移位、也便于判断掌指骨和腕关节之间的连贯性。

### 2.7.4 标准图像显示

1. 图像包括所有掌、指骨和部分尺桡骨。

2. 掌、指骨长轴与显示野长轴平行。

3. 腕部及第2~5掌指骨重叠呈侧面像，掌、指骨前缘凹陷、后缘平直，月骨呈标准侧位。

4. 第1掌指骨呈正面像，关节间隙左右对称。

5. 手部诸骨骨纹理清晰显示，软组织显示良好(图6-2-25，图6-2-26)。

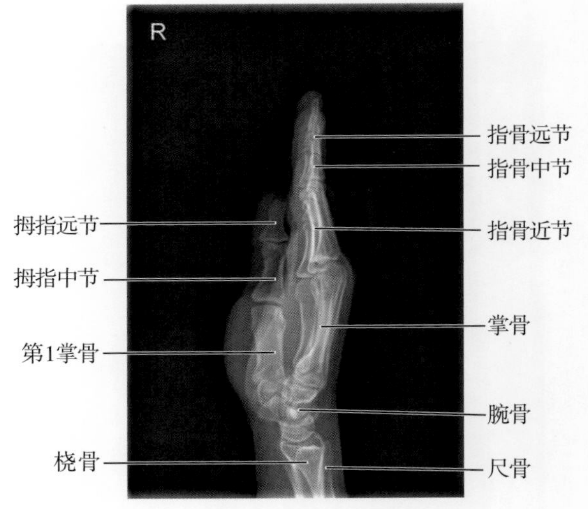


图6-2-25 手部侧位标准X线表现

### 2.7.5 常见的非标准图像显示

1. 腕部与掌部冠状面与台面不垂直，近似斜位。

2. 手掌指骨未伸直(图6-2-27)。

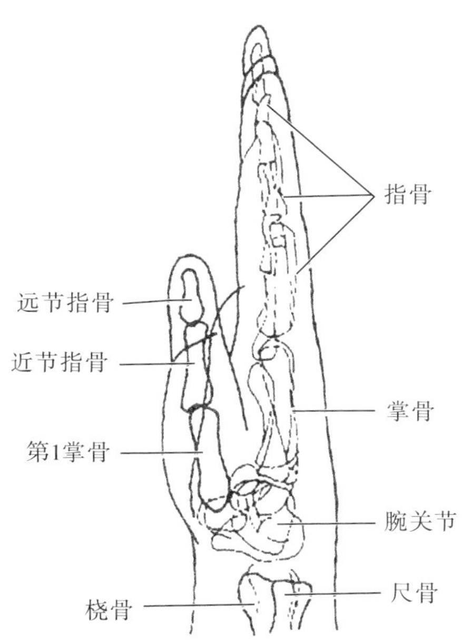


图 6-2-26 手部侧位示意图

3. 大拇指过度对掌，使手掌凹陷，第 2～5 掌指骨不相互重叠（图 6-2-28）。

4. 腕关节不呈标准侧位，不能判断结构是否正常。

5. 曝光条件不当，骨纹理显示不清楚。

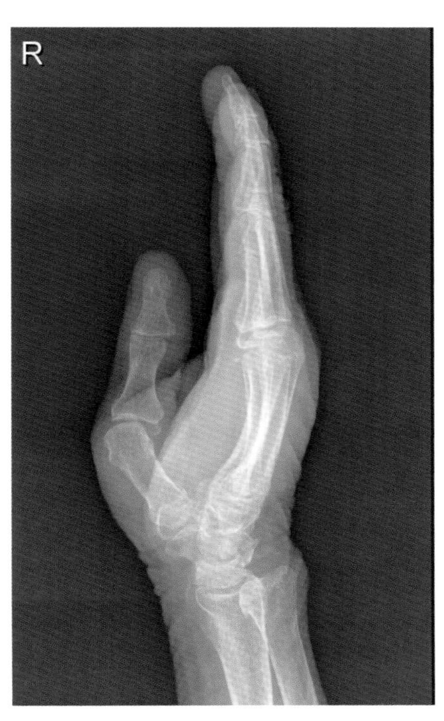


图 5-2-27 掌骨弯曲

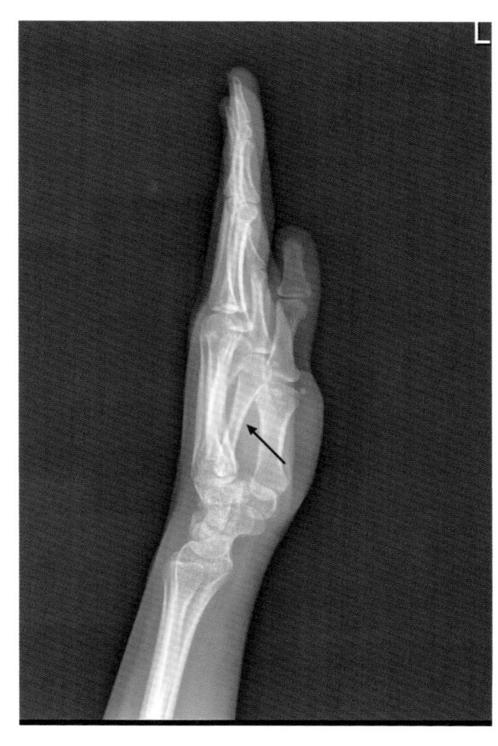


图 5-2-28 第 1～4 掌指骨未重叠

### 2.7.6 注意事项

1. 手部侧位在观察骨折移位、关节脱位、内固定针和矫形及异物深度等中才应用，不作为常规的诊断位置

2. 由于各掌指骨相互重叠，如果需要观察手部结构时，需加照正、斜位。

3. 为了减少曝光次数，手的侧位也能同时作为拇指正位观察拇指。摄影时请注意使拇指稍作外展。

4. 手的侧位摄影姿势欠稳定，必要时采取一定的措施保持手处于静止状态。

## 2.8 腕关节正位

### 2.8.1 应用

腕部的关节包括桡腕关节即由桡骨关节面、尺骨下方关节盘与舟状骨、月骨、三角骨构成；腕骨间关节即由腕骨上排舟状骨、月骨、三角骨与大多角骨、小多角骨、头状骨、钩骨构成；腕掌关节即由大多角骨、小多角骨、头状骨、钩骨及第1～5掌骨基底部关节面构成的关节。而X线所指的腕关节概念是包括以上3组关节的总和，除腕关节的骨质结构外，参与腕关节构成的还有复杂的关节囊、韧带等，前、后尚有肌腱（有腱鞘包绕）、血管和神经经过。腕关节为身体构成骨最多、关节结构最复杂和功能最全面、活动类型最丰富的关节。腕关节正位（wrist orthophoria）为腕部的正面方向投影像，以观察上述各关节间隙、构成骨及周围软组织情况。与腕关节侧位联合应用为X线检查的常规位置。鉴于机体与腕关节有关的疾病广泛，故此部位应用于外伤包括各种类型、轻重不等的骨折、关节脱位，骨质破坏包括各种类型炎症（风湿性关节炎、关节结核、化脓性骨关节炎）和肿瘤（原发性、转移性等）引起，关节退行性变等疾病、骨质疏松即由内分泌和代谢性疾病引起、先天性畸形、小儿发育（测骨龄）和先天性腕部病变等。

### 2.8.2 体位设计

1. 被检者侧坐，曲肘约90°，掌心向下，腕部长轴平行照射野长轴。

2. 手呈半握拳，腕部紧贴IR。

3. 中心线经尺、桡骨茎突连线中点垂直射入。

4. 曝光因子：显示野18cm×12cm，50±5kV，3～4.5mAs（图6-2-29）。

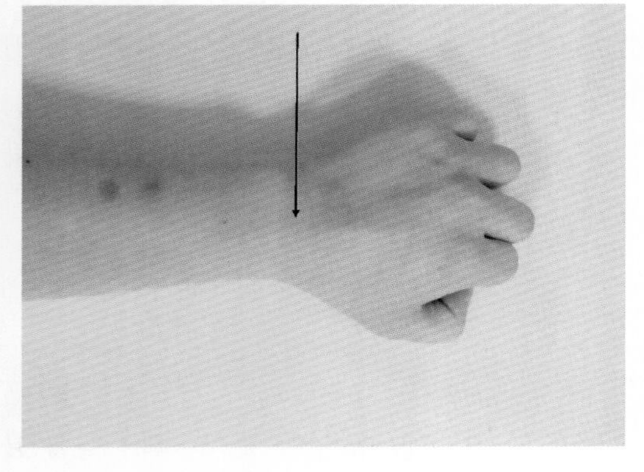

**图6-2-29** 腕关节正位摄影摆位图

### 2.8.3 体位分析

1. 此位置显示腕关节后前正位投影像。

2. 取手掌向下位可以使患者体位舒适、稳定。

3. 手部半握拳，前臂屈、伸肌群均呈松弛状态，腕骨不受牵拉，能使腕关节呈标准位置。

4. 掌面向下、半握拳，使腕骨排列平直，贴近台面，减小放大失真。

5. 中心线入射点：尺、桡骨茎突连线中点，即对准桡腕关节中点。

### 2.8.4 标准图像显示

1. 图像范围包括近侧掌骨、远段尺桡骨、及腕部内、外侧软组织。

2. 腕部纵轴线平行照射野长轴。

3. 尺桡骨远端及诸腕骨呈正位影像，尺桡骨远侧平行排列无重叠。豌豆骨与三角骨、大多角骨与小多角骨重叠。

4. 舟状骨缩短。

5. 桡腕关节、掌腕关节及腕骨间关节外侧关节间隙呈切线位置，关节面显示清楚。

6. 腕部诸骨骨纹理清晰显示，关节间隙及软组织显示良好（图6-2-30，图6-2-31）。

### 2.8.5 常见的非标准图像显示

1. 摆位不规范，腕部纵轴未与显示野长轴平行（图6-2-32）。

2. 手部未半握拳，第1掌骨外展，腕骨间关节间隙部分重叠（图6-2-32）。

3. 腕骨未紧贴IR，略有失真、模糊。

2. 腕部长轴未与尺桡骨长轴一致，向尺侧偏斜（图6-2-33）。

3. 肘关节未屈曲，手腕冠状面上下方向与IR成角，使腕关节上下方向缩短。

4. 照射野过大，局部像素矩阵降低，分辨率减低，显示细微结构不佳。

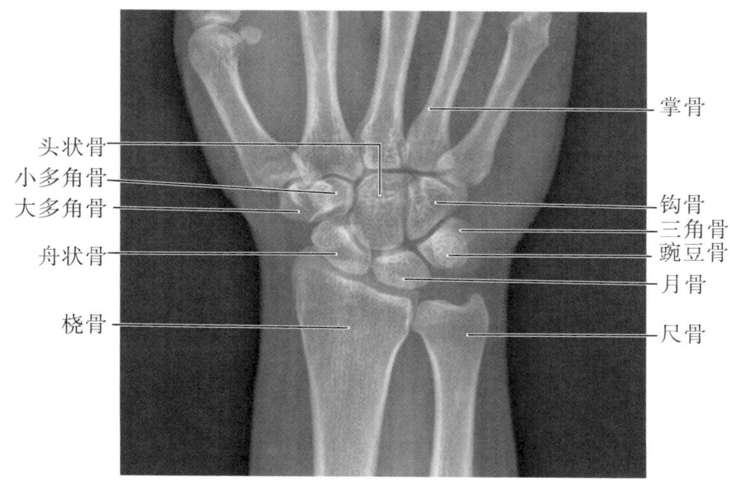


图 6-2-30 标准腕关节正位标准 X 线表现

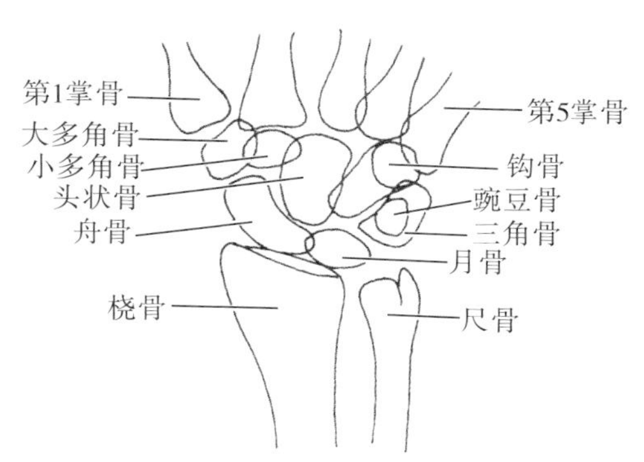


图 6-2-31 腕关节正位示意图

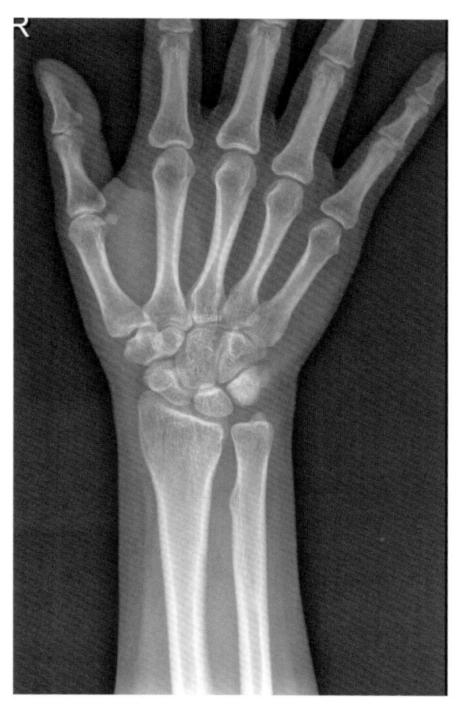


图 6-2-32 腕部纵轴未平行于显示野长轴、手部未半握拳

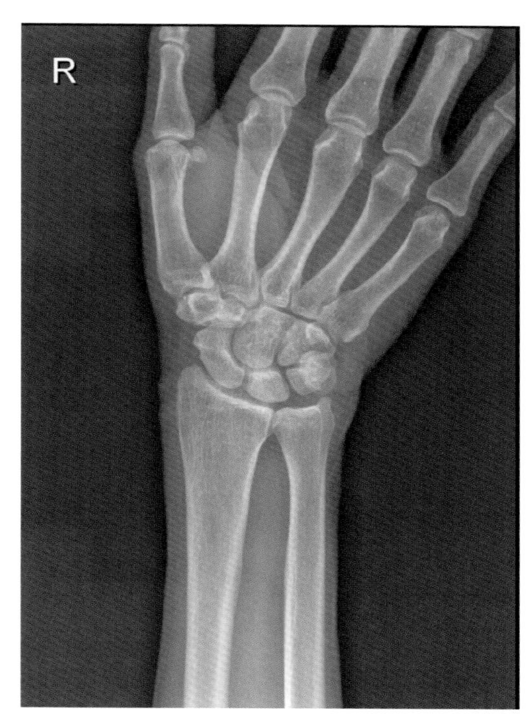


图 6-2-33 腕部长轴有尺偏斜

### 2.8.6 注意事项

1. 手部半握拳使诸腕骨及其关节间隙显示较手掌伸直时清晰，故腕关节投照时，要求被检者半握拳。

2. 注意前臂、手掌冠状面平行于台面，避免旋转，造成关节间隙宽窄不一，影响观察。

3. 摆位时，注意不要使腕部外展或内旋。

4. 一般情况要求掌侧向下投照。腕关节外伤后石膏外固定者，由于手腕屈曲，可以采用前后位投照（即手心向上）。

5. 婴儿腕关节正位摄影时，无法将其掌侧向下，可采用前后位投照。

## 2.9 腕关节侧位

### 2.9.1 应用

腕关节侧位(wrist lateral position)为腕关节的侧面投影像。从侧位的方向显示尺骨桡骨远侧段、诸腕骨及诸掌骨近侧段前后缘、诸关节的前后排列位置与关系。通过腕部侧位观察骨折移位、关节脱位前后方向上的情况及其他病变的前后缘表现具有重要价值。另外侧位能清楚显示月骨影像。腕关节侧位与腕关节正位合用,并为常规X线检查,应用于外伤包括各种类型、轻重不等的骨折、关节脱位,炎性和肿瘤性骨质破坏、关节退行性变等疾病、骨质疏松即由内分泌和代谢性疾病引起、先天性畸形、小儿发育(测骨龄)和先天性腕部病变等。

### 2.9.2 体位设计

1. 被检者侧坐于检查床旁,曲肘约90°,手腕部冠状面垂直于IR,腕部纵轴平行照射野长轴。

2. 腕部、手和前臂呈侧位,尺侧向下,掌腕部及前臂紧贴IR,前臂和手掌冠状面垂直于台面。

3. 腕关节伸直,手掌与前臂前、后面部成角。

4. 第1指骨平行于掌侧前方。

5. 中心线经桡骨茎突垂直射入(图6-2-34)。

6. 曝光因子:照射野18cm × 12cm,52 ± 5kV,4 ~ 6mAs。

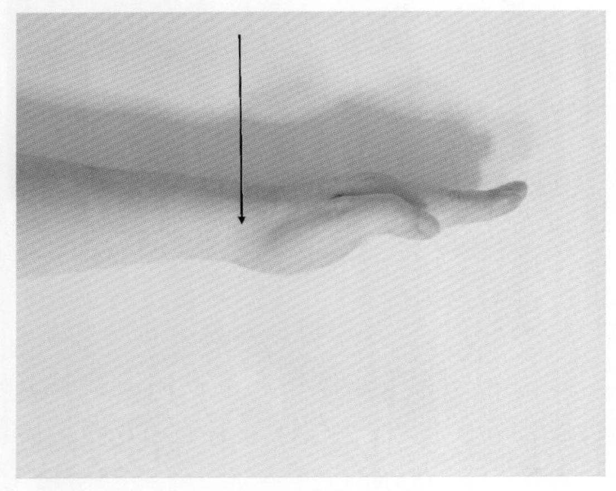

图6-2-34 腕关节侧位摄影摆位图。中心线射入点和摄入方向已标出

### 2.9.3 体位分析

1. 此位置显示腕关节外内侧位投影像。

2. 取尺侧向下位为身体自然位置,可以使患者体位舒适、稳定。

3. 腕部冠状面垂直IR使诸骨表现为侧位投影像。

4. 腕部伸直,才能显示各骨的自然排列状态。

5. 中心线入射点:桡骨茎突,此处为桡腕关节体表投影。

### 2.9.4 标准图像显示

1. 图像范围包括部分掌骨、远段尺桡骨、及腕部前、后侧软组织。

2. 腕部纵轴平行照射野长轴。

3. 尺骨、桡骨远侧端重叠;诸腕骨呈侧位影像,前缘呈自然略微内凹的弧形,后缘较平直;舟状骨、大多角骨和第1掌骨位于其余腕骨的前方;第2 ~ 5掌指关节完全重叠。

3. 月骨呈新月形,完整显示,腕骨间关节基本能够辨认。

4. 腕部诸骨骨纹理清晰显示,关节间隙及软组织显示良好(图6-2-35,图6-2-36)。

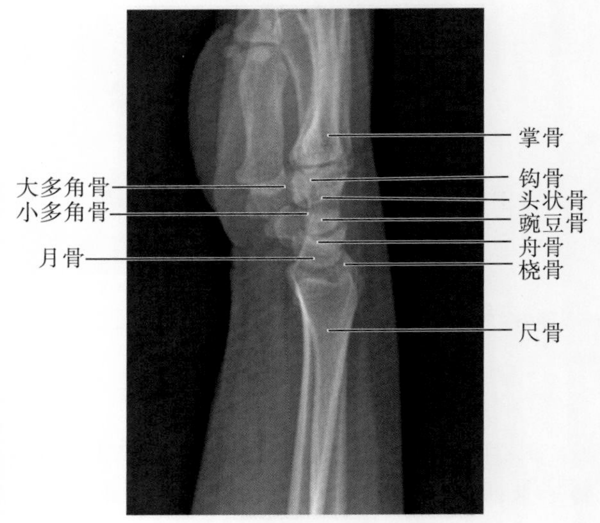


图6-2-35 标准腕关节侧位标准X线表现

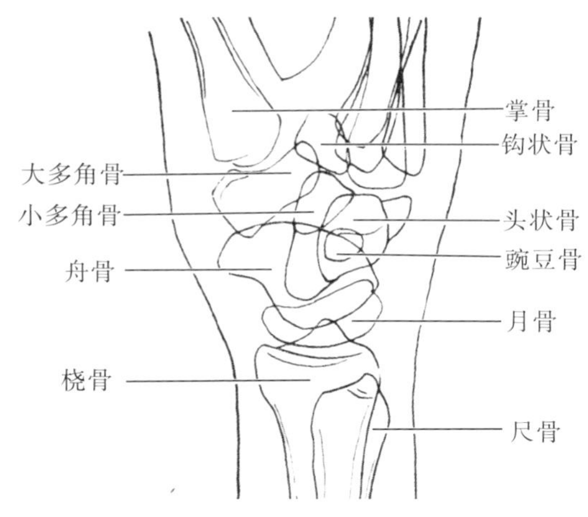


图 6-2-36 腕关节侧位示意图

### 2.9.5 常见的非标准图像显示

1. 腕部未垂直，尺桡骨呈前后排列，腕骨前缘略微凹陷弧形及腕骨后缘平直表现均消失。

2. 腕部内旋时，尺骨、桡骨不重叠，桡骨在掌侧（图 6-2-37）。

3. 腕部外旋时，尺骨、桡骨不重叠，桡骨在背侧（图 6-2-38）。

4. 腕部未自然伸直，手掌或屈曲，或后伸，使腕关节诸骨排列发生改变，关节间隙显示增宽或变窄。

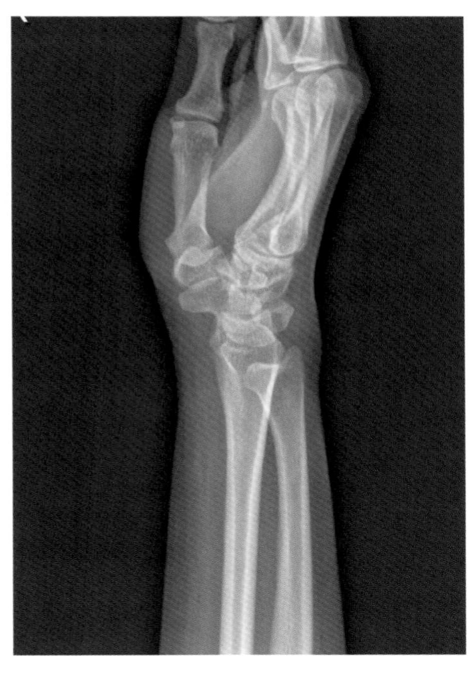

图 6-2-37 腕部内旋，重叠不佳，桡骨在掌侧

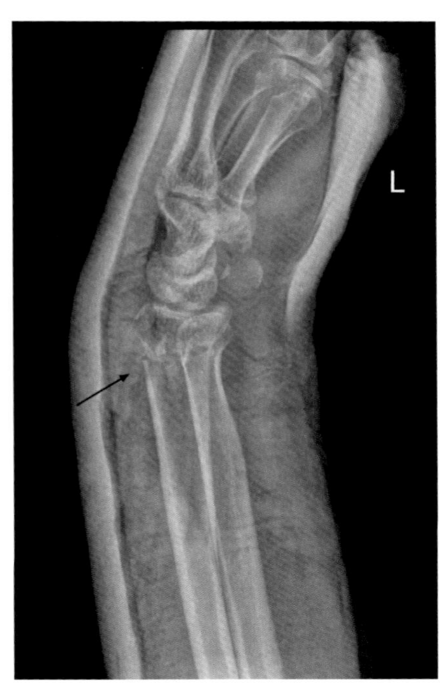


图 6-2-38 腕部外旋，重叠不佳，桡骨在背侧

### 2.9.6 注意事项

1. 肘、腕关节应处于同一水平。

2. 被检侧的肘部屈曲约呈 90°有利于腕部转成标准侧位。

3. 要做到腕部及掌侧的冠状位垂直于 IR。

4. 前臂、腕部和掌部要处于自然伸直状态，不得屈曲或后伸。

5. 腕部稳定性差时，应采取软垫等措施以保持腕部静止。

6. 正确曝光条件、光圈（显示视野）大小对保证图像质量很重要。

7. 婴幼儿、儿童的腕部结构尚在发育过程中，投照部位达到标准则要求更高。

## 2.10 舟状骨尺偏斜位

### 2.10.1 应用

舟状骨在腕骨排列中与桡骨、月骨、大多角骨、小多角骨和头状骨均形成关节。舟状骨呈长弧形，分为结节部、中间较细的腰部和远侧部。腕骨损伤和病变，舟状骨常常受累，如舟状骨骨折、缺血坏死、骨质疏松、囊变等。特别是舟状骨骨折，早期诊断、及时治疗是关键，能避免一系列并发症。常规的腕关节正侧位，因舟状骨与 IR 呈一定角度，引起缩短变形，并与其他腕骨重叠，难以显示舟状骨骨折或病变，舟状骨尺侧偏斜位（centrale ulnar position）能充分显示舟状骨形态、结构及病理状态。

### 2.10.2 体位设计

1. 被检者侧坐于检查床旁，肘部屈曲，掌心向下，腕部纵轴平行照射野长轴。

2. 使腕部远端及掌指抬高约 20°，使舟骨与 IR 平行。具体方法有：①手呈半握拳，指尖触及台面以保持抬高和稳定。②手指伸直，中心线向近端倾斜 20°。③手指伸直置于 20°的角度板上。

3. 远端腕部及掌指尽量向尺侧偏斜。

4. 中心线垂直于舟状骨中点（桡骨茎突前内侧约 2cm）射入（图 6-2-39）。

5. 曝光因子：照射野 18cm × 12cm，50 ± 5kV，3 ~ 4.5mAs。

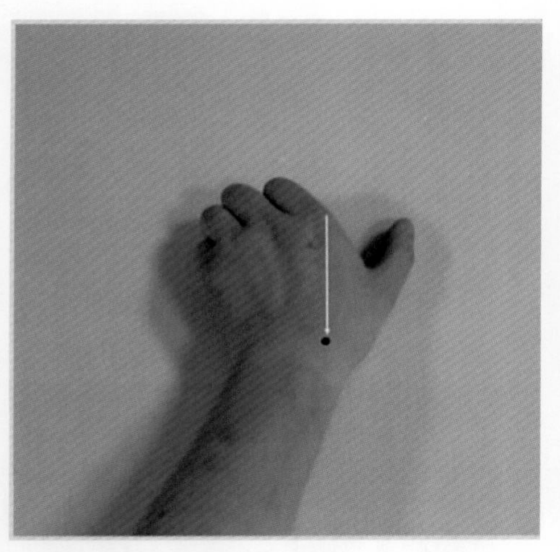

半握拳头，中心线垂直入射

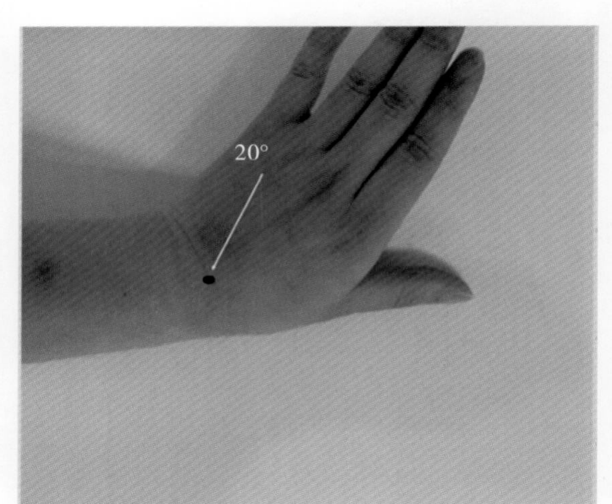


手掌伸直，中心线倾斜20°

图 6-2-39 舟状骨尺偏斜位摄影摆位图

### 2.10.3 体位分析

1. 舟骨走行方向为从后上向前下与冠状面呈约 20°角，故在腕关节正位舟骨是压缩变短的影像。

2. 中心线垂直舟骨射入使舟骨呈水平位显示的 3 种方式：

（1）手呈半握拳，指尖贴 IR 保持稳定，使腕部远端及掌指抬高约 20°。

（2）手不握拳，手指伸直，中心线向近端倾斜 20°。

（3）手不握拳，手指伸直置于 20°的角度板上，使舟骨与 IR 平行。

3. 腕部远端及掌指向尺侧偏斜可使舟骨避开其它腕骨的重叠。

4. 中心线入射点：舟骨中心（桡骨茎突前内侧约 2cm）。

### 2.10.4 标准图像显示

1. 显示野范围包括尺、桡骨远端，腕骨和掌骨近端及腕部内、外侧软组织。

2. 舟骨显示为平面展开像，呈半月形，能显示其结节部、腰部和远侧部。

3. 与相邻腕骨无重叠，其周围关节间隙即与桡骨远侧、头状骨、和大多角骨之间的关节间隙显示清楚。。

4. 腕部诸骨骨纹理清晰显示，关节间隙及软组织显示良好（图 6-2-40，图 6-2-41）。

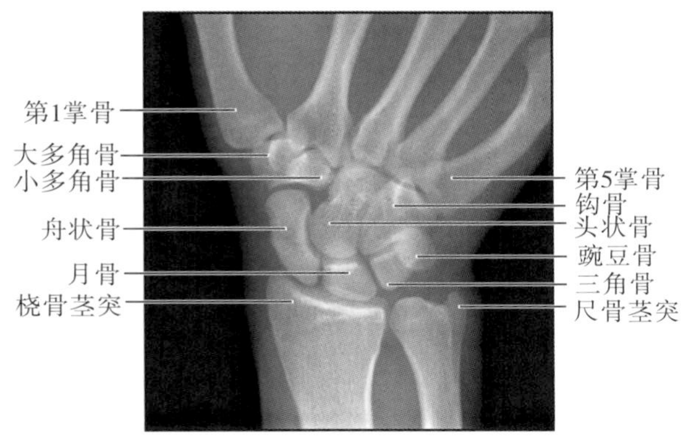


图 6-2-40 舟状骨尺偏斜位标准 X 线表现

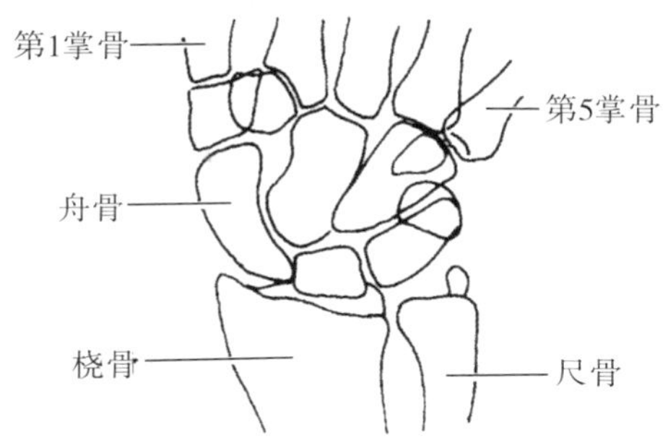


图 6-2-41 舟状骨尺偏斜位示意图

### 2.10.5 常见的非标准图像显示

1. 腕部外旋导致舟骨近端重叠、尺桡骨远端重叠较多(图 6-2-42)。

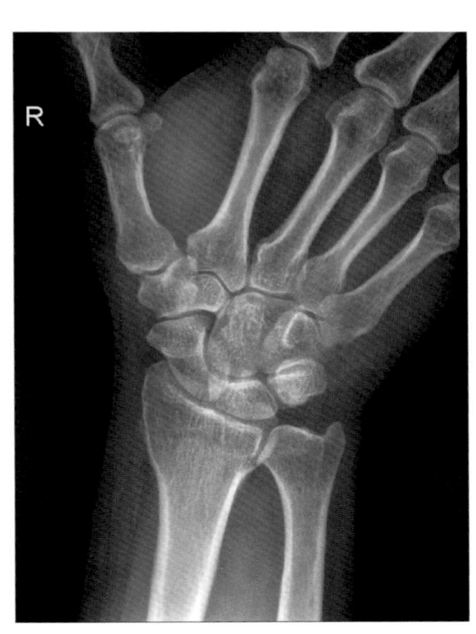


图 6-2-42 腕部外旋,舟状骨与桡骨、月骨重叠

2. 手掌抬高不足或者中心线未与舟骨垂直导致骨舟缩短,腰部不能显示(图 6-2-43)。

3. 向尺侧偏斜不足致使舟骨与相邻腕骨重叠(图 6-2-44)。

4. 手部抬高时位置不稳定,致图像模糊。

5. 曝光条件不当,舟状骨骨纹理显示欠清晰。

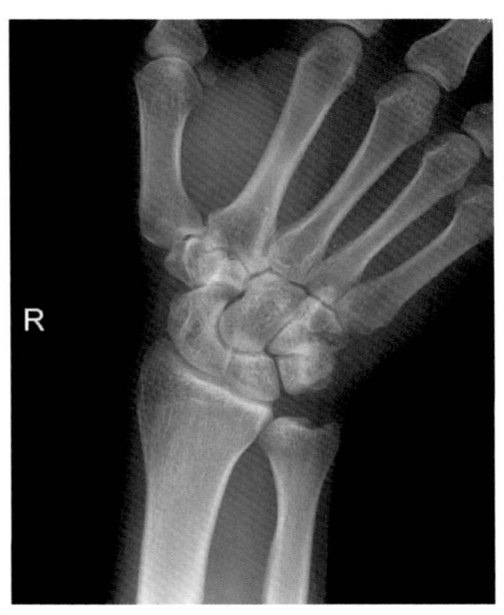


图 6-2-43 中心线未垂直于舟状骨,压缩变短

### 2.10.6 注意事项

1. 操作人员应充分掌握舟状骨形态、与 IR 之间的角度关系和体表位置,并在摄影过程中灵活应用。

2. 腕部紧贴台面,行尺侧偏斜动作时,注意腕部不得旋转,腕部外旋会导致舟骨近端与尺桡骨远端重叠。

3. 手掌抬高的角度要准确,如抬高不足导致舟骨压缩变短。

4. 掌指及远端腕部尽可能向尺侧偏斜,尺侧偏斜不足导致舟骨与相邻腕骨重叠。

5. 患者掌骨尺侧偏斜困难时,拇侧可稍抬高。

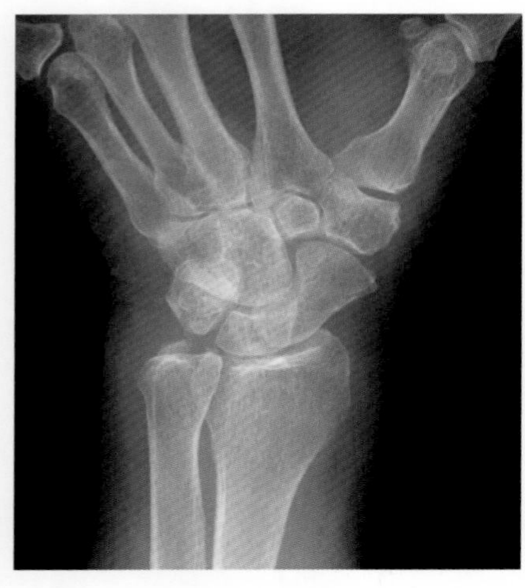

图 6-2-44　舟状骨向尺侧偏斜不足，与与周围骨质重叠

6. 必要时采取使用垫板等稳定措施，保持腕部静止。

## 2.11　尺桡骨正位

### 2.11.1　应用

尺骨和桡骨位于前臂，两者上端为肘关节的关节面，下端构成腕关节的关节面。尺骨、桡骨骨干相对缘菲薄，有骨间膜连接。骨干上、下端有关节面形成关节，及近侧尺桡关节和远侧尺桡关节。骨干上有隆起称为粗隆，为肌腱附着处。尺桡骨运动功能较多，可做屈、伸和旋前、旋后运动。故尺桡骨损伤或骨折类型较复杂。尺桡骨正位（ulnar and radius orthophoria）是X线摄影的常规位置，从正面方向观察尺桡骨骨质、前壁软组织和临近关节情况。用于外伤及不同类型的骨折、各种肿瘤、炎症、代谢性疾病和先天性疾病等的诊断。

### 2.11.2　体位设计

1. 被检者侧坐于检查床旁，掌心向上，前臂长轴平行照射野长轴。

2. 肘关节尽可能伸直，置于检查床面。身体可作适当倾斜，有利于肘部伸直。

3. 前臂外旋，前臂冠状面与IR平行，手背、前臂及肘关节紧贴IR。

4. 腕关节背侧平置于台面。

5. 中心线经前臂中点垂直射入（图6-2-45）。

6. 曝光因子：照射野20cm × 40cm，52 ± 3kV，4 ~ 5mAs。

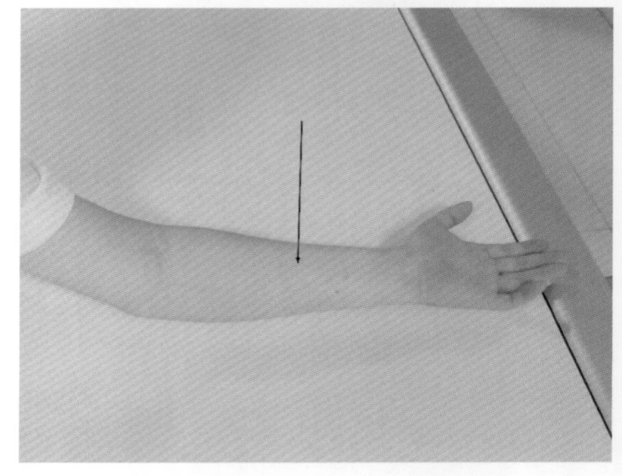

图 6-2-45　尺桡骨正位摄影摆位图。中心线射入点和摄入方向已标出

### 2.11.3　体位分析

1. 此位置显示尺桡骨前后正位投影像。

2. 使肘关节和腕关节呈前后位是尺、桡骨呈正位的关键。

3. 评价标准为尺桡骨并行排列、不重叠，肘关节和腕关节均为正位。

4. 要求前后位摄影，前后位是尺、桡骨的自然体位，不使前臂产生旋转动作。

5. 中心线入射点为前臂中点。

### 2.11.4　标准图像显示

1. 图像范围包括尺桡骨、肘关节、腕关节及前臂内、外侧软组织。

2. 前臂长轴平行照射野长轴。

3. 尺桡骨、肘关节及桡腕关节呈正位影像。关节间隙清晰，肱骨内侧髁、外侧髁和桡骨茎突位于内外侧的边缘。

4. 尺桡骨上段即桡骨头、桡骨颈、桡骨粗隆与尺骨略有重叠，其余部分无重叠。

5. 尺桡骨骨纹理清晰显示，关节间隙及软组织显示良好（图6-2-46，图6-2-47）。

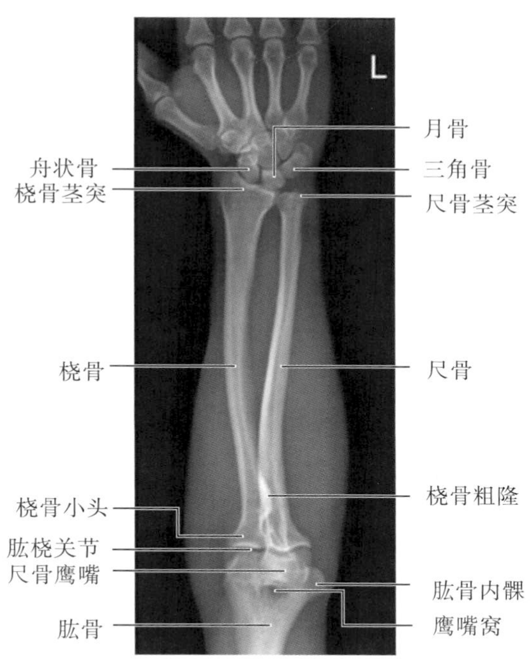


图 6-2-46　尺桡骨正位标准 X 线表现

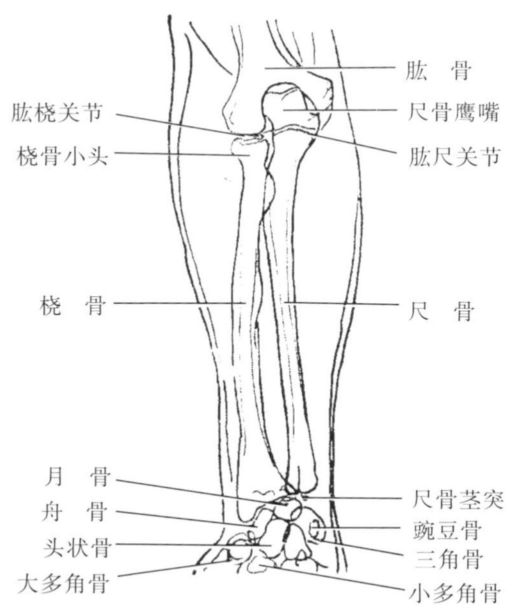


图 6-2-47　尺桡骨正位示意图

### 2.11.5　常见的非标准图像显示

1. 前臂用后前位，及手心向下，肘关节屈侧向上，尺桡骨上段旋转，近端重叠（图 6-2-48）。

2. 前臂未外旋，前臂冠状面不与 IR 平行，尺桡骨远端稍重叠。

3. 肘部未充分伸直，呈近 90°屈曲状态，尺骨、桡骨上段与肱骨重叠。

4. 前臂长轴未与显示野平行，图像不标准。

5. 曝光条件不当，骨纹理等结构显示不清晰。

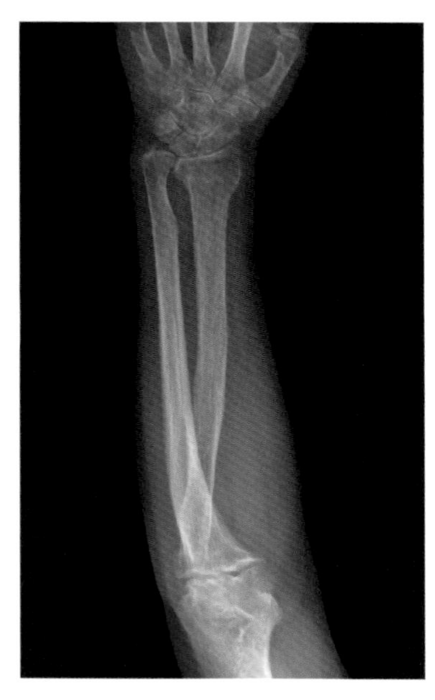

图 6-2-48　前臂旋转，尺桡骨上段重叠

### 2.11.6　注意事项

1. 不能用后前位投照，后前位上由于尺桡近侧关节和尺桡远侧关节旋转不一致，使近端尺桡骨重叠呈斜位，所以不宜采用。

2. 肩部下移或升高摄影床使上臂与前臂的水平面接近。

3. 年长者肢体僵硬、婴幼儿等不能配合者，可采用仰卧位。

4. 对于尺桡骨远端骨折石膏外固定者（为功能位固定），前臂不能外旋，只能采用后前位投照，诊断时注意应分段观察。

5. 尺桡骨外伤骨折类型复杂，可能涉及上、下两个复杂关节，摄影位置和摄影条件必须符合要求，否则难以显示微小损伤，导致漏诊。

## 2.12　尺桡骨侧位

### 2.12.1　应用

尺桡骨侧位（ulnar and radius lateral position)是尺桡骨、前壁软组织和上、下关节的侧位投影像。可侧面观察肿瘤、外伤(骨折)及其他疾病前后方向的改变,例如显示骨折断端或碎骨片前后方向的移位情况。与尺桡骨正位联合应用组成尺桡骨正侧位,是诊断前臂病变的常规 X 线摄影技术。具体用于骨折、各种肿瘤、炎症、代谢性疾病和先天性疾病等诊断。

### 2.12.2 体位设计

1. 被检者侧坐于检查床旁,肘关节屈曲 90°,手指、腕关节伸直,尺侧向下。

2. 前臂长轴平行显示野长轴。

3. 肩部下移,尽量接近肘部高度。

4. 掌腕部、前臂及肘关节内侧贴 IR。

5. 肘关节、前臂及腕部内旋呈侧位,前臂冠状面与台面垂直。

6. 中心线经前臂中点垂直射入(图 6-2-49)。

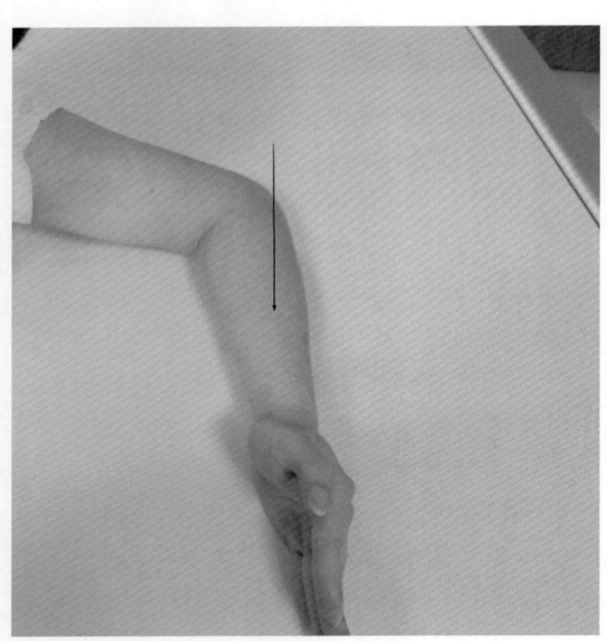

图 6-2-49 尺桡骨侧位摄影摆位图,中心线射入点已标出

7. 曝光因子:照射野 20cm × 40cm,55 ± 3kV,4 ~ 5mAs。

### 2.12.3 体位分析

1. 此位置显示尺桡骨外内侧位投影像。

2. 肘关节屈曲成 90°,同时腕关节处于标准侧位,才能确保尺桡骨是标准侧位。

3. 上臂尽量接近台面是肘关节呈标准侧位的条件。

4. 标准侧位时,下端位于同一冠状面上,故尺桡骨远端重叠。

5. 近侧尺桡关节位于尺骨外侧前方,故桡骨上段位于尺骨前侧,略与尺骨重叠。

4. 中心线入射点为前臂中点,以确保所要求的结构在显示野内。

### 2.12.4 标准图像显示

1. 显示野范围包括尺骨、桡骨、肘关节、腕关节及前臂前、后侧软组织。

2. 前臂长轴平行照射野长轴。

3. 肘关节及桡腕关节呈侧位影像,肘关节屈曲近 90°,半月关节面与肱尺关节间隙无重叠。

4. 前臂呈侧位,尺骨冠状突和鹰嘴突呈切线方向分别位于前后缘。尺骨与桡骨中上段略呈前后排列,桡骨头、桡骨颈、桡骨粗隆与尺骨略有重叠;尺骨与桡骨下端重叠。

5. 尺桡骨骨纹理清晰显示,关节间隙及软组织显示良好(图 6-2-50,图 6-2-51)。

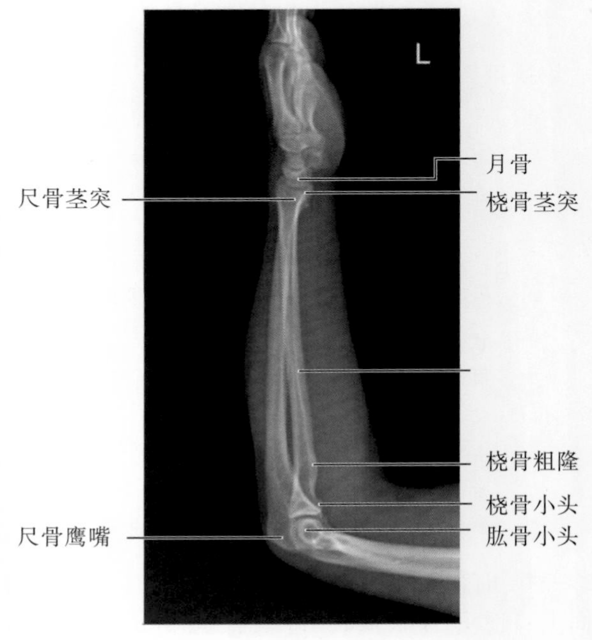


图 6-2-50 尺桡骨侧位标准 X 线表现

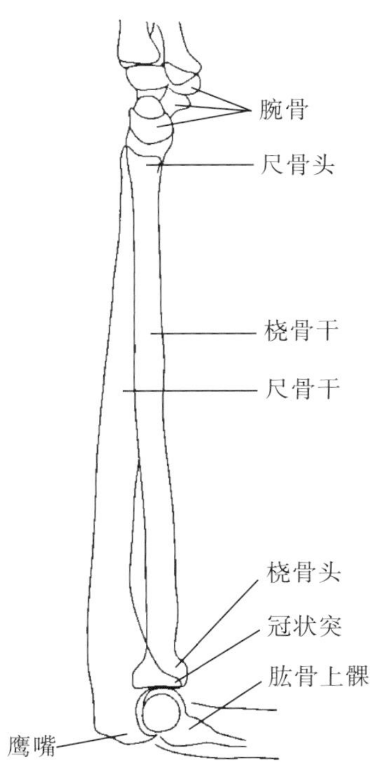


图6-2-51　尺桡骨侧位显示图

### 2.12.5　常见的非标准图像显示

1. 肘关节未屈曲 90°，使肘关节与尺桡骨上段均不呈侧位（图 6-2-52）。

2. 肩部未下移，肘关节未充分贴近台面，使尺桡骨近侧变形、模糊。

3. 肘关节、前臂和腕关节冠状面未与台面垂直，尺桡骨侧位不标准（图 6-2-53）。

4. 尺桡骨内旋或者外旋，尺、桡骨下端和腕关节不呈侧位。

5. 前臂长轴与显示野长轴不一致。

6. 曝光条件不当，骨纹理显示欠清晰。

### 2.12.6　注意事项

1. 适当调整摄影床或椅子的高度，以达到标准的摄影体位且使被检者前臂保持稳定。

2. 摆位时注意肩部下移，上臂与前臂在同一水平面放置。

3. 使肘关节屈曲，才能使前臂冠状位与台面垂直。

4. 腕关节伸直，呈侧位，以保证前臂不旋转。

5. 骨折患者常石膏外固定为功能位，很难保证标准侧位，可根据具体情况折中处理。

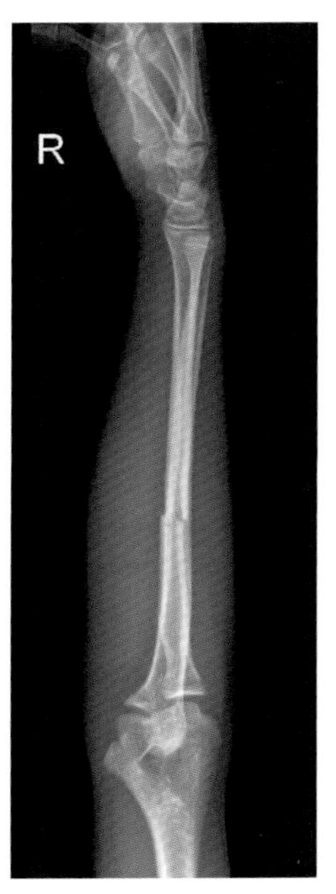


图 6-2-52　腕关节呈侧位像，肘关节为斜位像

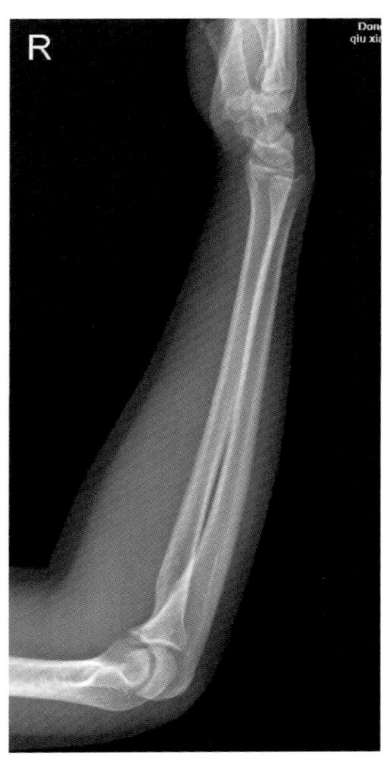


图 6-2-53　鹰嘴与肱骨重叠

## 2.13　肘关节正位

### 2.13.1　应用

肘关节为复合关节，由肱骨滑车与尺骨半月切迹构成肱尺关节、肱骨小头与桡骨小头凹构成肱桡关节、桡尺骨近侧端构成尺桡近侧关节。3 个关节共包于一关节囊内，关节囊前后较松弛，两侧有尺侧副韧带和桡侧副韧带加强。肘关节正位（elbow joint orthophoria）能显示肱桡关节间隙、尺桡近侧关节间隙、肱骨远端、尺桡骨近端及周围软组织情况。而肘关节的主要关节肱尺关节间隙呈冠状面方向，则不能在正位显示。应用于肘关节外伤（骨折、脱位）、各种类型炎症（风湿性关节炎、关节结核、化脓性骨关节炎）、骨和软组织肿瘤、关节退行性变等疾病的诊断。

### 2.13.2　体位设计

1. 被检者侧坐于检查床旁，掌心向上，肘部臂伸直。

2. 肘部纵轴平行照射野长轴。

3. 上臂远端、前臂近端及肘部紧贴 IR。

4. 腕部及肩部稍外旋,肘部冠状面与 IR 平行。

5. 中心线经肱骨内、外上髁连线中点向下约 2cm 处垂直射入(图 6-2-54)。

6. 曝光因子:照射野 24cm × 18cm,55 ± 3kV,5 ~ 6mAs。

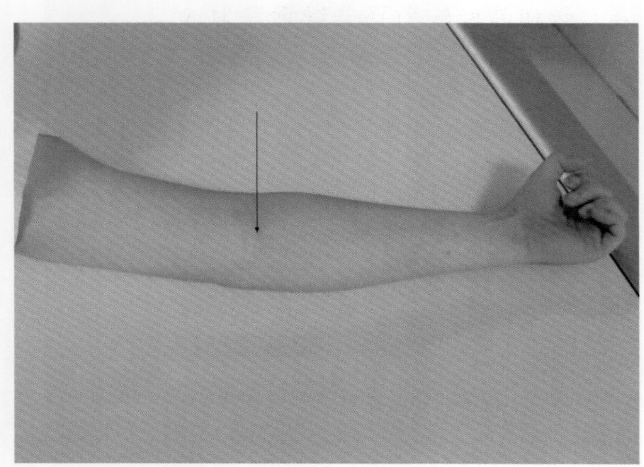

图 6-2-54 肘关节正位摄影摆位图,中心线射入点与摄入方向已标出

### 2.13.3 体位分析

1. 此位置显示肘部前后正位投影像。

2. 肱桡关节间隙于正位方向无重叠,能够显示。

3. 腕关节适度外旋,以显示尺桡近侧关节。

4. 尺骨半月关节面和肱骨滑车在正位方向上前后重叠,故不能显示肱尺关节间隙。

5. 中心线入射点为肱骨内、外上髁连线中点向下约 2cm,此处为肘关节间隙。

### 2.13.4 标准图像显示

1. 显示野范围包括肱骨下段和尺、桡骨上段及肘部内、外侧软组织。

2. 肘部纵轴平行照射野长轴。

3. 肘关节呈正位影像,肱桡关节、尺桡近侧关节的间隙呈切线位显示,肱桡关节面无骨质重叠。尺骨鹰嘴与肱骨滑车重叠,肱尺关节面下部的关节间隙清晰显示。

4. 内、外上髁轮廓可见,位于肱骨下端的两侧。桡骨头、桡骨颈及桡骨粗隆与尺骨稍分离或略有重叠。

5. 肘关节诸骨骨纹理清晰显示,软组织显示良好(图 6-2-55,图 6-2-56)。

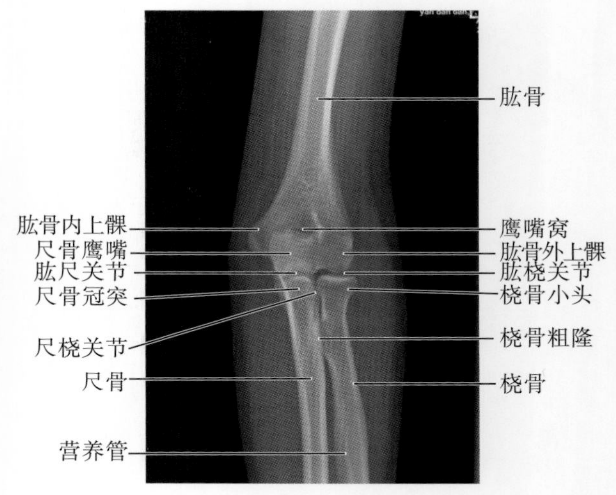


图 6-2-55 标准肘关节正位 X 线表现

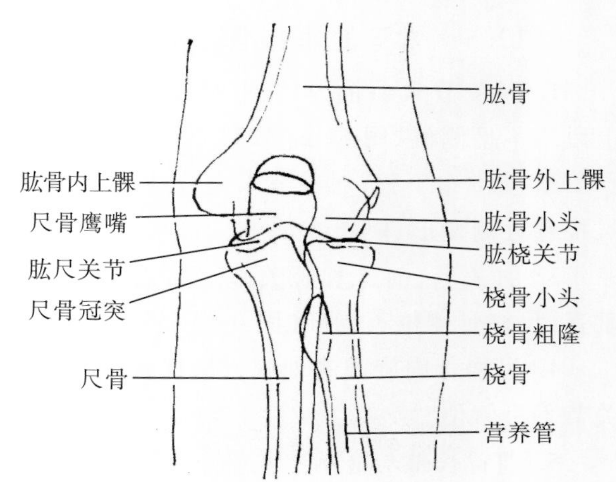


图 6-2-56 肘关节正位示意图

### 2.13.5 常见的非标准图像显示

1. 前臂内旋导致桡骨头、桡骨颈与尺骨近端重叠过多,尺桡近侧关节不能显示(图 6-2-57)。

2. 前臂外旋导致桡骨头、桡骨颈与尺骨近端完全分离,影响在诊断中正确评估(图 6-2-58)。

3. 中心线入射点偏移,关节间隙不清晰;肩部下移不足,外上髁变形(图 6-2-59)。

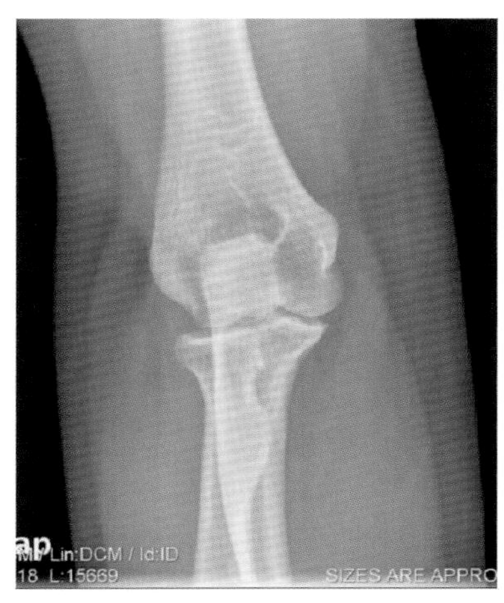


图6-2-57 尺桡骨重叠过多

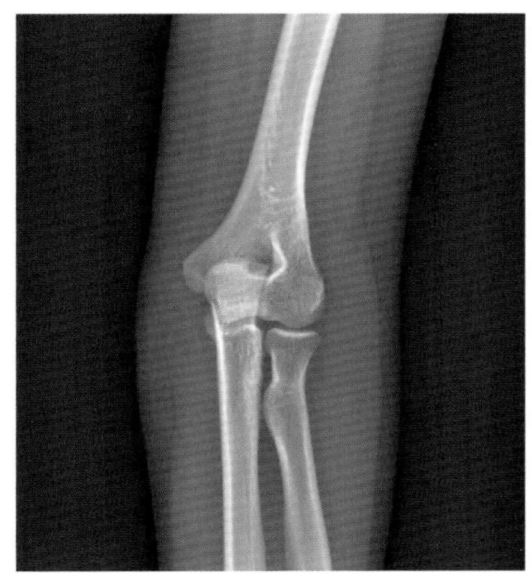

图6-2-58 尺桡骨完全分离

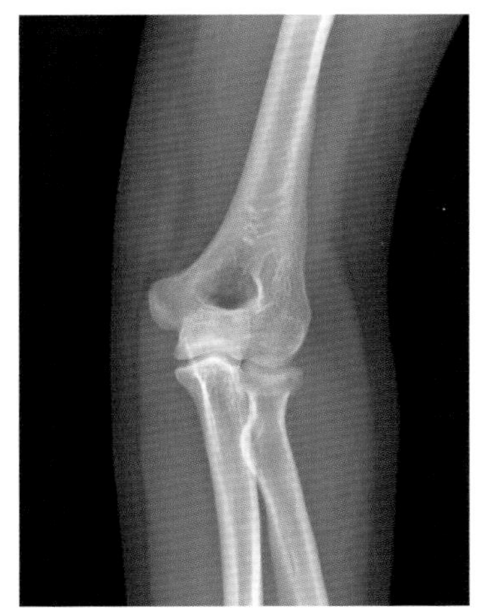

图6-2-59 肘关节间隙显示不清

### 2.13.6 注意事项

1. 注意使肩部下移,使上臂与前臂在同一水平面放置。

2. 适当调整摄影床或椅子的高度,以达到标准的摄影体位且使被检者肘部保持稳定。

3. 腕关节不得内旋,内旋引起尺桡骨上段重叠,不能显示尺桡近侧关节。

4. 石膏外固定者,肘部不能伸直时,中心线沿上臂和前臂的角平分线垂直射入。

5. 幼儿、儿童关节面软骨厚、骨骺未愈合,摆位置要求高,必须获得标准图像,否则影响对关节脱位、骨骺分离等异常表现的评估。

## 2.14 肘关节侧位

### 2.14.1 应用

肘关节侧位(elbow joint lateral position)是肘关节诸结构的外内侧面投影像。从肘关节解剖特点看,肱尺关节关节面的上部与冠状面平行,故在正位上不能显示全其全貌,而肘关节侧位能补充显示。同时肘关节侧位投照,能显示肘关节构成骨即肱骨、尺骨、桡骨和关节、软组织的前后缘情况;显示有关病变前后缘和骨折前后方向的移位情况。本位置与正位联合使用构成肘关节正侧位的常规 X 线检查。应用于肘关节外伤(骨折、脱位)、各种类型炎症(风湿性关节炎、关节结核、化脓性骨关节炎)、骨和软组织肿瘤、关节退行性变等疾病的诊断。

### 2.14.2 体位设计

1. 被检者侧坐于检查床旁,肘关节屈曲90°,尺侧向下,置于检查台上。

2. 肘关节屈曲,接近 90°,呈“ < ”形,肘关节骨骼对称轴平行显示野长轴。

3. 肩部下移,尽量接近肘部高度,前臂、肘部及上臂内侧紧贴 IR。

4. 前臂及腕部旋转至标准侧位,肱骨内、外侧髁的连线垂直于台面。

5. 中心线经鹰嘴后表面内侧约 4cm 处垂直射入(图 6-2-60)。

4. 曝光因子：照射野 24cm × 18cm，55 ± 3kV，5 ~ 6mAs。

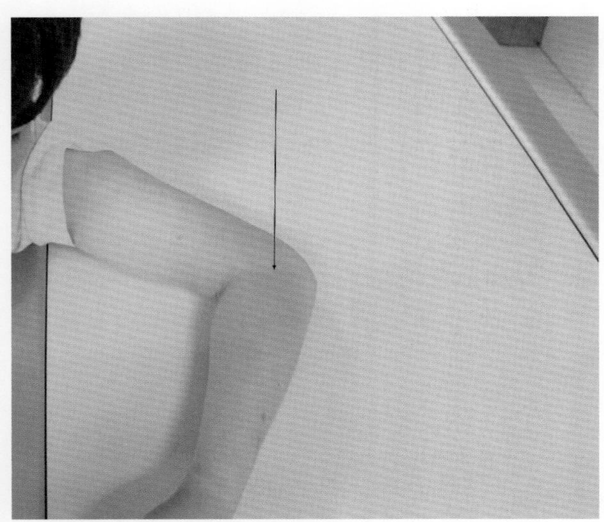

图 6-2-60　肘关节侧位摄影摆位图，中心线入射点和入射方向已标出

### 2.14.3　体位分析

1. 此位置显示肘关节外内侧位投影像。

2. 只有在曲肘接近 90°的标准侧位，滑车沟、肱骨小头及肱骨滑车（双边影）、尺骨滑车切迹会形成 3 个同心圆弧。

3. 前脂肪垫仅能在肘关节屈曲 90°的侧位上显示，后脂肪垫在此位置通常无法显示，前、后脂肪垫的显示情况对诊断有意义。

4. 中心线入射点：鹰嘴后表面内侧约 4cm 处为肘关节间隙。

### 2.14.4　标准图像显示

1. 显示野范围包括肱骨远段和尺桡骨近段及肘部软组织。

2. 构成肘关节的肱骨、尺桡骨排列呈对称的"＜"形。

3. 肘关节屈曲接近 90°，肱骨内外髁基本重叠构成圆形致密影，滑车沟、肱骨小头及肱骨滑车、尺骨滑车切迹形成 3 个同心圆弧，约半个桡骨头与尺骨冠状突呈三角形重叠显示，鹰嘴呈切线位显示。

3. 肱尺关节、肱桡关节的关节间隙全面显示。尺骨、桡骨上段重叠于尺骨前部，故尺桡近侧关节未能显示。

4. 肘关节诸骨骨纹理清晰显示，软组织显示良好（图 6-2-61，图 6-2-62）。

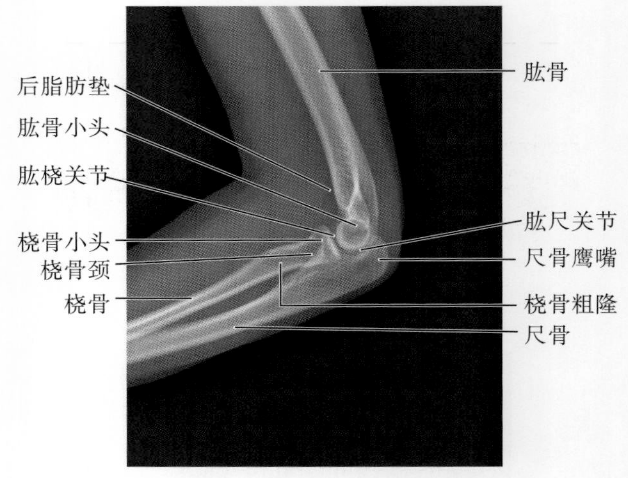


图 6-2-61　肘关节侧位标准 X 线表现

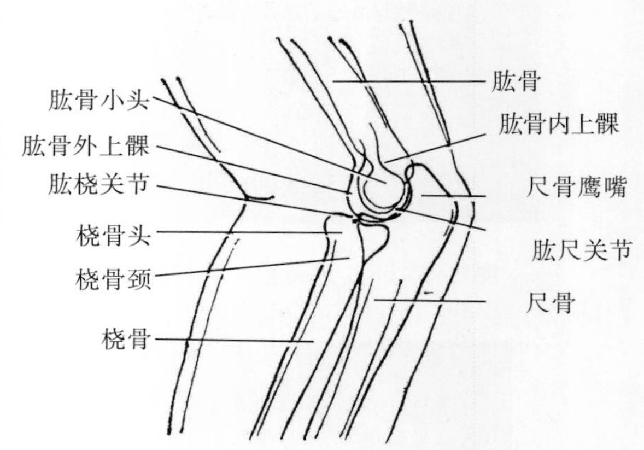


图 6-2-62　肘关节侧位示意图

### 2.14.5　常见的非标准图像显示

1. 肩部下移不足，肘关节的肱骨侧未贴台面，内外髁上下错开并与鹰嘴滑车重叠（图 6-2-63）。

2. 肘关节左右径未与台面垂直，尺骨鹰嘴与肱骨滑车重叠、桡骨头被冠状突完全重叠，肱尺关节、肱桡关节显示不良（图 6-2-64）。

3. 肘关节未屈曲，接近伸直，位置不能固定，容易内旋或外旋，不是标准侧位。

4. 侧位屈曲角度过大或过小，影响观察鹰嘴（图 6-2-65）。

5. 曝光条件不当，骨纹理、脂肪垫显示不清晰。

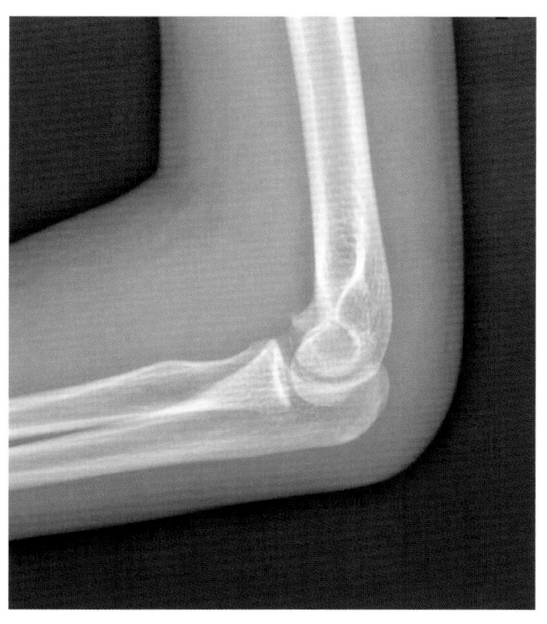

图 6-2-63　内外髁上下方向错开并与鹰嘴重叠

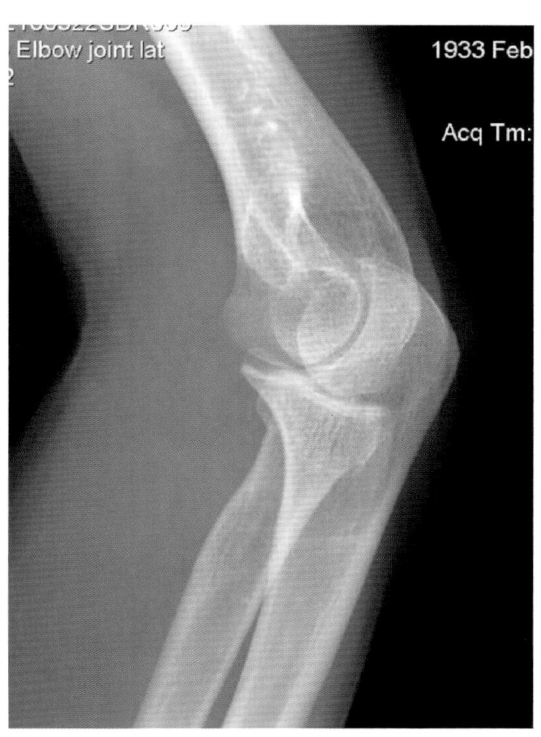


图 6-2-64　内外髁内外方向不重叠并与鹰嘴滑车重叠

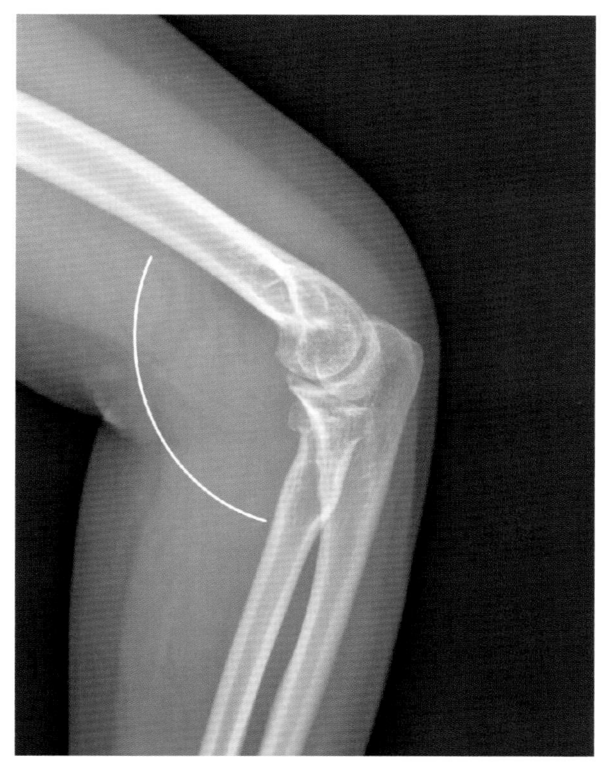

图 6-2-65　肘关节屈曲角度过大

### 2.14.6　注意事项

1. 注意使肩部下移，上臂与前臂放置在同一水平面。

2. 适当调整摄影床或椅子的高度，以达到标准的摄影体位且使被检者肘部保持稳定。

3. 应屈曲 90°，腕关节及肘关节均呈标准侧位。

4. 腕部的位置不标准，如内旋或外旋，均可影像尺桡骨上段的位置，摆位时，应对腕关节的位置加以注意。

5. 某些设备的探测器不能拉出摄影床单独曝光，将肘关节放置到探测器中心时，因肱骨长度有限，肱骨与摄影床之间形成一定夹角，内外髁不能重叠。故操作者应采取使被检者身体做适当倾斜或加托垫等措施。

6. 幼儿、儿童关节面软骨厚、骨骺为愈合，摆位置要求高，必须获得标准图像，否则影响对关节脱位、骨骺分离等异常表现的评估。

## 2.15 肱骨正位

### 2.15.1 应用

肱骨是上肢最大的长骨，具有运动、支撑功能，也是造血、钙磷代谢的重要部位。肱骨正位（humerus normotopia）用于观察肱骨骨质结构、及上下关节和软组织情况，常与肱骨侧位同时摄影。主要显示肱骨不同段的各类型骨折、原发和继发性肿瘤、炎症、骨质疏松及其他代谢性疾病。

### 2.15.2 体位设计

1. 被检者立于摄影架前或仰卧于检查床，面向X线管。双肩自然放平、对称。

2. 掌心向前，手臂伸直稍外展20°~30°，肱骨长轴平行照射野长轴。

3. 手和前臂稍外旋，上臂冠状面与IR平行，上臂、前臂及肩部均紧贴摄影床。

4. 中心线经肱骨中点垂直射入（图6-2-66）。

5. 平静呼吸下屏气曝光。

6. 曝光因子：照射野43cm×24cm，60±3kV，6~7mAs。

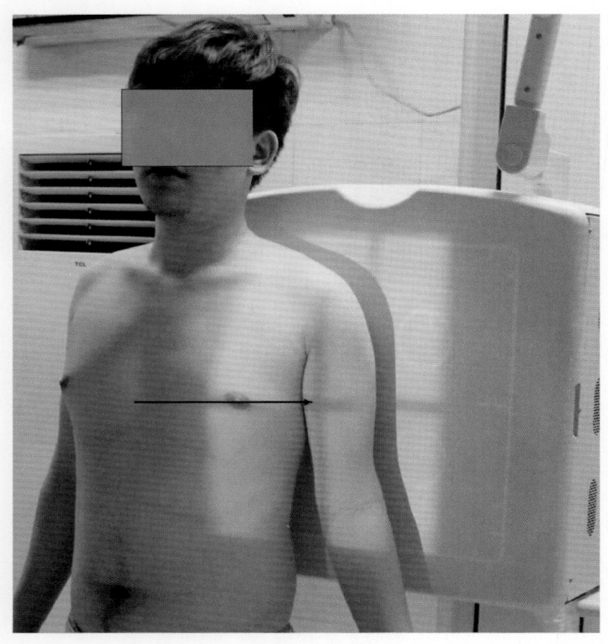

图6-2-66 肱骨正位摄影摆位图

### 2.15.3 体位分析

1. 此位置显示肱骨前后正位投影像。

2. 取立位或仰卧位前后方向投照，肱骨的位置处于标准的解剖位置。

3. 被检侧的肩关节、肘关节冠状面与IR平行非常重要，故手和前臂的旋转，掌心向前，可带动肩关节、肘关节及肱骨为前后正位。

4. 为避免上臂上部软组织与胸侧壁重叠，上肢外展20°~30°。

5. 中心线入射点为肱骨中点，显示野能够包括所要求显示的结构。

### 2.15.4 标准图像显示

1. 图像范围包括肩关节、肘关节及上臂软组织。

2. 肱骨长轴平行照射野长轴。

3. 肱骨影像不与胸部软组织重叠。

4. 肘关节呈正位影像：肱骨大结节位于其上端外侧缘，肱骨头与关节盂有少部分重叠，中段的三角肌粗隆位于骨干外侧，肱骨下端内、外上髁轮廓分别位于内外侧缘。

5. 肱骨骨纹理清晰显示，软组织显示良好（图6-2-67，6-2-68）。

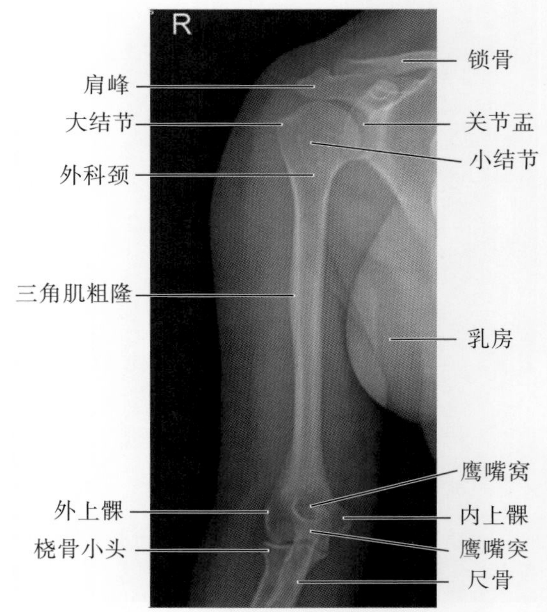


图6-2-67 肱骨正位标准X线表现

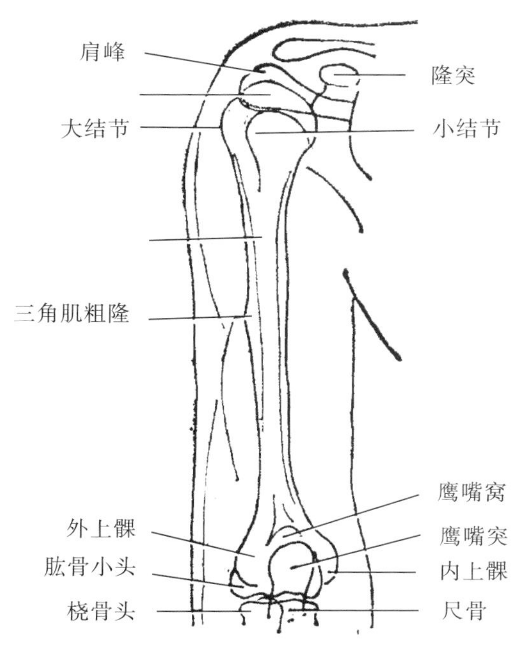


图 6-2-68 肱骨正位示意图

### 2.15.5 常见的非标准图像显示

1. 摆位不标准,肱骨长轴未与显示野长轴平行(图 6-2-69)。

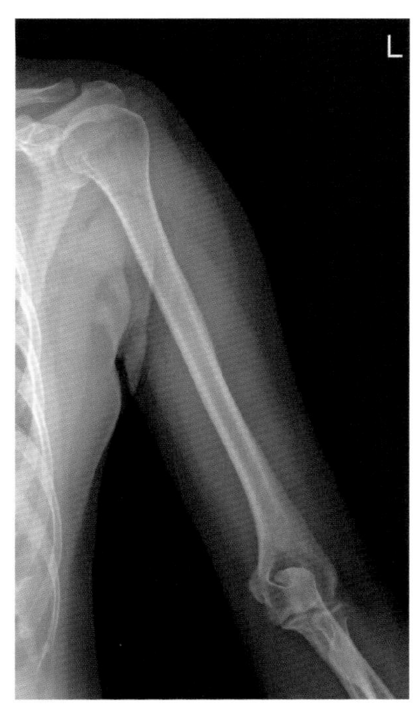


图 6-2-69 肘关节呈斜位,大转子未显示

2. 肩部高耸,肱骨上端与上肢带骨重叠。

3. 前臂外旋不足,前臂冠状面未与 IR 平行,致使肱骨、肘关节呈斜位像,肱骨大转子不能充分显示(图 6-2-69)。

4. 上臂未外展,肱骨与胸壁重叠。

5. 肩部、前臂和肘部未贴近台面(IR)程度不一,结构部分变形。

6. 手部掌心未成前后位,肘关节和肱骨下段旋转,呈斜位。

### 2.15.6 注意事项

1. 操作者应注意使被检者全身处于标准位置,即双肩平放、手部掌心向前。

2. 手臂稍外展避开胸部软组织重叠。

3. 使上臂冠状面平行于台面(IR),特别应注意肘关节的位置是否正确。

4. 若照射野长轴不能包括两端关节时,肱骨长轴可对角放置。

5. 此位置采取站立前后位投照较为方便,但对于外伤患者、全身状况较差者,则建议采取卧位摄影,使肱骨固定,避免出现移动伪影,图像结构模糊。

## 2.16 肱骨侧位

### 2.16.1 应用

肱骨侧位(humerus lateral position)是从侧面方向观察肱骨骨质结构、形态和软组织情况。用于肱骨各种类型骨折、原发和继发性肿瘤、炎症、骨质疏松及其他代谢性疾病等诊断。常规性与肱骨正位联合使用,能观察骨折或骨碎片前、后移位、肿瘤等病变的前、后缘表现,在正位的基础上更完全地对病变进行显示。

### 2.16.2 体位设计

1. 被检者立于摄影架前或仰卧于检查床,面向 X 线管。

2. 肱骨长轴平行照射野长轴。

3. 上臂稍外展、内旋,使上臂内侧及肩部紧贴摄影床(IR)。

4. 肘关节屈曲呈 90°，手腕部置于腹前，掌心向后，屈侧面贴于腹壁。使上臂冠状面垂直于台面(IR)。

5. 中心线经肱骨中点垂直射入(图 6-2-70)。

6. 平静呼吸下屏气曝光。

7. 曝光因子：照射野 43cm × 24cm，60 ± 3kV，6 ~ 7mAs。

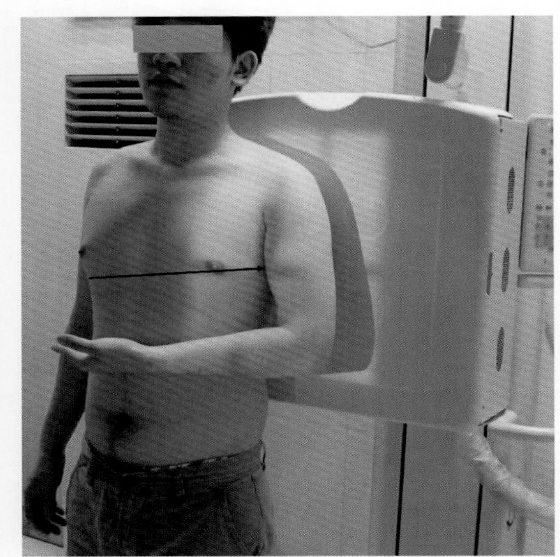

图 6-2-70 肱骨侧位摄影摆位图，中心线射入点和方向已标出

### 2.16.3 体位分析

1. 此位置显示肱骨侧位投影像。

2. 通过上臂适度的内旋，并轻度外展，使内侧向后。

3. 肘关节屈曲 90°，前臂内旋位（掌心向后），有助于肱骨最大限度内旋，并呈标准侧位。

4. 中心线入射点为肱骨中点，可保证所要求被观察的结构在视野内。

### 2.16.4 标准图像显示

1. 显示野范围包括肩关节、肘关节及上臂软组织。

2. 肱骨长轴平行照射野长轴。

3. 肱骨呈侧位影像，肱骨上端内侧轮廓可见肱骨小结节与关节盂有所重叠，肱骨下端内外上髁重叠。

4. 肘关节呈屈曲位，肱尺关节呈侧位显示。

5. 肱骨骨纹理清晰显示，软组织显示良好(图 6-2-71，图 6-2-72)。

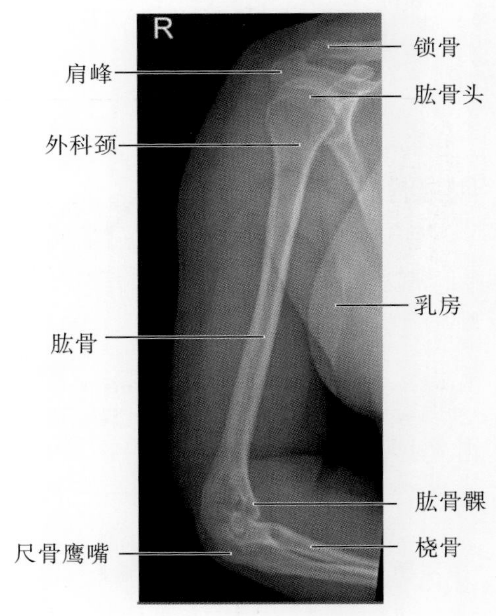


图 6-2-71 肱骨侧位标准 X 线表现

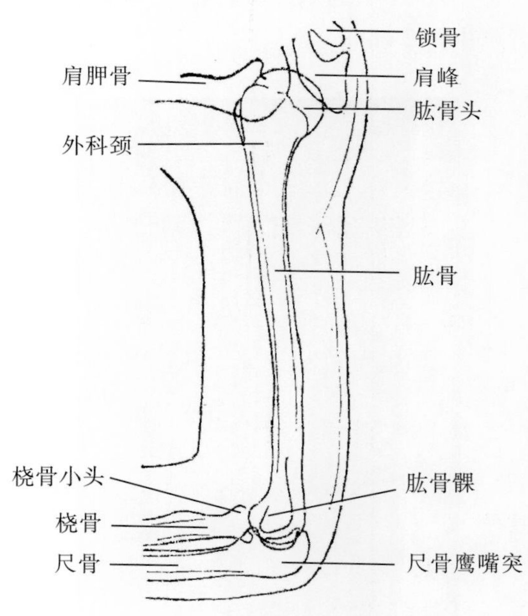


图 6-2-72 肱骨侧位示意图

### 2.16.5 常见的非标准图像显示

1. 肘关节未屈曲呈 90°，前臂内旋不足，肱

骨不能呈完全侧位(图 6-2-73)。

2. 上臂外展过度,肱骨长轴不与 IR 长轴平行(图 6-2-74)。

3. 肩部未放平,肱骨头上耸,肱骨头与肩胛骨重叠较多。

4. 上臂外展不够,肱骨与胸壁软组织重叠较多。

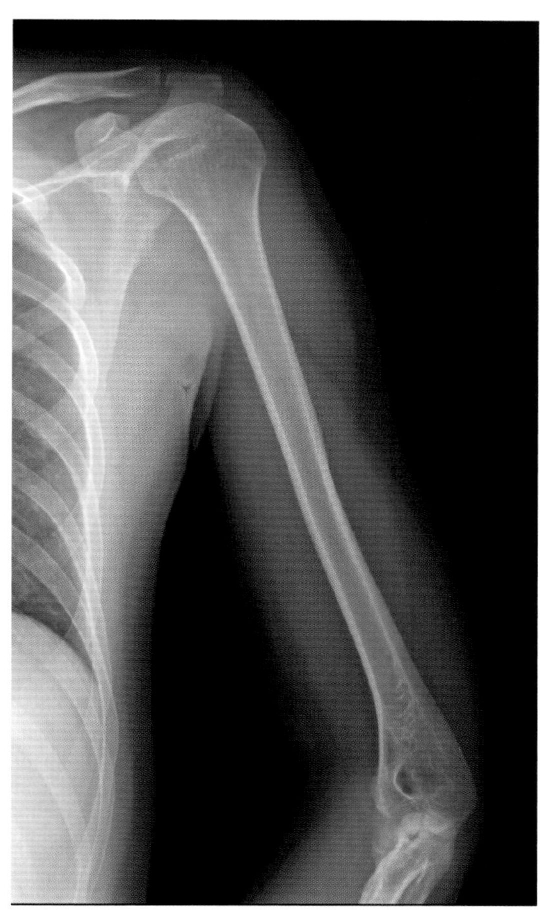

图 6-2-73　肘关节未屈曲,肱骨不为标准侧位

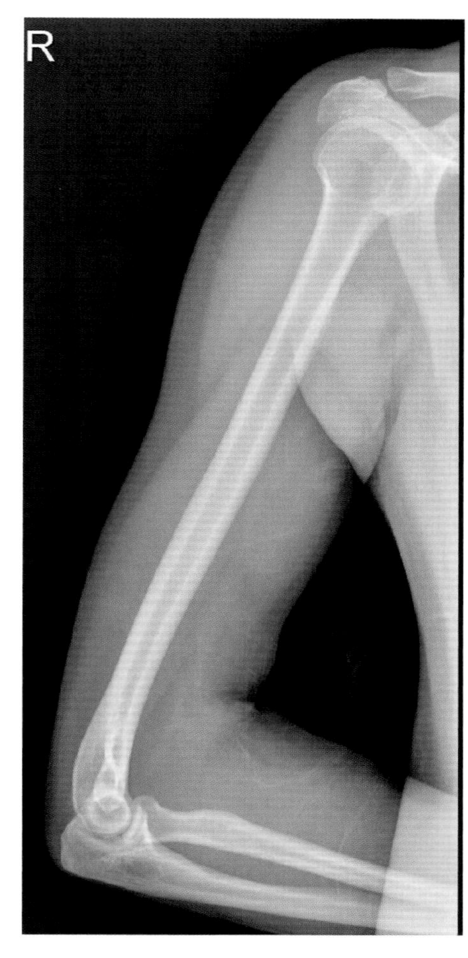


图 6-2-74　肱骨长轴与显示野不平行

### 2.16.6　注意事项

1. 注意使上臂稍外展,以避开与胸部软组织重叠。

2. 若照射野长轴不能包括两端关节时,肱骨长轴可对角放置。

3. 操作人员应注意患者肘关节屈曲 90°,同时掌心向后,则能带动肱骨处于侧位位置。

4. 使双肩自然下垂,防止肱骨向上耸立,与肩胛骨重叠。

5. 在不便于前后方向投照,可改为站立后前位,但操作者注意摆位方向,保证肱骨呈侧位。

6. 注意被检者位置稳定,避免移动伪影。

## 2.17　肱骨上段穿胸位

### 2.17.1　应用

肱骨上段穿胸位(upper humerus position through chest)为肱骨上段侧面方向的投影像,即肱骨上段侧位(upper humerus lateral position)。用于各种原因不能进行常规的肱骨侧位检查,而临床诊断需要用侧位来观察肱骨的情况,这些情况多为肩关节、肱骨、肘关节和前臂活动受限，如肱骨外科颈骨折，严重肱骨段骨折、错位，肘关节脱位等。该位置是 X 线经过胸腔，然后投射到肱骨，造成图像上胸腔结构与肱骨重叠。

### 2.17.2 体位设计

1. 人体的冠状面与 IR 垂直，腋中线与 IR 纵轴平行、重合。

2. 被检者侧立于摄影架前，被检侧肱骨和肩部外侧贴于 IR，肱骨长轴平行照射野长轴。

3. 对侧上肢高举抱头，肩部尽量抬高。

4. 被检侧肩部适当下垂，外科颈置于胸片架中心，肘关节自然伸直，掌心向前，使上臂冠状位垂直于 IR。

5. 中心线经对侧腋窝皱襞（腋下），被检侧肱骨的外科颈垂直射入（图 6-2-75）。

6. 深吸气后屏气曝光。

7. 曝光因子：照射野 35cm × 28cm，85 ± 5kV，AEC 曝光，感度 280，中间电离室，0.2mm 铜滤过。

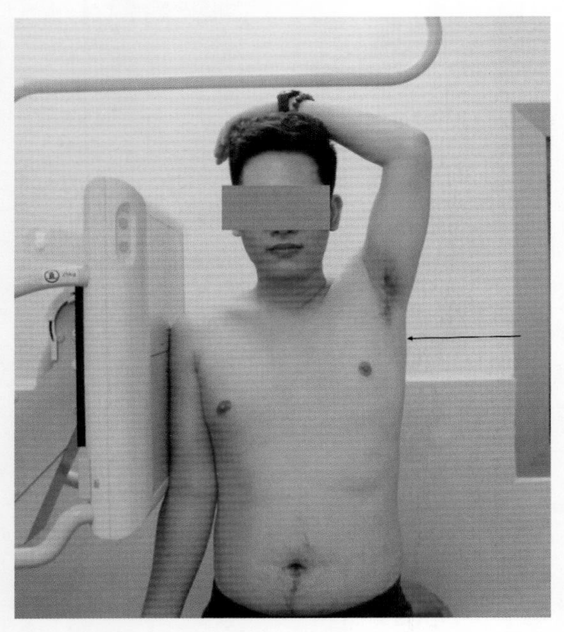

图 6-2-75 肱骨上段穿胸位摄影摆位图，中心线射入点与摄入方向已标出

### 2.17.3 体位分析

1. 此位置显示肱骨上段内外侧位投影像即为肱骨标准侧位影像。

2. 此位置的缺点是对侧肩部和胸腔与被检侧肱骨重叠，故位置设计是将重叠的影响减少到最小的程度。

3. 被检侧肩部下垂，对侧肩部抬高，使两肩关节上下错开避免重叠。

4. 胸部为标准侧位，可使肱骨投影在胸骨和胸椎之间。

5. 深吸气后曝光，使肺部充满气体，密度减低和肋骨间距增大，增加显示肱骨的对比度。

6. 中心线射入点是经对侧腋下摄入，目的是对准外科颈摄入。

### 2.17.4 标准图像显示

1. 显示野范围包括肩关节、肱骨中、上段及部分胸椎和部分胸骨。

2. 肱骨长轴平行照射野长轴。

3. 肱骨头，中上段显示清楚，肱骨大结节位于上端前侧显示。

4. 肱骨与胸椎、胸骨及对侧肩部无重叠，位于胸骨和胸椎之间，胸椎、胸骨呈侧位影像。

5. 肩关节位于肱骨头的后方，两者略有重叠。

6. 肱骨上段与肺组织、肋骨、心影重叠，轮廓显示良好（图 6-2-76，图 6-2-77）。

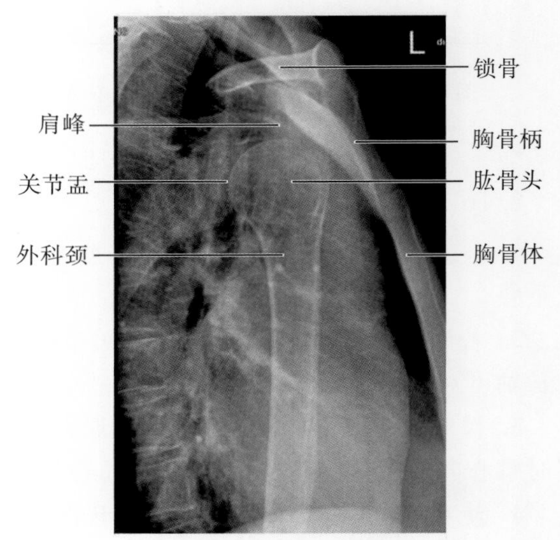


图 6-2-76 标准肱骨上段穿胸位 X 线表现

图 6-2-77 肱骨上段穿胸位显示图

### 2.17.5 常见的非标准图像显示

1. 被检侧掌心未向前，肱骨产生旋转，肱骨图像不为标准侧位。

2. 人体有旋转，胸椎与肱骨上端重叠、关节盂显示不清（图 6-2-78）。

3. 对侧肩部与上肢未充分抬高，与肱骨上端重叠。

4. 曝光时未深吸气，肺组织、肋骨重叠，使肱骨与重叠组织对比减小，肱骨显示不佳。

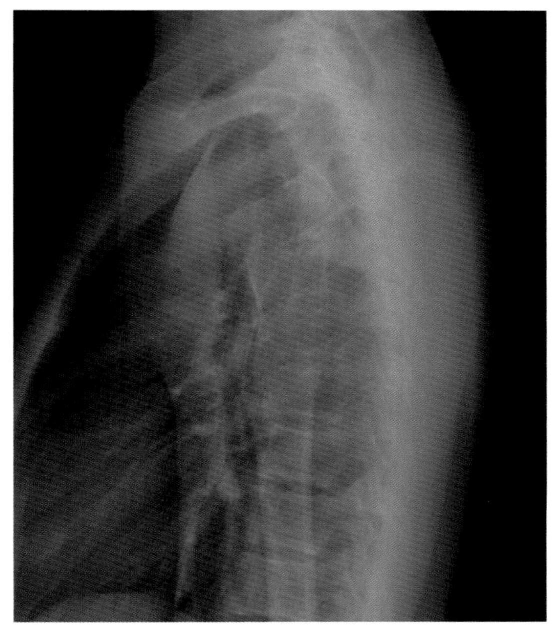

图 6-2-78 肱骨与胸椎重叠

5. 曝光条件不当：X 线穿透不够，肱骨骨质结构显示不清。千伏过高，图像灰度增大，对比度下降。

### 2.17.6 注意事项

1. 深吸气后屏气曝光时肺部的含气量增加，提高对比度有利于肱骨上段的显示。

2. 注意使两肩上下错开，避免肱骨上端显示不清。但错开幅度不宜过大，否则肱骨下移过多与膈肌重叠。

3. 为了保证肱骨为标准的侧位像，注意使掌心向前。

4. 患者不能站立的情况下，可仰卧位水平投照。

5. 操作者需把握好最佳曝光条件，是肱骨与重叠结构之间具有良好的层次和对比度。

## 2.18 肩关节正位

### 2.18.1 应用

肩关节为活动度最大的关节，由肱骨头的关节面和肩胛骨关节盂构成。肱骨头较大，关节盂相对较小，仅为肱骨关节面的 1/3，又肩关节关节囊松弛，其周围的韧带、肩部和上臂肌肉对其稳定性起到重要作用。在与肩关节有关的疾病中，除外伤、炎症、肿瘤以外，还有与肩关节结构的特殊性有关的病变，如习惯性脱位、肱骨活动过程与邻近骨质和肌肉发生碰撞、挤压所致的损伤等。肩关节正位（shoulder joint normotopia）是从前后方向显示肩关节构成骨、关节面、关节间隙和关节囊等周围软组织影像。用于外伤性骨折、脱位（包括习惯性脱位）、各种类型关节炎、肩关节退行性变、肩峰下撞击综合征、骨和滑膜来源肿瘤等。

### 2.18.2 体位设计

1. 被检者立于摄影架前，面向 X 线管。双侧肩部放平，上肢自然下垂。

2. 被检侧肩部置于显示野（光圈）中心区。

3. 手臂伸直稍外展，掌心向前，肱骨长轴平行照射野长轴。

4. 身体向患侧旋转适当角度约 20°～30°，

使被检侧肩胛骨紧贴 IR。

5. 中心线经喙突垂直射入。

4. 平静呼吸下屏气曝光(图 6-2-79)。

5. 曝光因子:照射野 35cm × 28cm,70 ± 5kV,AEC 曝光,感度 280,中间电离室。

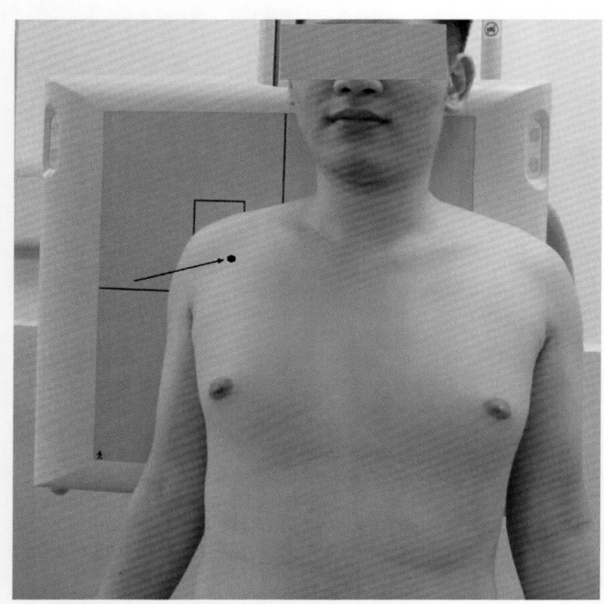

图 6-2-79　肩关节正位摄影摆位图,中心线入射点和如射方向已标出

### 2.18.3　体位分析

1. 此位置显示肩关节前后正位投影像。

2. 肩关节置于照射野中央区,以喙突为体表标志。

3. 肱骨头与关节盂在正面观有少许重叠,当人体的对侧稍向前倾斜,二者呈切面观。同时,肩胛骨与冠状面的夹角约 20° ~ 30°,需身体向患侧旋转适当角度使被检侧肩胛骨紧贴 IR。

4. 中心线入射点为喙突,喙突深面为肩关节间隙所在部位。

### 2.18.4　标准图像显示

1. 图像范围包括肩关节、肱骨上段、肩胛骨、部分锁骨及肩部软组织。肩关节位于显示野的中央区域。

2. 肱骨长轴平行照射野长轴。

3. 肱骨大结节位于肱骨上端外侧缘显示,小结节与肱骨头重叠。

4. 关节盂呈切线位显示,不与肱骨上端的关节面重叠,关节间隙清晰显示。

5. 肩关节诸骨骨纹理清晰显示,软组织显示良好(图 6-2-80,图 6-2-81)。

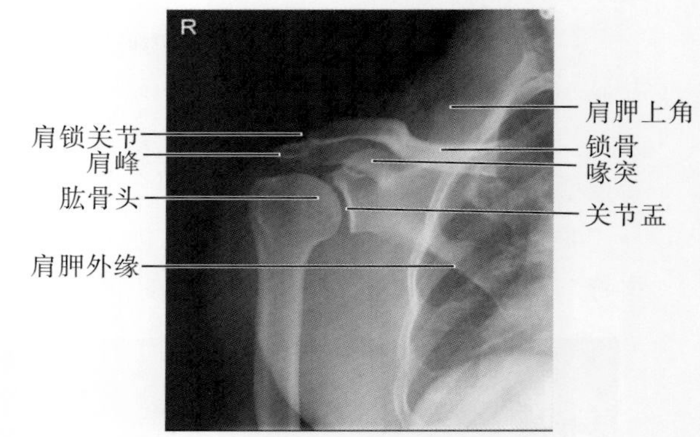


图 6-2-80　标准肩关节正位 X 线表现

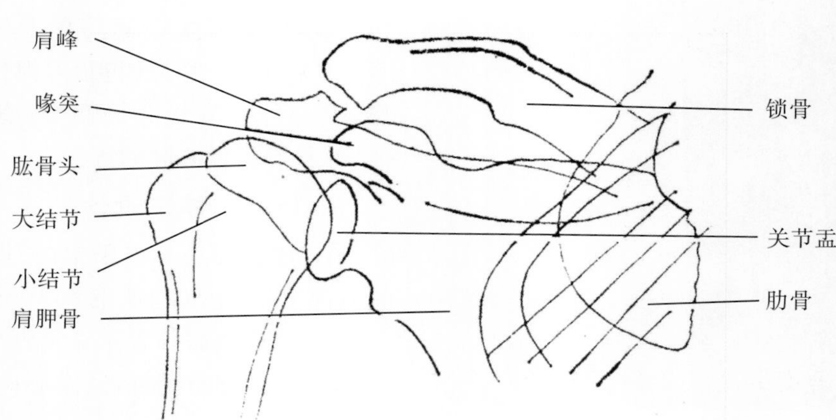


图 6-2-81　肩关节正位示意图

### 2.18.5 常见的非标准图像显示

1. 上臂虽然外旋,但身体未向被检侧倾斜,肩关节间隙不与投照方向垂直,关节面重叠(图6-2-82)。

2. 手臂外旋不足,肱骨大结节不能充分显示或者人体内旋(图6-2-83)。

3. 人体冠状面旋转过度,前胸壁肌肉与肩关节重叠,图像欠清晰,肩关节呈斜位图像。

4. 上臂及肩部高耸,肱骨头与肩胛骨重叠(图6-2-83)。

5. 上臂外展过度,上臂长轴与显示野纵轴不平行,肩关节位置不标准。

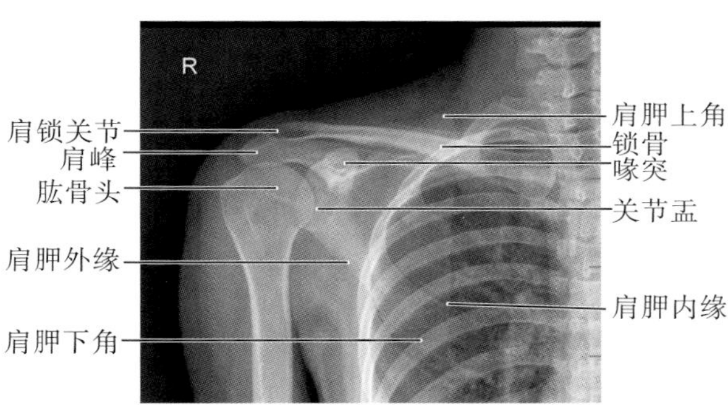


图6-2-82 身体未旋转,关节面重叠

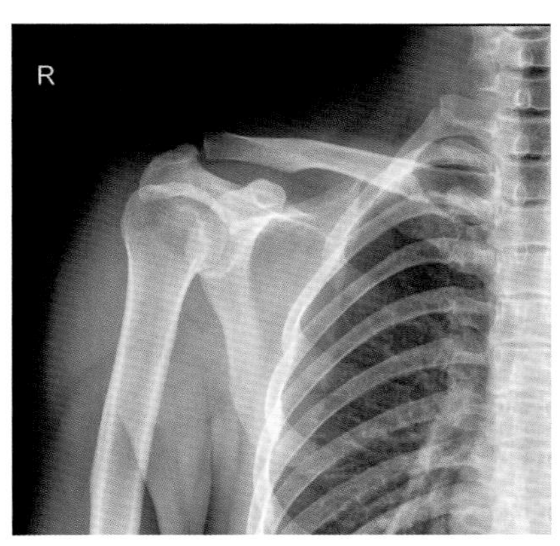


图6-2-83 大结节显示不充分

### 2.18.6 注意事项

1. 人体旋转角度根据患者的肩部来调整,以使肩胛骨平行于IR。

2. 除了人体的旋转角度适度以外,还要注意上臂外旋,使肱骨头关节面位置标准。

3. 身体向患侧旋转不宜过度,否则被检侧胸大肌会与肱骨上段过度重叠。

4. 上臂外展不得多度,过度外展,可使肱骨头与肩胛骨重叠程度加大,肩关节间隙不能显示。

5. 无法站立时,可采用仰卧位投照。卧位投照时,应适当加托垫,使肩关节达到标准位置。

6. 由于锁骨呈S型,在此位置上近端锁骨呈压缩重叠影像,对锁骨显示较差,而临床上肩关节外伤多为复合伤;因此,建议外伤者在设计此体位时,身体不旋转角度,同时照射野包全整个锁骨全段。

## 2.19 锁骨正位

### 2.19.1 应用

锁骨正位(clavicalis normotopia)是锁骨的正位投影像。能观察锁骨及胸锁关节、肩锁关节的结构。常用于诊断外伤显示锁骨各段完全、不完全骨折;外伤性、病理性胸锁关节、肩锁关节半脱位或脱位;炎症、肿瘤等导致的骨质破坏等。在结缔组织病观察锁骨时,有一定的局限性,应加照需要显示的一侧关节局部图像,才能显示关节和临近的骨质改变。

### 2.19.2 体位设计

1. 被检者立于摄影架前,面向IR板,被检侧手臂伸直,掌心向前。

2. 被检侧锁骨置于显示野中央区域,即锁骨中线位于显示野正中纵轴线上,上缘包括肩峰以上,下缘包括第2胸椎棘突以下。

3. 被检侧肩部稍前倾,头部转向对侧,肩部及胸锁关节紧贴IR,人体冠状面与IR呈约10°~15°。

4. 中心线经锁骨中点垂直射入(图6-2-84)。

5. 平静呼吸下屏气曝光。

6. 曝光因子照射野22cm×28cm,70±5kV,AEC曝光,感度200或280,中间电离室,0.1mm铜滤过。

图 6-2-84　锁骨正位摄影摆位图

## 2.19.3　体位分析

1. 此位置显示锁骨后前正位投影像。

2. 锁骨位置在胸前部表面，故取前后位，使锁骨贴近 IR。

3. 锁骨轴面观，略呈"S"状弯曲，内 2/3 弓向前，外 1/3 弓向后，导致其在正位图像上呈轻度弧形弯曲。

4. 锁骨与冠状面的夹角约 10°～15°，需身体向患侧旋转适当角度使被检侧锁骨紧贴 IR，尽量呈展开平面像。

3. 中心线入射点为锁骨中点，锁骨中线过或肩胛下线能作为其中点的体表标记。

## 2.19.4　标准图像显示

1. 显示野范围包括锁骨、肩峰、胸骨柄及肩部软组织。

2. 锁骨全长充分展开，无缩短。

3. 锁骨自内下向外上走行，内侧段略向下呈弧形。

4. 肩锁关节间隙显示清晰，外侧端与肩胛骨肩峰仅有少量重叠；锁骨内侧与胸椎有所重叠，胸锁关节显示欠佳。

5. 锁骨骨纹理清晰显示，软组织显示良好(图 6-2-85，图 6-2-86)。

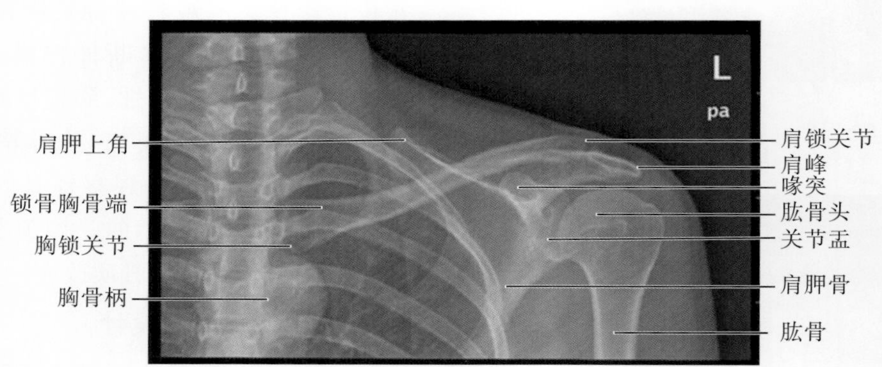


图 6-2-85　标准锁骨正位 X 线表现

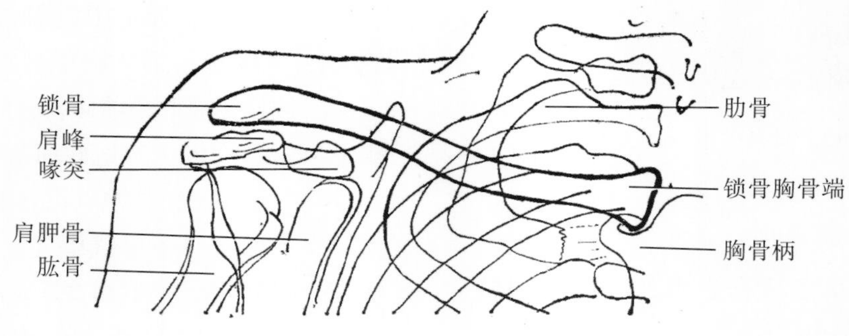


图 6-2-86　锁骨正位示意图

### 2.19.5 常见的非标准图像显示

1. 人体冠状面未旋转导致锁骨轻度变短。

2. 冠状面旋转过度，导致锁骨中外段缩短重叠（图6-2-87）。

3. 被检侧肢体未下垂，掌心未向前，导致肩锁关节位置不标准。

4. 被检侧肩部未自然下垂，使锁骨之内下向外上倾斜度增大。

5. 曝光时为被检者未屏气，产生移动伪影，结构较模糊。

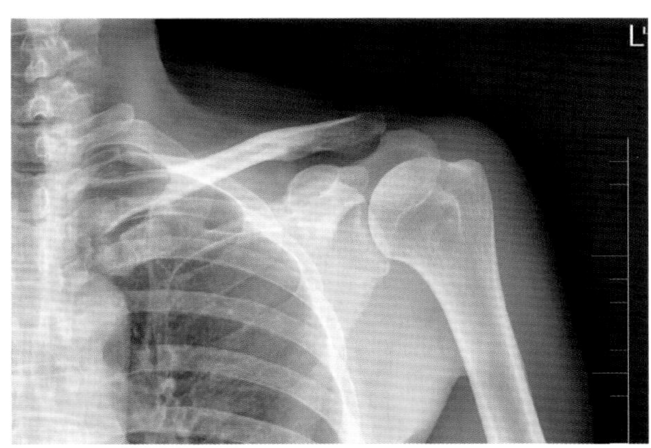


图6-2-87 显示锁骨缩短，弯曲段重叠

### 2.19.6 注意事项

1. 病情较重的患者及婴幼儿，可采用仰卧前后正位摄影。

2. 婴幼儿检查时，应同时摄取两侧锁骨，以便对比。

3. 摆位置时，注意冠状面的与IR之间夹角的准确性，以免锁骨变形、缩短。

4. 呼吸对锁骨运动影响较大，曝光时注意嘱被检者屏气。

5. 锁骨的“S”弯曲为前后方向、肩锁关节接近冠状面，可疑弯曲段骨折而正位不能显示时，或在诊断有需要进一步观察肩锁关节时，可采用锁骨轴位。

## 2.20 锁骨轴位

### 2.20.1 应用

锁骨轴位（clavicalis axial position）是锁骨的下上方向的轴位投影像。显示锁骨全段、胸锁关节及肩锁关节，显示锁骨的前后面皮质呈切线位。在该位置上，锁骨内侧向前的弯曲、外侧向后的弯曲均能显示，克服了正位图像上因弯曲造成的重叠。用于诊断外伤性锁骨各段完全、不完全骨折；外伤性、病理性胸锁关节、肩锁关节半脱位或脱位。炎症、肿瘤等导致的骨质破坏等。常与锁骨正位联合摄影以弥补正位的不足，例如锁骨正位不能显示重叠处的骨折线，骨折端的前后移位情况，采用锁骨轴位能较全面的显示骨折及其的前后移位、成角情况。

### 2.20.2 体位设计

1. 被检者呈前后位立于摄影架前或仰卧于检查床，面向X线管。

2. 被检侧手臂伸直置于体侧，掌心向前，头转向对侧。

3. 锁骨中线与显示野中线平行并重合，锁骨长轴趋向于显示野横向方向。

4. 胸部冠状面与IR平行，使肩背部紧贴IR。

5. 显示野（光圈）上缘包括肩峰以上，下缘包括胸锁关节以下，外侧包括肱骨头外缘，内侧包括前正中线。

6. 中心线向头侧倾斜30°～40°经锁骨中点射入（图6-2-88）。

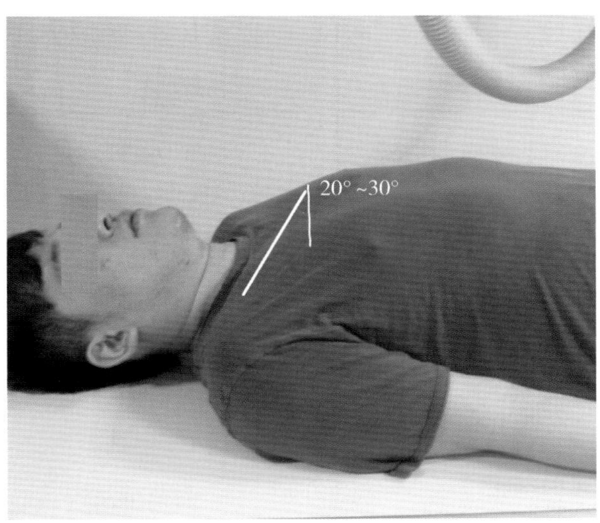


图6-2-88 锁骨轴位摄影摆位图，中心线的摄入点和摄入方向已标出

7. 深吸气后下屏气曝光。

8. 曝光因子：照射野 22cm × 28cm，60 ± 5kV，AEC 曝光，感度 280，中间电离室。

## 2.20.3 体位分析

1. 此位置是锁骨在前后方向上的轴位投影像。

2. 取前后位肩背部紧贴 IR 可以使患者体位舒适、稳定。

3. 仰卧位上，锁骨与台面（IR）存在一定距离，而肩胛骨、后肋贴近台面，中心线向头侧倾斜 20°～30°，使锁骨的前后面皮质呈切线位，并使锁骨大部分投射到肩胛骨和肋骨上方，减少重叠。

4. 锁骨轴面观，能显示其生理弯曲，略呈"S"状弯曲，内 2/3 弓向前，外 1/3 弓向后。

5. 中心线入射点为锁骨中点。

## 2.20.4 标准图像显示

1. 显示野范围包括锁骨、肩峰、胸骨柄及肩部软组织。

2. 锁骨长轴与显示野横轴平行。

3. 锁骨全长充分展开，略呈"S"状，内 2/3 弯曲向上（前）。

4. 锁骨大部分显示于肩胛骨和肋骨上方，仅锁骨近段与第 1、2 肋骨重叠，肩锁关节显示清晰，锁骨内侧与胸椎有所重叠，胸锁关节显示欠佳。

4. 锁骨骨纹理清晰显示，软组织显示良好（图 6-2-89，图 6-2-90）。

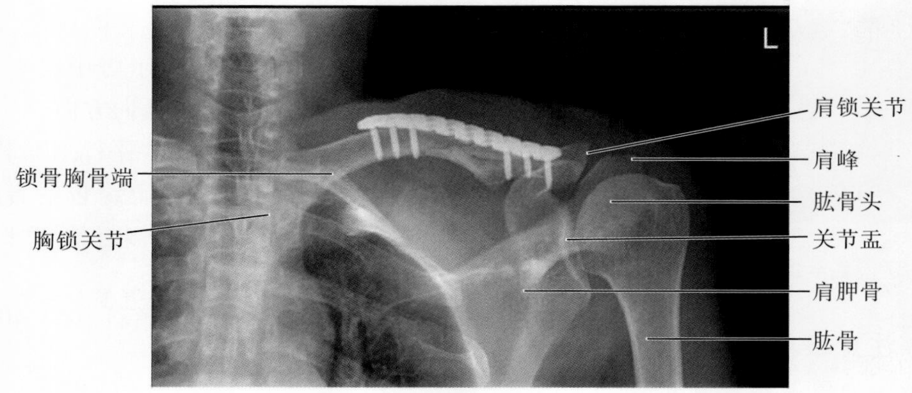


图 6-2-89 锁骨轴位标准 X 线表现

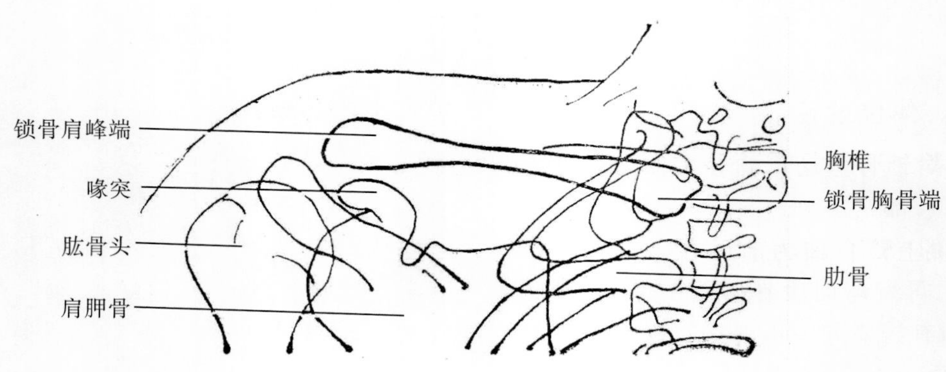


图 6-2-90 锁骨轴位示意图

## 2.20.5 常见的非标准图像显示

1. 人体冠状面有旋转导致锁骨变短。

2. 上臂未伸直，锁骨长轴与显示野横轴不平行。

3. 被检侧肩部耸高，导致锁骨外上斜度增加，锁骨显示变短。

4. 中心线射入点不准确或倾斜角度不足，锁骨生理弯曲不能显示，并与肩胛骨重叠。

### 2.20.6 注意事项

1. 肩背部紧贴 IR，身体旋转，胸部冠状面与台面平行。

2. 被检侧肩部不要耸高，放松下垂使锁骨长轴平行照射野长轴。

3. 注意使肱骨下垂、肘部伸直。

4. 倾斜角度和中心线射入点准确，使锁骨呈轴位显示，避免与肩胛骨重叠。

5. 婴幼儿检查时，应同时摄取两侧锁骨，以便对比。

## 2.21 肩胛骨正位

### 2.21.1 应用

肩胛骨正位(scapula normotopia)是肩胛骨正面的投影像。肩胛骨为扁平骨，内侧菲薄部分在前后方向与胸廓重叠，外侧部分位于胸廓外侧。此位置能展示肩胛骨全貌，其外侧部因无重叠而显示得更为清楚。具体能显示肩胛骨的形态、边缘、内部骨质结构及上部的骨性突起形成的各结构，以及与肩胛骨相连的关节。用于诊断外伤性骨折(骨折线的走向、骨碎片移位情况)，也用于观察肿瘤、炎症性的骨质破坏方面的诊断。

### 2.21.2 体位设计

1. 被检者立于摄影架前或仰卧于检查床，面向 X 线管，背部紧贴 IR。

2. 被检侧上臂下垂伸直，掌心向前。

3. 肩胛下线与显示野正中纵轴平行并重合。

4. 中心线经肩胛骨外侧缘中点内侧约 5cm 垂直射入(图 6-2-91)。

5. 深吸气后屏气曝光。

6. 曝光因子：照射野 25cm × 28cm，65 ± 5kV，AEC 曝光，感度 200 或 280，中间电离室。

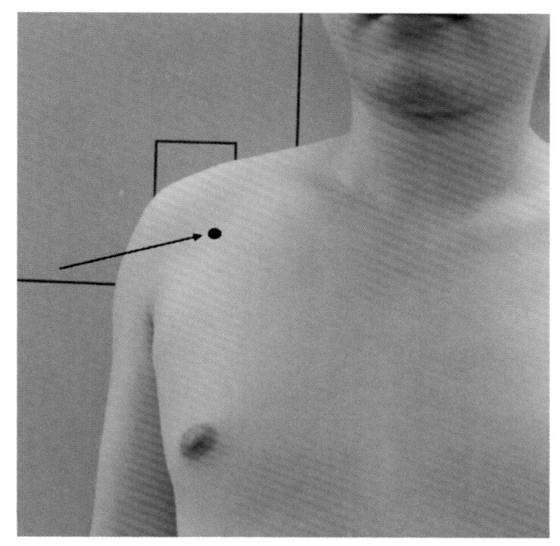

图 6-2-91 肩胛骨正位摄影摆位图，中心线射入点和摄入方向已标出

### 2.21.3 体位分析

1. 此位置显示肩胛骨前后正位投影像。

2. 肩胛骨位于背部，故采用前后位，使其紧贴 IR，避免放大、失真。

3. 上臂下垂时，肩胛骨内缘垂直，外缘呈外上内下倾斜。

4. 背部紧贴 IR，肩胛骨冠状面基本与人体冠状面平行，身体不向患侧旋转以避免胸廓的更多重叠。

5. 中心线入射点为肩胛骨外侧缘中点内侧约 5cm，此处为肩胛骨中心。

### 2.21.4 标准图像显示

1. 显示野范围包括肩胛骨、肱骨近端、部分锁骨及肩部软组织。

2. 肩胛骨位于图像正中。

3. 肩胛骨呈正位影像，近似三角形。肩胛骨内缘垂直，外缘呈外上内下倾斜，上缘自内向外上轻度倾斜，延续到肩峰。肩峰、关节盂位于外上角，喙突位于关节盂上方。

4. 肩胛骨外下侧、内侧于胸廓内与肋骨、肺野重叠，但其边缘、骨质能清晰显示。

5. 肩胛骨骨纹理显示良好，软组织显示良好(图 6-2-92，图 6-2-93)。

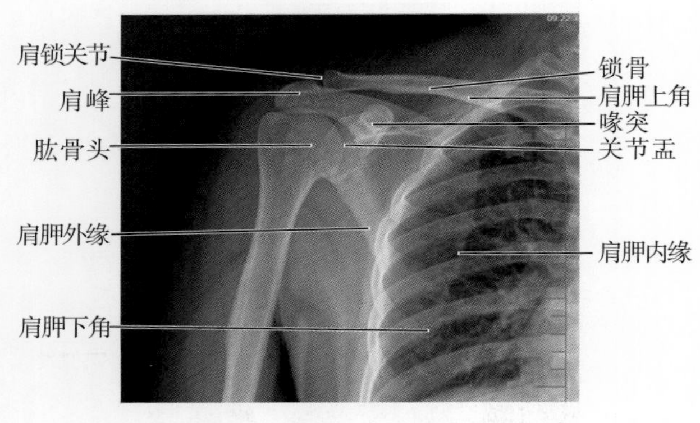


图 6-2-92 肩胛骨正位标准 X 线表现

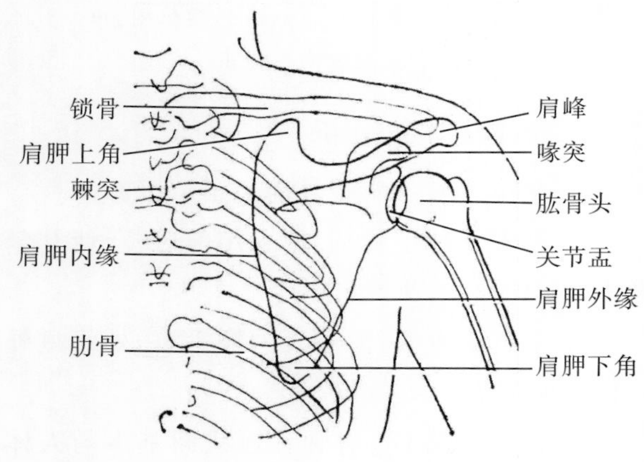


图 6-2-93 肩胛骨正位示意图

### 2.21.5 常见的非标准图像显示

1. 曝光条件不合适，采用过高的 kV，肩胛骨菲薄处显示不清，边缘无法辨认；kV 偏低，穿透不足，仅显示肩胛骨轮廓，肩胛骨上缘和外侧较厚部分骨质结构不能被显示。

2. 身体向被检侧旋转，肩胛骨与胸廓重叠程度增加。

3. 肩胛骨冠状位与 IR 不平行，图像显示肩胛骨变形，外缘结构（关节盂、喙突等）重叠于肩胛骨内。

4. 肩部未放平，肱骨未伸直，使肩胛下角向外旋转，肩胛骨内缘向外倾斜，肱骨上端与肩胛骨外侧骨质重叠。

### 2.21.6 注意事项

1. 注意掌握好曝光条件，由于肩胛骨不同的部分密度差较大，内侧菲薄，故不宜用过高的千伏进行投照。

2. 胸部不要向患侧旋转，避免胸廓与肩胛骨重叠增多。

3. 操作者应善于使用肩胛骨的体表标志，使肩胛骨置于显示野中央。

4. 避免被检侧肩部高耸、肱骨外展，否则导致肩胛骨影像变形、与肱骨上端重叠。

5. 患者站立位常更舒适，无法站立时，采用仰卧位投照。

## 2.22 肩胛骨外展位

### 2.22.1 应用

肩胛骨外展位（scapula extented postion）是肩胛骨正面方向的投影像。与肩胛骨正位比较，外展位使肩胛骨与胸廓相重叠的部分减少。通过上肢的外展，肩胛骨的外侧缘和外侧部分外移，肩胛下角沿冠状面向外旋转，故肩胛骨的大部分骨质能直接显示。应用范围与肩胛骨正位相同，即诊断肩胛骨外伤、肿瘤、炎症等病变，特别是在肩胛骨正位对病变显示欠佳的情况下，加照外展位很有必要。

### 2.22.2 体位设计

1. 被检者立于摄影架前或仰卧于检查床，面向 X 线管，背部紧贴 IR。

2. 胸部的冠状位与台面（IR）平行。

3. 被检侧上臂外展抬高，与躯干垂直，肘部屈曲呈 90°，掌心向前。

4. 以喙突为体表标志置于显示野中纵轴线上。

5. 中心线经喙突下方 5cm 垂直射入（图 6-2-94）。

6. 深吸气后屏气曝光。

7. 曝光因子：照射野 25cm × 28cm，65 ± 5kV，AEC 曝光，感度 280，中间电离室。

### 2.22.3 体位分析

1. 此位置显示肩胛骨前后正位投影像。

2. 肩胛骨位于背部，故采用前后位，使其紧贴 IR，避免放大、失真。

3. 上臂外展抬高,肩胛骨向外上移动,外缘与体轴平行,内缘呈外下斜。

4. 背部紧贴 IR,肩胛骨冠状面基本与人体冠状面平行,身体不向患侧旋转以避免胸廓的更多重叠。

5. 外展位肩胛骨体有一定的外移,喙突作为定位标志,可包括全部肩胛骨。

6. 中心线入射点为喙突下方 5cm,此点大致是肩胛骨中心。

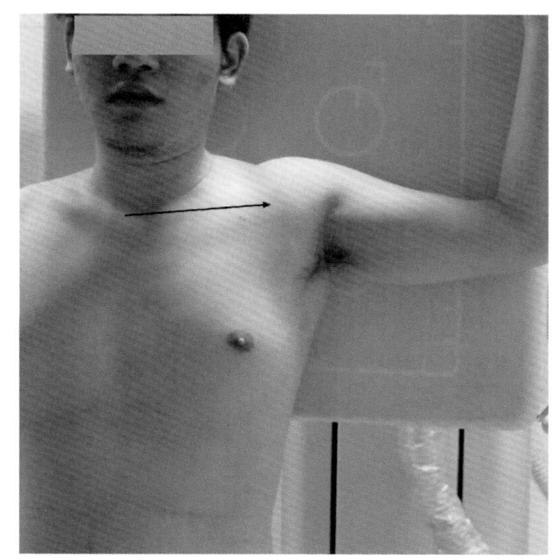

图 6-2-94 肩胛骨外展位摄影摆位图,中心线射入点和摄入方向已标出

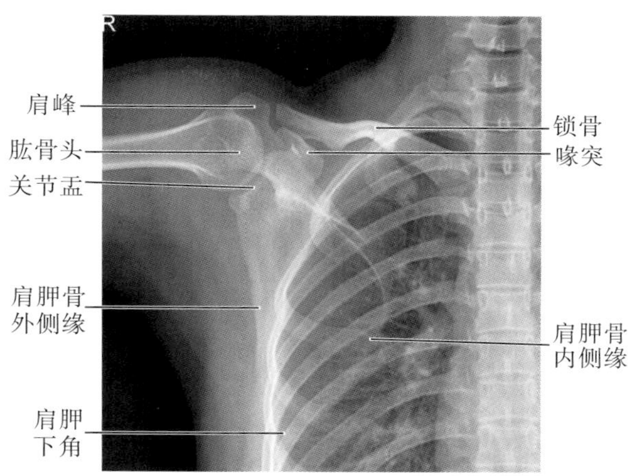


图 6-2-95 肩胛骨外展位标准 X 线表现

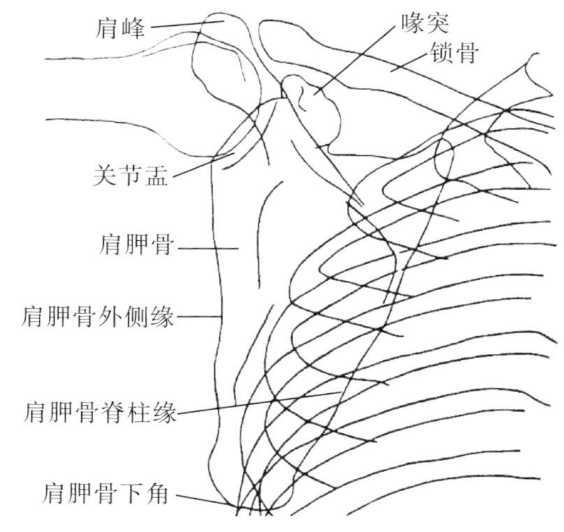


图 6-2-96 肩胛骨外展位示意图

### 2.22.4 标准图像显示

1. 显示野范围包括肩胛骨、肱骨近端、部分锁骨及肩部软组织。

2. 肩胛骨位于图像的正中。

3. 肩胛骨呈正位影像,肩峰、关节盂位于外上角,外缘与体轴平行,内缘呈外下斜。

4. 肩胛骨外侧部分与胸廓无重叠,肩锁关节间隙清晰,肩胛骨内侧于胸廓内与肋骨、肺野重叠,但其边缘、骨质能清晰显示。

5. 胸廓基本呈正位影像。

6. 图像对比度、清晰度良好,肩胛骨骨纹理显示清晰,软组织内脂肪线能显示(图 6-2-95,图 6-2-96)。

### 2.22.5 常见的非标准图像显示

1. 曝光条件不合适,采用过高的千伏,肩胛骨菲薄处显示不清,边缘无法辨认;千伏偏低,穿透不足,仅显示肩胛骨轮廓,肩胛骨上缘和外侧较厚部分骨质结构不能被显示。

2. 身体向被检侧旋转,肩胛骨与胸廓重叠程度增加。

3. 上臂未外展或外展不充分,肩胛骨外移不到位,大部分仍与胸廓重叠。

4. 肩胛骨冠状位与 IR 不平行,图像显示肩胛骨变形,外缘结构(关节盂、喙突等)重叠于肩胛骨内。

### 2.22.6 注意事项

1. 注意掌握好曝光条件，由于肩胛骨不同的部分密度差较大，内侧菲薄，故不宜用过高的千伏进行投照。

2. 胸部不要向患侧旋转，避免胸廓与肩胛骨重叠增多。

3. 操作者应善于使用肩胛骨的体表标志，使肩胛骨置于显示野中央。

4. 被检者上臂外展充分，前臂与肘关节动作规范，使肩胛骨能充分外移。

5. 患者站立位常更舒适，无法站立时，采用仰卧位投照。

## 2.23 肩胛骨侧位

### 2.23.1 应用

肩胛骨侧位（scapula lateral position）是肩胛骨侧面方向的投影像。肩胛骨位于胸廓后方，有肌肉等软组织与胸廓分开，故侧方肩胛骨不与胸廓骨质重叠。肩胛骨侧位能显示其前、后面的切缘，特别重要的是弥补正位，全面展示喙突、肩峰及两者之间的间隙，此间隙是肩袖重要组成结构冈上肌、血管和神经通过处，并位于肩关节囊附近。肩胛骨侧位用于观察外伤、骨折骨碎片前后移位情况，观察肩峰、喙突的情况；也用于肩袖损伤、肩关节造影。诊断中常与肩胛骨正位联合摄影。

### 2.23.2 体位设计

1. 被检者立于摄影架前，面向 IR。

2. 被检侧上肢向前、然后上举抱头，对侧手置于腰部，身体呈前斜位（倾斜方向为被检侧向后，对侧向前）。

3. 身体冠状面与 IR 呈约 45°～60°，触摸肩胛骨内、外侧缘，调整身体旋转度，使肩胛骨体部内、外侧缘连线垂直 IR，被检侧肩胛骨外侧及肩部紧贴 IR。

4. 中心线经肩胛骨内侧缘中点垂直射入（图 6-2-97）。

5. 平静呼吸下屏气曝光。

6. 曝光因子：照射野：28cm × 25cm，75 ± 5kV，AEC 曝光，感度 200 或 280，中间电离室，0.1mm 铜滤过。

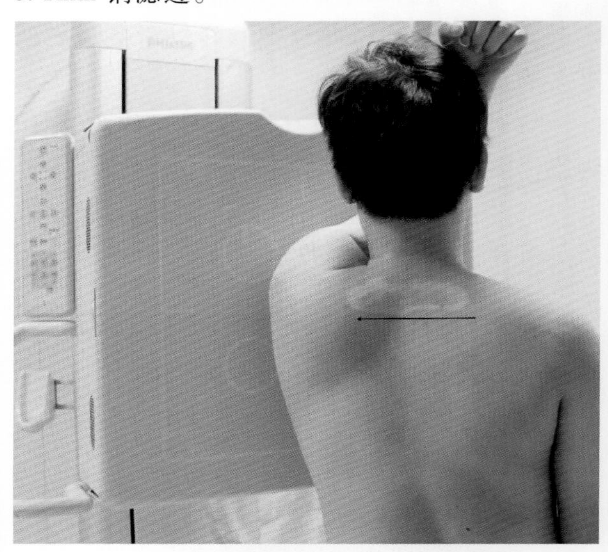

图 6-2-97 肩胛骨侧位摄影摆位图，中心线射入点和摄入方向已标出

### 2.23.3 体位分析

1. 此位置显示肩胛骨内外侧位投影像。

2. 被检侧上肢先向前，再上举包头，使肩胛骨体部与肱骨无重叠，肩胛骨体部与肋骨之间的距离拉开。

3. 如重点观察冈上肌出口，则被检侧上肢下垂，肩胛骨体部与肱骨重叠，有利于肩峰及喙突的显示。

4. 肩胛骨与冠状面的夹角约 30°～40°，需身体向患侧旋转适当角度使被检侧肩胛骨呈侧面观。

5. 肩胛骨位于背部体表，照片时可通过观察、触摸，使肩胛骨冠状面与 IR 垂直。

5. 中心线入射点为肩胛骨内侧缘中点，肩胛骨内侧缘于体表处容易观察、辨认。

### 3.23.4 标准图像显示

1. 显示野范围包括肩胛骨及其背侧软组织、肱骨上端、部分肋骨、部分锁骨。

2. 肩胛骨位于显示野中央区，肩胛骨体部侧面投影与显示野长轴平行。

3. 肩胛骨呈侧位影像,肩胛骨内、外侧缘重叠,前面和后面呈切线位显示,肩胛骨与肋骨无重叠。肩峰与喙突分别向后、向前突起,呈"杈状",肱骨头重叠于其间。

4. 肩胛冈上缘呈切线位显示,边缘锐利,延续至肩峰,其前方是冈上窝底与喙突延续。

5. 图像对比度、清晰度良好,肩胛骨骨纹理显示清晰,软组织内脂肪线能显示(图 6-2-98, 图 6-25-99)。

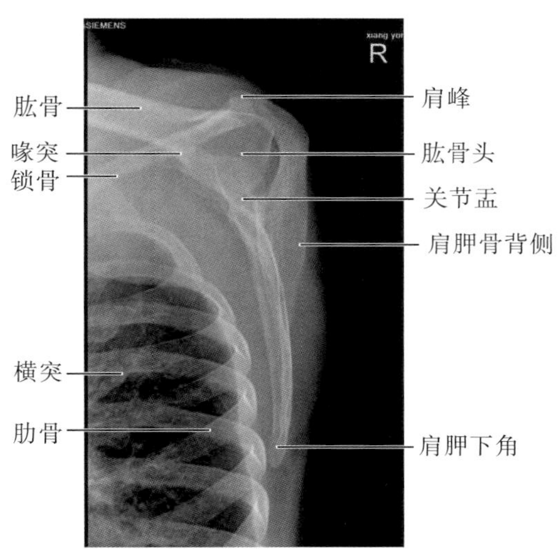


图 6-2-98 肩胛骨侧位标准 X 线表现

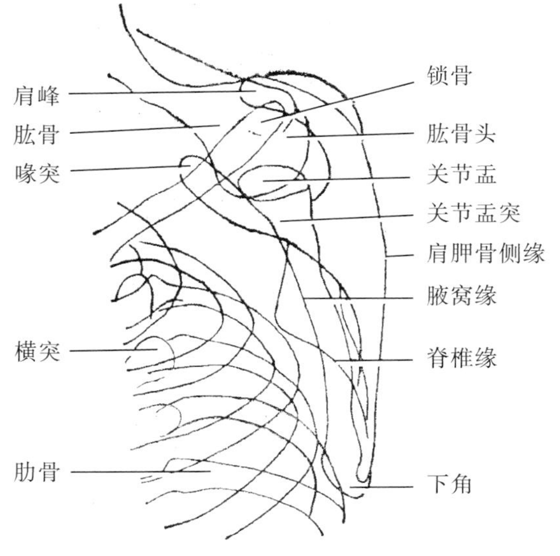


图 6-2-99 肩胛骨侧位示意图

### 2.23.5 常见的非标准显示

1. 肩胛骨前、后面未与 IR 垂直,肩胛骨在图像上呈斜位,肩胛骨前、后面切缘不能显示(图 6-2-100)。

2. 前臂动作不规范,肩胛骨体部与肋骨靠近,部分重叠。

3. 中心线未与肩胛骨体前、后面平行,使肩胛骨呈斜位,与轴位结构重叠,冈上肌出口显示不不标准。

4. 采用 AEC 曝光时,探测点靠近边缘导致曝光量不足,噪声大,骨纹理显示不清。

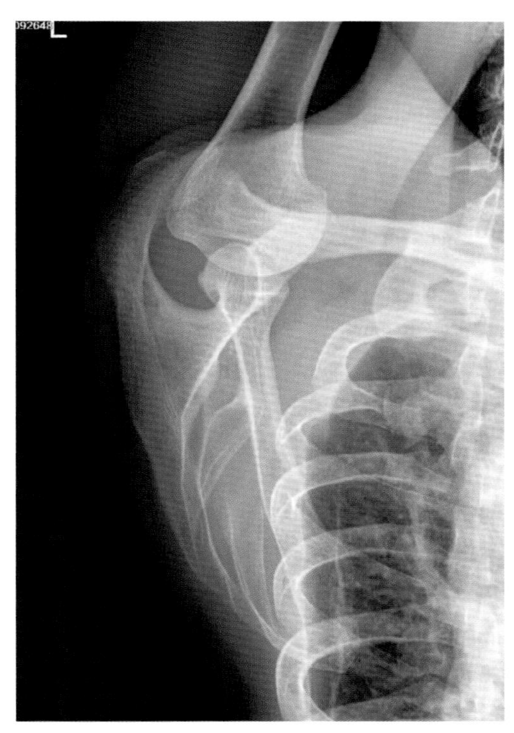


图 6-2-100 肩胛骨呈斜位

### 2.23.6 注意事项

1. 注意使上臂向前、上举包头,肩胛骨外侧缘紧贴 IR。

2. 当被检者患侧手不能举高时,患侧手可尽量绕身前抱住对侧腰部或仅将上肢垂于体侧。

3. 肱骨的位置将影响身体旋转的程度。

3. 无法站立时，可仰卧斜位，患侧抬高投照。

4. 肩胛骨位于体表，可通过目测使其与 IR 垂直。

## 2.24 冈上肌出口位

### 2.24.1 应用

冈上肌出口位（supraspinatus outlet position）是诊断肩峰下撞击综合征（shoulder impingement syndrome，SIS）的重要的摄影位置。冈上肌出口又称肩峰下间隙，上缘是喙肩弓（肩峰、喙肱韧带和喙突构成），底部为肱骨大节结和肱骨上缘，前后分别为喙突和肩峰突，内含冈上肌腱。肩峰下撞击综合征在临床较常见，患者多存在解剖结构缺陷或过度运动，在上臂前屈、外展时，肱骨大节结和喙肩弓反复撞击，引起肩峰下滑囊炎，冈上肌腱退行性变等一系列病变和相应的临床表现。该摄影位置能显示肩峰和喙突形态及肩峰下间隙（冈上肌出口），能对病变进行分型、测量冈上肌出口大小，同时能显示肩峰前缘骨化、肩峰前内侧缘骨刺（喙肩韧带钙化），以及肱骨骨质增生、锁骨远端下方的骨刺。也用于诊断肩峰骨折、其他病变等。

### 2.24.2 体位设计

1. 患者立于摄影架前，被检侧肩部外侧贴近 IR。

2. 被检侧上肢自然下垂，身体面向 IR 呈前斜位（倾斜方向为被检侧向后，对侧向前倾斜。

3. 人体冠状面与 IR 呈约 45°～60°，触摸肩胛骨内、外侧缘，调整身体旋转度，使肩胛骨体部内、外侧缘连线垂直 IR。

4. 肱骨头上缘置于显示野中央区域。

5. 中心线向足侧倾斜 10°～15°经肱骨头上缘射入（图 6-2-101）。

6. 平静呼吸下屏气曝光。

7. 曝光因子：照射野 35cm × 28cm，80 ± 8kV，AEC 曝光，感度 200 或 280，中间电离室，0.2mm 铜滤过。

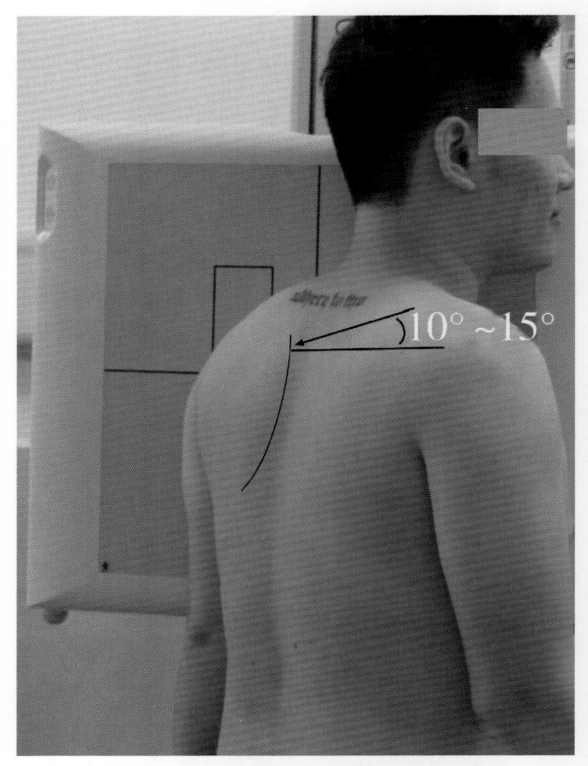


**图 6-2-101** 冈上肌出口位摄影摆位图，肩胛骨内侧缘（以弧线）和中心线入射点、如射方向（箭头）已标出

### 2.24.3 体位分析

1. 此位置显示肩胛骨冈上肌出口方向投影像。

2. 肩胛骨的喙突、肩峰构成的平面与人体冠状面的夹角约 30°～40°，因此必须身体冠状面与 IR 呈约 45°～60°方能获得冈上肌出口的图像。

3. 肩胛骨体部在标准的侧位时，冈上肌出口的全貌形似字母“Y”，“Y”的下半部是肩胛骨体部和肱骨上缘，关节盂为“Y”的交叉点，冈上肌出口区指 Y 型的上半部分，由肩峰和喙突组成的夹角区（冈上窝）。

4. 冈上肌出口的底部内高外低，呈 10°～15°，所以中心线向足侧倾斜一定角度，能将冈上肌出口充分显示。

5. 中心线入射点为肱骨头上缘，即为冈上肌出口的底部。

### 2.24.4 标准图像显示

1. 显示野范围包括肩胛骨及其背侧软组织、肱骨上端、部分肋骨、部分锁骨。

2. 肩胛骨呈侧位影像，肩峰和喙突形成“Y”结构的上半部分，并几近对称。

3. 肱骨头上缘位于冈上肌出口的底部，与冈上肌出口区无重叠，而与关节盂重叠。

4. 肩胛骨体部呈标准侧位，内、外侧缘重叠呈切线位显示，肩胛骨与肋骨无重叠。

5. 锁骨外侧与肩峰端位于冈上肌出口的上方。

6. 肩胛骨骨纹理显示良好，软组织显示良好（图6-2-102，图6-2-103）。

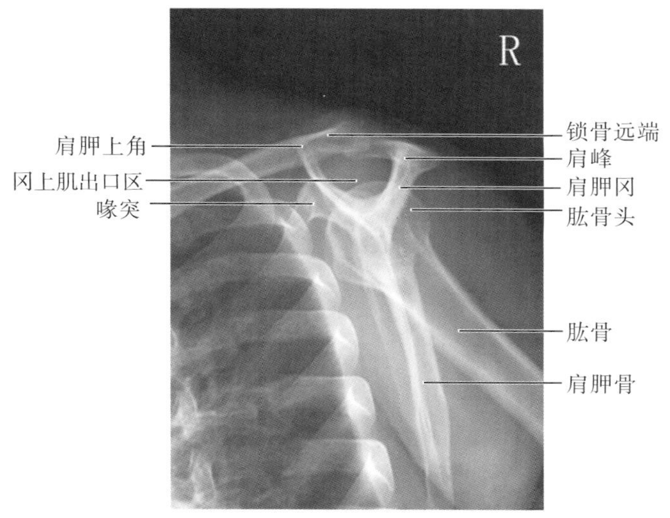


图6-2-102 冈上肌出口位X线表现

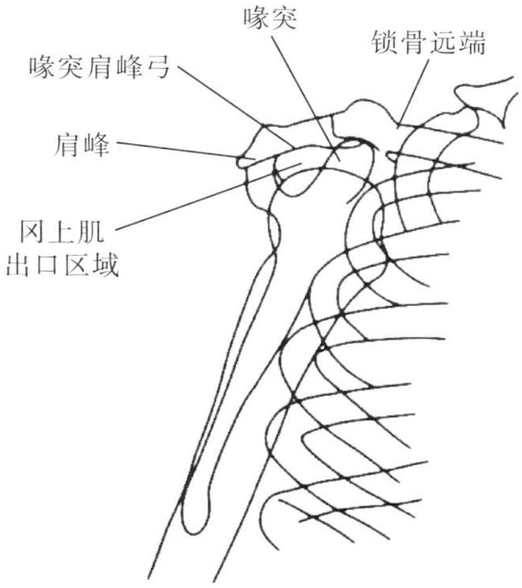

喙突
锁骨远端
喙突肩峰弓
肩峰
冈上肌
出口区域

图6-2-103 冈上肌出口位显示图

### 2.24.5 常见的非标准图像显示

1. 人体冠状面与IR夹角不适当，冈上肌出口平面与IR不平行，图像上冈上肌出口较实际的出口小或缩短变形（图6-2-104）。

2. 中心线向足侧倾斜角度不准或者入射点不准确，肱骨头投影上移或下移，冈上肌区显示不充分（图6-2-105）。

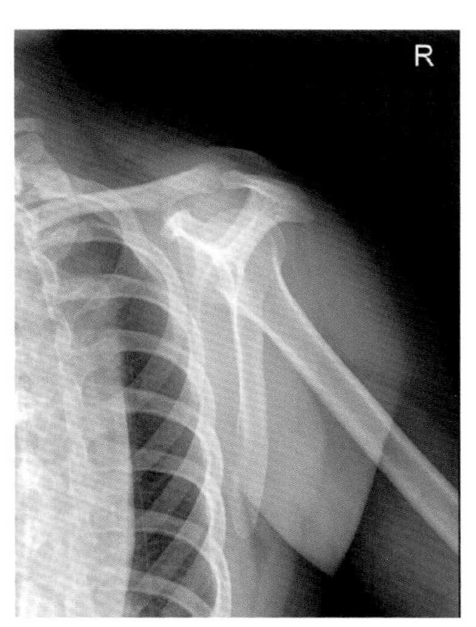


图6-2-104 冠状面倾斜角度不准确

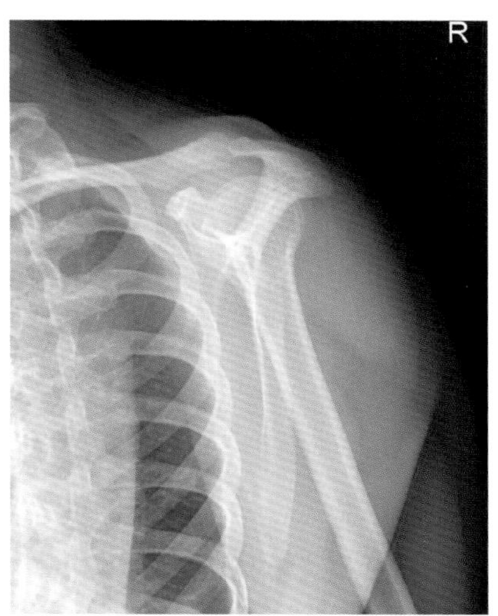


图6-2-105 中心线不准确，肱骨头位置上移冈上肌出口变形、失真

3. 摄影的曝光条件不适当,分辨率、对比度不佳,细节不能显示。诊断中难以观察到肩峰下撞击综合征的病变:轻度的骨质增生、不全骨折、软组织钙化等。

### 2.24.6 注意事项

1. 上臂稍后移以减少肱骨与肩胛骨体部重叠。

2. 操作者摄影前需充分理解冈上肌出口的方向,使出口平面尽可能平行 IR。

3. 肩部下垂会导致向足侧倾斜的角度增大。

4. 无法站立时,可仰卧斜位,患侧抬高投照。

5. 肩峰的形态、位置、与肱骨之间的距离是肩峰下撞击综合征的分型根据。冈上肌出口的大小、细微的骨质病变、软组织改变均是诊断根据。故图像应符合标准,避免漏诊、过诊等不良情况。

(李知胜　郑晓林)

## 参考文献

[1]柏树令.系统解剖学.5版.北京:人民卫生出版社,2001.

[2]孙建军,刘跃程.肘关节侧位非规范体位摄片对细微骨折诊断的影响—附856例肘关节侧位X线片分析.四川医学,20:5,26(11):1268-1269.

[3]李向阳,许跃琦.肱骨X线侧位投照新方法—反向穿胸位.中国医学影像技术,2007,23(12):1783-1784.

[4]郑卫东,庄儒耀,陈显恩,等.锁骨轴位改良投照技术的临床应用.实用医技杂志,2006,13(4):504-505.

[5]郭振青.肩关节运动损伤的特殊X线摄影体位应用价值研究.中国康民医学,2012,24(16):1949-1950.

[6]张晓飞,赵宏光,戴苏华.直接数字化X线摄影对肩峰下撞击综合征的诊断价值.实用医学影像杂志,2012,13(3):153-154.

[7]梁红,钟易.冈上肌出口位X线片肩峰—肱骨头间距离在肩袖损伤中的意义.广西医学,2013,8:1039-1042.

# 第7章 下肢

# 第1节 应用解剖与定位标记

## 1.1 应用解剖

下肢骨分为下肢带骨(lower limb gridle)和自由下肢骨(bone of free lower limb)两部分。下肢带骨即髋骨(hipbone),是不规则骨,从后外上向前内下。上部扁平宽阔,中部窄厚,外侧面朝外下方有一深窝及髋臼(acetabulum),下部有一孔即闭孔(obturator formamen)。在发育过程中髋骨由髂骨(iliac bone)、耻骨(pubis)和坐骨(ischium)构成,融合于髋臼处。髂骨分髂骨翼(wing of ilium)和髂骨体(corpora ossis ilium)两部分,髂骨翼为大盆腔(下腹部)的骨性壁,上缘前段的突起呈髂前上棘(anter-superior thorn of ilium),其后约6cm处的突起称髂结节(ilium tuber),髂棘后端的突起为髂后下棘(post-inferior thorn of ilium),髂骨翼后下方有耳状关节面(ear-like articular surface),与骶骨外侧面形成关节。髂骨体较厚,内侧面从后上到前下的钝圆形突起称为弓状线(lineae arcuata),外侧面有髋臼。耻骨位于髋骨前下部,分为耻骨上、下支(rami superior ossis pubis and rami inferior ossis pubis),上支上缘的线状突起称为耻骨梳(pecten ossis pubis),内侧终止于耻骨结节(tubercula pubicum)。耻骨上、下肢于内前融合,围成闭孔,双侧的融合面形成耻骨联合(symphysis ossium pubis)。坐骨位于髋骨的后下部,分为坐骨体(corpora ossis ischii)和坐骨支(rami ossis ischii)。坐骨体后缘垂直,下部有较粗大的结节突起即坐骨结节(tubercula of ischii),坐骨支向前内侧与耻骨下支相连。坐骨后缘中部呈较尖的棘状,其上下方分别有坐骨大切迹(incisurae ischiadca major)和坐骨小切迹(incisurae ischiadca small),均有肌肉、神经和血管通过。

自由下肢骨包括股骨(femur)、髌骨(patella)、胫骨(tibia)、腓骨(fibula)及7块跗骨(tarsale)、5块跖骨(metatarsus)和14块趾骨(phalanx)。自由下肢骨经髋关节(hip joint)与髋骨相连。髋关节由髂骨髋臼和股骨头球状关节面构成,为身体最强大、最稳定的关节,髋臼窝较深,包绕股骨头的大部分,并有强大的韧带、肌肉加以稳定。股骨位于大腿,为身体最大的长骨,上端为股骨头(caput femoris),其下为较细的股骨颈(neck of femur),向外下走向,略偏前。下端接股骨干(shaft femur),股骨颈与股骨干之间形成约135°夹角,称干颈角(shaft-neck angle)。股骨干上段外侧和内后侧分别有大转子(trochanter major)和小转子(trochanter small),为肌腱附着处。股骨干略有向前弯曲,含有滋养孔、血管沟等。下端内外侧均有结节状突起,上方一对为内上髁(epicondylus medialis)、外上髁(lateral epicondyle),下方的一对为内侧髁(interal condyle)、外侧髁(external condyle)。股骨下端前后略扁平,前面有光滑的髌骨关节面,后面有凹陷成为髁间凹。股骨下端膝关节关节面,膝关节(knee joint)由股骨下端、胫骨上端和髌骨构成,内有半月板(meniscus)、前、后交叉韧(anterior cruciate ligament and posterior cruciate ligament)带等附属装置,两侧有内、外侧副韧带(medial collateral ligament and lateral collateral ligament)加强。髌骨位于股骨下端的前面,上宽下窄,由髌韧带(ligamentum patellae)包绕。胫腓骨位于小腿,胫骨上端的关节面称为胫骨平台(tibial plateau),之间的隆起称为髁间隆起(intercondylar eminence)。胫骨上端两侧膨大称为内、外侧髁，前面的隆起称为胫骨粗隆（tuberositas tibiae），骨干有滋养孔、血管沟。下端的关节面为踝关节面，内侧向下突起，即为内踝（internal ankle）。腓骨位于胫骨的外侧，骨干较细，上、下端内侧面与胫骨相连，为胫腓少动关节即胫腓关节。腓骨下端外侧向下突起称为外踝（external ankle）。7 块跗骨分别为后排上方的距骨（huckle bone）、下方的跟骨（calcaneus），中间的足舟骨（foot navicular bone），前排内侧楔骨（internal coneiform bone）、中间的楔骨（meddle coneiform bone）、外侧的楔骨（external coneiform bone）及其外侧、跟骨前方的骰骨（cuboid bone）。踝关节（ankle joint）又称距小腿关节（talocrural joint）由胫腓骨下端和距骨滑车构成。跗骨间关节包括跟距关节（calcaneus huckle joint）、跟舟关节（calcaneus navicular joint）和跟骰关节（calcaneus cuboid joint）、楔舟关节（coneifor navicular joint）、楔骰关节（coneifor cuboid joint）等。1～5 块跖骨由内向外排列，体积逐渐减小，分为底、体、头。跖骨底部与楔骨和骰骨形成跗跖关节（tarsale metatarsus joint），跖骨头部与趾骨形成跖趾关节（metatarsus phalanx joint）。第 1 趾骨为 2 节，第 1～5 趾骨为 3 节，近、中节趾骨分为底、体、滑车，远侧趾骨分为底、体粗隆，其间的连接称为趾骨间关节（interphalanx joint）。

下肢骨的投照原则与上肢骨大致相同，需要严格核对左右、选择合适的部位，对严重骨折患者不得随意搬动，以免诱发血管内脂肪栓塞发生。婴幼儿及儿童拍片更需规范，防止误诊、漏诊。

## 1.2 体表标志

1. 髂前上棘：髂骨嵴最前端的突起，体表能触及，用于髋关节和股骨头的定位即髂前上棘与耻骨联合上缘连线的中垂线外下 2.5cm 处为髋关节间隙；其外下 5cm 处为股骨头中心。也为骨盆测量的解剖标志。

2. 髂后上棘：髂骨嵴后端的突起，为骨盆测量的解剖标记。

3. 耻骨联合和耻骨结节，为盆腔正中的最下部，用于腹部正位、盆腔正位摄影下缘的定界。也用于与其他结构作连线用。

4. 坐骨结节：坐骨后下的粗大隆起，为盆腔后下部的界线。

5. 股骨大转子：股骨干上端最外侧，与耻骨联合在同一水平线上。

6. 髌骨可在膝关节前面皮下触及，髌骨下缘为膝关节间隙水平。

7. 胫骨粗隆：胫骨上端前面的隆起，为股四头肌腱附着处。

8. 腓骨头：腓骨上端向外侧的突起，稍下方有腓总神经通过。

9. 内踝：胫骨下端向内下的突起。

10. 外踝：腓骨下端外侧突起，外踝比内踝略低。内外踝连线为踝关节的关节面。

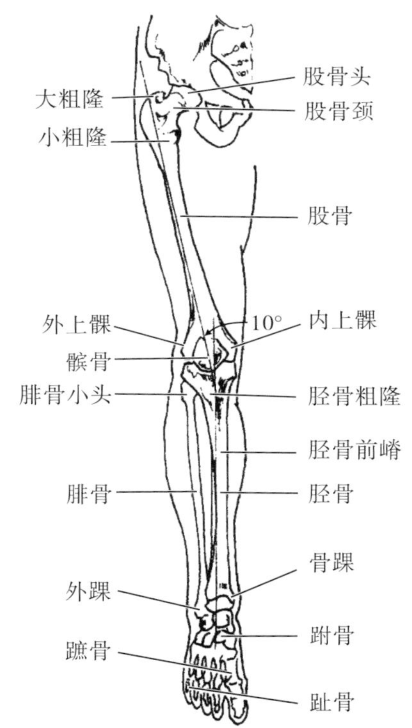


图 7-1-1　下肢解剖图

## 1.3 体表定位

1. 股动脉博动点：深面为髋关节间隙。

2. 腘窝横纹：在腘窝呈横行的皱纹，作为膝关节后面的定位标志。

# 第2节　下肢各部位摄影技术

## 2.1　足正位

### 2.1.1　应用

足正位(foot orthophoria)是足部的正位投影像,显示第1～5各节趾骨、跖骨和楔骨、骰骨、足舟骨,显示趾间关节、跖趾关节、跗跖关节,足部软组织。用于外伤性和病理性骨折,关节脱位,炎症(类风湿性关节炎、创伤性关节炎、骨关节结核等),肿瘤,代谢性疾病如骨质疏松、痛风结节、糖尿病足,先天性发育异常等的诊断。

### 2.1.2　体位设计

1. 被检者坐或仰卧于摄影床上,被检侧膝关节屈曲,足踏床面。

2. 足部长轴平行照射野长轴。

3. 足伸直,足底部紧贴床面。

4. 中心线向足跟侧倾斜10°～15°经第3跖骨基底部射入(图7-2-1)。

5. 曝光因子:照射野24cm×18cm,50±3kV,4～5mAs。

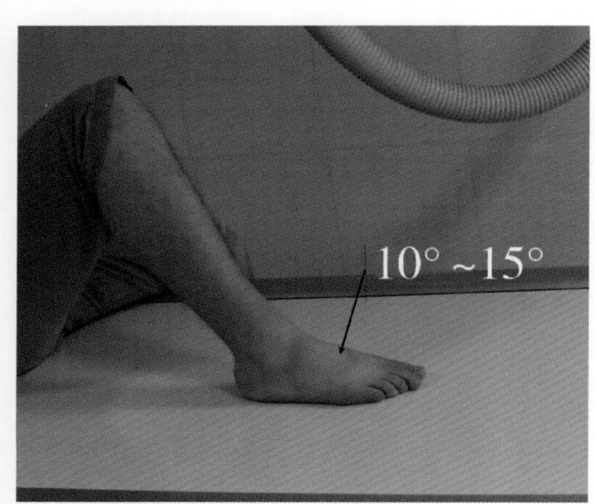


图7-2-1　足正位摄影摆位图,中心线入射点和入射方向已标出(箭头)

### 2.1.3　体位分析

1. 此位置显示足部前后正位投影像。以跖骨和趾骨呈正位投影像为主。

2. 足的后部结构,跟骨、距骨相互重叠,前部的跗骨即楔骨、骰骨能够清楚显示。

3. 于冠状面第1～5跖骨不在同一平面上,第1跖骨基底部与楔骨关节处位置较高,向外逐渐降低,即第5跖骨与骰骨之间的关节位置最低。

4. 足部内侧足弓较外侧足弓夹角小。

5. 鉴于以上解剖特点,足部第1～5跖骨并列显示,第3～5跖骨近端基底部稍有重叠。

6. 由于纵向足弓的存在,中心线需向足跟倾斜10°～15°或者足前部垫高10°～15°。

7. 中心线入射点为第3跖骨基底部,基本位于足部中部。

### 2.1.4　标准图像显示

1. 显示野范围包括跖趾骨、跗骨及足部软组织。

2. 足部长轴平行照射野长轴。

3. 第1、2跖骨基底部分离,第2～5跖骨基底部有所重叠。诸跖骨基底部远侧部分和趾骨均呈正位,不重叠,各跖趾关节清晰显示。

4. 舟距关节与骰跟间隙显示良好,跗骨间关节显示欠佳。

5. 足部诸骨骨纹理清晰显示,软组织显示良好(图7-2-2,图7-2-3)。

### 2.1.5　常见的非标准图像显示

1. 足部长轴不与IR长轴平行,摆位不规范。

2. 足外旋,第2～5跖骨基底部和近段重叠,骰骨与楔骨重叠,影响观察(图7-2-4)。

3. 足内旋，第 1～3 跖骨基底部重叠，影响观察。

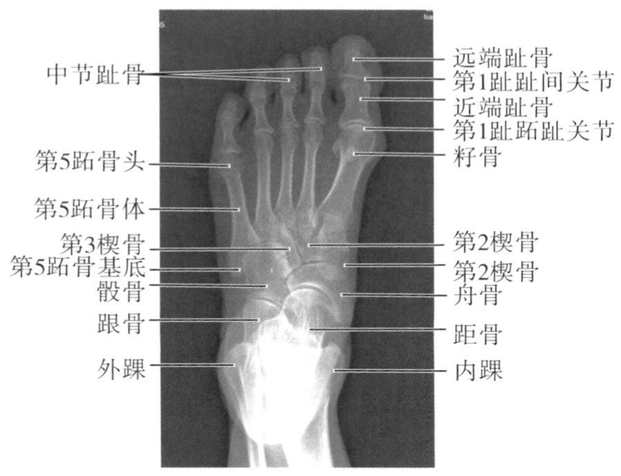


图 7-2-2　足正位标准 X 线表现

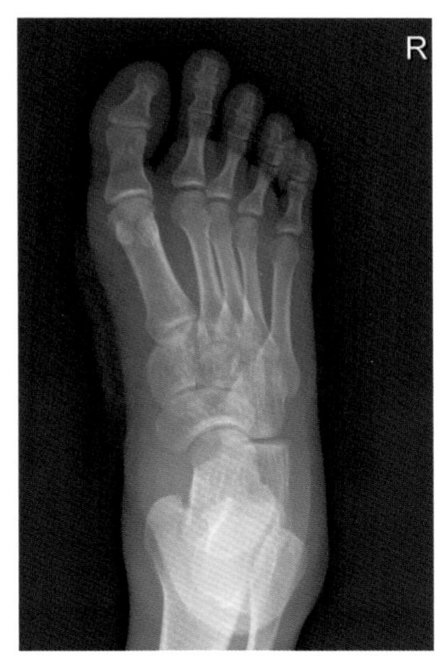


图 7-2-4　跖骨基底重叠过多

2.1.6　注意事项

1. 注意摆位规范，使足纵轴与显示野长轴平行。

2. 足底完全踏在台面上，保持位置稳定、标准。

3. 中心线倾斜的角度依被检者纵向足弓高低而定，足弓较高者，应倾斜约 15°，足弓低者仅倾斜约 5°。

4. 未向跟骨侧倾斜中心线，跖骨变形缩短，跗骨重叠程度增大。

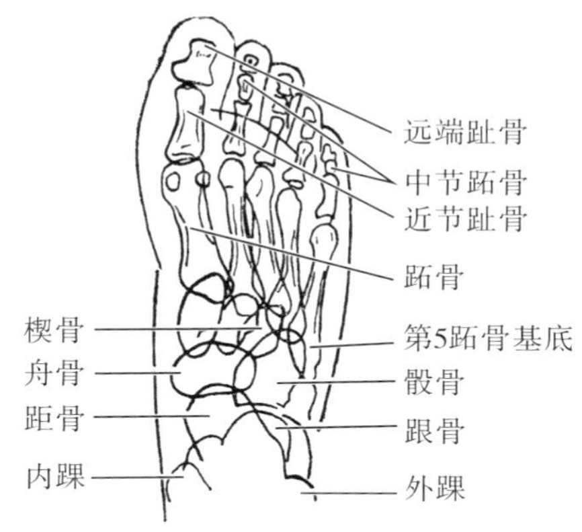


图 7-2-3　足正位示意图

4. 观察异物时中心线不倾斜，应垂直投照，能够正确判断异物位置。

## 2.2　足内侧斜位

### 2.2.1　应用

足内侧斜位（foot inside oblique position）为足部从外前到内后方向的斜位投影像。观察骰骨及其第 3～5 跖骨基底部和相邻的关节，显示跗骨无变形失真。从与足正位不同方向观察骨质、关节与软组织。足内侧斜位常与足正位联合使用。用于外伤性和病理性骨折、关节脱位、炎症、肿瘤、代谢性疾病等的诊断。

### 2.2.2　体位设计

1. 被检者坐或仰卧于摄影床上，被检侧膝关节屈曲。

2. 足踏床面，足部长轴平行照射野长轴。

3. 被检侧足向内倾斜，外侧抬高，足底面与床面成 30°～40°角，使足背面平行床面，足底部内侧紧贴床面。

4. 中心线经第 3 跖骨基底部垂直射入（图 7-2-5）。

5. 曝光因子：照射野 24cm × 18cm，52 ± 3kV，4～5mAs。

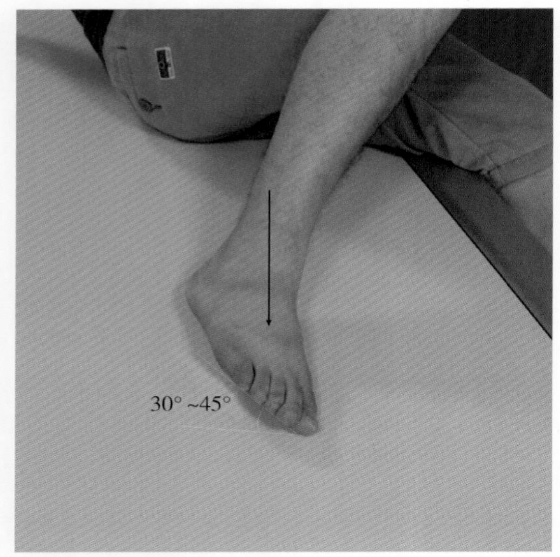


图 7-2-5 足斜位摄影摆位图，中心线的入射点的方向已标出

### 2.2.3 体位分析

1. 此位置显示足部内斜位投影像。

2. 足底与足背在解剖上呈内高外低排列，足呈内斜位时，第 1 ~ 5 跖骨和趾骨及各关节接近位于同一平面。故足内斜位实际上是纠正了足背内高外低侧倾斜，使足背能与 IR 接近平行，第 2、4、5 跖骨基底部不重叠。

3. 使足底面与床面成 30° ~ 40°角，才能使第 4 ~ 5 跖骨基底部并列显示。

4. 内斜位使骰骨与其他跗骨、跟骨无重叠，完全显示于投影方向，故此位置能清晰显示全部的骰骨和跟骰关节、跖骰关节、骰楔关节、骰舟关节。

4. 中心线入射点为第 3 跖骨基底部，于足部的中点。

### 2.2.4 标准图像显示

1. 显示野范围包括跖趾骨、全部跗骨及足部软组织。

2. 足部长轴平行照射野长轴。

3. 第 3 ~ 5 跖骨无重叠，第 1、2 跖骨基底部有所重叠。

4. 各跖骨无缩短变形，跖趾关节间隙清晰。各足跗骨间关节显示尚佳。

5. 骰骨全面显示，周围关节间隙即跟骰关节、跖骰关节、骰楔关节、骰舟关节显示清晰。

6. 足部诸骨骨纹理清晰显示，软组织显示良好（图 7-2-6，图 7-2-7）。

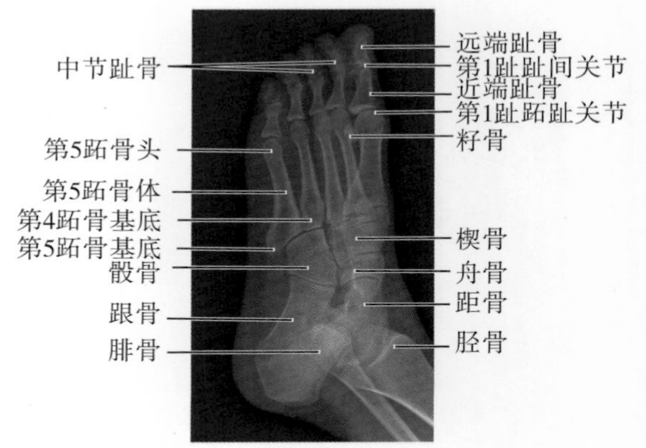


图 7-2-6 足斜位标准 X 线表现

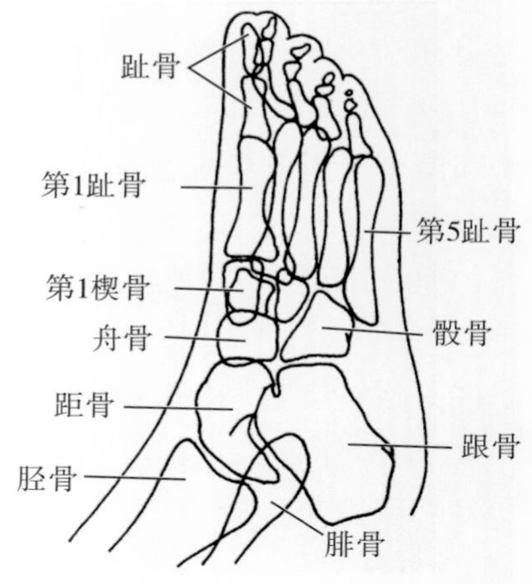


图 7-2-7 足斜位示意图

### 2.2.5 常见的非标准图像显示

1. 足部长轴与显示野不平行，摆位不规范。

2. 足内旋角度不足，跖骨基底部有重叠，骰骨未全面显示，表现为变形缩短，与舟骨和楔骨重叠（图 7-2-8）。

3. 足过度内旋，第 1、2 跖骨重叠过多。

4. 足位置不稳定，图像不清晰。

5. 曝光条件掌握不适当，远侧趾骨穿透，显示不清。

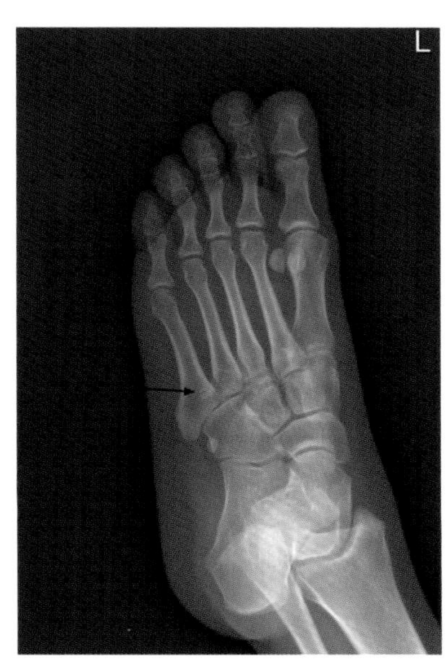


图7-2-8　第4、5跖骨基底部重叠

### 2.2.6　注意事项

1. 注意摆位规范，是足部长轴与显示野长轴平行。

2. 足部向内倾斜的角度依横向足弓大小而定，使足背面平行床面。

3. 增加足内斜位的稳定措施，保持足部在静止状态。

4. 掌握好曝光条件，使足部结构均能清晰显示。

5. 了解临床检查目的，需要重点观察第1、2跖骨及楔骨间关节时需照足外斜位。可疑骰骨骨折或病变，建议加照此位置。

## 2.3　足外侧斜位

### 2.3.1　应用

足外侧斜位(foot outside oblique position)为足部从内前到外后方向的斜位投影像。能显示第1、2跖骨全貌及之间的关节间隙、跖楔关节间隙，以便观察第1、2跖骨及相邻关节情况。足外侧斜位常与足正位联合使用。用于外伤性和病理性骨折，关节脱位，炎症，肿瘤，代谢性疾病等的诊断。

### 2.3.2　体位设计

1. 被检者坐或仰卧于摄影床上，被检侧膝关节屈曲，足底踏床面。

2. 足部长轴平行照射野长轴。

3. 被检侧足向外倾斜，足底部外侧紧贴床面，内侧抬高，足底面与床面成30°角。

4. 中心线经第3跖骨基底部垂直射入(图7-2-9)。

5. 曝光因子：照射野24cm × 18cm，52 ± 3kV，4 ~ 5mAs。

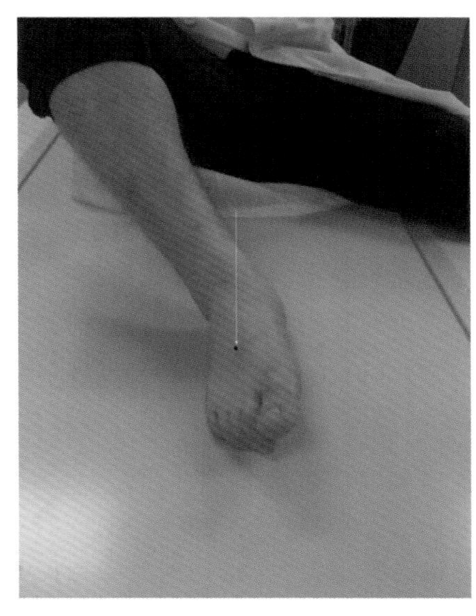

图7-2-9　足外斜位摄影摆位图，中心线的射入点和射入方向已标出

### 2.3.3　体位分析

1. 此位置显示足部外斜位投影像。

2. 足部1 ~ 5跖骨大部并列显示，该位置足的倾斜方向与内斜位相反，第1、2跖骨基底部能分开，消除两者近段之间的重叠，故能清楚的显示第1、2跖骨全貌及之间的关节间隙。

3. 跖楔关节间隙，以便观察第1、2跖骨及相邻关节情况。

4. 中心线入射点：第3跖骨基底部。

### 2.3.4　标准图像显示

1. 显示野范围包括跖趾骨、全部跗骨及足

部软组织，

2. 足部长轴平行照射野长轴。

3. 第1、2跖骨全面显示，无变形缩短，第1、2跖骨基底部无重叠。

4. 第3～5跖骨重叠，各足跗骨间关节显示尚佳。

5. 第1楔骨全面显示，跖楔关节、楔骨间关节、舟楔关节间隙显示清晰。

6. 足部诸骨骨纹理清晰显示，软组织显示良好（图7-2-10）。

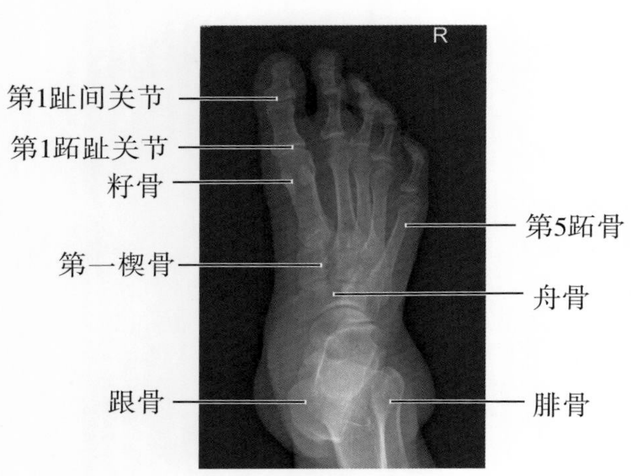


**图7-2-10** 足外斜位标准X线表现

### 2.2.6 注意事项

1. 注意摆位规范，是足部长轴与显示野长轴平行。

2. 足部向内倾斜的角度依横向足弓大小而定，使第1、2跖骨处于同一平面上并平行床面。

3. 增加足外斜位的稳定措施，保持足部在静止状态。

4. 掌握好曝光条件，使足部结构均能清晰显示。

5. 了解临床检查目的，需要重点观察第1、2跖骨及楔骨间关节时需用该位置。可疑第1楔骨及其周围关节骨折、脱位或病变时，建议加照此位置。

### 2.3.5 常见的非标准图像显示

1. 摆位不规范，足部长轴与显示野长轴不平行。

2. 足外旋角度过大，第1、2跖骨基底重叠，第1楔骨与其余跗骨重叠。

3. 足部近似侧位，第2跖骨与第3～5跖骨重叠（图7-2-11）。

4. 足位置不稳定，图像不清晰。

5. 曝光条件掌握不适当，远侧趾骨穿透，显示不清。

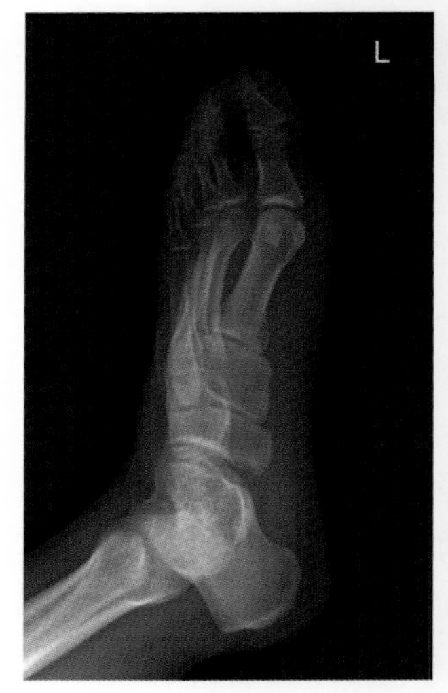


**图7-2-11** 足部近似侧位，第2跖骨重叠

## 2.4 足外侧位

### 2.4.1 应用

足外侧位（foot outside lateral position）为足的从内向外的侧位投影像。能观察足部骨质排列状态，从侧方显示整体的跟骨、距骨、舟骨。用于了解骨折碎片移位方向、断端对位对线情况，关节脱位方向等。能显示皮肤到骨质的距离，可用于足内异物定位。也用于足畸形的诊断和测量足内侧弓和外侧弓大小。

### 2.4.2 体位设计

1. 被检者坐于摄影床上，被检下肢腓侧向下，以侧位姿势平置于摄影床上。

2. 足长轴与显示野长轴平行。

3. 足外侧贴紧床面,足底平面垂直摄影床。

4. 足部呈自然屈曲位置。

5. 中心线垂直经足中部射入(图 7-2-12)。

6. 曝光因子:照射野 24cm × 18cm,52 ± 3kV,4 ~ 5mAs。

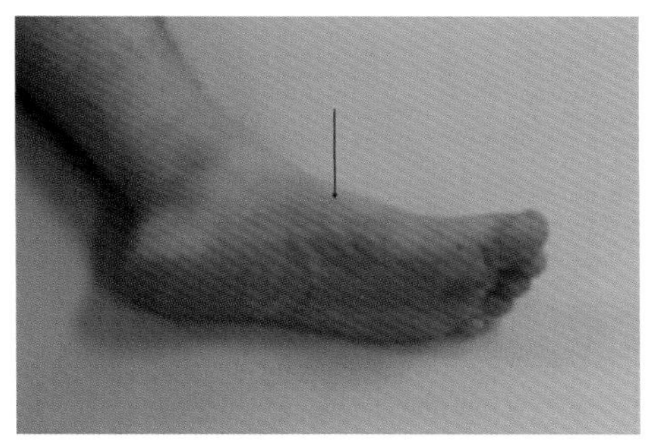

图 7-2-12 足侧位摄影摆位图,中心线射入点和摄入方向已标出

### 2.4.3 体位分析

1. 此位置为足的外侧位投影像。

2. 足部具有行走、活动、负重等重要功能,构成骨数目多,结构复杂,并有强大的韧带加强。侧位投照时,多个骨及关节相互重叠,一般不作为观察病变的常规方法。

3. 足弓的角度在足部侧位上进行测量:在侧位上能显示内、外侧足弓大小,用跟骨长轴连线和趾骨长轴连线相交的角度表示足弓是否正常。

4. 跟骨外侧平坦,与骰骨、第 5 跖骨位于同一平面,处于外侧贴近 IR,为标准的足部侧位。

5. 上足部第 1 ~ 5 跖趾骨和楔骨等相互重叠,跟骨、距骨和舟骨能充分显示。

### 2.4.4 标准图像显示

1. 显示野包括全足即跖骨、趾骨、跗骨(跟骨全部)及关节,踝关节和软组织。

2. 足长轴与显示野长轴平行。

3. 显示跟骨、距骨侧位的全貌,舟、骰骨部分重叠;趾、跖、楔骨大部重叠。

4. 第 5 跖骨、骰跖关节位置最低,能够显示,第 1 跖骨、第 1 楔跖关节位置较其他跖骨高,也能辨认,其他跖骨均有重叠。

5. 跟骨、距骨、舟骨呈侧位显示,基本无重叠。

6. 足部诸骨骨纹理清晰显示,软组织显示良好(图 7-2-13,图 7-2-14)。

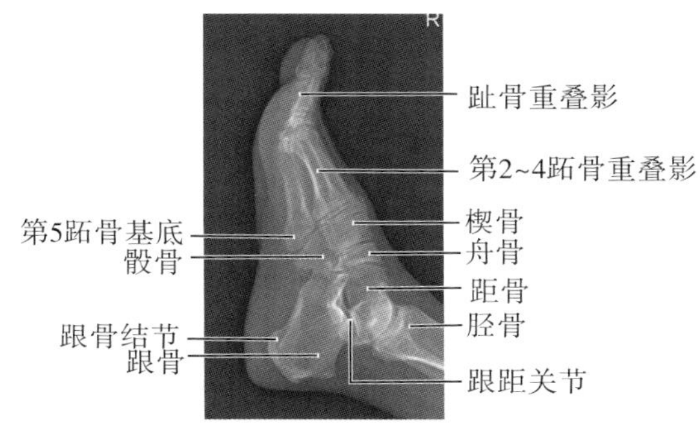


图 7-2-13 足侧位标准 X 线表现

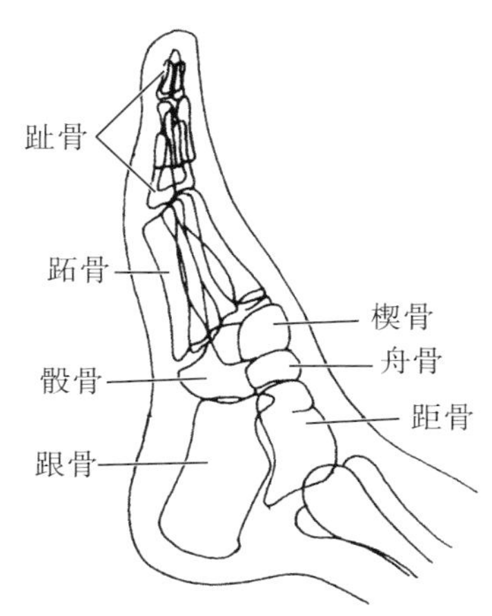


图 7-2-14 足侧位示意图

### 2.4.5 常见的非标准图像显示

1. 足部长轴与显示野不平行,摆位不规范。

2. 膝关节屈曲不适当,使踝关节过于跖屈或背屈,导致跖骨相互重叠,足弓显示不标准(图 7-2-15)。

3. 足底不与床面垂直,足部内旋或外旋,使足部出现内翻或外翻表现。跖、趾骨和跟骨、距骨不呈标准侧位,变形缩短。

4. 曝光条件掌握不适当,远节趾骨显示不清，软组织被穿透不能观察。

5. 足部不稳定，出现异动伪影，结构显示模糊。

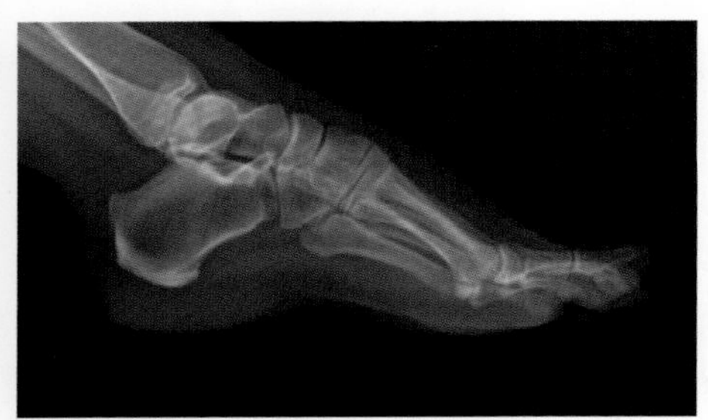

图 7-2-15 踝关节过于跖曲，跖骨相互重叠

### 2.4.6 注意事项

1. 因为解剖结构的特点，足部侧位要求足部外侧贴 IR。

2. 无论仰卧位或俯卧位投照时，需调节膝关节和踝关节处于最佳曲度，以免影响足部的踝关节的屈曲状态，足弓显示不标准。

3. 足部侧位致使足部结构重叠，观察病变时，常规足部采用正斜位。只有怀疑异物、足内翻或扁平足时选择拍摄足侧位，操作者应该明确临床要求。

4. 拍摄时，膝关节需要抬高使足底垂直台面。

5. 怀疑扁平足时，需要采用负重位水平投照。

## 2.5 足负重侧位

### 2.5.1 应用

足部负重侧位（foot burdened lateral position）是在人体站立、足部负重的状态下的足侧位投影像。反应足部在负重的状态下结构的改变，可看成是功能位。该位置用于对扁平足的诊断，以观察足弓的形状、测量足弓的角度。

### 2.5.2 体位设计

1. IR 转为直立，在摄影架前方放置足踏木盒等托垫装置。

2. 人体站立，双手抓住扶手，确保身体平衡或者安全。

3. 足外侧靠近 IR，足部长轴与显示野长轴平行，足冠状面与 IR 垂直。

4. 曝光时嘱被检测足部负重。

5. 中心线水平从骰骨处摄入（图 7-2-16）。

6. 曝光因子：照射野 24cm × 18cm，55 ± 3kV，5 ~ 6mAs。

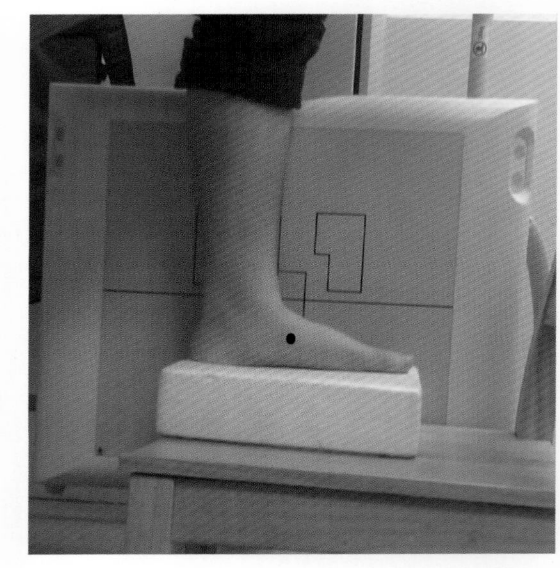

图 7-2-16 足部负重侧位摄影摆位图，中心线射入点和射入方向已标出

### 2.5.3 体位分析

1. 足的负重点分别位于足的内侧和外侧，内侧负重点为第 1 跖趾关节最低点、距骨头最低点和跟骨结节，形成三角形的框架；外侧负重点为第 5 跖骨前端下部、跟骰关节最低点和跟骨结节，也形成三角形的框架，其高度低于内侧的三角形高度。

2. 内侧负重点形成内侧弓，即为第 1 跖趾关节最低点—距骨头最低点—跟骨结节，第 1 跖趾关节最低点—距骨头最低点的连线与距骨头最低点—跟骨结节连线形成夹角。外侧负重点形成外侧弓，即为第 5 跖骨前端下部—跟骰关节最低点—跟骨结节，第 5 跖骨前端下部—跟骰关节最低点的连线与跟骰关节最低点—跟骨结节的连线形成外侧夹角。

3. 舟骨结节与地面(足踏平面)的距离也是需要观察的指标。

4. 在扁平足患者,足弓扁平,足底凹陷浅,空间狭窄,在负重的状态下更为明显,足部的血管、神经、肌肉等软组织结构容易受压、发生水肿等一系列异常。

5. 人体单足站立以保持负重状态,通过测量上述夹角、径线,对诊断扁平足具有重要的价值。

#### 2.5.4 标准图像显示

1. 显示野包括全足即跖骨、趾骨、跗骨(跟骨全部)及关节,踝关节和软组织。

2. 足部长轴与显示野长轴平行。

3. 足部呈标准侧位,胫腓骨下端重叠,跟骨无缩短,踝关节、跟距关节间隙无重叠。

4. 显示跟骨、距骨侧位的全貌,舟、骰骨部分重叠;趾、跖、楔骨大部重叠。

5. 第1跖骨、第1楔跖关节位置较其他跖骨高,而第5跖骨、骰跖关节位置最低,其他跖骨均有不同程度重叠。

6. 图像清晰度、对比度良好,骨纹理和软组织层次显示清楚(图7-2-17,图7-2-18)。

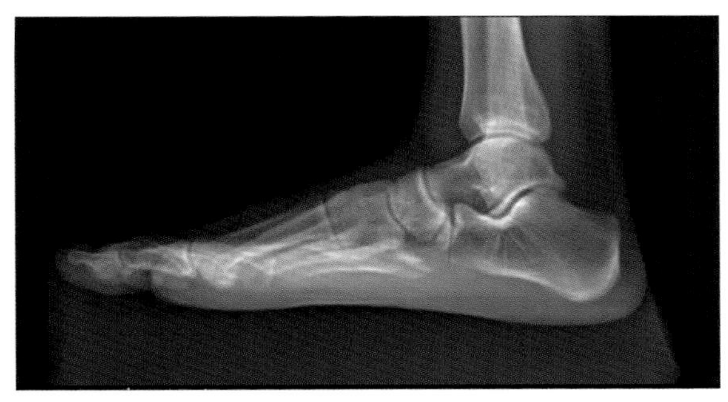

图7-2-17 足负重侧位标准X表现图(扁平足)

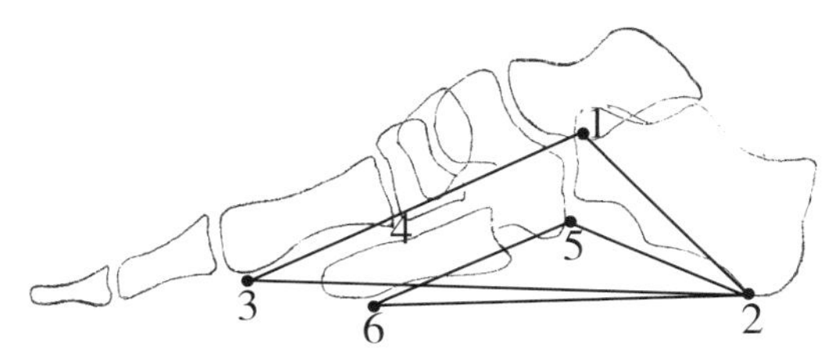


图7-2-18 足负重足弓测量图

#### 2.5.5 常见非标准图像显示

1. 摆位不规范,足踏装置未放置呈水平位置,使足部长轴与显示野长轴不平行。

2. 足的外侧面未紧贴IR,矢状面不与IR平行,表现为全足缩短、变形。

3. 未采取负重下摄影,所得到的图像未反映真实的足弓改变。

4. 人体站立不稳或者中心线偏斜,足部不是标准的侧位。

5. 曝光条件掌握不当,结构模糊。

#### 2.5.6 注意事项

1. 由于患者需要站高处,注意安全。

2. 该位置加用了滤线栅,摄影距离较远,需相应加大曝光条件。

3. 做到按规范摆位,足踏保持水平、足部外侧紧贴IR和中心线方向正确,避免足部变形失真。

4. 人体单足站立以保持负重状态,才能曝光,以显示在负重下的足弓改变。

5. 在照双侧足部站立位时,必须保持摆位、摄影条件和负重一致。

### 2.6 踝关节正位

#### 2.6.1 应用

踝关节正位(ankle orthophoria)为踝关节的正位投影像。显示踝关节间隙、部分跗骨间关节、部分跗跖关节间隙、以及关节构成骨骨质和软组织情况。用于外伤性和病理性骨折、关节脱位,非特异性骨关节炎,特异性骨关节炎包括结核、类风湿性关节炎,痛风性改变,退行性变,代谢性骨质病变,先天性畸形等疾病的诊断。

#### 2.6.2 体位设计

1. 被检者仰卧或坐于摄影床上,被检侧下肢伸直。

2. 下肢长轴平行照射野长轴。

3. 小腿及足部稍内旋约15°,足部处于自然屈曲状态。

4. 中心线经内、外踝连线中点上方 1cm 处垂直射入(图 7-2-19)。

5. 曝光因子:照射野 24cm × 18cm, 55 ± 3kV, 4 ~ 5mAs。

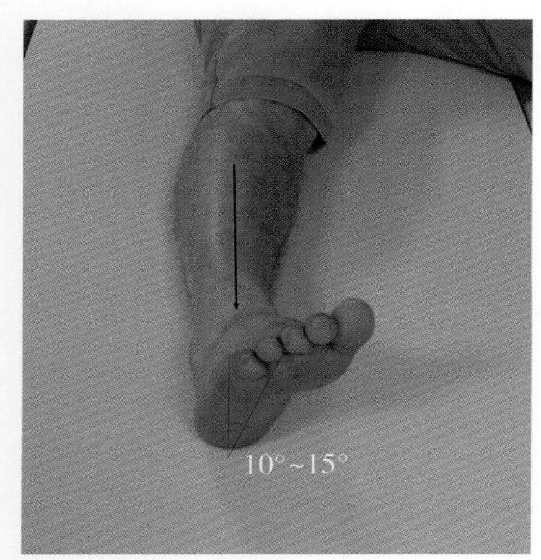


图 7-2-19 踝关节正位摄影摆位图,中心线射入点和射入方向已标出

### 2.6.3 体位分析

1. 此位置显示踝部前后正位投影像。

2. 踝关节在解剖学概念上为距小腿关节,即胫腓骨下端与距骨滑车构成。而 X 线摄影的踝关节包括范围较广泛,包括了解剖学上的跗骨间关节(距跟关节、距跟舟关节、跟骰关节、舟楔关节、楔骨间关节、楔骰关节和跗跖关节等)。

3. 踝关节正位为以距小腿关节的正位投影像为主,由于跗骨排列方向不同,正位投影图像跗骨间有多处重叠。

4. 内外踝连线与冠状面成约 15°角。在标准正位上,距骨滑车与内外踝重叠,内旋 15°的前后位上,能充分显示踝关节间隙。

5. 中心线入射点为内、外踝连线中点上方 1cm 处(经过胫腓距关节)。

### 2.6.4 标准图像显示

1. 图像范围包括胫腓骨下段、踝关节、部分跗骨及踝部软组织。

2. 踝部长轴平行照射野长轴。

3. 胫腓距关节的关节面呈切线位,滑车与内、外踝之关节间隙呈“⌒”形,于照片正中清晰显示。

4. 跗骨间关节相互重叠,跗跖关节大部分能显示。

5. 踝关节诸骨骨纹理清晰显示,软组织显示良好(图 7-2-20,图 7-2-21)。

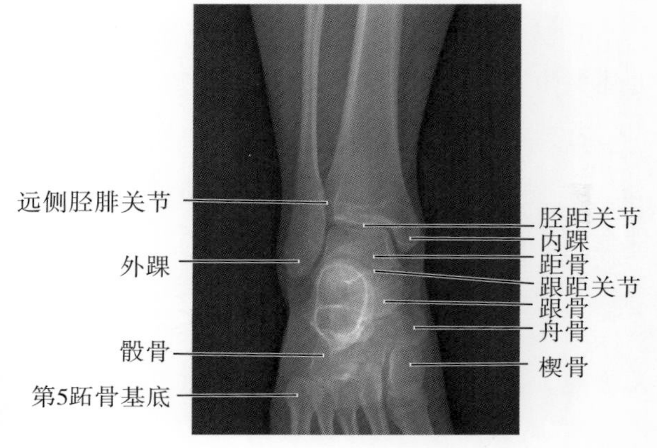


图 7-2-20 踝关节正位标准 X 线表现

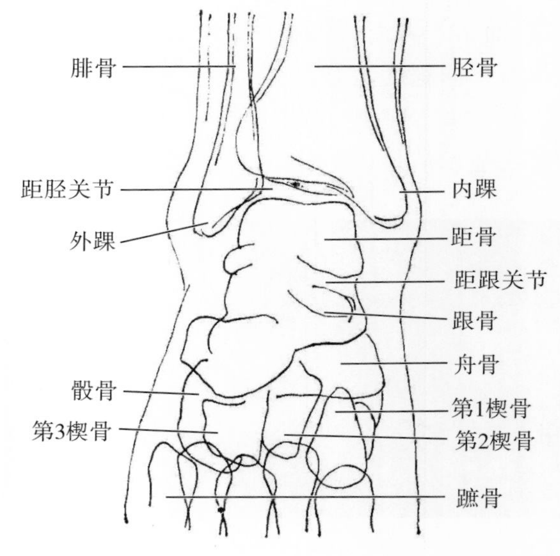


图 7-2-21 踝关节正位示意图

### 2.6.5 常见的非标准图像显示

1. 摆位不规范,小腿长轴未于显示野长轴平行。

2. 足未内旋 15°,外踝与距骨重叠或跟距关节显示不清晰(图 7-2-22)。

3. 内旋过度：内踝与距骨重叠或跟距关节显示不清晰(图 7-2-23)。

4. 投照时足尖未保持正确方向，呈内翻或外翻，踝关节显示不佳(图 7-2-24)。

5. 中心线未垂直关节间隙，踝关节间隙与关节面重叠。

6. 曝光条件掌握不当，骨纹理显示不清晰。

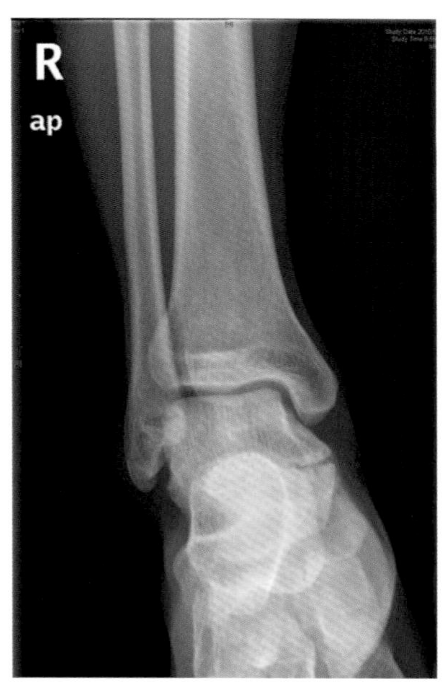


图 7-2-22　外踝与距骨重叠

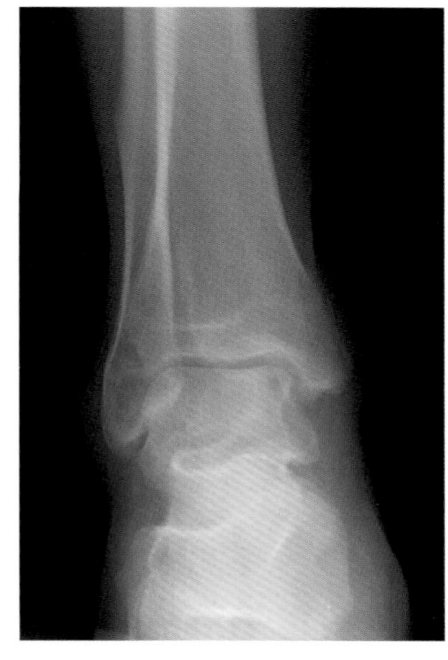

图 7-2-23　跟距关节间隙不是切线位

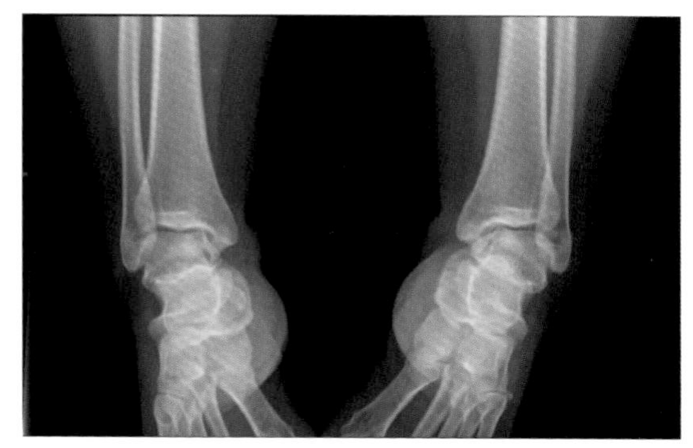

图 7-2-24　双侧踝关节不同程度内翻

### 2.6.6　注意事项

1. 注意摆位规范，小腿长轴置于显示野中轴线上，并与其平行。

2. 掌握足尖内旋角度的大小。当足内旋不足时，外踝与距骨重叠；当足内旋过度时内外踝均与距骨重叠。

3. 足尖内旋与小腿保持一致，以免是足外翻或内翻，位置不标准。

4. 正确应用体表标志，中心线对准踝关节间隙垂直射入。

5. 骨折患者在摆位时，动作需适度，不应强迫内旋，根据具体情况适当调整中心线角度。

## 2.7　踝关节侧位

### 2.7.1　应用

踝关节侧位(ankle lateral position)是踝关节的侧位方向的投影像。从侧面全面显示距骨滑车关节面、跟距舟关节、距舟关节和部分舟楔关节，也能显示大部分跗骨。与踝关节正位联合投照为踝关节的常规 X 线检查。用于外伤性和病理性骨折、关节脱位，非特异性骨关节炎，特异性骨关节炎包括结核、类风湿性关节炎，痛风性改变，退行性变，代谢性骨质病变，先天性畸形等疾病诊断。

### 2.7.2　体位设计

1. 被检侧侧卧于摄影床上，对侧膝部屈曲，置于前方。

2. 被检侧下肢外侧近床面，膝部稍屈曲，小腿长轴平行照射野长轴。

3. 被检侧外踝部紧贴床面，使内、外踝连线与台面呈15°夹角，使踝关节呈侧位。

4. 足部稍背曲，足底平面垂直床面。

5. 中心线经内踝上方1cm处垂直射入（图7-2-25）。

6. 曝光因子：照射野24cm × 18cm，55 ± 3kV，4 ~ 5mAs。

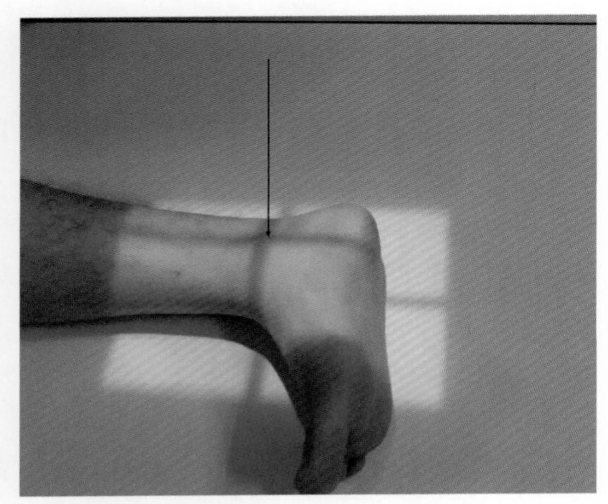

图7-2-25 踝关节侧位摄影摆位图，中心线射入点和射入方向已标出

### 2.7.3 体位分析

1. 踝关节侧位是踝关节（以胫距关节为标准）的侧面投影。

2. 踝关节的解剖特点是跗骨在侧位方向重叠较少。

3. 由于足部前宽后窄，所以摆侧位时后跟需要抬高距离，使足部冠状面垂直于IR（矢状面平行于IR）。

4. 内外踝连线与冠状面成约15°角。在标准侧位，外踝位于内踝后方约1cm。

5. 足外侧平整，故外侧贴床面，有利于体位稳定。

### 2.7.4 标准图像显示

1. 显示野包括胫腓骨下段、踝关节、跟骨、部分跗骨及踝部软组织。

2. 胫腓骨长轴平行照射野长轴。

3. 腓骨远端与胫骨中后侧部重叠。

4. 距骨滑车面内外缘重合良好呈单边显示，踝关节间隙于照片正中清晰显示。

5. 跟骨呈标准的侧位，仅跟骨前突与距骨重叠。

6. 踝关节诸骨骨纹理清晰显示，软组织显示良好（图7-2-26，图7-2-27）。

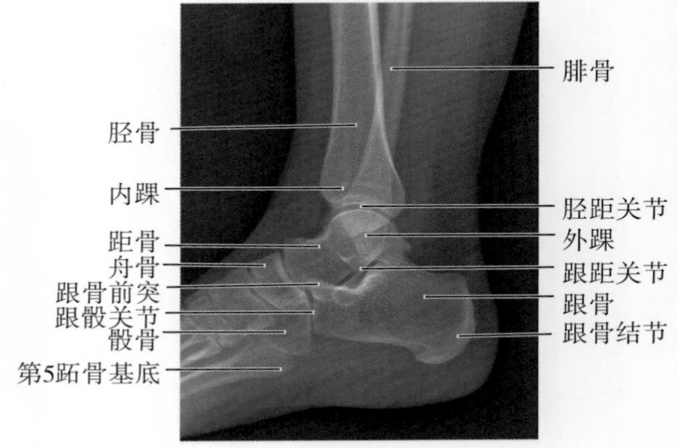


图7-2-26 踝关节侧位标准X线表现

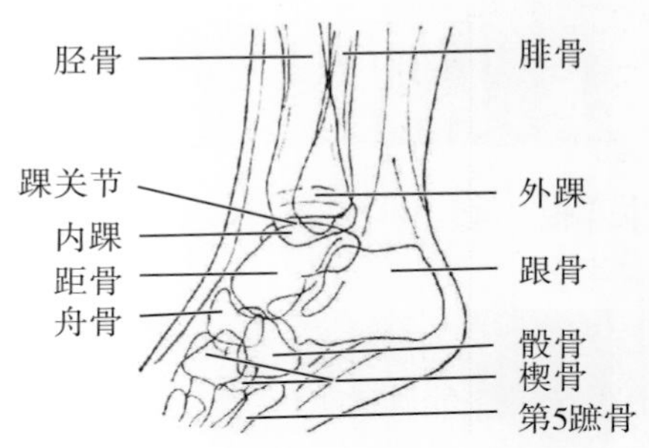


图7-2-27 踝关节侧位示意图

### 2.7.5 常见的非标准图像显示

1. 摆位不规范，胫腓骨不与显示野长轴平行、踝关节不在显示野中央区域。

2. 足部过度跖屈或背屈，使踝关节间隙失真。

3. 足部冠状面倾斜，踝关节不是标准侧位，影响关节面、关节间隙和跗骨的显示。

4. 小腿内旋，腓骨头前移，距骨滑车呈双边影，关节间隙显示不佳（图7-2-28）。

5. 中心线射入点不准确或倾斜，踝关节间隙与关节面重叠。

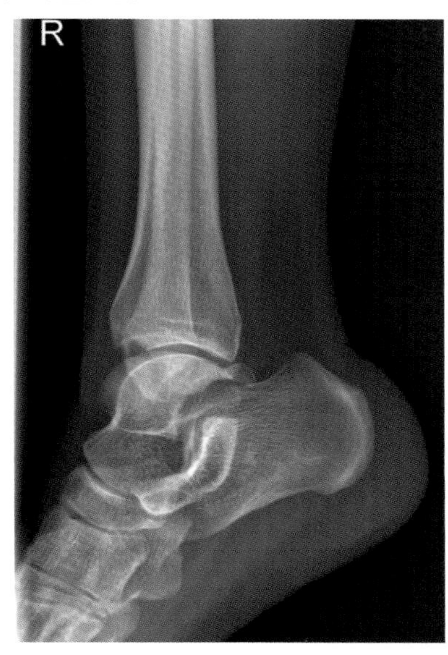


图 7-2-28 腓骨头前移距骨滑车呈双边影

### 2.7.6 注意事项

1. 注意摆位规范,使胫腓骨与显示野长轴平行,踝关节置于显示野中央。

2. 足部跟骨垫高,使足部的矢状面与 IR 平行(冠状面垂直于台面)。

3. 足背不要过度贴近床面,否则将使踝关节呈斜位影像。

4. 注意中心线射入点和入射方向的准确性,使踝关节间隙能清晰显示。

5. 骨折患者在摆位时,不应强迫背曲。

## 2.8 跟骨侧位

### 2.8.1 应用

跟骨侧位(calcaneus lateral position)为跟骨的侧面投影像。从侧面显示跟骨骨质及其结构如跟骨前结节、跟骨结节等,显示跟骰关节、跟距关节的关节面与关节间隙。侧位图像跟距后关节位于最高点,其与跟骨前结节和跟骨结节之间的 2 条连线形成向后的夹角即跟骨结节关节角(Bohler 角)在 25° ~ 40°,对相关疾病诊断有意义。跟骨侧位用于跟骨骨折,特异性关节炎导致关节脱位,非特异性炎性病变,退行性变(骨质增生、跟骨结节骨刺),先天性发育不良、先天性畸形等的诊断。

### 2.8.2 体位设计

1. 被检者侧卧于摄影床上,被检侧下肢外侧贴床面,膝部稍屈曲。

2. 小腿长轴平行照射野长轴。

3. 被检侧外踝部紧贴床面,踝关节呈侧位,足部稍背曲,足底平面垂直床面。

4. 中心线经内踝下方约 2cm 处垂直射入(图 7-2-29)。

5. 曝光因子:照射野 16cm × 18cm,52 ± 3kV,4 ~ 5mAs。

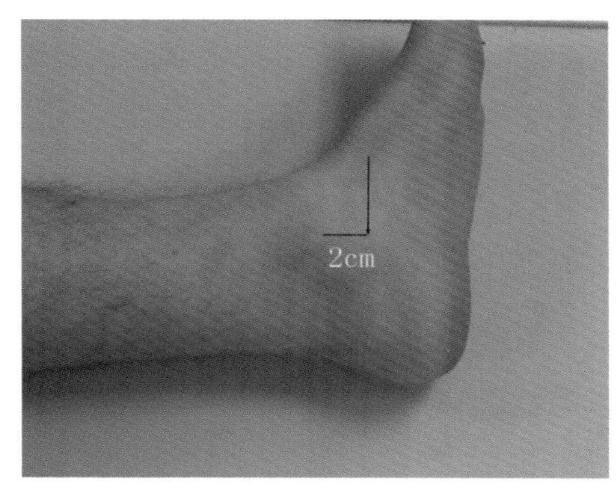


图 7-2-29 跟骨侧位摄影摆位图,中心线射入点(体表标志)和摄入方向已标出

### 2.8.3 体位分析

1. 此位置显示跟骨内外侧位投影像。

2. 跟骨为最大的跗骨,呈不规则长方形,与侧位的方向一致,故跟骨侧位能全面的显示其结构。

3. 跟骨上面前方有前、中、后 3 个关节面,分别与距骨及骰骨的关节面形成关节。前方关节面呈鞍状与骰骨形成跟骰关节,其内上侧有跟骨前结节。这些关节面于侧位方向基本呈切线位,故关节间隙显示较清楚。

4. 跟骨外侧面较平坦,内侧中 1/3 有突起,为载距突。投照时跟骨外侧贴 IR,即为侧位图像。

5. 后部呈粗大的跟骨结节,侧位呈切线位显示其边缘。

6. 使外踝位于内踝后方约 1cm,踝关节和足摆成标准侧位（足底长轴中线平行与台面）。

7. 中心线入射点为内踝下方约2cm处即跟骨体中点。

#### 2.8.4 标准图像显示

1. 显示野范围包括胫腓骨远端、踝关节、部分跗骨、跟骨及跟部软组织。

2. 胫腓骨长轴平行照射野长轴。

3. 跟骨位于显示野中央区或中央稍偏后。

4. 跟骨呈标准的侧位，无变形缩短，跟骰关节面位于最前端，无双边，跟骨结节位于后缘。

5. 腓骨远端与胫骨中后侧部分重叠，跟骨上方与距骨略有重叠，跟距关节、跟骰关节清晰显示。

6. 跟骨后关节位于跟骨的最高点，跟骨前结节和跟骨结节均显示清楚，呈切线投影。

7. 跟骨骨纹理清晰显示，软组织显示良好（图7-2-30，图7-2-31）。

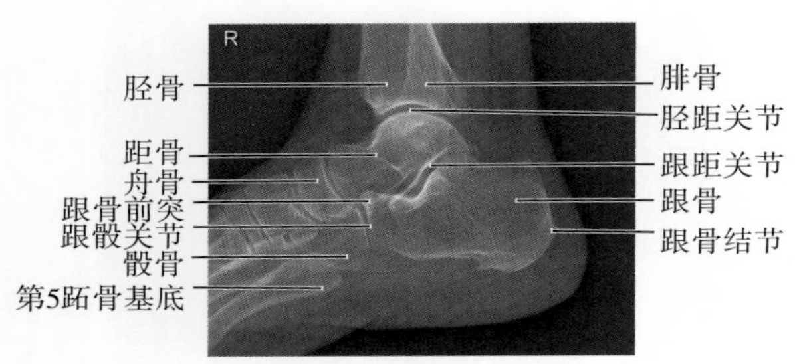


图7-2-30 跟骨侧位标准X线表现

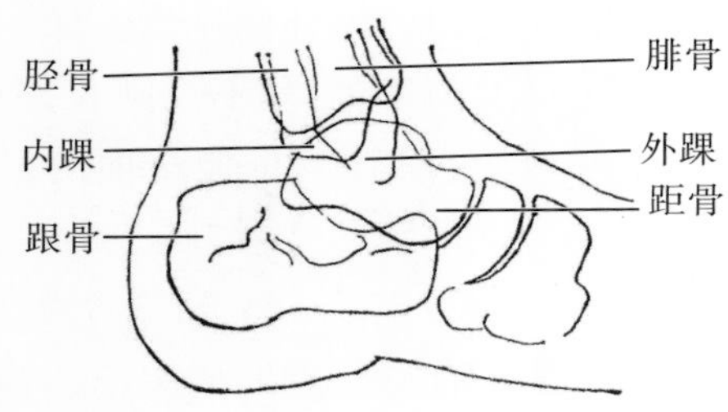


图7-2-31 跟骨侧位示意图

#### 2.8.5 常见的非标准图像显示

1. 跟骨外侧面紧贴IR，跟骨矢状面与IR不平行，跟骨缩短、变形，跟距关节、跟骰关节重叠，关节面不能显示，跟骨前结节无法辨认（图7-2-32）。

2. 足部过于背屈或过于跖屈，使测量跟骨结节关节角的度数不准确。

3. 小腿和踝关节内旋，出现外踝靠前的不标准侧位图像。

4. 中心线射入点和摄入方向不准确，跟骨与邻近骨质重叠，关节间隙显示不清。

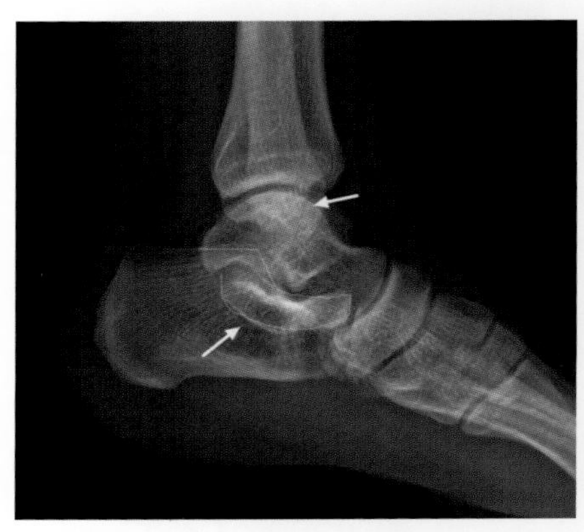

图7-2-32 腓骨头前移（箭头），跟距关节重叠（箭头）

#### 2.8.6 注意事项

1. 摆位时注意外踝紧贴台面，使跟骨矢状面平行为IR，呈标准侧位。

2. 足底平面垂直床面，足背不要过度贴近床面，否则将使踝关节呈斜位影像。

3. 足部处于自然位置，不应该过度背屈或跖屈，保证跟骨为标准侧位。

4. 观察跟骨结节骨刺形成、轻度退行性病变等，应采用双跟骨侧位投照。

5. 必须在标准的跟骨侧位图像上测量跟骨结节关节角或其他结构的夹角，否则度数不准确，影响诊断。

### 2.9 跟骨轴位

#### 2.9.1 应用

跟骨轴位（calcaneus axial position）是与侧位相垂直方向的跟骨投影像。与侧位联合使用，观察跟骨骨质、邻近关节和周围结构更为全面。跟骨轴位能显示根距关节、载距突、跟骨结节、跟骨骨质结构和跟骨的内外侧缘。

用于跟骨骨折、脱位，显示骨折移位、对位对线情况。也用于炎症、退行性骨关节病等的诊断。

### 2.9.2 体位设计

1. 被检者仰卧或坐于摄影床上，被检侧下肢完全伸直。

2. 下肢长轴平行照射野长轴。

3. 足部尽量背屈，可用绷带绕于足部，嘱被检者拉紧使足部背曲程度达到最大，足跟及小腿后侧紧贴床面。

4. 中心线向头侧倾斜35°～45°经第3跖骨基底部射入（图7-2-33）。

5. 曝光因子：照射野12cm×18cm，60±3kV，5～7mAs。

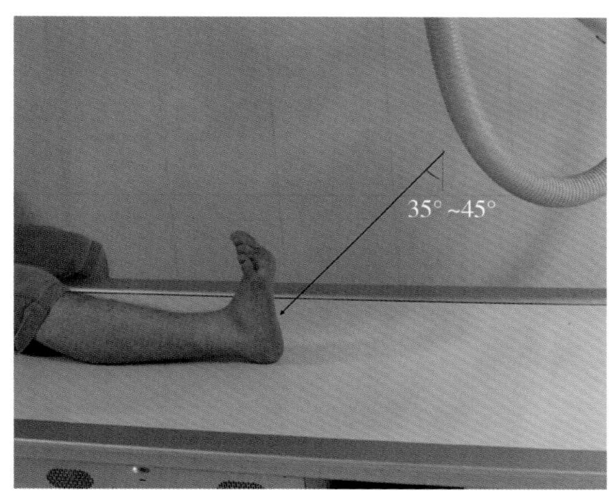


图7-2-33 跟骨轴位摄影摆位图，中心线射入点和摄入方向已标出

### 2.9.3 体位分析

1. 跟骨轴位实际上是从跟骨的足底侧到背侧的正面方向的投影像。

2. 跟骨位于足的后下部，与小腿和足的跖趾部呈一定的夹角，因其位置特点，从人体的轴位方向中心线倾斜一定角度即可获得相对于侧位的垂直方向跟骨图像（解剖上的正位图像）。

3. 中心线向头侧倾斜角度大小，以跟骨与IR夹角有关，也由踝关节背曲程度来决定，背曲角度大，中心线倾角减小，背曲角度小，中心线倾角需增大。

4. 足底面垂直床面时中心线倾斜40°。

5. 由于载距突位于跟骨的内侧面，在轴位上能显示。

6. 轴位方向上，跟距关节能全面显示。

### 2.9.4 标准图像显示

1. 显示范围包括部分跗骨、跟骨全貌及跟部软组织。

2. 跟骨长轴平行IR长轴。

3. 跟骨呈正面显示，无明显缩短变形，跟骨的长轴与横径比约为2:1。跟距关节面和载距突位于其前缘，跟骨结节位于其后缘。

4. 跟骨前部与跗骨无重叠，载距突及跟距关节显示清楚、边缘锐利。

5. 跟骨骨纹理清晰显示，软组织显示良好（图7-2-34，图7-2-35）。

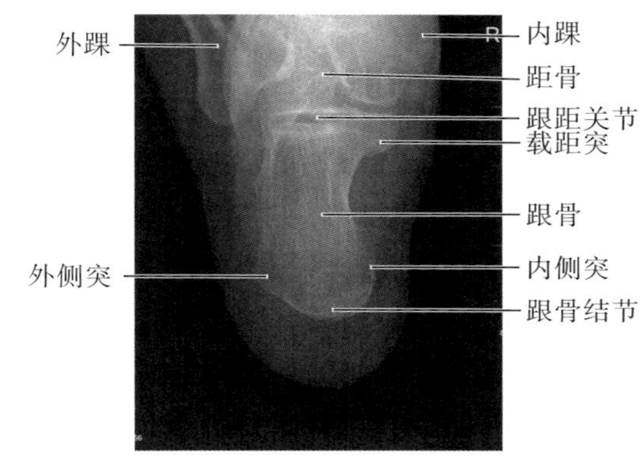


图7-2-34 跟骨轴位标准X线表现

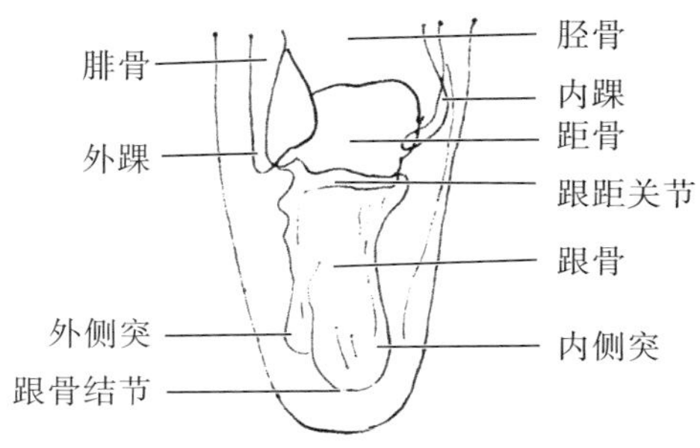


图7-2-35 跟骨轴位示意图

### 2.9.5 常见的非标准图像显示

1. 踝关节背屈不足，跟骨前部与跗骨重叠，

跟距关节未能显示,跟骨变短(图 7-2-36)。

2. 中心线倾斜角度不足,跟骨缩短,跗骨未投影到跟骨前方,与之重叠。

3. 足部向左或向右旋转,载距突重叠于跟骨内,显示不清(图 7-2-37)。

4. 跟骨长轴与显示野长轴不平行。

5. 曝光条件不足,跟骨骨纹理显示不清。

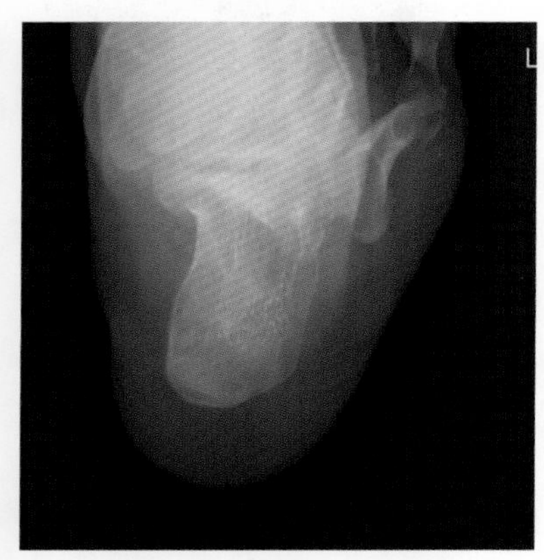


图 7-2-36 跟骨变短,跟距关节显示不清

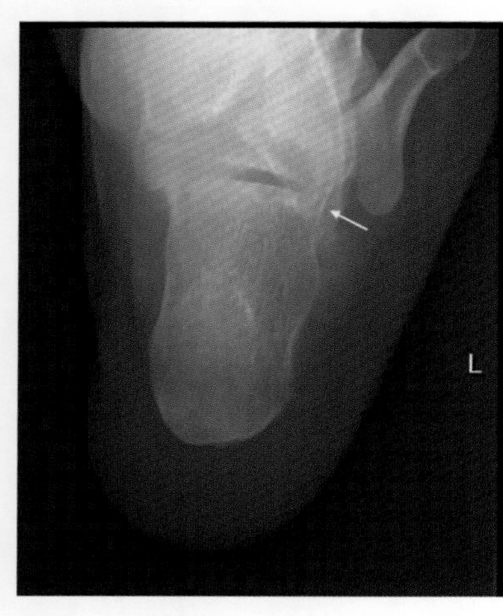


图 7-2-37 载距突重叠于跟骨内,显示不清(箭头)

### 2.9.6 注意事项

1. 注意使下肢长轴、跟骨长轴与显示野长轴平行。

2. 跟骨中线置于显示野中线上。

3. 下肢长轴、足底长轴和中心线入射方向三者应保持一致,足部不得旋转,否则跟骨投影变形。

4. 保持跟骨矢状面与台面垂直,使跟骨为标准的前后方向投影。

5. 采取一定措施,使足部尽量背屈,减少跟骨失真度和避免与其他跗骨重叠。

6. 注意中心线射入点和摄入方向准确。

7. 力求缩短检查时间,此体位若保持太长时间,患者难以坚持。

8. 此位置还可采用足底踏 IR 上,下肢前弓,犹如赛跑起跑姿势,中心线向足跟倾斜 40°左右从跟骨后方上缘射入,故也称起跑位。

## 2.10 胫腓骨正位

### 2.10.1 应用

胫腓骨正位(shin and fibula bone orthophoria)是胫骨、腓骨,踝关节,膝关节及周围软组织的正面投影像。胫腓骨是人体较大的长骨,仅次于股骨,为负重、运动的主要部位,并有造血、参与代谢的生理功能,是外伤和病变较常累及的部位。胫腓骨正位用于诊断外伤性、病理性骨折和关节脱位,良性、恶性肿瘤,骨髓炎,胫骨结节坏死,骨梗死,代谢性、内分泌性骨质疏松等疾病的诊断。

### 2.10.2 体位设计

1. 被检者仰卧或坐于摄影床上,被检侧下肢伸直,足尖朝上。

2. 下肢长轴平行照射野长轴。

3. 膝关节的冠状面与台面(IR)平行。

4. 小腿及足部稍内旋,约 15°。

5. 足跟、小腿及大腿后侧紧贴床面,足部处于自然背屈状态。

6. 中心线经小腿中点垂直射入(图 7-2-38)。

7. 曝光因子:照射野 43cm × 22cm,60 ± 3kV,5 ~ 6mAs。

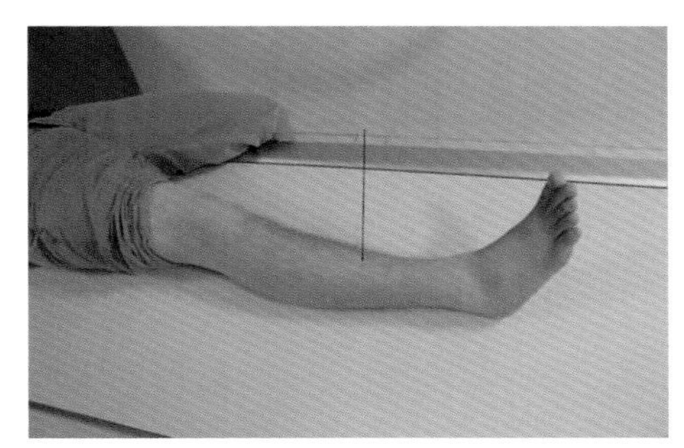

图 7-2-38 胫腓骨正位摄影摆位图，中心线射入点和摄入方向已标出

### 2.10.3 体位分析

1. 此位置显示胫腓骨前后正位投影像。

2. 胫骨骨干较粗大，重要的解剖结构有内侧髁、外侧髁，胫骨平台，髁间隆突，胫骨结节，内踝等，均为观察的要点。

3. 腓骨细小，位于胫骨外侧，上下两端较粗，为腓骨小头和外踝，其内侧与胫骨分别以关节相连。

4. 内、外踝是摆位置的重要骨性标志。

5. 该位置从正面显示骨质、软组织形态、边缘、密度和关节间隙情况。

6. 膝关节处于标准的正位（冠状面与 IR 平行）是胫腓骨达到标准位置的基础。

7. 胫腓骨及其周围的解剖特点是，胫腓近侧关节位于胫骨后外侧。内外踝连线与冠状面成约 15°角（夹角朝向外侧方）。

在足尖向前位置上，距骨滑车与内外踝重叠，在内旋 15°的前后位上，能充分显示踝关节间隙。小腿轻度内旋，充分显示胫腓近侧关节。

### 2.10.4 标准图像显示

1. 显示野范围包括踝关节、膝关节、胫腓骨及小腿软组织。

2. 胫腓骨长轴平行照射野长轴。

3. 膝关节为标准正位，髁间隆突位于两侧胫骨平台中间。

4. 胫、腓骨呈正位，腓骨上、下端与胫骨略有重叠，近、远侧胫腓关节基本能显示。

5. 踝关节间隙呈切线位，能显示关节间隙。

6. 内、外踝侧缘位于切线位。

7. 胫腓骨骨纹理清晰显示，软组织显示良好（图 7-2-39，图 7-2-40）。

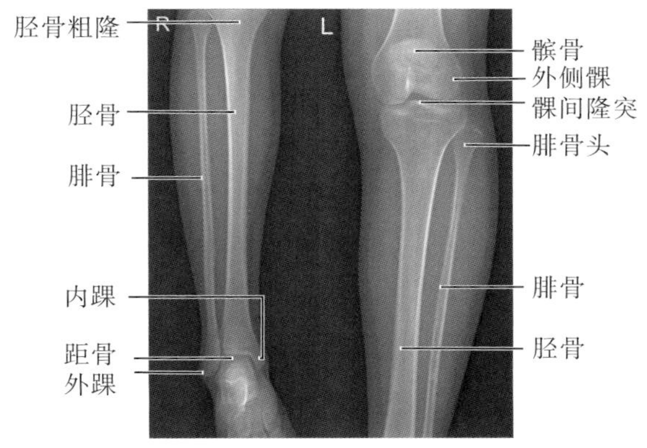


图 7-2-39 胫腓骨正位标准 X 线表现

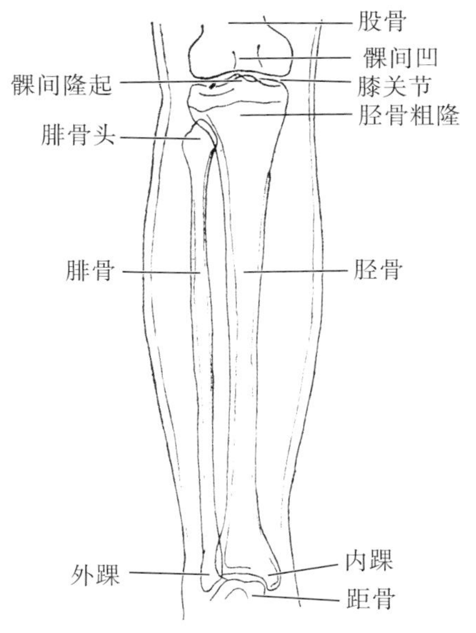


图 7-2-40 胫腓骨正位示意图

### 2.10.5 常见的非标准图像显示

1. 摆位不规范，胫腓骨长轴未于显示野长轴平行。

2. 未按要求包全一端关节或关节包括不全。

3. 膝关节冠状面与 IR 不平行，胫腓骨呈斜位图像。

4. 足尖未内旋或内旋角度不适当，腓骨下端与距骨重叠，踝关节显示不清（图 7-2-41）。

5. 膝关节位置标准，但足部位置旋转，导致胫腓骨跟随向不同方向旋转。

6. 曝光条件掌握不当，骨纹理和软组织层次显示不清晰。

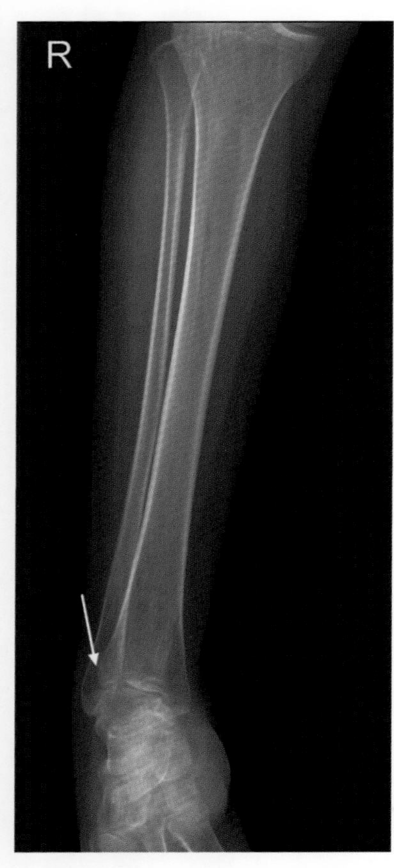


图 7-2-41　外踝与距骨重叠过多(箭头)

### 2.10.6　注意事项

1. 要求摆位规范，使胫腓骨长轴与显示野长轴平行。

2. 胫腓骨正位，注意包全胫腓骨全段、膝关节、踝关节。

3. 如果肢体较长，一次曝光最大显示野不能包括两端关节时，应分两次摄影，即胫腓骨中上段和中下段正位，谨防漏诊。

4. 如果临床写明要求中上段或中下段，包括一端关节则可。

5. 摆位时注意膝关节呈标准正位，足尖向上并轻度内旋。足尖内旋 15°方能显示踝关节间隙。

6. 骨折患者在摆位时，不应强迫内旋。

7. 掌握好曝光条件，使细微结构能清晰显示。

## 2.11　胫腓骨侧位

### 2.11.1　应用

胫腓骨侧位(shin and fibula bone lateral position)是胫腓骨的侧面的投影像。显示胫腓骨、踝关节、膝关节及周围软组织前后缘及侧位情况。对观察胫骨结节、膝关节和踝关节前后边缘有意义。与胫腓骨正位联合使用为该部位的常规 X 线检查。用于诊断外伤性、病理性骨折和关节脱位，良性、恶性肿瘤，骨髓炎，胫骨结节坏死，骨梗死，代谢性、内分泌性骨质疏松等。特别是观察胫骨结节无菌性炎症，骨折碎骨片前后方向的移位、断端对位对线，关节脱位的方向等非常重要。

### 2.11.2　体位设计

1. 被检者侧卧于摄影床上，对侧膝部向前上屈曲置于前方，被检侧下肢外侧贴床面，膝部稍屈曲。

2. 小腿长轴平行照射野长轴。

3. 被检侧小腿外侧紧贴床面，膝关节、踝关节呈侧位。

4. 足部稍背曲，同时足底平面垂直床面。

5. 中心线经小腿中点垂直射入(图 7-2-42)。

6. 曝光因子：显示野 43cm × 22cm，60 ± 3kV，5 ~ 6mAs。

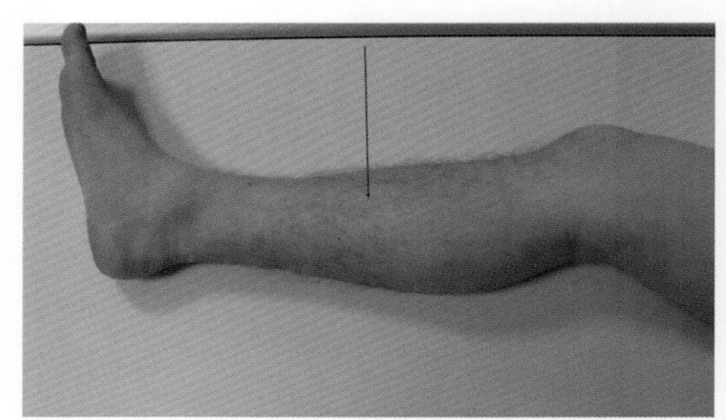

图 7-2-42　胫腓骨侧位摄影摆位图，中心线射入点和摄入方向已标出

### 2.11.3 体位分析

1. 此位置显示胫腓骨内外侧位投影像。

2. 膝关节处于标准的侧位位置,膝关节冠状位应与 IR 垂直。

3. 内外踝连线与冠状面成约 15°角(角度朝向外侧),故需要将内、外踝连线上端(内侧端)前倾 15°,才能保证踝部冠状位与台面垂直。

4. 胫骨结节(胫骨粗隆)位于胫骨上端前缘,可作为摆位的参考标志。

5. 足部屈曲、足底位置会影响胫腓骨的位置。

6. 中心线摄入点位于胫腓骨上下端之间的中点。

### 2.11.4 标准图像显示

1. 显示野范围包括胫腓骨全部、踝关节、膝关节、及小腿软组织。

2. 胫腓骨长轴平行照射野长轴。

3. 胫骨粗隆显示良好,以切线位位于胫骨前面。

4. 腓骨位于胫骨后侧,上、下端与胫骨有所重叠,上段重叠较少,下段与胫骨中后部重叠。

5. 膝关节呈标准侧位,关节间隙无关节面重叠,髌骨位于正前方。

6. 踝关节间隙显示清晰,边缘锐利。

7. 胫腓骨骨纹理清晰显示,软组织显示良好(图 7-2-43,图 7-2-44)。

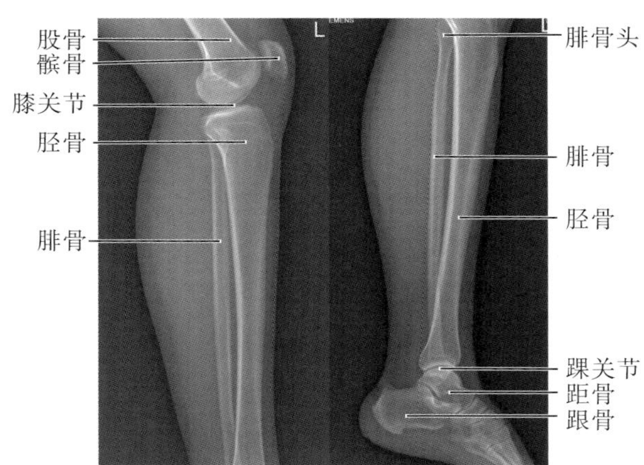


图 7-2-43 标准胫腓骨侧位 X 线表现

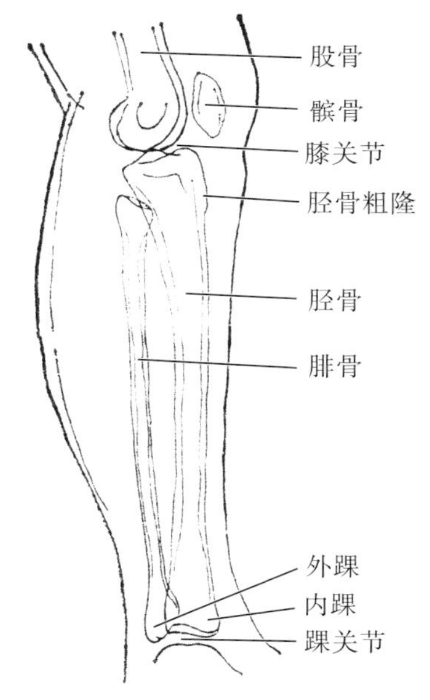


图 7-2-44 胫腓骨侧位示意图

### 2.11.5 常见的非标准图像显示

1. 摆位不规范,胫腓骨长轴与显示野长轴不平行。

2. 下肢上下段旋转程度不一致,胫腓骨上段或下段不呈标准侧位。

3. 膝关节冠状面位于台面垂直,胫骨结节前缘不呈切线显示,而是重叠于胫骨内。

4. 小腿旋前或旋后,胫腓骨重叠过多。

5. 足部过跖屈,踝关节间隙不能显示,胫腓骨下端与跗骨重叠。

6. 内外踝连线未垂直于 IR,踝关节未成标准侧位,旋转不足,腓骨头与胫骨重叠过多(图 7-2-45)。

### 2.11.6 注意事项

1. 注意规范摆位,使胫腓骨长轴与显示野长轴平行。

2. 胫腓骨侧位,注意包全胫腓骨全段、膝关节、踝关节。

3. 如果肢体较长,一次曝光最大显示野不能包括两端关节时,应分两次摄影,即胫腓骨中上段和中下段侧位,谨防漏诊。

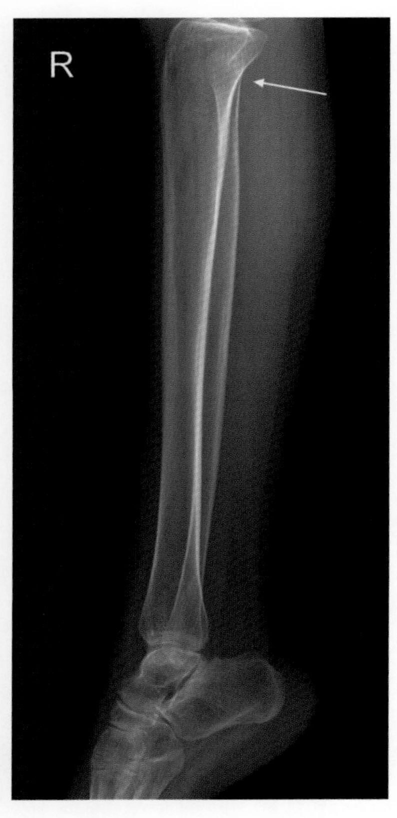


图 7-2-45　腓骨头与胫骨重叠过多(箭头)

4. 如果临床写明要求中上段或中下段,包括一端关节则可。

5. 摆位时注意膝关节冠状位与台面垂直,胫骨结节可作为摆位标志。

6. 足底平面垂直床面,足背不要过度贴近床面,否则将使踝关节呈斜位影像。

7. 有必要时,足部可加托垫。

8. 骨折患者在摆体位时,需注意不要过于搬动。

9. 掌握好曝光条件,使细微结构能清晰显示。

## 2.12　膝关节正位

### 2.12.1　应用

膝关节正位(knee orthophoria)为膝关节的正位投影像。膝关节由股骨下端、胫骨上端和髌骨构成,内有半月板及交叉韧带,周围有韧带、肌腱加固,为身体最大而复杂的关节,由于承重的负担,膝关节结构容易受到各种损伤,也是其他病变容易累及的部位。膝关节能显示股骨下段、膝关节关节面、关节间隙、胫腓骨上段及周围软组织等的正位结构,以观察关节面、关节下骨质、关节间隙和关节囊等结构的异常改变。用于外伤性的骨折、脱位,原发性和继发性骨肿瘤,特异性、非特异性的炎症,退行性骨关节病,先天性畸形,发育不良等。

### 2.12.2　体位设计

1. 被检者仰卧或坐于摄影床上,被检侧下肢伸直,足尖朝上。

2. 下肢长轴平行显示野长轴。

3. 小腿稍内旋,使髌骨居中向上。

4. 小腿及大腿后侧紧贴床面,腘窝靠近床面。

5. 中心线经髌骨下缘中点垂直射入(图 7-2-46)。

6. 曝光因子:照射野 24cm × 18cm,60 ± 3kV,5 ~ 6mAs。

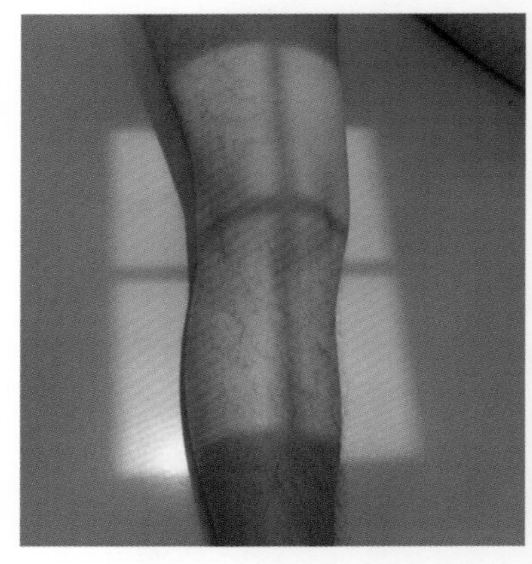

图 7-2-46　膝关节正位摄影摆位图。十字交叉处为中心线摄入点

### 2.12.3　体位分析

1. 此位置显示膝关节前后正位投影像。

2. 膝关节的关节结构除了有软骨关节面、关节面下骨质,其内尚有半月板及交叉韧带,周围有韧带、肌腱。故摆位需要充分显示关节间隙,保证良好的曝光条件,将关节结构通过对比

尽量显示。

3. 小腿内旋 3°～5°,胫骨髁间粗隆不与股骨重叠,使膝关节处于标准的前后正位。

4. 髌骨位于膝关节间隙的正前方偏上,为摆位置重要的参考标志。

5. 中心线入射点:髌骨下缘(膝关节间隙)。

### 2.12.4 标准图像显示

1. 图像范围包括股骨远端、胫腓骨近端及膝部软组织。

2. 膝关节长轴平行照射野长轴。

3. 膝关节间隙内外侧等宽,于图像正中,无髌骨或关节面重叠,关节面锐利,无双边影。

4. 髌骨位于股骨内、外髁之间显示,其下缘平关节间隙上缘。

5. 髁间隆突位于髁间窝中间,腓骨头内侧与胫骨有所重叠。

6. 膝关节诸骨骨纹理清晰显示,软组织显示良好(图 7-2-47,图 7-2-48)。

### 2.12.5 常见的非标准图像显示

1. 摆位不规范,膝关节下肢长轴与显示野长轴不平行。

2. 显示野过大,影响膝关节结构的显示(图 7-2-49)。

3. 小腿内旋过度,腓骨小头与胫骨分离(图 7-2-49)。

4. 小腿外旋过度,致腓骨小头与胫骨重叠过多。

5. 膝关节冠状位与 IR 不平行,髌骨偏于一侧。

6. 中心线未经髌骨下缘垂直射入,关节间隙重叠或显示不清。

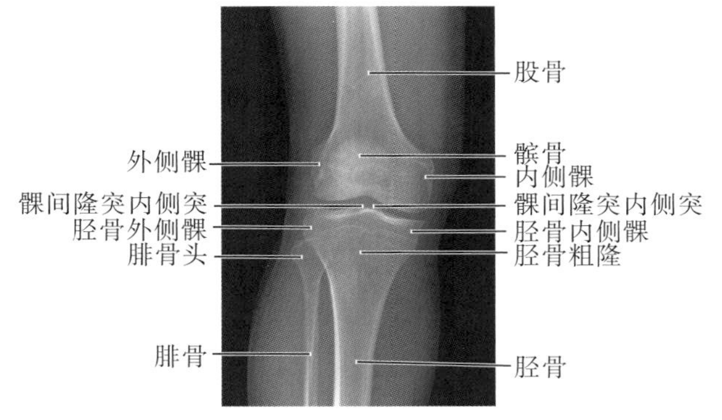


图 7-2-47　膝关节正位标准 X 线表现

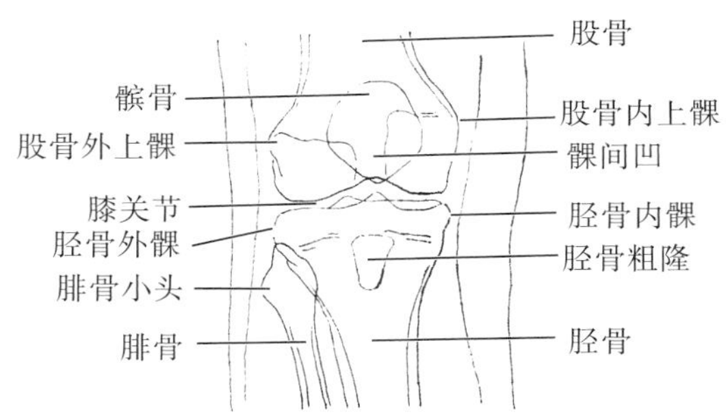


图 7-2-48　膝关节正示意图

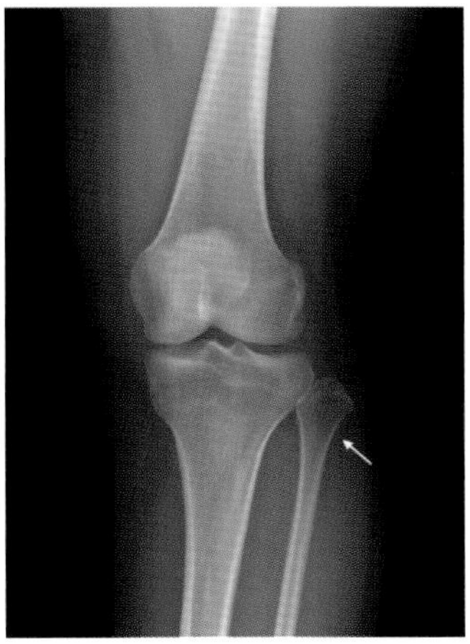

图 7-2-49　腓骨小头与胫骨外侧髁分离(箭头)

### 2.12.6 注意事项

1. 注意摆位规范,使下肢长轴与显示野平行。

2. 注意摆位要点,充分应用体表标志,如髌骨位置是否位于正前方、下缘是否位于显示野中央。

3. 拍摄注意小腿稍内旋,使膝关节冠状面与 IR 平行。

4. 膝关节不能伸直时,可采用后前位投照,投照时应使用托垫,使位置稳定、标准。

5. 若重点观察髌骨时,需用后前位投照。

6. 注意中心线的入射点和位置,对准膝关节间隙。

## 2.13 膝关节侧位

### 2.13.1 应用

膝关节侧位(knee lateral position)是膝关节的侧位投影像。从侧位方向显示膝关节间隙、股骨下段、胫腓骨近段、髌骨及软组织的结构。膝关节侧位与正位联合使用,为膝关节的常规X线检查。用于外伤性的骨折、脱位,肿瘤,炎症,退行性骨关节病,先天性畸形,发育不良等。也用于髌骨各病变与异常的诊断。

### 2.13.2 体位设计

1. 被检者侧卧于摄影床上,对侧膝部向前上屈曲置于前方。

2. 被检侧膝部外侧紧贴床面,膝关节呈“<”形对应照射野长轴。

3. 膝关节屈曲呈约135°,膝关节呈侧位,髌骨前面与IR垂直。

4. 踝关节呈侧位,足尖外侧贴于床面,足跟部稍抬高,足底与台面垂直。

5. 中心线向头侧倾斜5°~7°角经髌骨下缘与腘窝连中前1/3交界点射入(图7-2-50)。

6. 曝光因子:照射野24cm×18cm,60±3kV,5~6mAs。

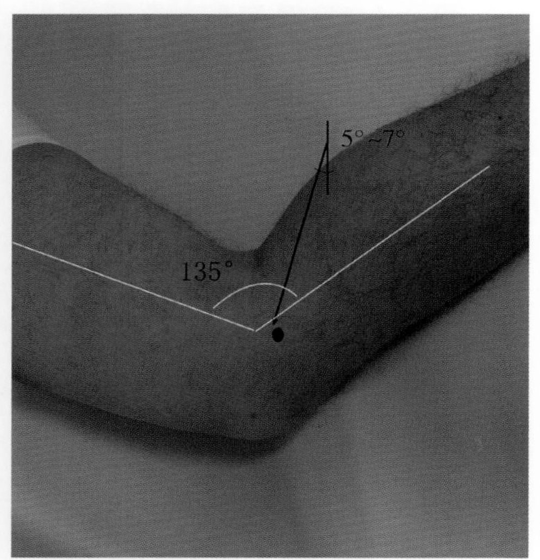


**图7-2-50** 膝关节侧位摄影摆位图,中心线射入点和摄入方向已标出

### 2.13.3 体位分析

1. 此位置显示膝关节内外侧位投影像。

2. 髌骨在正位图像上与股骨下段重叠,显示不清楚,侧位图像上能显示髌股关节间隙、髌骨骨质及前后缘等,故该位置观察髌骨很重要。

3. 股骨内、外髁下缘连线与水平线成5°~7°角,中心线向头侧倾斜5°~7°,使内外侧髁完全重叠。

4. 胫骨上段为膝关节的组成部分,摆位时胫骨结节位于最前缘,则为侧位。

5. 中心线入射点为髌骨下缘与腘窝连线中前1/3交界点,此点是膝关节在侧位方向的中点。

### 2.13.4 标准图像显示

1. 图像范围包括股骨远端、胫腓骨近端、髌骨及膝部软组织。

2. 股骨远端、胫腓骨近端对称显示呈“<”形对应照射野长轴。

3. 膝关节间隙呈切线,无骨质与关节面重叠。

4. 股骨内、外髁重叠良好或基本重叠,呈单边弧形显示;腓骨上端与胫骨部分重叠,胫骨结节位于胫骨前缘。

5. 髌骨呈切线位,后缘与股骨前缘分开,髌股关节能显示。

6. 膝关节间隙位于显示野中央。

7. 膝关节诸骨骨纹理清晰显示,软组织显示良好(图7-2-51,图7-2-52)。

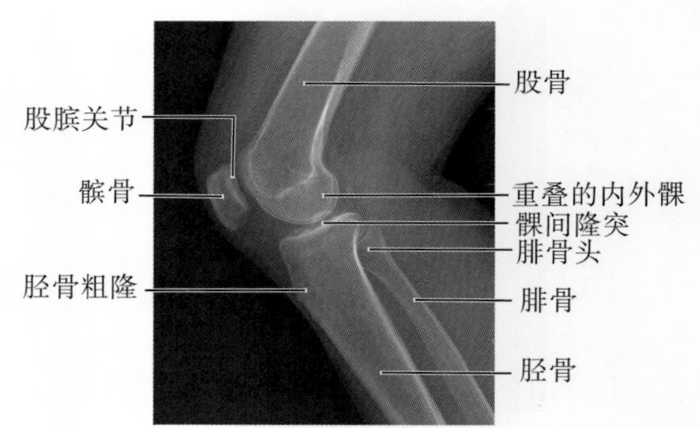


**图7-2-51** 膝关节侧位标准X线表现

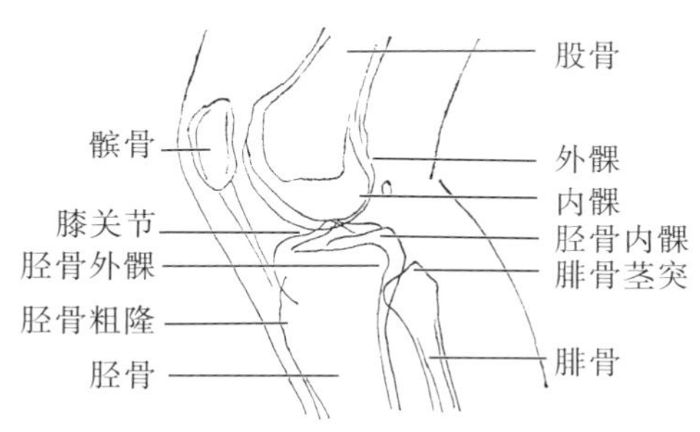


图 7-2-52 膝关节侧位示意图

### 2.13.5 常见的非标准图像显示

1. 膝关节冠状位方向未垂直于 IR,有不同

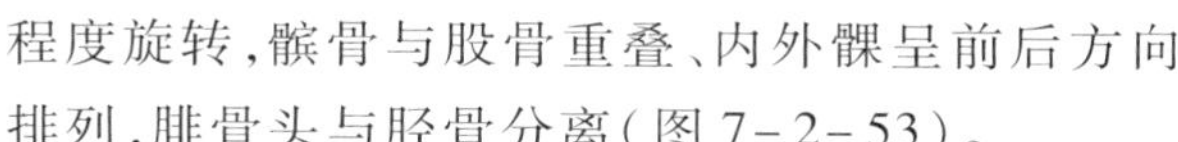

程度旋转,髌骨与股骨重叠、内外髁呈前后方向排列,腓骨头与胫骨分离(图 7-2-53)。

2. 下肢从仰卧位到被检侧肢体旋转不足,腓骨头与胫骨重叠过多(图 7-2-54)。

3. 中心线未倾斜角度,导致股骨内、外髁重叠不佳,上下方向分离(图 7-2-55)。

4. 膝关节屈曲角度不足或过度,关节间隙不能充分显示(图 7-2-56)。

5. 膝关节屈曲角度过大或过小,造成关节间隙被重叠。

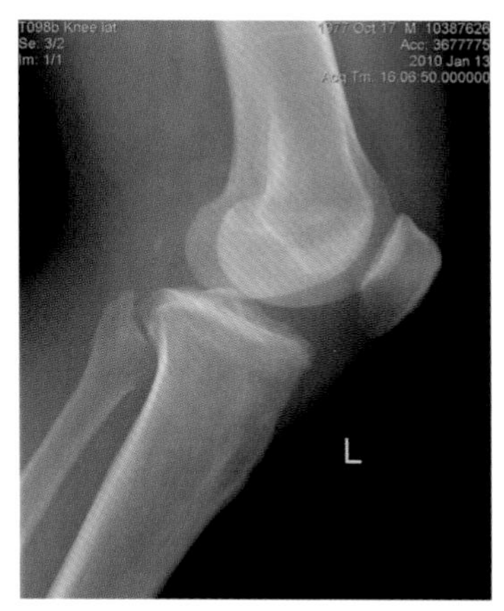

图 7-2-53 旋转过度,髌骨与股骨重叠、内外髁呈前后方向排列,腓骨头与胫骨分离

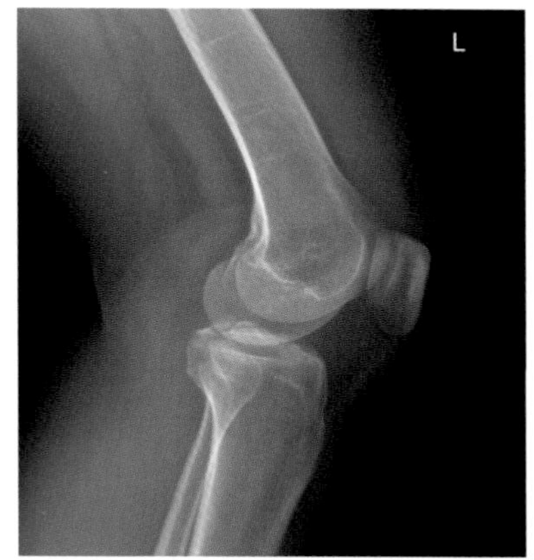

图 7-2-54 旋转不足,髌骨与股骨重叠,腓骨头与胫骨重叠过多并膝关节屈曲不足

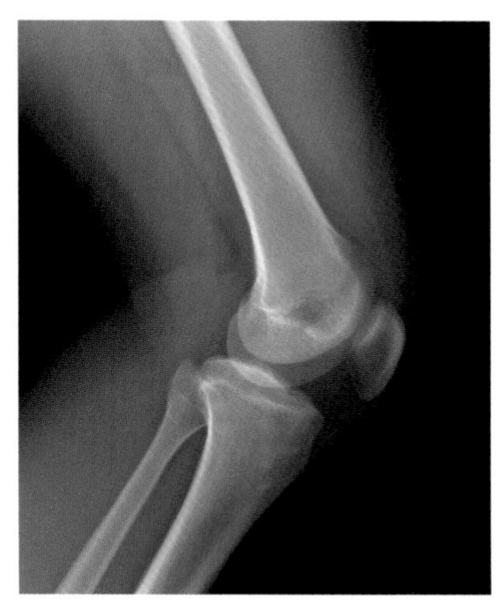

图 7-2-55 股骨内外髁上下方向重叠

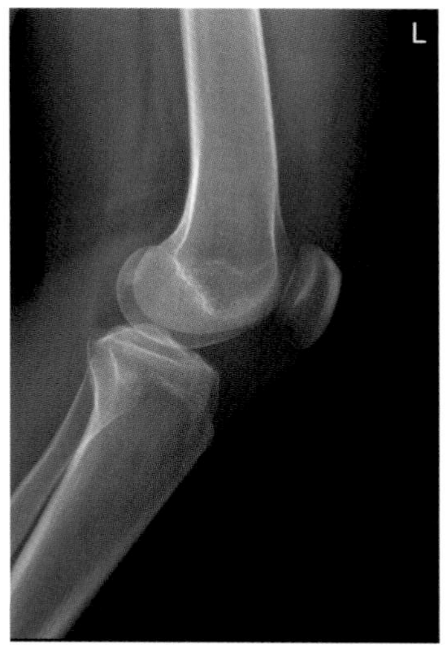

图 7-2-56 屈曲不足,关节间隙不清

### 2.13.6 注意事项

1. 摆位时,将膝关节置于显示野中部,注意使其在视野中的对称性。

2. 膝关节应屈曲呈约 135°,可使股四头肌放松,体位舒适稳定。

3. 中心线需向头侧轻度倾斜,如果不倾斜,则需要垫高踝部及小腿,使股骨长轴与床面约成 6°角。

4. 膝关节过度屈曲会使髌韧带过度绷紧,髌骨会被牵拉至髁间窝,使髌骨与股骨内、外髁前缘重叠。

5. 摆位时,不得忽视踝关节、足部对膝关节位置的影响。

6. 对侧下肢移至被检侧肢体的前方,使肢体处于舒适位置,增加稳定性。

## 2.14 髌骨轴位

### 2.14.1 应用

髌骨轴位(patella axial position)是髌骨上下方向的投影像。髌骨为身体最大的籽骨。髌骨位于股骨下端前方,后面与股骨下端前面形成髌股关节,为膝关节的组成部分。于膝部的前上方体表能触摸到,股四头肌中间腱构成髌韧带包绕髌骨,止于胫骨结节,髌骨两侧分别有髌外侧支持带、髌内侧支持带加强。正位方向上髌骨与股骨重叠,而髌骨轴位能显示髌骨骨质,髌股关节间隙、关节面、韧带及周围软组织,与髌骨侧位(膝关节侧位)联合摄影观察效果更佳。用于髌骨骨折(纵行骨折),髌骨脱位,髌骨软化或退行性骨关节病、创伤性骨关节病,各种炎性病变,先天性畸形等疾病诊断。

### 2.14.2 体位设计

1. 被检者俯卧于摄影床上,对侧下肢伸直,被检侧膝部屈曲。

2. 股骨及小腿长轴平行照射野长轴。

3. 用绷带绕于足踝,嘱被检者向头侧拉紧,使膝关节尽量屈曲,大腿前侧紧贴床面。

4. 中心线经髌骨后缘,平行于股髌关节间隙射入(图 7-2-57)。

5. 曝光因子:照射野 18cm × 12cm,65 ± 3kV,5 ~ 6mAs。

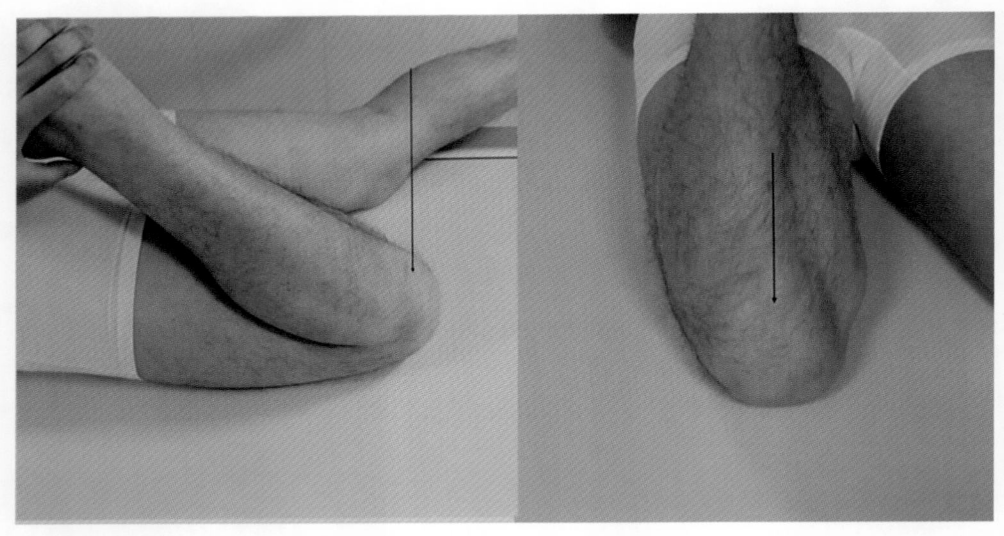

图 7-2-57 髌骨轴位摄影位置图,中心线射入点和摄入方向已标出

### 2.14.3 体位分析

1. 此位置为髌骨下上方向(轴位)投影像。

2. 正位方向髌骨与股骨重叠,不能清晰显示。除侧位观察髌骨外,从其上下方向观察即髌骨轴位观察非常重要。

3. 当最大限度屈膝时,髌骨下移位于膝部的最前方，胫腓骨移至髌股关节间隙的后方使之避开重叠。

4. 中心线倾斜角度依膝关节屈曲角度而定，膝关节屈曲角度大，中心线倾角减小，屈曲角度小，中心线倾角需增大，一般使中心线与小腿呈 15°～20°，使其与髌股关节呈切线方向。

3. 中心线入射点为经髌骨后缘，平行于股髌关节间隙。

### 2.14.4　标准图像显示

1. 显示野范围包括股骨内外侧髁、髌骨、髌股关节及周围软组织。

2. 股骨长轴平行照射野长轴。

3. 在轴位方向上观察，髌骨呈三角形影像，其前缘骨皮质呈带状高密度影，后缘关节面与股骨关节面相适应，呈线状高密度影。

4. 股骨内、外髁显示清楚，于关节间隙后方与胫骨重叠。

5. 髌股关节间隙于照片正中清晰显示，呈宽"v"字形，两侧宽窄一致。

6. 髌骨骨纹理清晰显示，软组织显示良好（图 7-2-58，图 7-2-59）。

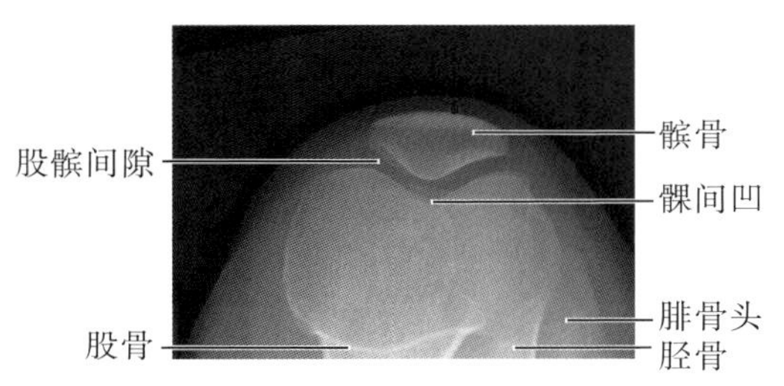


图 7-2-58　髌骨轴位标准 X 线表现

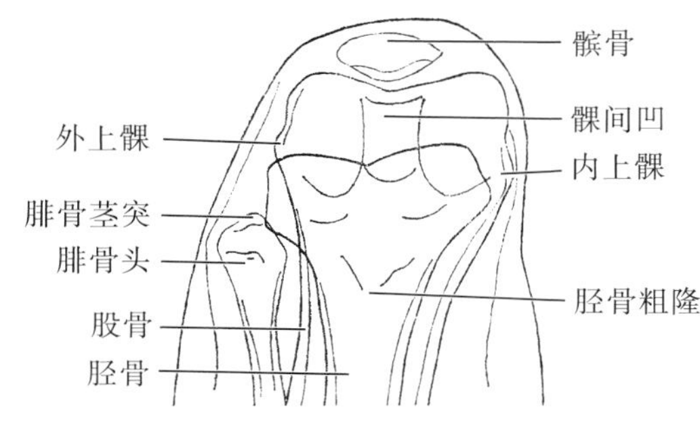


图 7-2-59　髌骨轴位显示图

### 2.14.5　常见的非标准图像显示

1. 摆位不规范，股骨和胫腓骨长轴与显示野不平行（图 7-2-60）。

2. 膝关节屈曲不到位，髌骨后缘与胫骨上端重叠，关节间隙显示不清（图 7-2-60）。

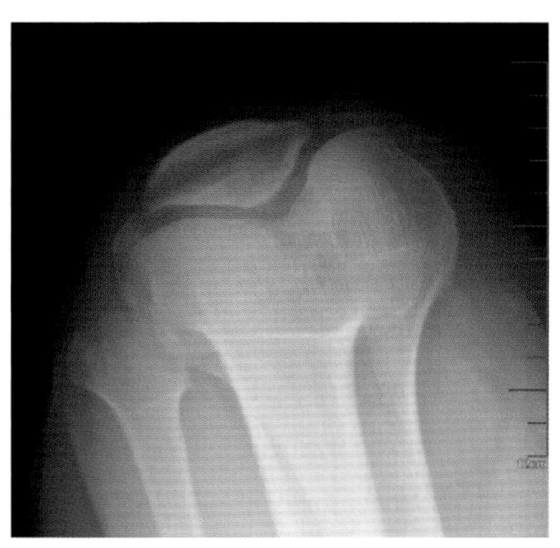

图 7-2-60　股骨长轴与显示野不平行，髌骨与胫骨重叠

3. 中心线倾斜角度不当，使髌骨与股骨重叠或者髌骨出现双边影。

4. 大腿、膝关节冠状面与床面不平行，髌骨影像偏向一侧（图 7-2-61）。

5. 小腿旋转致使髌骨间隙不对称（图 7-2-61）。

6. 横轴未与 IR 平行，而是成角，髌骨表现为斜位影像。

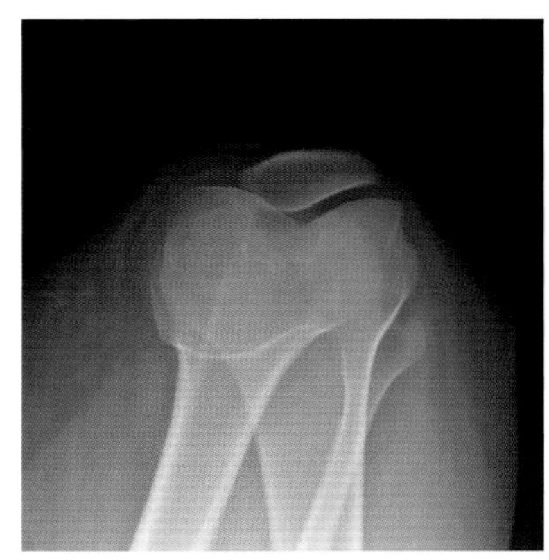

图 7-2-61　髌骨间隙不对称，小腿旋转

### 2.14.6 注意事项

1. 注意摆位规范，大、小腿长轴平行于显示野长轴，且膝关节横径与显示野横轴平行。

2. 膝关节屈曲到位，消除重叠。

3. 根据膝关节屈曲情况调节中心线倾斜角度，当膝关节屈曲角度小于90°使中心线与小腿呈15°~20°，与股髌关节呈切线位。

4. 小腿不能旋转，股骨长轴、小腿长轴和中心线入射方向三者应保持一致，以避免髌骨投影变形。

5. 严重髌骨骨折患者不能俯卧屈曲膝关节，可以选择仰卧位，将膝关节稍微垫高，中心线水平从髌骨上缘射入。理解髌骨轴位投照原理并遵循上述投照原则也能获得标准图像。

6. 由于此位置强迫程度较高，应尽量缩短摆位时间，否则被检者感觉不适，难以坚持。

## 2.15 股骨正位

### 2.15.1 应用

股骨正位(femur orthophoria)为股骨的正位投影像，是股骨X线摄影常规位置。显示股骨全段、髋关节和膝关节、周围软组织等，能观察股骨骨质、关节及软组织情况。股骨是身体最大的长骨，外伤、病变和全身性疾病容易累及。股骨正位用于外伤性、病理性骨折，化脓性骨髓炎，骨结核，原发性、转移性骨肿瘤，骨纤维结构不良等肿瘤样病变，佝偻病、各类骨质疏松软化等代谢性疾病，先天性疾病等的诊断。

### 2.15.2 体位设计

1. 被检者仰卧于摄影床上，下肢伸直，足尖朝上。对侧股骨外移，避免包括于显示野内。

2. 股骨长轴平行照射野长轴。

3. 下肢稍内旋，足尖向上稍内偏。

4. 大腿及小腿后侧紧贴床面，腘窝靠近床面。

5. 股骨中下段摄影时，小腿内旋约5°，髌骨居中向上，股骨中上段摄影时，下肢内旋约15°。

6. 中心线经股骨观察区中点垂直射入(图7-2-62)。

7. 曝光因子：照射野43cm×25cm，68±3kV，7~9mAs。

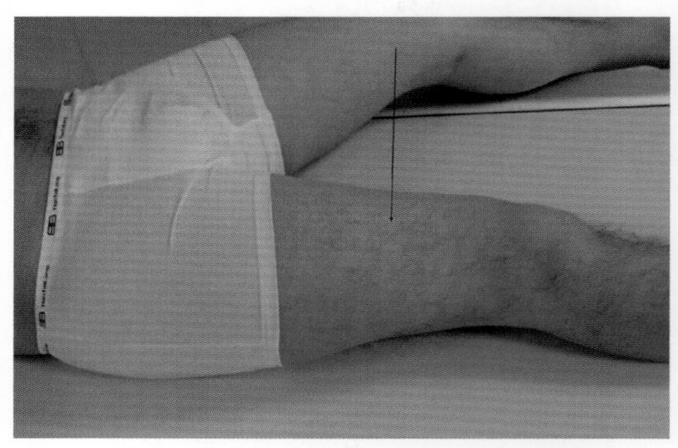

图7-2-62 股骨正位摄影摆位图，中心线射入点和方向已标出

### 2.15.4 体位分析

1. 此位置显示股骨前后正位投影像。

2. 股骨是身体最长的长骨，骨干粗大，上下端有下肢的大关节，表面附着强大的韧带、筋膜及肌腱和横纹肌群。

3. 在成人，最大的显示野常不能包全成人的股骨全段以及两端的关节，股骨摄影时，应以一端关节为准，分为股骨中上段或股骨中下段投照。儿童和身体过于矮小者方能包全。

4. 股骨中上段摄影时，下肢内旋约15°，使股骨颈呈水平位完全显示。股骨中下段摄影时，小腿内旋约5°，使膝关节处于标准的前后正位。

5. 中心线从被摄体中部垂直射入。

### 2.15.5 标准图像显示

1. 显示野范围包括股骨、髋关节、膝关节及大腿软组织。

2. 股骨长轴平行照射野长轴。

3. 股骨呈正位影像，股骨头、股骨颈无明显变形，股骨大、小转子分别位于股骨体上端的外、内侧缘。股骨内、外侧髁于下端内外缘。

4. 髋关节呈正位，关节间隙清楚，髌骨位于股骨下段正中，膝关节呈正位影像，关节间隙两侧对称，无骨质重叠。

5. 股骨骨纹理清晰显示，软组织显示良好(图7-2-63，图7-2-64)。

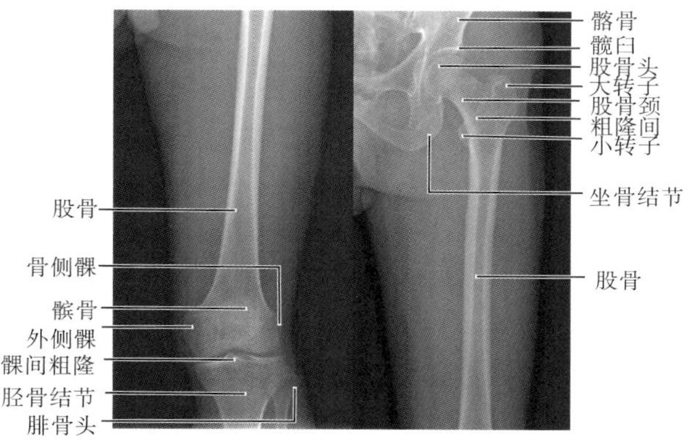


图 7-2-63 股骨正位标准 X 线表现

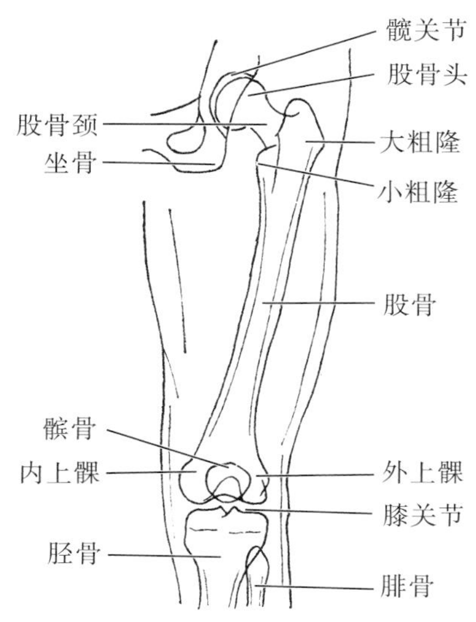


图 7-2-64 股骨正位示意图

### 2.15.5 常见的非标准图像显示

1. 摆位不规范，股骨长轴与显示野长轴不平行。

2. 摄影时大腿、小腿和足尖未同步内旋，股骨为非正位，表现为股骨颈缩短(图 7-2-65)。

3. 腿部呈过度内旋或外旋，膝关节间隙不对称，内外侧髁不呈切线位，髌骨偏向一侧。

4. 股骨中上段摄影或中下段摄影，未包全一端关节。

5. 股骨全段摄影时，上、下关节和股骨本身未包全。

6. 曝光条件掌握不当，软组织层次和骨纹理显示不清晰。

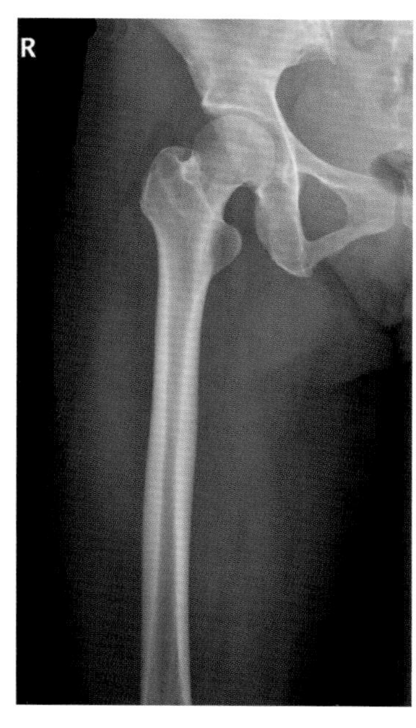


图 7-2-65 下肢未同步内旋，股骨颈缩短

### 2.15.6 注意事项

1. 注意摆位规范，使股骨长轴与显示野长轴平行。

2. 股骨全段摄影时，如果最大显示野不能包括两端关节时，需要时分别行股骨中上段、股骨中下段摄影。

3. 股骨中上段摄影或中下段摄影时，注意包全一侧关节。

4. 摆位时，注意使下肢伸直并同步适度内旋，充分显示股骨颈。

5. 股骨中上段摄影时，因组织较厚，应使用滤线栅，减少散射线，保证图像清晰。

6. 应用 X 线管阳极端效应，阴极端对髋关节侧，阳极端对膝关节侧。

7. 股骨粉碎性骨折患者，不得过度移动，以防发生血管内脂肪栓塞。

## 2.16 股骨侧位

### 2.16.1 应用

股骨侧位(femur lateral position)为股骨的侧面投影像。因盆部处于侧斜位置，髋关节的髋臼为斜位，但股骨头能充分旋转，故股骨及膝关节均能够处于侧位位置。相对于正位，该位置使股骨前后缘为切线显示，与股骨正位联合使用，为常规检查。用于股骨正位骨折，炎症，肿瘤，肿瘤样病变，代谢性疾病，先天性疾病等。特别评估骨折骨块的移位、断端对位对线情况非常重要。

### 2.16.2 体位设计

1. 被检者侧斜卧于摄影床上，对侧膝关节屈曲，尽量与被检侧分开，置于后、外方，足底踏床面，支撑身体保持平稳。

2. 被检侧股骨长轴平行显示野长轴。

3. 被检侧大腿尽量外旋，大腿外侧紧贴床面，呈侧位，膝关节屈曲约135°。

4. 中心线经股骨中点垂直射入或经光圈的中点射入（图7-2-66）。

5. 曝光因子：照射野43cm × 25cm，68 ± 3kV，7 ~ 9mAs。

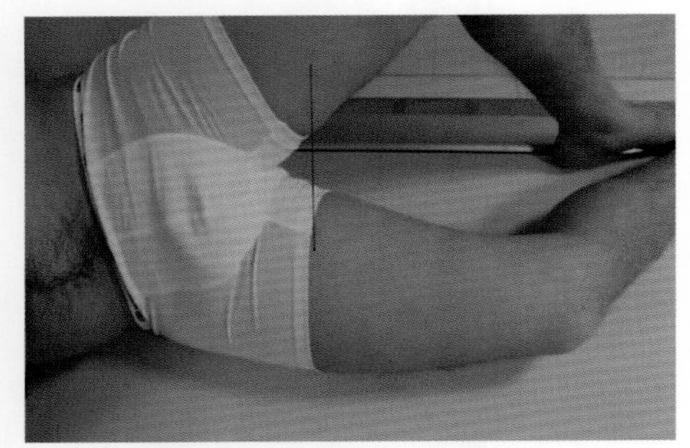

图7-2-66 股骨侧位摄影摆位图，中心线射入点和摄入方向已标出

### 2.16.3 体位分析

1. 此位置显示股骨内外侧位投影像。

2. 身体需向患侧旋转，使股骨外部向下，对侧大腿置于后方，避开与被检侧股骨近端和髋关节重叠。

3. 股骨较长，常分为股骨上段侧位和股骨下段侧位投照，股骨上段侧位上部需完整包括髋关节，下部尽量包括股骨干的中下段以下。

4. 股骨下段侧位上部尽量包括股骨中上段以上，下部包括完整的膝关节。

5. 膝关节保持标准侧位，是股骨侧位符合标准的条件。

6. 中心线从显示视野的中部垂直射入。

### 2.16.4 标准图像显示

1. 显示野范围包括股骨、髋关节、膝关节及大腿软组织。

2. 股骨长轴平行显示野长轴。

3. 股骨近端和髋关节与对侧肢体无重叠。

4. 股骨颈位于股骨头下，重叠于大转子投影内，股骨内侧缘见小转子的内侧部分。

5. 膝关节为标准的侧位，内、外侧髁重叠，髌骨位于股骨前方，髌股关节呈切线位，可见关节间隙。

6. 股骨骨纹理清晰显示，软组织显示良好（图7-2-67，图7-2-68）。

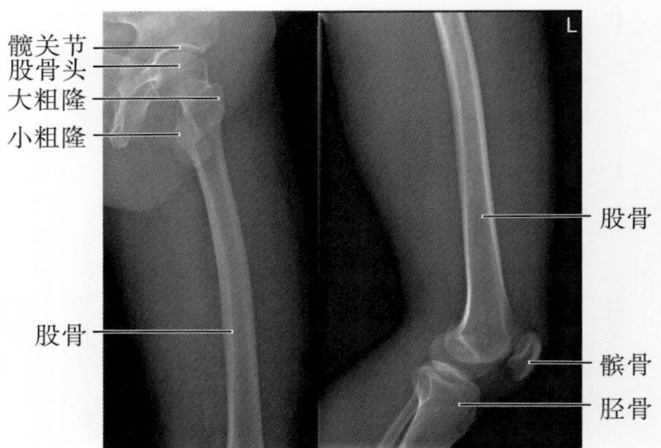


图7-2-67 标准股骨侧位X线表现

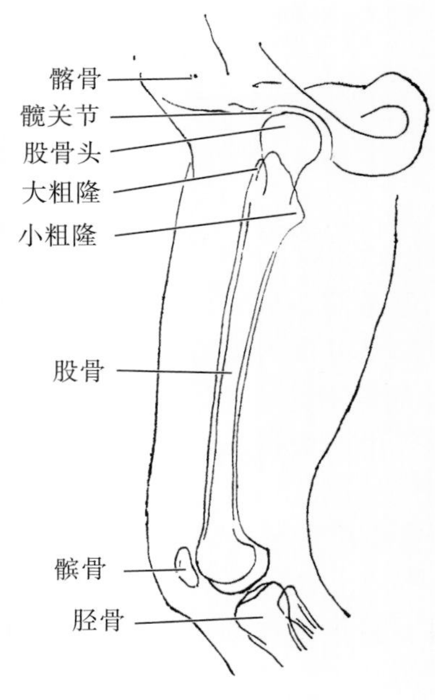


图7-2-68 股骨侧位示意图

### 2.16.5 常见非标准图像显示

1. 摆位不规范，股骨长轴未于显示野长轴平行（图7-2-69）。

2. 身体旋转不足，股骨外侧未贴近床面，导致股骨不是完全侧位，表现为股骨颈与大转子不重叠。

3. 膝关节未摆为标准侧位，使股骨呈斜位，髌骨与股骨下端重叠（图7-2-70）。

4. 膝关节未屈曲，影响股骨不能呈标准侧位（图7-2-70）。

5. 对侧大腿未展开，软组织与之有重叠过多（图7-2-71）。

6. 曝光条件掌握不当，图像不清晰，细微结构显示模糊。

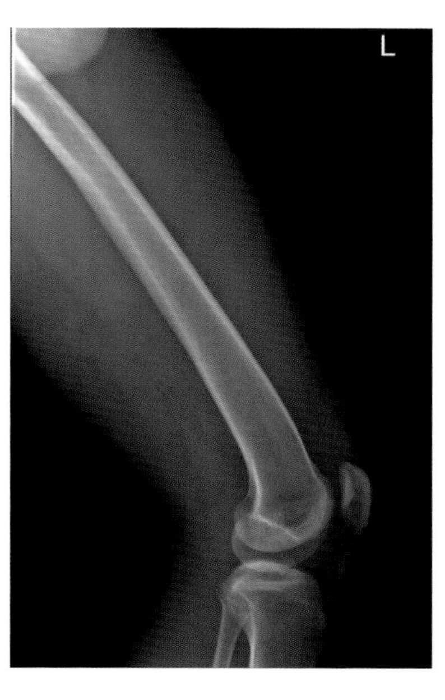


图7-2-69 股骨长轴与显示野长轴不平行

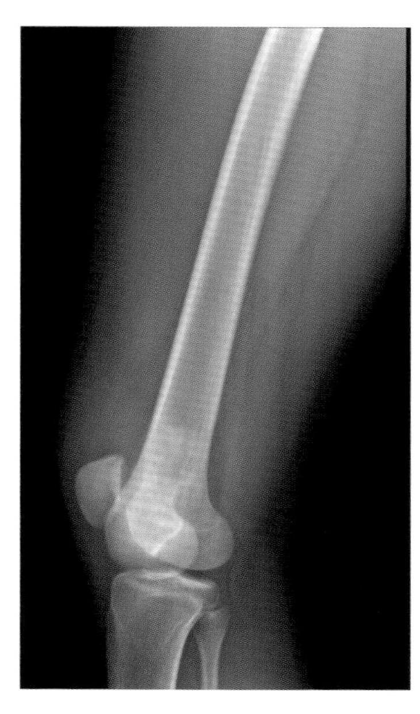

图7-2-70 髌股重叠，膝关节未屈曲

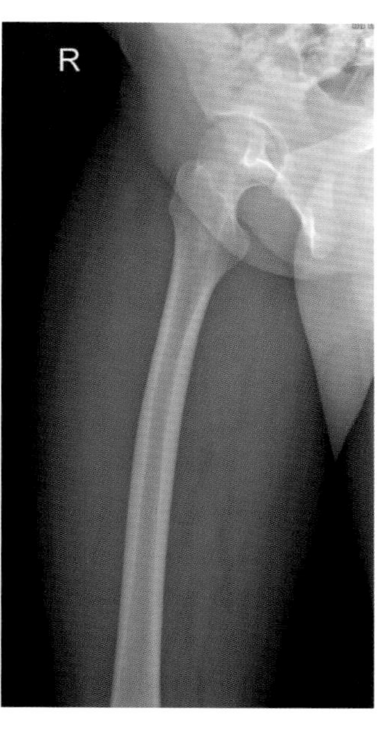


图7-2-71 对侧软组织重叠

### 2.16.6 注意事项

1. 注意摆位规范，使股骨长轴与显示野平行。

2. 如果是股骨全段摄影，同一显示野不能包括两端关节时，需要分别行股骨中上段、股骨中下段摄影，以免漏诊。

3. 注意认真查阅申请单要求，以正确决定重点观察部位，完整包括一端关节。

4. 只有髋关节、膝关节位置标准，股骨侧位才能够位置标准。

5. 注意避开对侧肢体，以免与被检侧股骨近端和髋关节重叠。

6. 为防止下肢的移动，可用垫子垫高对侧髋部、膝部。对于严重外伤不能完全侧卧着，可照斜位。

7. 股骨粉碎性骨折，不得过于移动，谨防发生血管内脂肪栓塞。

8. 曝光时应加用滤线栅，减少散射线。

9. 应用X线管阳极端效应，阴极端对髋关节侧，阳极端对膝关节侧。

## 2.17 髋关节正位

### 2.17.1 应用

髋关节正位（hip joint orthophoria）是髋关节前后方向的正面投影像。髋关节的股骨头关节面深藏于髋臼内，又有强大的关节囊、多条韧带固定，其运动幅度远远不及肩关节，具有较强的稳定性，以适应承重和行走的功能。关节囊包绕股骨颈内侧的大部分，以后部薄弱。髋关节正位显示髋关节正位投影像，包括髋臼、股骨头、股骨颈和股骨上段。能显示关节面、关节间隙、骨质及软组织情况。用于外伤,如髋臼骨折、股骨颈骨折(特别注意显示股骨颈的囊内或囊外骨折、脱位)等。股骨头坏死的诊断与分期、各种骨关节炎性病变、来自骨、软骨、滑膜等处的肿瘤。髋关节退行性变、关节撞击综合征。发育异常,先天性畸形、先天性髋关节脱位。

2.17.2 体位设计

1. 被检者仰卧于摄影床上,下肢伸直,足尖朝上。

2. 人体正中线与显示野长轴平行,被检侧腹股沟韧带中点置于显示野中点。

3. 两髂前上棘与床面等距,人体冠状面与台面平行。

4. 双侧足跟稍分开,足尖并拢,下肢内旋约15°,双侧大腿及小腿后侧紧贴床面。

5. 中心线经股骨头垂直射入(图7-2-72)。

6. 曝光因子:照射野 30cm × 24cm,70 ± 3kV,AEC 曝光,感度 280,中间电离室。

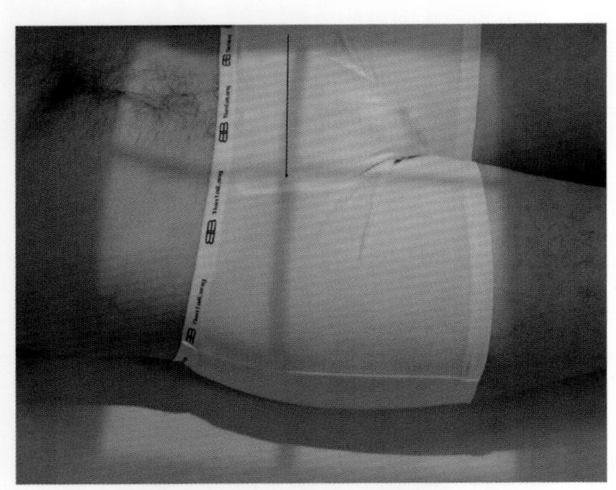

图7-2-72 髋关节正位摄影摆位图,中心线射入点和摄入方向已标出

2.17.3 体位分析

1. 此位置显示髋关节前后正位投影像。

2. 髋关节为球窝关节,稳定,关节面前、后缘不重叠,标准正位时能显示关节面前、后缘的边缘。

3. 股骨颈走向为前内上到后外下与冠状面成约15°角,髋关节摄影时,下肢内旋约15°,使股骨颈呈水平位完全显示(图7-2-73)。

4. 股骨头的体表定位:①髂前上棘与耻骨联合上缘连线的中垂线外下5cm处为股骨头中心。②股动脉搏动点即为股骨头体表位置。③大转子与耻骨联合在同一水平线上。

5. 中心线入射点为股骨头,因股骨头较深,需要应用上述体表标志。

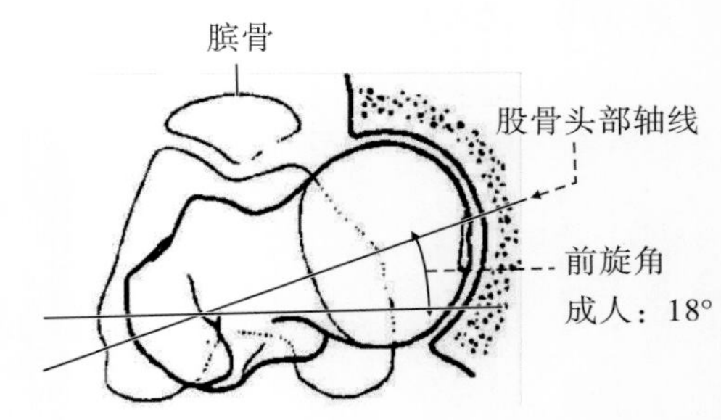


图7-2-73 髋关节轴位解剖图

2.17.4 标准图像显示

1. 显示野范围包括髋关节、股骨近端、同侧坐耻骨、部分髂骨及大腿软组织。

2. 股骨长轴平行照射野长轴。

3. 股骨头位于照片正中或位于照片上1/3正中。髋臼、股骨头关节面边缘锐利,髋臼前缘显示较清楚,与后缘分离无重叠。

4. 闭孔无变形。

5. 股骨颈充分显示,无缩短。大转子位于股骨颈的外侧,两者不重叠,小转子位于股骨干内缘。

6. 髋关节诸骨骨纹理清晰显示,软组织显示良好(图7-2-74,图7-2-75)。

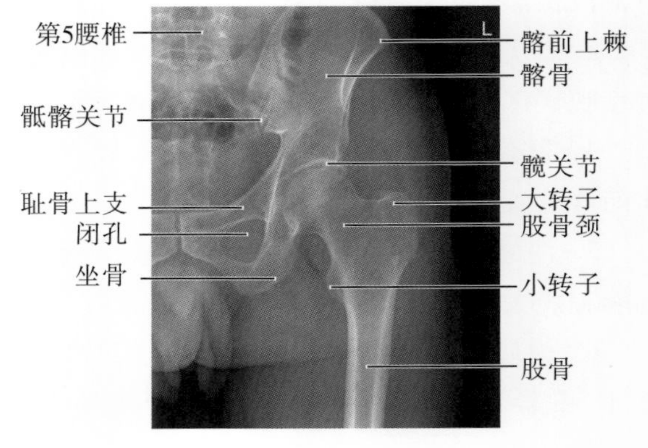


图7-2-74 标准髋关节正位X表现

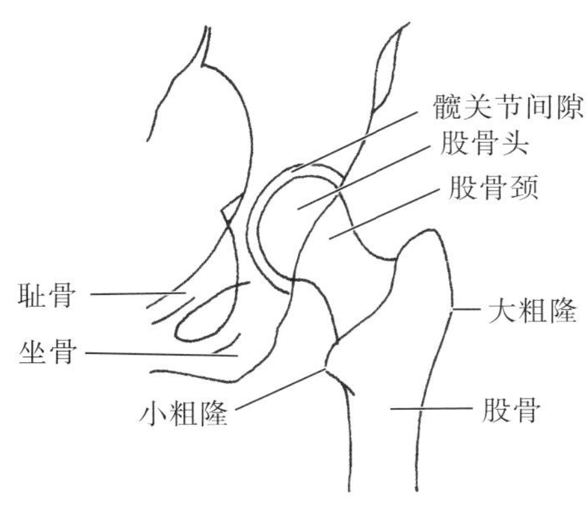


图 7-2-75 髋关节正位示意图

### 2.17.5 常见非标准图像显示

1、摆位不规范，股骨上段明显与显示野不平行。

2. 下肢外倾或者内旋不够，股骨颈压缩变短，大转子与股骨颈重叠，小转子显示充分（图 7-2-76）。

3. 下肢内旋过度，小转子与股骨完全重叠（图 7-2-77）。

4. 中心线射入点不准确或有倾斜，股骨头上缘和髋臼上部重叠。

5. 人体冠状位未与台面平行，至髋关节呈不同程度的斜位。

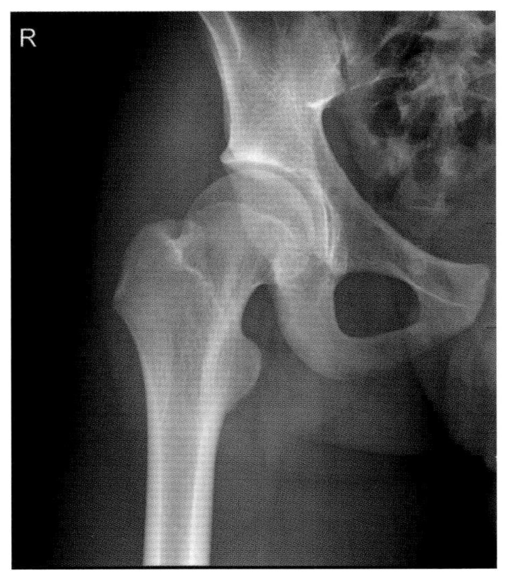


图 7-2-76 足尖未内旋股骨颈缩短

6. 曝光条件使用不当如未用滤线器，图像清晰度不佳。

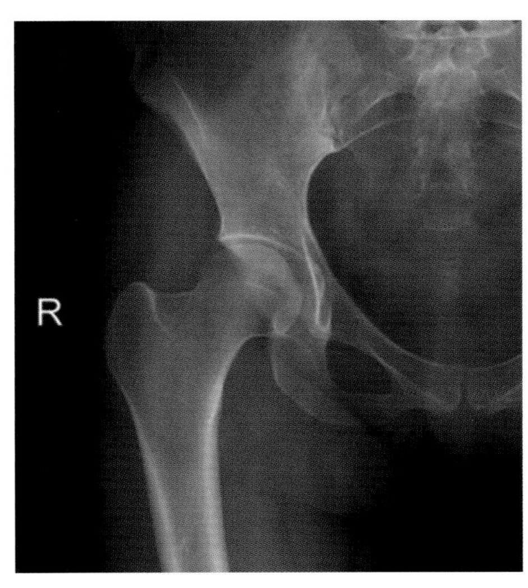


图 7-2-77 小转子与股骨完全重叠

### 2.17.6 注意事项

1. 注意掌握下肢旋转的角度大小，当足外倾时，大转子与股骨颈重叠；当足内旋过度时小转子与股骨重叠。

2. 确保骨盆没有旋转，两髂前上棘与床面等距，骨盆冠状面与床面平行。

3. 股骨颈骨折患者，可适当牵拉患肢，既减少患者痛苦，又易达到体位标准，注意不能使用暴力。

4. 需同时观察双侧髋关节时，可用双侧髋关节正位，中心线经两侧股骨头连线的中点射入。

5. 为防止下肢的移动，可考虑用沙袋固定踝部。

6. 曝光条件使用适当，保证图像质量。

## 2.18 髋关节侧位

### 2.18.1 应用

髋关节侧位（hip joint lateral）为髋关节的侧面投影像。从侧方显示髋臼、股骨头、股骨颈和股骨上段。与髋关节正位联合使用，从不同方向观察骨质结构的病变，如了解髋关节脱位股骨头前后移位情况，也是股骨颈骨折和髋臼后壁骨折必检的重要摄影体位。用于外伤，即骨折、脱位等，各种骨关节炎性病变、肿瘤，关节撞击综合征。发育异常，先天性畸形、先天性髋关节脱位。

## 2.18.2 体位设计

1. 被检者侧卧于摄影床上，被检侧向下，对侧膝部、髋部向前上屈曲置于前方。

2. 股骨长轴平行照射野长轴。

3. 被检侧髋关节伸直呈侧位，骨盆及大腿外侧紧贴床面。

4. 膝关节屈曲呈约 135°，摆成标准侧位。

5. 中心线向头侧倾斜 30° ~45°，经股骨颈射入(图 7-2-78)。

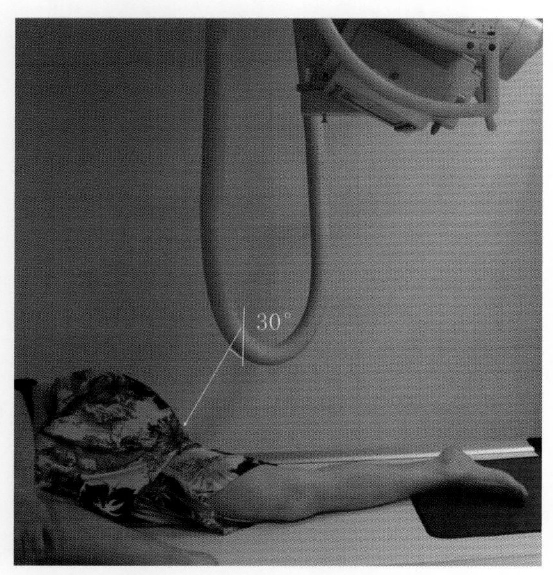


图 7-2-78 髋关节侧位摄影摆位图，中心线的射入点和入射方向已标出

6. 曝光因子：照射野 30cm × 24cm。80 ± 3kV，AEC 曝光，感度 280，中间电离室。

## 2.18.3 体位分析

1. 此位置显示髋关节侧位投影像。

2. 股骨颈与股骨干的夹角约 130°左右，中心线需向头侧倾斜约 30° ~45°垂直于股骨颈。

3. 髋关节位置较中心，中心线垂直摄入会与对侧结构和临近结构重叠，中心线向头侧倾斜，可将其上方结构投影髋关节之上，有利于被检侧的髋关节显示。

4. 由于髋关节处于身体厚度较大的部位，需要加大曝光条件、增加滤线器才能使关节间隙显示清晰。

5. 中心线入射点为股骨颈，体表标志位大腿根部。

## 2.16.4 标准图像显示

1. 显示野范围包括髋臼、坐骨、股骨近端及周围软组织。

2. 股骨长轴平行照射野长轴。

3. 髋关节和股骨颈位于显示野中央区域。

4. 髋关节呈侧位，髋臼位于坐骨支和耻骨支之间，髋关节间隙前后对称，股骨头韧带切迹位于关节面中部。

5. 股骨颈缩短，位于股骨头正下方，股骨颈远端与大转子重叠。

6. 髋关节诸骨骨纹理清晰显示，软组织显示良好(图 7-2-79，图 7-2-80)。

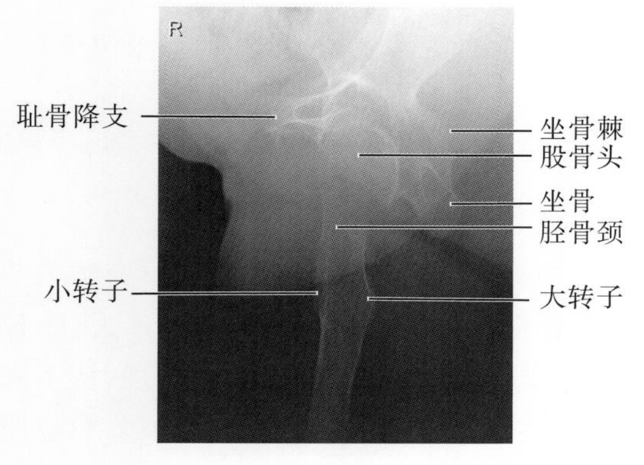


图 7-2-79 标准髋关节侧位 X 线表现

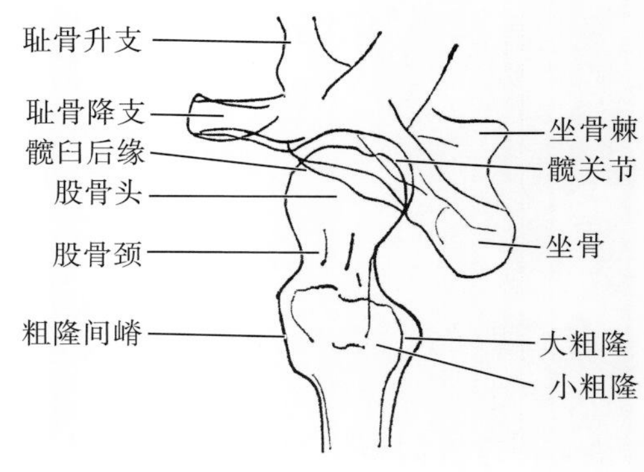


图 7-2-80 髋关节侧位示意图

### 2.18.5　常见的非标准图像显示

1. 摆位不规范，股骨长轴与显示野长轴不平行。

2. 人体过度向前旋转，髋关节呈斜位，坐骨与股骨颈重叠（图 7-2-81）。

3. 人体旋转不足，耻骨支与髋关节和股骨颈重叠，髋关节呈斜位。

4. 对侧下肢未充分抬高、前屈，与被检侧未充分分离，重叠于髋关节影像内。

5. 中心线射入点不准确、倾斜角度不够，骨盆骨质与髋关节重叠。

6. 曝光条件掌握不当，髋关节结构显示不清晰。

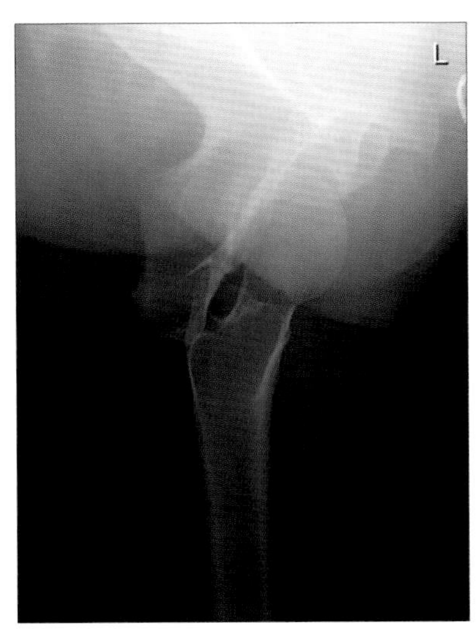


**图 7-2-81**　髋关节呈斜位，坐骨与股骨颈重叠

### 2.18.6　注意事项

1. 注意摆位规范，使股骨长轴与显示野长轴平行。

2. 对侧下肢尽量上移，以减少被检侧股骨上段的重叠。

3. 侧卧时不要让身体过度向前旋转，也不能旋转不足，否则会使坐骨或耻骨与股骨颈重叠。

4. 为防止下肢的移动及避免身体过度前转，可垫高固定对侧膝部。

5. 外伤不宜侧转的患者，可用水平侧位或者采用斜位投照。

6. 中心线入射角度和入射点准确，才能充分显示髋关节间隙。

7. 注意使用适当的曝光条件，加用滤线器，使图像质量符合要求。

## 2.19　髋关节水平侧位

### 2.19.1　应用

髋关节水平侧位（hip joint horizontal lateral position）为髋关节侧位投影像。在自动体位或非自由体位的患者，由于肢体疼痛，身体不能侧卧或髋关节不能屈曲，可应用髋关节水平侧位来达到检查目的。该位置为髋关节侧位的代替位置，用于全身多处外伤制动的患者、严重的骨折不得随意移动、被固定如牵引等。诊断范畴与常规侧位相同。

### 2.19.2　体位设计

1. 被检者仰卧于摄影床上，臀部垫高，对侧髋关节与膝部皆屈曲—患者自己手抱膝部上部或者小腿固定于支架上。

2. 被检侧下肢伸直且内旋 20°，下肢长轴与显示野长轴基本平行。

3. 接受媒介（IP 板、IR 等）横向侧立置于患侧髂嵴外上方，与躯体正中矢状面约 45°（接受媒介倾斜方向与股骨颈平行）。

4. 中心线平大转子高度、自健侧向患侧水平投射于 IR 中心（图 7-2-82）。

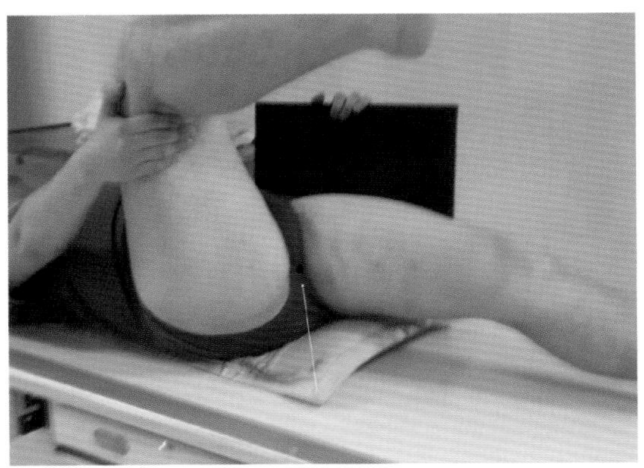

**图 7-2-82**　髋关节水平侧位摄影摆位图，中心线射入点和摄入方向已标出

5. 曝光因子：照射野 30cm × 24cm。80 ± 3kV，AEC 曝光，感度 280，中间电离室。

### 2.18.3 体位分析

1. 此位为髋关节侧位投影像。

2. 髋关节的关节间隙位于股骨头的内上方，而股骨头直接与股骨颈连接，故接受媒介与股骨颈平行，能在侧位上充分显示髋关节。

3. 因中心线为水平方向垂直入射，此位置显示髋关节为主，而股骨颈缩短变形。

4. 如果股骨颈骨折患者，患者不能侧卧，以观察股骨颈为目的，可采用髋关节水平侧位，不同的是中心线需向头侧倾斜约 30°～45°垂直于股骨颈。

5. 对侧下肢屈曲抬高，避免重叠。

6. 中心线入射点为股骨颈（大腿根部）。

### 2.19.4 标准图像显示

1. 显示野范围包括髋关节（髋臼、股骨头和关节间隙）、坐骨支、耻骨支、股骨颈、股骨干近端和周围软组织。

2. 股骨长轴平行照射野长轴。

3. 髋关节位于显示野中央区域，呈侧位。耻骨支位于其前方，坐骨支位于其后方。

4. 股骨颈呈侧位影像，股骨头、股骨颈、股骨体约在一条线上，大小转子与股骨体重叠。坐骨和耻骨与股骨颈、髋关节无重叠。

5. 对侧肢体与髋关节无重叠。

6. 髋关节诸骨骨纹理清晰显示，软组织显示良好。

### 2.19.5 常见非标准图像显示

1. 摆位不规范，股骨颈、股骨干长轴与显示野长轴不平行，髋关节远离显示野中央区。

2. 身体未平卧，即骨盆的冠状面于左右侧不等高，使髋关节、股骨颈呈斜位像。

3. 接受媒介未与股骨颈平行，而与身体矢状面平行，造成股骨颈与髋关节下部重叠。

4. 观察股骨颈时，中心线未向头侧倾斜，股骨颈缩短，呈半轴位。

5. 对侧肢体抬高不够，与髋关节、股骨颈重叠。

6. 曝光条件使用不当，图像对比度、分辨率不佳，骨纹理等显示模糊。

### 2.19.6 注意事项

1. 注意将骨盆垫高，对于瘦弱者增加托垫高度，使髋关节位于显示野中部。

2. 保持盆腔冠状位左右侧位于同一高度。

3. 充分理解髋关节和股骨颈的解剖结构和走行方向，按观察目的，正确倾斜中心线角度。

4. 注意放置 IR 时，要平行股骨颈走行方向。

5. 对侧下肢尽量抬高上移，以减少被检侧股骨上段的重叠。

6. 髋关节和周围组织体积厚，密度较高，合理使用曝光条件，使中心线具有足够的穿透性，同时减少散射线。

## 2.20 髋关节侧斜位

### 2.20.1 应用

髋关节侧斜位（hip joint lateral and oblique position）是髋关节的从内后向外前方向的斜位投影像。髋关节属于球窝关节，稳定性好，各种体位股骨头均位髋臼内。如髋臼先天性发育不良（变浅、壁部分缺如）、股骨头先天性变小等，在关节屈曲情况下，髋关节出现脱位或半脱位，故髋关节侧斜位是在关节屈曲的状态下，斜位投照，既观察关节骨质形态，也了解关节功能。用于髋关节是否脱位或脱位时股骨头移位情况。也用于了解其他异常，如股骨颈骨折、髋臼骨折、关节结核、强直性脊柱炎的髋关节病变等。

### 2.20.2 体位设计要点

1. 被检者侧卧于摄影床上，健侧髋关节略抬高，髋关节屈曲、外展。

2. 患侧向下，其腹股沟中点置于台面正中线上。

3. 髋关节前屈 90°角，使患侧的侧外部紧贴床面，股骨长轴与台面长轴接近垂直。

4. 中心线向头侧倾斜 25°，经患侧腹股沟中点射入（图 7－2－83）。

5. 曝光因子：照射野 30cm × 24cm，75 ± 3kV，AEC 曝光，感度 280，中间电离室。

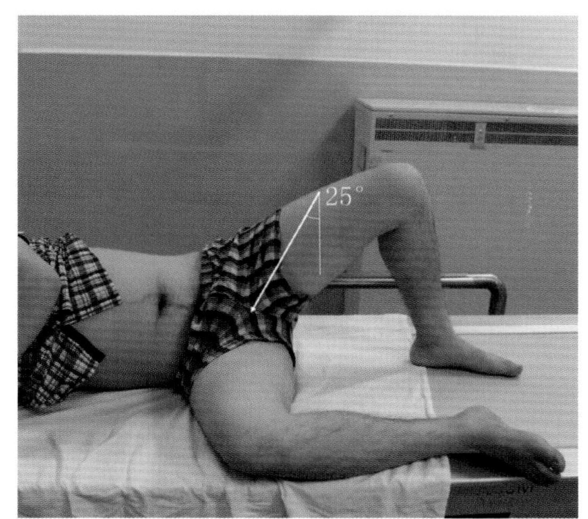


图 7-2-83　髋关节侧斜位摄影摆位图，中心线的射入点和摄入方向已标出

### 2.20.3　体位分析

1. 此位置显示髋关节侧斜位投影像。

2. 患侧髋关节前屈 90°角，可观察关节位置改变的状态下，髋臼和股骨头的相对位置有无发生异常。

3. 此位置为骨盆侧壁（闭孔到髋臼）轴位方向，中心线经过髋臼前后壁，能显示髋臼的真实深度、关节间隙的宽度和股骨头位置是否稳定。

4. 股骨屈曲、股骨体接近侧位，股骨颈与台面呈半轴位的关系，中心线向头侧倾斜约 25°，使股骨颈呈侧轴位投影，缩短并与大转子重叠。

5. 中心线入射点为腹股沟中点，相当经髋臼的前后壁。

### 2.20.4　标准图像显示

1. 显示野范围包括髋关节（髋臼、髋关节间隙和股骨头）、坐骨、耻骨、股骨近端及周围软组织。

2. 髋关节位于显示野中央区域，股骨体长轴与显示野长轴成角。

3. 髋臼前后缘基本重叠，髋关节在骨盆侧壁上为切线位显示（即相当于髋关节本身的侧位方向）。

4. 同侧耻骨支和坐骨支重叠，闭孔不能显示。

5. 股骨颈呈侧位影像，股骨颈远端与大转子有所重叠，小转子与股骨无重叠。

6. 髋关节诸骨骨纹理清晰显示，软组织显示良好（图 7-2-84，图 7-2-85）。

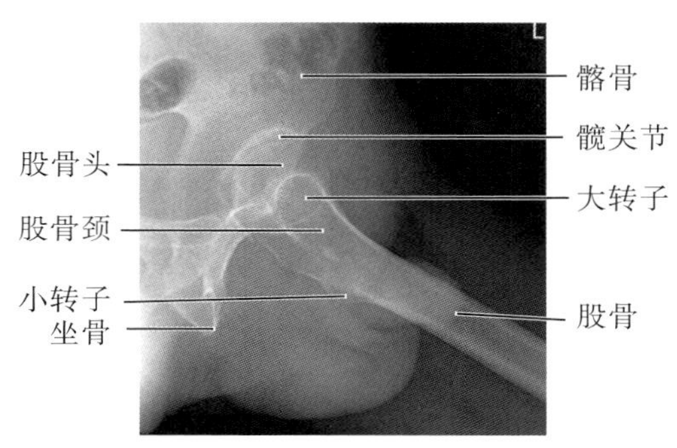


图 7-2-84　标准髋关节侧位 X 表现

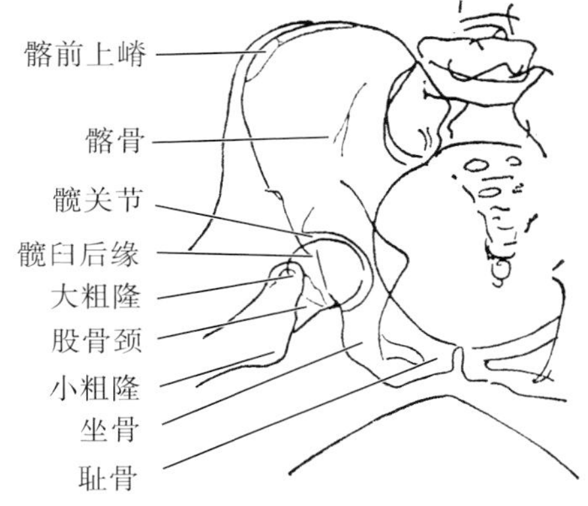


图 7-2-85　髋关节侧位显示图

### 2.20.5　常见的非标准图像显示

1. 髋关节未摆放于显示野中央部位（为正确使用髋关节体表标记），相应使髋关节体位、中心线均不准确，图像不标准。

2. 被检侧髋关节未屈曲，图像不能显示髋臼和股骨头的位置关系（图 7-2-86）。

3. 股骨外侧未紧贴床面或对侧髋关节未抬高，髋关节呈斜位。

4. 对侧髋部过度抬高，使耻骨上支与髋关节重叠。

5. 中心线未倾斜角度，大转子未与股骨颈重叠。

6. 曝光条件使用不当，图像模糊。

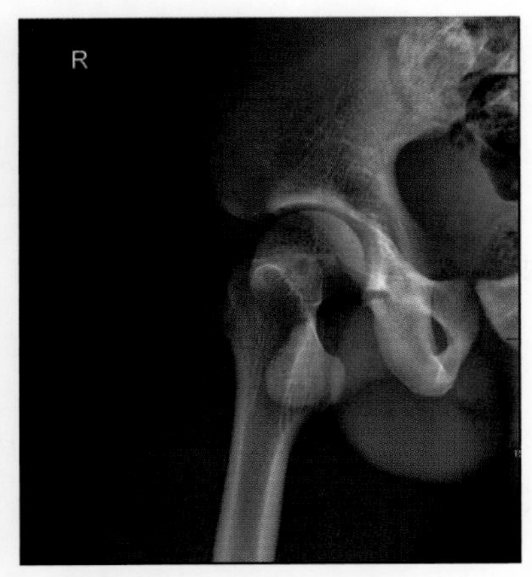


图 7-2-86 髋关节未前屈,大转子未与股骨颈重叠

### 2.20.6 注意事项

1. 注意摆位的准确性,使被检侧髋关节投影于显示野中央区域。

2. 对侧下肢尽量外展,以防与股骨上段和髋关节发生重叠。

3. 为防止下肢的移动及避免身体过度前转,可垫高固定对侧膝部。

4. 被检侧髋关节应屈曲 90°,同时大腿外侧紧贴床面,所获得的图像才能正确评估股骨头与髋臼之间的关系。

5. 外伤股骨颈、髋臼骨折、其他情况转体困难的患者,可用股骨颈水平侧位或者采用 CT 检查。

## 2.21 髋关节蛙型位

### 2.21.1 应用

髋关节蛙式位(hip joint frog position)是双侧髋关节在外展、外旋和屈曲的状态下的投影像。在先天性或后天性病变继发性髋关节脱位、关节不稳定的 X 线诊断中,除了在常规位置上观察髋关节结构、形态、密度等形态的改变外,还需在功能位上进行分析、测量。髋关节蛙式位就是在髋关节处于外展、外旋、屈曲功能状态下,来显示股骨头边缘的情况,及髋关节骨质(股骨头、髋臼、股骨颈内缘、股骨颈外缘、闭孔上缘、股骨干等)之间的位置关系。该位置用于先天性和继发性髋关节脱位、阔筋膜痉挛、强直性脊柱炎、髂腰肌炎、类风湿性关节炎、股骨头缺血坏死。例如在判断髋关节是否有脱位时,观察沈通氏线的连续性、股骨头和股骨颈骨骺未形成即观察股骨干长轴线与髋臼外缘的距离等。

### 2.21.2 体位设计

1. 被检者仰卧于摄影床上,人体正中线与台面中线重合,正中矢状面与床面垂直。

2. 两髂前上棘与床面等距,臀部紧贴床面。

3. 双侧髋关节及膝关节屈曲并外旋,双侧足底并拢、相对,双侧股骨与床面成 30°~45°夹角。

4. 中心线经双侧股骨头连线的中点垂直射入(图 7-2-87)。

5. 曝光因子:照射野 43cm × 35cm,75 ± 3kV,AEC 曝光,感度 280,中间电离室。

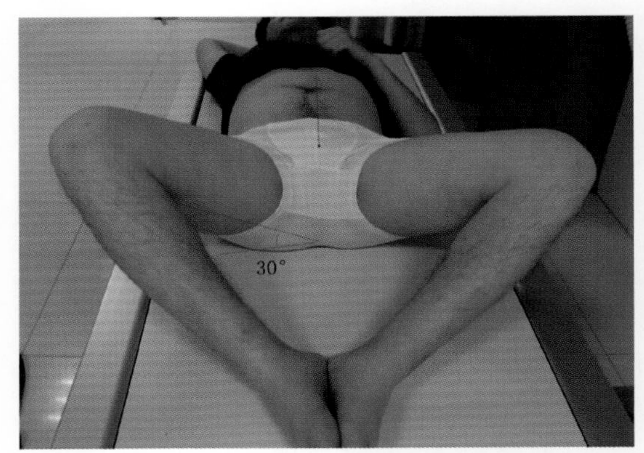


图 7-2-87 髋关节蛙式位摄影摆位图,中心线入射点和入射方向已标出

### 2.21.3 体位分析

1. 此位置髋臼位置固定,呈前后正位;股骨头呈屈曲、外旋、外展位;股骨颈呈内外侧位投影像。

2. 髋关节蛙式位时,股骨头通过屈曲、旋转,与髋臼接触面最大,可应用该位置判断髋关节的稳定性。

3. 人体直立时,下肢内收,髋关节承重压力主要是位于髋臼外上部和与之相对应的股骨头外上部。早期股骨头病变,如缺血、退行性变等均多位于此承重处。蛙式位可充分显示承重部位的异常。

4. 髋关节及膝关节屈曲并外旋,股骨干与台面成30°~45°夹角,股骨颈在此位置呈侧位。

5. 中心线经双侧髋关节连线垂直摄入,也是耻骨联合上方5cm处。

### 2.21.4 标准图像显示

1. 显示野范围包括髂嵴、髋关节、股骨近端及其部分软组织。

2. 骨盆纵轴平行照射野纵轴,骨盆两侧对称,即双侧髂骨翼、闭孔、股骨颈及大小转子均对称显示。

3. 髋臼呈正位。

4. 股骨头的关节面与髋臼关节面最大接触,及两者关节面完全对合。

5. 股骨干长轴线与髋臼关节面基本垂直。

6. 股骨颈呈侧位,股骨颈与大转子有所重叠。

7. 髋关节诸骨骨纹理清晰显示,软组织显示良好(图7-2-88,图7-2-89)。

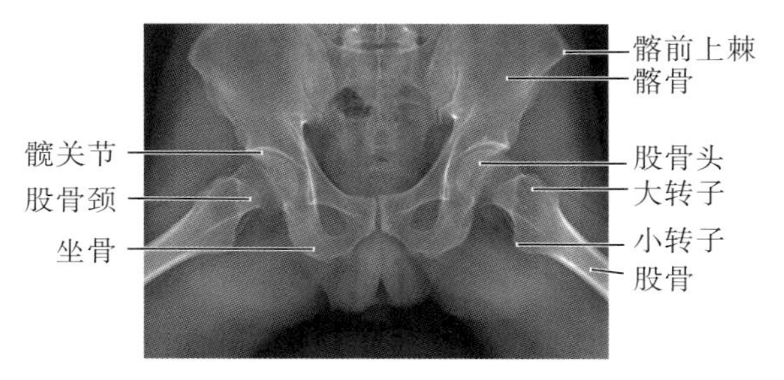


图7-2-88 髋关节蛙式标准X线表现

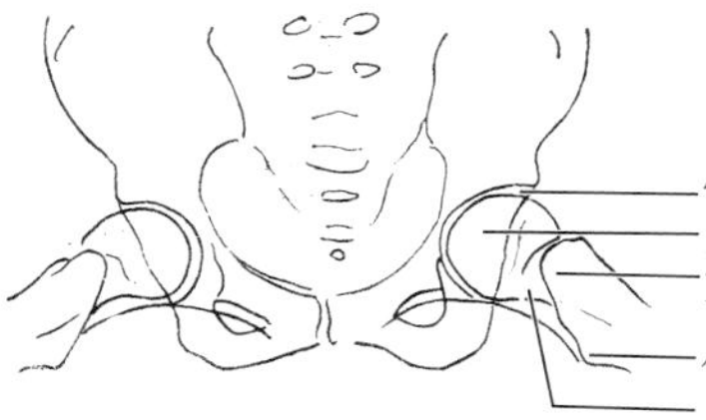

髋关节
股骨颈
大粗隆
小粗隆
股骨颈

图7-2-89 髋关节蛙式位示意图

### 2.21.5 常见的非标准图像显示

1. 身体存在旋转,骨盆不对称,呈斜位(图7-2-90)。

2. 双侧下肢屈曲、外展、外旋不标准,或股骨干未与台面呈30°~45°夹角,股骨头与髋臼接触面不是最大。

3. 下肢外展角度不够,大转子未与股骨颈重叠图,即股骨颈不呈侧位(7-2-91)。

4. 双侧下肢外展不对称,使双侧关节面不等宽(图7-2-92)。

5. 中心线未经双侧髋关节连线中线摄入,股骨头与髋臼重叠。

6. 曝光条件应用不当,骨纹理显示模糊。

### 2.21.6 注意事项

1. 注意人体应处于标准位置,骨盆无旋转,两髂前上棘与床面等距,骨盆冠状面与床面平行。

2. 保持双侧下肢外旋程度一致、对称。

3. 使双侧下肢屈曲、外展、外旋位置正确,使股骨头关节面与髋臼完全重合。

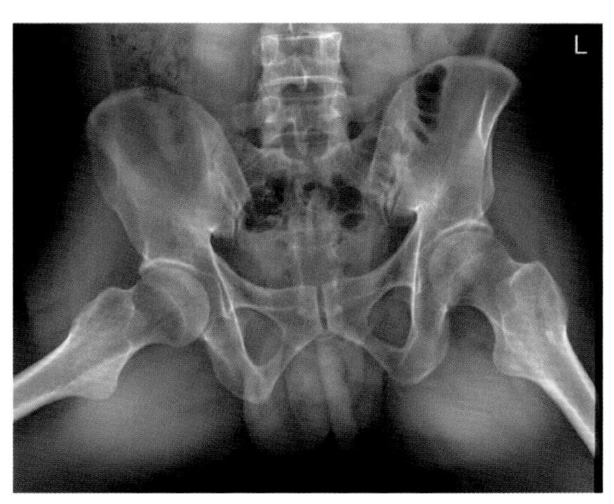


图7-2-90 骨盆两侧不对称

4. 为防止下肢的移动,可用沙袋或枕头支撑并固定腿部。

5. 观察股骨颈侧位,可用该位置。应注意:大腿外旋后,股骨与床面的夹角大则股骨颈缩短程度小,股骨近段缩短明显;股骨与床面的夹角小则股骨颈缩短程度大,股骨近段缩短减少,股骨大转子与股骨颈重叠程度增加。

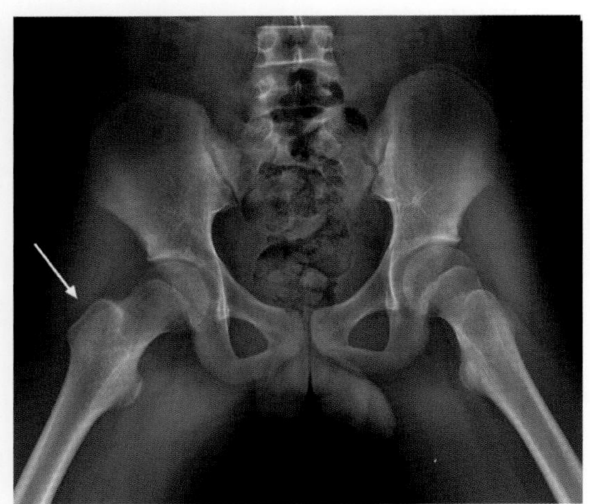

图 7-2-91　大转子未与股骨颈重叠（箭头）

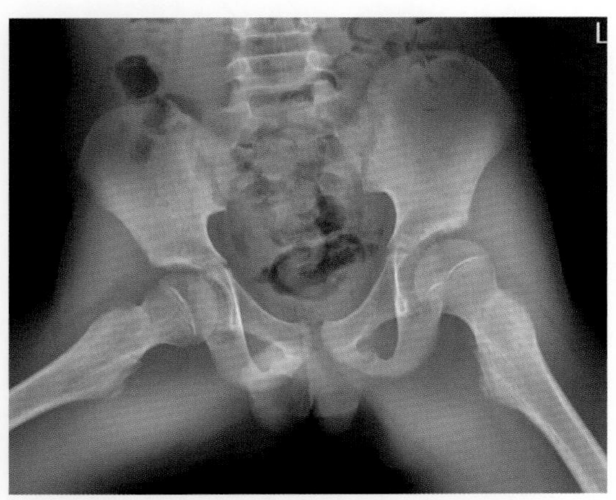

图 7-2-92　双下肢外展不对称，双侧关节面不等宽

6. 判断婴幼儿及儿童髋关节脱位、成人髋关节半脱位，仅在符合标准的图像上才能明确诊断。

7. 注意掌握好曝光条件，保证图像质量。

## 2.22　数字化全下肢正位拼接成像

### 2.22.1　应用

数字化全下肢正位拼接成像（digitizing montage imaging in full-leg normotopia）是通过 X 线球管平行移动或偏转移动进行多次曝光，采集从髋关节到足部范围内的 2～4 帧图像，将数据输入计算机软件，对图像之间的重叠部分的数据进行识别，形成全下肢的整体图像的过程。

在 X 线数字化 X 线摄影基础上（CR、DR），应用设备自带拼接软件或全自动拼接功能，能显示大范围区域，相对于传统手动法，操作难度大大降低，拍摄合成的效果和精度也有一定程度的提高，使整体显示超长范围的下肢成为可能。全下肢正位拼接成像有利于观察整个下肢骨形态、测量下肢的力学轴线（力线）与股骨解剖轴线之间的角度和下肢骨的长度。为临床对相关疾病的诊断、术前计划和术后评估等提供重要信息。主要用于下肢髋关节、膝关节、踝关节退行性变、儿童和成人畸形的矫形、人工关节置换术等的诊断。

### 2.22.2　摄影前的准备

1. 移动球管至 1.8 米处。

2. 放置焦距为 1.8 米滤线栅。

3. 将下肢拼接支架移至立位胸片架前。

4. 在拼接支架脚踏上放置脚垫，高度为 40cm。

### 2.22.3　体位设计和具体操作

1. 患者立于拼接支架踏板上，面向球管，背靠支架面板上，双手扶住把手，保持体位不动。

2. 人体直立，保持解剖姿势，正中矢状面垂直与 IR，与其中线重合。

3. 双下肢、膝、足内侧并拢（图 7-2-93，图 7-2-94）。

4. 拼接方法：

（1）数字化摄影 + 全自动拼接：

①调整患者左侧的含铅标尺的高度及左右位置，要求上端超出髋关节，下端超出踝关节，置于患者一侧下肢旁 5 cm 处。

②从工作站中选取患者目录，选择胸片架位长骨拍摄协议，设备会自动进入下肢全长片拍摄前的定位状态。

③点亮机头上定位激光灯，按住机头上球管上下旋转键，向上旋转，定下肢全长片的起始拍摄位置（一般向上超出髋关节 10～15 cm 即可），此时按机头显示屏上的定位 1 键，以确定显示野上缘定位。

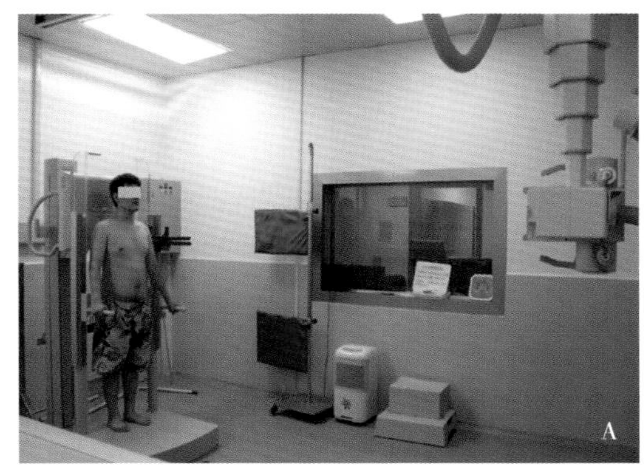

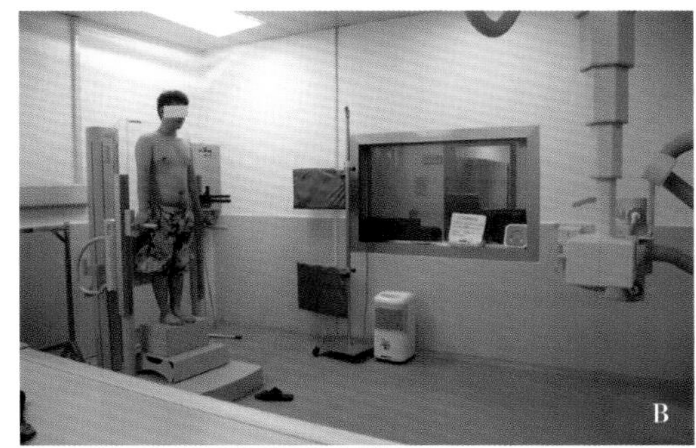

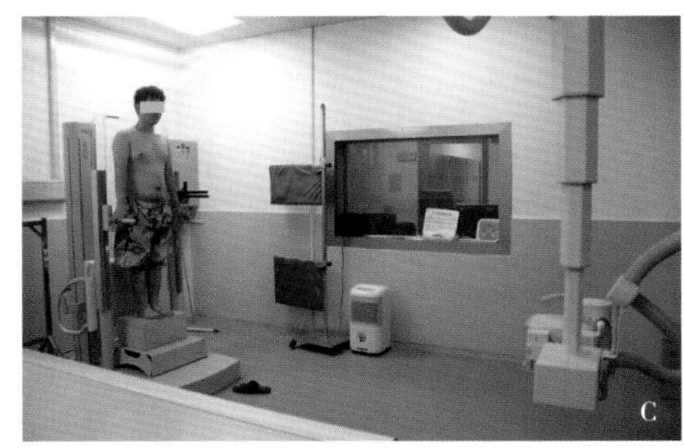

图 7-2-93 A～C 下肢全拼摄影摆位图

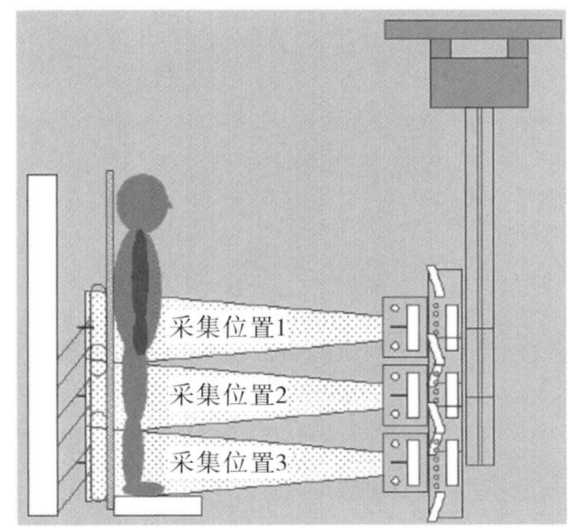


图 7-2-94 平移法下肢全拼摄影示意图

④用相同的操作方法，向下旋转球管，定下肢全长片的拍摄结束位置(一般向下超出踝关节 10cm 即可)，此时按机头显示屏上的定位 2 键，以确定显示野下缘定位。

⑤按下曝光键(长按，直至曝光结束松开)，球管会自动定位，从操作者设定的起始位开始拍摄至结束位结束，并根据所定位置的长短来判断所需拍摄的次数(图像数)。

⑥曝光结束后内嵌的拼接软件自动工作，即可得到 3～4 张分段的图像，及一张自动合成的全长照片。

(2)标记分次曝光+软件拼接方法

①放置标记，标记粘贴点为股骨和胫骨中段单侧(或双侧)肢体正前方，标记物要求不透 X 光，如铅字标记或一元硬币，用胶带将标记牢固粘贴于被检者。

②根据肢体长度决定采集的范围，调节缩光器；调节 X 线球管的焦点(中心线)、IR 和双下肢之间的中线，在上下方向重合。

③分段曝光，将髋关节到踝关节范围分 2～4次摄影。以 3 次曝光为例，第 1 次曝光须包括髋关节及股骨中段标记物；第 2 次曝光须包括股骨中段及胫骨中段标记物，第 3 次曝光须包括胫骨中段标记物及踝关节。

④获得下肢全长的分段图像后，将每幅图放大率、对比度及亮度尽可能调整一致，传输到拼接软件中。

⑤将图像在专用软件中(多为 photoshop)逐一拼接，根据标记选择拼接点，微调图像位置，使标记物尽可能地重合。完成拼接过程后，保存图像。

### 2.22.3 成像分析

1. 数字化全下肢正位拼接成像原理：

(1)平移 X 线中心束成像：利用平行移动的 X 线中心束，将同一体位的骨盆、大腿、小腿和足部分成 2-4 部分拍摄，交界处有一定的重叠。各部分图像的边缘部分有一定范围重叠，结构具有相似的特征，将相似部分重叠、拼接成像（图 7-2-95A）。

（2）偏转 X 线中心束成像：X 线束是一个锥形的点光源。因使用 DR 球管偏转焦点的方式连续 2～4 次曝光，照射野变成长的扇形光束。由于光源发自同一点，2 个锥形光束重叠部分的 X 线投射方向一致，光线平行。当探测器沿扇形光束切割线的方向移动时，在分次接受的图像边缘被照体的投影完全相同，即 2～4 幅图像的重叠部分一致（图 7-2-95B）。

2. 体位分析：

（1）此位置显示整个下肢正位投影像。

（2）全下肢位范围较大，探测器最长范围为 17in，需要进行从上到下 2～4 次曝光才能采集整个下肢的数据。

（3）由于多次采集，曝光时间较长，要求被检者充分配合，保持体位静止。

（4）标记分次曝光＋手动拼接法，每帧图像的光圈大小（显示野）根据肢体长度合理设置。

（5）全自动拼接法所生成的整体图像精确度高，拼接点不明显。而手动拼接法生成的拼接图像，精确度较低，拼接点常常留有不同程度的痕迹或伪影。

（6）虽然在图像后处理软件中也具备标尺及测量功能，但实物标尺的准确度是不能替代的。

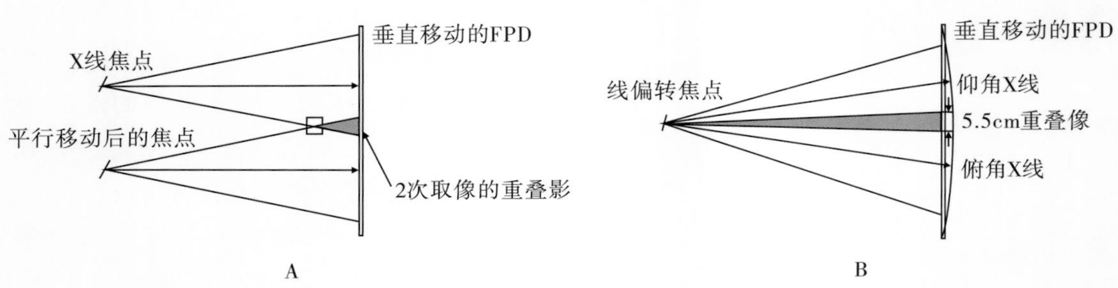


**图 7-2-95** 全拼摄影原理图，A 图为平移成像法，B 图为球管偏移成像法

### 2.22.4 标准片显示

1. 显示野范围包括髋关节到踝关节的全下肢范围。

2. 双下肢长轴与显示野长轴一致。

3. 骨盆解剖结构对称，双侧闭孔等大；双侧髋关节对称、等高，双下肢到中线距离相等，双侧踝关节并拢。

4. 各部位体位均为标准摆位，放大率相等，图像的灰度、分辨率、对比度无明显差别。

5. 图像之间无缝拼接，连续性好，无失真变形。

6. 图像边缘解剖结构无缺失、无重复显示（图 7-2-96）。

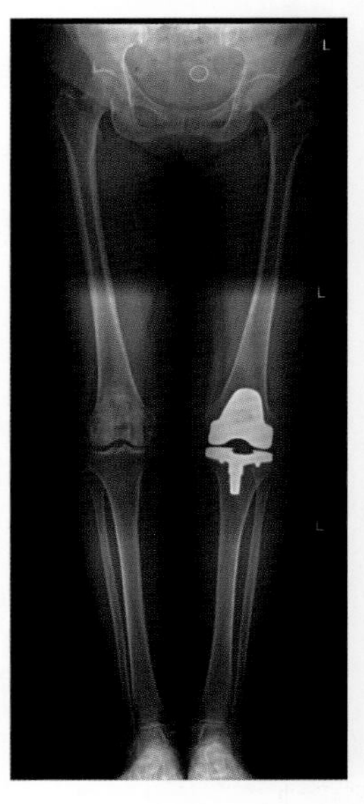

**图 7-2-96** 下肢正位全拼 X 线表现

### 2.22.5 常见非标准图像显示

1. 采集图像范围不足，髋关节或踝关节未包全。

2. 被检者站立位置不标准，例如足部呈八字分离，测量数据不准确。

3. 下肢未伸直，膝关节呈屈曲状态。

4. 各图像放大率不一致，对接两端宽窄不等，呈不连续表现。

5. 光圈设置不适当，图像边缘处变形较明显。

6. 光圈设置过小，图像之间存在断离，部分骨质在拼接后的图像未能显示。

7. 图像灰度、对比度等调节不一致，图像之间黑白度差别较大。

### 2.22.6 注意事项

1. 规范摆位，注意使被检者保持直立、双足并拢，保证测量数据准确性。

2. 根据肢体的长度，合理设置光圈大小，以防边缘处明显变形，或图像间存在采集间隙。

3. 由于摄影距离较远，使用的曝光量相应较高，在不影响包括范围的情况下，尽量缩小光圈，减少散射线。

4. 为保证图像一致性，在胸、腰椎处曝光时，需保持呼吸的一致性。

5. 应用软件的手动拼接后处理时，操作者需认真观察，仔细选择拼接点，使拼接后的图像不失真、变形；结构不重复、不缺失。

6. 后处理过程中，将各图像的放大率、灰度调节一致，保持图像具有整体性。

7. 采用在采集过程中，部分患者不能站立或者站立过久，应束缚患者胸部保持体位稳定或者嘱家属穿铅衣在旁边照顾，以免跌伤。

8. 注意在摄影时，尽量包括实际放置的铅标尺，为测量提供准确的参考。

9. 全自动法，由于整个拼接过程为自动生成，故前期的准备工作就显得尤为重要。包括专用摄影架的准确定位，摄影协议的准确选择，扫描起始及终止位置的合理准确定位，都会影响最终的拼接效果及图像的精确性，所以前期的准备工作需认真规范。

（李知胜　郑晓林　朱纯生）

## 参考文献

[1]柏树令. 系统解剖学. 5版. 北京：人民卫生出版社，2001.

[2]回俊岭，陈树君，夏风岐，等. 扁平足X线测量法与比值法、三线法的比较. 解剖学杂志，2007，30(2)：232-234.

[3]周鹏，高雪梅，钟辉，等. X线平片和MR检查在膝关节外伤中的应用价值. 中国临床实用医学，2007，1(7)：38-40.

[4]罗志宏，余存泰，谢琦，等. 膝关节骨性关节炎摄影体会的探讨和临床应用价值. 医学研究杂志，2009，28(2)：63-64.

[5]黄健威，周丹燕，原志光. 股骨颈水平侧位投照体会. 中国医学导报，2011，8(9)：82-83.

[6]张奇，陈伟，张泽坤，等. 股骨颈骨折X线最佳投照角度的实验研究. 河北医科大学学报，2010，31(9)：1115-1117.

[7]王进，任之玲，王建国. 髋关节与股骨颈侧位片投照方法的改进. 武警医学，1994，4：211-212.

[8]刘庭贵，龚洪瀚，肖香佐，等. 髋关节水平侧位X线摄影新摆位方法的探讨. 南昌大学学报：医学版，2010，50(3)：106-107.

[9]张新华. 全下肢和全脊柱X线摄影技术的研究. 医疗设备信息，2005，20(7)：6-7.

[10]范志刚. 数字化立位全脊柱和全下肢摄影架制作及应用. 医疗卫生装备，2007，28(3)：185.

[11]张子奇，王龙华，桂鉴超，等. Photoshop在数字化全下肢X线摄影图像后处理中的临床应用. 中华放射学杂志，2006，40(12)：1326-1329.

# 头 部

# 第1节　应用解剖与定位标记

## 1.1　应用解剖

头颅骨(skull)解剖结构复杂,其功能是容纳和保护中枢神经系统(certral nervous system)即脑组织,并容纳支持眼(eye)、耳(ear)、鼻(nasal)和口(mouth)等器官。头颅骨共有23块(3对听小骨未计),分为脑颅骨(cranial bones)和面颅骨(facial bones)两部分。脑颅骨共有8块,包括筛骨(ethmoid bone)、蝶骨(sphenoid bone)、额骨(frontal bone)、枕骨(occipital bone)各1块,顶骨(parietal bone)、颞骨(temporal bone)各2块,围成颅腔(cranial cavity),内含两侧大脑(cerebrum)、间脑(deutencephalon),脑干(brainstem)和小脑(epencephal)。额骨、顶骨、枕骨和两侧颞骨鳞部构成穹窿状,也称穹窿骨。额骨、顶骨之间有横位的冠状缝(coronal suture),两顶骨之间的矢状缝(sagittal suture),顶骨和枕骨之间有人字缝(lambdoidal suture)的缝间联结。穹窿骨与脑回(gyrus)、硬脑膜(endocranium)、蛛网膜粒(arachnoid villus)、颈内外动、静脉(artery and vein)关系密切,并形成压迹,在X线上能够显示。额骨水平部、筛骨的筛板、蝶骨、颞骨岩部和枕骨构成颅底(basis cranii),分为颅前窝(anterior cranial fossa)、颅中窝(middle cranial fossa)和颅后窝(posterior cranial fossa),含有各种神经、血管出入的孔或管道,在解剖上形成复杂的颅底内面观(basis cranii internal aspect)和颅底外面观(basis cranii outside aspect)。颅前窝后界为蝶骨小翼、大翼和鞍结节(tuberculum sellae)的前缘,中部有筛板(plate ethmoidale),筛板上的筛孔(foramina ethmoidale)有嗅神经(nervus olfactorius)通过。颅中窝位于蝶骨大翼(greater wing of sphenoid bone)、蝶骨小翼(small wing of sphenoid bone)前缘和颞骨岩部(petrosal bone)之间,中部的蝶骨体内的垂体窝(pituitary fossae)容纳脑垂体(pituitary)。前部有眶上裂(fissurae orbitalis superior)通眼眶,内侧有圆孔(foramen rotundum)、卵圆孔(forame novale)和棘孔(Jujube hole),分别有三叉神经(trigeminal)的上颌神经(crotaphitic nerve)、下颌神经(inferior maxillary nerve)和脑膜中动脉(arteriae meningea media)通过。颅后窝前缘以鞍背(saddle back)、颞骨岩部为界,前部有枕骨斜坡(slope),中部有枕骨大孔(foramina magnum),其两侧有舌下神经管(anterior condyloid foramina),后部有静脉窦(venous sinus)的压迹。

面颅骨共有15块,包括下颌骨(jawbone)、犁骨(vomer)、舌骨(hyoid bone)各1块,颧骨(zygoma)、上颌骨(maxilla)、鼻骨(nasal bone)、泪骨(lacrimal bone)、下鼻甲骨(inferior turbinate bone)、腭骨(palatine bone)各2块。从颅骨前面观(skull anterior aspect),双侧眼眶(orbit)由额骨、蝶骨、颧骨、蝶骨、上颌骨、筛骨和泪骨等构成的四棱锥的窝,后部经视神经孔(foramina opticum)、眶上裂、眶下裂(fissurae orbitalis inferior)与颅内、颞下窝相通,内侧经鼻泪管(canalis nasolacrimalis)与鼻腔相通。双侧上颌骨、鼻骨、下鼻甲骨、腭骨和筛骨、犁骨围成鼻腔(nasal cavity),向后通鼻咽腔(pharyngonasal cavity)。口腔(oral cavity)由上颌骨、下颌骨和腭骨组成,向后通口咽腔(pharyngo-oral cavity)。从颅骨侧面观(skull lateral aspect)可见下颌骨支(rami mandibulae)、颞下颌关节(articulatio mandibularis)、外耳孔(porus acusticus externus)、乳突

(mastoid process)等结构。从颅底外面观可见双侧颧弓(zygomatic arch),内侧有颞下窝(zygomatic fossae),蝶骨翼突(processus pterygoideus)、蝶骨大翼、上颌窦后壁围成的开放性间隙;向内侧通向翼腭窝(pterygopalatine fossa),有上颌窦后壁、翼突内侧、腭骨构成的狭窄间隙,与眼眶、鼻腔、颅内、口腔、颞下窝等多个间隙相通。颅底外面观的后部有枕外粗隆,为重要的解剖标记(图8-1-1～图8-1-4)。

虽然CT和MRI已经广泛应用,但头颅X线摄影在神经系统、眼、耳、鼻、喉等疾病的诊断中具有重要的作用。因为颅骨解剖复杂,含有各精细功能结构,故本部分的应用解剖仅对颅骨做大致的介绍。投照中需用到的详细内容,将在各投照部位进行介绍。

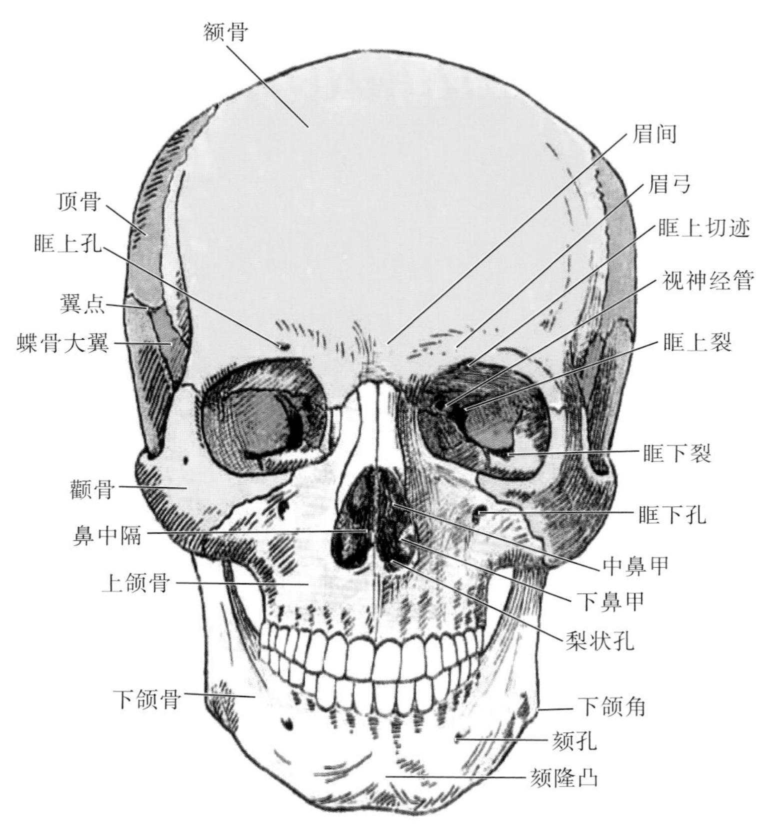


图8-1-1 头颅正面解剖图

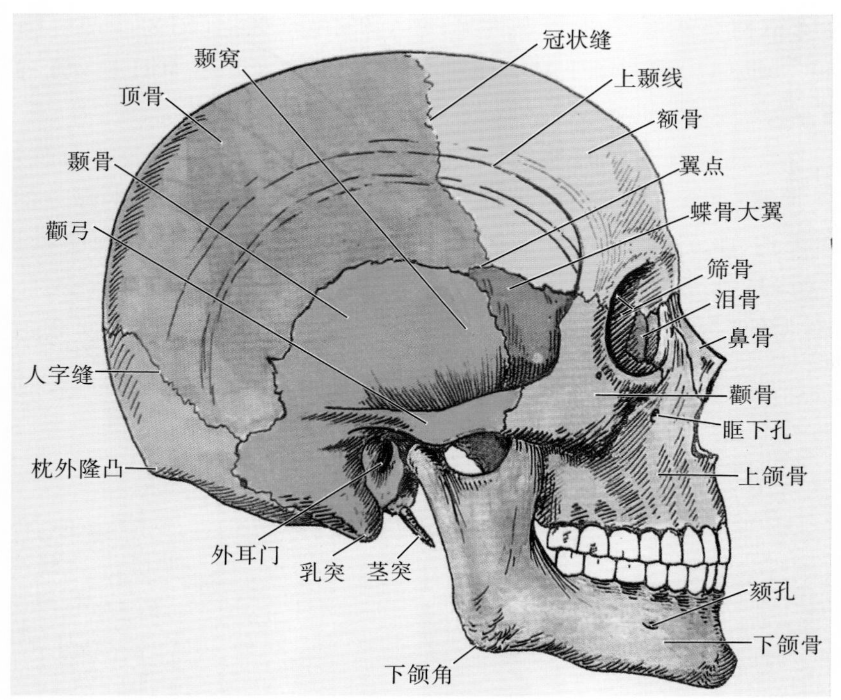


图 8-1-2 头颅侧面解剖图

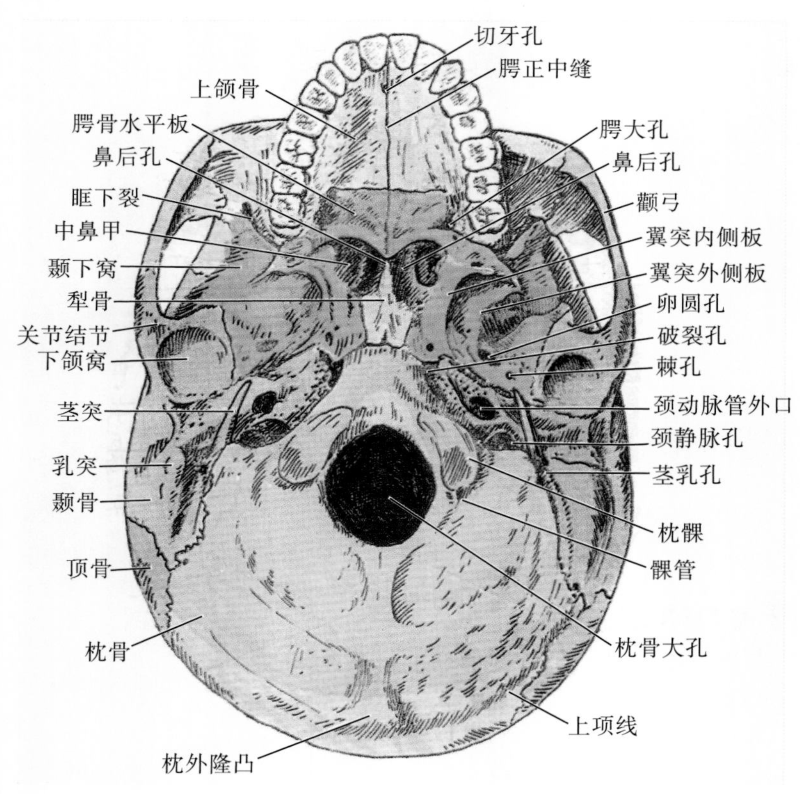


图 8-1-3 颅底解剖图(外面观)

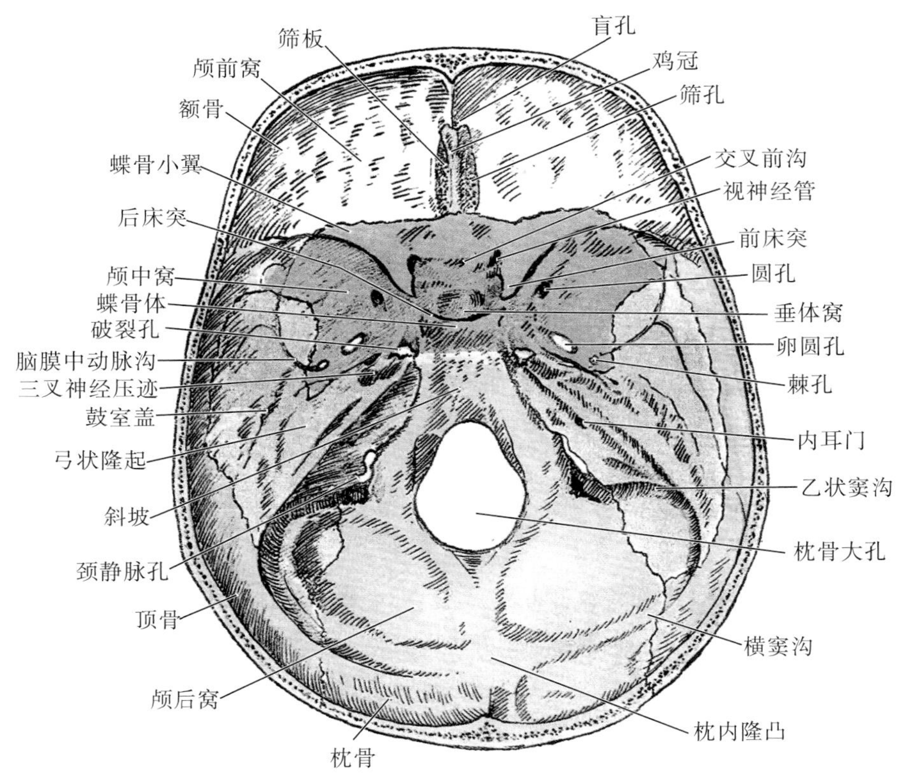


图 8-1-4 颅底解剖图(内面观)

## 1.2 体表定位

### 1.2.1 定位面(图 8-1-5 ~ 图 8-1-7)

1. 正中矢状面(median sagittal plane):经过前正中线(眉间、鼻尖、骸部之连线)与枕外粗隆的平面,通过此面头部分为左右相等的两半。正中矢状面与冠状面垂直。

2. 冠状面(coronal plane):平行于双侧外耳孔连线,同时垂直于矢状面和双侧听眦线,将头颅分为前后部分的面。

3. 横断面(transverse section):平行于双侧听眦线、垂直于冠状面,将头颅分为上下部分的面,也称为横轴面。

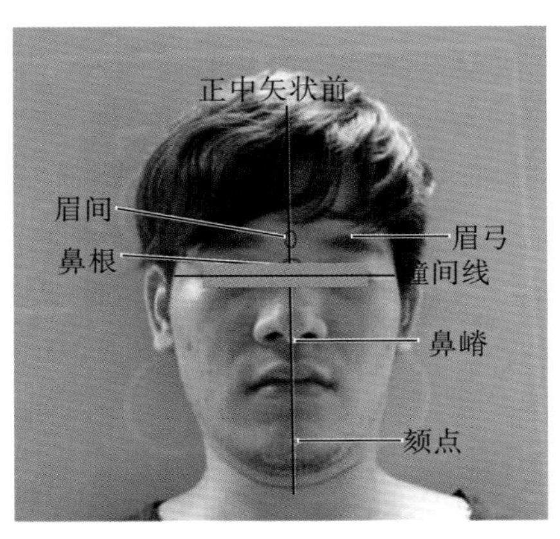


图 8-1-5 头颅前面定位标记

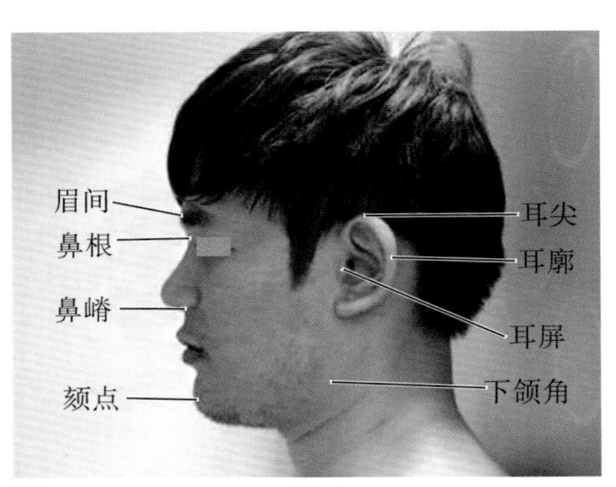


图 8-1-6 头颅正面、侧面定位标志

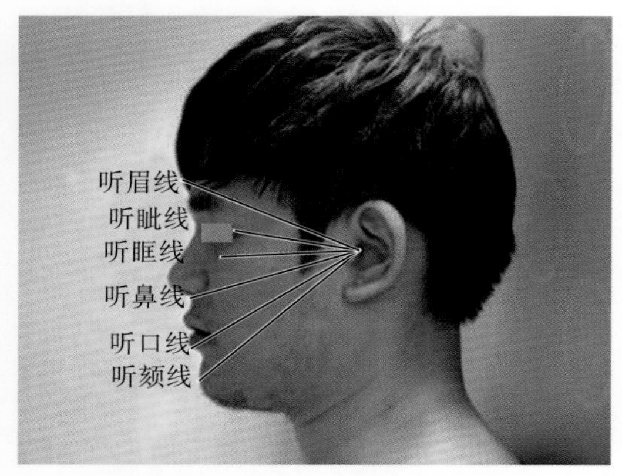


图 8-1-7　经外耳孔的定位线

### 1.2.2　定位线

1. 听眉线(listen to the eyebrow line)：从眉间到外耳孔中心的连线，听眉线与颅前窝底同一平面。

2. 听眦线(canthomeatal line)：从眼的外眦到外耳孔中心连线，听眦线位于眼眶上下的中部。

3. 听眶线(orbitomeatal line)：从眼眶下缘到外耳孔中心的连线，听眶线与颅骨的横断面平行，是将头颅分为上下部分的标准线。

4. 听鼻线(listen to the nose line)：从鼻前棘到外耳孔中点的连线。

5. 听口线(oralmeatal line)：从口角到外耳孔中心的连线。

6. 瞳间线(interpupillary line)：两侧内眦之间的连线。

7. 前正中线(lineae mediana anterior)：眉间、鼻尖、骸部之间的连线，为头颅各个面确定的基础线。

8. 后正中线(lineae mediana posterior)：经过枕外粗隆，平行于前正中线上下走行的线。

### 1.2.3　定位标志

1. 眉间(intercilium)：双眉内侧的中点，位于前正中线上。

2. 鼻根(radix nasi)：鼻的上部狭窄部分，两眼眶之间。由鼻骨和上颌骨鼻突构成。

3. 鼻尖(apex nasi)：鼻下端正中、最高处，位于前正中线上。

4. 鼻棘(Nasal jujube)：两侧鼻孔之间的纵行结构。

5. 鼻翼(nosewing)：鼻下部外侧隆起，为鼻前庭的外侧壁，与鼻棘构成闭孔。

6. 颏部(chin)：下颌骨体下缘的正中，向前突出的部分，位于前正中线上。

7. 内眦(medial canthus)：上下眼睑内侧的交汇处。

8. 外眦(outer canthus)：上下眼睑外侧的交汇处。

9. 口角(corner of the mouth)：上下唇与外侧交汇处。

10. 耳屏(antilobium)：外耳孔前缘的突出部分，也可以耳屏代替外耳孔进行定位。

11. 外耳孔(porus acusticus externus)：外耳道的入口，位置固定，为头颅摄影重要的定位标志。

12. 下颌角(angle of the jaw)：下颌骨体与下颌支移行处的外侧，容易触摸。

13. 乳突(mastoid)：位于耳廓的后方，可触摸到的隆起部分，内为中耳乳突部。

14. 颞颌关节(temporomandibular joint)：位于耳屏前缘的深面，口腔做开闭运动时，能见到下颌关节颗状突的移位。

15. 枕外粗隆(external occipital protuberance)：后脑下部最突出的部分，容易触摸。

# 第2节　头部摄影技术

## 2.1　头颅后前位

### 2.1.1　应用

头颅后前位(skull postero-anterior position)是颅骨整体的正位投影像,以显示穹窿骨为主,颅底和面颅骨重叠程度大,部分能显示;可显示颅骨的层次(外板、板障、内板)及厚度,冠状缝、矢状缝、人字缝、脑回、血管压迹和颅内钙化。蝶骨大翼和小翼上缘投影于眼眶上部,能清晰显示,双侧颞骨岩锥和内听到投影与眼眶的中下部。面颅部分能显示眼眶构成骨、双侧乳突、鼻窦、鼻腔结构及上颌骨、下颌骨等。可用于颅脑外伤(颅骨骨折、颅缝分离),颅内高压,颅内肿瘤(弥漫性、局部骨质破坏、病理性钙化),颅底和面部肿瘤(听神经瘤,眼眶、鼻窦、牙源性肿瘤),炎性病变(肉芽肿、结核、骨髓炎),脑积水,先天性畸形,先天性发育不良,代谢性疾病等的诊断。与颅骨侧位联合使用为颅骨X线常规检查。

### 2.1.2　体位设计

1. 人体俯卧,双外耳孔与台面等距,使头颅正中矢状面垂直台面并与中线重合。

2. 下颌稍内收,听眦线垂直台面。

3. 双手臂手掌置于头颈两侧辅助体位稳定。

4. 中心线经枕外隆突通过眉间垂直射出(图8-2-1)。

5. 曝光因子:照射野30cm×24cm,75±5kV,AEC控制曝光,感度280,中间电离室,0.1mm铜滤过。

### 2.1.3　体位分析

1. 此位置显示头颅骨正面观的投影像。

2. 额骨、顶骨与IR趋向平行,显示较好。两侧颞骨和顶骨前部与射线平行,有切线效果,能显示颅骨3层结构。

3. 取后前位,额骨、顶骨和面颅贴近IR,减少放大失真。射线经颅骨吸收后衰减,晶状体的辐射量较前后位减少(减少50%~60%)。

4. 听眦线垂直台面,使颞骨岩部与内耳道投影于眼眶中下部,显示清楚。最大限度显示顶额颅骨、矢状缝、冠状缝和人字缝。

5. 中心线经枕骨粗隆摄入到眉心射出,避免颅底骨与其上下结构重叠。

6. 患者舒适,易制动。

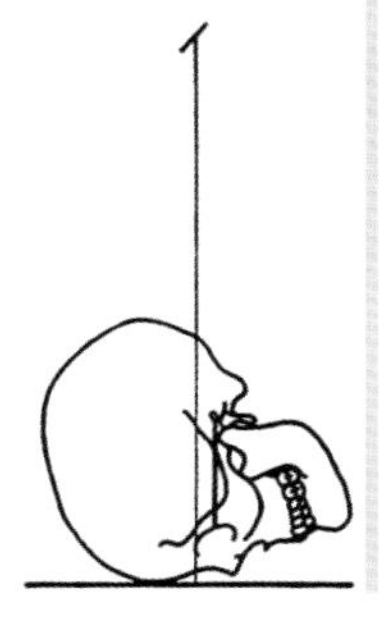
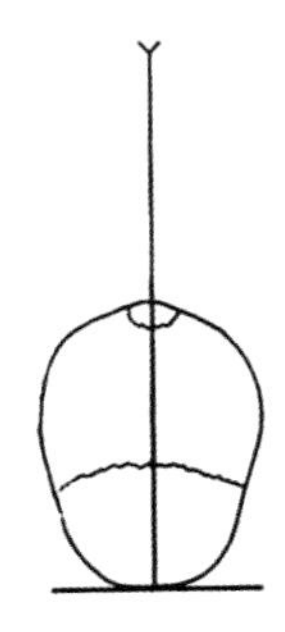
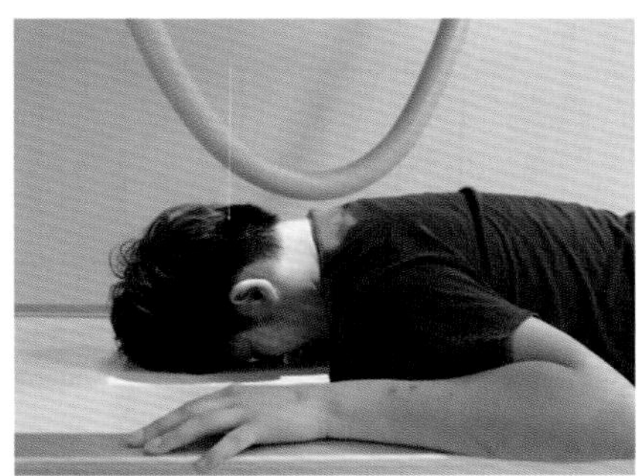

图8-2-1　头颅后前位摆位要点,左侧为示意图,正中矢状面和听眦线均垂直于台面。右图为实际标准摆位及中心线射入点

### 2.1.4 标准图像显示

1. 矢状缝、鼻中隔与照射野正中轴重合，两眼眶、上颌窦、岩骨对称显示，双眶外缘与头颅外侧缘距离相等。

2. 两岩骨上缘位于眼眶内下 1/2 处，内耳道投影与眼眶内下 1/3 处。

3. 额骨骨纹理清晰、穹隆内部、外板骨皮质锐利（图 8-2-2，图 8-2-3）。

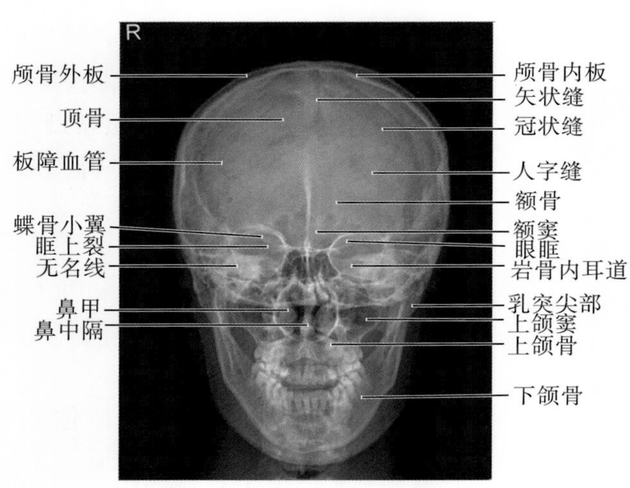


**图 8-2-2** 头颅后前位标准 X 线表现

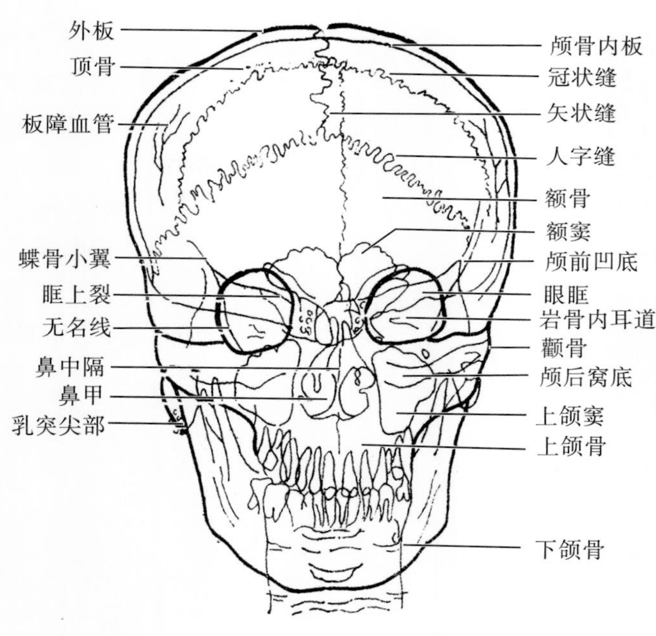


**图 8-2-3** 头颅后前位示意图

### 2.1.5 常见非标准图像显示

1. 正中矢状面未垂直台面导致不对称，眼眶投影大小不一致(图 8-2-4)。

2. 听眦线未与 IR 垂直，致岩骨投影在眼眶下缘(图 8-2-5)。

3. 听眦线未与 IR 垂直，致岩骨投影在眼眶上缘。

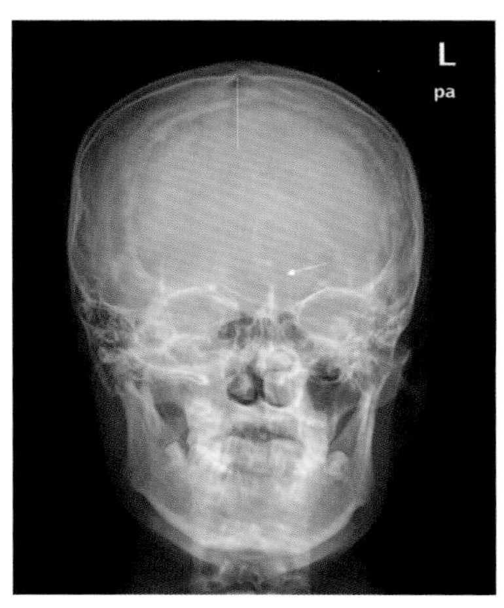


**图 8-2-4** 左右不对称，矢状缝与鸡冠(箭头)不在同一条线上

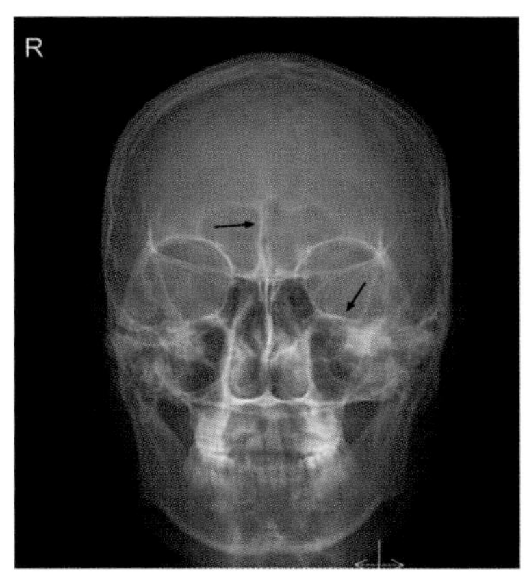


**图 8-2-5** 左右不对称、听眦线未垂直台面，岩骨与眼眶重叠(箭头)

### 2.1.6 注意事项

1. 注意使正中矢状面垂直并重合台面，听眦线与台面垂直，中心线以正确方向投射，使结构能对称，图像达到标准，有利于诊断。

2. 急诊头颈、下颌外伤者，应避免强迫搬动，可采用仰卧前后位；利用 X 线倾斜达到位置要求，即中心线平行与听眦线和正中矢状面重合。

3. 必须采取站立位时，要注意选择适当的滤线栅，调整摄影距离(以滤线栅焦距为准)。

4. 不合作被检者采用头部固定设备或由协助检查的人员帮助固定。

5. 颅骨结构精细，分辨率要求高，注意应用正确的摄影参数，选择小焦点。

## 2.2 头颅侧位

### 2.2.1 应用

头颅侧位(skull lateral position)是从侧位方向观察头颅的投影像。根据颅骨的解剖特点，正位重叠的结构能在侧位显示。侧位上头颅的穹窿骨之外板、板障、内板能较完整显示，脑回压迹、血管压迹也能清楚显示。前、中、颅后窝避免相互重叠，窝底的骨质呈切线位显示。侧位是显示颅底重要结构——蝶鞍的最佳位置，故用于观察鞍结节、垂体窝、鞍背骨质情况、蝶鞍有无扩大等。中耳乳突结构、鼻窦均能显示。也能显示颅底从前到后的斜度与颈椎之间的关系。常规与正位相结合投照。应用于颅脑外伤、颅内高压，颅内肿瘤，特别是鞍区和颅底肿瘤(垂体瘤、颅底脑膜瘤、颅咽管瘤、脑动脉瘤和脊索瘤等)，炎性病变，脑积水，先天性畸形、先天性发育不良等疾病的诊断。

### 2.2.2 体位设计

1. 俯卧，头部侧转，患侧脸部经紧贴床面。

2. 正中矢状面平行台面，瞳间线垂直于台面。

3. 下颌稍内收，使前额与鼻尖连线(全头颅时额颏连线)平行于 IR 长轴。

4. 对侧肩部、前胸抬起，肘部弯曲、下肢屈膝共同支撑身体并保持稳定。

5. 中心线垂直从外耳孔前上 2.5cm 处射

入(图 8-2-6)。

6. 曝光因子:照射野 30cm × 24cm ,70 ± 5kV,AEC 控制曝光,感度 280,中间电离室,0.1mm铜滤过。

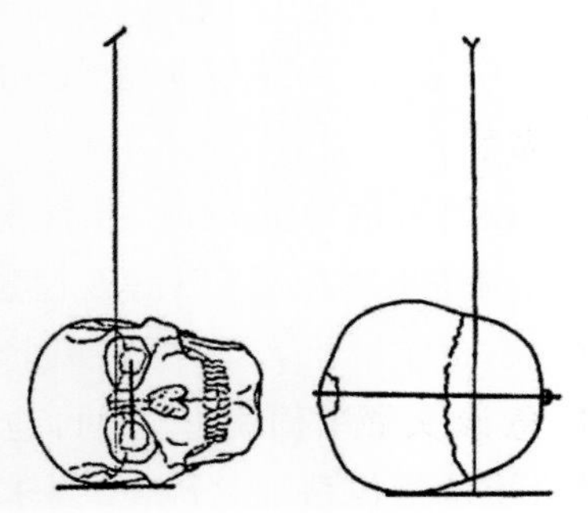

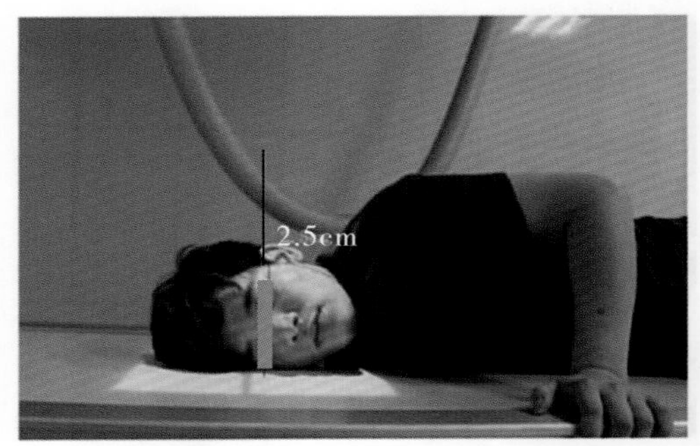


**图 8-2-6** 左图为示意图,示矢状面平行于台面,瞳间线垂直于台面和中心线入射方向。右图为实际摆位图

### 2.2.3 体位分析

1. 此位置显示头颅骨侧面观的投影像。

2. 注意瞳间线垂直于 IR,才能使顶骨、颞骨鳞部全面展示。额骨垂直部与射线平行,额窦及其前后壁显示清楚。蝶鞍的鞍底无双边,前、后床突完全重叠,双侧乳突重叠。

3. 获得标准投影像要点:①取侧卧患侧贴床面,放大失真最小,易于清晰显示患侧异常。②正中矢状面平行台面,瞳间线垂直于台面,保证头颅标准侧面观。③中心线射入点选择在蝶鞍区,利于蝶鞍处于切线状态而边缘显示锐利清晰。④患者舒适,易制动。

### 2.2.4 标准图像显示

1. 包括整个脑颅骨及部分面颅骨。

2. 蝶鞍呈单边显示,两侧乳突及下颌头基本重叠,颅前窝底骨质呈致密线状,下颌支后缘与颈椎不重叠。

3. 各组成骨及骨纹理清晰可见,软组织可见(图 8-2-7,图 8-2-8)。

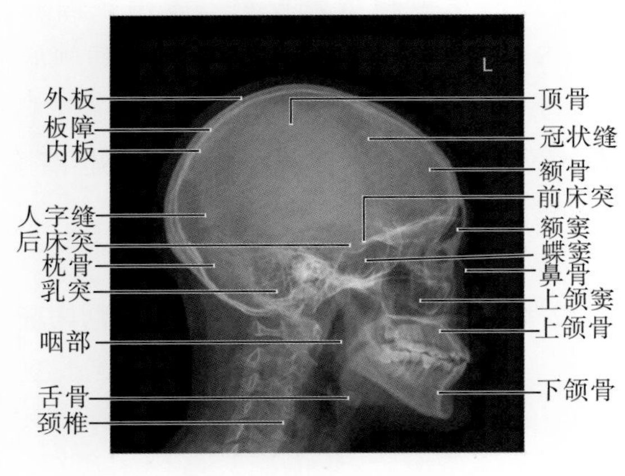


**图 8-2-7** 头颅侧位标准 X 线表现

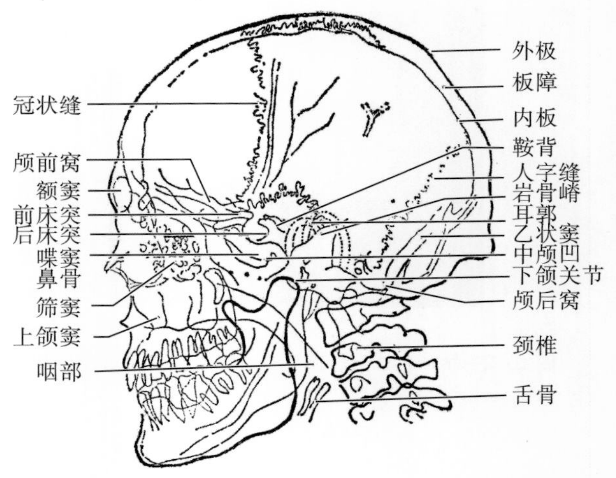


**图 8-2-8** 头颅侧位示意图

### 2.2.5 常见的非标准图像显示

1. 瞳间线与IR不垂直(正中矢状面没有平行台面),鞍底呈双边、后床突不重叠,两侧乳突呈上下排列。或者蝶鞍床突上下方向错开(图8-2-9)。

2. 中心线没有垂直通过蝶鞍区,头颅不是标准侧位,上下方向偏斜,乳突或者蝶鞍后床突上下方向错开。前后方向偏斜,头颅前后径缩短,乳突前后或者蝶鞍后床突前后方向错开(图8-2-10)。

3. 投照条件不当,如穿透不够,颅底相重叠的线、面显示不清。

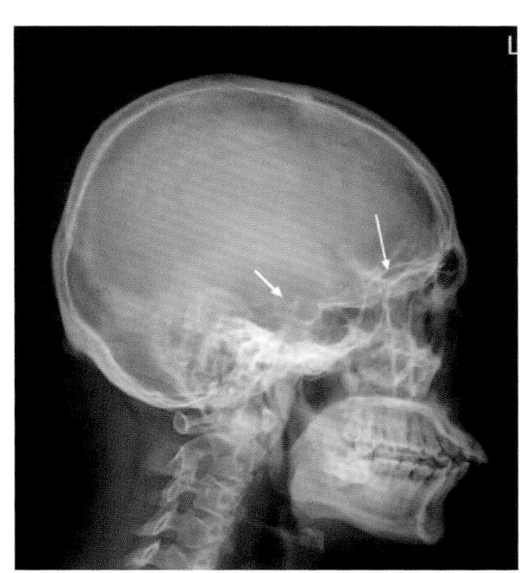


**图8-2-9** 蝶骨大翼不重叠并蝶鞍床突上下方向错开(箭头)

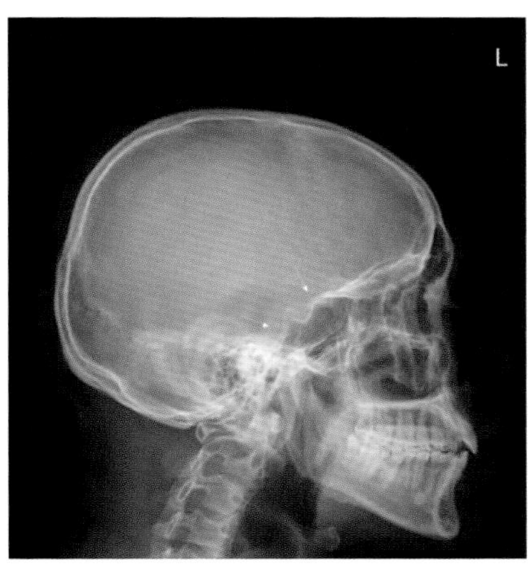


**图8-2-10** 乳突前后或者蝶鞍左右床突前后方向错开

### 2.2.6 注意事项

1. 偏瘦患者需要垫高胸部、过胖的患者用低密度物质垫高头部,使头部与身体处于同一平面,瞳间线容易垂直台面。

2. 做好投照的关键点,瞳间线垂直台面、中心入射点和投射方向。

3. 正确使用投照条件,保持图像有良好对比剂层次。

4. 急诊头颈、下颌外伤的,应避免强迫搬动,可采用水平侧位。

## 2.3 头颅水平侧位

### 2.3.1 应用

头颅水平侧位(skull horizontal lateral position)显示结构与目的同常规的头颅侧位。用于意识障碍、昏迷者,面部骨折、肿胀,制动体位(肢体固定、牵引),病情严重不能搬动者,身体衰竭等。

### 2.3.2 体位设计

1. 人体仰卧,头颅正中矢状面垂直并重合台面中线,双外耳孔距台面等距,枕部用泡沫或者棉垫垫高5cm。

2. 下颌稍内收,听眶线垂直台面,双肩下垂并尽量贴近IR。

5. 中心线水平从外耳孔前上2.5cm处射入到立位IR(图8-2-11)。

6. 曝光因子:照射野30cm × 24cm ,80 ± 5kV,AEC控制曝光,感度280,中间电离室,0.2mm铜滤过。

### 2.3.3 体位分析

1. 此位置显示头颅骨卧位水平侧面观的投影像。

2. 由于被检查者不能俯卧,故采用仰卧水平投照,头枕部垫泡沫为了枕部软组织与检查床能够分离,不重叠。余同常规头颅侧位。

### 2.3.4 标准图像显示

同常规头颅侧位(图8-2-9,图8-2-10)。

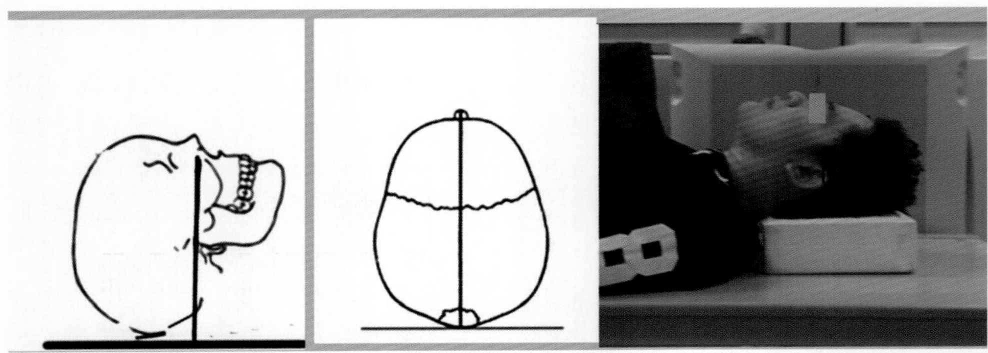

图8-2-11　头颅水平侧位摄影摆位图，左图为示意图，示矢状面与听眶线均垂直于台面。右图为实际摆位及中心线射入点（黑点）

### 2.3.5　常见非标准图像显示

1. 头颅正中矢状面未与IR平行及未垂直于检查床，蝶骨大翼及蝶鞍双边影。

2. 听眶线未垂直检查床。

3. 头枕部未用棉垫或者泡沫，枕部软组织与检查床不能分离。

### 2.3.6　注意事项

1. 由于采用立位探测器，受到滤线栅焦距的限制，摄影距离较远，曝光条件需要较大。

2. 此体位由于肩部与IR有一段距离，所以图像是放大的。

## 2.4　汤氏位

### 2.4.1　应用

汤氏位（Towne's position）也称为头颅半轴位，目的是显示以枕骨鳞部为重点的投照。枕骨构成颅后窝的大部分，其次前侧方的颞骨岩锥后面、侧方的顶骨后部也参与颅后窝的构成。岩锥内的内耳道走行方向与冠状位平行，人字缝位于枕骨领部与顶骨之间。枕骨鳞部位于枕骨大孔后方，人体平卧位是与水平面呈约35°角度。根据枕骨及相连骨的解剖特点，汤氏位显示枕骨鳞部、枕骨大孔后缘、内耳道、人字缝和顶骨后部。用于枕骨、顶骨后部外伤（骨折、人字缝分离），肿瘤及炎性骨质破坏，肿瘤（听神经瘤、三叉神经瘤）等疾病的诊断，也用于椎动脉造影的正位摄影。

### 2.4.2　体位设计

1. 人体仰卧，头颅正中矢状面垂直并重合台面中线，双外耳孔距台面等距。

2. 下颌稍内收，听眦线垂直台面。

3. 中心线向足侧倾斜30°，对准眉间上方约10cm，从枕外隆凸射出（图8-2-12）。

4. 曝光因子：照射野30cm × 24cm，80 ± 5kV，AEC控制曝光，感度280，中间电离室，0.2mm铜滤过。

### 2.4.3　体位分析

1. 汤氏位即半轴使枕骨鳞部全面投影，故是显示枕骨鳞部为主，同时显示双侧内耳道、顶骨后部和人字缝正面观投影像。

2. 仰卧体位，枕骨离台面最近，减少失真放大。

3. 中心线向足侧倾斜30°，与颅后窝接近垂直，枕骨鳞部最大程度展开、投影。岩锥投影在枕骨鳞部的前方，避开面颅骨的重叠。

4. 蝶鞍投影于枕骨大孔内（为判断倾斜角度是否正确和标准）。

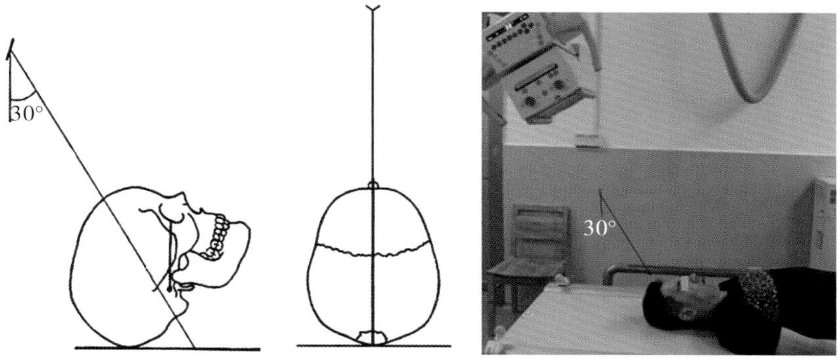


图 8-2-12　左图为示意图,示矢状面与台面垂直,中心线足侧倾斜,经枕骨粗隆射出。右图为实际摆位

### 2.4.4 标准图像显示

1. 显示野包括全部脑颅骨颅骨及下颌升支。

2. 矢状缝、枕骨大孔位于视野正中长轴线上,两侧岩骨乳突及下颌升支对称显示。

3. 各组成骨、人字缝及骨纹理清晰可见。

4. 双侧内耳道位于岩锥内,呈低密度,蝶鞍投影与枕骨大孔内(图 8-2-13,图 8-2-14)。

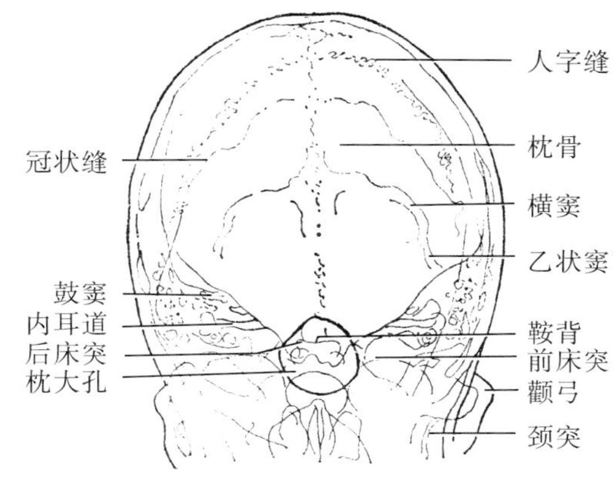


图 8-2-14　头颅汤氏位示意图

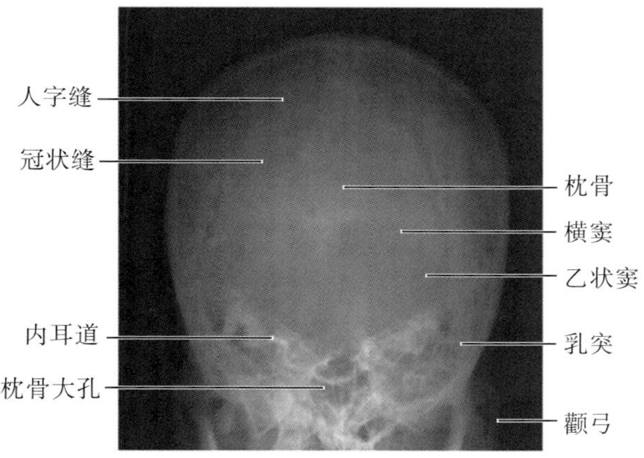


图 8-2-13　标准头颅汤氏位 X 线表现

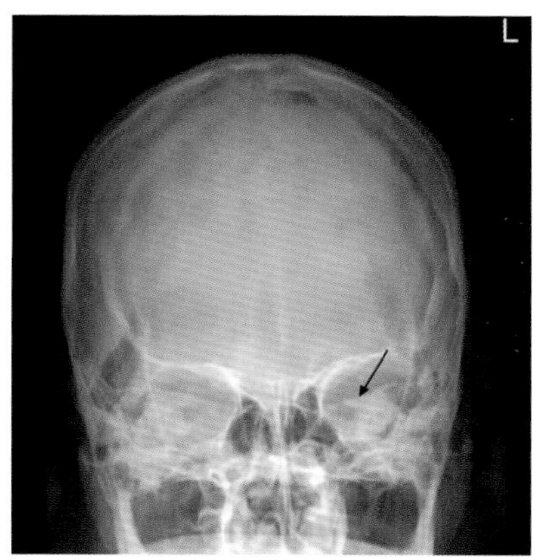


图 8-2-15　中心线倾斜角度不足,岩骨投影于眶内几乎等同正位(箭头)

#### 2.4.5 常见非标准图像显示

1. 矢状缝没有位于照片正中,两侧岩骨乳突及下颌升支不对称显示(头部左右旋转)。

2. 倾斜角度小,颞骨岩部位于眼眶内、蝶鞍投影于枕骨大孔上 ,枕骨鳞部和人字缝未充分显示(图 8-2-15)。

3. 倾斜角度过大,第 1 颈椎前弓投射到枕骨大孔上。

#### 2.4.6 注意事项

1. 头、颈部、下颌外伤不宜使下颌骨内收,可利用 X 线倾斜达到投照要求。

2. 枕部外伤血肿不能仰卧时,可用中空的泡沫垫在枕后,或采用俯卧位。

3. 必须采用俯卧位投照的患者,此位置若取后前位,中心线向头侧倾斜,称为反汤氏位。但所显示的枕骨等结构有一定程度的放大。

4. 中心线向足端倾斜不能大于 35°,否则影像模糊度增加,枕部变形严重,枕部线性骨折显示不清。

### 2.5 头颅轴位(颅底位、颏顶位)

#### 2.5.1 应用

头颅轴位(skull axial position )也称为颅底位(basis cranii axial position )、颏顶位(chip top position)是用于显示颅底结构为主的投影像,摄影位置需使颅底尽量平行于 IR。影像表现出的层次、结构丰富,在颅前窝部分,因上、下颌牙的致密结构与上颌窦内侧壁、颅前窝大部分及额窦重叠,使这些结构不能显示,故图像前部能显示未重叠的部分即双侧颧弓、颧骨体、上颌窦前外侧壁和后外侧壁、双侧下颌支、鼻腔、筛窦和鼻中隔。颅中窝因无重叠的结构少,为头颅颅底显示的重点区域,能清楚显示蝶窦及蝶窦壁(蝶骨体)和两侧的蝶骨大翼骨质,蝶骨体和蝶骨大翼之间可见卵圆孔和棘孔。双侧颞骨岩锥向前内方向,外后方为颞骨乳突,中部可见内、外耳道,内侧为岩尖,与蝶骨体、枕骨之间的间隙为破裂孔。于颅后窝能显示枕骨大孔的轮廓,第 1 颈椎的前弓、枢椎齿状突及其之间的关节间隙均能清楚显示。故头颅颅底位用于外伤(重点为颧弓、上颌窦、颅中窝),肿瘤(嗅神经母细胞瘤、上颌窦、蝶窦肿瘤、三叉神经肿瘤、鼻咽癌、听神经瘤、转移性颅底骨质破坏)等疾病的诊断。

#### 2.5.2 体位设计

1. 仰卧位投照:①被检者仰卧位,背部垫高 10 ~ 20cm,髋膝关节屈曲、足踏床面以支撑身体。②正中矢状面垂直台面并与床中线重合。③颈部过伸,头后仰,顶部触及床面,双侧听眶线平行台面。

2. 坐位投照:①患者坐于 IR 前,面对 X 线管。②正中矢状面垂直 IR 并与之中线重合。③头后仰,顶部触及 IR,双侧听眶线平行 IR。

3、中心线与听眶线垂直,经两侧下颌角连线中点射入(图 8-2-15,图 8-2-16)。

4. 曝光因子:照射野 30cm × 24cm, 85 ± 5kV,AEC 控制曝光,感度 280,0.2mm 铜滤过。

#### 2.5.3 体位分析

1. 此位置显示颅底平面的投影像。

2. 听眶线头为头颅横断面的标志线,投照时,听眶线与 IR 平行,颅底(以颅中窝为主的)结构能投影在图像上。

3. 颅前窝有上下颌骨重叠、颅后窝有颈椎重叠,仅能显示部分结构。

4. 中心线从双侧下颌角连线中点射入,射入点为蝶鞍区,避开了上颌骨和下颌骨对颅中窝结构的重叠,清楚地显示颅中窝、岩锥和斜坡等颅底重要结构。

#### 2.5.4 标准图像显示

1. 颅底轴位影像,包括全部脑颅骨及面颅骨。

2. 鼻中隔与齿状突的连线重合于视野正中长轴,下颌骨髁状突距离颅骨外侧缘等距离。

3. 颅前窝与面骨重叠。

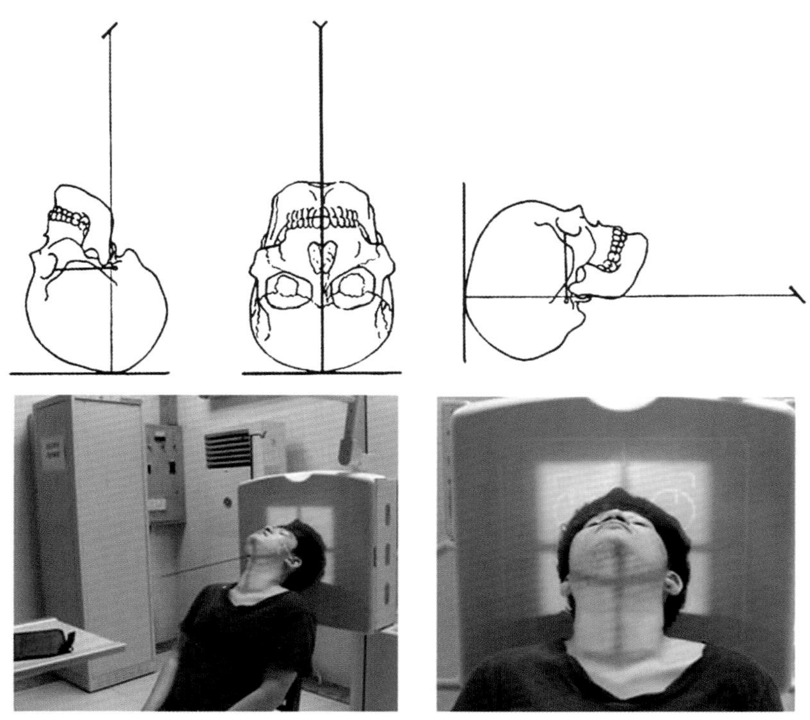

**图 8-2-16** 头颅轴位摄影摆位图,上图(图 8-2-15)为线图,示正中矢状位与 IR 垂直;下图(图 8-2-16)为实际摆位,十字交叉为中心线入射点(箭头)

4. 颅中窝颞骨岩锥呈"八"字显示于枕骨大孔外前方;"三孔"(岩锥尖处可见不规则破裂孔、稍前外方是透亮的卵圆孔和棘孔)呈轴位观显示清晰。

5. 图像对比度、清晰度好,颅底诸骨边缘轮廓锐利,骨纹理清楚(图 8-2-17,图 8-2-18)。

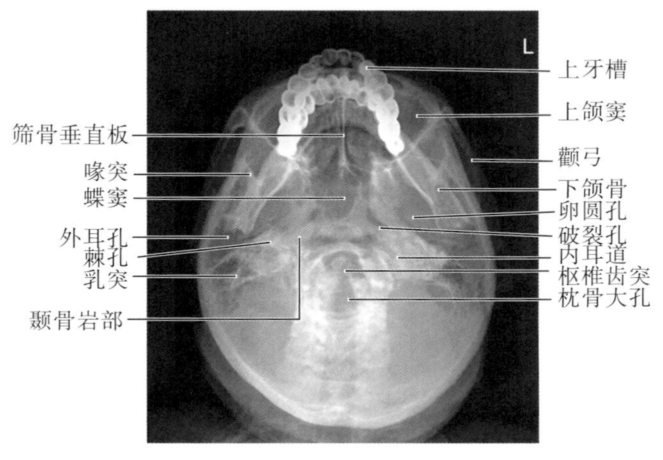


**图 8-2-17** 标准 颅底轴位 X 线表现

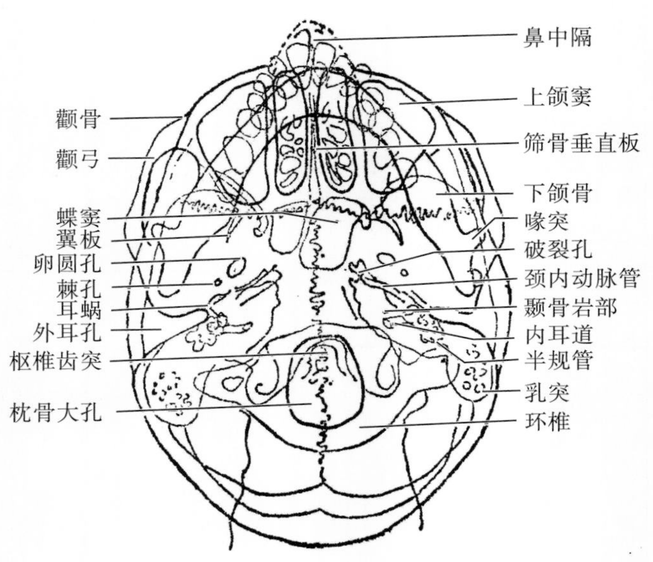


图 8-2-18 标准颅底轴位示意图

### 2.5.5 非标准图像显示

1. 颈部后伸不充分，听眶线未能与 IR 平行（头颅与 IR 不呈轴位，而成斜位关系），面颅骨、下颌骨重叠前颅凹过多，甚至影响到颅中窝结构的显示（图 8-2-19）。

2. 头颅向一侧偏斜（矢状位未与台面垂直），左右不对称、卵圆孔、棘孔显示不清或欠佳。

3. 中心线入射点不准确，或倾斜角度，颅底不能呈轴位影像。

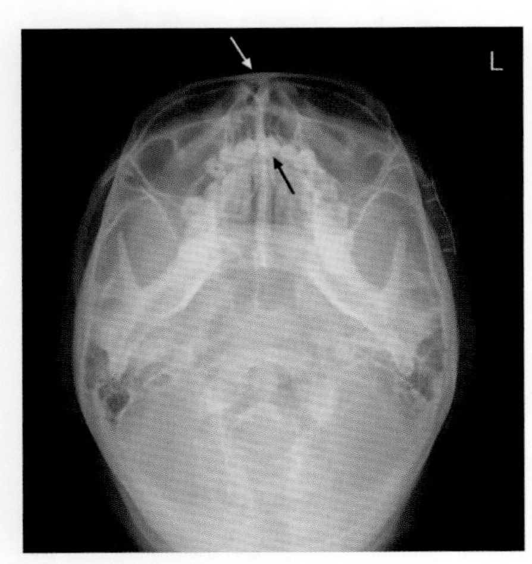


图 8-2-19 下颌骨重叠颅前窝过多（箭头）

4. 使用摄影条件不适当，如管电压过低，穿透不够，颅底结构不能显示。管电流过大，图像缺乏层次，灰度增加。

### 2.5.6 注意事项

1. 外伤患者需排除颈椎骨折或半脱位后才能进行此检查。

2. 此位置降低 10kV 左右，即可用来显示两侧颧弓（但有部分重叠于颅骨）。

3. 当患者体位允许，坐位投照更为方便。

4. 颅底轴位骨质重叠、厚度增加、密度大，需注意使用适当的曝光条件，保证图像的清晰度和对比度。

## 2.6 头颅切线位

### 2.6.1 应用

脑颅骨接近于球体形态，面颅骨形态不规则。如果某一局部骨折或病变，难以像其他部位的骨质一样用常规的正、侧位来显示病变。故头颅切线位（skull tangential projection）是以病变部位如骨折或其他病变为定位，按其切线方向的投照。主要用于观察脑颅骨，也可用于观察面颅骨。通过切线投照,图像能显示颅骨异常的范围、边缘、深度和表面软组织情况。用于脑颅骨的凹陷性骨折,肿瘤、炎性局部骨质破坏,异物等诊断。特别是外伤后出现头皮血肿,常规颅骨正侧位未能显示颅骨异常,可按头皮定位行切线位投照,确定是否存在颅骨内外板损伤。在凹陷型骨折的诊断中,注重观察骨折的累及范围和测量颅骨局部凹陷深度。

### 2.6.2 体位设计

1. 摄影位置依被检的部位而定,根据患者外伤部位采取适当体位,并固定头部。

2. 于病变部位中心,即在头皮肿胀的最高点处放置一不透光的标记物。

3. 以隆起或凹陷部位为中心,局部肿胀的弧形边缘最高点与台面垂直相切。

4. 中心线垂直病变区,并与皮肤表面固定金属标记相切(图 8-2-20)。

5. 曝光因子:照射野 15cm × 15cm ,65 ± 5kV,10 ~ 15mAs,0.1mm 铜滤过。

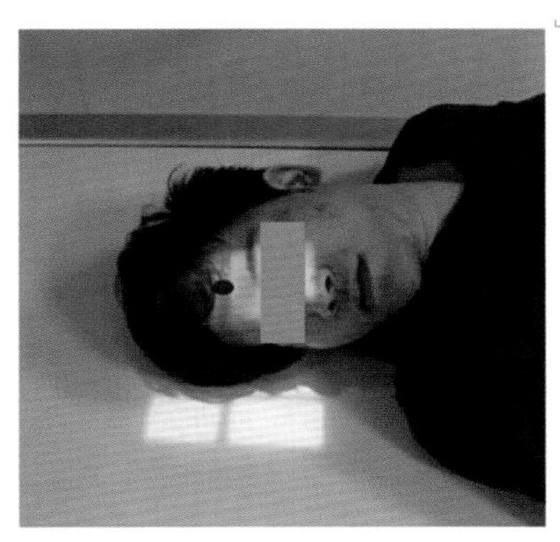

图 8-2-20 头颅切线位,中心线与病变表面标记相切

### 2.6.3 体位分析

1. 此位置显示局部结构中内外切线观投影像。

2. 避免其他部分颅骨与异常颅骨重叠,中心线必须通过观察区与之相切。

3. 可在病变区表面最肿胀处(病变表面的中心)放置一金属标记,能获得标准切线位图像。

4. 强调显示颅骨病变的最表面与最深处之间距离和关系,例如,颅骨凹陷性骨折,正常颅骨表面至骨质凹陷的深度。

5. 十字相切法,转动 90°两次通过病变区。

6. 小儿由于颅骨含胶质多,凹陷可呈对称的锅底状,故而一个方向投照即可。

### 2.6.4 标准图像显示

1. 包括全部受累的骨组织和软组织区域。

2. 金属标记呈轴面观紧贴皮肤边缘,而不能重叠于软组织内。

3. 局部骨质结构清晰,颅骨内外板、骨皮质锐利,凹陷及突出情况显示清晰,软组织可见(图 8-2-21,图 8-2-22)。

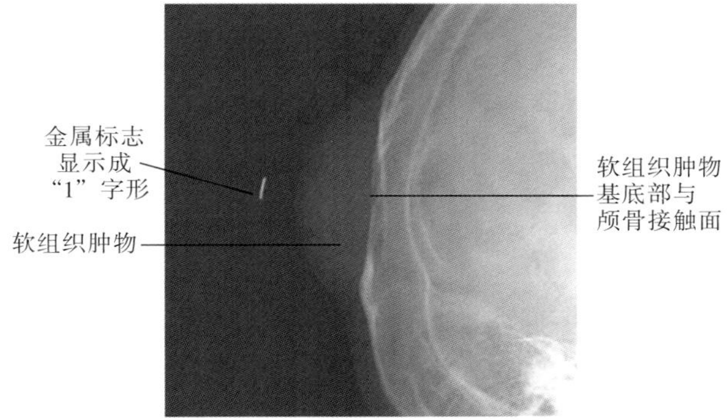


图 8-2-21 头颅切线位标准 X 线表现

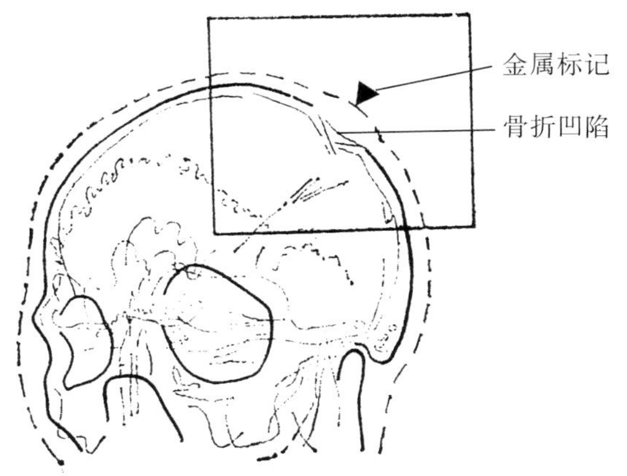


图 8-2-22 头颅切线位示意图

### 2.6.5 非标准图像显示

1. 病变区未与射线相切，显示不充分或者未加金属标记（图 8-2-23）。

2. 金属标记摆放不正确或摆位不正确，标记与病变区重叠。

### 2.6.6 注意事项

1. 操作人员在投照时，要准确判断病变的中心部位，以确定投照范围、切线位置。

2. 注意金属标记的摆放正确，摆位时金属标记不能重叠于颅骨上。

3. 头发过多时不易粘贴金属标记应剪短头发。

4. 摄影时选择手动曝光模式，采用 AEC 曝光时，电离室选择不当，会产生曝光不足现象。

5. 切线位投照部位不定，操作人员需要明确具体情况，按规范和所照部位标记"左、右"。

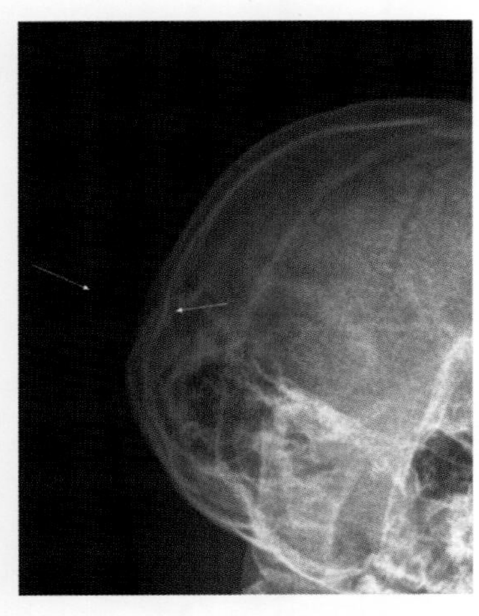

**图 8-2-23** 病变区（箭头）未加金属标记物

## 2.7 蝶鞍侧位

### 2.7.1 应用

蝶鞍（sella）位于蝶骨体上缘，颅中窝的中部；呈鞍状，前缘有鞍结节、前床突，后部为鞍背、后床突；前、后床突之间为凹陷的垂体窝，容纳脑垂体，为中枢性内分泌腺体，垂体病变常导致蝶鞍扩大。蝶鞍两侧有海绵窦（硬脑膜构成的静脉窦），上方有硬脑膜形成的鞍隔，海绵窦内有动眼神经、滑车神经、三叉神经第 1 支和展神经经过。蝶鞍的底部为蝶窦。蝶鞍侧位能够清晰显示蝶鞍（垂体窝）的大小，鞍底、前、后床突和鞍背的骨质结构，蝶窦等。蝶鞍侧位（sella lateral position）应用于诊断垂体腺瘤，垂体囊肿，神经源性肿瘤，脑膜瘤、动脉瘤所致的骨质破坏。非肿瘤性病变可出现蝶鞍扩大，鞍背骨质吸收，为脑积水的征象，同时也可诊断蝶窦病变。通过蝶鞍骨质在 X 线图像上的改变，能够判断对以上重要解剖结构的累积情况。

### 2.7.2 体位设计

1. 人体俯卧，头部侧转，呈标准头颅侧位。

2. 正中矢状面平行台面，瞳间线垂直于台面。

3. 下颌稍内收，听眶线平行 IR 短轴；对侧肩部、前胸抬起，肘部弯曲、下肢屈膝共同支撑身体并保持稳定。

4. 中心线垂直射入点为外耳孔前、上各 2.5cm（蝶鞍区）（图 8-2-24）。

5. 曝光因子：照射野 15cm × 15cm ，60 ± 5kV，10 ~ 15mAs，中间电离室，0.1mm 铜滤过。

### 2.7.3 体位分析

1. 此位置显示蝶鞍区侧面投影像。

2. 蝶鞍为双侧对称结构，摄影时需保证标准侧位，才能使前床突、后床突完全重叠，鞍底呈单线状显示。否侧造成前后床突不重叠，鞍底双边影，使误认为因肿瘤压迫、鞍旁骨质病变。

3. 中心线射入点必须准确，无偏斜，以免蝶鞍失真变形，影响诊断。

4. 蝶鞍体积较小，小焦点、小投照野才能清晰显示蝶鞍的各部分结构。

### 2.7.4 标准图像显示

1. 蝶鞍位于显示野中央，蝶骨大翼及岩乳部被包括于视野内。

2. 鞍底呈线状，边缘清楚锐利，无双边影。左右前床突和后床突重合，蝶骨大小翼重叠。

3. 鞍结构与周围颅骨对比良好，骨纹理清晰（图 8-2-25，图 8-2-26）。

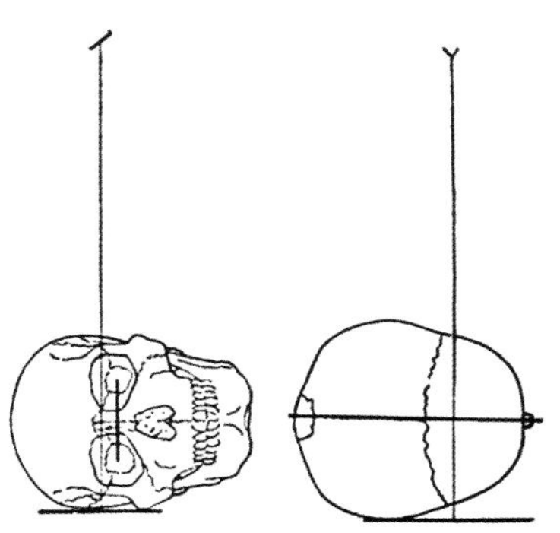

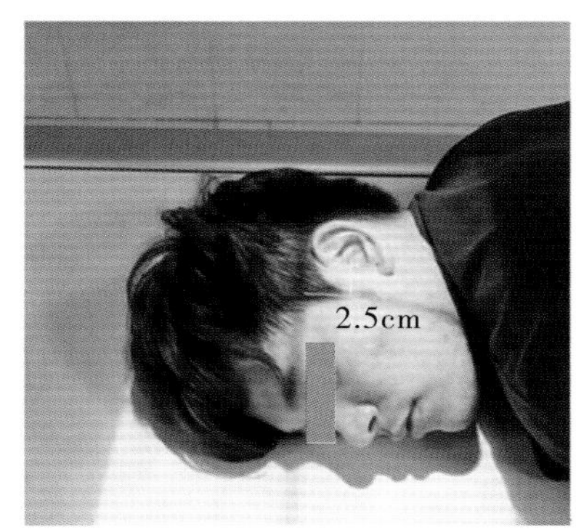


图 8-2-24 左图为蝶鞍侧位的示意图,示矢状位平行于台面,瞳间线垂直于台面和中心线入射方向。右图为实际摆位图,十字交叉为中心线入射点

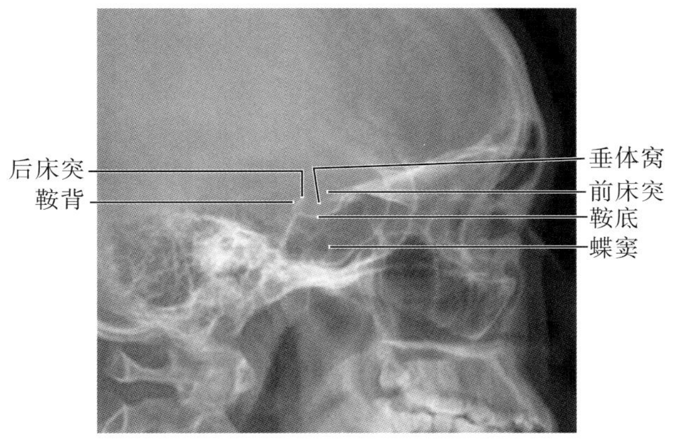


图 8-2-25 蝶鞍侧位标准 X 线表现

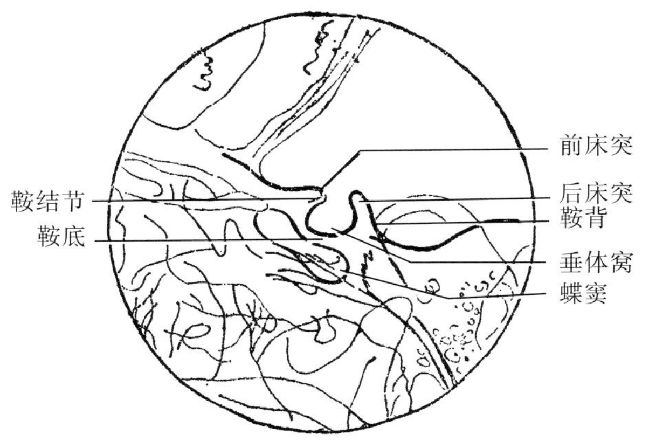


图 8-2-26 蝶鞍侧位示意图

### 2.7.5 常见非标准图像显示

1. 床突顶部在前后方向呈双边影,则正中矢状面位未平行台面(图 8-2-27)。

2. 鞍底双边影或者床突在上下方向呈双边影,则瞳间线未垂直台面(图 8-2-28)。

3. 中心线入射点不准确和未垂直射入,也可造成上述不标准图像。

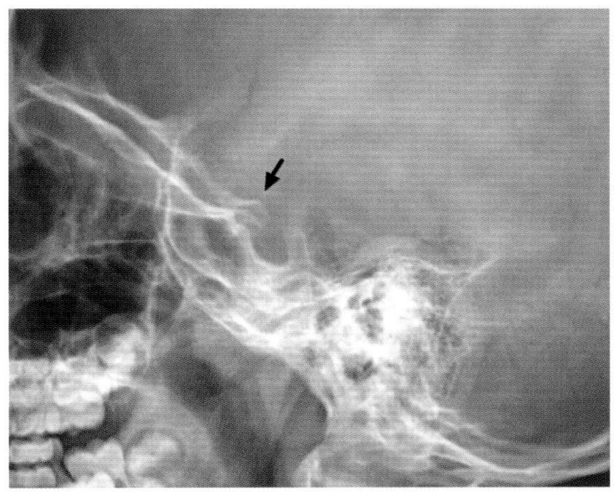

图 8-2-27 前床突在上下方向未重叠(箭头)

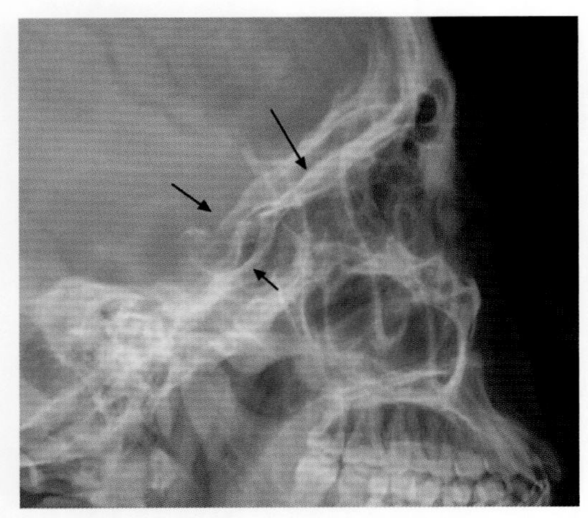

图 8-2-28　前床突在前后方向未重叠，鞍底双边影（箭头）

### 2.7.6　注意事项

1. 注意严格使头颅冠状面垂直于 IR（矢状面平行于 IR），即调整头部位置直至眶间线与台面垂直。

2. 如蝶鞍的骨质边缘显示不够清晰、锐利，应核实是否应用小焦点、小照射野，或者考虑应用铅板消除散射线。

3. 充分了解蝶鞍的体表投影，保证中心线射入点正确。

## 2.8　视神经孔位

### 2.8.1　应用

视神经孔（foramina opticum）在解剖学上称视神经管，左右各一。位于蝶骨小翼下方，前床突内侧，蝶骨体与蝶骨小翼交界处。视神经管长度约 7 ~ 8mm，宽度 5mm。自内后向前外方向走向，与矢状面形成约 53°夹角。前口开口于眼眶后壁内侧，后口开口于颅中窝的前床突与鞍结节之间。管壁骨质呈致密的环状。视神经孔内有视神经、眼动脉和硬脑膜、蛛网膜形成的神经鞘通过。周围有颈内动脉、海绵窦相毗邻。视神经孔位（foramina opticum position）显示视神经管的轴位，管壁重叠呈具有致密骨质的环状，并显示眼眶内侧壁、上壁为主的周围骨质结构，观察其形态、有无扩大、骨质破坏等。用于外伤（视神经管骨折，眼眶、颅中窝骨折累及视神经管），视神经胶质瘤，视神经鞘脑膜瘤，眼动脉病变诊断；也用于眼部和颅中窝其他病变如动脉瘤、血管瘤、转移瘤和脑膜瘤等视神经管是否累及的观察。可作为显微外科术了解视神经孔的骨性解剖的方法之一。

### 2.8.2　体位设计

1. 人体俯斜卧，双手于胸旁，尽量舒适。

2. 患侧外眦内侧置于 IR 的中心点。

3. 头向患侧偏转使正中矢状面与台面呈 53°角，听鼻线垂直台面；

4. 中心线垂直通过患侧外眦（图 8-2-29）。

5. 曝光因子：照射野 15cm × 15cm，70 ± 5kV，AEC 控制曝光，感度 280，中间电离室，0.1mm铜滤过。

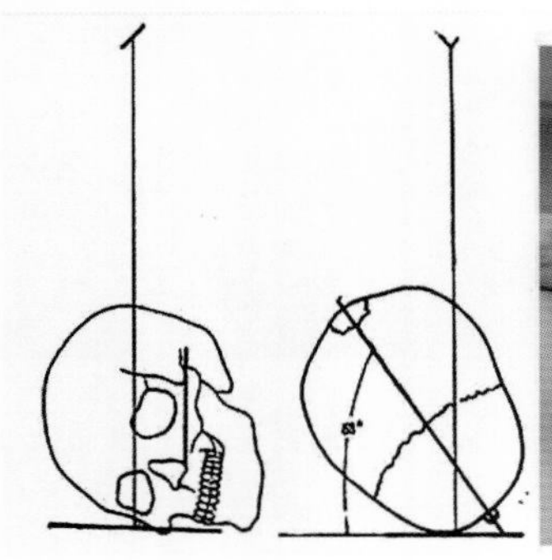

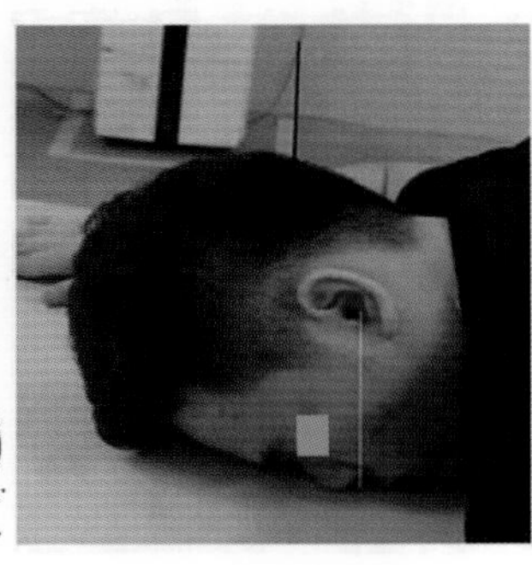

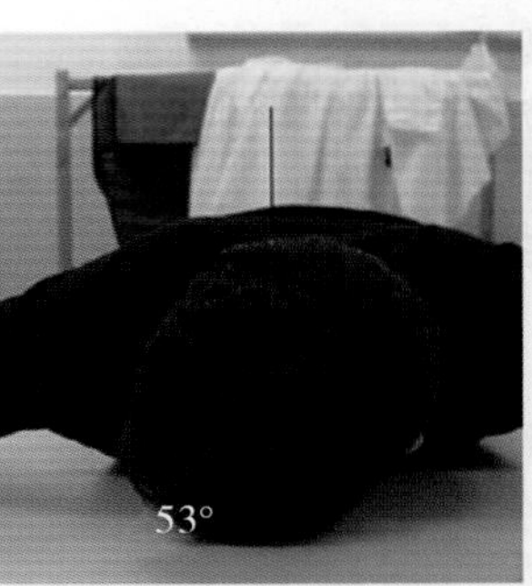


图 8-2-29　左图为示意图，示矢状面与台面的夹角和中心线的方向、入射点。右图为实际摆位图

### 2.8.3 体位分析

1. 视神经孔位为视神经管的轴位投影像。

2. 视神经管呈管状,管壁有致密骨质环,周围眶骨骨质较薄,直径约 5mm,长约 7 ~ 8mm。图像显示的要求为前、后孔相互重叠、管壁完全重叠呈环状。

3. 对视神经管解剖特点的应用,能保证视神经管垂直台面。①走向。侧面观:后上向前下与水平面呈 12°角,与听鼻线平行,故要求听鼻线垂直于 IR。②轴面观:由后内向前外与正中矢状面呈 37°角,故头需向患侧偏斜 53°。③水平方向,视神经管延长线与同侧外眦角相交,故中心线通过外眦。

4. 患侧外眦与对侧乳突尖端和同侧外眦角连线基本一致,可用来校准射线投照方向。

### 2.8.4 标准图像显示

1. 视神经管呈轴面观,呈类圆形孔状,周围有线状高密度的环。

2. 视神经孔显于眼眶外下 1/4 象限。

3. 眼眶内侧壁及骨缝连接能完整显示,眼眶上壁部分显示,眼眶外侧壁和下壁重叠显示。

4. 蝶窦位于视神经孔的内下方。

5. 组成骨纹理清晰显示(图 8-2-30,图 8-2-31)。

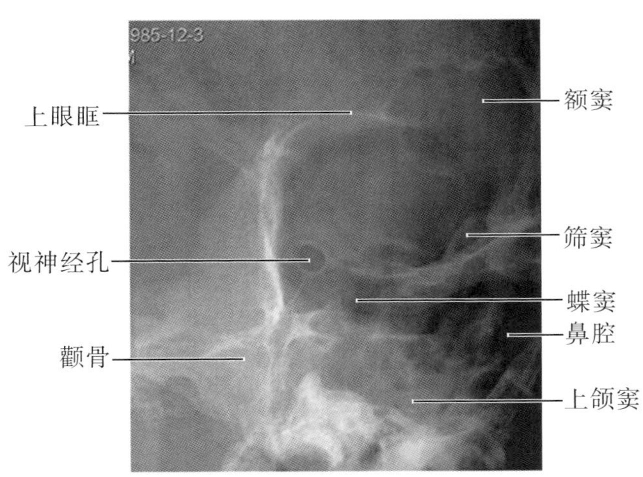


图 8-2-30 视神经孔位标准 X 线表现

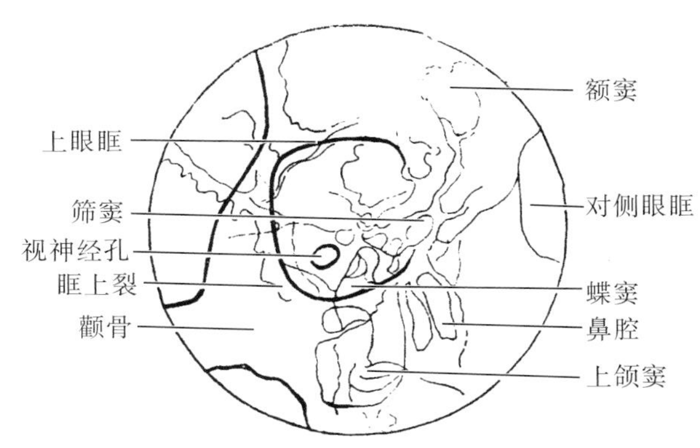


图 8-2-31 视神经孔位示意图

### 2.8.5 常见非标准图像显示

1. 夹角若小于 53°,视神经孔外移,投影于眶外侧壁上(图 8-2-32)。

2. 夹角大于 53°,视神经孔内移、变形,与周围结构重叠(图 8-2-33)。

3. 听鼻线向头侧倾斜,视神经孔投影于眶上部(图 8-2-34)。

4. 听鼻线向足侧倾斜,视神经孔投影于眶下部(图 8-2-35)。

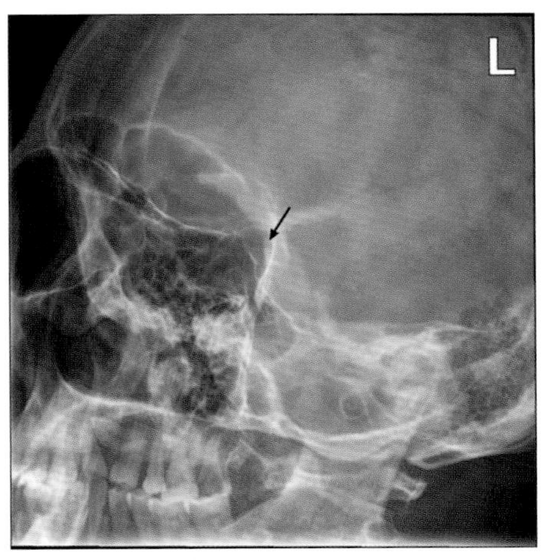


图 8-2-32 视神经孔投影于眶外(箭头)

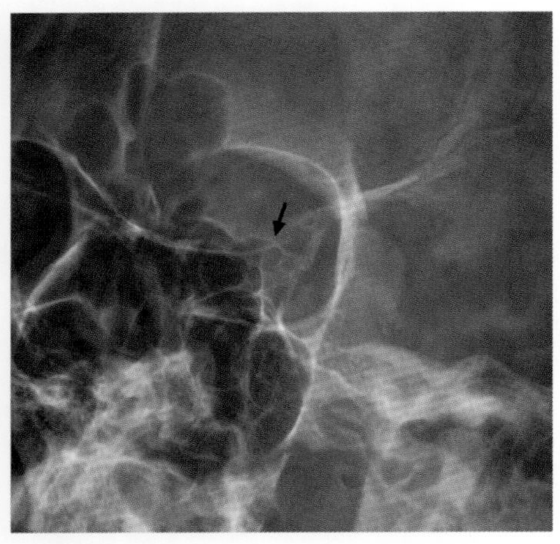

图 8-2-33　视神经孔投影于眶内(箭头)

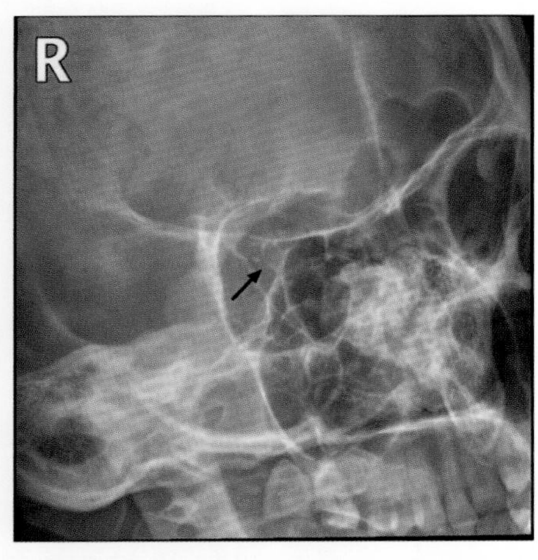


图 8-2-34　视神经孔投影于眶上(箭头)

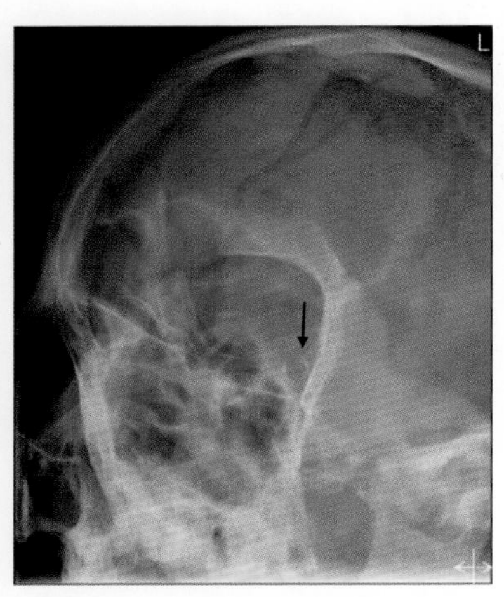


图 8-2-35　视神经孔投影于眶下(箭头)

### 2.8.6　注意事项

1. 常规应摄取左右两侧用作对比。

2. 对于眼突出严重俯卧不便的,可采用仰卧位。仰卧位投照时,操作者注意对解剖与投照方向的理解,确保位置正确。

3. 患者被检侧颧突、鼻尖及下颌颏部三点紧贴台面,保持头部稳定之后再稍做调整即可(作者实际工作经验)。

## 2.9　茎突正位

### 2.9.1　应用

茎突(belonoid)为颞骨岩部下方一细长的骨性突起,其根部位于颈静脉外孔与颞骨乳突之间,向下、内、前走行。个体差异较大,有未发育、发育不良、发育完整和过长等型,位于颞下窝的后部,喉咽侧壁附近,为二腹肌、茎突舌骨肌和茎突舌肌肌腱的附着点。茎突过长者,刺激咽侧壁产生咽喉不适感、异物感、耳痛、头痛等临床症状。茎突正位(belonoid orthophoria)能显示茎突的长度、走行及形态。用于咽部感觉异常症、外伤性茎突骨折和先天发育异常的诊断。

### 2.9.2　体位设计

1. 患者仰卧,呈张口状(或以软木或纱布块固定)。

2. 正中矢状面垂直台面,下颌尽量内收使听眶线垂直台面(必要时枕部垫高)。

3. 中心线经过患侧眼眶外 1/3 垂直线与鼻唇间线的交点处,垂直射入。

4. 曝光因子:照射野 15cm × 15cm, 65 ± 5kV,AEC 控制曝光,感度 280,0.1mm 铜滤过(图 8-2-36)。

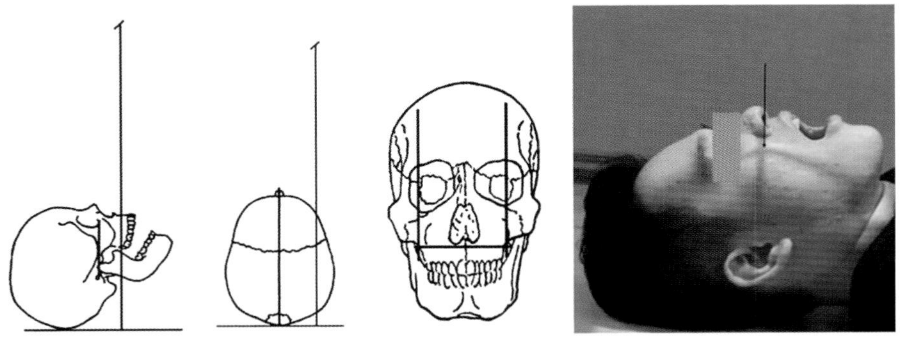

图 8-2-36 左图为示意图,示双侧患者呈张口位位、左右侧茎突投照时中心线入射方向和入射点,右图为实际摆位图

2.9.3 体位分析

1.此位置显示茎突正面投影像。不仅能显示茎突长度,而且还能观察茎突长的方向。

2.茎突起自颞骨鼓部下方、乳突尖的内上方、外耳孔内下约 1cm 处,由粗渐细如骨刺状,正面观外上内下(与矢状面夹角约 5°~10°)、侧面观后上前下走行(与冠状面状面夹角月 5°~10°);与冠状面呈 11°~25°。

3.正位方向摄影,茎突前方有下颌骨、牙齿等高密度结构重叠,张后口在上颌骨和下颌骨之间的间隙中更充分显示。

4.听眶线垂直台面使之避开枕骨重叠。

2.9.4 标准图像显示

1.图像显示野包括上颌骨、下颌骨升支、乳突岩部、第 1 和第 2 颈椎及茎突。

2.患侧茎突清晰显示于上颌骨与下颌骨升支间隙中,即显示其根部、尖部和走行方向。

3.双侧茎突非对称性显示,患者茎突显示全面,对侧茎突因投照方向不同,显示不标准或有重叠(图 8-2-37,图 8-2-38)。

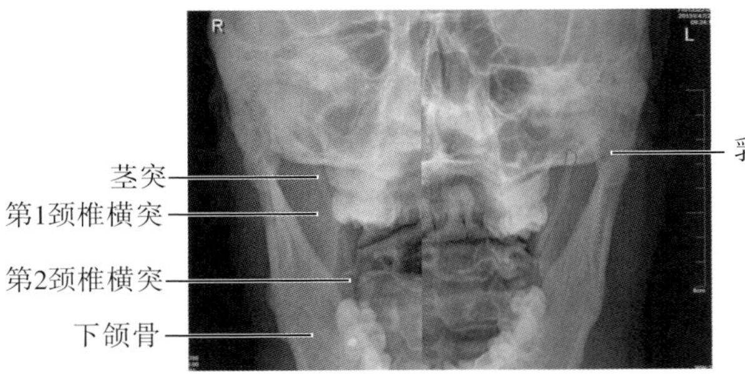


图 8-2-37 茎突正位标准 X 线表现

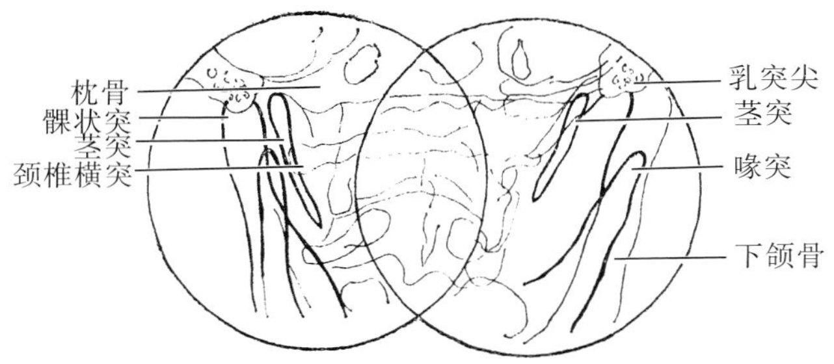


图 8-2-38 茎突正位示意图

### 2.9.5 常见非标准图像显示

1. 茎突起始部存在重叠而显示不清，听眶线未垂直台面或中心线未垂直及入射点不正确(图 8-2-39)。

2. 茎突与上颌骨或下颌骨升支重叠，头部偏向健侧或中心线向健侧成角(图 8-2-40)。

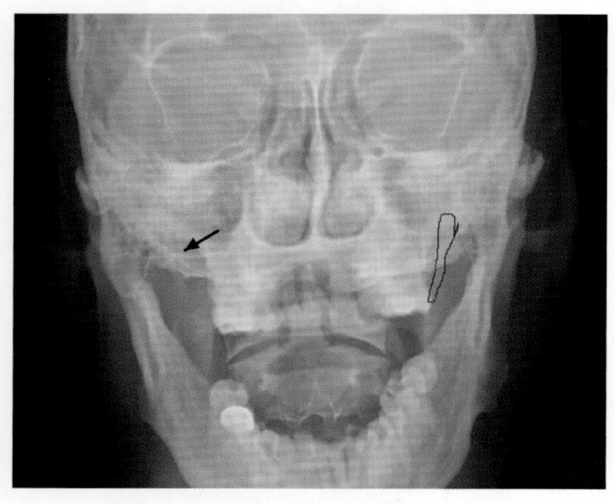

图 8-2-39 茎突起始部与上颌骨重叠(箭头)

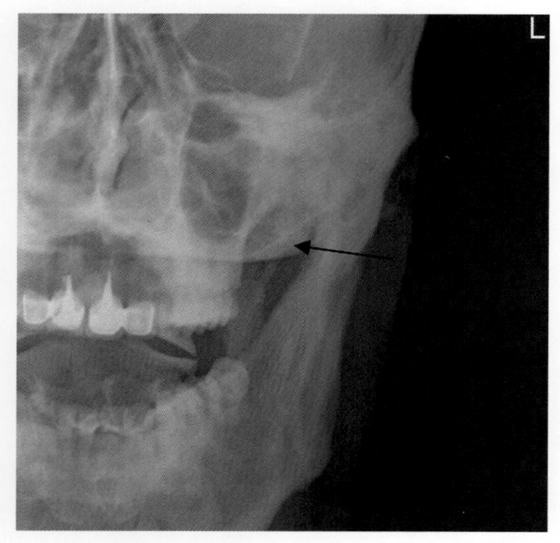


图 8-2-40 茎突与上下颌骨重叠(箭头)

### 2.9.6 注意事项

1. 茎突过长或走行方向向内，茎突尖可能不容易显示出来，可采用多种摄影方法，包括采用融合体层摄影或多层螺旋 CT。

2. 摄取两侧对比时注意焦物距等参数保持一致。

3. 部分患者在中心线对准鼻唇交点会使双侧茎突显示(需要较大焦物距)。

4. 已按规范投照，茎突未显示或形态异常，而所显示的其他结构为标准位，应考虑茎突有未发育、发育不良。

5. 患者茎突显示全面，能行茎突长度测量(是否超过第 2 颈椎横突)。对侧茎突因投照方向不同，显示不标准或有重叠，不能作为测量根据。

## 2.10 茎突侧位

### 2.10.1 应用

茎突侧位(belonoid lateral position)是从侧方观察茎突的情况。由于茎突根部位于颞骨乳突内侧，侧位方向自后上向前下走向，与下颌骨升支后缘重叠。投照时需要根据其周围的骨质结构，倾斜一定的角度方能显示茎突。该位置一般与茎突正位联合使用，进一步观察茎突的长度、形态及走向。用于茎突外伤、茎突过长、发育异常等的。

### 2.10.2 体位设计

1. 患者俯卧，患侧贴近台面，头部尽量后仰，呈反咬合状。

2. 面部向患侧轻度旋转，正中矢状面与台面呈 10°夹角。

3. 中心线向头侧倾斜 10°，经患侧外耳孔下方 1cm 处射出(图 8-2-41)。

4. 曝光因子：照射野 15cm × 15cm，65 ± 5kV，AEC 控制曝光，感度 280，0.1mm铜滤过。

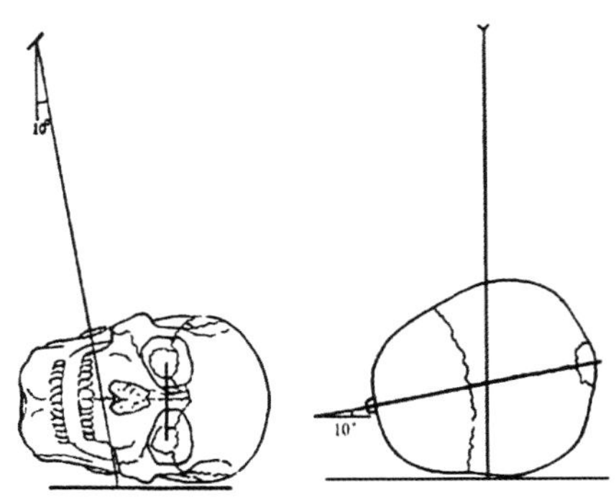


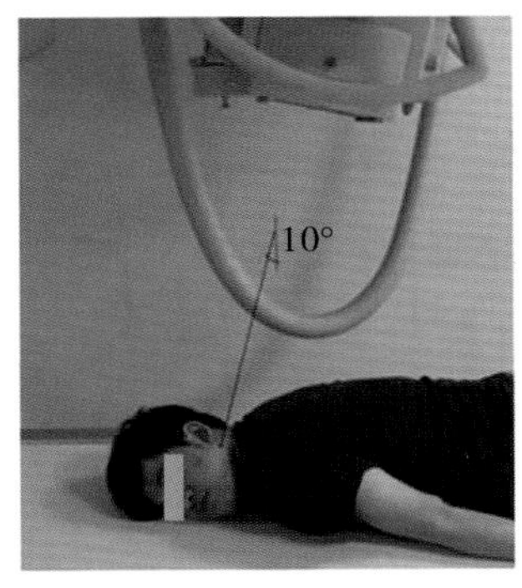


图 8-2-41 左图为示意图，示正中矢状面与台面呈 10°夹角，中心线向头侧倾斜及入射点。右图为实际摆位图

### 2.10.3 体位分析

1. 此位置显示茎突侧面投影像。

2. 茎突两侧在同一冠状面，需将两侧错开，正中矢状面前倾 10°能错开对侧茎突影像。中心线向头侧倾斜 10°，从上下方向错开对侧茎突，同时能显示患侧(贴近台面侧)茎突根部。

3. 采用近距离小视野，使锥形射线投射角度加大，以加大双侧茎突错开效果，同时减少散射线的影响，提高组织之间的对比。

4. 茎突在颈椎和下颌骨之间的间隙显示，要扩大此间隙，需头后仰、下颌前伸、颌部呈反咬合状。

### 2.10.4 标准图像显示

1. 显示视野包括上颌骨、下颌骨升支、乳突岩部、第 1 和第 2 颈椎及茎突。

2. 患侧茎突清晰显示于下颌骨和颈椎之间的“八”字间隙中，起始部、尖部和走行方向可见，能作为茎突长度测量图像。

3. 外耳孔位于茎突根部的上方，乳突位于茎突根部后方。

4. 骨纹理清晰，结构边缘锐利，软组织层次分明(图 8-2-42，图 8-2-43)。

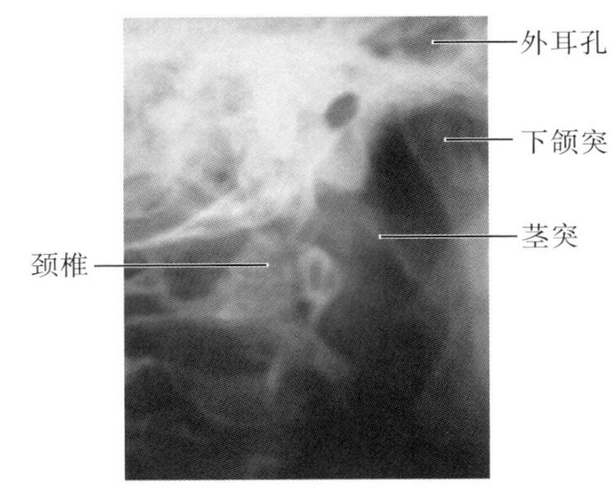


图 8-2-42 标准茎突侧位 X 线表现

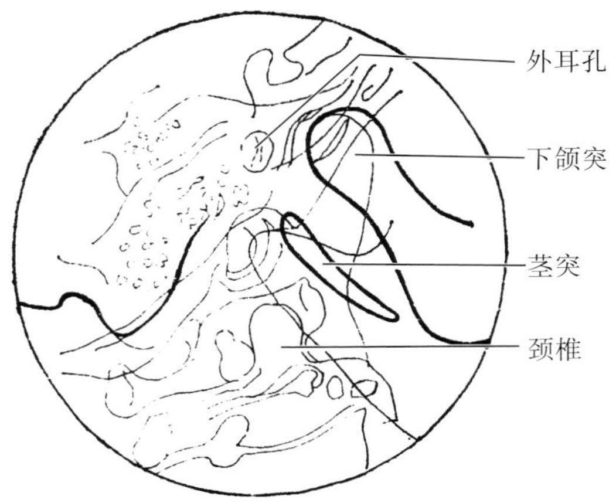


图 8-2-43 茎突侧位示意图

### 2.10.5 常见非标准图像显示

1. 左右重叠，难以分清健、患侧。头颅呈标准侧位，中心线垂直入射，没有做必要的旋转倾斜；焦物距过大，较小焦物距可以放大模糊置于上面的对侧茎突。

2. 正中矢状面未前倾 10°,茎突与颈椎重叠(图 8-2-44)。

3. 茎突与下颌骨重叠,没有做反咬动作来扩大“八”字间隙。

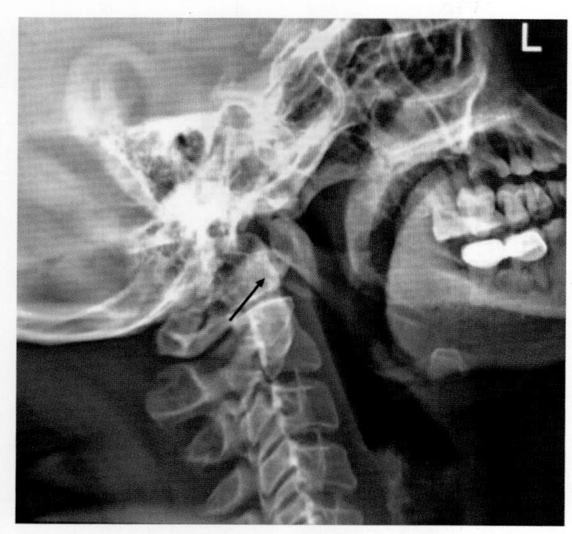


**图 8-2-44** 中心线未倾斜角度,分不清哪侧茎突,并与颈椎重叠

### 2.10.6 注意事项

1. 茎突过长或走行方向向内,茎突尖可能不容易显示出来,可采用其他摄影方法,包括采用融合体层摄影或多层螺旋 CT。

2. 摄取两侧对比时注意焦物距等参数保持一致。

## 2.11 内耳道后前正位(经眶位)

### 2.11.1 应用

双侧内耳道(internal acoustic meatus)位于颞骨岩部内中部,长约 10mm,底部与耳蜗、前庭相邻,开口于颅后窝岩锥后面。内有前庭蜗神经、面神经通过。内耳道上壁较短、下壁较长,横径因人而异,但双侧对称,骨质边缘规则。宏观位置上,内耳道左右方向走行(于矢状面呈 90°夹角),与眼眶下部和外耳孔在同一水平面。内耳道后前位(internal acoustic meatus postero-anterior position)即内耳道经眶位(internal acoustic meatus orbit position)能在双侧眼眶内显示内耳道全貌,即长度、管径、骨壁和周围岩锥骨质,并可作为双侧对比观察。用于内耳道神经源性肿瘤(管内外听神经瘤、面神经瘤),岩骨尖脑膜瘤、胆脂瘤等疾病的诊断,也可用于耳部先天性畸形、发育不良的诊断。

### 2.11.2 体位设计

1. 人体俯卧,头颅正中矢状面垂直台面中线,双外耳孔距台面等距。

2. 下颌稍内收,听眦线垂直台面,双手臂手掌置于头颈两侧辅助体位稳定。

3. 中心线经枕外隆突通过鼻根处垂直射出(图 8-2-45)。

4. 曝光因子:照射野 15cm × 15cm, 65 ± 5kV,AEC 控制曝光,感度 280,0.1mm铜滤过。

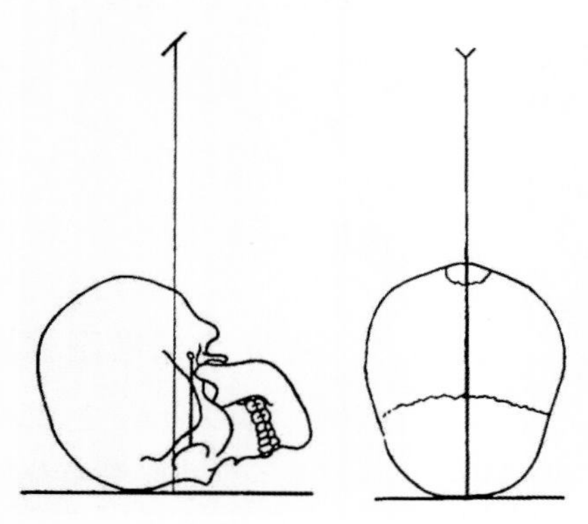

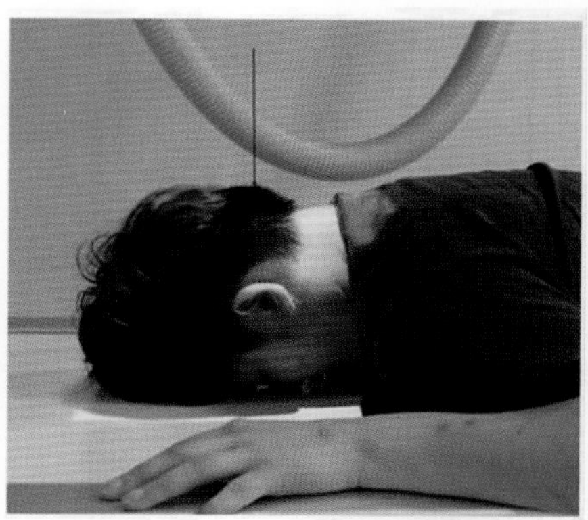

**图 8-2-45** 左图为示意图,示听眦线垂直台面,中心线入射方向使双侧内耳道投影与眼眶中部。右图为实际摆位

### 2.11.3 体位分析

1. 此位置显示内耳道正面投影像。

2. 因内耳道呈横向走行，与眼眶下壁水平，该位置能经眼眶显示其全貌。

3. 颞骨岩部与左右方向约呈 45°角，故颞骨岩部的影像缩短。

4. 一般采取后前位投照，因为枕骨密度较大，使其远离 IR、接近球管，可被射线穿透。眼眶骨较薄，对内耳道显示影响较小，减少内耳道放大失真。同时减少晶状体射线对的辐射量 50% ~60% 。

5. 该位置一次性显示双侧内耳道，即双侧内耳道对称显示，有利于在诊断中进行比较。

### 2.11.4 标准图像显示

1. 矢状缝、鼻中隔与照射野正中轴重合。

2. 两眼眶、上颌窦、岩骨对称显示，双眶外缘与头颅外侧缘距离相等。

3. 两岩骨上缘位于眼眶内下 1/2 处，内耳道投影与眼眶内下 1/3 处。

4. 双侧内耳道以全貌显示与眼眶的中、内侧，内耳道上壁构成岩椎的上壁，岩锥岩部未于眼眶内侧壁重叠。

5. 岩锥呈半轴位投影，显示缩短。内耳的骨迷路致密影投影于内耳道的外侧。

6. 额骨骨纹理清晰、穹隆内部、外板骨皮质锐利，软组织可见（图 8-2-46，图 8-2-47）。

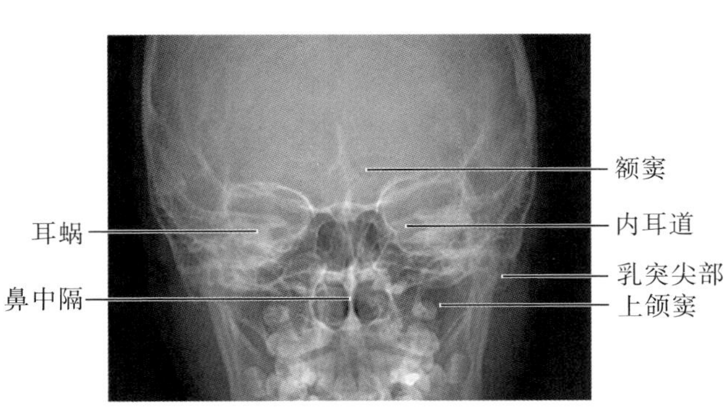


图 8-2-46 内耳道经眶位标准 X 线表现

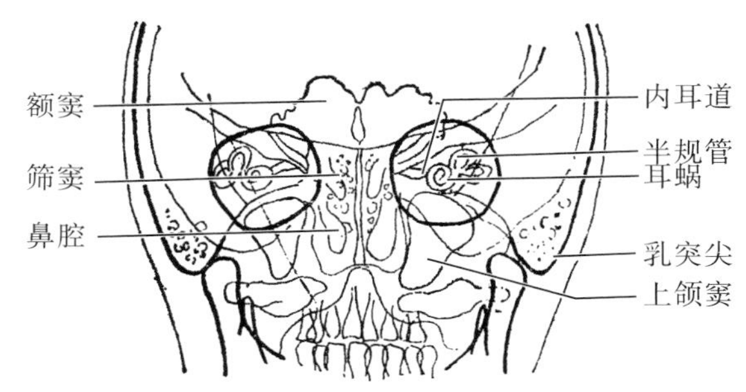


图 8-2-47 内耳道经眶位示意图

### 2.11.5 常见非标准图像显示

1. 一侧眼眶投影变大，说明正中矢状面向变大侧倾斜，双侧内耳道不对称，颅骨中线结构偏离中线（图 8-2-48）。

2. 岩骨投影在眼眶上缘，听眦线上端向头侧倾斜或中心线向足侧倾斜（图 8-2-49）。

3. 岩骨投影在眼眶下缘，听眦线上端向足侧倾斜或中心线向头侧倾斜（图 8-2-50）。

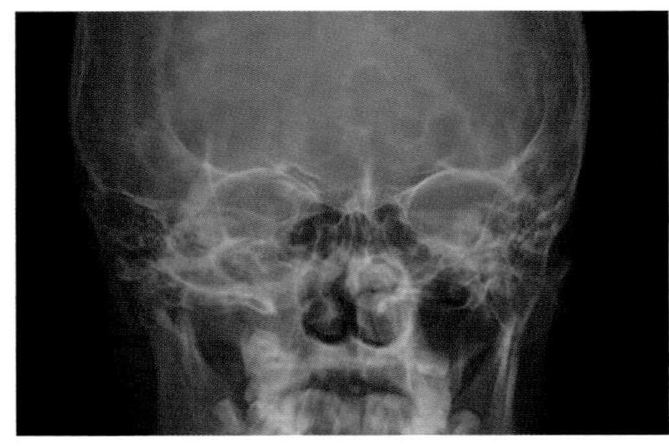

图 8-2-48 双侧眼眶大小不对称

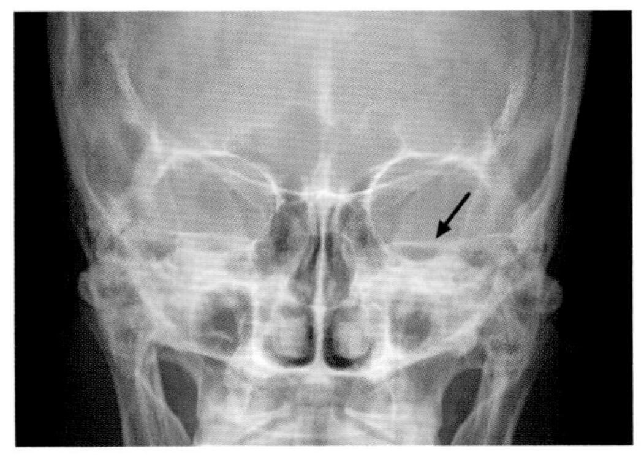

图 8-2-49 内耳道与眶上缘重叠（箭头）

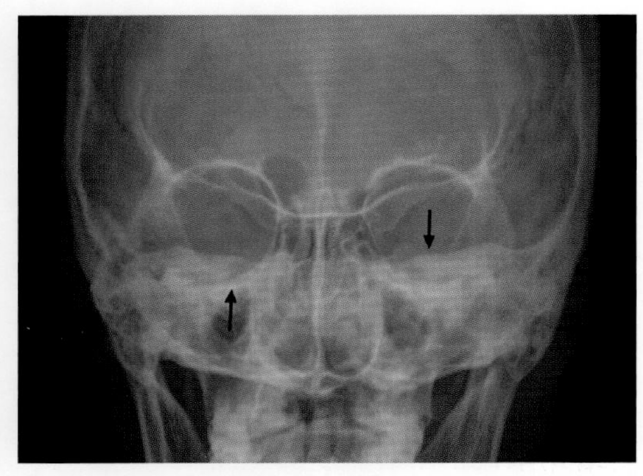

图 8-2-50 内耳道投影(箭头)与眶下缘并重叠

### 2.11.6 注意事项

1. 注意掌握投照要点:使正中矢状面垂直于 IR,听眦线垂直于 IR 及中心线射入的位置与方向。

2. 使用小焦点投照,调节照射野在最佳的范围。

3. 如患者不能采取后前位,可用前后位投照,操作人员要注意随之改变投照方法。

## 2.12 乳突劳氏位

### 2.12.1 应用

中耳(middle ear)位于颞骨内,结构小而复杂,形态不规则,X 线摄影相互重叠,必需按观察的目的采取特定位置摄影才能显示所要观察的结构。中耳包括鼓室,听骨链(锤骨、钻骨和镫骨),鼓窦和乳突。鼓室为含听小骨的小腔隙,由外侧壁(鼓膜)、内侧壁(迷路壁即内耳的前庭)、上壁(鼓室盖)、下壁(颈静脉壁)、前壁(下部为颈动脉管壁,上部为咽鼓管开口)、后壁(乳突壁),上部有鼓窦开口。乳突位于中耳鼓室的后方,经鼓窦与中耳相通。中耳与颅后窝相邻,鼓室盖菲薄,其后下方尚有静脉窦壁,中耳发生病变如炎症、肿瘤等,常常累及颅内继发颅内感染或出血。中耳炎症、胆脂瘤除引起鼓室盖等结构破坏以外,尚导致鼓室密度增高,鼓窦窦壁吸收破坏,乳突气房积液、骨质增生硬化等改变。中耳乳突劳氏位(Law's position)即双15°位重点观察鼓室盖、乙状窦板和脑膜横窦角。乳突、鼓窦、内耳道和外耳道相互重叠,仅有骨质破坏,腔隙扩大才能显示。劳氏位用于中耳炎、胆脂瘤、肿瘤等疾病的诊断。

### 2.12.2 体位设计

1. 患者俯卧,头呈侧位,患侧贴近台面,头部矢状面前部与台面呈 15°夹角。

2. 耳廓放置时向前折叠,或用胶布固定。

3. 外耳孔置于台面正中线上,使听眦线与台面中线垂直。

4. 中心线向足侧倾斜 15°经患侧外耳孔射出(图 8-2-51)。

5. 曝光因子:照射野 15cm × 15cm, 65 ± 5kV,AEC 控制曝光,感度 280,0.1mm 铜滤过。

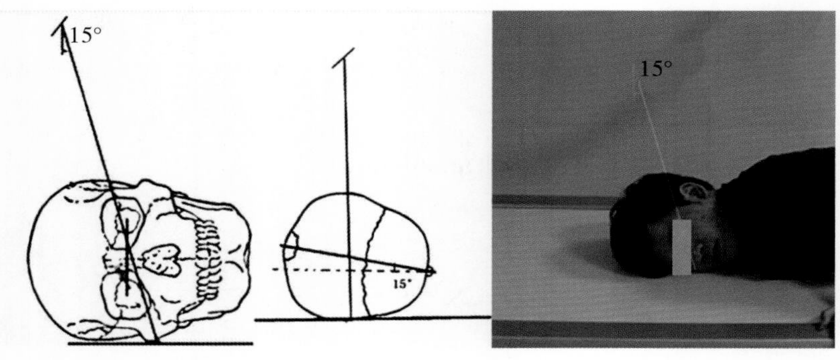


图 8-2-51 劳氏位摄影摆位图,左图为示意图,示头颅的位置与台面的关系,即正中矢状面与台面呈 15°夹角,以及中心线入射点、方向。右图为实际摆位图,强调中心线向足侧倾斜 15°

2.12.3 体位分析

1. 劳氏位要求矢状面前部与台面呈15°夹角，同时中心线向足侧15°倾斜，故称为双15°位。

2. 相当于颞骨岩锥的侧斜位投影像。

3. 鼓室盖、乙状窦板分别从不同方向接近切线位，边缘呈线状显示。

4. 外耳道、鼓室、鼓窦和内耳道于中性线投照方向重叠，并为致密的骨迷路掩盖。

2.12.4 标准图像显示

1. 患侧颞颌关节位于重叠的内、外耳道前和稍下方。

2. 内、外耳道、鼓窦相互重叠，位于颞下颌关节髁状突的后方。

3. 鼓室盖呈线状自前下向后上接近水平方向走行，乙状窦板自下向后上呈上下方向走行。两者后端相交形成锐角。

4. 乳突气房与上述结构相重叠。

5. 颞颌关节、鼓室盖、静脉窦板和乳突气房骨质结构清晰，对比度良好（图8-2-52，图8-2-53）。

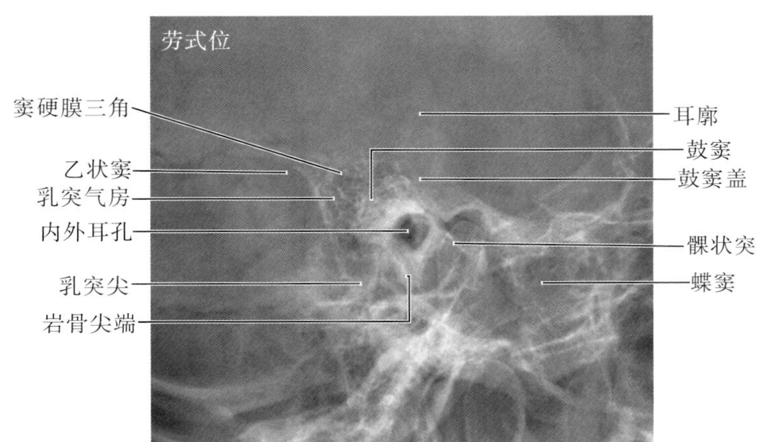


图8-2-52 劳氏位标准X线表现

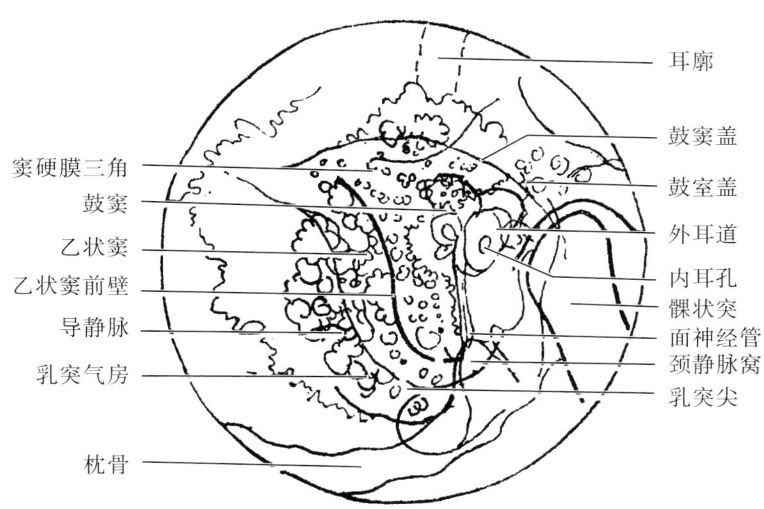


图8-2-53 劳氏位示意图

### 2.12.5 常见的非标准图像显示

1. 中心线倾斜角度不足或者入射点错误，两侧乳突未分离，有重叠现象。

2. 耳廓未向前折叠或者照射野过大，图像灰度大（图 8-2-54）。

3. 矢状面未与台面呈 15°角，乳突不能展开，双侧髁状突前后方向未分开（图 8-2-55）。

4. 中心线倾斜角度多大，呈许氏位。

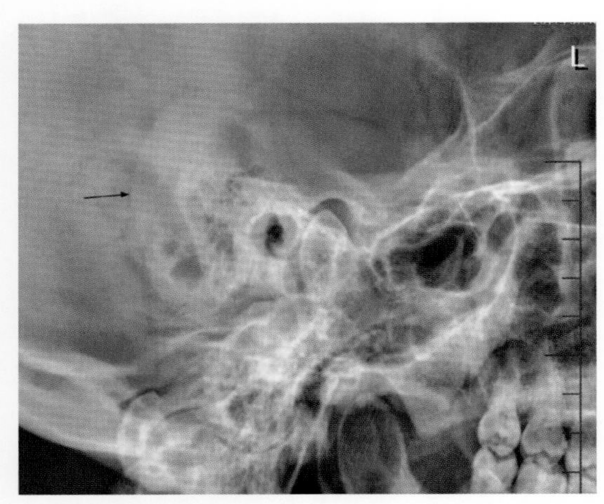


**图 8-2-54** 耳廓未前折叠，与乳突气房重叠（箭头）

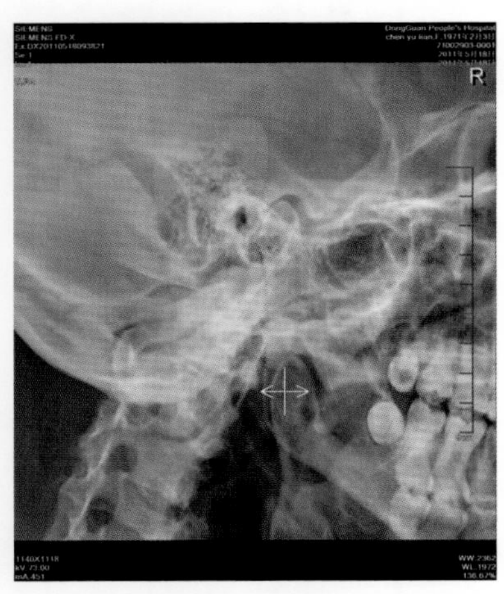


**图 8-2-55** 矢状面未倾斜 15°，双侧髁状前后方向未分开

### 2.12.6 注意事项

1. 使用小焦点、小视野投照。

2. 曝光条件使用适当，基本与头颅侧位相等。

3. 双侧摄影对比。

## 2.13 乳突许氏位

### 2.13.1 应用

由于中耳结构相互重叠，必须采取不同角度投照，相互弥补才能显示需要观察的结构。中耳乳突许氏位（Schuller's position）是在岩锥侧位基础上，调整矢状位和中心线的角度，将劳氏位重叠而不能显示的结构显示出来，如鼓窦和上鼓室投影到内、外耳道和骨迷路的后方，能被显示。故该位置能显示鼓室、鼓窦的大部分和鼓室上隐窝的听小骨影。同时显示鼓室盖、乳突气房、乳突尖、乙状窦板等。

### 2.13.2 体位设计

1. 患者俯卧呈标准头颅侧位体位，患侧贴近台面，外耳孔后 1cm 处置台面中线。

2. 耳廓放置时向前折叠，或用胶布固定。

3. 听眦线与台面中线垂直。

4. 中心线向足侧倾斜 25°经患侧乳突尖部射出到 IR 中心（图 8-2-56）。

5. 曝光因子：显示野 15cm × 15cm，65 ± 5kV，AEC 控制曝光，感度 280，0.1mm 铜滤过。

### 2.13.3 体位分析

1. 此位置显示岩乳部侧斜位投影像。

2. 颞骨分鳞部、乳突部、岩部（岩锥、颞骨岩部）三部分；各部分细小、相互重叠、结构复杂。

3. 由于两侧左右对称，侧位时不但左右重叠，而且同侧的岩骨尖端、鼓部及乳突相互重叠，则需要倾斜角度投照。

### 2.13.4 标准图像显示

1. 显示野包括前下颌关节，后乙状窦前壁，上鼓室盖及鳞部，下岩尖及乳突尖端。

2. 颞颌关节位于中耳结构的前下部，与内、外耳孔重叠影相邻。下颌小头略有变形。

3. 鼓窦入口及鼓窦区显示清晰，乙状窦前壁显示充分。

4. 乳突蜂房间隔清晰，骨纹理显示清楚（图 8-2-57，图 8-2-58）。

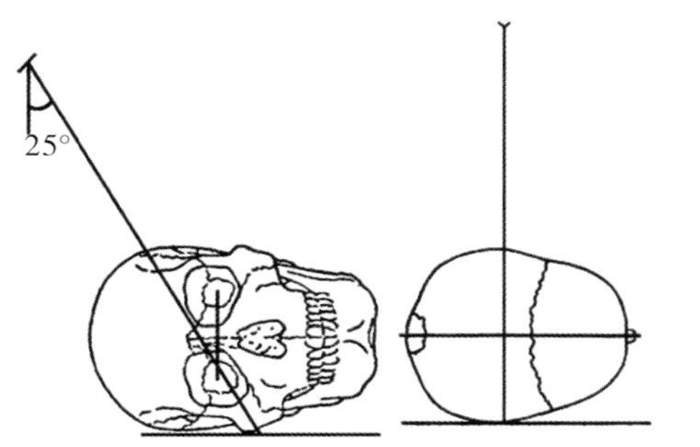

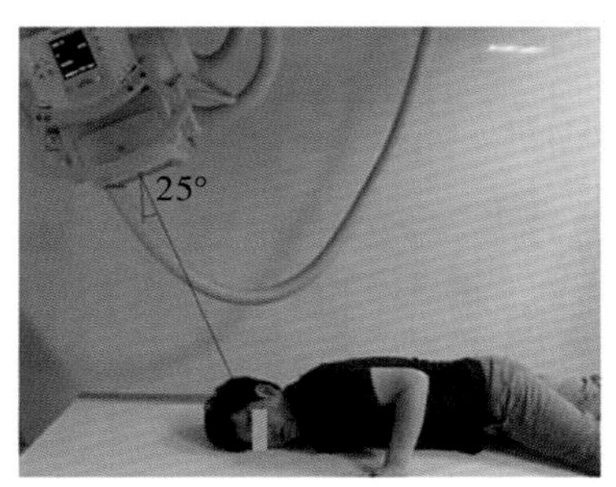


图 8-2-56 左图为示意图，示中心线向足侧倾斜 25°及入射点。右图为实际摆位图

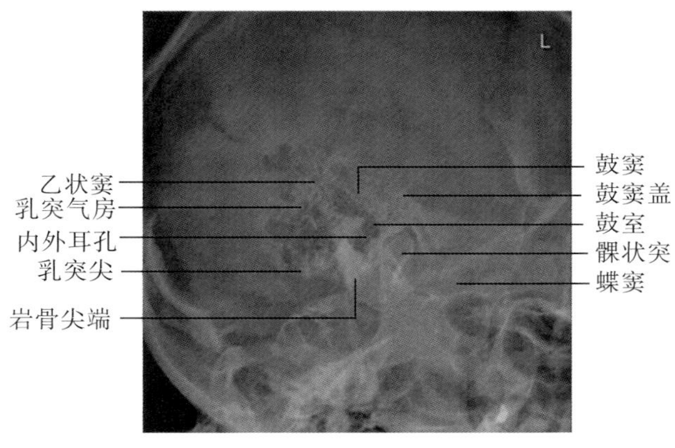


图 8-2-57 标准乳突许氏位 X 线表现

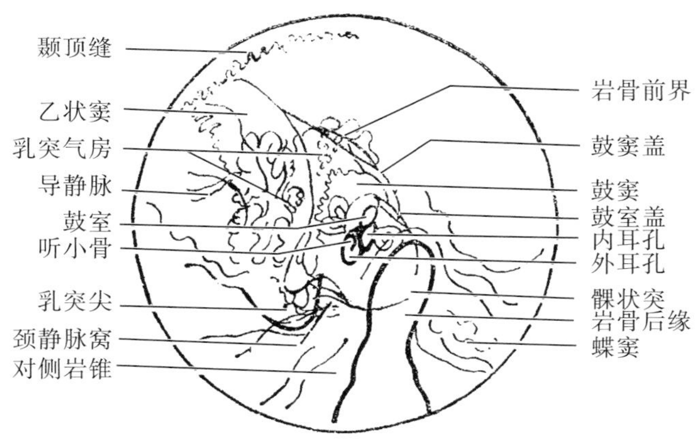


图 8-2-58 乳突许氏位示意图

### 2.13.5 非标准图像显示

1. 耳廓未向前折叠，导致与乳突蜂房重叠，使清晰度下降或者误诊中耳炎（图 8-2-59）。

2. 瞳间线未垂直或者中心线倾斜角度不足或入射点靠下，导致两侧乳突不能错开（图 8-2-60，图 8-2-61）。

3. 照射野过大。

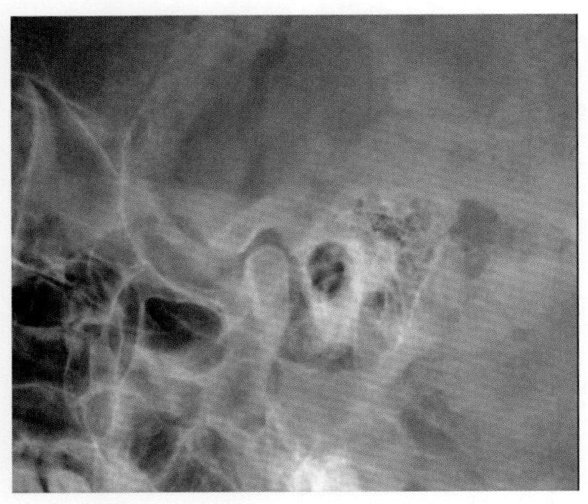

图 8-2-59　耳廓与乳突蜂房重叠

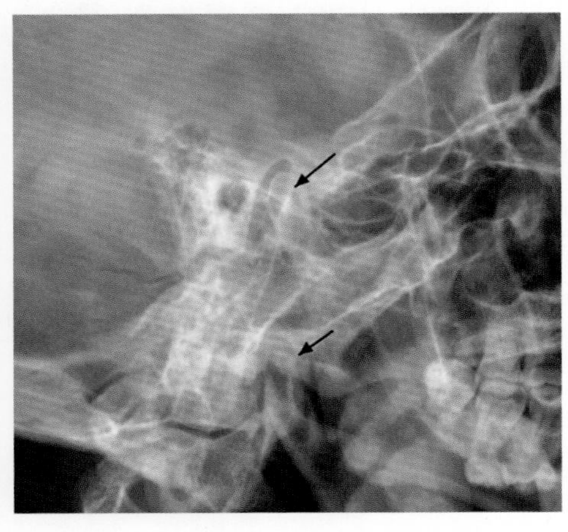

图 8-2-60　双侧乳突错开不足(箭头),近似劳氏位

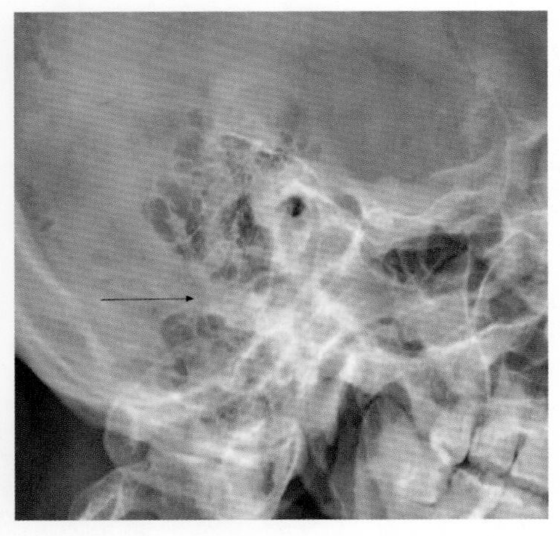

图 8-2-61　双侧乳突错开不足(箭头)并矢状面前倾

### 2.13.6　注意事项

1. 注意使正中矢状面平行于台面(冠状面垂直于台面),即眉间、下颌骨骸部和枕骨粗隆组成的平面平行于 IR。

2. 此位置为颞骨侧斜位,若中心线倾斜 15°并正中矢状面向前选择与台面成 15°则为劳氏位,中心线倾斜 35°为伦氏位(显示鼓窦最清晰)。

3. 双侧摄影对比,注意小焦点小照射野,保持图像良好的清晰度和对比度。

4. 劳氏位与许氏位由于中心线倾斜角度相差才 10°,二者图像很难区分,主要不同点:①两侧髁状突关系与形状。劳氏位是两侧较近,前后分开,基本不变形;许氏位是两侧在一条直线,距离较远,有变形。②鼓室盖。劳氏位呈近视水平走向;许氏位呈前低后上斜行。③内外耳孔重叠区形态。劳氏位呈椭圆形;许氏位呈圆形。④乙状窦走行。劳氏位在乳突后方,许氏位在乳突中走行。⑤窦硬膜三角。劳氏位清晰,许氏位显示不佳。⑥整个乳突形态。劳氏位上下显示较短,许氏位上下展开较大。

## 2.14　乳突伦氏位

### 2.14.1　应用

中耳乳突伦氏位(Runstrom's position)相对于劳氏位和许氏位,在岩锥侧位的基础上,进一步增大中心线的倾斜角度,使岩锥呈斜位投影,岩锥缩短,乳突投向鼓窦、鼓室的后方。鼓窦、鼓窦入口和鼓室排列方向与 IR 趋向平行,能够展开投影。故伦氏位能显示鼓窦、鼓窦入口、上鼓室及其内的听小骨。乳突气房也能清晰显示。

### 2.14.2　体位设计

1. 患者俯卧呈标准侧位体位,患侧贴近台面,外耳孔后 1cm 处置台面中线。

2. 耳廓放置时向前折叠,或用胶布固定。

3. 听眦线与台面中线垂直。

4. 中心线向足侧倾斜 35°经患侧乳突尖部射出到 IR 中心(图 8-2-62)。

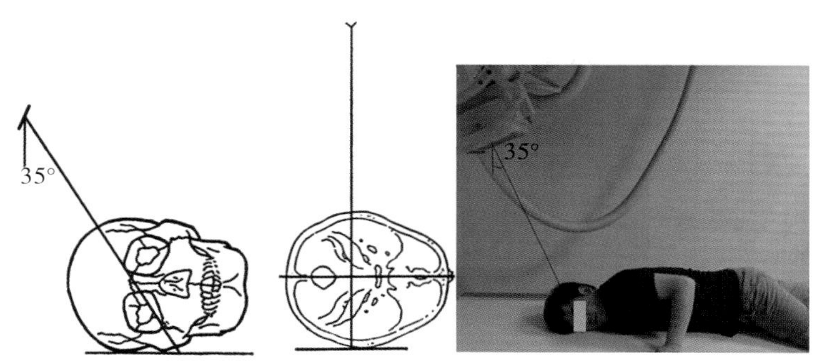


图 8-2-62 伦氏位摄影摆位图，左图为示意图，示中心线向足侧倾斜角度35°。右图为实际摆位图

5. 曝光因子：照射野 15cm × 15cm，65 ± 5kV，AEC 控制曝光，感度 280，0.1mm 铜滤过。

### 2.14.3 体位分析

1. 此位置显示岩乳部斜位投影像。

2. 中心线进一步向足侧倾斜角度增大，岩锥缩短，乳突气房部分与鼓室、鼓窦分开，具有能显示鼓窦入口的优势，且中耳鼓室上隐窝的听小骨也能显示。

3. 鼓室盖、乙状窦板均有缩短、重叠。

### 2.14.4 标准图像显示

1. 颞颌关节位于中耳结构的前方。

2. 中耳鼓室位于颞颌关节后方、显示野中心部位，其内的听小骨能显示。

3. 鼓窦入口呈低密度位于鼓室的后上方，连接其前方的鼓室和其后方的鼓窦。

4. 乳突尖能够显示，乳突气房位于显示野后部。

5. 乳突蜂房间隔清晰，骨纹理显示清楚（图 8-2-63，图 8-2-64）。

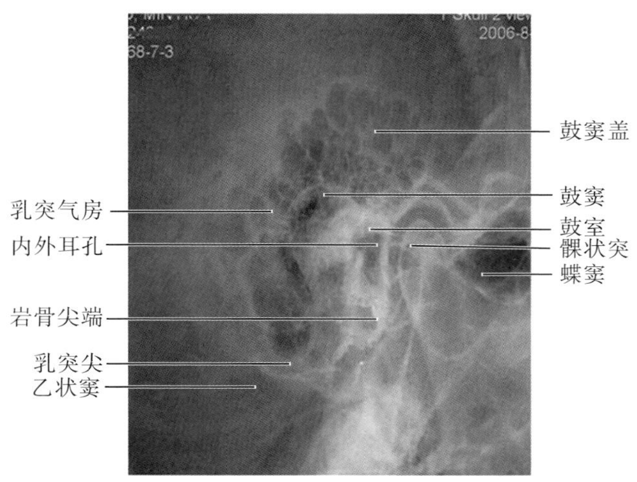


图 8-2-63 伦氏位标准 X 线表现

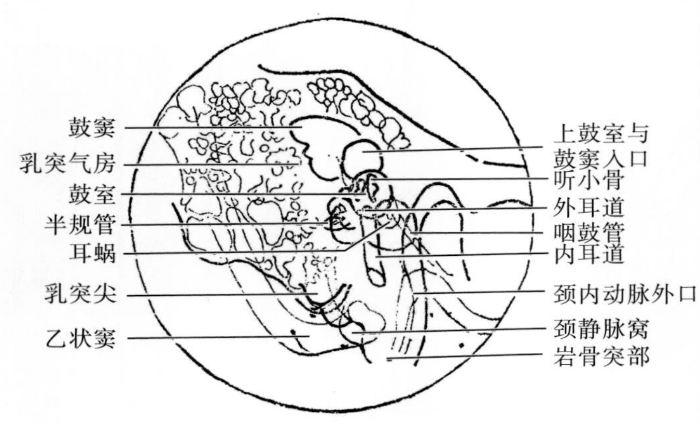


**图 8-2-64** 伦氏位示意图

### 2.14.5 常见的非标准图像显示

1. 中心线倾斜角度不足或者入射点错误，两侧乳突未分离，有重叠现象，或者展开不充分。

2. 耳廓未向前折叠，导致与乳突蜂房重叠，使清晰度下降或者误诊中耳炎。

3. 照射野过大。

### 2.14.6 注意事项

1. 注意使正中矢状面平行于台面（冠状面垂直于台面），即眉间、下颌骨骸部和枕骨粗隆组成的平面平行于IR。

2. 此位置为颞骨斜位，中心线向足侧倾斜35°（显示鼓窦最清晰）。倾斜角度均较劳氏位、伦氏位大。

3. 双侧摄影对比，注意小焦点小照射野，保持图像良好清晰度和对比度。

## 2.15 乳突梅氏位

### 2.15.1 应用

乳突梅氏位（Mayer's position）能将颞骨岩锥内结构和乳突较全面显示出来，相当于上下方向观察即颅骨骸顶位方向。在投照的过程中，根据颞骨岩锥自外后向前内近45°的走行特点，头部向患者旋转到岩锥垂直于台面，加上中心线的倾斜，能使颞骨内的外耳道、中耳鼓室、内耳道均不重叠。该位置能清晰显示鼓窦、鼓窦入口、鼓室、听小骨、内耳道、外耳道、乳突气房，并能显示岩锥的前外缘和后内缘、岩骨尖。与中耳乳突侧位（劳氏位）或侧斜位（许氏位、伦氏位）联合应用，是诊断颞骨肿瘤、炎症等疾病的重要检查方法。

### 2.15.2 体位设计

1. 患者仰卧台面，耳廓向前固定，下颌内收贴颈部，听眦线与台面垂直。

2. 头颅正中矢状面与台面的中线走向一致（平行）。头面向患侧旋转，矢状面与台面呈45°夹角。

3. 患侧乳突尖置于台面中心（眼眶外1/3置于台面的正中线上）。

4. 中心线向足侧倾斜45°角经患侧乳突尖处射出（图8-2-65）。

5. 曝光因子：照射野。15cm × 15cm，70 ± 5kV，AEC控制曝光，感度280，中间电离室，0.1mm铜滤过。

### 2.15.3 体位分析

1. 此位置显示颞骨岩乳部长轴方向的轴面观投影像。

2. 轴面观：颞骨岩乳部从后外向前内走行，与正中矢状面夹角可因头型的不同而不同，但基本是同侧乳头与对侧外眦连线（乳眦线）的方向一致；侧面观：走行与听眦线走行一致。

3. 展现颞骨岩乳部的长袖方向的真实轴位投影像（变形最小），即要求岩乳部长轴垂直于台面，再从身体长轴方向倾斜45°投照。

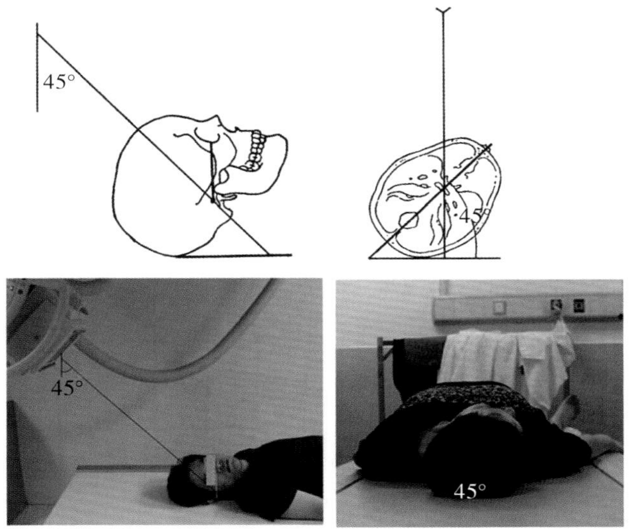


图 8-2-65　上图为示意图，示正中矢状面与台面呈45°角，中心线向足侧倾斜45°。下图为实际摆位图，并标出相应角度

### 2.15.4　标准图像显示

1. 为颞骨岩乳部的上下位轴位影像，包括岩锥及乳突尖端全长；正常岩锥长约7～8cm，宽2cm。颞骨岩锥较直而拉长地显示与图像上，其长轴与图像视野长轴走向一致，无变形、扭曲。

2. 颞颌关节拉长，位于外侧。

3. 从外、中、内侧，分别有外耳道、鼓室鼓窦和内耳道呈横向排列，无重叠。

4. 乳突气房重叠于岩锥中、内侧部。

5. 岩乳部纹理及乳突蜂房间隔清晰（图8-2-66，图8-2-67）。

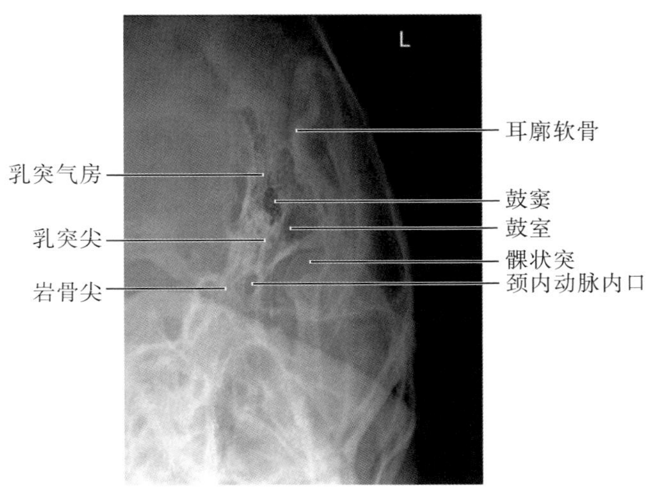


图 8-2-66　乳突梅氏位标准X线表现

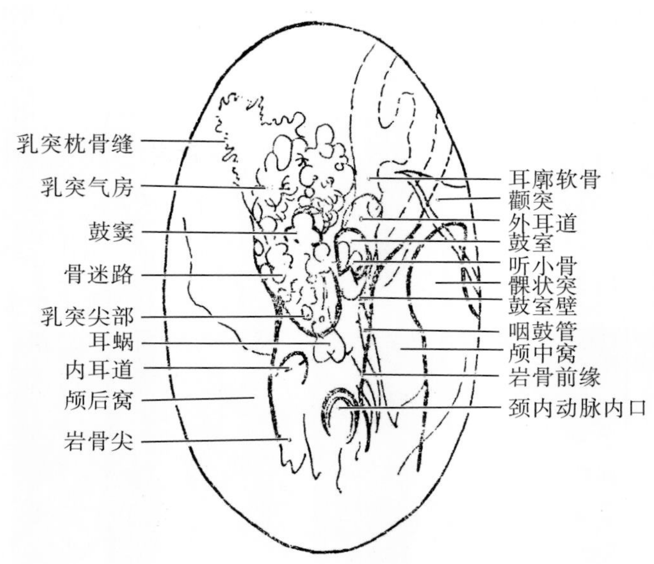


图 8-2-67 乳突梅氏位显示图

### 2.15.5 常见非标准图像显示

1. 岩乳部长度过大,中心射线倾斜角度过大,或是听眦线向足侧倾斜。

2. 岩乳部长度过短,中心射线倾斜角度过小,或是听眦线向头侧倾斜(图 8-2-68)。

3. 乳眦线未垂直于台面或矢状面未成45°,岩乳部宽度过大(图 8-2-69)。

4. 照射野过大。

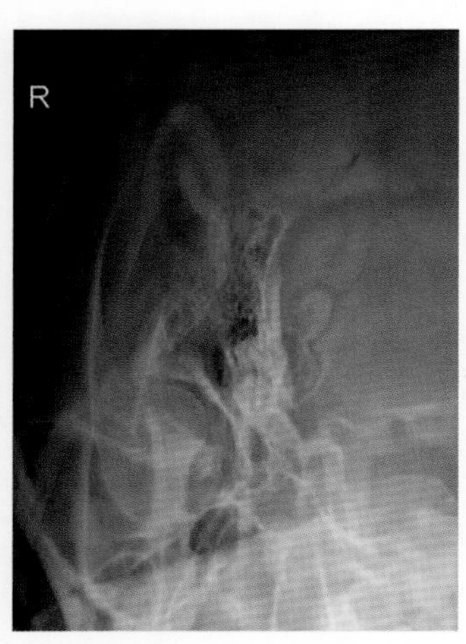


图 8-2-68 球管倾斜角度过小,岩乳突长度过短

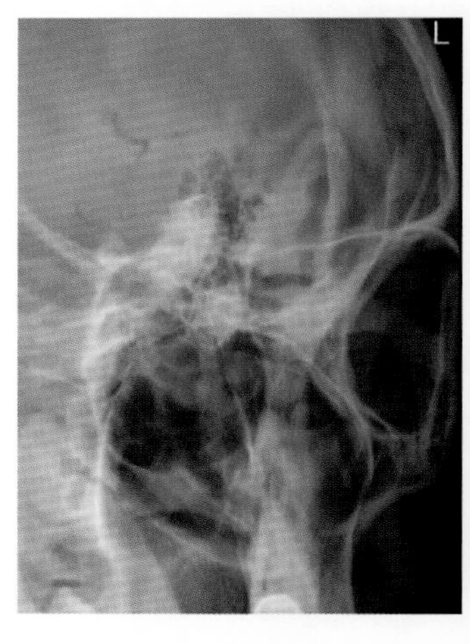


图 8-2-69 听眦线未垂直台面,岩乳突部过宽

### 2.15.6 注意事项

1. 充分展开而又以最小失真的中心线倾斜角度即 45°,岩乳部长轴在垂直台面时和其投影构成等腰直角三角形的直角边而等长、等大,但岩锥尖端因离台面较远而放大明显。

2. 因为焦物距近,锥形射线束的两边缘射线夹角较大,中心线倾斜后对准岩乳部长轴中心时,边缘入射射线角度最接近中心射线的倾斜角度,中心入射点分为上下两部分的放大失真也最小；反之，无论入射点高过岩乳部长轴中心、还是低于此点分别会造成减小了展开、放大或过于放大失真。利用乳眦线更能解决头型不同所导致的头颅旋转角度不同的个体差异，方便体位设计。为达到听眦线垂直台面的目的，可适当垫高头部。

3. 双侧摄影对比，注意小焦点小照射野，保证图像具有良好的清晰度和对比度。

## 2.16 斯氏位

### 2.16.1 应用

斯氏位(Stenver's position)是与颞骨乳突和岩锥最长轴平行的水平方向的投影位置，与梅氏位投射方向相互垂直，即岩骨乳突部横位展开像。按颞骨的解剖特点，颞骨乳突部分横向全面展开，与外耳道、中耳骨质、鼓窦重叠。内耳迷路部分显示在岩骨椎体中部，内耳道显示在岩骨的内侧。故斯氏位能显示内耳迷路、内耳道、岩骨锥体尖、乳突尖切线像，上述结构不与其他骨质重叠。用于诊断耳硬化症、听神经瘤、颞骨岩部骨折，其他肿瘤或炎症导致的岩骨锥体骨质破坏。

### 2.16.2 体位设计

1. 患者俯卧，头枕部向患侧偏转，使正中矢状面与台面呈45°角。

2. 患侧外耳孔前方1cm对准台面中线。

3. 听眶线与台面垂直。

4. 中心线向头侧倾斜12°角，经枕外隆凸与上侧外耳孔连线上距枕外隆凸外2cm处射入IR中心(图8-2-70)。

5. 曝光因子：显示野15cm × 15cm，75 ± 5kV，AEC控制曝光，感度280，0.1mm铜滤过。

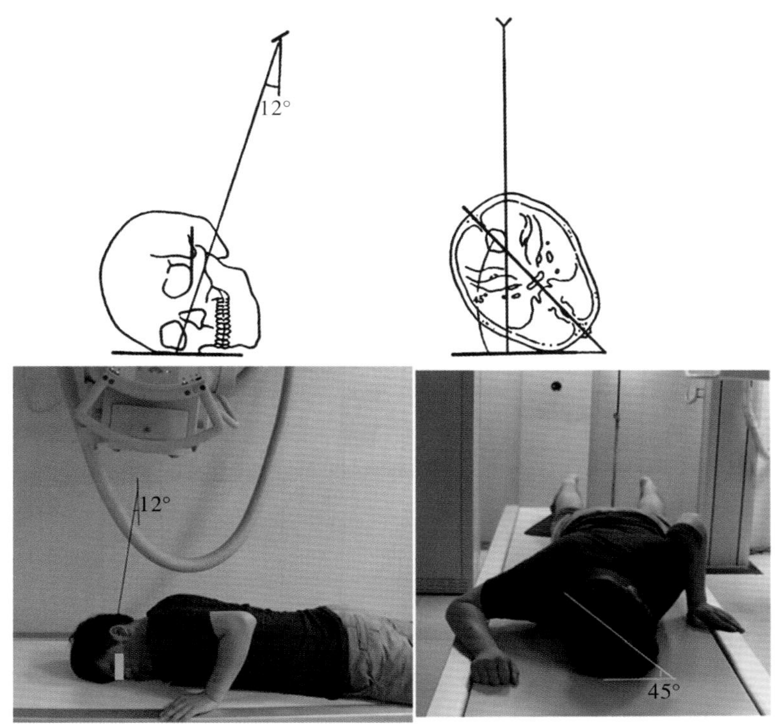


**图8-2-70** 左图表示球管向头侧倾斜的方向和中心线入射点，右图表示正中矢状面与台面的夹角

### 2.16.3 体位分析

1. 颞骨乳突部和颞骨岩部最长轴方向与矢状面呈45°角，从外后向前内走行。

2. 患者俯卧，头枕部向患侧倾斜45°角，患侧颞骨岩部贴近台面，并最长轴与台面平行。

3. 根据投影方向，该位置能显示乳突横向全貌、内耳和内耳道、岩骨尖。

4. 中线面向头侧偏斜，能避开颈椎和面颅骨的重叠，并将需显示的结构投影在骨质密度较薄的眼眶内。

5. 患侧贴近台面，减少放大失真，结构显示清晰。

### 2.16.4 标准图像显示

1. 照片括范围，外侧包乳突尖端、内侧包岩骨尖端、上报岩骨上缘、下包下颌小突。颞骨乳突和颞骨岩部以横向最长轴显示，无缩短变形。

2. 内耳迷路中半规管显示较清楚，内耳道位于内耳结构的内侧，上壁和下壁清晰。

3. 颞骨乳突位于内耳的外侧，能显示乳突尖。

4. 颈椎椎体、颞下颌关节重叠，位于岩骨中部的下方。

5. 乳突气房、骨质结构之骨纹理清晰，图像分辨率、对比度良好(图 8-2-71，图 8-2-72)。

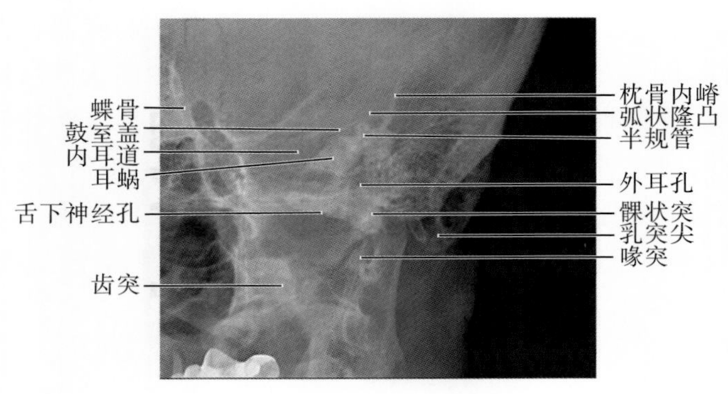


**图 8-2-71** 斯氏位的标准 X 线表现

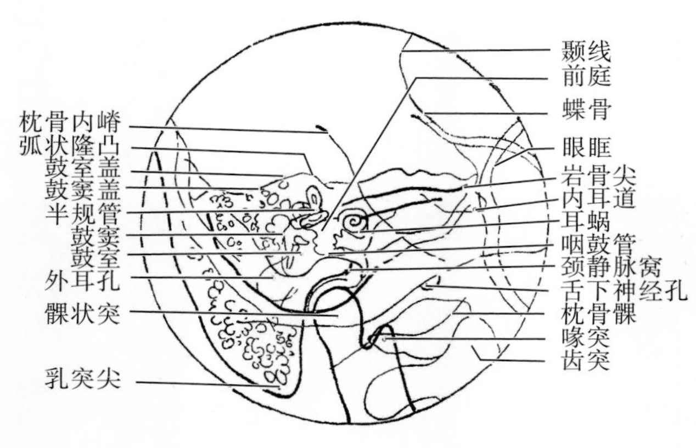


**图 8-2-72** 标准的斯氏位示意图

### 2.16.5 常见的非标准图像显示

1. 正中矢状面未与台面呈 45°，乳突尖与下颌骨髁状土重叠。

2. 中心线倾斜角度过大或过小，乳突失真。

### 2.16.6 注意事项

1. 该位置要求患者俯卧，如患者情况不允许，可仰卧行反斯氏位投照。

3. 双侧摄影对比，使用小焦点、小视野。

4. 该位置以观察内耳结构为主，不适合中耳的观察，检查者应掌握好适应证。

## 2.17 反斯氏位

### 2.17.1 应用

反斯氏位（ inverse stenver’s position）应用范围、显示结构和诊断目的与斯氏位相同。如患者情况不允许俯卧，应考虑用反斯氏位投照。又因该位置体位舒适，容易操作，故相比反斯氏位更为常用，但患侧离开 IR 较远，所显示的结构有一定的放大。

### 2.17.2 体位设计

1. 患者仰卧，头向对侧旋转约 45°，使被检侧乳眦线平行台面，对侧听眦线垂直台面。

2. 被检侧颞颌关节置于台面中轴线上。中心线向足侧倾斜 12°，经被检侧颞颌关节上 2.5cm 前 2cm 交叉处射入（图 8-2-73）。

3. 曝光因子：显示野 15cm × 15cm，75 ± 5kV，AEC 控制曝光，感度 280，0.1mm 铜滤过。

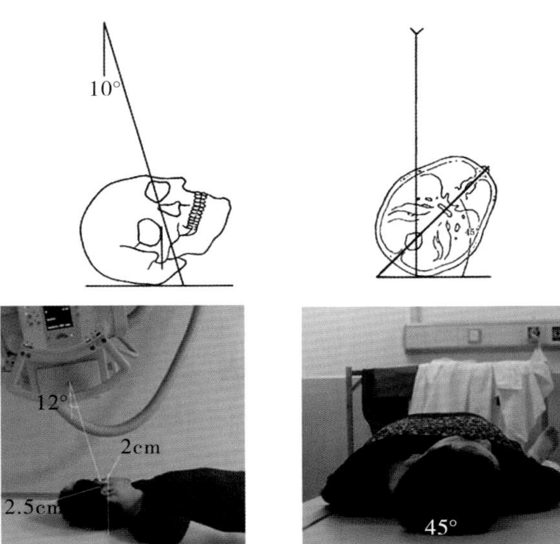


**图 8-2-73** 上图为示意图，示中心线向足侧倾斜，矢状面与台面呈 45°角，使被照侧岩锥远离台面并与台面平行。下图为实际摆位图

### 2.17.3 体位分析

1. 此位置显示岩乳部正面投影像。

2. 轴面观：颞骨岩乳部从后外向前内走行，与正中矢状面夹角可因头型的不同而不同，但基本是同侧乳突尖端与对侧外眦连线（乳眦线）的方向一致；侧面观：走行与听眦线走行一致。

3. 展现颞骨岩乳部的长袖方向的投影像，即要求岩乳部长轴平行于台面；同时倾斜 12°只是为了避开重叠。

### 2.17.4 标准图像显示（同斯氏位）

1. 照片括范围，外侧包乳突尖端、内侧包岩骨尖端、上报岩骨上缘、下包下颌小突。颞骨乳突和颞骨岩部以横向最长轴显示，无缩短变形。

2. 颞骨岩岩部和乳突部长轴平行重合视野横轴线，不与枕骨基底不重合，枕骨粗隆投影于骨迷路外方。

3. 内耳道清晰显示于岩骨尖端内，岩骨骨纹理清晰，乳突蜂房间隔清晰（图 8-2-74）。

### 2.17.5 非标准图像显示

1. 正中矢状面未与台面呈 45°，乳突尖与下颌骨髁状突重叠（图 8-2-75）。

2. 中心线倾斜角度过大或过小，乳突与枕骨重叠。

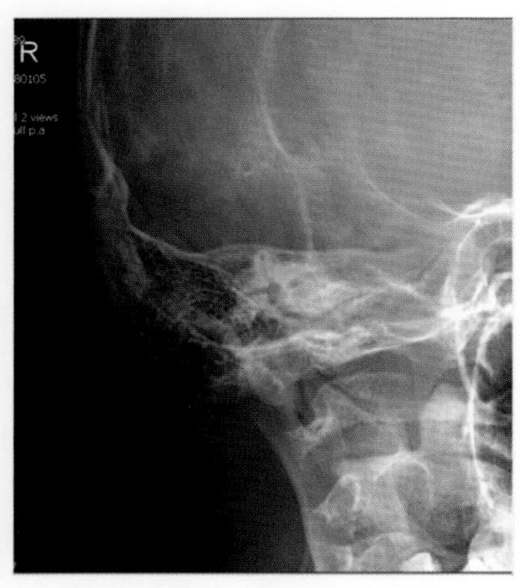

图 8-2-74　反斯氏位的标准 X 线表现

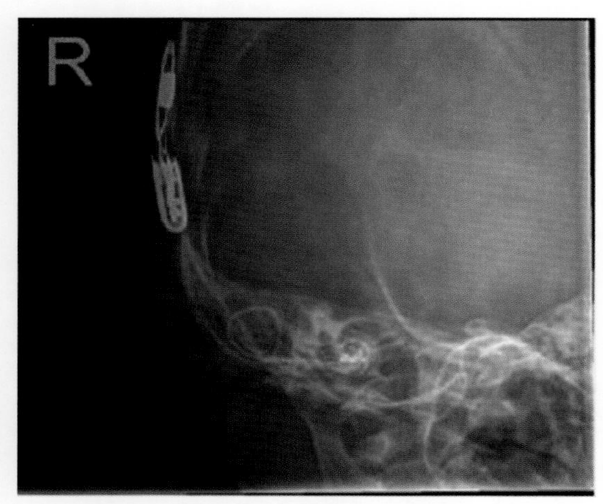

图 8-2-75　乳突尖端与枕骨及下颌骨髁状突重叠

### 2.17.6　注意事项

1. 本体位由于仰卧操作容易,患者舒适,基本替代了斯氏位。

2. 双侧摄影对比。注意小焦点小照射野,使图像具有良好的对比度和清晰度。

3. 理解反斯氏位与斯氏位之间的关系:如果患者俯卧,正中矢状面向同侧旋转 45°,中心线向头侧倾斜 12°投照则为斯氏位。

## 2.18　面骨 45°后前位

### 2.18.1　应用

面骨也称面颅骨(bones of facial cranium),位于头颅骨前部,即面部。正面投影与脑颅骨重叠较多,欲要将面骨于正面显示,必须采取一定的角度,避开重叠结构,最大限度显示面骨各结构。面骨 45°后前位(45°bones of facial cranium postero- anterior position),是从正位与轴位方向观察面颅各骨影像,主要显示眼眶构成骨、筛窦、鼻腔、颧骨、上颌骨等。用于面骨骨折、骨质破坏、骨质增生性病变、副鼻窦病变、先天畸形和发育异常等相关病变的诊断。

### 2.18.2　体位设计

1. 患者俯卧(或坐立),头部正中矢状面与台面垂直并重合于台面中线。

2. 头后仰使听眦线与台面呈 45°角。

3. 鼻尖置于探测器中心。

4. 中心线对准鼻尖、垂直射入(图 8-2-76)。

5. 曝光因子:照射野 30cm × 24cm,75 ± 5kV,AEC 控制曝光,感度 280,0.1mm 铜滤过。

### 2.18.3　体位分析

1. 此位置显示面颅诸骨的正面投影像。

2. 头颅正位:蝶骨、颞骨与眼眶重叠,枕骨与面骨重叠;侧位:两侧的相同结构也会重叠。

3. 唯有后前正位再加倾斜角度尽量避免重叠,使面颅骨最大限度显示:45°角使蝶鞍投影鼻腔、岩骨投影于上颌窦下缘与上颌骨齿槽部重叠、下颌骨体部和枕骨重叠。

4. 眼眶骨、鼻骨、上颌骨等能清楚显示。

### 2.18.4　标准图像显示

1. 包括全部面颅骨,呈球状与投照野中心。

2. 面不结构双侧对称,鼻中隔位于正中,双侧眼眶外侧壁与颅骨外缘等距。

3. 面颅后部的骨质结构投影在被观察结构之外,蝶鞍投影鼻腔、岩骨投影于上颌骨齿槽部、下颌骨体部和枕骨重叠。

4. 诸骨纹理清晰,图像清晰度、对比度良好(图 8-2-77,图 8-2-78)。

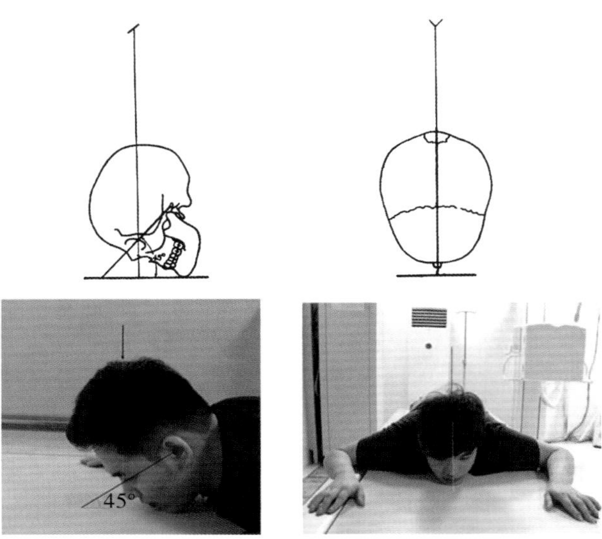


图 8-2-76　上图为示意图，示正中矢状位与台面垂直、冠状面与台面呈 45°，中心线方向和射入点。下图为实际摆位图

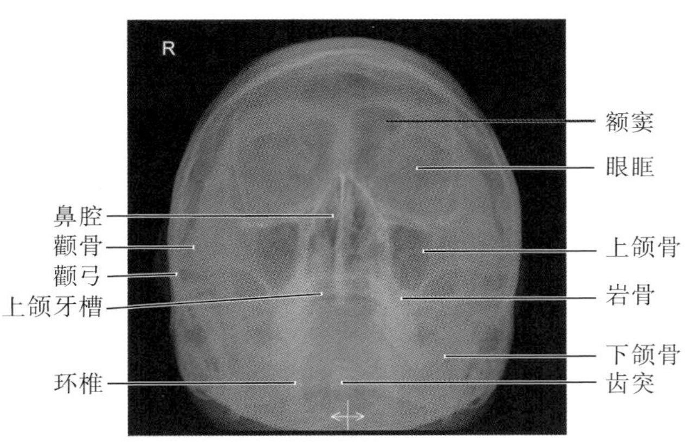


图 8-2-77　面骨后前位 45°位标准 X 线表现

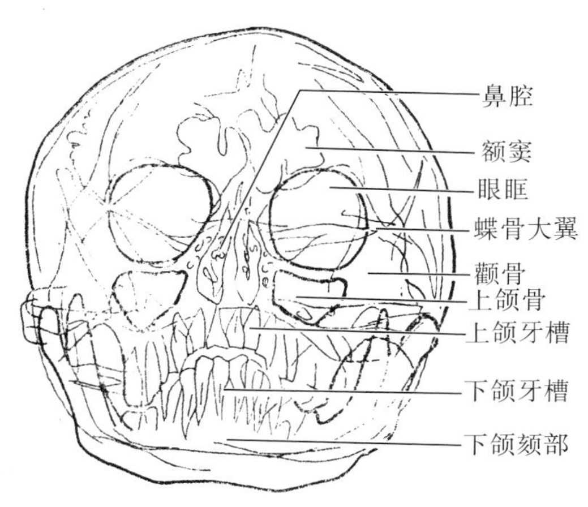


图 8-2-78　面骨后前位 45°位示意图

### 2.18.5　常见的非标准图像显示

1. 岩骨投影与上颌窦上部，说明听眦线与台面角度大于 45°（图 8-2-79）。

2. 岩骨投影与下牙槽重叠，说明角度小于 45°（图 8-2-80）。

3. 两侧不对称显示，则说明头部左右旋转（图 8-2-81）。

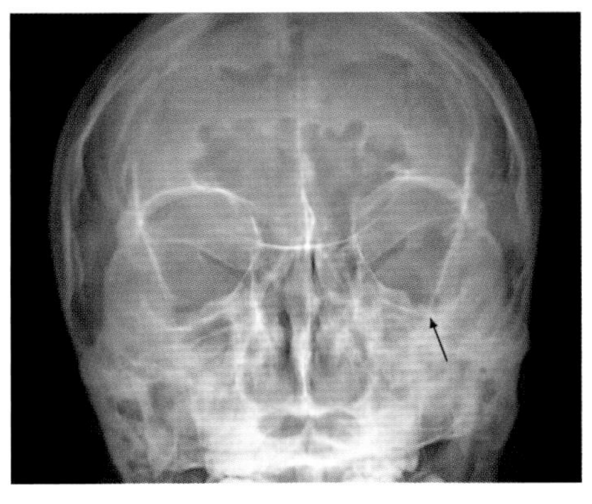

图 8-2-79　岩骨投影于眶下缘（箭头）

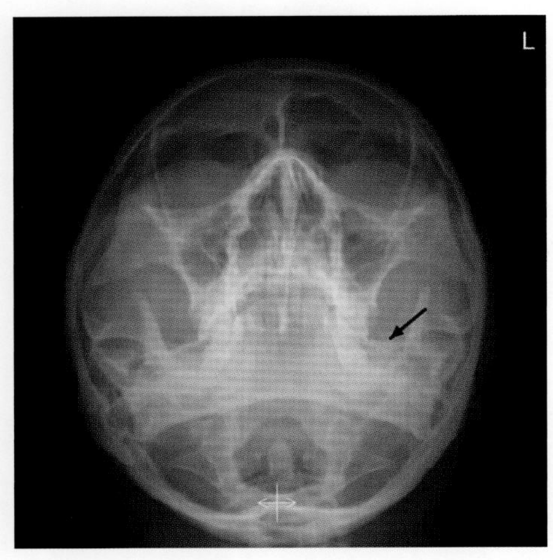


图 8-2-80　岩骨投影于下牙槽(箭头)

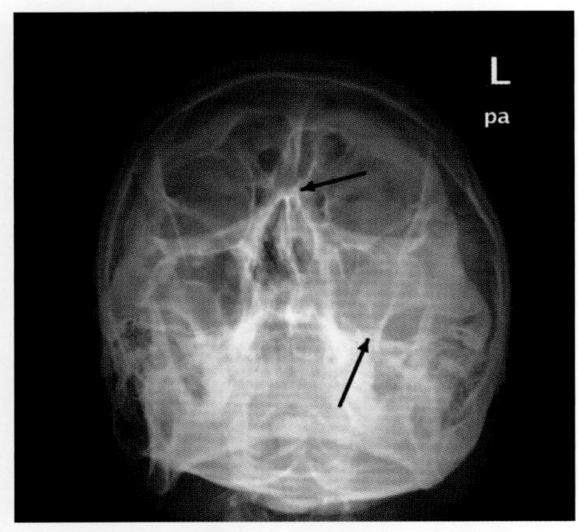


图 8-2-81　左右不对称(箭头)

### 2.18.6　注意事项

1. 注意正中矢状面与 IR 垂直,并位于台面 IR 中线上,即眉间、鼻尖和胲部与台面中线平行,枕骨粗隆也位于中线上。

2. 听眦线与台面呈 45°角,有效显示面颅骨。

4. 颅骨结构较厚,注意正确应用摄影条件,是结构能清楚显示。

5. 此位置类似鼻窦华氏位,只是华氏位头部稍后仰,听眦线和台面的夹角不同,故也有称为大华氏位。应用时按诊断要求注意与华氏位区分。

## 2.19　颧弓切线位

### 2.19.1　应用

颧弓(zygomatic arch)由向后突起的部分和颞骨鼓部的颧突构成。位于头颅的外侧面,构成颞窝的外侧壁,颞下窝的外上界,是咬肌起点附着处。颧弓是颅骨骨折、炎症、肿瘤等导致骨质破坏易累及的部位,因其前后方向走行、离颅骨侧面距离较近,故从前后和侧方均不能有效显示。但从上下方向无重叠结构,并可以显示其全段。颧弓切线位(zygomatic arch tangential position),也称为颧弓轴位(zygomatic axis position)是颧弓上下方向投影,显示颧弓前部、后部及前后之间的缝间连接,同时显示颧弓的形态。用于颧弓骨折(变形)、肿瘤、炎症所致的骨质破坏和肿瘤样病变的诊断。

### 2.19.2　体位设计

1. 患者俯卧,颏部紧贴台面,头部呈顶颏位。

2. 头部尽量后仰,是听眶线与台面夹角小于 45°尽量接近水平,头向对侧稍偏、正中矢状面倾斜斜约 10°~15°使顶颞颏连线垂直台面。

3. 中心线垂直听眶线,并通过其中点内侧 1cm 处射入(图 8-2-82)。

4. 曝光因子:照射野 12cm×9cm,60±5kV,8~10mAs,0.1mm 铜滤过。

### 2.19.3　体位分析

1. 此位置显示颧骨弓轴位方向投影像。

2. 颧骨颧弓呈拱桥状连接眼眶外下侧壁和颞骨,平行于听眶线;正位于颞骨重叠且自身前后重叠、侧位两侧重叠且和上颌骨、鼻骨重叠;唯有轴位能够展开。

3. 顶颏位时射线的几何放大原理以及头颅的倒三角形使颧弓和颞骨重叠,因而只能采用顶颏切线位或颏顶位:定颞颏连线垂直台面最大限度使颧弓突出;中心线垂直通过听眶线中点使颧弓平面展开。

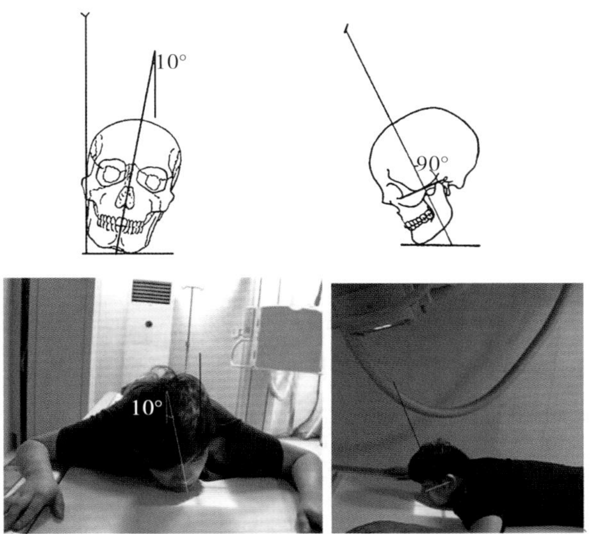


图 8-2-82 上图为示意图,示正中矢状面与台面的夹角、中心线方向和射入点。下图为实际摆位图

4. 颧弓为狭长骨块,松质骨较多,密度稍低所以采用低千伏曝光。

## 2.19.4 标准图像显示

1. 图像包全受检侧颧突、颧弓。

2. 获得最大切线效果,颧骨弓呈充分展开像,不与顶骨下颌骨重叠。

3. 骨皮质内外边缘锐利,颧骨弓骨纹理清晰,与软组织对比良好(图 8-2-83,图 8-2-84)。

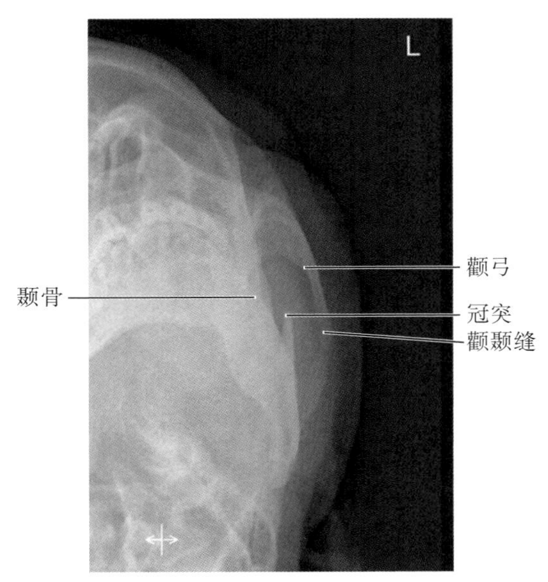


图 8-2-83 标准颧弓切线位 X 线表现

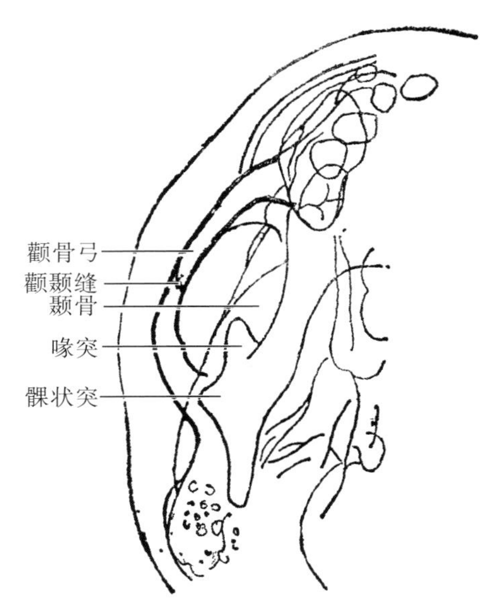


图 8-2-84 颧弓切线位示意图

## 2.19.5 常见非标准图像显示

1. 颧弓变短,中心线与听眶线未垂直,偏斜较大(图 8-2-85)。

2. 颧弓与其他颅骨重叠,头部向对侧偏斜的角度过大或过小(图 8-2-86)。

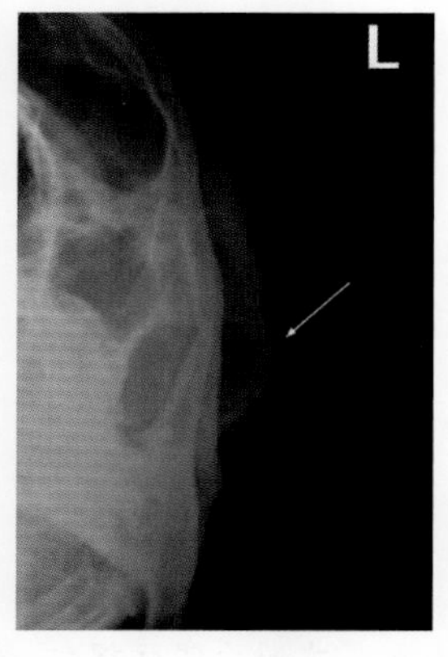


图 8-2-85 颧弓变短(箭头)

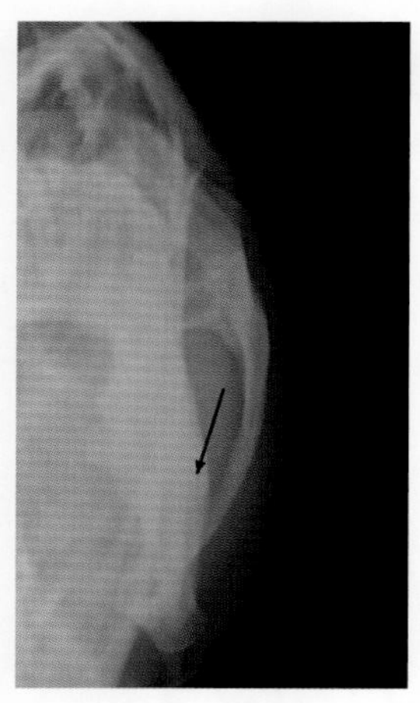

图 8-2-86 头部与颧弓末端有重叠(箭头)

### 2.19.6 注意事项

1. 为了最大限度显示颧弓，一般采用单侧投照。

2. 摆位置时尽量使头部后仰，使颧弓与 IR 接近平行。

3. 患者头部后仰受限，可适当倾斜 IR 或是中心线倾斜，达到颧弓平行 IR 的效果。

4. 单侧摄影时不采用 AEC 曝光模式，否则会产生曝光不足现象。利用颅底颏顶位，降低 10kV，颅骨本身的倒三角形及锥形放射可双侧同时显示，但会有部分重叠于其他颅骨(图 8-2-87)。

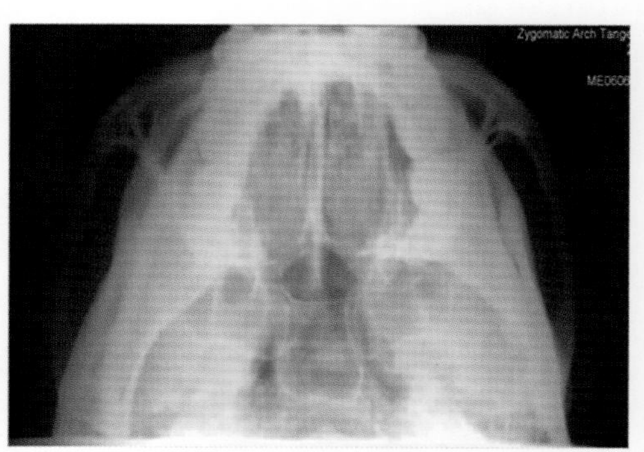


图 8-2-87 颅底位双侧颧弓显示清楚

## 2.20 鼻骨侧位

### 2.20.1 应用

鼻骨(nasal bone)位于鼻根、眼眶之间，构成鼻梁。为左右各一、上窄下宽的条形骨板，两侧鼻骨内侧缘相邻，缝间连接位于正中线上。外侧缘与上颌窦鼻突、上缘与额骨连接，下缘游离。鼻骨侧位(nasal bone lateral position)是从侧面方向观察鼻骨的形态、位置、骨质结构，以及与周围相邻骨质之间的关系；也能观察双侧鼻骨之间的关系，例如在标准的鼻骨侧位上，双侧鼻骨应完全重合，否侧可能有鼻骨移位。主要用于面部外伤，诊断是否存在鼻骨骨折、骨折的类型、移位情况。

### 2.20.2 体位设计

1. 人体俯卧，头部侧转，患侧贴床面，正中矢状面平行台面，瞳间线垂直于台面。

2. 下颌稍内收，对侧肩部、前胸抬起，肘部弯曲，下肢屈膝共同支撑身体并保持稳定。

3. 中心线垂直射入鼻根下 1cm 处或内眦(图 8-2-88)。

4. 曝光因子：照射野 12cm × 9cm，55 ± 5kV，5 ~ 6mAs。

### 2.20.3 体位分析

1. 此位置显示鼻骨侧面投影像。

2. 鼻骨在正位与颅骨重叠，侧位容易和其他骨分离开，但两侧鼻骨相互重叠。

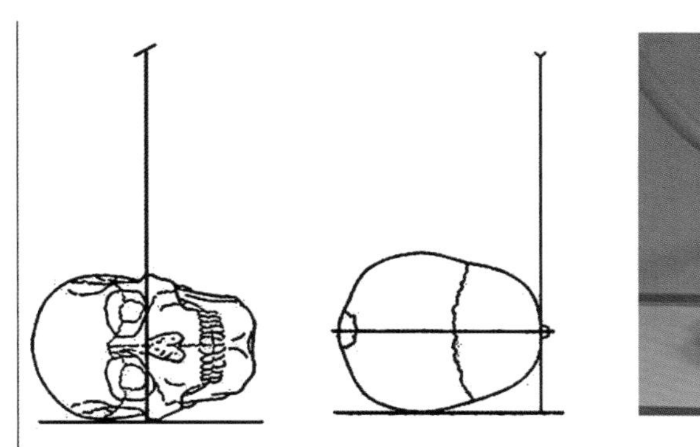
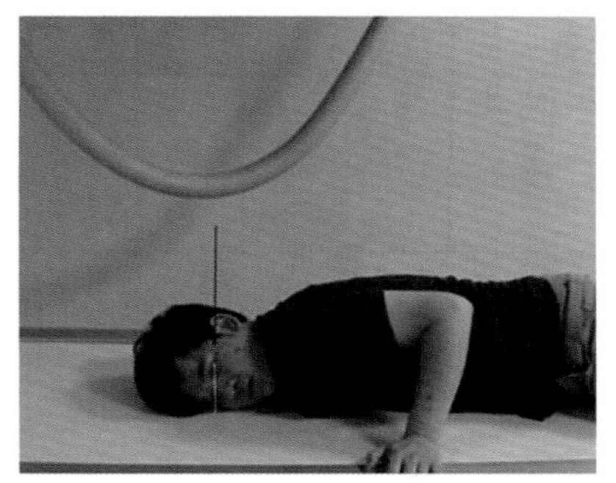

图 8-2-88　左图为正中矢状面与台面的关系和中心线入射点的示意图。右图为实际摆位，并标出中心线入射点

3. 鼻骨位于面部的中线上，相对于其他结构位置凹陷，在正中矢状位完全平行与台面的情况，中心线垂直摄入，两侧鼻骨才能避免与相邻结构重叠。

### 2.20.4　标准图像显示

1. 照片括全部鼻骨、额鼻缝、鼻前棘及鼻部软组织。

2. 鼻骨位于投照野中心。

3. 软组织和鼻骨对比良好，鼻额缝、骨边缘、鼻骨纹理清晰（图 8-2-89，图 8-2-90）。

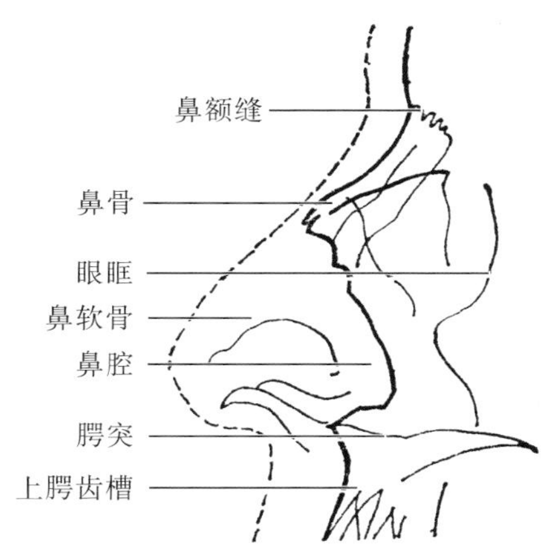


图 8-2-90　鼻骨侧位示意图

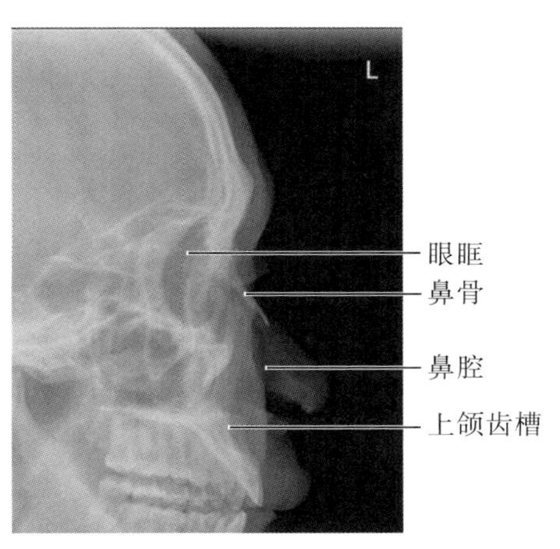


图 8-2-89　鼻骨侧位标准 X 线表现

### 2.20.5　非标准图像显示

1. 矢状位未与 IR 平行，或中心线未垂直摄入，双侧鼻骨分离，鼻骨与上颌骨额突有部分重叠（图 8-2-91）。

2. 中心线向头侧或足侧倾斜，鼻骨显示缩短。

3. 曝光条件过高，较薄部分被射线穿透，只可见前上部较厚处呈骨刺状（图 8-2-92）。

4. 曝光条件过低时，骨纹理不清，影响诊断。

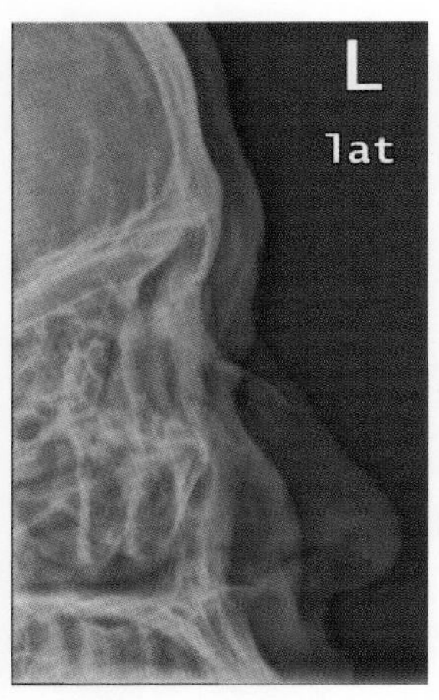


图 8-2-91　双侧颧突未重叠，鼻骨分离，噪声大

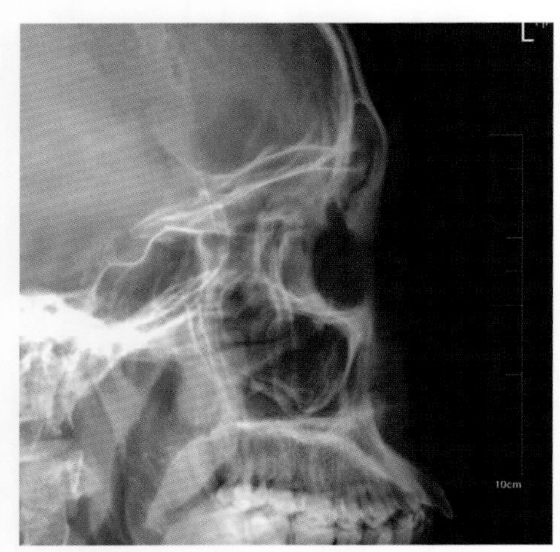

图 8-2-92　摄影条件过大

### 2.20.6　注意事项

1. 鼻骨为左右两块，必要时需要左右两侧方向投照，有利于对比观察。

2. 怀疑有塌陷骨折，向一侧偏移，可加拍斜位轴位或等，必要时放大摄影。

3. 鼻骨薄而密度低，注意投照野及摄影条件的选择。

## 2.21　鼻骨轴位

### 2.21.1　应用

鼻骨轴位（nasal bone axis position）是鼻骨侧位的补充影像。在鼻骨侧位上两侧鼻骨重叠，而鼻骨轴位从垂直方向上，能将双侧鼻骨分开。从解剖结构看，鼻骨上部内凹，低于额骨平面，下部突起。鼻骨轴位是从上下方向上显示双侧鼻骨，即能够观察双侧鼻骨位置、排列、骨间缝和纵行骨折线。用于了解鼻骨骨折有无内外移位情况。

### 2.21.2　体位设计

1. 患者坐于胸片架前，面对球管，正中矢状面垂直 IR。

2. 头尽量后仰，使眉间与上颌门牙连线水平垂直 IR；

3. 中心线水平（对准鼻前棘点）沿眉齿线水平射入（图 8-2-93）。

4. 曝光因子：照射野 15cm × 15cm，70 ± 5kV，AEC 控制曝光，感度 400，中间电离室，0.1mm铜滤过。

### 2.21.3　体位分析

1. 此位置显示鼻骨上下轴位投影像。

2. 两块相互融合的鼻骨形成鼻梁，大小因人而异，大小区别较大，故从轴位观只能观察到突出于眉间与上颌门牙连线外的部分，也可以通过额窦观察鼻骨。

3. 鼻骨骨质较薄、密度低，周围重叠软组织也少。故需要使用适当的曝光条件。

### 2.21.4　标准图像显示

1. 照片包括鼻中部和远端鼻骨，少部分额骨或齿槽（牙齿）及鼻部软组织。

2. 鼻骨位于投照野中心，鼻前棘到两侧鼻软组织外侧缘的距离相等。

3. 鼻根部不与额骨垂直部重叠。

4. 软组织和鼻骨对比良好，骨边缘、鼻骨纹理清晰（图 8-2-94，图 8-2-95）。

### 2.21.5　非标准图像显示

1. 额骨显示过多、甚至完全遮挡鼻骨，往往是头部后仰不够（图 8-2-96）。

2. 牙齿及齿槽显示出来或过多、甚至遮挡鼻骨，则是头部后仰过多（图 8-2-97）。

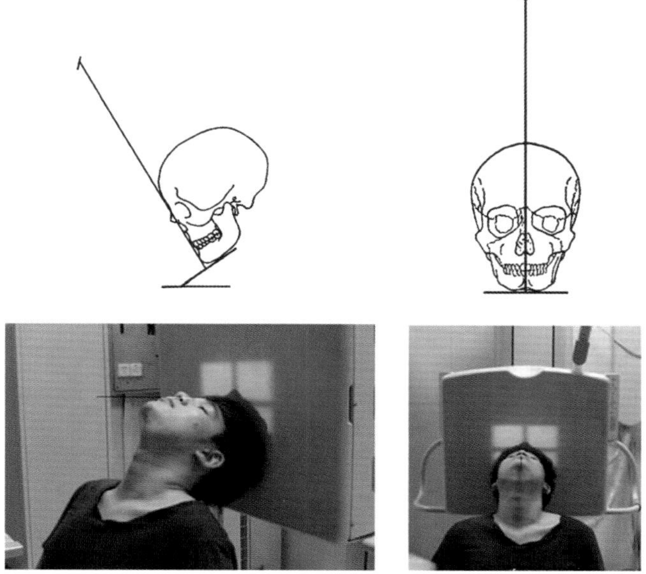

图 8-2-93 上图为示意图,示被检者头部尽量后仰和中心线入射方向和入射点。下图为实际摆位图

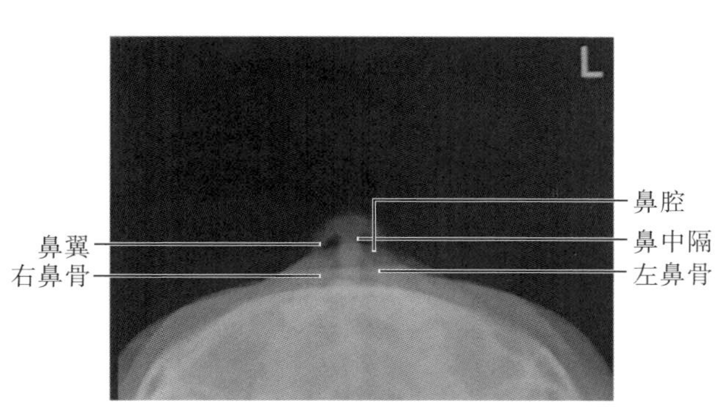


图 8-2-94 鼻骨轴位标准 X 线表现

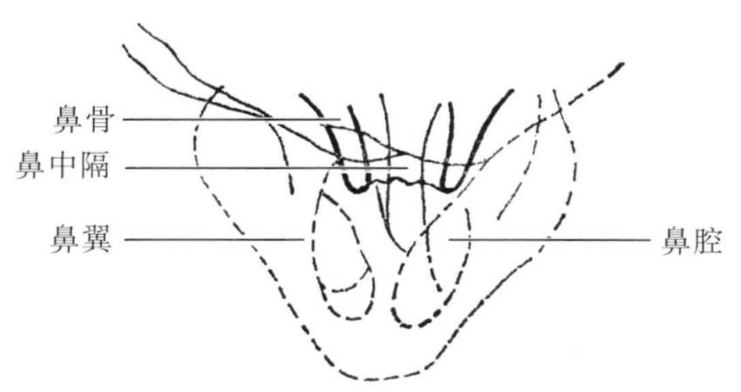


图 8-2-95 鼻骨轴位示意图

3. 鼻前棘到两侧鼻软组织外侧缘的距离不等,说明头部偏向鼻骨宽度变小的一侧。

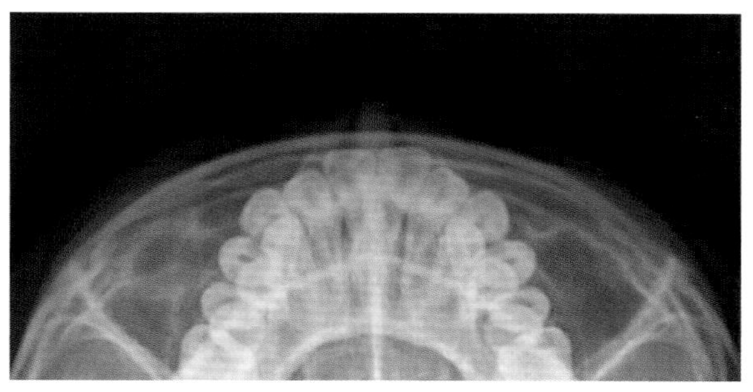

图 8-2-96 额骨与鼻骨重叠

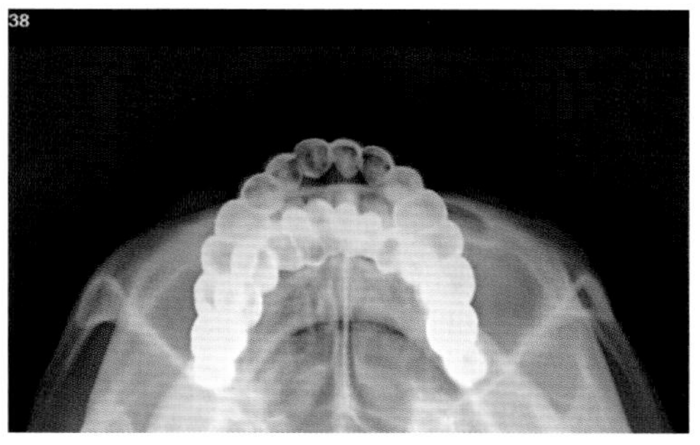


图 8-2-97 牙槽完全遮挡鼻骨

### 2.21.6 注意事项

1. 注意鼻骨的位置特点,投照时尽量减少鼻骨上部分与额骨重叠。

2. 正中矢状面需完全垂直于 IR,头部抬仰角度适当，加上对中心线摄入方向的调整，尽可能显示标准的鼻骨轴位。

3. 为凹面型者可能此体位难以达到目的，建议改为 CT 检查。

4. 注意曝光条件的显示，是鼻骨与轴位结构清晰显示。

## 2.22 柯氏位（鼻窦后前 23°位）

### 2.22.1 应用

副鼻窦（paranasal sinus）是位于鼻周围的含气空腔，左右各一、成对分布，包括额窦、筛窦、蝶窦和上颌窦，通过副鼻窦口与鼻腔相通。副鼻窦形态不规则，因含气而在 X 线摄影形成良好的天然对比。柯氏位（caldwell's position）也称鼻窦后前 23°位（23°postero-anterior position of sinus）是以额窦、筛窦贴近 IR，中心线向足侧一定角度倾斜，清晰地显示额窦、筛窦（前组筛窦）窦腔密度、窦壁及周围骨质，双侧眼眶的骨质结构，额骨垂直部等。额窦是位于额骨垂直部中线处的前后扁平的腔隙，前组筛窦为鼻腔外侧壁上小气房，两者均开口于中鼻道，中鼻道是炎症、息肉的好发部位，粘膜水肿、增厚和息肉，导致额窦和前组筛窦炎症。柯氏位用于诊断额窦、筛窦炎症、肿瘤、外伤。也用于诊断眼眶、额骨病变，如肿瘤、炎症、外伤、骨纤维结构不良等疾病。柯氏位常规与华氏位联合摄影，能观察全组副鼻窦。

### 2.22.2 体位设计

1. 人体俯卧摄影床上。

2. 头颅正中矢状面垂直并重合台面中线，双外耳孔距台面等距。

3. 下颌稍内收，听眦线垂直台面；双手臂手掌置于头颈两侧辅助体位稳定。

4. 中心线向足侧倾斜 23°经鼻根射出（图 8-2-98）。

5. 曝光因子：照射野 24cm × 18cm，70 ± 3kV，AEC 控制曝光，感度 280，中间电离室，0.2mm铜滤过。

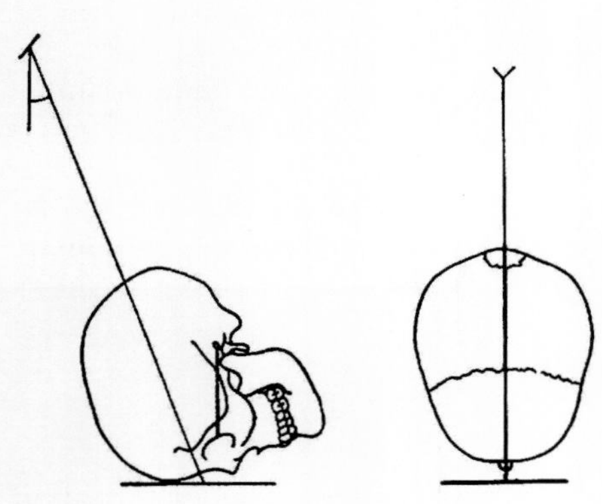

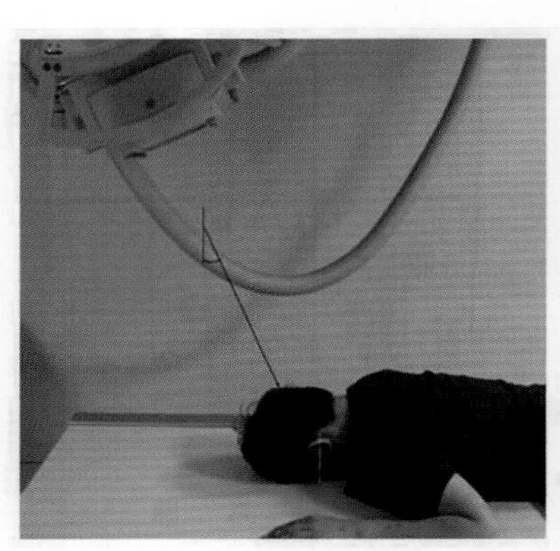

**图 8-2-98** 左图为示意图，示正中矢状面垂直台面，额窦贴近台面，中心线向足侧倾斜。右图为实际摆位图

### 2.22.3 体位分析

1. 此位置显示额窦、筛窦和两侧眼眶的正面投影像。

2. 头颅正位时，蝶鞍与筛窦重叠、岩骨与眼眶、上颌窦重叠。

3. 中心线向足侧倾斜后，使岩骨和枕骨向下推移，消除重叠，尤其是额窦、筛窦显示无重叠，而上颌窦仍然与岩锥骨重叠（需要更大的角度将其分开——华氏位，两者常作为鼻窦投照组合使用）。

### 2.22.4 标准图像显示

1. 照片包括全额窦、上颌骨、两侧颧骨弓及下颌骨。

2. 两眼眶等大、对称显示，两侧眼眶外缘于两侧颅骨外侧缘等距；额窦及前组筛窦显示于眼眶的内上方（后组筛窦于鼻甲重叠）；蝶鞍投影于鼻腔内，两岩骨投影于上颌窦腔中部。

3. 图像对比和密度适合观察额窦和筛窦，骨质边缘、纹理清晰（图 8-2-99，图 8-2-100）。

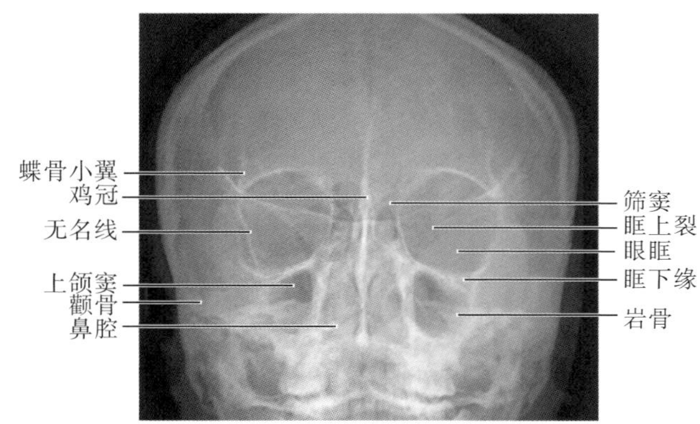


图 8-2-99　柯氏位标准 X 表现

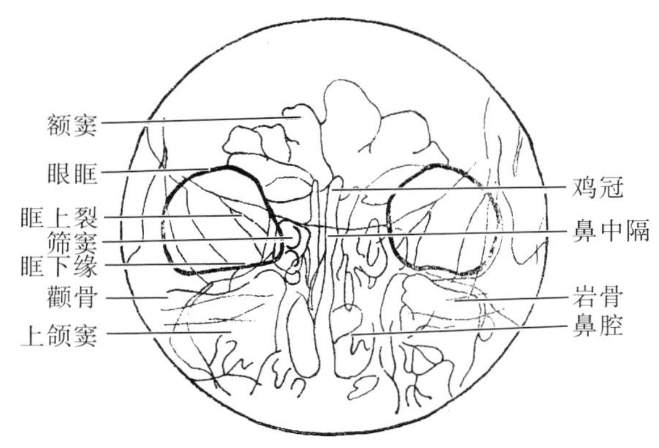


图 8-2-100　柯氏位示意图

### 2.22.5　常见的非标准图像显示

1. 两侧眼眶外缘于两侧颅骨外侧缘不等距，说明头颅旋转（图 8-2-101）。

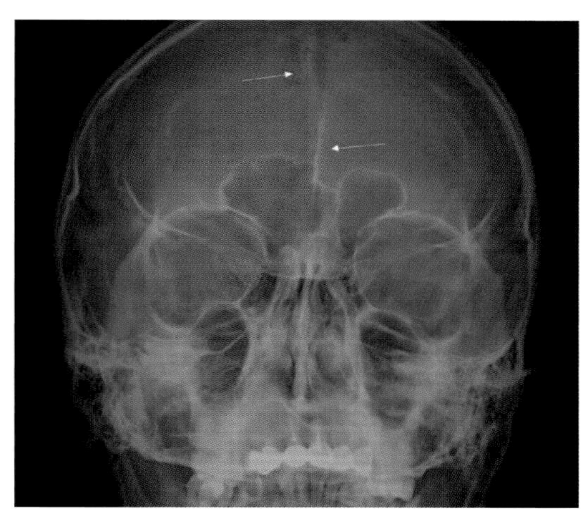

图 8-2-101　双侧不对称（箭头）

2. 岩骨投影在眼眶内或者眶下缘，则中心线倾斜角度偏小或者听眦线向头侧倾斜（图 8-2-102）。

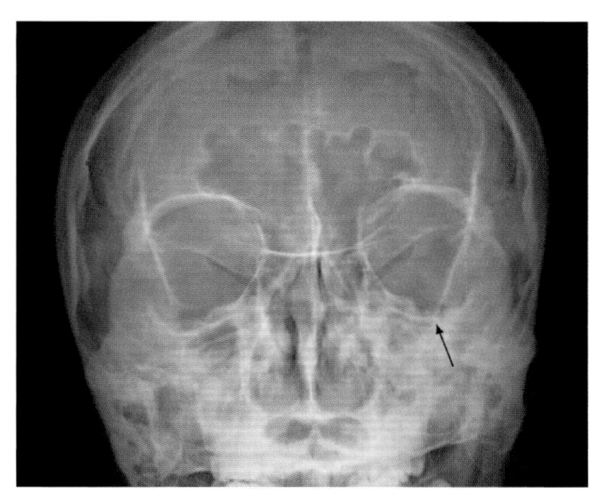

图 8-2-102　岩骨与眶下缘重叠（箭头）

3. 岩骨与眶下缘距离过大近似华氏位，则中心线倾斜角度过大或者听眦线向足侧倾斜（图 8-2-103）。

### 2.22.6　注意事项

1. 常和华氏位及侧位组合使用。

2. 也可采用自体倾斜法，即在头颅标准的基础上，头后仰 23°（听眦线与台面夹角 67°，听鼻线垂直台面，鼻颏线紧贴台面，中心线经鼻根垂直射出）。

3. 立、坐位的自体倾斜法容易完成体位设

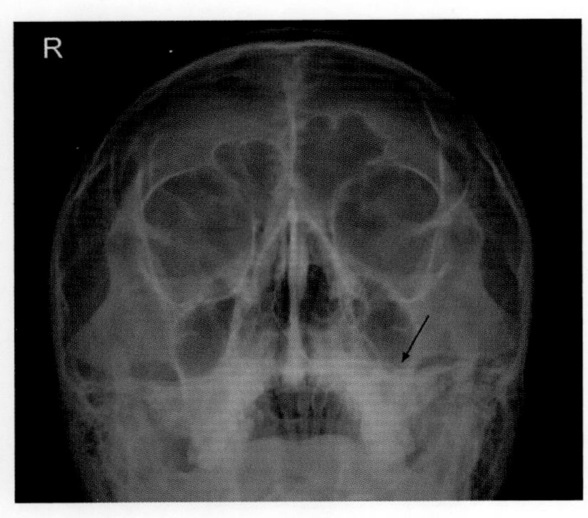


图 8-2-103　岩骨投影与上颌窦下缘(箭头)

计,且容易观察窦腔积液平面。

4.中心线倾斜法,放大失真小,容易受面型影响,操作稍繁琐;自体倾斜法则刚好相反。

## 2.23　华氏位(鼻窦后前37°位)

### 2.23.1　应用

双侧上颌骨及上颌窦、鼻腔、鼻中隔等面骨在人体处于标准解剖状态下后方的枕骨粗隆、上段颈椎重叠,后组筛窦与前方前组筛窦重叠。华氏位(Water's position)也称鼻窦37°后前位(37° postero-anterior position of sinus)的位置设计是通过倾斜一定的角度,避开重叠,使要观察的结构显示最佳。上颌窦为人体最大的鼻窦,左右各一。有上、下、内、后外、前外侧壁,上壁为眼眶下壁,下壁为上和牙槽突壁,后外侧壁和前外侧壁较厚,与冠状面成一定角度,内侧壁与矢状面平行,菲薄,上部有上颌窦开口,通向中鼻道,开口狭窄,称为筛漏斗和半月裂隙。后组筛窦开口于上鼻道。黏膜水肿、增厚和中鼻道息肉容易使开口阻塞,继发鼻窦炎性病变。华氏位显示上颌窦骨体包括上颌窦窦壁、牙槽突、上颌窦窦腔及其黏膜增厚、液气平面;显示后组筛窦气房、鼻腔及其内的鼻甲、鼻道和鼻中隔等。用于颌面部外伤(骨质及骨折分型)、鼻和鼻窦炎病变(鼻息肉、鼻窦炎)、肿瘤(乳突状瘤、鼻窦癌)、颞下窝病变累及鼻窦者、面部骨纤维结构不良、发育畸形等疾病的诊断。

### 2.23.2　体位设计

1.患者俯卧(或坐立),头部正中矢状面与台面垂直并重合于台面中线。

2.头后仰使听眦线与台面呈37°角,鼻尖置于IR中心。

3.双手臂手掌置于头两侧辅助体位稳定。

4.中心线垂直经鼻前棘射出(图8-2-104)。

5.曝光因子:照射野24cm×18cm,78±5kV,AEC控制曝光,感度280,中间电离室,0.2mm铜滤过。

### 2.23.3　体位分析

1.此位置显示上颌窦的正面投影像。

2.头颅正位时,蝶鞍与筛窦重叠、岩骨与眼眶、上颌窦、鼻腔、后组筛窦相互重叠,上段颈椎与鼻腔重叠。

3.采用37°投照可以避开岩骨及枕骨等重叠结构,另外上颌窦充满空气使在顶骨均匀一致的背景下有良好对比。

4.后组筛窦能避开前组筛窦重叠,投影在鼻腔的上部。

### 2.23.4　标准图像显示

1.显示野包括额窦、上颌骨、两侧颧骨弓及下颌骨。

2.两眼眶等大、对称显示,两侧眼眶外缘于两侧颅骨外侧缘等距,鼻中隔位于中线上。

3.两侧上颌窦对称显示呈倒三角形,位于眼眶之下、颞骨岩部上嵴之上。上颌窦窦腔完全显示,无重叠,上颌窦壁外侧缘锐利呈线状。

4.双侧后组筛窦投影与鼻腔上部,额窦于上下方向缩短。

5.图像对比和密度适合观察额窦和筛窦,骨质边缘、纹理清晰(图8-2-105,图8-2-106)。

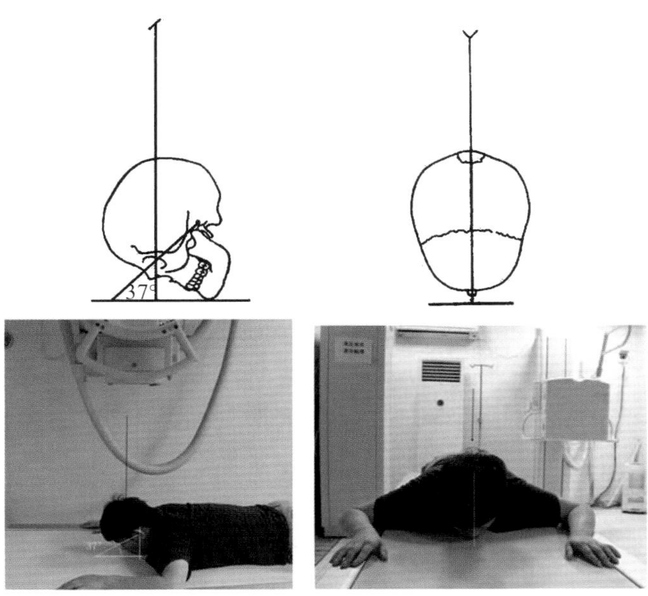


图 8-2-104 上图为示意图，示冠状位与台面的夹角和中心线入射方向、入射点。下图为实际摆位图和定位标记

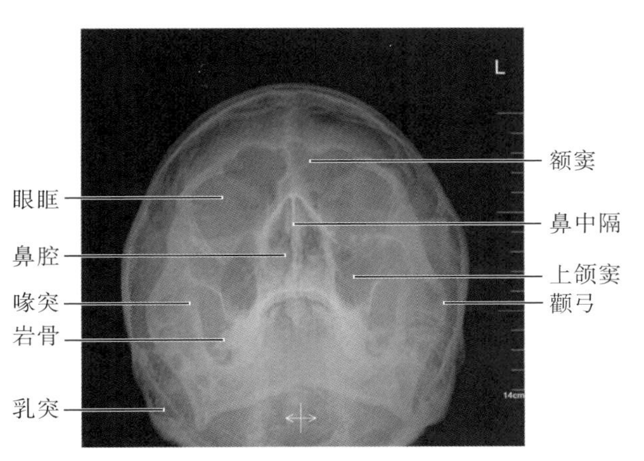


图 8-2-105 华氏位标准 X 线表现

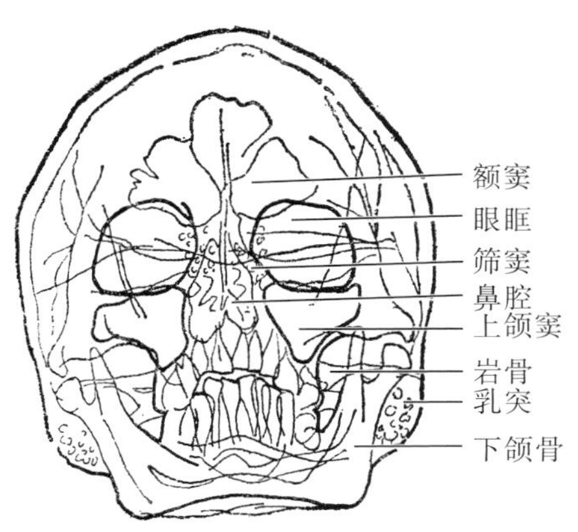


图 8-2-106 华氏位示意图

### 2.23.5 常见的非标准图像显示

1. 正中矢状位偏斜并有头颅于上下方向旋转，两侧眼眶外缘到两侧颅骨外侧缘不等距。

2. 岩骨投影与上颌窦内，说明头部后仰角度不够，听眦线与台面夹角的角度大于 37°（图 8-2-107）。

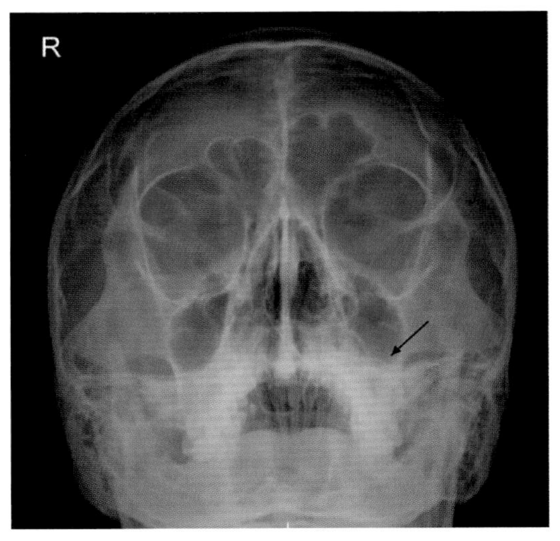


图 8-2-107 岩骨与上颌窦下部重叠（箭头）

3. 岩骨投影与下牙槽之下，说明头后仰过度，听眦线与台面夹角的角度小于37°（图8-2-108）。

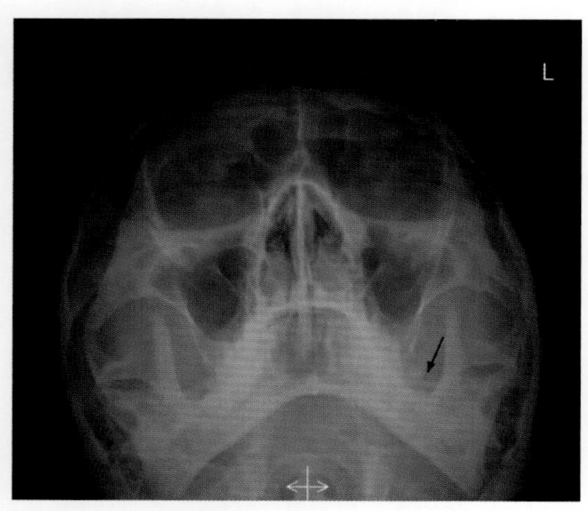


**图8-2-108** 岩骨与上颌窦底部距离过大

### 2.23.6 注意事项

1. 常和柯氏位及侧位组合使用。

2. 也可采用在头颅标准的基础上，头后仰使听口线垂直台面，这方法更适合不同的头型。

3. 立、坐位的自体倾斜法容易完成体位设计，且容易观察窦腔（特别是上颌窦）积液平面。

4. 摆位置时，需应用解剖标志，如观察双侧外耳孔是否与台面等距，使矢状面垂直于IR，头颅上下保持直立无旋转。

## 2.24 副鼻窦侧位

### 2.24.1 应用

副鼻窦侧位（paranasal sinus lateral position）是从侧面观全组副鼻窦的投影像，能显示各副鼻窦前壁和后壁、窦腔。从上而下分别显示额窦、筛窦、蝶窦、上颌窦，其中蝶窦解剖位置深，位于垂体窝的下方，副鼻窦侧位是能显示蝶窦的唯一位置，即蝶窦上壁、下壁、前壁、后壁，同时能观察垂体窝的形态。用于诊断副窦炎症、肿瘤等病变。

### 2.24.2 体位设计

1. 俯卧，头部侧转，患侧贴床面。

2. 正中矢状面平行台面，瞳间线垂直于台面。

3. 下颌稍内收，听眶线平行IR短轴。

4. 对侧肩部、前胸抬起，肘部弯曲、下肢屈膝共同支撑身体并保持稳定。

5. 中心线经外眦部垂直射入（图8-2-109）。

6. 曝光因子：照射野28cm × 18cm，70 ± 5kV，AEC控制曝光，感度280，中间电离室，0.1mm铜滤过。

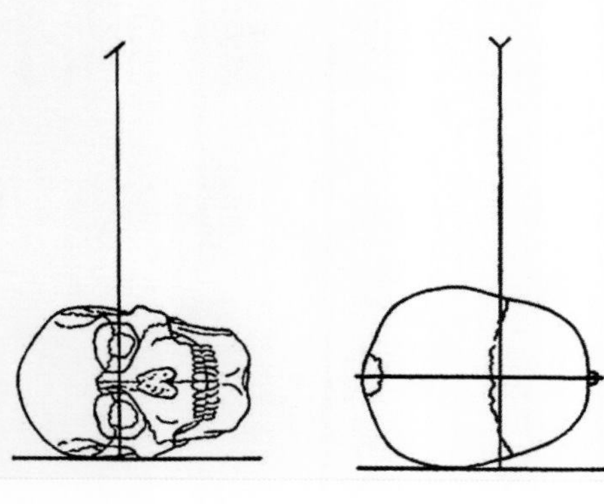

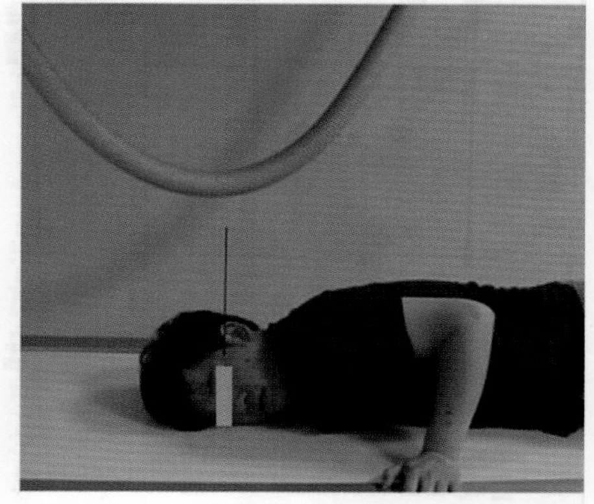

**图8-2-109** 左图为示意图，示正中矢状位与台面平行、中心线入射方向和入射点。右图为实际摆位图并做标记

### 2.24.3　体位分析

1.此位置显示副鼻窦侧位投影像。

2.从左右侧面方向观察,从上到下显示全组副鼻窦影像。

3.筛窦、上颌窦左右重叠。筛窦前后组分开。额窦、蝶窦显示较好。

4.副鼻窦侧位摆位方法基本同头颅侧位,但中心线射入点、显示野与之不同。

### 2.24.4　标准图像显示

1.图像范围包括额骨和下颌骨,后缘包括蝶窦后方。副鼻窦影像位于图像的中心区域。

2.额骨水平版前缘、鼻尖、上颌中切牙位于图像前缘,呈切线显示。

3.前、后组筛窦分开,蝶窦上壁(垂体窝)无双边影,双侧上颌窦完全重叠。

4.骨纹理、窦壁、其他结构显示清晰,图像具有良好的清晰度、对比度(图 8-2-110,图 8-2-111)。

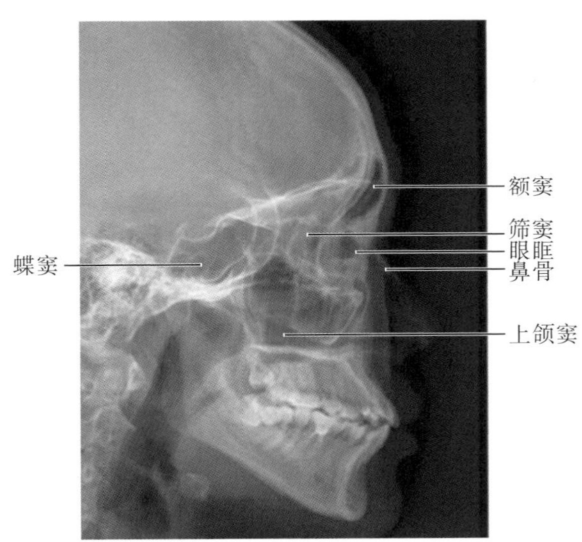


图 8-2-110　鼻窦侧位标准 X 线表现

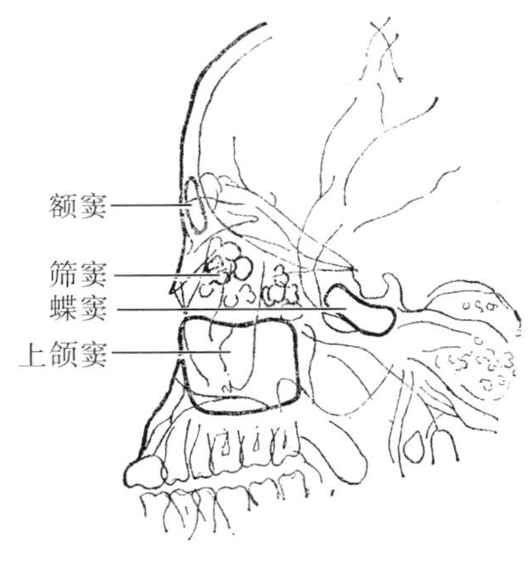


图 8-2-111　鼻窦侧位显示图

### 2.24.5　常见非标准图像显示

1.中心线入射方向向前或后偏斜,或正中矢状面在前后方向上未平行 IR,表现为两侧上颌窦不重叠,垂体窝呈双边影,额窦呈斜位影像(图 8-2-112)。

2. 中心线入射方向向上或下偏斜、或正中矢状面在上下方向上未平行 IR,表现副鼻窦于上下方向变形,蝶窦不能全面显示。

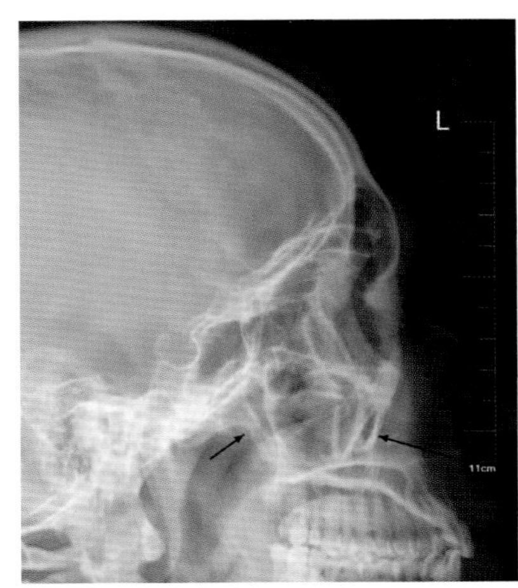


图 8-2-112　上颌窦前后壁未重叠(箭头)

### 2.24.6　注意事项

1.取坐立位侧位或水平侧位以观察液平面。

2.鼻旁窦内液体呈胶状或较黏稠,附着于

窦壁之上，需要显示液平面，可改变体位（从卧位改成坐立位或标准侧位改为水平侧位）后静止一定时间（约5min）后曝光。

## 2.25 眼眶正位

### 2.25.1 应用

眼眶（orbit）是由多块颅骨构成，近似四棱锥体形，尖端向内后方。眼眶上壁由额骨水平部和蝶骨小翼构成。内侧壁由额骨鼻突、泪骨、筛骨纸板构成。外侧壁由颧骨、额骨、颞骨鳞部、蝶骨大翼构成。下壁由颧骨、上颌窦上壁构成。眼眶后部有视神经孔、眶上裂、眶下裂，前两者向后通颅中窝，后者向后通翼腭窝和颞下窝。眼眶正位（orbit orthophoria）是眼眶的正位投影像，通过中心线向足侧倾斜，将其后方的岩骨、枕骨粗隆投影到眼眶以外，以显示眼眶骨性结构的形态，骨质结构、密度、眶内密度改变等。用于诊断眼眶内异物、外伤（眼眶构成骨骨折）、肿瘤（骨质破坏）及肿瘤样病变（骨纤维结构异常）和发育畸形等。眼眶正位也是柯氏位，故同时观察额窦、前组筛窦病变。

### 2.25.2 体位设计

1. 患者俯卧，头颅正中矢状面垂直并与台面中线重合，双外耳孔距台面等距。

2. 下颌稍内收，听眦线垂直台面，双手臂手掌置于头颈两侧辅助体位稳定。

3. 中心线向足侧倾斜23°经鼻根射出（图8-2-113）。

4. 曝光因子：照射野24cm × 18cm，70 ± 5kV，AEC控制曝光，感度280，中间电离室，0.1mm铜滤过。

### 2.25.3 体位分析

1. 此位置显示额窦、筛窦和两侧眼眶的正面投影像。

2. 头颅正位时，蝶鞍与筛窦重叠、岩骨与眼眶、上颌窦重叠。

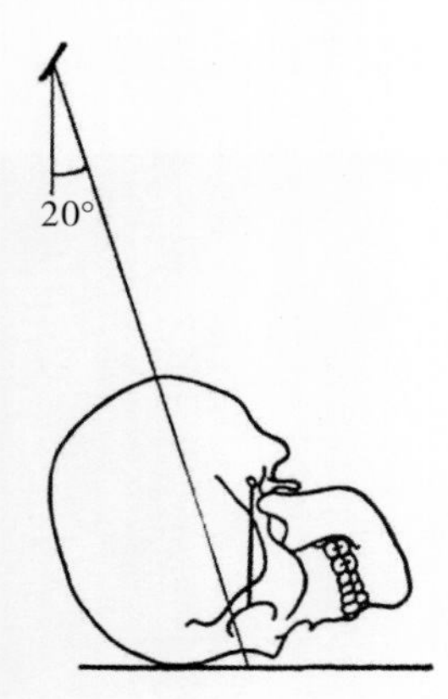

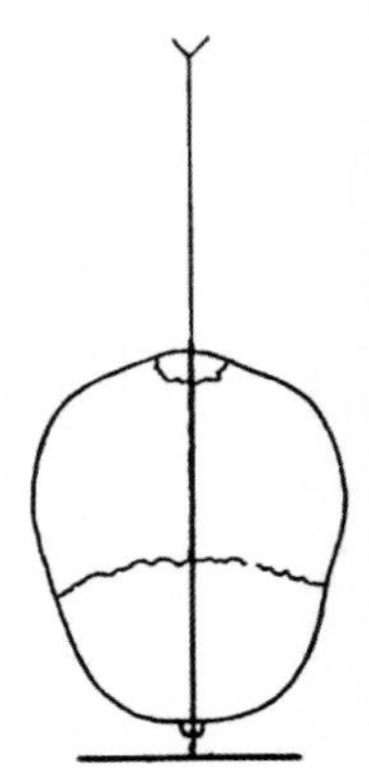
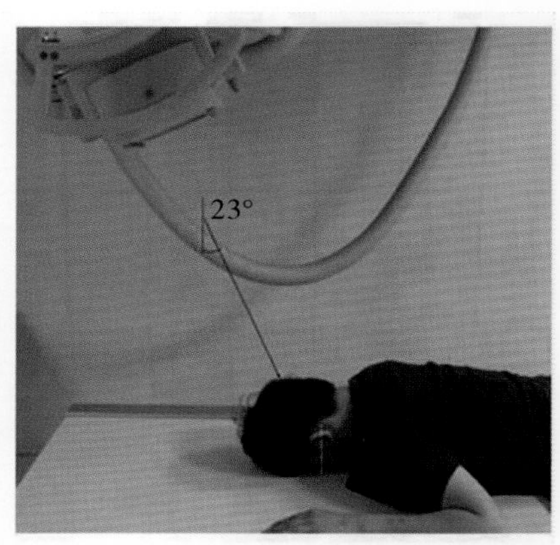


**图8-2-113** 左图为示意图，示听眦线垂直台面和中心线入射方向、入射点。右图为实际摆位图，并做标记

3. 中心线向足侧倾斜后，使岩骨向下推移，消除重叠，尤其是额窦、筛窦显示无重叠，而上颌窦仍然与岩锥骨重叠（需要更大的角度将其分开——华氏位，两者常作为鼻窦投照组合使用）。确保异物位置及形态的正确投影，不因中心线斜射角度不同造成异物的移位。

### 2.25.4 标准图像显示

1. 图像包括全额窦、上颌骨、两侧颧骨弓及下颌骨。

2. 两眼眶等大、对称显示，两侧眼眶外缘于两侧颅骨外侧缘等距。

3. 眶内见蝶骨大翼和蝶骨小翼边缘呈线

状，双侧对称。

4. 两岩骨投影于眼眶以下，重叠于上颌窦腔中间。

5. 骨质边缘、纹理清晰。图像对比和密度适合观察眼眶内密度、眶壁、额窦和前组筛窦，故要求层次较丰富（图 8-2-114，图 8-2-115）。

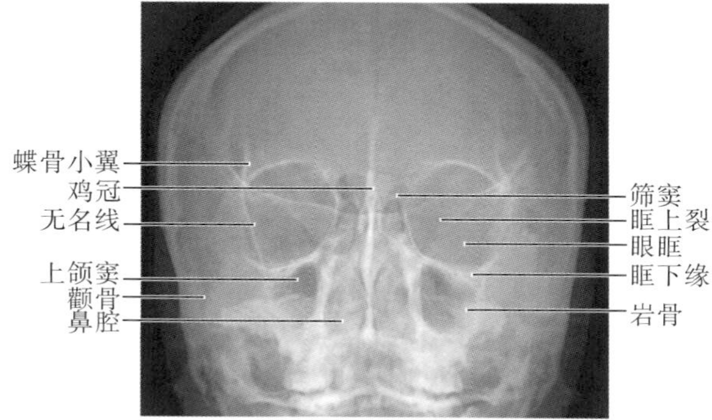


图 8-2-114 标准眼眶正位 X 线表现

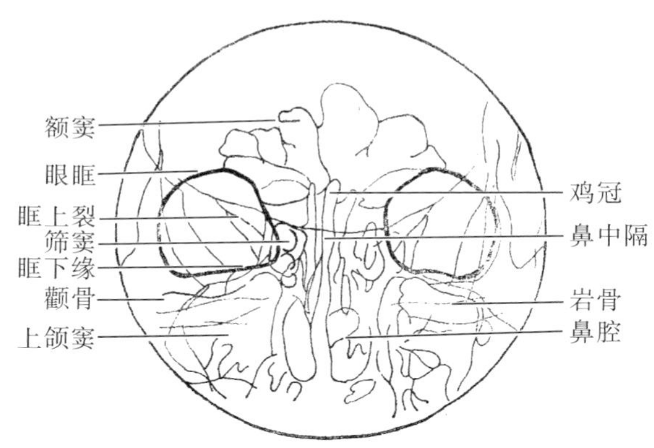


图 8-2-115 眼眶正位示意图

### 2.25.5 常见的非标准图像显示

1. 正中矢状面未垂直导致两侧眼眶外缘于两侧颅骨外侧缘不等距或者鸡冠不与矢状缝不重合（图 8-2-116）。

2. 岩骨投影在眼眶内，则中心线倾斜角度偏小（图 8-2-117）。

3. 岩骨离眶下缘距离过大，则中心线倾斜角度过大，双侧蝶骨大翼、蝶骨小翼边缘显示模糊（图 8-2-118）。

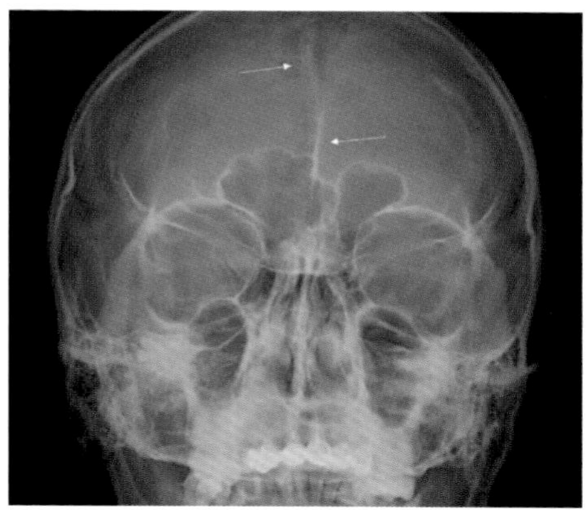

图 8-2-116 左右不对称（箭头）

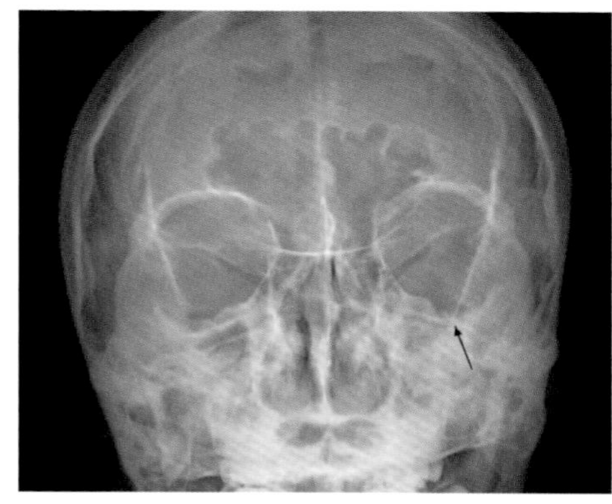

图 8-2-117 岩骨与眶下缘重叠

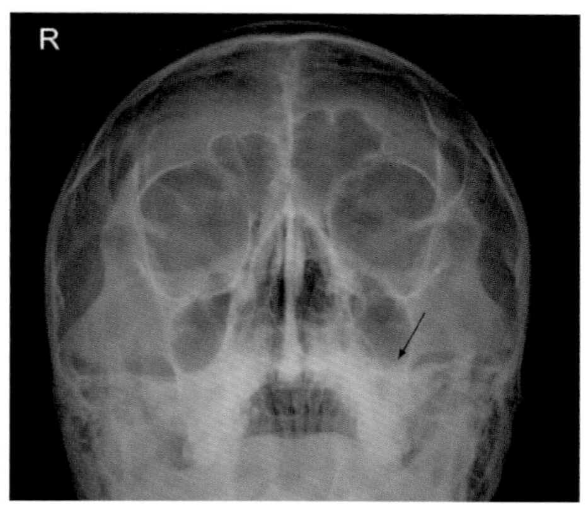


图 8-2-118 岩骨投影与上颌窦下缘

### 2.25.6 注意事项

1. 眼部严重外伤或患者不适合俯卧位时，可采取后前位投照，注意改变中心线的方向。此位置使眼眶远离 IR，造成放大失真；接近 X 线球管，使眼球接受辐射量增大，一般不采用。

2. 用于检查眶内异物时，患者眼球需要保持静止，且最好是在 IR 不同区域拍摄两次以排除患者体外异物或者 IR 伪影。

## 2.26 眼眶侧位

### 2.26.1 应用

因眼眶左右各一，眼眶侧位（orbit lateral position）是双侧眼眶重叠，影响观察。故在诊断中不会单独使用，需与眼眶正位联合投照。能显示眶内异物在前后方向上的深度，也可了解眼眶骨质病变如骨折、骨折移位、骨质破坏情况。用于眼内异物定位、眼眶炎症、肿瘤的诊断。

### 2.26.2 体位设计

1. 俯卧，头部侧转，患侧贴床面，正中矢状面平行台面，瞳间线垂直于台面。

2. 下颌稍内收，听眶线平行片盒边缘；眼眶外侧缘位于照射野中心。

3. 中心线经过外眦垂直射入（图 8-2-119）。

4. 曝光因子：照射野 24cm × 18cm，65 ± 3kV，AEC 控制曝光，感度 400，中间电离室，0.1mm铜滤过。

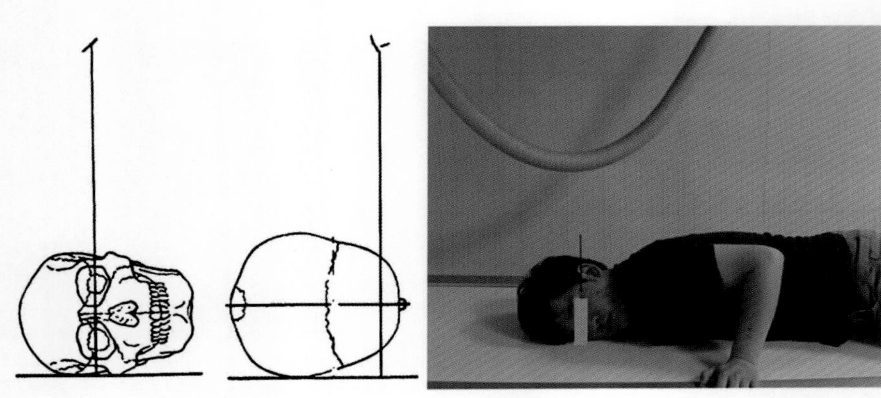

**图 8-2-119** *左图为示意图，示正中矢状面与台面平行、中心线入射方向和入射点。右图为实际摆位图并做标记*

### 2.26.3 体位分析

1. 此位置显示双侧眼眶及眼球侧位投影像。

2. 眼眶近似四棱锥体，底朝向前外，眼眶内侧壁前缘较外侧壁突出。

3. 侧位各壁分界不清，但通过筛窦气房能判断其内侧壁所在处。

4. 双眼眶左右对侧，侧位完全重叠，对于眼内异物定位有重要意义。

### 2.26.4 标准图像显示

1. 显示野包括蝶鞍鞍背在内的脑颅骨和除下颌骨以外的整个面颅骨。

2. 蝶鞍鞍底呈单边显示，两侧乳突及下颌头基本重叠。

3. 额骨垂直部正中、鼻骨、上颌中切牙呈切线位显示与面颅的前缘。

4. 双侧眼眶完全重叠，影像重合。

5. 各组成骨及骨纹理清晰可见，软组织边缘也能显示（图 8-2-120，图 8-2-121）。

### 2.26.5 非标准图像显示

1. 正中矢状位于前后方向与台面不平行或中心线前后方向倾斜，两侧眼眶眶壁投影与前后方向错开、不重叠（图 8-2-122）。

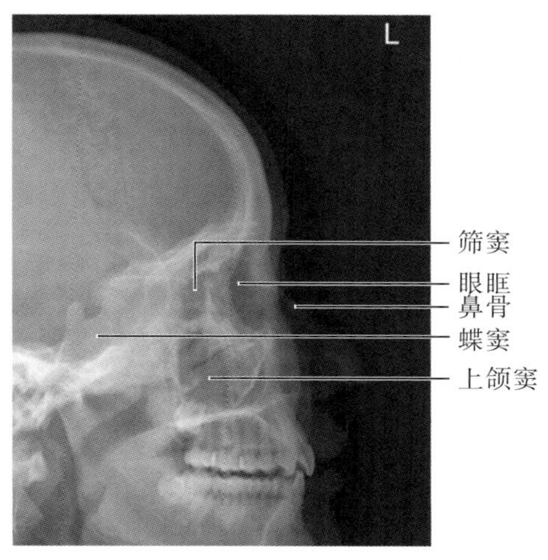


图 8-2-120 眼眶侧位标准 X 线表现

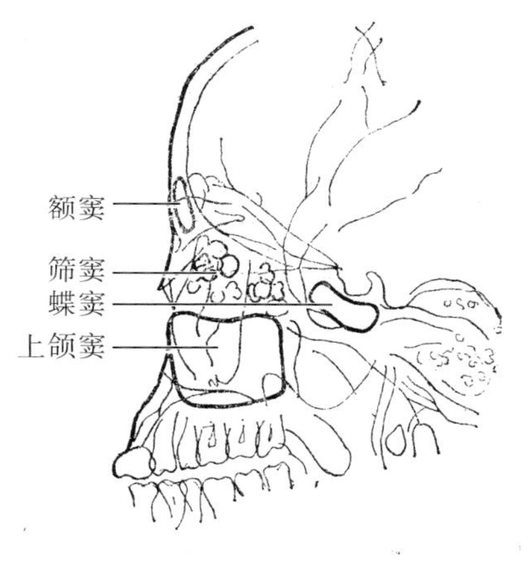


图 8-2-121 眼眶侧位示意图

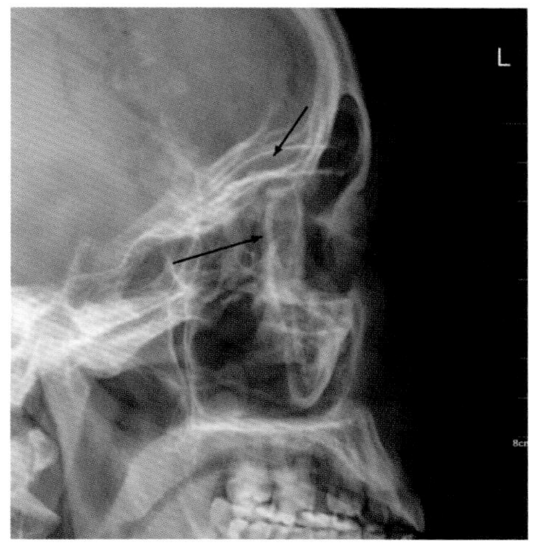


图 8-2-122 蝶骨大翼未重叠(箭头)

2. 正中矢状位于上下方向与台面不平行或中心线前上下向倾斜,两侧眼眶不重叠,上颌窦部分与眼眶重叠。

3. 曝光条件过高,眼内异物穿透,不能显示。

4. 曝光条件过低,眼眶骨质结构或异物不能辨认。

### 2.26.6 注意事项

1. 用于检查眶内异物时,患者眼球需要保持静止,曝光条件不宜过大。

2. 注意以头颅侧位的标准摆位置,将眼眶放在显示野中心区域。

## 2.27 眼眶薄骨位

### 2.27.1 应用

在眼眶于正、侧位上,眼眶壁、眼眶周围结构均相互重叠,难以显示眶内(眼球内)细小、密度低的异物。为了最大限度显示眼球,并使眼球与眼眶骨质和周围结构重叠程度最小,眼眶薄骨位(orbit thin bone position)位置设计是利用眼球的解剖位置特点,眼眶外侧壁骨质较薄,以及中线线投射方向将受检侧眼球区域的影像显示出来。故该位置用于显示眼球内细小、低密度的异物。特别是在眼眶正侧位显示异物受限的情况下,作为补充检查。

### 2.27.2 体位设计

1. 患者俯卧,头向健侧偏转,矢状面与台面呈 45°角。

2. 患侧抬高,患眼中心对准台面中线上。

3. 中心线经患侧外缘垂直射入 IR 中心(图 8-2-123)。

4. 曝光因子:照射野 12cm × 18cm, 70 ± 5kV,AEC 控制曝光,感度 280,中间电离室,0.1mm铜滤过。

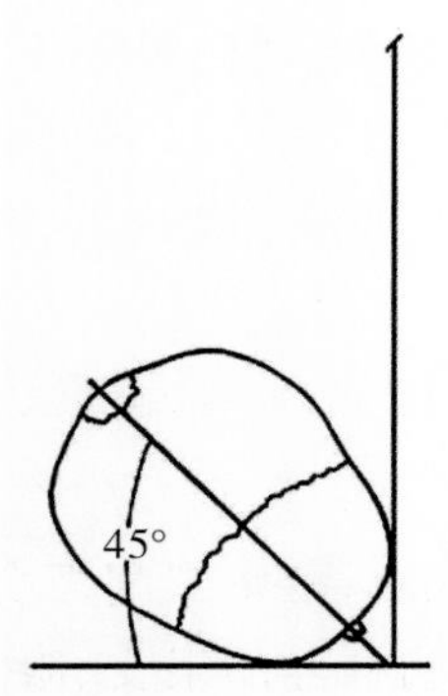

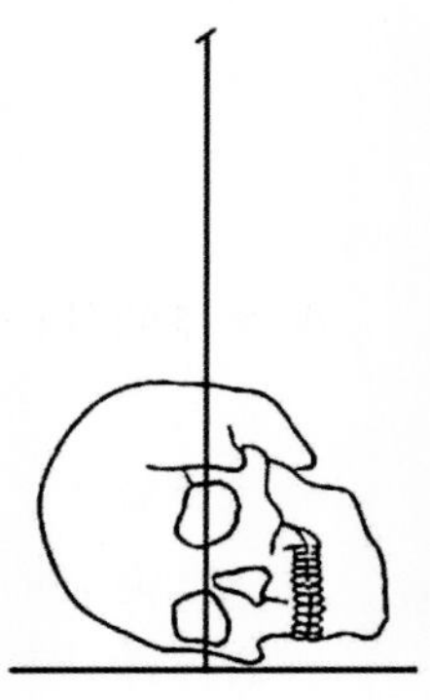
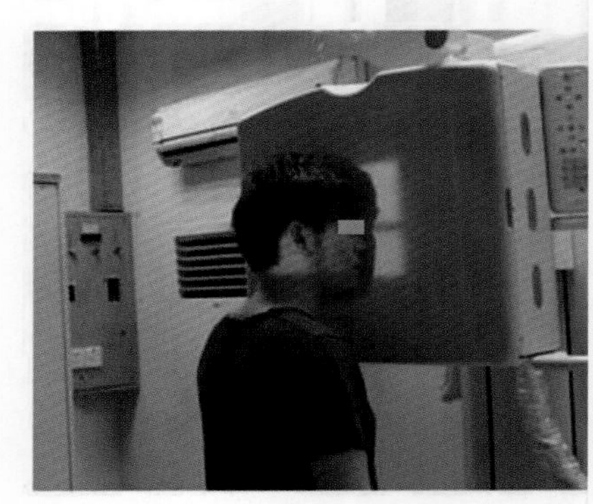

图 8-2-123　左图为示意图，示正中矢状面与台面呈45°角、中心线入射方向和入射点。右图为实际摆位图

### 2.27.3　体位分析

1. 此位置显示眼眶斜位投影。

2. 眼眶外侧壁较薄，对眼球投影影响小，使眼球区域能够显示。

3. 眼眶上、下、内侧壁均投影到眼球区域以外。

4. 细小异物在正侧位往往因为与顶骨、枕骨和眼眶壁重叠被掩盖，难以清晰显示。故该位置是45°旋转使眼眶与颞骨鳞部(较薄)重叠，能更好显示细小、低密度异物。

### 2.27.4　标准图像显示

1. 被检侧眼眶呈菱形，其眼球与眼眶外侧骨壁重叠。对侧眼眶与周围颅骨结构重叠结构难以分辨。

2. 患侧眼眶内、外侧壁之间呈均匀低密度，为眼球投影区域。

3. 患侧眼眶骨质边缘锐利，图像具有一定的层次，眼睑等软组织影显示(图 8-2-124，图 8-2-125)。

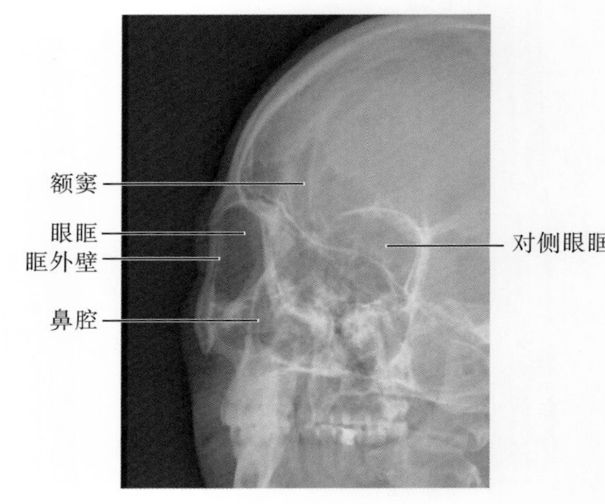


图 8-2-124　标准薄骨位 X 线表现

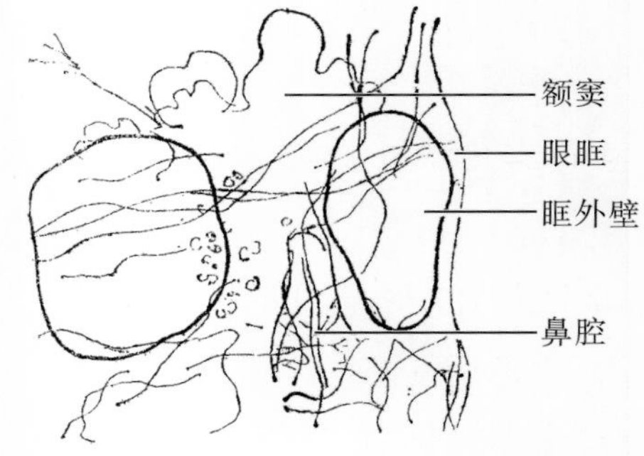


图 8-2-125　薄骨位示意图

### 2.27.5　非标准图像显示

1. 正中矢状面与台面形成的夹角小于45°，患侧眼眶内、外侧壁距离较近，使眼眶不呈菱形，左右方向的骨质结构与眼球区域重叠(图 8-2-126，图 8-2-127)。

2. 正中矢状面与台面形成的夹角大于45°，患侧眼眶内、外侧壁距离较大，使眼眶形态接近正位投影像，眼眶内侧壁的骨质结构与眼球区域重叠。

3. 投照时眼球未保持平视位置，异物位置不准确。

4. 投照时眼球运动，异物显示不清。

5. 摄影条件过大，细小、低密度异物穿透，不能显示。

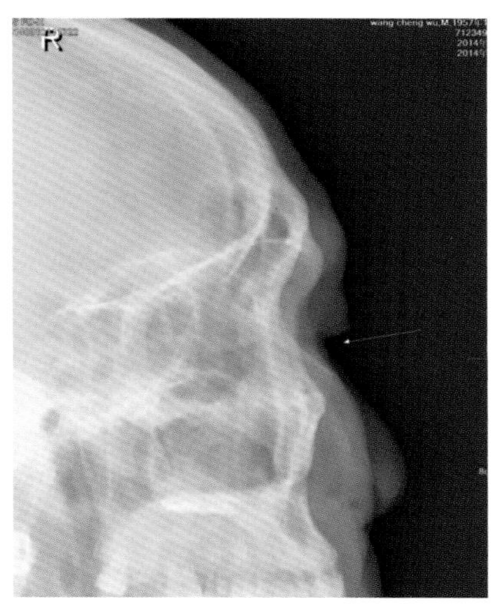


图 8-2-126　角度过小，如同侧位(箭头)

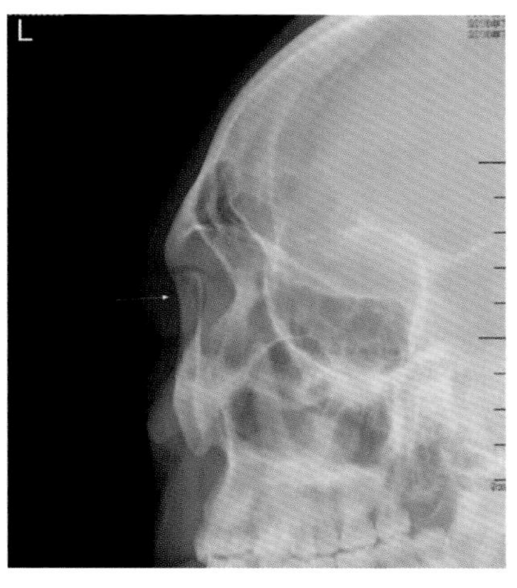


图 8-2-127　角度不足，眼眶变小(箭头)

### 2.27.6　注意事项

1. 眼眶薄骨是以显示眼球内异物为目的，投照时要求眼球绝对无运动。

2. 台面、IR 保持清洁，无额外伪影污染。

3. 注意将患侧眼眶远离台面、并置于显示野中心区域。

4. 曝光条件不宜过高，以免异物被穿透、不能显示。

## 2.28　眶上裂位

### 2.28.1　应用

眶上裂位(fissurae orbitalis superior)于眼眶视神经的外侧，为眶上壁与眶外壁的交界处，由蝶骨大小翼组成，外缘位蝶骨大翼的眶面上缘，内缘位蝶骨小翼。由此使颅中窝与眼眶相沟通。眶上裂的后端与眶下裂相汇合。第Ⅲ、Ⅳ、Ⅵ脑神经及第Ⅴ脑神经的眼支、眼上静脉、脑膜中动脉的眶支和交感神经等穿过此裂。眶内非特殊性炎症波及眶上裂或炎性的肉芽肿组织压迫眶上裂。眶上裂位(fissurae orbitalis superior position)可以观察眶上裂的形态与大小，常用眼内或颅内肿瘤波及眶上裂。外伤性颧骨骨折、水肿和出血压迫眶上裂等。

### 2.28.2　体位设计

1. 患者俯卧摄影床，身体姿势与标准头颅正位，即人体正中矢状面与台面重合并垂直。

2. 侧面观，听眦线垂直台面。

3. 中心线向足侧倾斜 10°～20°，经两侧听眉线中点连线与正中矢状面相交点射入 IR 中心(图 8-2-128)。

4. 曝光因子：照射野 24cm × 18cm，70 ± 3kV，AEC 控制曝光，感度 280，中间电离室，0.2mm铜滤过。

### 2.28.3　体位分析

1. 此位置显示眶上裂正位投影像。

2. 眶上裂内下宽而外上窄，与冠状面、水平面和矢状面均约呈 45°角。

3. 眶上裂与颅骨(主要是枕骨)和岩骨重叠，由于枕骨大，无法避开，可以使之为图像背景。采用向足侧倾斜角度(10°～20°)可以避开岩骨重叠。

### 2.28.4　标准图像显示

1. 图像范围包括整个眼眶及部分上颌骨和额骨。

2. 两侧眼眶略呈斜方形，对称显示。

3. 眶上裂投影与眶中稍内处,由内下走向外上,由宽渐窄。岩骨与眶下缘重叠。

4. 骨质清晰,层次分明,对比度良好(图8-2-129,图8-2-130)。

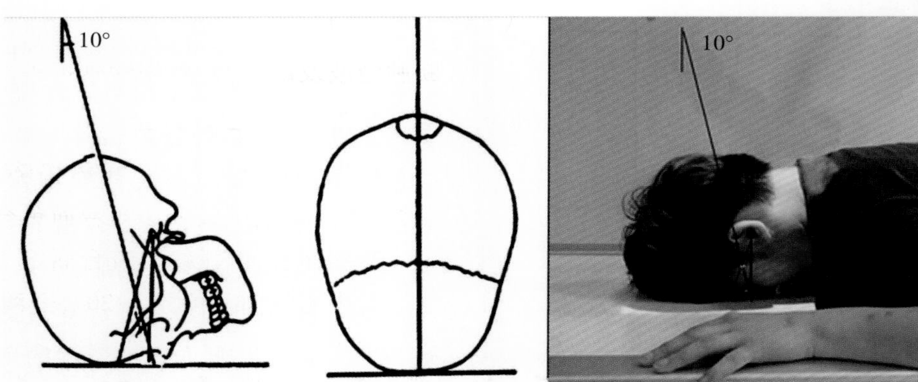


图8-2-128 左图为眶上裂摄影摆位图,示正中矢状面和听眦线直于台面,中心线向足侧倾斜(注意中心线入射点),右图为实际摆位图

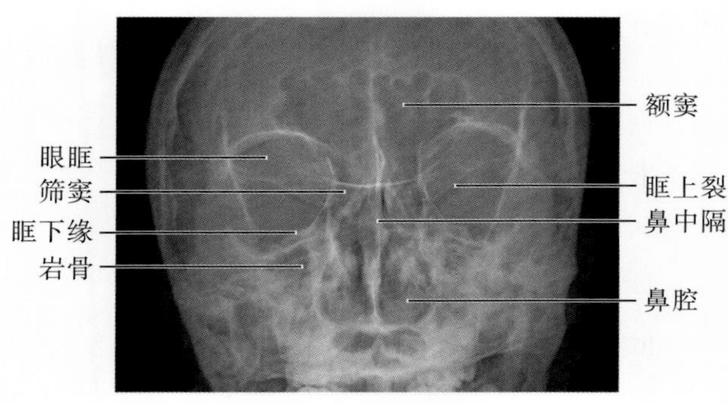


图8-2-129 眶上裂位标准X线表现

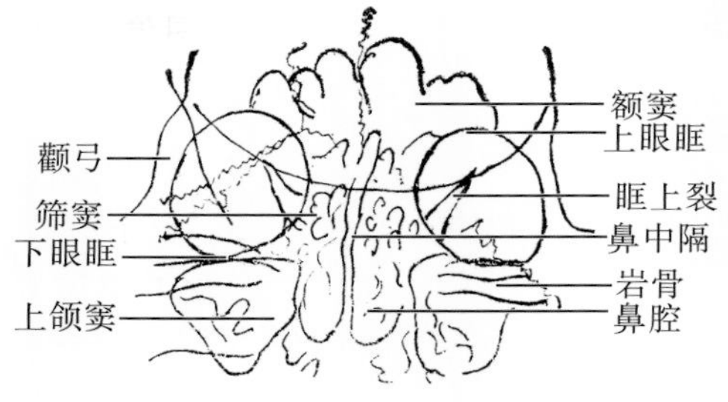


图8-2-130 眶上裂位示意图

### 2.28.5 常见非标准片显示

1. 倾斜角度不足或者中心线入射点下移,岩骨重叠与眶内,与眶上裂重叠(图8-2-131)。

2. 倾斜角度过大或者中心线入射点上移,岩骨投影于上颌窦下缘或下部,眶上裂与眶下缘重叠(图8-2-132)。

3. 正中矢状面未垂直台面,左右不对称显示。

### 2.28.6 注意事项

1. 也可以用眼眶正位(柯式位)观察眶上裂,有时在头颅正位片也能观察眶上裂。

2. 此体位图像与柯式位较相似,主要区别是岩骨基本与眶下缘重叠,而柯式位岩骨投影于上颌窦中部。

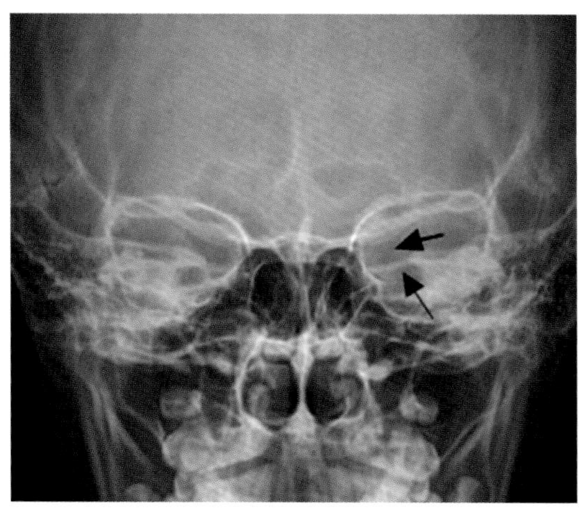

图 8-2-131 眶上裂下部与岩骨重叠(箭头)

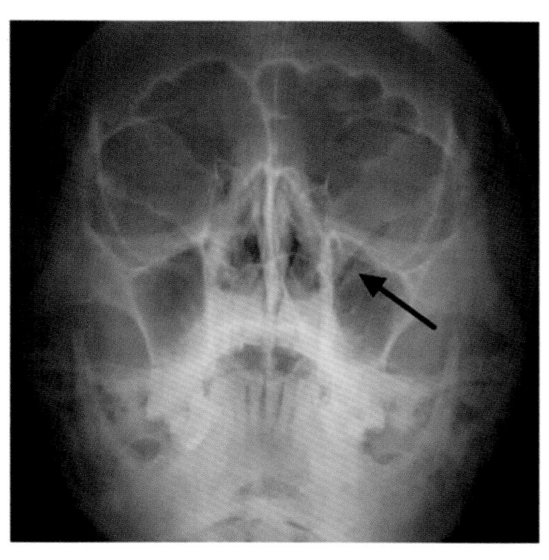

图 8-2-132 眶上裂变形并与眶下重叠图(箭头)

## 2.29 眶下裂位

### 2.29.1 应用

眶下裂(inferior orbital fissure)位于眶下壁与眶外壁之间,外缘为蝶骨大翼的眶面下缘,内缘为上颌骨、筛骨嵴颧骨之眶面。通过三叉神经第二支的眶下神经支,眶下动脉及眼下静脉的一支。眶下裂位(inferior orbital fissure position)可以观察眶下裂的形态与大小,常用于诊断肿瘤波及眶上裂、外伤性骨折等。

### 2.29.2 体位设计

1. 患者俯卧摄影床,身体姿势与标准头颅正位,即人体正中矢状面与台面重合并垂直。

2. 侧面观,听眦线垂直台面。

3. 中心线向头侧倾斜 20°,经两侧外眦中点连线与正中矢状面相交点射入 IR 中心(图 8-2-133)。

4. 曝光因子:照射野 24cm × 18cm,70 ± 3kV,AEC 控制曝光,感度 280,中间电离室,0.2mm铜滤过。

### 2.29.3 体位分析

1. 此位置显示眶下裂正位投影像。

2. 眶上裂呈外下至内上走向,形态下宽上窄,与眶上裂约呈 85°角,与冠状面、水平面和矢状面均约呈 40°~45°角。

3. 眶上裂与枕骨粗隆和岩骨重叠,采用向头侧倾斜角度(10°~20°)可以避开岩骨和枕骨粗隆重叠,投影于上颌窦内。

### 2.29.4 标准图像显示

1. 图像范围包括整个眼眶及部分上颌骨和额骨。

2. 两侧上颌窦对称显示。

3. 眶下裂投影与上颌窦内,由外下走向内上,下宽上窄。岩骨重叠于眼眶上部。

4. 骨质清晰,层次分明,对比度良好(图 8-2-134,图 8-2-135)。

### 2.29.5 常见非标准片显示

1. 倾斜角度不足或者中心线入射点上移,岩骨重叠与眶内或者眶下上颌窦内,与眶下裂重叠(图 8-2-136)。

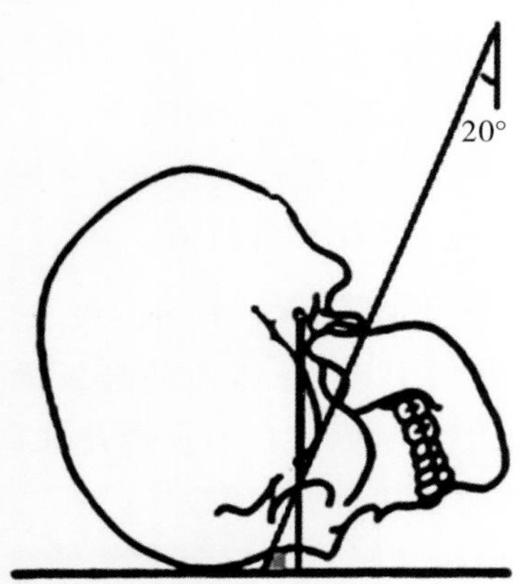


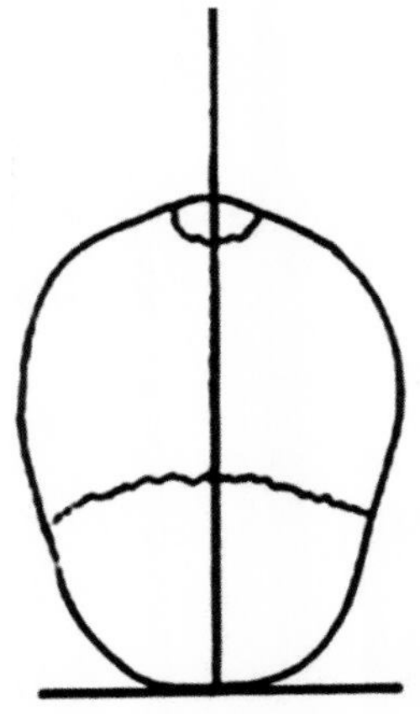

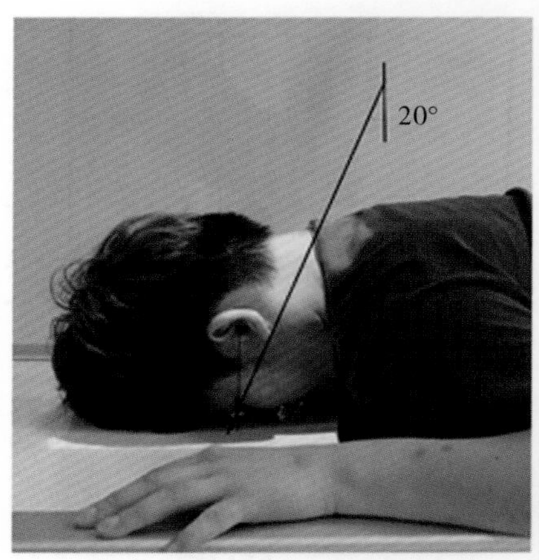


图 8-2-133　左图为眶下裂摄影摆位图，示正中矢状面和听眦线直于台面，中心线向头侧倾斜（注意中心线入射点），右图为实际摆位图并做有标记

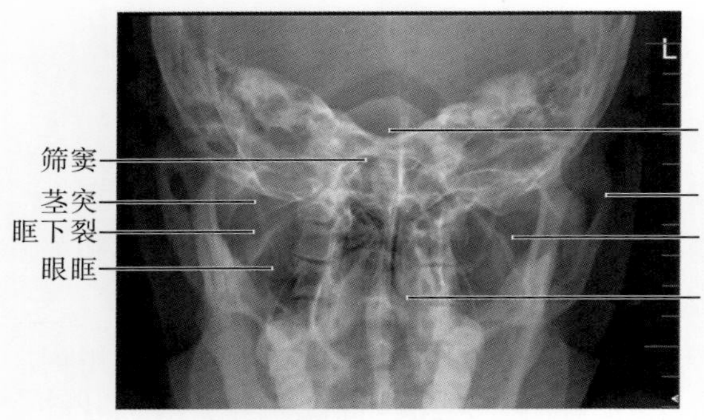


图 8-2-134　标准眶下裂 X 线表现

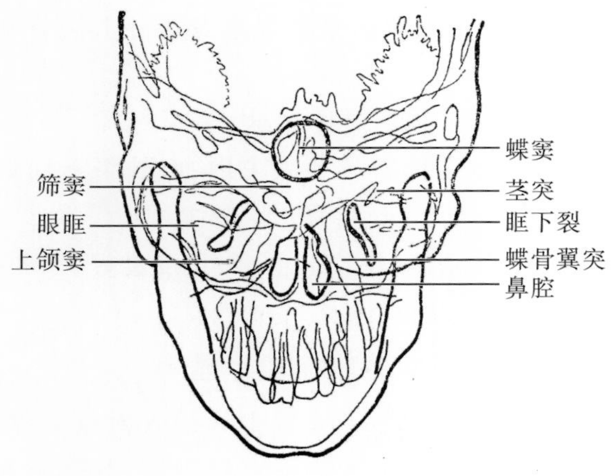


图 8-2-135　眶下裂示意图

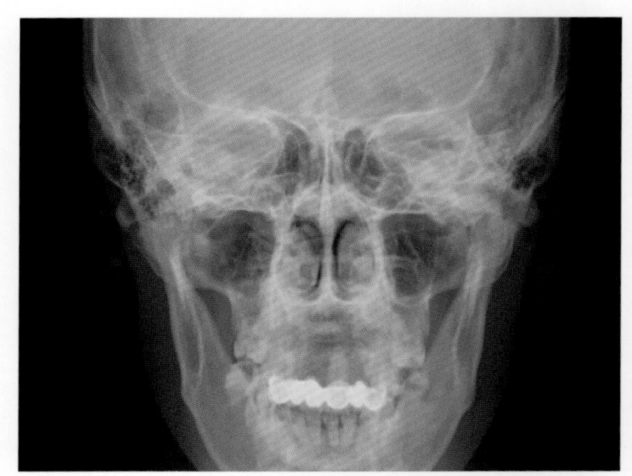

图 8-2-136　眶下裂与眶下缘重叠

2. 倾斜角度过大或者中心线入射点下移，眶下裂显示不清。

3. 正中矢状面未垂直台面，左右不对称显示。

### 2.29.6　注意事项

1. 此位置实际是是眼眶与上颌窦重叠而显示眶下裂。

2. 注意小照射野、小焦点，适宜使用曝光条件。

## 2.30 下颌骨后前位

### 2.30.1 应用

下颌骨(mandibula)构成颜面中下部的支架，分为一体和左右两支。下颌骨体呈前突的弓形，前部正中下缘向前突出，称为骸部，为重要的代表正中位置的解剖标志，体部两侧有横行的下颌神经管，上缘为下颌牙槽。下颌支是体部外侧向上走向的近似方形骨板，下颌骨体与下颌骨支交界的外侧形成下颌角，为体表的解剖标志，下颌支呈矢状位，上部有前、后两个突起，后部突起为颗状突，上端有关节面，与颞骨的下颌关节窝形成颞下颌关节。前方的突起称为冠突，为咀嚼肌附着处。下颌骨与多种结构相关联，功能多而复杂，是颌面部、口腔疾病容易累及指出。下颌骨后前位(mandibula postero-anterior position)显示下颌骨全貌，及能观察下颌骨形态、骨质密度、内部结构、神经管、下颌牙槽及周围软组织；也能清楚地显示下颌骨骨折、骨质破坏、软组织肿胀、牙齿异常等病变。用于诊断下颌骨骨折(骨折部位、骨折类型)、肿瘤(骨性、牙源性、周围软组织来源等)、炎症(牙源性、软组织来源)、肿瘤样病变、先天发育异常等病变。

### 2.30.2 体位设计

1. 人体俯卧，头颅正中矢状面垂直台面，并与中线平行、重合，双外耳孔与台面等距。

2. 鼻尖和额部紧贴台面，位于中线上，听眦线垂于IR。双手臂手掌置于头颈两侧辅助体位稳定。

3. 中心线经过双侧下颌角连线中点垂直射入(图8-2-137)。

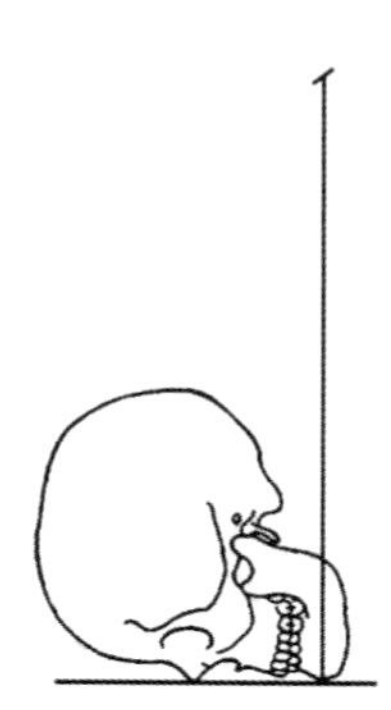
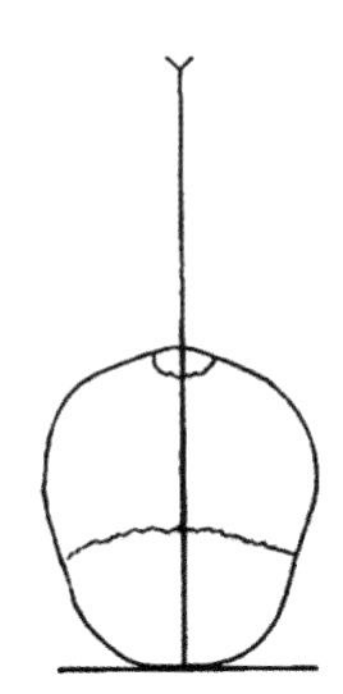

**图8-2-137** 左图为示意图，示正中矢状面垂直于台面和中心线的入射点和方向。右图为实际摆位图，并做有中心线射入点的标记

4. 曝光因子：照射野18cm×24cm，70±5kV，AEC控制曝光，感度280，中间电离室，0.1mm铜滤过。

### 2.30.3 体位分析

1. 此位置显示下颌骨正位投影像。

2. 下颌颏部呈正面显示时和颈椎重叠，可利用近距离摄影法，即缩短焦物距使颈椎放大而模糊、下颌骨紧贴台面而放大率几乎没有改变。

3. 下颌骨呈弓形，不在同一平面上，后前位投照，下颌骨体不显示较全面，下颌支呈偏矢状位方向，有变形，颞下颌关节与乳突气房有重叠。

### 2.30.4 标准图像显示

1. 照片括上颌骨、下颌骨、两侧包括头颈部软组织。

2. 图像双侧对称，骸部、鼻中隔连线位于正中线上。双侧下颌角、颞下颌关节与中线等距。

3. 下颌骨颏部正位显示、与颈椎重叠，颈椎影像较模糊，而颏部骨纹理清晰可辨。下颌支为斜矢状投影，冠状突与颗状突颈部前后方向重叠。

4. 下颌骨骨纹理清晰，下颌神经管可辨认，图像具有良好的清晰度、对比度（图 8-2-138，图 8-2-139）。

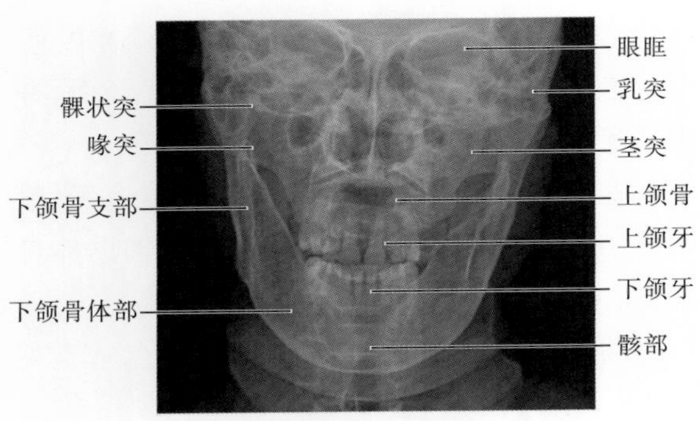


图 8-2-138 标准下颌骨正位 X 线表现

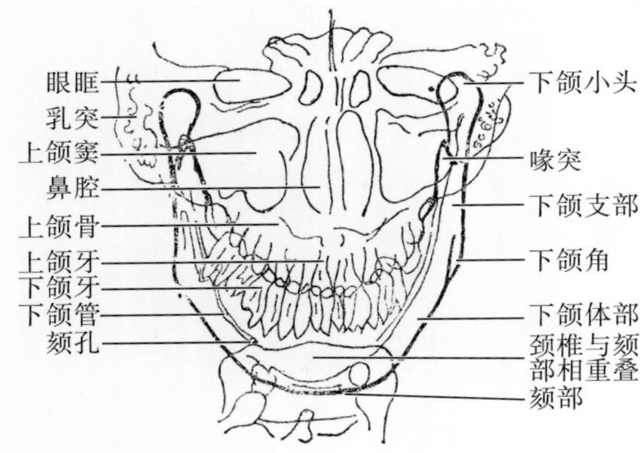


图 8-2-139 下颌骨正位示意图

### 2.30.5 常见非标准图像显示

1. 正中矢状面未垂直台面导致左右不对称显示（图 8-2-140）。

2. 鼻颏线未紧贴 IR 或者中心线入射点不准确导致下颌骨变形。

3. 头部过度后仰致下颌骨上下方向缩短，并与颅底重叠（图 8-2-141）。

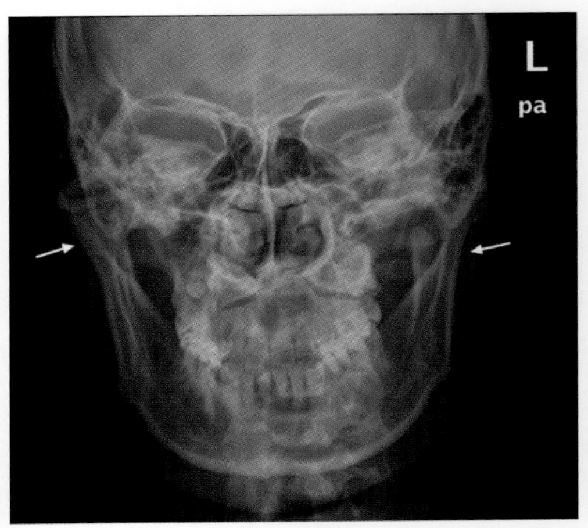


图 8-2-140 双下颌骨升支不对称（箭头）

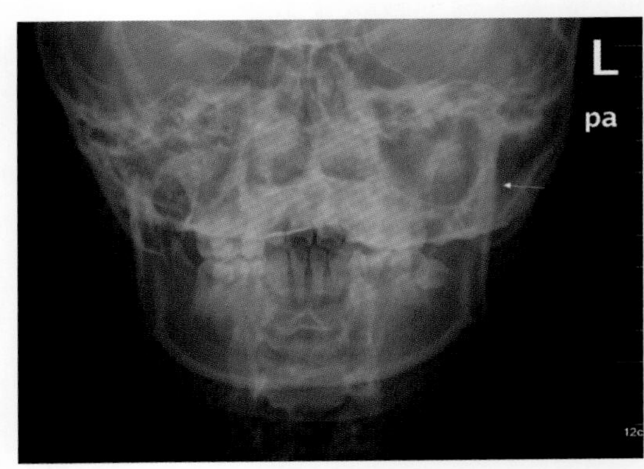


图 8-2-141 枕骨与下颌升支重叠（箭头）

### 2.30.6 注意事项

1. 由于下颌骨与颈椎重叠，需要近距离投照使颈椎放大模糊。

2. 此位置还可使用标准头颅正位，中心线向头侧倾斜 25°投照。

## 2.31 下颌骨侧斜位

### 2.31.1 应用

下颌骨骨体、下颌支呈弓形，不在同一平面，下颌骨体向后外走行，而下颌支自下颌骨体垂直向上，内外面接近矢状方向，冠突、髁状突也呈前后排列。在后前方向投照骨质重叠明显。下颌骨侧斜位（mandibula lateral oblique position）能弥补正位方向显示不足，使单侧下颌支、下颌骨体平行于IR。显示下颌骨骨质、边缘、下颌管、冠突、髁状突。用于诊断骨折、肿瘤、炎症及阻生齿等病变，与下颌骨正位联合使用。

### 2.31.2 体位设计

1. 患者仰卧摄影床，双臂置于身旁，头部转向被检侧，对侧肩部用枕头或沙袋垫高。为避免颈椎与下颌骨重叠，下肢、躯干向后移。

2. 上下牙咬合，头部尽量后仰至被检侧下颌骨体部下缘垂直台面长轴。

3. 被检侧下颌骨放平贴近台面，或根据要求头部做一定的旋转。

4. 中心线向头侧倾斜30°，对准对侧两下颌角连线中点射入（图8-2-142）。

5. 曝光因子：照射野18cm×12cm，60±3kV，AEC控制曝光，感度400，中间电离室，0.1mm铜滤过。

### 2.31.3 体位分析

1. 此位置显示一侧的下颌骨侧斜位投影像。

2. 下颌骨体的面呈弧形，两侧方面不同。多角度投照；但一侧下颌骨体呈扁平状，厚薄较均匀，下颌骨体内含有较多松质骨，密度较低，外面软组织少，摄影条件较低。

3. 下颌角的旋转角度越小越容易和颈椎重叠；两侧下颌角之间的距离越大，中心线需要倾斜的角度就越小。

4. 常规侧位两侧下颌体部重叠，前后方向不能完全分开（自身重叠和颈椎重叠），上下方向倾斜分离容易实现自身的重叠，注意避免肩部的重叠。

### 2.31.4 标准图像显示

1. 显示野包括被检侧下颌骨体和下颌支。

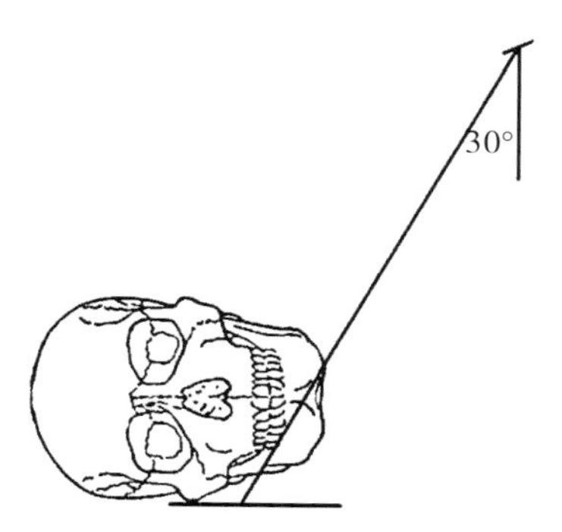


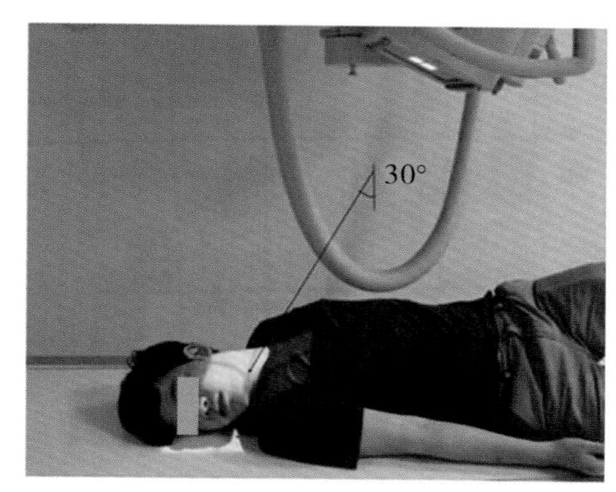


图8-2-142 左图为示意图，示中心线倾斜角和倾斜方向。右图为实际摆位图，并做有标记

2. 被检侧各部位（除颏部任有重叠外）显示充分，下颌支和下颌体无明显缩短、变形。冠突、髁状突完全显示。

3. 对侧下颌骨体投影到被检测下颌骨牙齿以上，与之不重叠。下颌支后缘不与颈椎前缘重叠。

4. 下颌骨纹理及边缘轮廓显示清晰，骸孔、下颌管显示（图8-2-143，图8-2-144）。

### 2.31.5 常见非标准图像显示

1. 左右两侧下颌骨重叠过多，中心线和头部正中矢状面的夹角过小（图8-2-145）。

2. 下颌支与颈椎前缘重叠，则是颈部伸展不够，或是头部向前旋转过多（图8-2-146）。

3. 下颌体部变窄、牙体缩短，则可能是（体型较胖患者仰卧位时）头顶低而下颌高（侧面观正中矢状面与台面呈较大角度）所致，此时可适当调小中心线的倾斜角度。

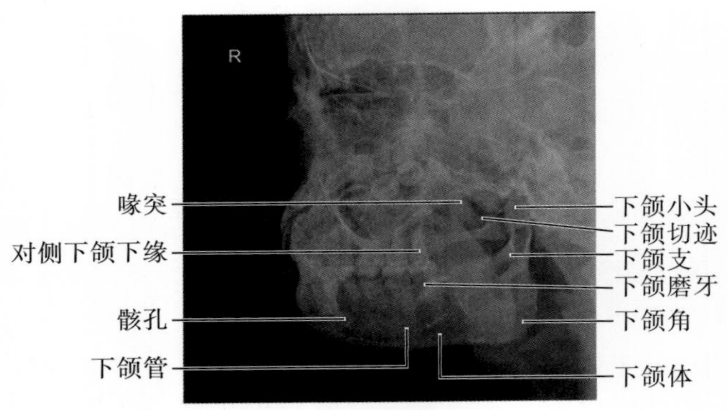


图 8-2-143　标准下颌骨侧斜位 X 线表现

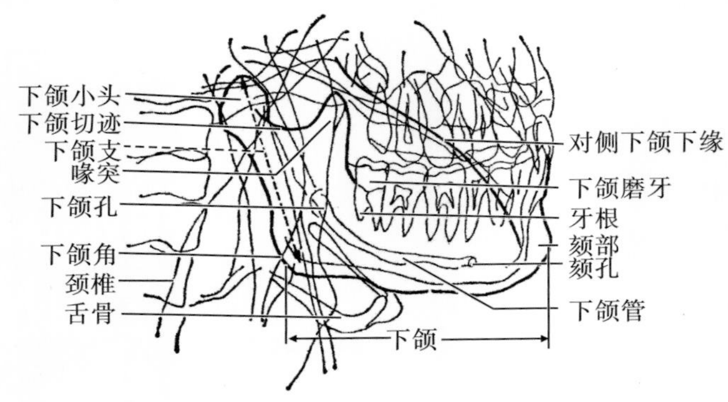


图 8-2-144　下颌骨侧斜位示意图

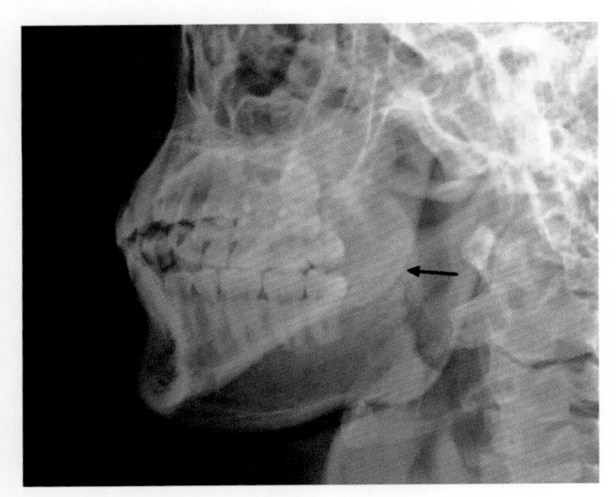

图 8-2-145　两侧下颌骨未错开(箭头)

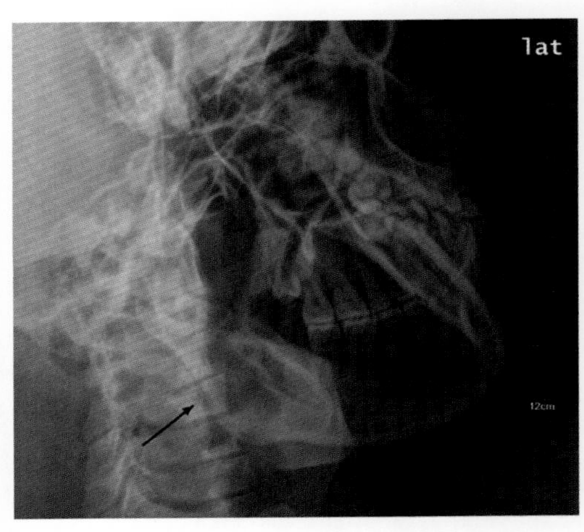


图 8-2-146　下颌骨与颈椎重叠(箭头)

### 2.31.6　注意事项

1. 俯卧时要被检侧下颌骨紧贴台面时，往往需要同侧肩部抬高才可做到，容易重叠于下颌骨，因此，采用此位置应加以注意(图 8-2-147)。

2. 自体倾斜(头部左右旋转使正中矢状面与台面呈一定夹角)的角度不同(前倾 15°、水平、后倾 15°分别对应颏部、体部、升支部的侧面更佳显示)。

3. 根据患者情况也可以采用立投照,但需注意遵守摆位要点(图 8-2-148)。

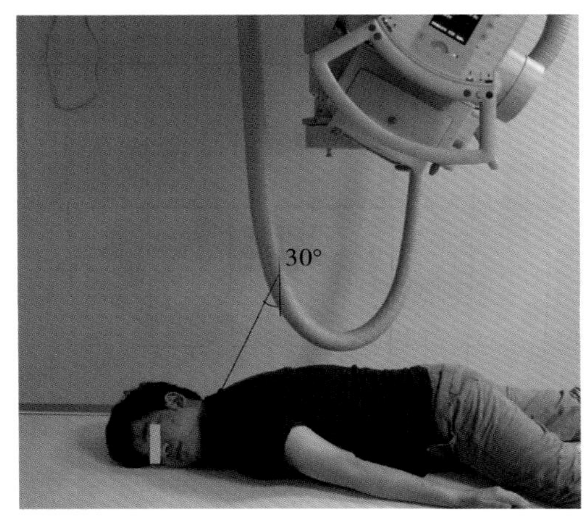


图 7-2-147　俯卧位下颌骨侧斜位摄影摆位图

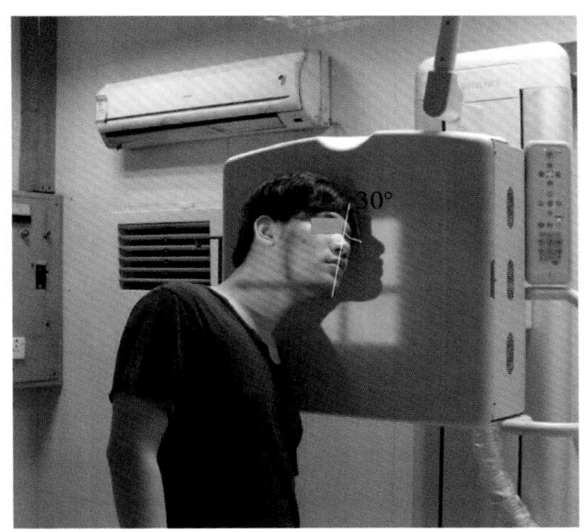


图 8-2-148　立位下颌骨摄影摆位图

## 2.32　颞颌关节张口位和闭口位

### 2.32.1　应用

颞下颌关节(temporomandibular joint)是位于耳前的活动关节,它将颅骨与下颌骨连接起来。颞下颌关节由颞骨鼓部的下颌关节窝与下颌骨髁状突构成,关节间隙内有关节软骨盘,起缓冲作用。关节囊松弛,周围有关节韧带、翼外肌、咬肌附着。颞下颌关节运动功能复杂,能前后移动、左右滑动、旋转运动,是全身运动最频繁的关节。关节韧带确保髁突与关节盘处于正确的位置,颞下颌关节周围的肌肉也起到稳定关节的作用,并帮助下颌进行咀嚼、说话等功能性运动。在颞下颌关节的运动中,张口、闭口运动的状态非常重要,其双侧的协调性、髁状突的移位程度等能够作为评估颞下颌关节功能。故颞下颌关节张口位(temporomandibular joint mouth-open position)、颞下颌闭口位(temporomandibular joint mouth-closed position)能显示关节窝与髁状突的相对位置(髁状突运动时的移位情况)、关节间隙、关节面。可观察关节的形态与功能,常为双侧摄影作为比较。用于咀嚼肌紊乱、关节结构紊乱、炎性疾病(类风湿性关节炎、其他自身免疫性疾病)、骨关节病病变(退行性骨关节病)、外伤等的诊断。

### 2.32.2　体位设计

1. 俯卧,头部侧转,患侧贴床面。

2. 正中矢状面平行台面,瞳间线垂直于台面。

3. 下颌稍内收,听眶线平行片盒边缘。

4. 闭口位,牙齿呈自然闭合;张口位,口腔呈最大限度张口状。

5. 中心线向足侧倾斜 25°~30°经过对侧外耳孔上方 5~7cm 射入,通过被检侧颞颌关节(图 8-2-149)。

6. 曝光因子:照射野 15cm × 15cm, 65 ± 5kV,AEC 控制曝光,感度 280,0.1mm 铜滤过。

### 2.32.3　体位分析

1. 此位置显示颞颌关节的功能形的态侧面观投影像。

2. 颞颌关节由下颌小头(髁状突)和颞骨的颞下颌关节窝共同组成,故图像需清晰显示颞下颌关节为基础。

3. 正常状态下左右颞颌关节对称,双侧张口位、闭口位关节间隙宽度一致。

4. 由于两侧重叠,需要倾斜中心线使之分开,原理同乳突许氏位。

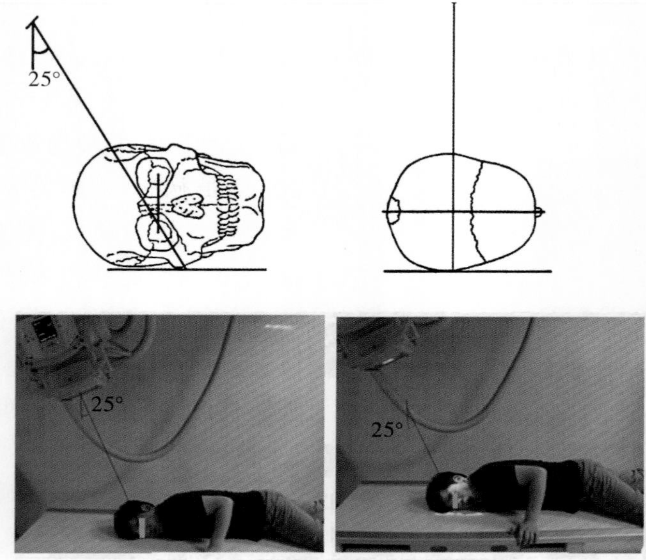


**图 8-2-149** 上图为示意图,示正中矢状面与台面平行,中心线倾斜方向和入射点。下图为实际摆位图,分别为闭口位(左图)和张口位(右图)

### 2.32.4 标准图像显示

1. 图像包括耳廓上缘、下颌骨角、鼻棘、颞骨;颞下颌关节居中,包全整个关节结构和髁状突。

2. 颞下颌关节位于显示野中央区域,后方临近外耳道。

3. 被检侧关节凹、下颌骨髁状突和关节间隙显示良好。

4. 闭口位时髁状突位于关节窝内;张口位髁状突移动至关节窝前缘,及关节结节的下方。

5. 骨纹理清晰、骨质结构边缘锐利,图像具有良好的对比度和清晰度(图 8-2-150,图 8-2-151)。

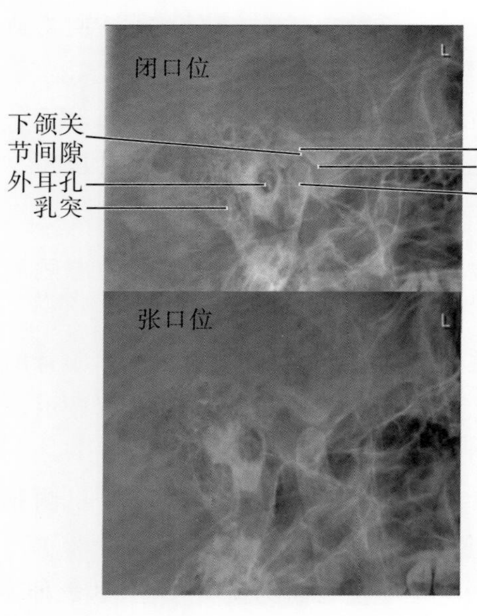


**图 8-2-150** 颞颌关节张闭口位标准 X 线表现



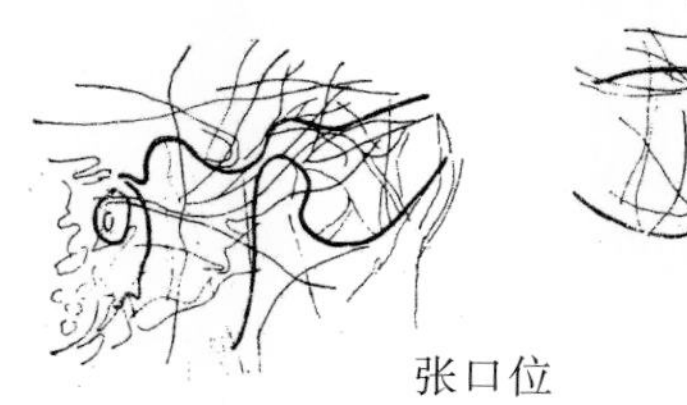

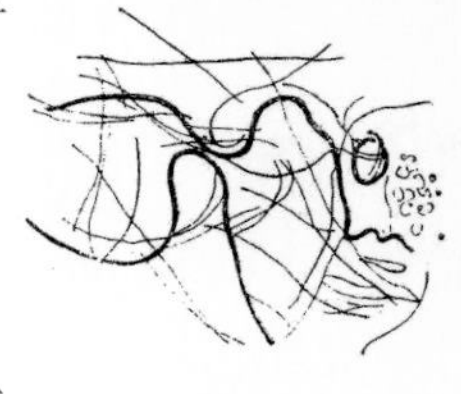


**图 8-2-151** 颞颌关节张闭口位示意图

### 2.32.5

1.

头部旋转,矢状面未平行于台面和(或)瞳间线未垂直,导致下颌关节面变形(图 8-2-152)。

2.中心线投射角度不对或者入射点错误也会导致关节变形(图 8-2-153)。

3.检查时未能得到患者的理解和配合,双侧关节张口位不一致,或张口不到位,影响对颞下颌功能的正确判断。

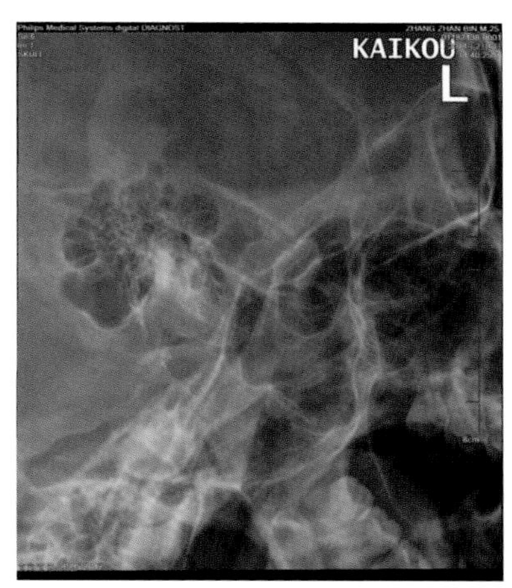


**图 8-2-152**　投照位置不正确,颞颌关节(箭头)与周围结构重叠

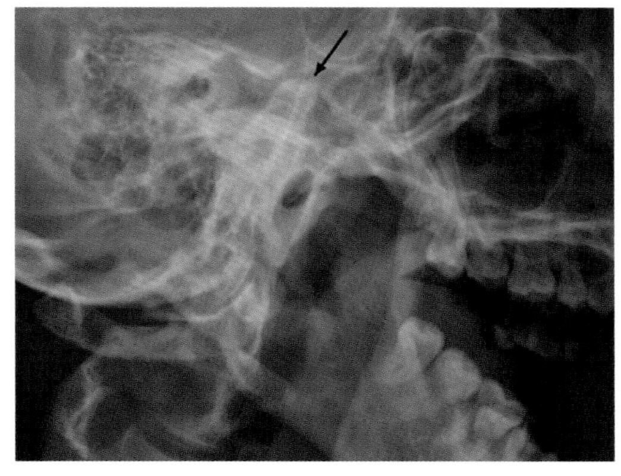

**图 8-2-153**　入射点偏移、正中矢状面未平行IR,颞颌关节变形(箭头)

### 2.32.6　注意事项

1.为简化操作,可采用许氏位而没有采用双倾斜的劳氏位。

2.强调是自然状态。闭口是自然闭合唇齿,不应过分紧咬或牙齿错位咬合,以免髁状突滑出关节凹造成假象;张口位是患者所能达到的或是病情允许的最大能力,不可强迫打开口腔。

3.张口不能坚持的,可用清洁的软木或纱布卷进行固定,缩短检查操作时间。

4.必须同时摄取双侧颞颌关节,每侧摄取张口、闭口各一次,以作对比。

5.张、闭口之间保持头部位置不动,只是下颌运动完成口腔的张开、闭合动作。

## 2.33　口腔曲面全景摄影

### 2.33.1　应用

整体性显示上颌骨牙槽突、上颌牙、下颌骨、下颌牙槽突和下颌牙齿对口腔相关疾病的诊断非常重要。但上颌牙槽突和牙齿排列为弧形,即非直线性排列,下颌骨及牙齿解剖特点已如上所述。常规的正位投影像不可避免使结构之间相互重叠,观察受限。口腔曲面全景摄影(oral cavity curve panoramic photography)是一次曝光可以将全部上、下颌牙齿,上、下颌牙槽突,下颌骨充分展开,无重叠性显示在同一图像上,同时还能显示颌颞颌关节、上颌窦、鼻腔等部位。原理是通过体层的方法,球管曝光和旋转同时进行,投照范围包括全部上述结构。口腔曲面全景摄影可全面了解全部牙列的咬殆关系,牙的排列,牙齿的远、近、中倾斜角度,乳牙恒压的交替等。对于较大的牙槽突骨折、下颌多发性骨折的定向,也有诊断价值。牙齿及牙周骨质吸收、破坏,软组织肿块和钙化等均能显示。用于牙齿生长异常(矫形)、炎症、肿瘤、外伤等的诊断。

### 2.33.2　体位设计

1.被检者站立于机架前,下颌骨颏部置于颏托上,身体后仰与地面约 75°,颈椎尽量伸直与地面平行,两肩下垂。

2. 头向正前方，正中矢状面与垂直定位灯光线重叠，听眶线与水平定位灯光线重叠，侧面定位指示灯对准尖牙，门齿对咬住咬颌块，舌头向上顶住硬腭（图 8-2-154）。

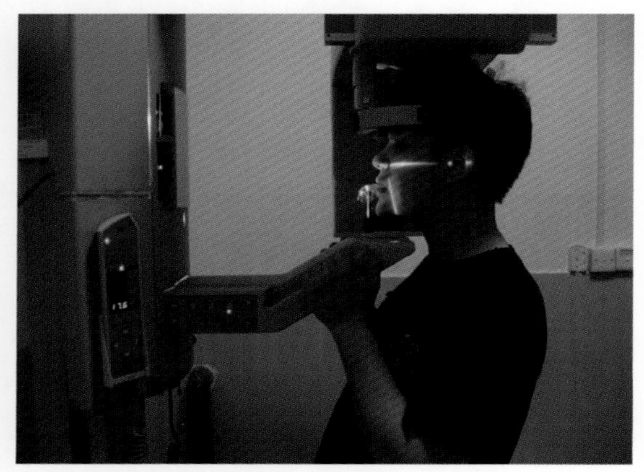

图 8-2-154　口腔全景摄影摆位图

3. 患者保持不动，平静呼吸下曝光。

4. 曝光前球管调节到开始旋转的位置。

### 2.33.3　体位分析

1. 上、下颌骨呈弧形结构，牙齿根埋植于上、下颌骨的牙槽突内。

2. 摄影原理：为了避免患者转到牙齿弓形形态引起的牙齿重叠现象，采用固定三轴转换的体层摄影法，使颈椎影像分离，可以获得一张从下颌支、颞颌关节至颞后部整个区域的图片。图 8-2-155 中，以 $O_2$ 的圆弧度做前牙的体层摄影，以 $O_1$、$O_3$ 做两侧磨牙的体层摄影。以 $O_2$ 为圆心的 1/3 圆周，可清晰显示前磨牙区，而 $O_1$、$O_3$ 则各自的一部分圆弧可显示对侧的外耳孔周边、颌面部、颞后关节、下颌支和磨牙区。在探测器和 X 线管开始旋转时进行曝光，这时探测器（胶片）也做与 X 线球管反向的同步旋转。

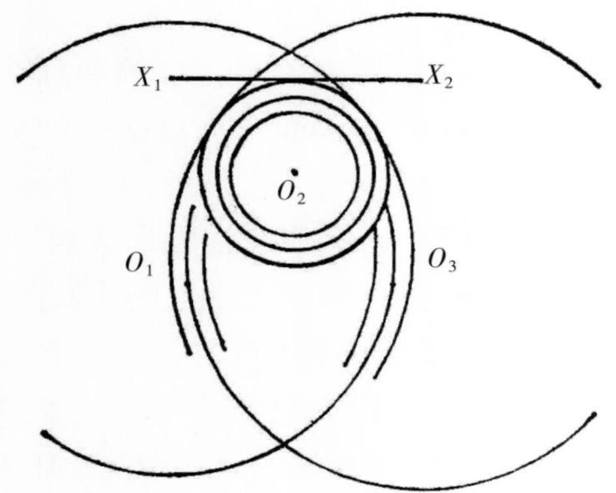


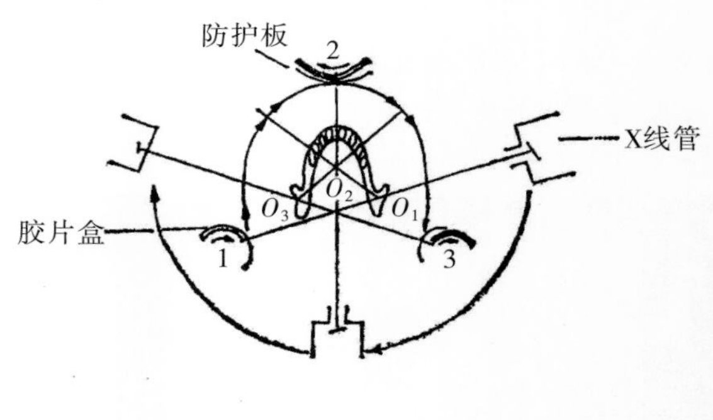


图 8-2-155　口腔全景摄影原理示意图

3. 图 8-2-155 所示，中切牙和侧切牙段弯曲度大，球管于此段的移动轨迹弧度大、弧长短（轨迹同心圆小），侧切牙到下颌角后缘弯曲度小，球管于两侧的移动轨迹弧度小、弧长长（轨迹同心圆大）。

### 2.33.4　标准图像显示

1. 下颌牙齿平面无明显弯曲，两侧下颌骨完整显示在片内，升支几乎呈平行。

2. 两侧上、下颌骨及牙齿形态对称，牙齿间无明显重叠，上、下颌牙齿牙冠及牙根最大限度显示。

3. 颈椎与下颌骨升支无重叠（图 8-2-156，图 8-2-157）。

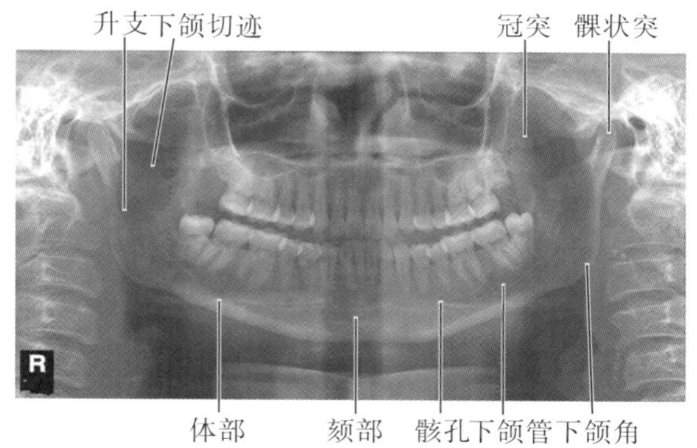


图 8-2-156 标准口腔全景 X 线表现

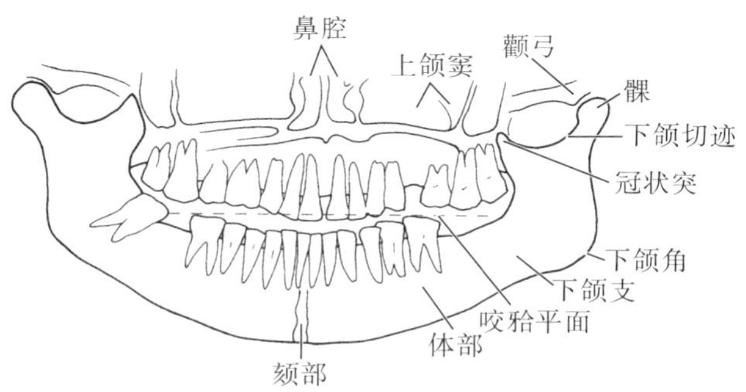


图 8-2-157 口腔全景示意图

## 2.33.5 常见的非标准图像显示

1. 耳环、假牙等异物未取下，重叠于牙槽骨内（图 8-2-158）。

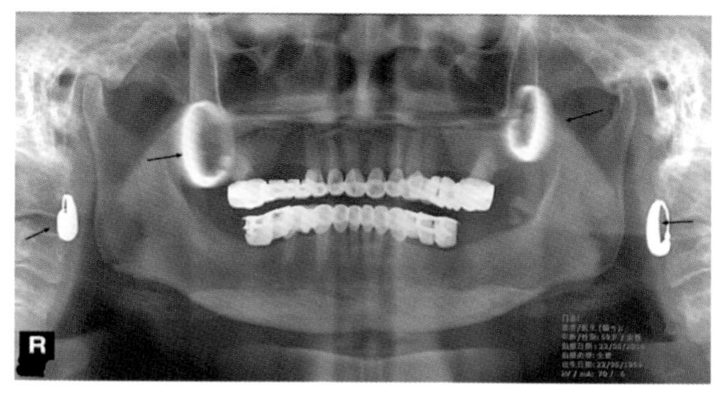

图 8-2-158 金属异物影

2. 额部前倾导致听眶线未与水平定位灯重叠，下颌牙齿模糊，下颌牙咬殆面向下凹的 U 形，两侧下颌升支呈向内倾斜的八字形（图 8-2-159）。

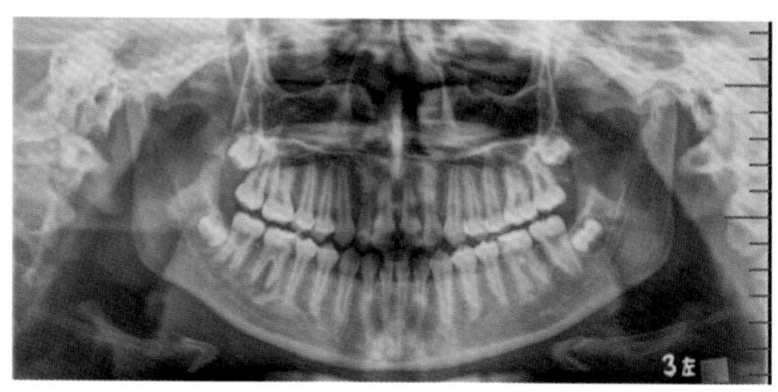

图 8-2-159 额部前倾，下颌骨体和牙齿咬殆面曲度增大

图 8-2-159 额部前倾，下颌骨体和牙齿咬殆面曲度增大。

3. 头颅过于后仰致听眶线未与水平定位灯重叠，上颌牙齿模糊，下颌牙咬殆面呈中部上凸的波浪形，两侧下颌升支成向外分离的倒八字形（图 8-2-160）。

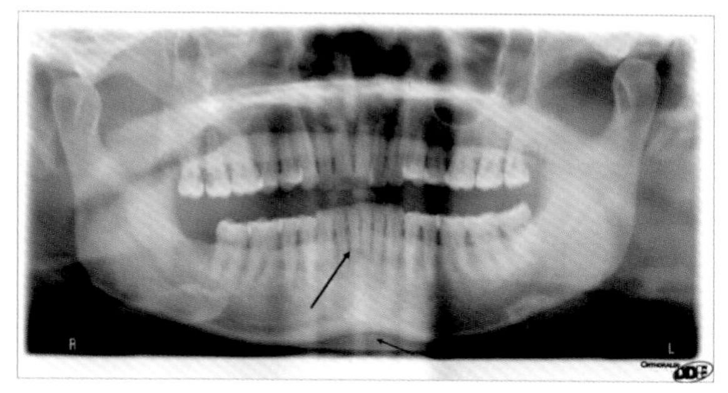

图 8-2-160 下颌骨呈波浪形，颈椎虚影多（箭头）

3. 上下门牙未落于咬殆沟内，使下颌骨位置过前（定位过前），出现两侧颈椎重叠与下颌骨升支（图 8-2-161）。

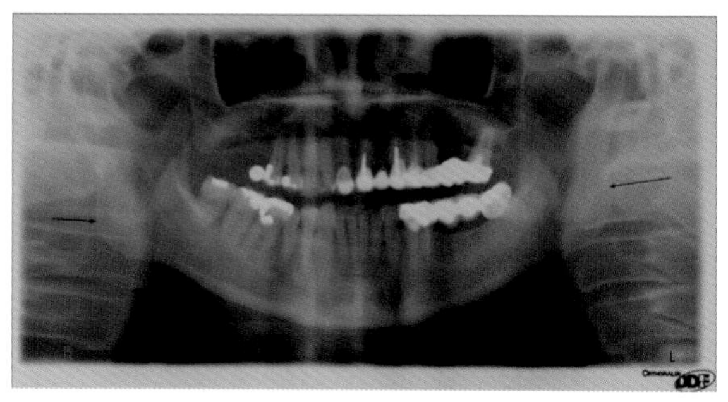

图 8-2-161 颈椎与下颌骨升支重叠（箭头）

4. 定位体层靠后致前门牙宽大而模糊，下颌骨升支过长。

5. 头颅偏向一侧导致两侧牙齿大小宽窄不一。

6. 颈椎未挺直，造成脊柱的幻影重叠于下颌中间（图 8－2－162）。

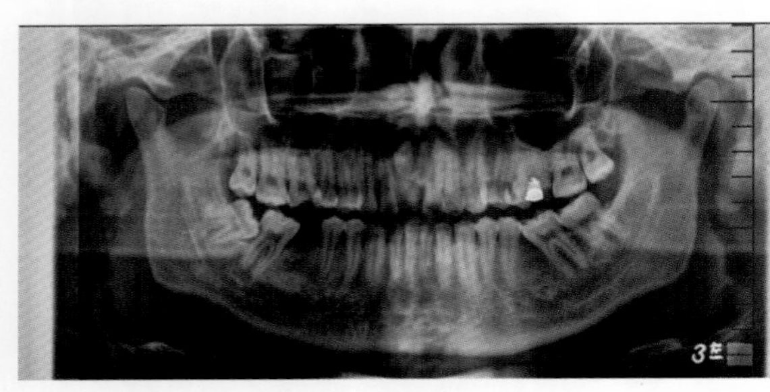

图 8－2－162　颈椎幻影重叠于下颌中间

### 2.33.6　注意事项

1. 牙弓形态因人而异，不同型号机器体层幅度不同，操作者需了解各自机型的摆位特点。

2. 口腔全景摄影影响因素较多，技术性强，某方面未做到位，使图像失真变形，故摆位应按步骤规范操作。

3. 被检者的牙齿咬合面保持水平，位置适中，球管旋转曝光与下颌骨距离相等，使下颌骨影像失真度小。

4. 注意避免被检者额部后仰即咬合面抬高，使图像中下颌骨体部变形，呈破浪状。

5. 摆位时，被检者颈椎应尽量垂直于水平面，与下颌骨保持应有的距离，如下颌骨与颈椎之间的距离过近，全景图像上见颈椎则与下颌体重叠；如颈椎理下颌骨过远，呈前伸状，图像上两侧的颈椎影呈斜行走向，上部与下颌与支重叠。

6. 在实际应用中，根据诊断要求不同，选择性利用投照因素的影响，更准确表现病变，如观察上颌骨骨折可适当下颌内收、额部前倾，以显示上颌骨为主；如观察下颌骨可适当头部后仰，可更清楚显示下颌骨。

7. 口腔全景摄影曝光时间较长，辐射剂量较大，投照时嘱被检者保持静止，同时规范摆位，力求一次成功。

（朱纯生　陈海东　郑晓林）

## 参考文献


[1] 柏树令. 系统解剖学. 5 版. 北京：人民卫生出版社. 2001.

[2] 张立彬. 头颅 X 线摄影中的几个技术问题. 中外医用放射技术，1991，65（12）：5－7.

[3] 李佐顺，刘云波，路玉清. 400 例 800 侧视神经孔形态的 X 线解剖. 中国临床解剖学杂志，1995，13（4）：280－282.

[4] 苏智. 投照全组副鼻窦经验介绍. 中国医学影像技术，1998，9（4）：304－305.

[5] 崔玉殿，吕焕，卢海霞. 探讨环枕关节近距离投照在放射诊断中应用价值. 继续医学教育，2014，28（12）：106－107.

[6] 刘豆豆. 颞颌关节投照方法的探讨. 中国医学影像技术，2000，146（3）：241－242.

[7] 孟代英. X 线投照技术. 济南：山东科技出版社，1978.

[8] 邹仲. X 线投照技术学. 上海：上海科技出版社，1983.

[9] 丁振波. CT 检查和 X 线平片在副鼻窦疾病诊断中的价值. 中华肿瘤学杂志，2005，27（5）：299－301.

[10] 李铁一，黄治华. 乳突轴位（Mayer's 位）在胆脂瘤诊断中的作用. 中华放射学杂志，1965，10：492.

[11] 李汝佳，林海波，赵幼平. 关于 X 线口腔全景摄影图像质量的分析. 医学信息，2011，24（10）：6846－6847.

[12] 石明国. 放射师临床工作指南. 北京：人民卫生出版社，2013.

# 第9章 乳腺

4.2.2.1 环境控制
4.2.2.2 设备清洁
4.2.2.3 图像质量检测和调试
4.2.2.4 设备性能检查
4.2.3 工作程序
4.3 图像输出和胶片打印
4.3.1 图像输出
4.3.2 图像打印

## 第5节 乳腺X线立体定位穿刺活检和术前钢丝定位及投照技术

5.1 乳腺X线立体定位穿刺活检
5.1.1 原理
5.1.2 适应证
5.1.3 禁忌证
5.1.3 术前准备
5.1.4 操作方法
5.2 乳腺X术前钢丝定位
5.2.1 原理
5.2.2 适应证
5.2.3 禁忌证
5.2.3 术前准备
5.2.4 操作方法
5.3 注意事项

乳腺X线摄影(X-ray Mammography)最早于1913年由德国医生Salomon所研究,于上世纪60年代逐渐在临床进行应用,经过一个世纪的发展,经历了传统乳腺X线摄影即专用屏-片摄影(screen-film mammography)、乳腺CR摄影到现代的全视野数字乳腺X线摄影(full-field digital mammography,FFDM)的阶段,并且还在发展,其新技术及进展包括数字乳腺断层摄影(digital breast tomosynthsis, DBT)、对比增强数字乳腺摄影(contrast-enhanced digital mammography,CEDM)、双能量减影等。这些技术使图像质量不断提高,辐射剂量显著降低。

乳腺完全由软组织构成,组织密度差别小,同时解剖结构精细和部分病变细微,使其组织和病变对X线的吸收系数都很接近,故用于乳腺摄影所产生的X线必须是低能量软X线,穿透性较低。尚有加强组织间对比、宽容性大、提高分辨率的独特要求。因此,用于乳腺X线摄影的设备、X线能量、正确的实施摆位和各方面的质量控制均具有特殊性。乳腺摄影机X线的设备基本结构原理与常规X线设备相同,不同的是球管的阳极靶面是钼靶,还有钼铑双靶、钼钨双靶等,以产生低能量的软射线。接收媒介为采集信息效率高、分辨率高的专用材料,图像采载体是乳腺专用X线胶片和5兆以上高分辨率显示屏。

# 第1节 应用解剖与定位标记

## 1.1 应用解剖

乳腺(mamma breast)又称乳房,为人类和哺乳动物特有的器官,男性乳腺不发达,故本章主要以女性乳腺为主。乳腺左右各一,近似半球形,中央部有乳头(mammilla),为输乳管开口处。位于胸大肌(musculi pectoralis major)及其筋膜(fascia)的表面,上界平第2~3前肋,下界平第6~7前肋,内界在胸骨旁线(costoclavicular line),外界可达腋中线(midaxillary line)。乳腺的位置和张弛程度、形态随年龄、体型、胖瘦变动较大。乳腺的内部结构由乳腺腺体和结缔组织组成,整个乳腺有15~20个乳腺叶(lobe of mammary gland);乳腺叶又分为若干个乳腺小叶(fine lobe of mammary gland)(由腺泡组成);乳腺小叶有排泄管汇入乳腺叶,后者形成大导管开口乳头。乳腺叶、排泄管(ductus excretorius)和输乳管(lactiferous duct)以乳头为中心呈放射状排列。位于乳腺外围的主要是小导管和腺体,近乳头部分的主要是大导管所在。乳腺的结缔组织充填在腺体、导管周围,形成不完整的囊,含有纤维组织、脂肪组织、血管、淋巴管和神经等成分(图9-1-1)。腺体周围的纤维组织还发出许多小纤维束,连接于腺体和乳腺皮肤、胸大肌筋膜之间,称为乳房悬韧带(suspensory ligament of breast)或Cooper韧带,起支持固定作用。当乳腺癌侵犯此韧带时,结缔组织增生,韧带缩短,牵拉皮肤形成多点状凹陷,临床上称橘皮征(orange peel sign)。乳腺的淋巴主要引流到腋淋巴结(lymphonodi axillares)组,自下到上有胸肌淋巴结(lymphonodi pectorales)、外侧淋巴结(nodi lymphatici laterales)、肩胛下淋巴结(lymphonodi subscapulares)、中央淋巴结(nodi lymphatici centrales)和肋间淋巴结(nodi lymphatici apicales);其次引流到胸骨旁淋巴结(nodi lymphatici parasternales)。

从上述的解剖特点可知,乳腺属于软组织器官,组织密度低,组织间的密度差别小。根据腺体的丰富程度和纤维结缔组织的含量，乳腺为脂肪型、少量腺体型、多量腺体型和致密型。分型不同，所要求的投照条件也不同。

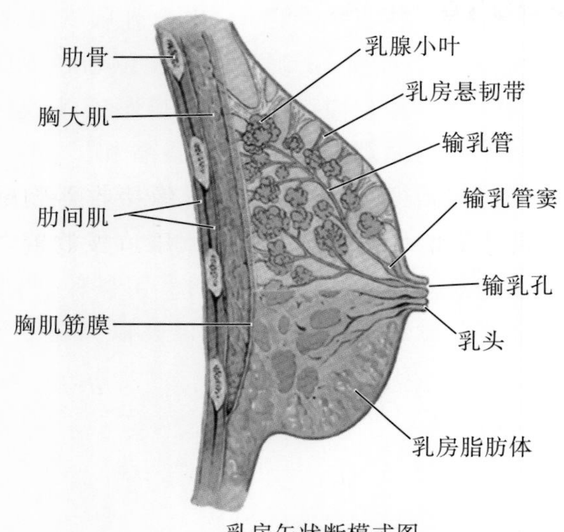


**图 9-1-1** 乳腺解剖图(矢状面)，乳腺腺体(乳腺小叶)、各级导管、Cooper 韧带、腺体间结缔组织和胸大肌、胸肌筋膜

## 1.2 体表定位

### 1.2.1 乳头

位于乳腺中心，为乳腺分区和定位的重要标记。

### 1.2.2 象限

以乳头为标记，将乳腺分为内上象限(upper inner quadrant)、内下象限(lower inner quadrant)、外上象限(outside upper quadrant )和外下象限(outside lower quadrant )4 个象限。

### 1.2.3 方向

经过乳头做上下方向的垂线，将乳腺分为内侧(inside)、外侧(outside)。经过乳头做左右方向的水平线，将乳腺分为上方(above)、下方(below)。

### 1.2.4 分区

中央区( centre area )，位于乳头后方。周围区( peripheral area)，为中央区以外的部分。

### 1.2.5 胸大肌

胸大肌位于乳腺深面，其影像是衡量乳腺腺体有无完全显示的标准。胸大肌外侧缘上部是腋窝的前缘，为乳腺腺体外侧附着缘，胸大肌内侧缘位于胸骨旁，为乳腺腺体内侧附着缘。改变上肢的位置能触摸胸大肌外侧缘，故其为摄影的定位标记。

### 1.2.6 胸骨

压迫板内侧的参照标记。

### 1.2.7 锁骨

压迫板上角的参照标记。

### 1.2.8 腋窝

前、后壁为压迫板、滤线栅参照标记，是副乳、引流淋巴结所在部位。

# 第2节 乳腺摄影的特殊要求

## 2.1 乳腺压迫

正确实施压迫是保证图像质量一个最重要的因素。压迫(stress)的作用是减少乳房厚度,减小了适宜曝光所需要的乳房量;使得乳房平展,提高密度的一致性,还使得乳房内的结构分离,更好地显示腺体结构;能缩小物体-影像接收器的距离,分辩率得到提高;也有利于X线束近似于同一方向穿过乳腺腺体,减少失真、变形。

压迫器(compressor)应保持与影像接收器平面平行,偏差不超出1cm,使较低穿透力的低能量X线束(25~30kVp)能充分穿透乳腺,最大限度显示内部结构。在压迫过程中应注意:

(1)在检查前,操作人员与患者间建立良好的沟通。清楚告之患者压迫的过程,得到患者的配合,并提高对压力的耐受性。

(2)加压前,操作者将乳腺组织向乳头方向推移,以便铺平乳腺组织。

(3)掌握患者乳腺实际可被压迫的最大程度和患者当时可以忍受的压力。适当的压迫位于组织紧张和不致疼痛的范围之间,最小程度时,乳腺压迫后组织是紧张的,轻轻叩打其皮肤不会出现凹陷;最大程度时其压力应不会引起疼痛。

(4)注意生育年龄的妇女月经前期或月经期乳腺对压力敏感性的变化,乳腺摄影应在乳腺的最不敏感期。对压力尤其敏感的患者,应在进行乳腺摄影检查之前,由药物治疗来缓解乳腺的触痛。

(5)恶性肿瘤较大时不宜加压过度,以防扩散。

(6)压迫器的胸壁缘超出影像接收器胸壁缘的尺寸不能大于SID的1%。压迫板放置在乳房承托平面以上等于标准乳房厚度的距离。压迫器垂直缘的阴影不应在影像中见到。

(7)加压装置和暗盒托盘的顶部应在每一患者检查完毕后进行清洁。为了避免损伤加压板,应遵循生产商品推荐方法进行清洁。

## 2.2 准直

### 2.2.1 标准和要求

1. 乳腺X线摄影系统都应具备矩形X线束准直装置(collimation installation)。

2. X线照射野在整个胸壁缘的一侧可延伸到影像接收器的胸壁缘,并确保X线照射不会延伸至影像接收器任何边缘之外超过SID的2%。

3. X线束准直装置的光野与X线照射野的偏差不超过SID的2%。

### 2.2.2 X线束准直范围

X线束应尽可能地准直在胶片的边缘,而不是乳房。接近乳房表面的准直可能会切掉乳房影像的一部分。圆形准直器的使用会使影像在观片灯上不能获得满意的遮盖。如果准直时不允许X线野轻微超出胸壁侧胶片边缘,那么乳房组织可能会被排除在影像之外。乳腺组织也可能由于以下原因而被排除在影像之外:暗盒中胶片的不正确放置,暗盒在托盘或滤线器中不适当旋转,压迫装置的放置错误,从而使得压迫器的后缘重叠在后乳房组织上。

## 2.3 乳腺摄影推荐使用的曝光条件

1. 青春期乳腺各组织对比度较低，一般用32～34kV，50～60mAs。

2. 哺乳期乳腺发育完全，有乳汁积存，密度较高，摄影时应尽量将乳汁排空，选用较大的曝光条件。

3. 有哺乳史，乳腺处于静止状态者，用28～32kV，40～50mAs。

4. 老年妇女选用25～30kV，30～40mAs。

上述曝光条件仅作参考，实际应用中应根据具体情况进行适当调整。

## 2.4 乳腺X线图像的文字规定

### 2.4.1 图像文字标注规定

乳腺摄影的图像上文字标记内容主要包含乳腺的左或右侧、位置及患者、检查单位的信息，操作者必须遵守文字的标记规范，所有标记都应尽量远离乳房，不得重叠于影像内。

标记方法如下。

(1)左上角为图像一般信息，检查单位名称，设备名称(型号)，图像序列号、图像号，部位名称(breast)。

(2)右上角为患者信息，患者姓名、年龄、性别，影像号，检查日期、时间，左右和检查位置(标记方式举例：R/L，MLO/CC)。

(3)左下角为图像参数、窗宽、窗位、显示野等。

以上信息根据图像文字的易读取性，将患者信息(包括位置和左右)放在图像的左上角(左侧乳腺图像)和右上角(右侧乳腺图像)。图像中乳腺摆放的方向也有严格要求，侧斜位(MLO)中，左侧乳腺胸大肌侧沿显示野的左侧缘排列，右侧乳腺胸大肌侧沿显示野的右侧缘排列，腋窝位于显示野上方。头尾位(CC)中，左侧乳腺胸大肌侧沿显示野的左侧缘排列，右侧乳腺胸大肌侧沿显示野的右侧缘排列，乳腺的外侧位于显示野的上方。因此，R/L，MLO/CC标记则位于乳腺的上方侧(MLO)或外侧(CC)，方便医生对乳腺左右和病变位置的判断(图9-2-1，图9-2-2)。上述图像文字资料适合数字化摄影，各部位的文字分行排列。传统图像仅要求放入患者影像号和R/L，MLO/CC铅字，摆放原则同数字化图像。

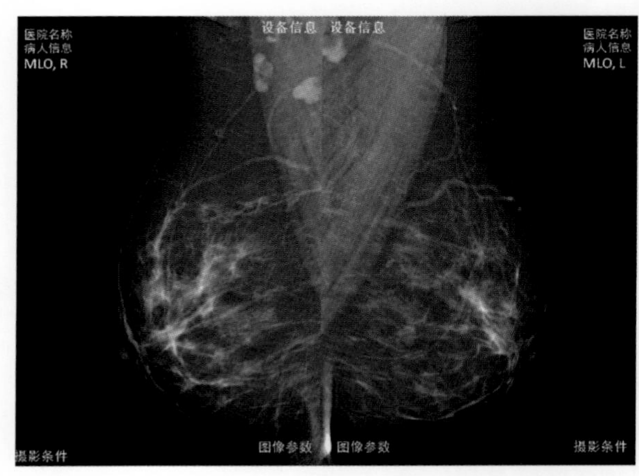


**图9-2-1** 双侧乳腺侧斜位标准乳腺位置摆放和文字标注规定

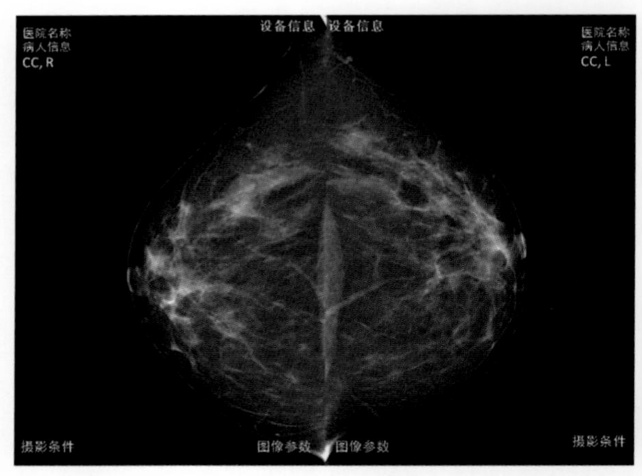


**图9-2-2** 标准双侧乳腺头尾位乳腺位置摆放和文字标注规定

### 2.4.2 乳腺摄影位置缩写

右：R；左 ：L。

内、外斜位(侧斜位)：medio-lateral oblique，MLO。

头尾位(轴位)：cranio-caudal，CC。

90°侧位，包括内、外侧位：medio-lateral，

ML；外、内侧位：lateral-medio，LM。

切线位：tangent，TAN。

放大位：magnifying，M 。

乳沟位：cleavage，CV。

扩展头尾位：expand cranio-caudal location，XCCL。

腋尾位：axilla trail，AT。

尾头位：from the bottom up，FB。

旋转位：向外侧旋转位，rotary leteral，RL；向内侧旋转位，rotary medio ，RM）。

上外下内斜位：superolateral to inferomedial oblique，SIO。

人工（植入物）乳腺成像：The augmented breast ID。

# 第3节　乳腺摄影的体位

## 3.1　常规摄影体位

### 3.1.1　应用

用于乳腺摄影的常规体位是内、外侧斜位也称侧斜位和头尾位也称轴位，此二位置联合应用是诊断乳腺疾病的重要检查方法。在乳腺X线摄影中，正常乳腺组织结构的影像密度表现较恒定，能观察乳腺实质（纤维腺体组织）及相邻的结构和形态，即乳腺腺体、脂肪、Cooper韧带、皮肤、乳头乳后间隙、胸大肌、腋窝及淋巴结，显示乳腺结构异常即腺体增厚、扭曲、韧带缩短、乳头或皮肤凹陷等结构异常；还能显示肿块、结节、钙化、淋巴结肿大等。因其分辨率及清晰度高，能显示微小的钙化灶及轻度的腺体异常，在早期发现、诊断乳腺癌具有重要的价值。头尾位（CC）和内、外侧斜位（MLO）用于乳腺癌（包括原位癌、非浸润性癌）、间质来源肿瘤和其他来源的良恶性、乳腺增生、乳腺假体、囊肿、特异性和非特异性炎性病变的诊断；也用于乳腺手术后的评估；并在乳腺癌的筛查方面起到重要的作用。常规位置（CC和MLO）均存在盲区，同时应用对显示盲区有互补的作用，必要时同时应用加照90°侧位（ML），能全面显示乳腺腺体（图9-3-1～图9-3-3）。

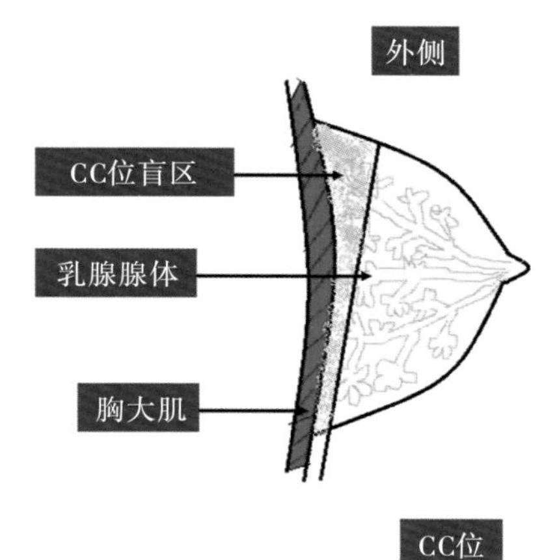


图9-3-1　乳腺头尾位摄影显示盲区主要在乳腺后外部分

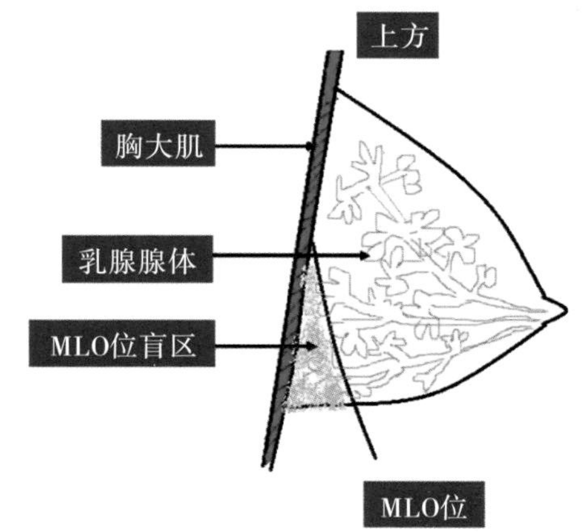


图9-3-2　乳腺侧斜为摄影显示腺体盲区主要在乳腺后下部分

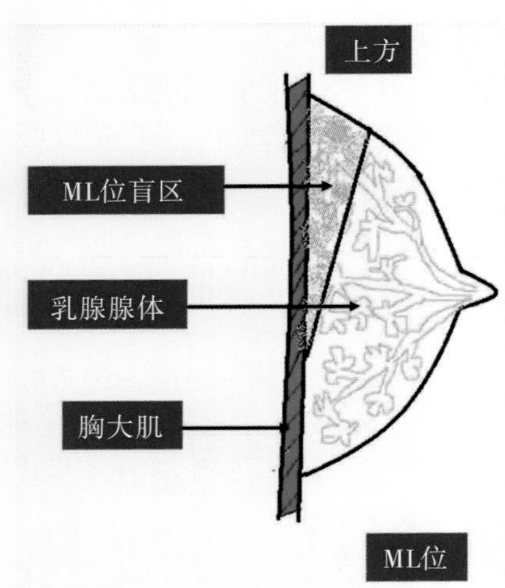


图 9-3-3 乳腺 90°侧位摄影显示盲区主要在乳腺后上部分

### 3.1.2 乳腺头尾位(cranio-caudal, CC)

3.1.2.1 体位设计

1. 摄影体位:受检者面对乳腺机站立,如不能站立可取坐位,身体外转 5°~10°,腰部用铅围裙进行防护。

2. 托盘水平放置,高度位于乳腺下缘转角处平面。被检乳腺下缘置于检查台上。

3. 操作者站于受检乳腺的同侧,一只手放在乳腺下,另一只手放在乳腺上方,轻轻将乳腺组织牵拉远离胸壁,且将乳头放在托盘的中心,然后用一只手将乳腺固定乳腺保持上述位置。

4. 同时嘱受检者将头偏向对侧乳腺方向,身体前倾;提升对侧乳腺,转动受检者,直至滤线器的胸壁缘紧靠在胸骨上。

5. 用乳腺上方的手,经过托盘胸壁缘,将受检乳腺后外侧缘提升到托盘上,可提高后外侧组织的可显示性(图 9-3-4)。

6. 缓慢加压。在加压过程中,固定乳腺的手向乳头方向移动,同时向前平展外侧组织以消除皱褶(图 9-3-5)。

7. 技师手臂放在受检者背后,手放在被检者查侧的肩上,这有助于受检者肩部松弛,同时用手轻推受检者后背,以防止受检者从乳腺摄影设备中脱离出来,用手指牵拉锁骨上皮肤,以缓解在最后加压过程中受检者皮肤的牵拉感。

8. 使受检者未被成像侧手臂向前抓住手柄。

9. 中心线:焦点到探测器距离 60cm,中心线自头端投射向尾端,沿乳头与胸壁的垂直连线中点射入。

10. 曝光因子:显示野 18cm×24cm;曝光条件:25~35kV,40~105mAs。

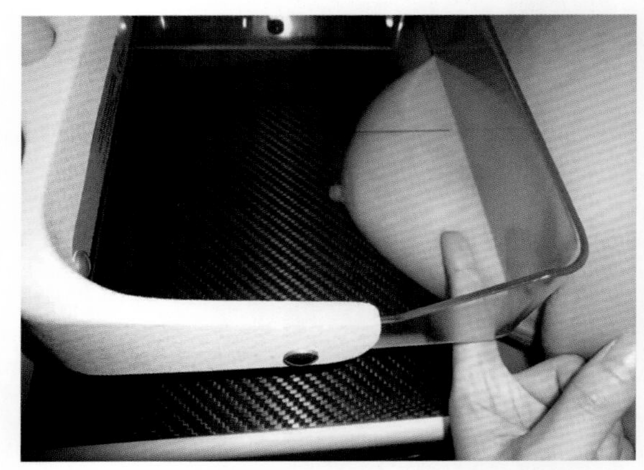

图 9-3-4 头尾位摆位,注意托盘边缘尽量包括乳腺的后外侧部分

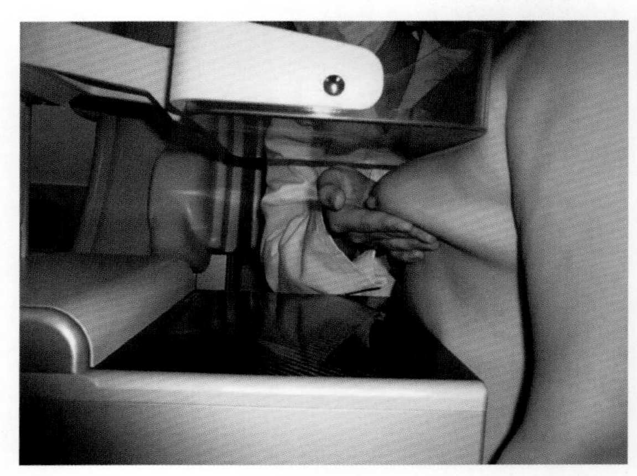

图 9-3-5 从后方向前方抚推乳腺,使腺体充分展平

3.1.2.2 体位分析

1. 此位置是乳腺的上下方向(轴位)的投影像。

2. 图像中乳腺的内、外侧呈切线显示,上下方向腺体重叠。

3. 操作者站于受检乳腺的同侧:①乳腺外侧皮肤松弛,压迫时容易产生皮肤皱褶,站在受检乳腺侧,可抚平压迫产生的皱褶。②控制受检者体位,方便操作者操作者从受检者背后将手置于其肩上,使肩部放松下垂,同时使胸部前倾,尽可能将全部腺体包括在图像之内。

4. 乳腺的位置主要在前胸外侧及侧胸壁前部,将托盘调至与乳腺下缘拐角处平面,为将乳腺铺平、均匀压迫的最佳高度。

5. 滤线栅内侧紧贴胸骨,可充分包括乳腺内侧部分的腺体,以弥补内、外侧斜位不容易包括内侧部分腺体之不足。

6. 上述双手牵拉法可将乳房组织轻轻牵拉离开胸壁,最大限度的使乳房组织呈现出来。

7. 受检者对侧手紧拉手柄的目的是使身体前倾,尽量使乳腺完全包括在图像内,者在小乳腺者非常重要。

3.1.2.3 标准图像显示

1. 双侧乳腺图像相对放置,乳腺呈半球形,双侧对称。

2. 乳头位于乳腺表面,未与腺体重叠。乳头位于图像中心的横轴线上。

3. 全部乳腺腺体位于显示野内,即乳腺的两侧缘,能显示胸大肌边缘。

4. 无皮肤皱褶。

5. 乳头后线(posterior nipple line,PNL)是从乳头到图像后缘的连线。在 MLO 位正确体位的前提下, CC 位上 PNL 的长度应比 MLO 位短 1cm。

6. 图像质量好,具有良好的对比度、清晰度:乳腺纤维腺体边缘清楚,锐利度一致,与周围脂肪结构对比明显。乳腺皮肤呈线状,边缘锐利。韧带、血管显示清晰。能显示微小病变,如微钙化灶(0.2mm 的细小钙化)、轻度腺体增厚、扭曲等。

7. 摄影条件恰当,可见透过最致密实质的脉管结构显示。

8. 无运动伪影,无异物。

9. 文字标记规范(图 9-3-6)。

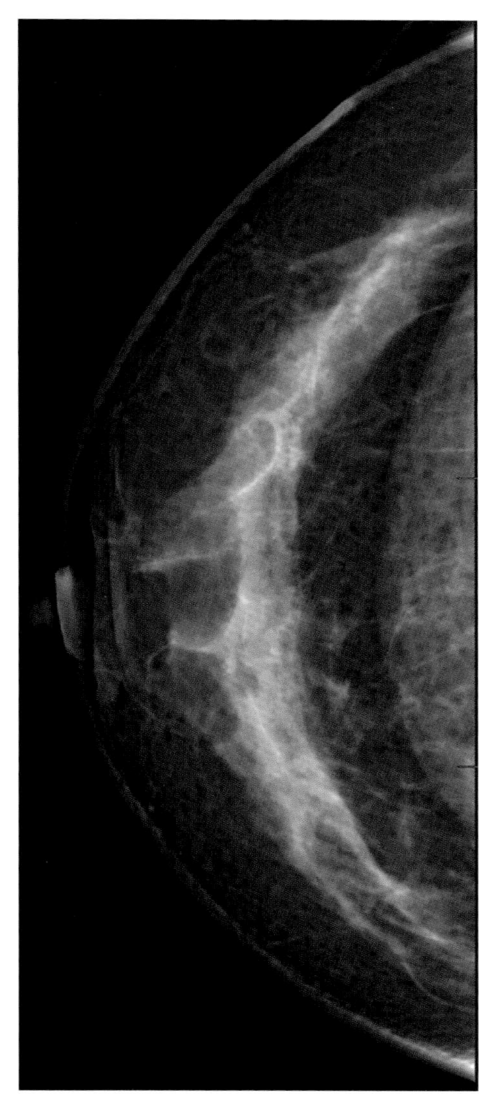

**图 9-3-6** 头尾位标准图像,乳头与腺体不重叠,腺体充分包括在视野内,胸大肌和乳后间隙可见。图像对比度、清晰度良好

3.1.2.4 常见非标准图像显示

1. 腺体显示不完整。因滤线栅未紧贴胸骨,内侧腺体未包括在显示野内;身体前倾不充分,后部腺体未包括,胸大肌未能显示(图 9-3-7)。

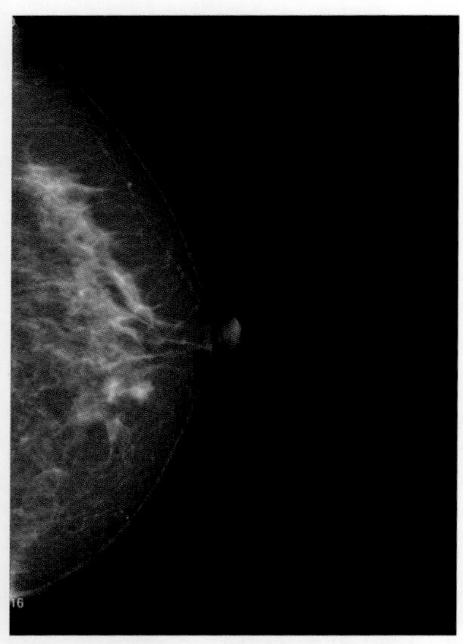

图 9-3-7　因滤线栅未紧贴胸骨,内侧腺体未包括在显示野内;身体前倾不充分,后部腺体未包括,胸大肌未能显示

2. 中心线射入点或射入方向偏离、乳腺摆放不标准,乳头与腺体重叠(图 9-3-8)。

3. 乳腺未被充分展平,或加压不规范,腺体变形,边缘锐利度不一致。

4. 出现皮肤皱褶(图 9-3-9)。

5. 身体其他结构重叠图像内,或图像内出现异物。

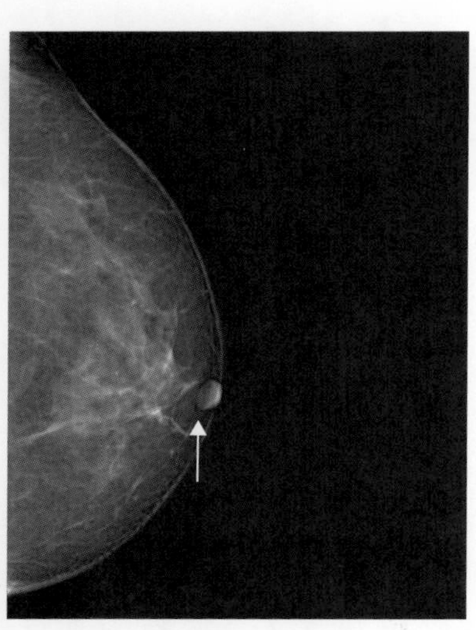

图 9-3-8　中心线射入点或射入方向偏离、乳腺摆放不标准,乳头与腺体重叠(箭头)

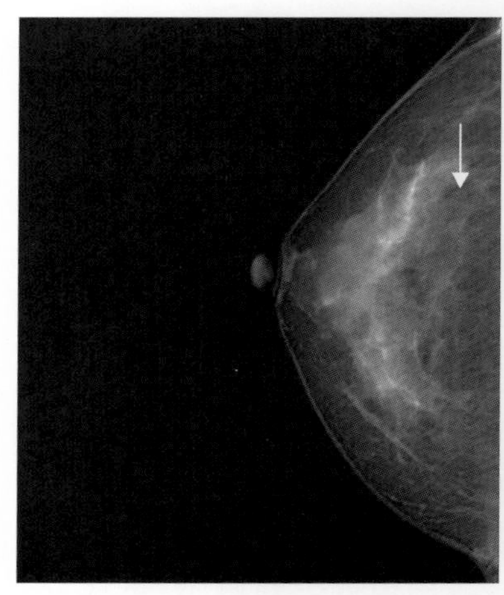

图 9-3-9　乳腺未充分展平,出现皮肤皱褶(箭头),以后外侧较明显

6. 运动伪影,腺体模糊不清。

7. 摄影条件过低或过高,组织结构无对比或被穿透。

3.1.2.5　注意事项

1. 头尾位作为一种常规摄影体位,应确保在内外侧斜位中可能漏掉的组织在头尾位中显示出来。在内外侧斜位最有可能漏掉后下和内侧腺体组织。因此,在头尾位摄影体位上显示所有内侧组织和后下部组织是十分必要的。同时应尽可能多包外侧组织。

2. 向上向外牵拉乳腺,如果承托乳腺的手离开太早,乳腺就会下垂,从而导致组织的不充分分离,造成组织影像相互重叠。

3. 乳腺压迫会减小其厚度,从而减少放射剂量及影像模糊程度。压迫程度应该恰当,正常情况下加压到乳腺尽量变薄的状态,前提是在患者的耐受程度之上。乳腺恶性肿瘤、脓肿等患者,注意不得过度加压,以免引发肿瘤转移或病变破裂。

4. 对于有些女性,月经前期或月经期,她们的乳腺组织变得十分敏感。乳腺摄影应在她们的乳腺最不敏感时进行。对于部分尤其敏感的女性受检者,应在乳腺摄影检查之前用药物治疗来缓解乳腺的触痛。

5. 不正确的头尾位体位影像会导致严重遗

漏。操作人员应遵守规范,同时根据受检者乳腺形态、大小而异,调整体位,获得完整的乳腺和胸大肌影像。

6. 曝光前对受检者体位进行检查,确认对侧乳腺、头颅等部位无重叠到视野内方可曝光。

7. 如乳腺边缘位置较远,通过调整体位仍无法包括在内,应根据触诊加照切线位。

8. 乳腺影像方位正确,文字标记规范,避免位置、左右侧错误。

### 3.1.3 内、外侧斜位(medio-lateral oblique, MLO)

#### 3.1.3.1 体位设计

1. 受检者面对摄影设备站立,两足自然分开。如不能站立,则可取坐位,腰部用铅围裙进行防护。

2. 托盘平面与水平面成呈 30°~60°,使托盘(探测器)与胸大肌平行(图 9-3-10)。

3. 为了确定胸大肌的走向,嘱受检者肩部应松弛,操作者将手指放置在肌肉后方的腋窝处,轻轻向前推移胸大肌,明确其外侧缘走向。

4. 提升乳腺,向前、向后移动乳腺组织和胸大肌。

5. 受检者成像乳腺侧的手放在手柄上,移动受检者的肩部,使其尽可能靠近滤线栅的中心。

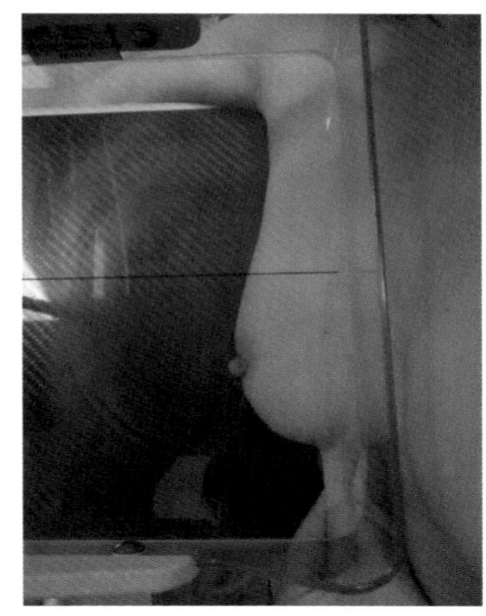

图 9-3-10 乳腺侧斜位摆位,托盘(探测器)与胸大肌外侧缘平行

6. 托盘的拐角放在胸大肌后面腋窝凹陷的上方,即滤线栅拐角处定位在腋窝的后缘,但要在背部肌肉的前方。

7. 受检者的臂悬在托盘的后面,肘弯曲以松弛胸大肌。向托盘方向旋转受检者,使托盘边缘替代技师的手向前承托乳腺组织和胸大肌(图 9-3-11)。

8. 向上向外牵拉乳腺,离开胸壁以避免组织影像相互重叠。

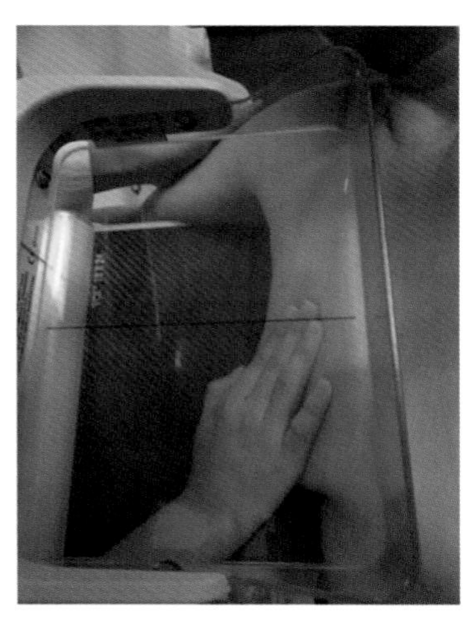

图 9-3-11 臂悬在托盘的后面,肘弯曲以松弛胸大肌(左图)。向托盘方向旋转受检者,使托盘边缘替代技师的手向前承托乳腺组织和胸大肌(右图)

9. 随后开始压迫,压迫板经过胸骨后,压迫器的上角应稍低于锁骨,当将手移开成像区域时,应该用手继续承托乳腺,直至有足够压力能保持乳腺位置时。

10. 最后步骤是向下牵拉腹部组织,打开乳腺下皮肤皱褶。

11. 非检侧乳腺对检查有影响时,让受检者用手向外侧推压。

12. 焦点到探测器距离 60cm,中心线从乳腺的上内侧面到下外侧面,约呈 60°角射入探测器。

13. 曝光因子:显示野 18cm×24cm,曝光条件:25~35kV,40~105mAs。

3.1.3.2 体位分析

1. 此位置为乳腺的侧、斜位投影像。

2. 乳腺附着于胸大肌表面,托盘(探测器)边缘以胸大肌边缘为准,才能确保包括乳腺组织。

3. 托盘(探测器)走向必须与胸大肌外缘平行,才能最大限度显示乳腺。胸大肌外缘角度因受检者体型而异,匀称体型者角度为 40°~50°,高瘦者所需角度(50°~60°),矮胖患者(30°~40°)。

4. 托盘(探测器)上缘抵达腋窝,压迫器的上缘接近锁骨,以便包括副乳和腋窝淋巴结。

5. 该位置牵拉和推移乳腺的方向为向外向上,称为"向外向上法",目的是将乳腺最大限度展开、铺平。

6. 乳腺呈不同程度的自然下垂状态,大乳腺与腹部之间形成皱褶,向外上提升乳腺也起到避开腹壁的影响。

7. 乳腺的内侧部分平坦,与胸壁结合较外侧紧密,加压板侧缘应紧贴胸骨。

3.1.3.3 标准图像显示

1. 双侧乳腺图像相对放置,乳腺呈菱形,双侧对称。

2. 乳腺无下垂,呈切线位显示,与腺体无重叠。乳头长轴延长线与胸大肌垂直。

3. 乳腺腺体显示完整,特别强调的是乳腺后下缘包括在图像内。胸大肌前缘包括在图像内,自后下向前上方向走行。

4. 乳腺与胸大肌之间的脂肪间隙(乳后间隙)存在,乳腺腺体与胸大肌无重叠。

5. 腋窝前部分包括在图像内。

6. 乳腺下皱褶分散展开,且能分辨。也无其他皮肤皱褶。

图像质量好,具有良好的对比度、清晰度:乳腺纤维腺体边缘清楚,锐利度一致,与周围脂肪结构对比明显。乳腺皮肤呈线状,边缘锐利。韧带、血管显示清晰。能显示微小病变,如微钙化灶(0.2mm 的细小钙化。)、轻度腺体增厚、扭曲等。

7. 摄影条件恰当,可见透过最致密实质的脉管结构显示。

8. 无运动伪影,无异物。

9. 文字标记规范(图 9-3-12)。

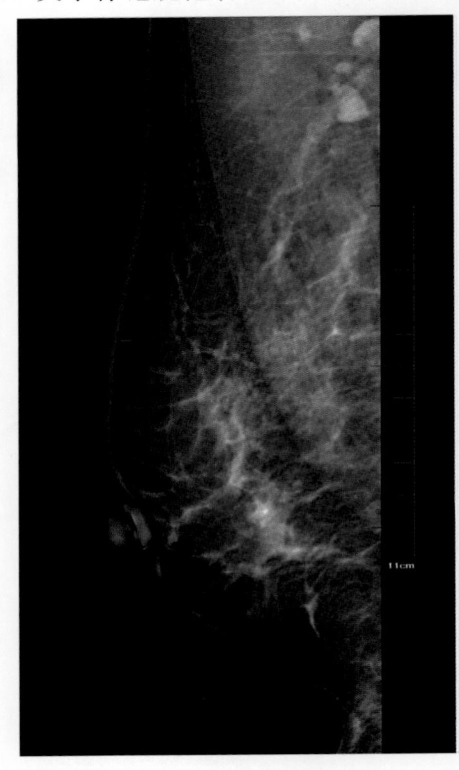

**图 9-3-12** 侧斜为标准图像,乳头与腺体不重叠,腺体充分包括在视野内,胸大肌和乳后间隙可见,乳腺下方皮肤无皱褶。图像对比度、清晰度良好

3.1.3.4 常见非标准图像显示

1. 腺体显示不完整,托盘(探测器)下部位置偏前,后下部腺体未包在图像内。

2. 中心线方向偏斜或乳腺位置偏斜,乳头与腺体重叠(图 9-3-12)。

3. 结构显示不佳,不能观察淋巴结和副乳。

4. 托盘(探测器)角度未与胸大肌外侧缘平行,胸大肌影像与图像边缘平行。

5. 托盘(探测器)位置偏前,胸大肌未显示;托盘(探测器)位置偏后,胸大肌与乳后间隙重叠(图 9-3-13)。

6. 身体其他结构重叠图像内,或图像内出现异物。

7. 运动伪影,腺体模糊不清。

8. 摄影条件过低或过高,组织结构无对比或被穿透。

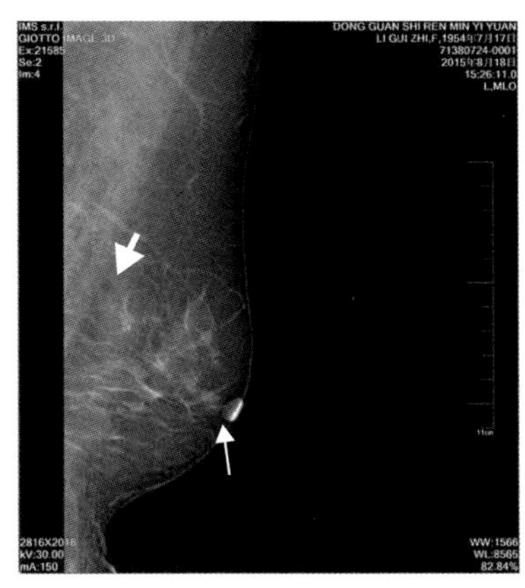

**图 9-3-13** 摆位方向和中心线方向不准确,乳头与重叠(箭头),乳腺腺体后部与胸大肌重叠,乳后间隙未显示(粗箭头)

3.1.3.5 注意事项

1. 内外侧斜位投照,注意使托盘(探测器)与胸大肌的角度平行,否则将导致乳腺组织的减少。故托盘角度必须调整到与受检者体型相适应,以利于最大量的组织成像。

2. 托盘(探测器)拐角放在胸大肌后面腋窝凹陷的上方,但要在背部肌肉的前方,即托盘后缘要前后适中,以免漏照腺体或侧胸壁结构与乳腺重叠。

3. 双侧乳房的体位角度通常相同。患者检查后,可记录 MLO 所用角度,供复查时使用,保持乳腺图像前后一致性,便于病变的对比。

4. 操作者要注意向上向外牵拉乳房,使腺体离开胸壁,避免组织影像的相互重叠。

5. 加压过程中,操作者手腺体位置固定后缓慢离开,离开过早乳头会下垂。

6. 向外向上推移乳腺应该到位,是乳腺充分铺平,是加压后腺体分布均匀。

7. 乳腺下皱襞和腋窝均应包括在照射野内。

8. 因小乳腺或乳腺内侧与胸壁不能分开而不能显示乳腺内侧部分者,应加照补充位。

9. 乳腺压迫会减小其厚度,从而减少放射剂量及影像模糊程度。压迫程度应该恰当,正常情况下加压到乳腺尽量变薄的状态,前提是在患者的耐受程度之上。乳腺恶性肿瘤、脓肿等患者,注意不得过度加压,以免引发肿瘤转移或病变破裂。

10. 对于有些女性,月经前期或月经期,她们的乳腺组织变得十分敏感。乳腺摄影应在她们的乳腺最不敏感时进行。对于部分尤其敏感的女性受检者,应在乳腺摄影检查之前用药物治疗来缓解乳腺的触痛。

11. 曝光前对受检者体位进行检查,确认对侧乳腺、头颅等部位无重叠到视野内方可曝光。

## 3.2 补充摄影体位

### 3.2.1 90°侧位,包括(内外 medio-lateral,ML)和外、内侧位(lateral-medio,LM)

3.2.1.1 应用

90°侧位(也称直侧位、真侧位)是最常用的补充体位。主要用于侧斜位或头尾位仅有一个位置发现病变,则加照 90°侧位证实有无病灶;以上两个常规位置均未能显示病灶,但临床触诊发现病变;两个常规部位均发现病灶,进一步了解病灶结构,可根据病灶的位置,应用内侧位或外侧位,以较少物至接受媒体的距离,较小模糊程度。另外,还有利于病灶的精确定位,90°

侧位上病变相对于乳头距离的定位的改变,可用来确定病变是位于乳腺的内侧、中间,还是外侧。例如,如果在90°侧位上病变相对于乳头有所升高或比 MLO 上的位置较高,那么病变就位于乳腺的内侧。如果在90°侧位照片上病变相对于乳头有所下降,或比 MLO 上的位置较低,则病变位于乳腺的外侧缘。如果病变在 MLO 和90°侧位中无明显改变,则位于乳腺的中间。

3.2.1.2　体位设计

3.2.1.2.1　外内侧位

1. 受检者面对摄影设备站立,两足自然分开。如不能站立,则可取坐位,腰部用铅围裙进行防护。

2. 托盘与水平面呈90°,托盘后缘与紧贴胸骨,上缘平胸骨颈静脉切迹。

3. 被检者颈部前倾,下颌置于托盘上缘。

4. 球管转90°,位于被检侧的外侧(图9-3-14)。

5. 向托盘方向旋转被检者,使压迫板经过胸大肌外缘。

6. 嘱受检者手臂抬高,肘部弯曲,以松弛肌肉;向上内牵拉乳腺,直至乳腺位于托盘中央。

7. 向下轻轻牵拉腹部组织,消除下部皮肤皱褶。

8. 压迫板从外向内逐渐压迫乳房,同时操作者抚平乳房,待乳房固定后慢慢将手移开。

图9-3-14　90°外内侧位,托盘与水平面垂直,置于被检侧乳腺的外侧

9. 焦点到探测器距离60cm,中心线由外侧向内侧垂直射入探测器。

10. 曝光因子:显示野18cm×24cm,曝光条件:25～35kV,40～105mAs。

3.2.1.2.2　内外侧位

1. 受检者面对摄影设备站立,两足自然分开。如不能站立,则可取坐位,腰部用铅围裙进行防护。

2. 托盘与水平面呈90°,托盘后缘与紧贴腋侧,大致位于腋中线上,上缘缘抵达腋窝皱襞。

3. 被检者肩部前倾。

4. 球管转90°,位于被检侧的内侧。

5. 向托盘方向旋转被检者,使压迫板经过胸骨。

6. 嘱受检者手臂抬高,肘部弯曲,以松弛肌肉;向上外牵拉乳房,直至乳房位于托盘中央。

7. 向下轻轻牵拉腹部组织,消除下部皮肤皱褶(图9-3-15)。

8. 压迫板从内向外逐渐压迫乳房,同时操作者抚平乳房,待乳房固定后慢慢将手移开。

9. 焦点到探测器距离60cm,中心线由内侧向外侧垂直射入探测器。

图9-3-15　90°外内侧位,托盘与水平面垂直,置于被检侧乳腺的内侧

10. 曝光因子：显示野 18cm×24cm，曝光条件：25～35kV，40～105mAs。

3.2.1.3　体位分析

1. 为乳腺侧标准侧位投影像。

2. 乳腺的上缘与下缘呈切线投影。

3. 托盘垂直于水平面，即与人体矢状面平行。

4. 中心线由内向外或由外向内水平投照。

5. 操作者牵拉乳腺和抚平乳腺的方向应与托盘平行。

3.2.1.4　标准图像显示

1. 双侧乳腺图像相对放置。

2. 乳腺呈半球形，腺体形态上下对称，完整地包括在显示野内。

3. 乳头呈切线位，位于乳腺的中部。

4. 胸大肌前缘包括在视野内，其边缘与图像边缘平行，乳后间隙存在。

5. 乳腺上下无皮肤皱褶。

6. 乳腺下皱褶分散展开，且能分辨。也无其他皮肤皱褶。

图像质量好，具有良好的对比度、清晰度：乳腺纤维腺体边缘清楚，锐利度一致，与周围脂肪结构对比明显。乳腺皮肤呈线状，边缘锐利。韧带、血管显示清晰。能显示微小病变，如微钙化灶（0.2mm 的细小钙化）、轻度腺体增厚、扭曲等。

7. 摄影条件恰当，可见透过最致密实质的脉管结构显示。

8. 无运动伪影，无异物。

9. 文字标记规范（图 9-3-16）。

3.2.1.5　常见的非标准图像显示

1. 乳腺腺体包括不全，上部或下部未包括在视野内。

2. 乳腺腺体后部包括不全，乳后间隙和胸大肌前缘未包括在视野内。

3. 乳头未成切线位，与腺体重叠。

4. 乳腺为充分抚平，上下出现皮肤皱褶，或皮肤皱褶与腺体重叠。

5. 投照方向不正确，乳腺上下部不对称。

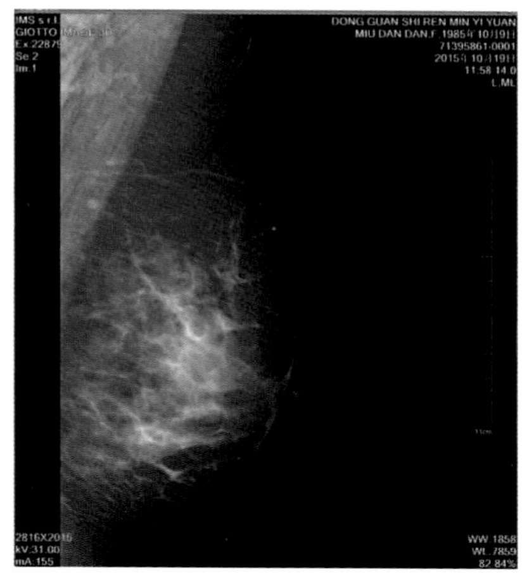

**图 9-3-16**　标准 90°内外侧位图像，胸大肌与乳腺腺体后缘趋向平行，乳腺腺体后下部包括在显示野内

6. 运动伪影，腺体模糊不清。

7. 摄影条件过低或过高，组织结构无对比或被穿透（图 9-3-17）。

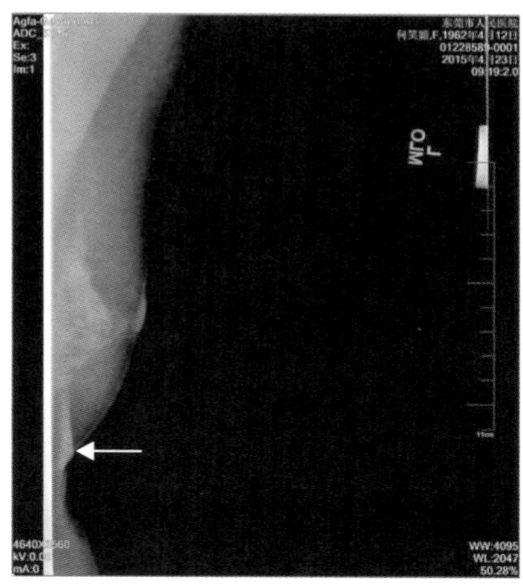

**图 9-3-17**　乳腺 90°侧位，下部腺体处见皮肤皱褶（箭头）。摄影条件不当，射线穿透力不足，结构显示欠清楚

3.2.1.6　注意事项

1. 乳腺侧位与侧、斜位不同，操作时应注意托盘与中心线的方向。

2. 充分牵拉和抚平乳腺，避免出现皮肤皱褶。

3. 托盘后缘位置适当，过于前移不能包括乳后间隙和胸大肌前缘，过于后移则造成胸大肌影与乳腺腺体重叠。

4. 乳腺侧位主要目的是用于对病变的定位和证明是否有病变的存在，需根据触诊或病变可能在内、外侧，决定投照方向。

### 3.2.2 其他的补充位

#### 3.2.2.1 应用和体位设计

(1)切线位(tangential projection, TP)

部分乳腺皮肤或皮下组织的钙化、肿块等病变可投影于乳腺内，在常规侧、斜位和头尾位上观察被误认为是乳腺腺体病变，也用于显示紧贴胸壁的病变、位于乳腺边缘的病变，均可采用切线位鉴别和显示。切线位投照机架旋转角度可以灵活掌握，以正确地显示病变的位置和发现病变为目的，中心线的投照方向以病变的切线方向一致(图 9-3-18A ~ C)。

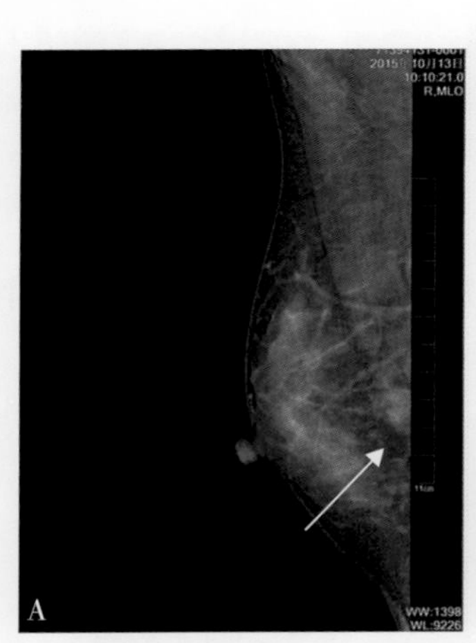
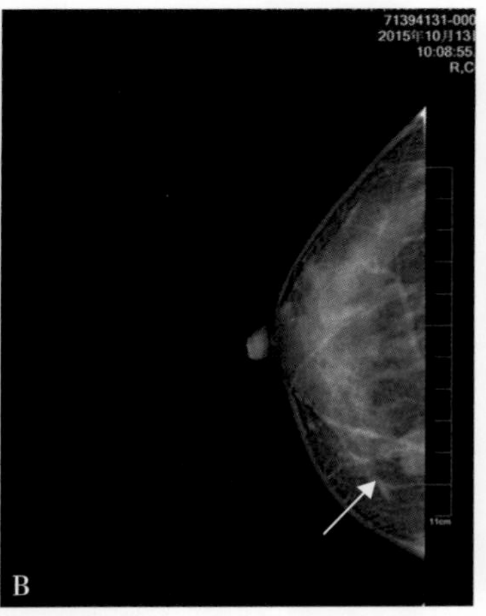
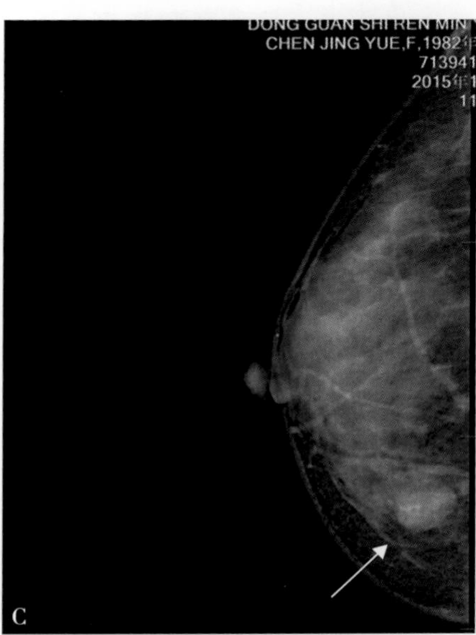

**图 9-3-18A~C** 图 A、B 为常规位置，乳腺后下部病变显示不完全(箭头)。图 C 为切线位，使中心线投照方向与病变切线方向一致，病灶能全面包括(箭头)

(2) 定点压迫位(fixed-point pressure ,FP)或锥形压迫(cone pressure,CP)

定点或锥形压迫是一个较多应用的简单技术，有助于发现密集组织区域的显示模糊不清的病灶和可疑病灶。与整体乳房压迫相比，定点压迫能允许感兴趣区厚度有更大幅度减小，提高乳房组织的分离。定点压迫位用来对感兴趣区域内组织结构正常与异常的校准，此校准结合减小的乳房厚度，可产生更高的对比和对发现物的更精确的评估。定点压迫位通常结合小焦点放大摄影来提高乳房细节的分辩率。

各种尺寸的定点压迫设备，尤其是较小的设备，均可进行较为有效的定点压迫。根据最初的乳腺摄影照片，放射技师通过确定病变的具体位置来确定小的压迫装置的放置。为了确定病变的具体位置，测量：①从乳头垂直向后画线的深度；②在上下或内外方向上这条线到病变的距离；③从病变到皮肤表面的距离。用手模拟加压，将 3 种测量值转换成标记来确定病变的具体位置。然后将中心的定点压迫装置放在病变上方。中心线通过显示目标的中线垂直射入。

(3)放大位(amplifying position, AP)

有或没有定点压迫的放大位，均有助于通过对病灶密度或团块的边缘和其它结构特征更加精确地评估，有利于对良恶性病变进行区分。放大位还对钙化点的数目、分布和形态具有更好的显示。此技术还可以扩展在常规体位中不明显的意外发现物。

放大位是通过增加乳腺和接受媒介之间的距离来实现的，需要一个放大平台来分离被压乳腺和接受媒介，分离的距离大小应与被观察的腺体放大率为1.5～2倍相对应。投照时所用X线管焦点的测量尺寸不能超过0.2mm（0.1mm更好），以消除物体－接受媒介之间的距离变大、几何模糊增加的影响。放大率越大，所需焦点越小。放大乳腺摄影十分关键的是由于采用空气间隙和微焦点技术，会导致对患者的相对更长时间的曝光，而增加辐射剂量。

（4）夸大头尾位（Excessive cranio-caudal lucation，XCCL）

夸大头尾位能显示包括大部分腋尾的乳房外侧部分的深部病变，也用于显示近腋窝副乳及其病变。体位设计与常规的头尾位相同，但在提升完乳房下部皱褶后，转动患者直至乳房的外侧位于托盘上。如果肩部稍微挡住了压迫器，可使球管向外侧旋转5°角，以保证压迫器越过胸骨头，不要向下牵拉肩部，而使双肩位于同一水平上。中心线于上下方向经过乳腺外侧中线射入（图9-3-19）。

图9-3-19 夸大头尾位，为了包括大部分腋尾的乳房外侧部分的深部病变，托盘位置摆放偏后外侧，中心线于上下方向经过乳腺外侧中线射入

（5）乳沟位（cleavage，CV）

乳沟位（双乳房压迫位）是用于增加乳房后内深部病变显示的体位。被检者的头转向兴趣侧的对侧，操作者可以站在患者背后，弯曲双臂环绕患者，双手触及患者双侧乳房，也可以站在患者被检乳房内侧的前方。重要的步骤是提升乳房下皱褶，且将双乳房放在托盘上。向前牵拉双侧乳房的所有内侧组织，以便于乳沟成像。探测器位于乳沟开放位置的下面，必须使用手动曝光技术；如将被检测乳房放置在探测器上方，且乳沟轻微偏离中心，则可以使用自动曝光技术。中心线于上下方向经乳沟或被检测乳腺内侧射入（图9-3-20）。

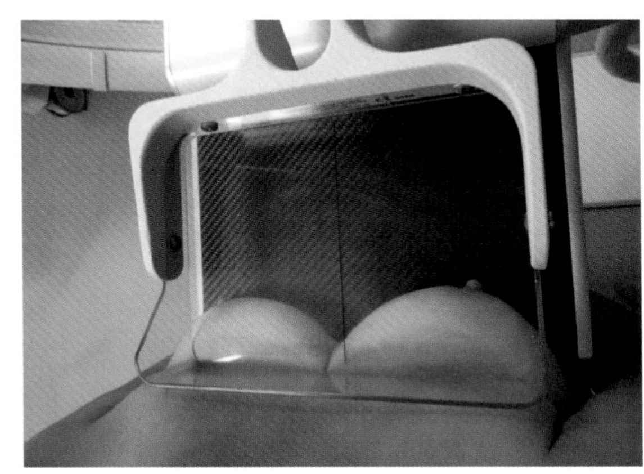

图9-3-20 乳沟位，探测器位于乳沟开放位置的下面，将被检测乳房放置在探测器上方，乳沟轻微偏离中心，中心线于上下方向经乳沟或被检测乳腺内侧射入

（6）旋转位投照（cycloposition，CP）

常规摄影后，需要排除投射路径上致密乳腺组织重叠掩盖病变时，可加摄旋转头尾位或旋转内外斜位，即顺时针或逆时针旋转乳房，改变乳房内部乳腺组织的投射角度，保持旋转状态进行压迫后摄影。旋转方向应标记在图像上。

（7）人工（植入物）乳腺成像（The augmented breast ID）

人工乳腺的成像是个特殊问题，并向技师和放射医生提出挑战，需要引起特别重视。可采取常规的头尾位和内外斜位，需要手动设置曝光参数，压迫程度受植入物的可压迫性限制。除了这些常规体位外，人工乳房患者应该有修正的头尾位和修正的内外斜位。在修正体位中，植入物相对于胸壁向后向上移位，轻轻牵拉乳房组织向前放置至影像接收器上，同时用压迫装置固定此位置。

对于头尾位来说，相对于植入物的上方和下方的组织与前方组织一起向前牵拉。对于内外斜位来说，上内和下外方组织与前部组织一起向前牵拉。此过程可以大大改善乳房组织的可视性。

人工(植入物)乳腺头尾位的5个步骤：

①让患者从腰部向前屈曲，用操作人员的手指向前牵拉乳房组织，使其替换后方的植入物，然后让患者站直。

②让患者将她的对侧手放在乳房下，并紧靠在肋骨上。

③轻轻牵拉乳房组织将其放在托盘上，并用手的边缘按住下部组织，紧贴在滤线器的边缘。

④让患者前倾身体，紧靠在手上(有利于对植入物的进一步替换)。

⑤进行压迫(可使用来向前牵拉乳房组织，有利于压迫)。

人工(植入物)乳腺内、外侧斜位的5个步骤：

①让患者从腰部向前屈曲，用的手指向前牵拉乳房组织，使其替换后方的植入物，然后让患者站直。

②让患者将手放在手柄上，滤线器的拐角位于腋部后方。

③用你的手指边缘牵拉外侧组织，靠在滤线器的边缘。

④询问患者是否感觉到滤线器紧靠在她的肋骨或乳房上。如果她的回答是“乳房”，则让她的身体斜倚在滤线器上；如果答复是“肋骨”，那么你应该重新开始，因为植入物没有充分被替换。

⑤进行压迫。

3.2.2.2 体位分析

1. 上述其他乳腺补充位置摄影是于常规位置不能显示的病变或显示不清的病变的补充位置，投照点具有很大的灵活性和多变性。

2. 托盘的放置以病变位置为准。

3. 中心线以病变为中心射入。

4. 补充位置强调局部显示，被检的的体位、托盘位置和中心线点合理，不得与其他结构重叠。

3.2.2.3 标准图像显示

1. 观察目标完全包括于显示野内(图9-3-21)。

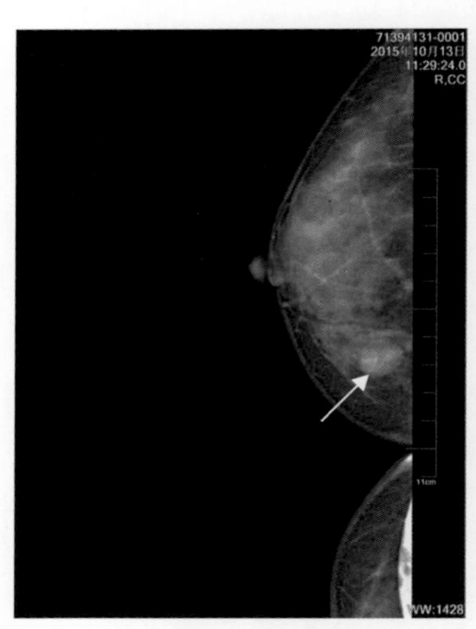


图9-3-21 标准的乳沟位图像，病变位于乳腺内侧，中心线投照方向以病变位置准，病灶能全面包括(箭头)，并显示乳沟

2. 各补充位置所显示的病变的区域正确：如切线位上病变呈切线显示，与其他结构分离或与其他结构之间的关系明确。定点压迫位和放大位能清楚显示乳腺致密组织内的结构和病灶，清晰度较高。夸大头尾位和乳沟位视野包括的范围正确(图9-3-22)。

3. 曝光条件正确，图像具有良好的清晰度和对比度。

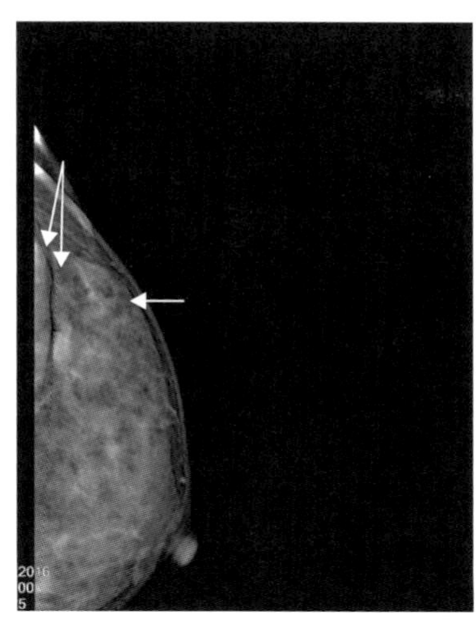

**图 9-3-22** 夸大头尾位能全面显示外侧腺体及腺体紊乱的异常表现(箭头),并显示出乳后间隙和胸大肌(分支箭头)

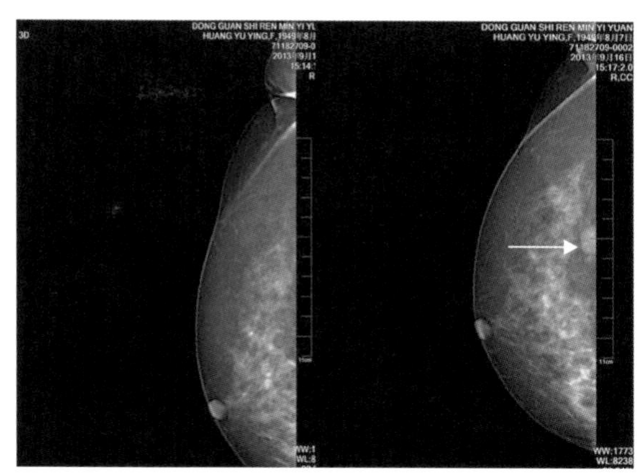

**图 9-3-23** CC 位(左图)未包全外侧腺体,致病变遗漏。补充切线位(右图)位置、方向不当,仍未包全病变(箭头)

3.2.2.4 常见的非标准图像显示

1. 补充位置应用不正确,未达到显示目的(图 9-3-23)。如切线位病变与其他结构重叠。

2. 诊断要求的结构未充分显示在图像内,或部分照漏。

3. 病变紧贴在胸壁,位置固定,无法完全显示。

4. 焦点应用错误,图像模糊的增加(特别强调的是放大位)。

5. 曝光条件应用不当,即曝光条件过高或过低均导致结构不能充分显示。

3.2.2.5 注意事项

1. 根据显示目的及乳腺类型、病变位置、结构乳腺来决定应用哪一种补充位。

2. 触诊对于补充位的应用具有的重要的指导作用。

3. 补充位投照时,应选择小焦点投照。特别在放大位,小焦点能有效地减小结构的模糊度。

4. 操作者应该按组织的厚度,正确使用曝光条件。推荐使用手动曝光。

5. 对于肌肉前植入物,也称做腺体下或乳房后植入物,对压迫较为敏感,不得过度压迫,以避免植入物破裂。植入物投照中,操作人员手部固定乳房的替换困难较大,特别是乳房组织自然发育不良的患者,替换的操作十分困难。如果植入物不能充分替换,在常规 CC 位和 MLO 位植入物替换体位的基础上要附加 90°侧位。

# 第4节 乳腺摄影的质量控制

乳腺组织本身密度差小，病变组织与腺体的密度接近。虽然病变组织出现钙化率高，重要病变例如乳腺癌钙化多为细微钙化灶，故乳腺摄影对图像质量要求高，质量控制在乳腺摄影中占有重要的地位。

## 4.1 乳腺X线图像质量评估要点

### 4.1.1 对比度与光学密度

乳腺X线图像的对比度(contrast)可定义为照片上相邻区域间光学密度(optical density, OD)的差异，即能使眼睛观察到乳房内的微小的衰减差异的能力。图像质量中在对比度方面，腺体组织应具有至少1.0的光学密度，1.4~2.0的光学密度最有利于对病变的观察；脂肪组织的光学密度至少为1.2，以在1.5~2.0内为好，不可大于3.1，胸壁肌肉组织光学密度大于1.0，可显示肌肉下的腺体组织；可分清乳房腺体组织的不同密度和层次；全部皮肤线隐约可见(图9-4-1)。

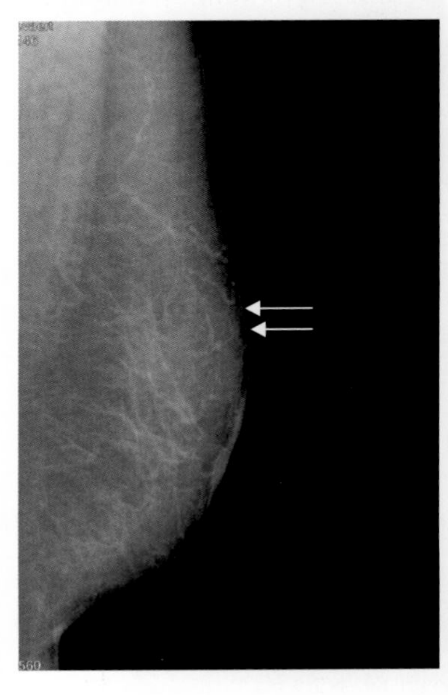

**图9-4-1** 光学密度在1.5~2.0，从肌肉、腺体组织到脂肪组织对比度好，皮肤隐约可见(箭头)

乳腺摄影对比度的重点是以观察乳房内腺体和脂肪组织为主。较薄的乳房组织对比度较高，较厚的乳房影像对比低。其原因是，较厚的乳房中散射线较多，且组织对低管电压射线的吸收也较多。如果一项乳腺摄影检查没有足够的对比，乳房组织将呈现为一致的外观，观察不到解剖结构下的复杂性。在这种情况下，不同厚度的组织可能具有十分近似的光学密度。如果皮肤线清晰可见，则表明影像对比度低下。

### 4.1.2 清晰度与模糊度

清晰度(definition)是乳腺图像中显示微小细节的能力，例如针状结构的边缘(图9-4-2)。在影像中，模糊度(ambiguity)通过微小线性结构边缘、组织边缘和钙化的模糊程度表现出来。模糊度可以用来衡量清晰度，即图像内微小结构边缘约清楚锐利，模糊度就越小；图像微小结构边缘模糊，即模糊度较大，图像清晰度则低。为了乳腺图像具有足够的清晰度、最小程度的模糊度，保证微小结构能显示出来，焦点尺寸、规则的乳房压迫、恰当的乳房固定、图像处理、曝光条件和曝光时间均有严格的要求。

### 4.1.3 空间分辨率

空间分辨率(spatial resolution)为衡量乳腺图像质量的重要指标，它是指能分辨最短距离的两点的能力，也就是说能分辨出图像中的两点之间的距离越小，空间分辨率越高，反之越低。在理论上空间分辨率越高图像质量越高，

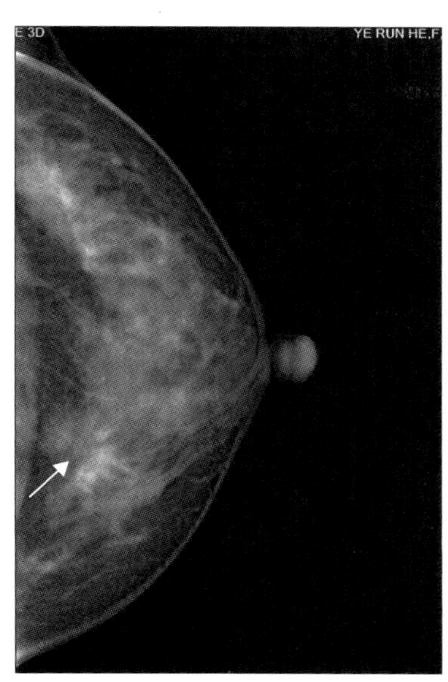


**图 9-4-2** 图像清晰度好，边缘锐利，模糊度小，能显示病灶内细小针状钙化（箭头）

但实际工作中，所有图像的空间分辨率是有限的。传统 X 线摄影，由于 X 线的波长短，直接在胶片和增感屏上感光，故其空间分辨率高于数字化影像，后者的空间分辨率是以接受媒介的感光晶体和充电电容为单位所组成的像素所决定，即像素越小空间分辨率越高，数字影像的空间分辨率很大程度上是由接受媒介的性质决定的。乳腺的空间分辨率的测试值应该达到≥10LP/mm。例如对 DR 空间分辨率的测量，需要相互垂直的两组矩形波测试卡来测量探测器两个方向（CR 阅读器激光扫描方向和成像板运动方向、DR 平板探测器相互垂直的两个方向）的空间分辨率（测试模体的最大分辨率≥10LP/mm）。另外，为了评估系统对分辨率的相应特性，还需要一组与前两组呈 45°角的矩形波测试卡（测试模体的最大分辨率≥14LP/mm）。极限值：低于极限分辨率的 10% 范围以内。

### 4.1.4 层次

根据乳腺内组织对比度低和乳腺影像临床诊断的基本要求，乳腺图像应该能最佳显示出解剖结构和病变信息。这就要求乳腺图像具有丰富的层次（gradation）才能满足诊断的需要。图像中能够显示纤维腺体形态、致密型腺体内部结构及穿行的血管影、脂肪组织、皮肤及 Cooper 韧带等。能够分辨出病变内部改变，包括腺体形态、微小的点状、针状钙化。数字化图像具有强大的信息后处理功能，甚至可以分别调整图像的最高密度区（肩部）、高密度区（直线部的上半部，高对比区）、低密度区（直线部的下半部，低对比区）和最低密度区（趾部）（图 9-4-3）。同时结合对灰阶直方图的调整，可以分别处理图像的腺体和脂肪组织区。这样可以在不改变某一组织对比度的情况下，使另一不同组织的对比度达到临床诊断的需求。

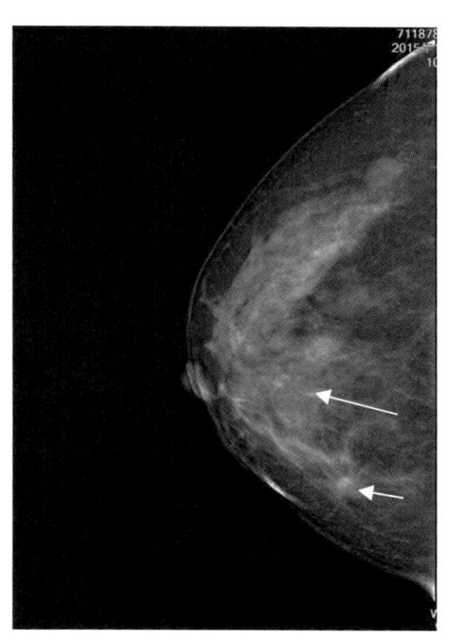

**图 9-4-3** 数字化乳腺 X 线图像，调节其密度曲线在最佳状态，图像层次丰富，能显示低密度脂肪和高密度腺体，并能显示高密度腺体内结构（长箭头）和病灶内结构（短箭头）

### 4.1.5 噪声

噪声（noise）或称图像斑点（spot），降低了诊断医生识别钙化等细微结构的能力，也降低了诊断的正确率，因此在医疗影像中应尽量降低噪声对影像质量的影响。图像的噪声分为几种，其中一种称为量子噪声，是由于成像设备吸收 X 线光子数量的涨落形成的，主要由曝光不足引起。量子噪声在传统的屏 - 片系统和数字化摄影中均可出现，表现为点状高密度，与“钙化点”相似（图 9-4-4）。量子噪声与技师选择的曝光量水平密切相关。

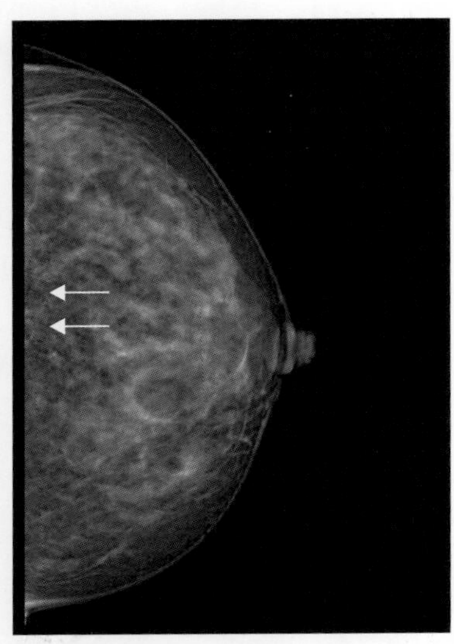

**图 9-4-4** 量子噪声(箭头),表现为点状高密度,与“钙化点”相似

在操作中,应在降低噪声、提高影像质量和尽可能的降低患者接受X线剂量中寻求最佳的应用技术。既不可为降低噪声而无限制的增加照射量,也不可过分的追求低剂量而造成影像质量的劣化。在影像诊断中,应考虑噪声出现的程度和所在的区域两个方面。程度上,所有噪声的出现要以不干扰正常的诊断工作为基本要求。区域上,在可视图像区间内的临床感兴趣区诊断图像区间内不可出现影响诊断的噪声。

加性噪声、乘性噪声、量化噪声和“胡椒盐”噪声等均由设备的特性、信息传输的稳定性和有关函数的调节有关。在使用设备时,应将各种因素调节在最佳状态,以保证良好的图像质量。

#### 4.1.6 伪影

伪影(artifact)是指在影像中没有反映物体真正衰减差异的任何像素值的改变。它通常由成像系统的硬件、软件后处理、外界干扰等因素所引起。

硬件因素:滤线栅伪影在滤线器的驱动装置发生故障时出现;IP扫描装置故障会导致扫描过程暂停或改变,从而造成图像畸变。在信号的采集和转换过程中,包含一系列的光学过程,当光学系统和其通路出现灵敏度或灰尘等干扰因素时,也会使图像产生伪影。图像显示设备的精度和物理性状也会产生干扰伪影,如显示器的像素固有频率和图像频率的匹配问题所引起的条带状伪影(图9-4-5)。这种原因还会导致部分细小病灶的丢失。后处理因素:滤波器频率的选择、卷积算法、邻域集合选择和滤波器窗口选择等因素均会造成伪影的产生。如边缘强化处理的程度过度,会在数字化乳腺影像中造成乳腺导管呈“干树枝样”改变。外界干扰因素:静电是对数字影像产生伪影的最常见外界干扰因素,可以造成横行白线影和图像密度不均的影像。操作者应该认识上述伪影及产生的环节,有利于消除伪影。

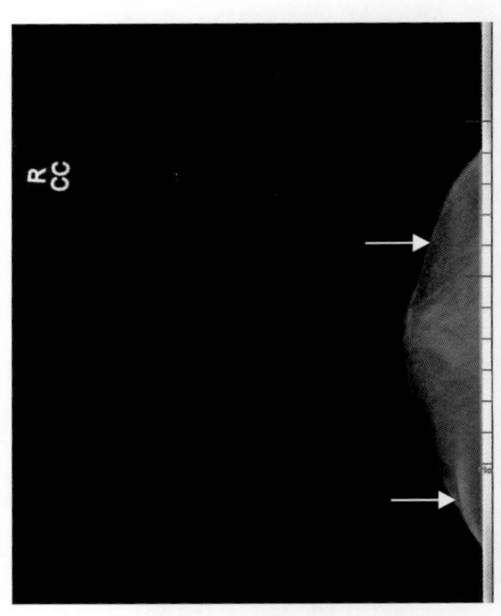


**图 9-4-5** 显示器的像素固有频率和图像频率的匹配问题所引起的条带状伪影(箭头)

## 4.2 乳腺X线摄影质量保证措施和工作程序

#### 4.2.1 乳腺投照技术人员要求

乳腺投照技术人员应该具有乳腺摄影技术资格,已经掌握了与乳腺摄影相关的基本知识、基本技能和基本理论,并定期参加专门培训和继续教育。了解乳腺摄影的原理、各种操作规

范，在乳腺放射诊断医生的指导下进行工作，具有评估图像质量的能力。

### 4.2.2 设备日常维护

确保设备达到质量控制标准，并进行适当的记录。

#### 4.2.2.1 环境控制

观察机房温度、湿度，将机房温度、湿度严格控制在符合要求的范围内。保持机房清洁。

#### 4.2.2.2 设备清洁

每人次行乳腺压迫板和检查台清洁。每日行乳腺摄影机、监视器及机房清洁。

#### 4.2.2.3 图像质量检测和调试

观察图像层次、清晰度、对比度和噪声等质量指标。每周行平面野测试、乳腺体模图像质量测试、调制传递函数和对比度噪声比测量、胶片冲印/打印设备调试、阅片灯/显示器条件测试。每月行自动曝光模式、信噪比、目视检查表检查；每季度行重复曝光分析检查，每半年进行压迫器测试。所有质量控制的检测结果均应记录在案备查。

#### 4.2.2.4 设备性能检查

包括机器部件的评估、焦点工作情况的评估、曝光参数准确性和可重复性的分析、X线质量的监测、自动曝光控制等。

### 4.2.3 工作程序

1. 登记员确保患者基本信息正确，给出的影像号与患者前次检查和相关检查一致。要准确完备的患者信息，有利于诊断医生理解图像，也有利于放射技师按患者的实际情况进行适当的检查，同时为乳腺摄影普查数据库的建立和信息统计打下基础。

登记员还要向患者提供即将检查的有关指导，告知患者检查中需要去除上身衣物、检查时需要加压等以消除紧张心理。

2. 乳腺投照技术员是操作的执行者，起到关键性作用。首先技术员认真核对和了解患者信息，包括病史、临床诊断、病变所在的位置等。了解前次检查信息包括腺体类型、加压厚度、摄影距离（cm）、曝光条件（kV、mAs）、入射剂量（mGy）、影像临床评估以及病理结果。以便决定投照方案。

3. 与患者充分沟通，对投照的体位详细解释，取得患者配合。

4. 技术员必须熟悉乳腺常见病变的临床和影像学表现，掌握基本的触诊技能，投照时充分了解病变所在的位置。

5. 对每个位置的乳腺进行认真观察和评估，确认图像质量达到诊断要求后才能结束检查。

6. 技术员在检查前、检查中和检查后应与乳腺X线诊断医生密切沟通，必要时请医生触诊、给出检查方案，按医生的要求加照补充位置。

## 4.3 图像输出和胶片打印

### 4.3.1 图像输出

软拷贝输出方式时，像素值的测量在影像每四分之一的中心和影像的正中心位置进行。计算每一兴趣区（ROI面积为1cm$^2$）内的平均像素值和标准差，平均数值应该在总体平均值的10%范围内。5个ROI中的标准差都应该基本相同。清单中所有荧光板的入射曝光量计算值都应该在实际测量值的±10%内（注意：包括kVp和附加滤过在内的这些特定需求都与销售商的要求相适应）。所有影像都要检查是否有条纹、黑白点和斑痕。“唯一的”不重复出现的伪影通常归因于成像板的问题，而在几幅或所有影像中稳定出现的伪影则很可能是设备造成的（CR系统的阅读仪和平板探测器）。某一特定成像板出现伪影后，要在对其清洁后进行激光擦除处理，然后重新测试。如果问题仍然存在，应该对此IP进行维修。出现横跨影像的阴影呈稳定过渡时，这是由X线管的拖尾效应引起的，把成像板旋转180°再曝光时会消除这种变化。采取此措施后如果还出现这种改变的话，维修工程师应该对此明暗阴影进行校正。

4.3.2 图像打印

打印(冲印)胶片要注意保证影像背景黑化度,乳腺组织影像的层次和对比度,着重关注乳腺内实质的显示。

格式要求:①常规内外斜位和头尾位图像屏幕显示或胶片打印,双乳相同投照体位应配对背靠背摆放,内外斜位乳腺上、下不能倒置。头尾位要求图像上方为乳腺外侧,下方为乳腺内侧。②每一投照方位图像上显示的字符应与乳腺影像一致。③屏片系统摄片在乳腺图片的外上及外下空白处应标识医院名称、投照技师代码、患者姓名、影像号、检查时间、左或右及投照方位。④数字化摄影在每一投照方位乳腺图片的外上空白处标识一般信息,包括医院名称、投照技师代码、患者姓名、出生时间和(或)年龄、性别、影像号、检查时间、左或右及投照方位等。⑤在每一投照方位乳房图片的外下空白处标识技术参数,包括窗宽、窗位、图像放大率、机架旋转角度、平均腺体曝光剂量、皮肤曝光剂量、电压、电流、阳极靶面和滤波片组合、乳腺压迫压力、乳腺厚度等。⑥技术操作无划痕、无水迹、无指纹、无漏光和无静电阴影。数字图像无探测器影像设备原因的伪影。

# 第5节 乳腺X线立体定位穿刺活检和术前钢丝定位及投照技术

X线导向乳腺穿刺活检(X-ray stereotactic biopsy, X-ray STB)和X线导向术前钢丝定位(pre-operative wire location,X-ray POWL)是计算机辅助下的诊断乳腺疾病的新方法。乳腺X线图像具有分辨率高、能清晰显示病变特别是微小病变优势,在此基础上,通过计算机将穿刺针和定位钢丝准确地导向病变。有学者对81例不可触及乳腺病变的的穿刺活检获钢丝定位进行分析,结果为穿刺成功率为100%,阳性率和最终手术符合率高,结论为本技术创伤小,显示病变特别是微小的病灶清楚,定位精确。最重要的是通过穿刺活检可以帮助临床确定体检阴性病变(隐匿性病变)的部位,直接获取组织学标本。

## 5.1 乳腺X线立体定位穿刺活检

### 5.1.1 原理

乳腺X线摄影为公认的能清晰显示各种病变的方法。操作者在不同投照方位(一般为头尾位和侧斜位)观察到病变,确定病变位置后,计算机的导向定位仪能获取三维数据,进行立体定位。定位仪引导乳腺穿刺针进针方向和深度,使用核芯穿刺针真空抽吸,准确获得多条病变组织。

### 5.1.2 适应证

1. 致密型乳腺可疑有病变。

2. 乳腺实性肿块:各种良恶性肿瘤,需要定性诊断者;乳腺癌,因治疗需要进行基因和免疫组化分析。

3. 局限性和弥漫性腺体增厚,对病变进行鉴别诊断。

4. 非肿块性病变,高度可以乳腺癌,表现为成簇分布或弥漫泥沙样细小钙化、微小结节影和局部腺体增厚、扭曲等。

5. 不可触及的微小病变,需要排除乳腺癌。

5.1.3　禁忌证

1. 月经期。

2. 凝血功能障碍。

3. 高血压危象、严重糖尿病。

4. 严重的心、肝功能损害。

5. 麻醉药物过敏。

5.1.3　术前准备

1. 行血常规、凝血功能、传染病各项实验室检查。

2. 知情告知同意。告知内容为穿刺目的、穿刺过程和配合方法、可能的并发症如麻醉药物过敏、迷走神经反应、大出血等;出现穿刺活检假阴性结果的可能性等。

3. 准备消毒用具。

4. 机房消毒。

5. 14G 核芯真空穿刺针。

6. 完善的抢救用品。

7. 10% 甲醛溶液和玻片。

8. 仔细观察病变 X 线表现和触诊,以决定穿刺方案。

5.1.4　操作方法

1. 设备要求:乳腺数字化 X 线摄影机,三维立体定位穿刺系统。

2. 机器位置校准,消毒穿刺系统。

3. 根据乳腺 X 线图像,明确病灶位置,确定患者体位和进针方向。

4. X 线摄影技术:

(1)患者取坐位或俯卧位。

(2)以病灶位置为中心,将乳腺置于压迫板内。

(3)嘱患者肩部放松,头偏向对侧(图 9-5-1)。

(4)拍摄头尾位、正负 15°双斜位。

(5)中心线经病变射入探测器。

5. 在定位图像上调整 X、Y、Z 值,确定病变位置和穿刺目标,指示穿刺架自动调节在穿刺目标。

6. 在两幅图像上选择合适的同一个穿刺

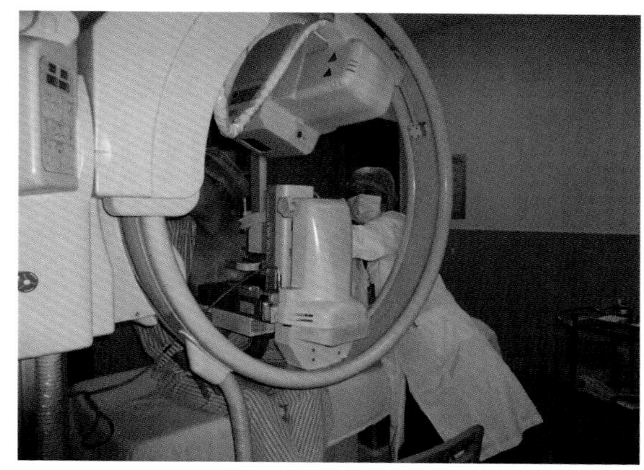

图 9-5-1　穿刺活检患者体位,肩部放松,头偏向对侧

点,经穿刺点作为进针位置,计算出穿刺点的深度。

7. 消毒皮肤,局部麻醉。

8. 选择活检枪 15mm 和 22mm 不同深度,将穿刺针置入(图 9-5-2),为了避免漏诊,每次进针需要不同方向穿刺(360°进针),病变散在分布时用微调选择不同的穿刺点,组织切取长度为 2~2.5cm。依患者耐受程度,获取 3~8 条组织。

9. 取出的组织条放置于 10% 甲醛溶液中固定。

10. 将取出的组织条放在压迫板上照相,压迫板下放有校准模块(图 9-5-3)。

11. 固定标本送病理学检查。

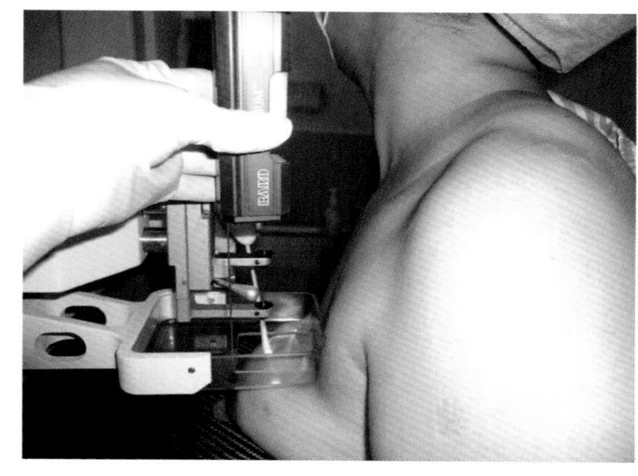

图 9-5-2　根据图像和定位导向仪决定穿刺点、穿刺方向和进针深度

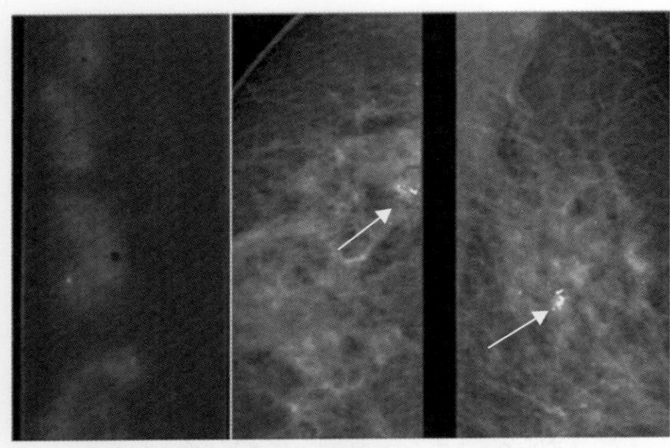

**图9-5-3** 隐匿性乳腺癌,临床不可触及肿块,X线表现为微小散在钙化影(右侧两幅图,箭头所指)。相应病变穿刺活检X线摄影(左图),见微小条状钙化影

## 5.2 乳腺X术前钢丝定位

### 5.2.1 原理

乳腺X线术前钢丝定位是一种对乳腺病变做术前标记,帮助手术医生准确切除病变的方法。其定位原理与X线立体定位穿刺活检相同,即应用乳腺X线图像分辨率高的优势,通过计算机定位仪,确定病变准确位置。在计算机定位仪的辅助下,将乳腺定位针刺入乳腺可疑病变或病变处,将细的钩形钢丝留置在病变处,指导手术医生找到病变、切除病变。乳腺早期病变和不可触及的病变但在X线上表现阳性的病变是乳腺诊治的难题,而应用X线术前钢丝定位对临床上不可触及的乳腺病变进行定位指导手术,可以提高乳腺病变特别是乳腺癌的早期治愈率。

### 5.2.2 适应证

1. X线表现阳性,并高度可疑乳腺癌,而临床上不可触及的病变。

2. 隐匿性乳腺癌,即已有腋窝淋巴结转移或其他部位转移,临床触诊阴性。

3. 针刺活检结果为恶性病变,选择保乳治疗,明确切除范围。

4. 较小的结节、钙化性恶性病变。

5. 邻近胸壁和乳头的病变,需要手术者。

### 5.2.3 禁忌证

1. 乳腺恶性病变累及皮肤。
2. 月经期。
3. 凝血功能障碍。
4. 高血压危象、严重糖尿病。
5. 严重的心、肝功能损害。
6. 麻醉药物过敏。

### 5.2.3 术前准备

1. 行血常规、凝血功能、传染病各项实验室检查。

2. 知情告知同意。告知内容为定位目的、定位过程和配合方法,可能的并发症如麻醉药物过敏、迷走神经反应、大出血等。

3. 嘱定位成功后注意保护定位区,以防定位钢丝移位,造成组织损伤。

4. 机房消毒,准备消毒用具。

5. 准备定位钢丝及钢丝固定带。

6. 完善的抢救用品。

7. 仔细观察病变X线表现和触诊,决定定位方案。

### 5.2.4 操作方法

1. 设备要求:乳腺数字化X线摄影机,三维立体定位穿刺系统。

2. 机器位置校准,消毒穿刺系统。

3. 根据乳腺X线图像,明确病灶位置,确定患者体位和进针方向。

4. X线摄影技术:

(1)患者取坐位或俯卧位。

(2)以病灶位置为中心,将乳腺置于压迫板内。

(3)嘱患者肩部放松,头偏向对侧。

(4)拍摄头尾位、正负15°双斜位。

(5)中心线经病变射入探测器。

5. 在定位图像上调整X、Y、Z值,确定病变位置和定位目标,指示穿刺架自动调节在穿刺目标。

6. 在两幅图像上选择合适的同一个穿刺

点，经穿刺点作为进针位置，计算出进针点的深度。

7. 消毒皮肤，局部麻醉。

8. 进针方向与胸壁平行(图 9-5-4)，针尖进到要求的深度后，选择单勾或双钩定位针，送入内芯拔出针套，使头端带钩的钢丝内芯留在病灶处。

9. 撤离穿刺针后，再次摄正负 15°双侧斜位，了解针尖与病灶的位置关系(图 9-5-5)。

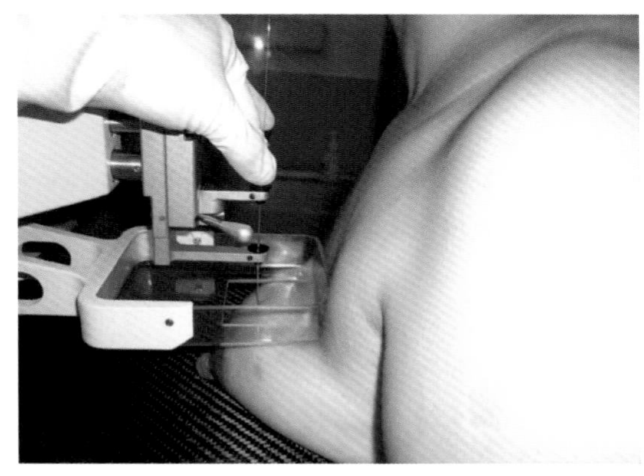

图 9-5-4　钢丝定位进针方向，钢丝与胸壁平行

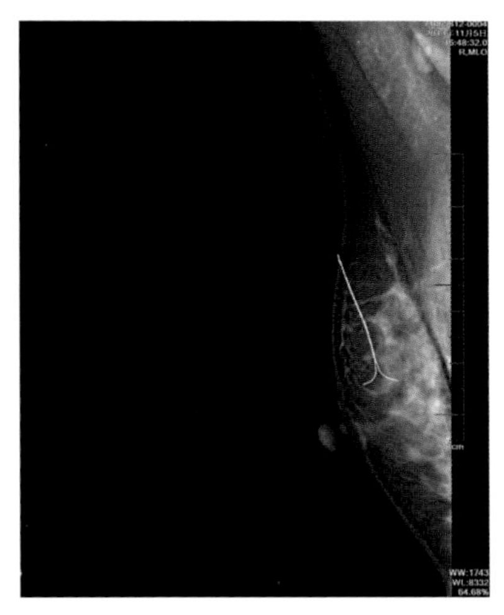

图 9-5-5　钢丝定位双斜位图像，钢丝(双钩)尖端位于病变处

10. 包扎伤口，送手术室，钢丝引导下，手术者将病灶完整切除。

11. 切除标本再送回放射科摄影，以确定病灶是否完整切除，并提示病理科医生病灶取材位置(图 9-5-6)。

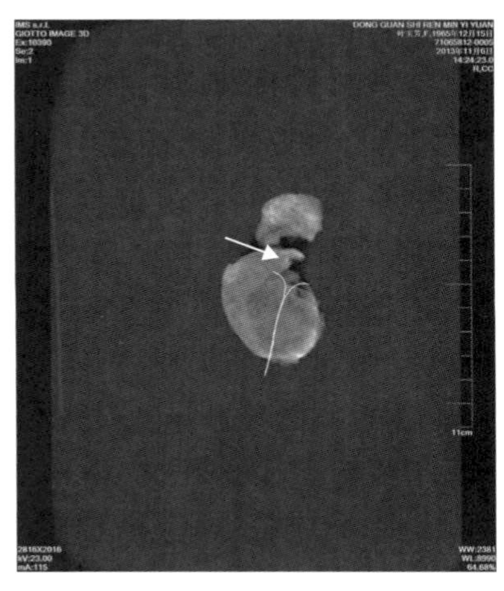

图 9-5-6　隐匿性乳腺癌，钢丝定位后被切除标本，钢丝尖端周围微小钙化影隐约可见(箭头)

## 5.3　注意事项

1. 穿刺过程要注意患者情绪变化，分散患者的注意力，取得患者配合，顺利完成检查。

2. 知情告知，告知内容应详细，获得患者同意，并经患者和操作者双方签署知情同意书方能执行。

3. 穿刺和定位过程中严格执行无菌技术。技术员在配合摄影时不得污染无菌区。

4. 严格掌握穿刺活检和钢丝定位的适应证和禁忌证。

6. 操作过程中密切注意患者的状态，发现异常立即停止操作，并做适当观察和处理。

7. 操作前仔细检查抢救设备，保证抢救设备和药物符合要求。

(刘碧华　郑晓林)

# 参考文献


[1]柏树令. 系统解剖学. 5 版. 人民卫生出版社. 2001.

[2]石木兰. 肿瘤影像学. 北京:科学出版社,2003.

[3]鲍润贤. 中华影像医学乳腺卷. 北京:人民卫生出版社,2002.

[4]燕树林. 乳腺 X 线摄影与质量控制. 北京:人民军医出版社,2008.

[5]苗英. 全国医用设备使用人员上岗考试指南. 乳腺摄影技术分册. 2007.

[6]刘水连. 数字化乳腺摄影技术规范. 实用医技杂志,2007,14(35):4863 – 4864.

[7]翟红伟,吴守红,余锦文,等. 数字化乳腺摄影技术改善对图像质量的分析. 福建医学,2012,34(2):107 – 109.

[8]曹厚德, 蒋琴. 乳腺 X 线摄影若干技术要素的研究. 中华放射学杂志,2000,34(3):155 – 158.

[9]李力敏,赵晚苗,张飚慷,等. 乳腺数字化 X 线射影术、计算机 X 线射影术和屏 – 胶片系统影像质量和放射剂量的比较. 中华放射学杂志,2010,7:735 – 740.

[10]严华. 乳腺 X 线摄影技术和摆位. 基层医学论坛,2013,17(25):3350 – 3351.

[11]王骏. 乳腺 X 线摄影技术. 中国医学影像技术,1991,3:58.

[12] 罗小梅,潘碧涛,何洁珺,等. 乳腺钼靶 X 线摄影技术的探讨. 影像诊断与介入放射学杂志,16(3):123 – 125.

[13]周媛,孔爱萍,王立兴. 乳腺全数字 X 线摄影穿刺定位留置导丝活检术对微小病灶的诊疗价值. 中西医结合影像学杂志,2011,5:449 – 450

[14]苗英,戎悦,章士正. 乳腺摄影技术标准化的探讨. 中华放射学杂志,2000,3:159 – 161.

[15]沈小红,田岚. 全数字乳腺摄影质量控制. 医疗卫生装备,2013,34(10):105 – 112.

[16]何文亮,马捷,周冬仙,等. 乳腺 X 线立体穿刺钢丝定位活检术的临床应用. 现代肿瘤医学,2006,14(6):693 – 694.

[17]刘碧华,郑晓林,李晏,等. X 线立体定位穿刺活检对不可触及乳腺病变病理诊断准确性分析. 中国 CT 和 MRI 杂志,2015,13(7):53 – 56.

[18]钱民,李黎,李红芳,X 线定位对乳腺隐匿性病灶活检术的临床的应用. 临床放射学杂志,2001,20(11):847 – 849.

# 第10章 X线造影检查

3.6 静脉胆道造影(静脉注入法和静脉滴注法)

3.6.1 原理

3.6.2 适应证

3.6.3 禁忌证

3.6.4 对比剂

3.6.5 造影前准备

3.6.6 造影方法

3.6.7 标准图像显示

3.6.8 常见的非标准图像显示

3.6.9 注意事项

3.7 术后胆道管造影

3.7.1 原理

3.7.2 适应证

3.7.3 禁忌证

3.7.4 对比剂

3.7.5 造影前准备

3.7.6 造影方法

3.7.7 标准图像显示

3.7.8 常见的非标准图像显示

3.7.9 注意事项

造影检查(roentgenography)与传统的X线摄影的不同是传统X线检查是依靠人体自身的天然对比(nature contrast)成像,而造影检查是向体内引入对比剂,以改变组织的对比,从而显示组织、器官的形态和功能。

在X线摄影,除了含气多的低密度组织(肺部、肠道等)和高密度组织(骨骼)能形成良好的天然对比外,人体大部分组织器官为软组织构成,因密度差小而缺乏对比,难以显示其结构与病变。因此通过引入对比剂进入被观察组织,人为使组织间产生密度差、增加对比,既能观察形态,又能评估功能。X线造影检查显著地扩大了X线的应用范围,操作人员应该掌握对比剂的应用、造影方法及诊断的适应证等重要环节。

# 第1节　对比剂的种类和使用方法

## 1.1　对比剂的类型

理想的对比剂(contrast medium)应符合以下基本要求:①无毒性、无刺激性,一般不导致不良反应。②对比度强,显示清楚。③理化性质稳定,存储方便,不易变质。④进入机体后容易排泄。

### 1.1.1　气体

气体(gas)在X线下呈低密度,属于阴性对比剂。常用的有空气(atmosphere)、氧气(oxygen)、二氧化碳(carbon dichloride)和氮气(nitrous oxide)等。空气在体内吸收较慢,便于观察,但引起机体反应较大。空气和氧气进入血液循环后易导致气体栓塞。二氧化碳反应小,在血内溶解度高,即使进入血液循环也不会发生栓塞,但吸收较快,应尽快观察。气体常用于蛛网膜下腔造影(subarachnoid space roentgenography)、气脑造影(pneumoenaphalography)、关节腔造影(arthrography)、腹膜腔造影(celiacography)、腹膜后造影(retroperitoneal roentgenography)等。

### 1.1.2　钡剂

钡剂即为医用硫酸钡(barium sulfate),纯净的硫酸钡为白色粉末,无毒、无味。硫酸钡粉与水调和成浓度不等的混悬液用于消化道造影,主要显示食管、胃、小肠和大肠黏膜、轮廓和动力。钡胶浆黏稠度高,以前常用于支气管造影,是支气管扩张的主要诊断方法,目前已被CT取代,很少使用。

### 1.1.3　碘制剂

碘制剂分为油脂类和水制剂类两大类。

#### 1.1.3.1　油脂类

1. 碘油(oleum iodisatum),为碘与植物油的合成物,含碘量为30%～40%,物理性质呈油状,不溶于水,不易被组织吸收。用于直接引入的X线造影检查,如支气管造影(bronchoroentgenography)、子宫输卵管造影(uterotubography)、窦道造影(sinography)。造影时需防止其进入血管导致栓塞。因上述造影可用别的方法代替或用其他对比剂,故碘油在早年使用,目前仅用于肿瘤栓塞(tumor embolization)的介入手术(interventional operation)。

2. 碘苯酯(iophedylatum),化学名为碘苯基十一酸乙酯。物理性质为无色或淡黄色透明油状,不溶于水,含结合碘约30%。早年主要用于椎管造影(roentgenography of vertebral canal)和淋巴造影(lymphography),需要直接引入。由于碘水能够替代,目前碘苯酯已经很少使用。

1.1.3.2 碘水制剂

碘水制剂(iodine water prescriptions)为含碘的水溶性对比剂,种类繁多,是对比剂中在临床应用最广泛、最重要的部分。根据化学性质,可分为无机碘对比剂和有机碘对比剂。有机碘对比剂根据排泄途径不同分为经肾排泄和经胆道排泄;根据对比剂在细胞外液中有无带电离子有分为离子型和非离子型对比剂;根据其渗透压的不同分为高渗性对比剂和等渗对比剂。不同理化性质的碘水制剂对人体的毒性、刺激性也不同,有些仅能用于口服和直接引入的造影,有些可经静脉注射。理想的含碘水溶性对比剂应该是无带电离子、渗透压接近血浆、黏稠度低等优点。

1. 碘化钠(sodium iodide),为无机碘水制剂,常用浓度为12.5%。与有机碘水制剂比较,具有价格低廉的优点,且显影好,易于从体外排除。常用于逆行肾盂造影、膀胱造影、尿道造影和直接引入的胆道造影("T"形管和经皮肝穿胆管造影)。不能用于静脉内注射,近年来随着安全意识的提高,碘化钠的应用越来越少,而有机碘水制剂的应用越来越多。

2. 经尿路排泄的有机碘水制剂:该类对比剂为水溶性,经血管注射(静脉或动脉)进入机体,是应用最广泛的一类对比剂。清除途径是经肾脏排泄,注入血管后可随血流到达全身各部位,进行显影。在排泄过程中沉积于尿路,可行尿路造影。

(1)离子型对比剂:以泛影酸盐为代表,泛影酸(diatrizoic acid)是含有3个碘原子的3碘苯甲酸,其分子式见图10-1-1。

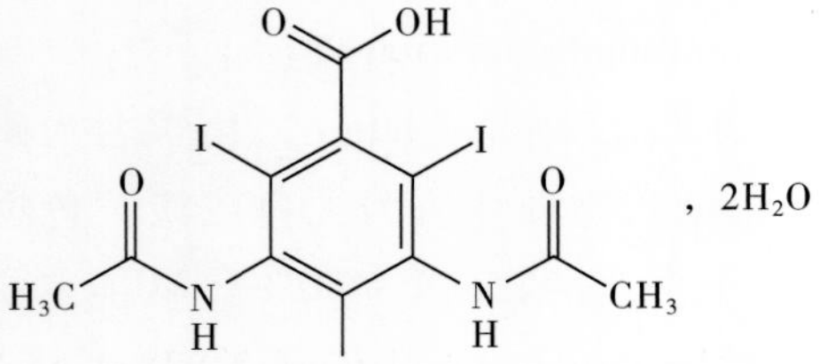

$$\cdot 2H_2O$$

图10-1-1 泛影酸分子式结构图

依泛影酸所带的阳离子不同,分为不同化学成分的对比剂,如泛影钠(hypaque sodium)为泛影酸的钠盐,泛影葡胺(urografin)为泛影酸的葡胺盐。适用于经静脉尿路造影(intravenous urinary tract radiography)、脑血管造影(cerebrum angiography)、心血管造影(cardiac angiography)和CT增强扫描。也可用于逆行肾盂造影(retrograde pyelography)和其他引入性的造影。

另外,碘卡明酸盐——碘卡明酸(iocramic acid)是异泛影葡胺盐的二聚体,葡胺盐为碘卡明葡胺(myelotrast dimer-X,bisconray)溶于水后电离,只生成2个阳离子和1个酸根离子,所以在相等的碘浓度时,溶液的渗透压较低,可以减少对神经组织刺激和减少对血脑屏障的损伤。但在尿路造影、心血管造影无明显优势,现基本不再采用。

以上离子型对比剂溶于水后发生电离,渗透压高,不良反应较常见。在条件允许的的情况下,推荐使用非离子型对比剂。

(2)非离子型对比剂:非离子型对比剂是3碘苯甲酸酰胺类结构的衍生物,采用多醇胺类成分,其溶解度高和亲水性高。溶于水后不产生离子,故其渗透压明显降低,对神经、血脑屏障的刺激性和损伤性较小。此类对比剂的代表有碘苯六醇(iohexol)、碘必乐(iopamidol)、碘普罗胺(iopromide)等。与离子型对比剂比较,此类对比剂渗透压明显降低,但仍然高于血浆渗透压,近年来合成了碘克沙醇(Iodixanol)对比剂,渗透压与血浆相等,安全性又有进一步提高。

碘苯六醇(iohexol),商品名为欧乃派克(omnipaque),分子式结构见图10-1-2。

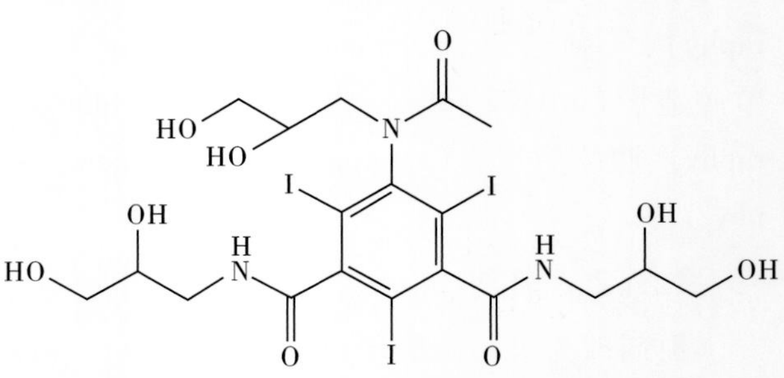

图10-1-2 碘苯六醇分子式结构图

分子是中有 6 个醇基,适用于各种 X 线经血管注射的造影、CT 增强扫描、DSA 等,不良反应发生率低。

碘必乐(iopamidol),商品名为碘比多(iopamiro),分子式结构见图 10-1-3。

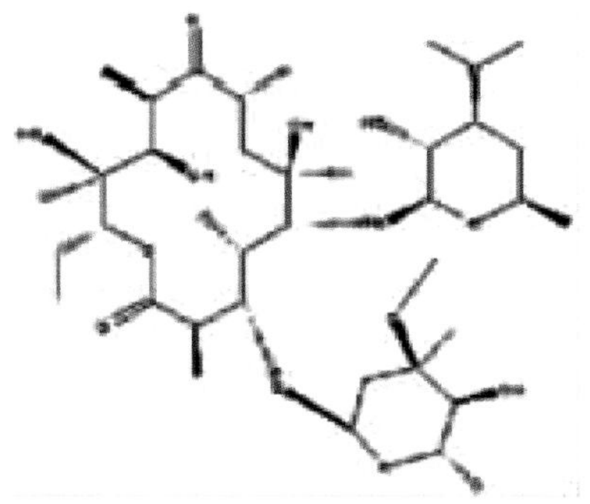

图 10-1-3　碘必乐分子式结构图

分子结构中有 5 个醇基。用途和不良反应发生率同碘苯六醇。

碘普罗胺(iopromide),商品名为优维显(ultravist),分子式结构见图 10-1-4。

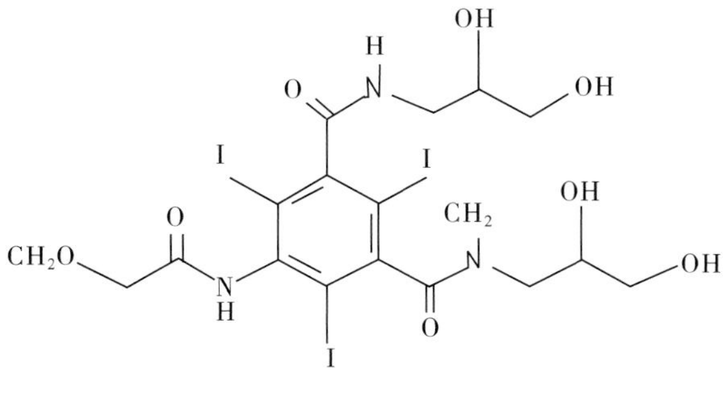

图 10-1-4　碘普罗胺分子式结构图

分子式结构中有 4 个醇基,并加 1 个氧原子,其 1、3、5 位上取代基均不同,使苯环无对成性。用途和不良反应同以上 2 种对比剂。

一般来说,上述的几种非离子型对比剂不建议用于椎管内脊髓造影(myelography)。

碘曲伦(iotrolan):商品名为伊索显(isovist),分子式见图 10-1-5。

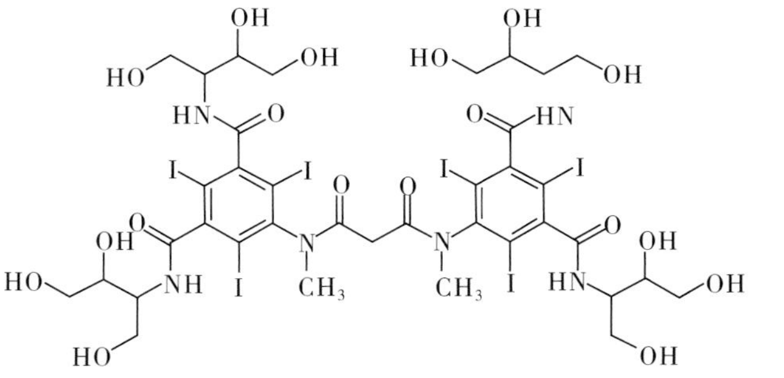

图 10-1-5　碘曲伦分子式结构图

属于非离子型二聚体,有 2 个苯环、6 个碘原子和 12 个醇基,碘含量高,在血浆内为等渗溶液,适用于各种经血管注射的造影检查,可用于全段脊髓造影和脑池造影(cisternography),很少发生不良反应,生物安全度高。

碘克沙醇(Iodixanol):为最新一代安全性能最高的碘对比剂,目前由恒瑞药业和 GE 药业生产,分子式见图 10-1-6。

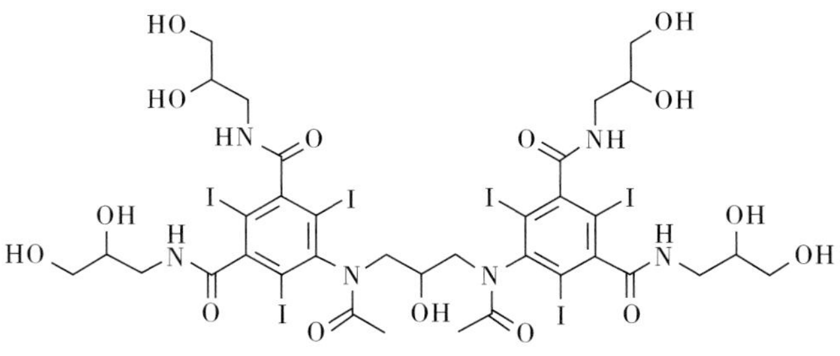

图 10-1-6　碘克沙醇分子式结构图

属于非离子型二聚体,2 个苯环,6 个碘原子的水溶性的 X 线对比剂。广泛适用于椎管造影、静脉注射的 CT 增强、静脉肾造影盂、DSA 的心血管造影、脑血管造影、主动脉造影(aortography)等。酸碱度和渗透压均与血浆接近,对机体刺激小,安全性高,故特别适用于高危患者。

## 1.2　对比剂进入机体的途径

对比剂进入机体后,分布、聚集一定的量即可形成对比,在 X 线下能够显影,其进入机体的途径分为直接引入法与生理积聚两种形式。

(1)直接引入法(direct introduction method),又分为3种途径:

①经解剖通道引入对比剂至待观察部位,如经口腔吞服钡剂的上消化道造影(upper gastrointestinal contrast),经肛门引入钡剂的下消化道造影(lower gastrointestinal contrast),经鼻腔(或口腔)插管至气管注入碘油的支气管造影,经十二指肠大乳头的逆行胆道造影(retrograde biliary tract),经尿道逆行插管注射碘水至尿道或(和)膀胱的尿道或(和)膀胱造影(urethra/bladder radiography),在膀胱镜下将导管引入输尿管做逆行肾盂造影,经阴道插管至子宫腔内注射碘剂称为子宫输卵管造影。

②经病变或手术形成的途径如瘘道、溃疡和皮毛窦等引入对比剂,如慢性骨髓炎的瘘道造影、肛周脓肿的窦道造影等。胆道术后留置的"T"形引流,经"T"管胆管造影("T"-tube radiography)也属于此类。

③经皮肤穿刺直接将对比剂引入与外界隔离的腔道或器官。操作者根据实际情况决定穿刺点和穿刺方向,穿刺成功后经针管或联结导管注射对比剂。如经皮血管造影(percutaneous angiography),包括经颈动脉脑血管造影、经胸部心脏血管和经皮静脉造影等。经皮腔道造影,包括胆道造影、经皮肾盂造影、气脑造影及脑室造影等。经皮造影损伤较大,一般需要反复穿刺才能成功。

(2)生理积聚或生理排泄法(physiological aggregation or physiological secreting method):

经口服对比剂或静脉注射对比剂,利用不同对比剂具有选择性经某脏器生理聚积或排泄,暂时停留于管道或内腔使之显影。如口服胆囊造影(oral cholecystography),对比剂为碘番酸片剂。经静脉胆道造影(intravenous cholecystography),静脉注射胆影葡胺对比剂溶液,使胆道和胆囊显影,主要用于口服法显示不佳的患者。静脉肾盂造影,经静脉注射经肾排泄的碘对比剂,如泛影葡胺、碘比乐、优维显等,使肾盂、输尿管和膀胱显影,目前在临床上常用,为泌尿系统重要的检查方法。

# 第2节 碘对比剂风险控制和不良反应及处理

## 2.1 碘对比剂使用的高危因素

对比剂的特性决定其对人体具有一定的刺激性和毒性,部分患者在造影的过程中和使用之后发生不同程度的不良反应(adverse reaction),严重时可危及生命。故操作者必须充分了解对比剂的高危因素,将不良反应的风险控制在最低限度,提高造影的安全性。对比剂的高危因素如下:

1. 过敏体质,如湿疹、荨麻疹、神经性皮炎、哮喘、食物及花粉过敏。
2. 甲状腺功能亢进。
3. 严重心血管疾病,包括心功能不全、冠脉硬化、近期心肌梗死、长期心律不齐和严重高血压等。
4. 体弱、脱水。
5. 严重肾脏疾病。
6. 严重肝脏疾病。
7. 严重糖尿病。
8. 副蛋白血症,如瓦尔登斯特伦世巨球蛋白血症、浆细胞瘤等。
9. 嗜铬细胞瘤出现高血压危象者。
10. 70岁以上老年人及婴、幼儿。
11. 过度焦虑。

12. 近期使用过对比剂。

13. 使用B受体阻断药,易引起支气管痉挛及可能发生难以治疗的心动过缓。

14. 长期使用钙离子拮抗剂,易导致心动过缓和血管扩张。

15. 使用白介素-2和(或)干扰素治疗。

16. 镰状细胞贫血。

17. 恶液质患者。

## 2.2 碘对比剂使用的禁忌证

1. 有碘过敏史患者。

2. 严重的肾功能损害患者,肾移植急性期患者。

3. 严重呼吸功能损害。

4. 严重肝功能损害患者。

5. 心功能衰竭。

6. 婴幼儿、高龄患者在脱水状态。

7. 多发性骨髓瘤晚期。

8. 严重恶液质患者。

9. 甲状腺功能亢进出现危象者。

## 2.3 使用对比剂的注意事项及风险防范

对比剂使用存在一定的风险,在其注入的过程中和注入后的一段时间患者可能发生不同程度的不良反应,甚至危及生命,且部分反应不可预测。但是严格按照诊疗规范、掌握好适应证及密切监测,能起到风险防范作用,不良反应率明显降低。因此,使用对比剂时,操作人员应做到以下要求:

1. 熟记对比剂使用的各种高危患者因素和禁忌证,以便确定防范风险的策略和方向。

2. 尽量使用非离子型对比剂,有条件者选择使用等渗对比剂。在不影响诊断的情况下,减少对比剂用量。

3. 注射前将对比剂加温至37°C,以降低其黏滞度,增加注射的通畅性和减少不良反应。

4. 对比剂使用前,使患者饮水或输液,充分水化,增加安全性。造影完毕后,嘱患者多饮水,将对比剂尽快从肾脏排出。肾功能不全者除外。

5. 患者在饥饿、脱水、过度疲劳时禁止使用对比剂。胃部过度充盈食物时也不宜使用对比剂,以防发生呕吐导致窒息。

6. 注射对比剂时必须注意患者精神状态,焦虑、紧张、烦躁的状态下不宜使用。

7. 使用双胍类降血糖药(易导致肾功能不全、乳酸性血症),必须停药3d后使用对比剂。

8. 无碘过敏(iodine allergy)史者,但有其他过敏史者,慎用或采取一定的预防措施:预先使用适量抗组织胺药H1受体阻断药和糖皮质激素等药物。

9. 嗜铬细胞瘤患者,先给A受体阻断药,以避免高血压危象。

10. 甲状腺功能亢进患者只有在非常必要的情况下方可使用X线对比剂,且需增加使用甲巯咪唑的使用量。

11. 严重的肝、肾、肺疾病的高危患者,推荐使用等渗非离子型对比剂,减少用量和降低注射速度。在严密的生命体征监护下进行检查,并做好一切急救准备。

12. 在造影检查过程中,需安排人员观察陪护,不得将被检者独自留在检查室。

13. 对比剂在注射时和注射后的一段时间(40min),应密切观察受检者的生命体征,发现异常立即处理。

14. 造影检查时常备基本的急救设备和急救药品,并定期检查其完好性和有效期。

15. 对受检者执行知情同意,待使其充分了解造影的有关内容,并签署知情同意书。

## 2.4 碘对比剂不良反应及处理

### 2.4.1 反应机制

对比剂反应(contrast agent reaction)可分为特异质反应及物理-化学反应,前者与剂量无关,而后者则与剂量有明确的关系。

1. 特异质反应:对比剂反应中的荨麻疹、血管性水肿、喉头水肿、支气管痉挛、严重血压下降及突然死亡等表现均属特异质反应，也称为过敏反应或超敏反应，其发生与下列因素有关。

(1)细胞释放介质：无论是离子型还是非离子型对比剂均能刺激肥大细胞释放组胺。通过测定尿液中组胺或其代谢物发现有对比剂反应患者含量明显高于无对比剂反应者。

(2)抗原抗体反应：对比剂是一种半抗原，其造影分子中的某些基团能与血清中的蛋白结合成为完整抗原。有许多研究结果证实对比剂反应中有部分是抗原-抗体反应。

(3)激活系统：对比剂尤其是离子型高渗对比剂可导致血细胞及内皮细胞形态和功能改变，并可导致组胺、5-羟色胺、缓激肽、血小板激活因子等介质的释放。

(4)胆碱能作用：对比剂能通过抑制乙酰胆碱活性产生胆碱能样作用，研究结果表明许多类型的碘对比剂均有类似作用，所以此作用被认为主要是碘本身在起作用。

2. 物理-化学反应：物理-化学反应的发生率及严重程度与所用对比剂的量有关，对比剂反应中常见的恶心、呕吐、潮红、发热及局部疼痛等均由此所致，其有关因素如下。

(1)渗透压：常用的对比剂其渗透压均明显超过血液，是血液的2～5倍，大量的高渗溶液对比剂进入血管后，引起一系列损害。

①内皮和血-脑屏障损害。高渗的对比剂注入血管后，细胞外液渗透压突急剧增加，细胞内液快速排出，导致血管内皮细胞皱缩，细胞间连接变得松散、断裂，血-脑屏障受损，对比剂外渗至脑组织间隙，使神经细胞暴露在对比剂的化学毒性危险中。

②红细胞损害。高渗使得红细胞变硬，呈棘细胞畸形，结果红细胞不易或无法通过毛细血管，引起微循环紊乱。

③高血容量。除了细胞内液排出外，高渗对比剂可使组织间液进入毛细血管，从而使血容量快速增加，可达10%～15%，导致心脏负荷增加。

④心血管系统的高渗透压有肾毒性、心脏毒性、疼痛与血管扩张、产生热感及不适等。

(2)水溶性：对比剂只有和周围的液体充分混合，才不会被视为异物。理想的对比剂应具有无限的水溶性，但由于碘原子具有高度疏水性，因此难达到无限的水溶性。一般的碘对比剂包括离子型和非离子型被注入血管后，机体会视其为异物产生一定的反应，严重者导致组织损伤。但非离子型二聚体对比剂碘克沙醇具有极高的水溶性。

(3)电荷：离子型对比剂进入血管后发生电离，产生阴离子和阳离子。电荷可增加体液的传导性，扰乱电离环境和电解质平衡，进而影响正常生理过程。

(4)黏稠度：黏稠度由溶质颗粒的浓度、形状、与溶液的作用及溶质颗粒之间的作用所决定。注入对比剂后，因其具有一定的黏稠度可使血流减慢。对比剂的黏稠度与温度成反比，但与碘浓度成正比，如300mgI/1mL 37℃时碘曲仑的黏稠度为9.1cps，碘海醇为6.1cps。注入37℃对比剂较注入未加温的对比剂的不良反应率减低。

(5)化学毒性：化学毒性是由对比剂分子中疏水区与生物大分子结合，影响其正常功能，即所谓的“疏水效应”。第一代非离子型剂甲泛葡胺由于大量引入疏水基团且又未能遮掩，故化学毒性很大，很快遭淘汰。此后的非离子型对比剂中亲水基团能有效地遮盖疏水核心，因而毒性明显降低。

### 2.4.2 对比剂不良反应的分级及处理措施

使用对比剂后，患者需留置观察至少40min，因90%的副反应在此期间发生。高危患者应留置观察更长时间。延迟反应(皮肤异常改变和心血管系统紊乱)在极少数情况下仍可能发生。如症状严重则应在重症监护观察治疗。

依被检者临床表现的轻重程度将对比剂的不良反应分为4级。

1. 第一级不良反应

临床症状：恶心、呕吐、皮肤发红、寒战、打喷嚏、咳嗽、搔痒、荨麻疹、眼睑浮肿。生命体征稳定。

处理措施：停止注药，建立静脉通道，观察为主。过敏症状明显时在医生的指导下给予H1或H2受体阻断药、氯马斯汀、西米替丁等药物，必要的情况下使用糖皮质激素。

2. 第二级不良反应

(1)临床症状：血压下降。

处理措施：平卧，保持呼吸道通畅，鼻导管给氧或面罩给氧，扩容。

(2)临床症状：血压下降合并心动过缓(血管迷走神经反应)。

处理措施：除上述措施外，静脉滴注扩管药如阿托品，升压药如异丙肾上腺素。

(3)临床症状：血压下降合并呼吸困难、痉挛性咳嗽。

处理措施：除上述措施外，增加支气管扩张气雾剂、氨茶碱、糖皮质激素。

3. 第三级不良反应

(1)临床症状：休克(心动过速、血压骤降)。

处理措施：按急救程序处理，立即通知急救组、麻醉师、急诊科医生，半坐位面罩给氧，在临床医生的指导下进行扩容，使用血浆代用品或林格液，静脉注射肾上腺素。用药剂量依治疗效果而定。

(2)临床症状：支气管(喉头)痉挛、喘鸣、哮喘急性发作。

处理措施：将患者置于坐位，面罩给氧，立即通知本科室医生和临床医生，在医生的指导下静脉注射氨茶碱、肾上腺素、静注糖皮质激素。必要时行气管插管。

(3)临床症状：呼吸困难或呼吸功能障碍(喉头水肿、肺水肿)。

处理措施：除采取上述措施外，发生窒息者，进行气管插管，或大针头穿刺气管给氧，必要时将气管切开。肺水肿者加压给氧。

(4)临床症状：惊厥。

处理措施：保持呼吸道通畅，用压舌板等钝物放入上下牙之间以保护口腔。在医生的指导下静脉注射安定。

4. 第四级不良反应

临床症状：呼吸循环停止。

处理措施：立即行心肺复苏术(胸外心脏按压、人工呼吸等)。同时请其他工作人员紧急通知各相关临床医生以最快的速度到场，建立静脉通道，抢救设备尽快到位。

# 第3节 常用的X线造影技术

## 3.1 静脉肾盂造影

### 3.1.1 原理

双肾位于脊柱的两侧的腹膜后间隙，长约10~12cm，宽5~6cm，厚3~4cm。左肾上极位置最高，平第11和第12胸椎之间，右肾位置较低，下极平第2腰椎下缘。输尿管全长25cm，上端与肾盂移行，下端进入膀胱输尿管开口处。输尿管有3个生理狭窄，分别为与肾盂连接处、盆腔上口即输尿管跨过髂血管处和膀胱入口处。膀胱位于盆腔正中，耻骨联合上方，为中空肌性器官。

静脉肾盂造影(intravenous pyelography,

IVP)又称静脉尿路造影(intravenous urinary radiography)、排泄性尿路造影(excretory urography)、分泌性肾盂造影(secretory pyelography)。由静脉注入经肾排泄的碘对比剂,对比剂一般不与血浆蛋白结合,98%经肾小球滤过,形成尿液充盈肾盏和肾盂,充盈输尿管、膀胱。在排泄的过程中,对比剂达到一定的量,尿路在X线上得到显影。尿液中对比剂的浓度与以下因素有关:①肾小管对原尿水分重吸收,使对比剂在尿液中的浓度增加。②对比剂利尿作用。③注入静脉内对比剂的量,如果血液中对比剂浓度不足,则尿液中对比剂浓度下降。④肾功能的影响。静脉尿路造影X线造影中最常用、最重要的造影。优点为简单易行,安全,患者痛苦少,显示尿路形态及病变的同时,还能反映肾功能情况。缺点为肾功能损害时,尿路显影不良,有发生碘过敏反应的可能。

3.1.2　适应证

1. 用于尿路结石、肾盂肾炎、结核、肿瘤及囊肿等疾病,能显示肾功能、有无梗阻及明确梗阻部位、积水、肾盂和膀胱形态、轮廓的改变。

2. 泌尿系统先天性疾病。

3. 原因不明的血尿及脓尿。

4. 腹膜后肿瘤的鉴别诊断。

5. 门静脉高压症患者做脾肾静脉吻合术的术前检查。

3.1.3　禁忌证

1. 碘过敏

2. 严重甲状腺功能亢进。

3. 各种疾病引起肾功能损害急性期。

4. 急性尿路感染、肾绞痛。

5. 严重的心血管疾病和严重的肝脏疾病并功能不良。

6. 妊娠期。

3.1.4　对比剂的应用

76%泛影葡胺(离子型对比剂)20~40ml,300mgI/1ml优维显、碘必乐等(非离子型对比剂)40ml。儿童按体重1.5ml/kg计算。危重患者可选用等渗非离子型对比剂。

3.1.5　造影前准备

1. 造影前3d少吃多渣食物。造影前1d服泻药,每次服蓖麻油30ml,亦可冲服中药番泻叶5~10g。

2. 造影前1d禁服高原子序数药物。

3. 准备合适的对比剂、注射消毒用品及压迫装置等。

4. 注射前将对比剂加热到37°C。

5. 因造影时间长,加压会引起被检者下肢麻木等不适,故造影前向患者说明检查过程,取得患者的合作。

3.1.6　造影方法

1. 拍摄卧位腹部正位,用以与造影图像对比。同时观察肠道清洁情况是否达到造影的要求。

2. 患者仰卧摄影床上,将两个长圆形棉垫以倒"八"字形置于脐下两侧相当于骶骨岬旁输尿管经过髂脊上缘后部处。棉垫上放血压表气囊,并用多头腹带与腹部一起束紧(图10-3-1)。

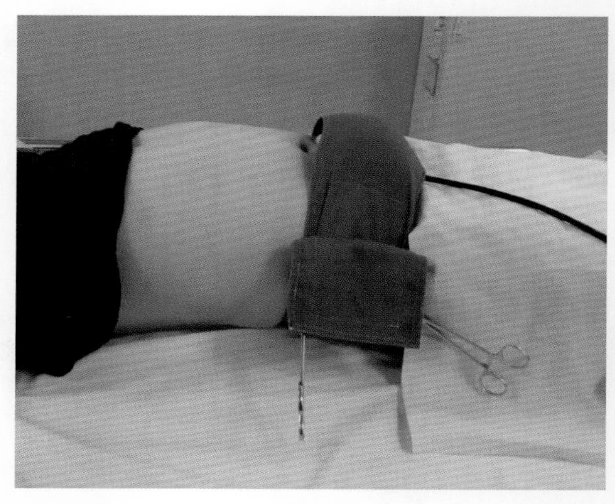

图10-3-1　长圆形棉垫以倒"八"字形置于脐下两侧相当于骶骨岬旁输尿管经过髂脊上缘后部处

3. 严格按无菌要求消毒注射点。从静脉注入对比剂。首先以慢速注入对比剂1~2ml,观察2~3min,确定被检者无反应将其余对比剂在2~3min内注入静脉内。

4. 对比剂注射完毕，给血压计气囊注气，压力 70～80mmHg，压迫输尿管，阻止对比剂进入膀胱，以利于肾盂充盈足量的对比剂和显影良好。

5. 分别于注药结束后 7min、15min、30min 拍摄双肾区片。肾盂肾盏充盈良好时，解除腹带，拍摄全尿路位（卧位腹部正位片）。若 15min 图像肾盂显影良好好，可立即拍摄全尿路位。若 30min 肾盂显影不佳，需延时至 40min 或 60min 摄影。延迟后的图像肾盂显影较淡，同时全尿路膀胱内对比剂充盈不良，应解除腹带，延长时间至 1～2h。

6. 肾区摄影体位设计：①同腹部仰卧位，人体仰卧摄影台上，双下肢伸直，人体正中矢状面与台面中线垂直并重合，两双肢至于身体两侧并稍分开；②深呼气后屏气曝光；③中心线对剑－脐连线中点（图 10－3－2）。④曝光因子：25cm × 40cm，80 ± 5kV，AEC 控制曝光，感度 280，左右电离室，0.1mm 铜滤过。

7. 全尿路体位设计：①人体仰卧摄影台上，双下肢伸直，人体正中矢状面与台面中线垂直并重合，两双肢至于身体两侧并稍分开。②深呼气后屏气曝光。③中心线垂直通过剑－耻连线中点（男性，女性下移 3cm）射入 IR（图 10－3－3）。④曝光因子：43cm × 40cm，80 ± 5kV，AEC 控制曝光，感度 280，左右间电离室，0.1mm 铜滤过。

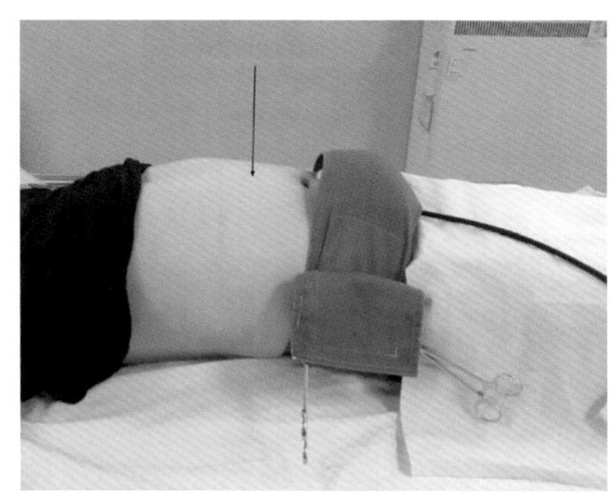

图 10－3－2 双肾区前后位摄影位置图，中心线对剑－脐连线中点（见标记）

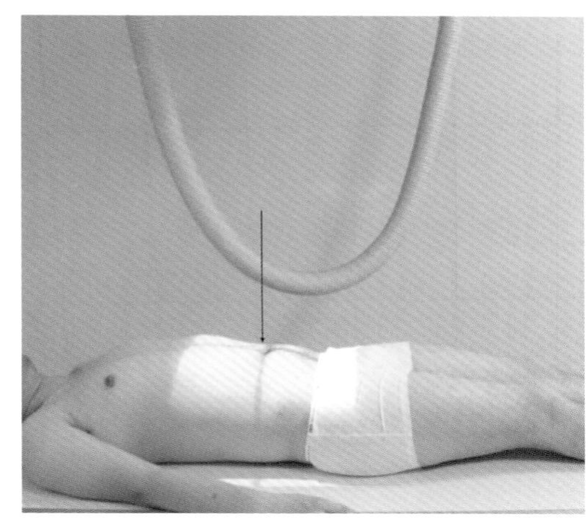

图 10－3－3 全尿路摄影位置图，中心线对剑－脐连线中点（见标记）

### 3.1.7 标准图像显示

1. 腹部正位（卧位）图像显示野要包括双肾、输尿管和膀胱，因左肾位置高于右肾，故上缘以包括左肾上极以上为准。下缘包括耻骨联合下缘（图 10－3－4）。

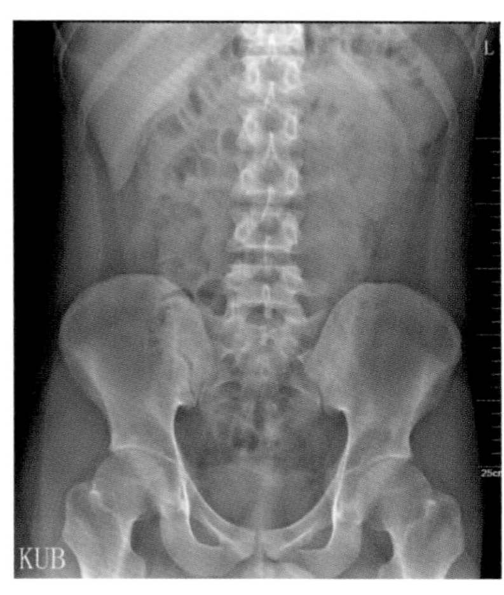


图 10－3－4 造影前标准腹部平片 X 线表现

2. 肠道内容物排泄彻底，无高密度肠内容物和气体遮挡。

3. 静脉尿路造影图像，在 7min 图像上肾盂肾盏显影密度较淡，15min 之后的图像逐渐显示清晰（图 10－3－5，图 10－3－6）。

4. 30min 后的图像，双肾实质密度增高，与肾周脂肪形成对比，肾实质和轮廓显示清楚（图10-3-7）。

5. 肾小盏顶端凹陷呈杯口状，肾小盏、肾大盏和肾盂充盈对比剂充盈均匀，边缘锐利。全尿路片可见条状的输尿管及膀胱内有对比剂。膀胱中等量充盈（图10-3-8）。

6. 显示野范围规范，无异物和对比剂污染。图像对比度良好，层次丰富。

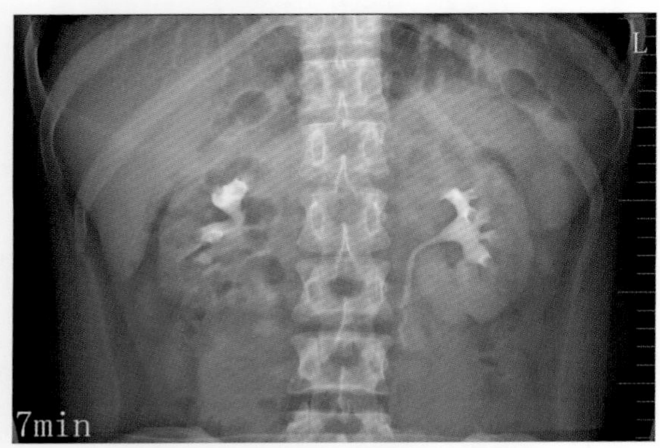


图10-3-5　注射后7min表现，双侧肾盂肾盏充盈对比剂，双肾区、输尿管包括在显示野内

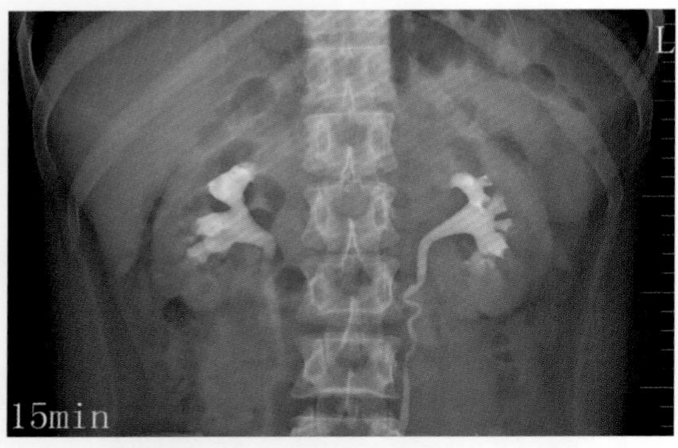


图10-3-6　15min图像，肾盂肾盏、输尿管上段对比剂增浓

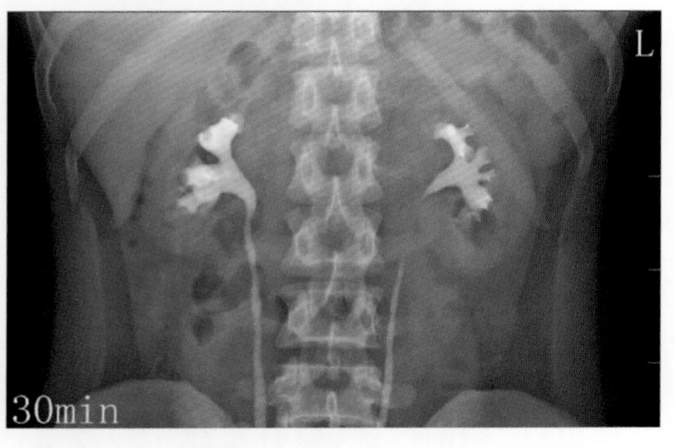


图10-3-7　30min图像

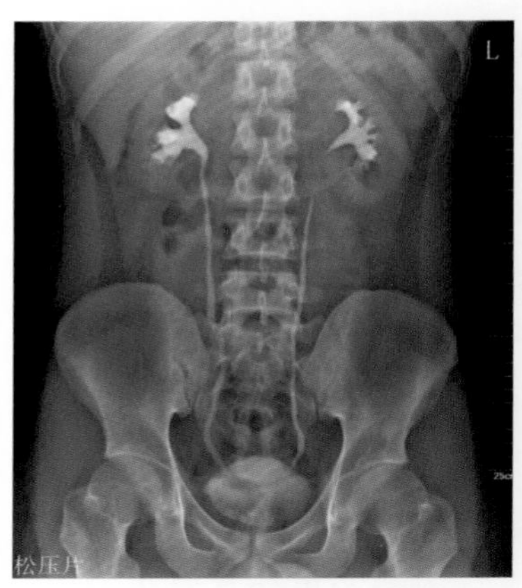


图10-3-8　松压后全尿路摄影，尿路充盈良好

### 3.1.8　常见的非标准图像显示

1. 肠道内内容物过多，有高密度影和气体影像重叠（图10-3-9）。

2. 投照视野不规范。

3. 加压位置不当，尿路内对比剂浓度较低，影响对结构观察和对肾功能的判断。

4. 对比剂污染显示野，使观察区内出现高密度影。

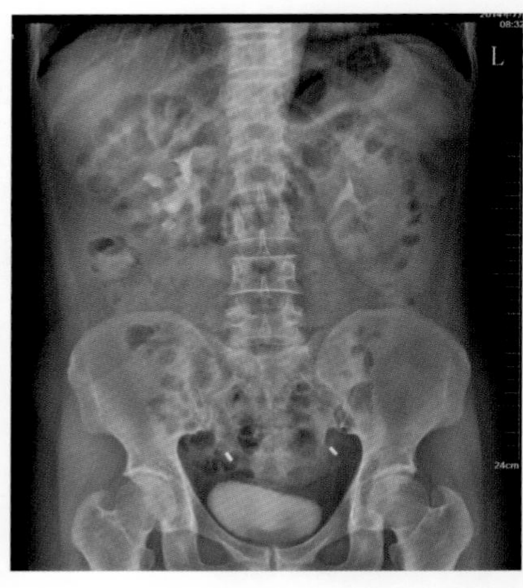


图10-3-9　肠道清洁不佳，较多肠内容物与尿路重叠

### 3.1.9　注意事项

1. 操作者时刻保持有对比剂风险防范意识，在造影的过程中按规范要求观察患者。

2. 对比剂注射前应进行加温至37°C左右，以减少反应发生。

3. 注射对比剂中如有反应,立即停止注药,给予适当处理。若反应轻微,等症状缓解后继续进行造影。

4. 平片显示肠内容物过多或者肠气过多,应清洁肠道,待肠道准备达到造影的要求方可继续造影。

5. 怀疑有肾下垂者,解除腹带后摄立位尿路片。

6. 腹部巨大肿块、腹水者、腹部手术有伤口、移植肾等压迫输尿管有困难,可采用倾斜摄影床或者臀部垫高,是患者头低臀高30°以减缓尿液流入膀胱。如在注射对比剂前10min肌内注射平滑肌松弛药,减弱输尿管蠕动,肾盂肾盏显影更佳。

7. 患者若因腹带压力过大,出现迷走神经反应或下肢血液供应不良时,应减轻腹带压力或暂时松解,待症状缓解后重新加压或采用头低臀高位继续造影。症状严重者立即解除腹带,进行对症治疗。

8. 尿路梗阻病变,对比剂不能马上流下至梗阻处时可选择腹部俯卧位摄片。

## 3.2 逆行肾盂造影

### 3.2.1 原理

逆行肾盂造影(retrograde pyelography)是在膀胱镜的指导下,将输尿管导管经输尿管膀胱入口插入输尿管内,由导管注入对比剂充盈肾盂肾盏以显示尿路形态的一种检查方法,是排泄性脉尿路造影的重要辅助检查。优点为不受肾功能影响,尿路充盈满意、显影清晰,有利于病变的诊断和确定梗阻位置。即使使用成本低的离子型对比剂也不易引起对比剂的不良反应,因此可节省成本。缺点是操作复杂,患者痛苦较大,不能观察肾功能。对于尿道狭窄、严重膀胱病变及婴幼儿,因插管困难,逆行造影受到限制,并有引起尿路感染的风险。

### 3.2.2 适应证

1. 静脉尿路造影显影不良而不能明确诊断者。

2. 严重的肾结核、肾盂积水及先天多囊肾等肾功能不良静脉法尿路显影不满意者。

3. 输尿管疾病需要定位者。

4. 临近肾与输尿管的病变观察其受累或移位情况者。

### 3.2.3 禁忌证

1. 尿道严重狭窄。

2. 急性下部尿路感染及出血。

3. 严重膀胱病变禁做膀胱镜检查者。

4. 严重的心血管及严重的全身性疾病等。

### 3.2.4 对比剂

浓度为12.5%的碘化钠、76%泛影葡胺或非离子型对比剂300mgI/1ml,用量每侧每次5~10ml,可重复多次注射。

### 3.2.5 造影前准备

一般准备同静脉尿路造影。有关膀胱镜检查的准备工作,由泌尿科执行。

### 3.2.6 造影方法

1. 插入膀胱镜及放置输尿管导管,由临床医生在手术室操作完成。

2. 插入输尿管导管后,患者仰卧摄影台上,脊柱对准台面中线,先摄取腹部平片以观察导管及导管顶端的位置(图10-3-10)。

3. 双侧造影时,双侧输尿管导管同时同速注射对比剂(需在动态DR下进行);单侧造影则一侧注入对比剂。每次每侧注射量5~10ml。

4. 在CCD或动态DR透视下缓慢注入对比剂,待对比剂充盈满意后摄肾区图像,然后摄全腹部图像。根据显影情况决定是否再次注药摄影或摄取其他体位片。

5. 观察输尿管时,应将导管顶端抽至输尿管下端,注少量对比剂后摄全腹部影像。欲观察肾盂肾盏功能,应在注药后1~2min摄取肾盂功能片。

6. 80~85kV,适当照射野(透视下实时摄影)。全尿路腹部摄影与静脉肾盂造影相同。

7. 检查结束后，抽出导管。

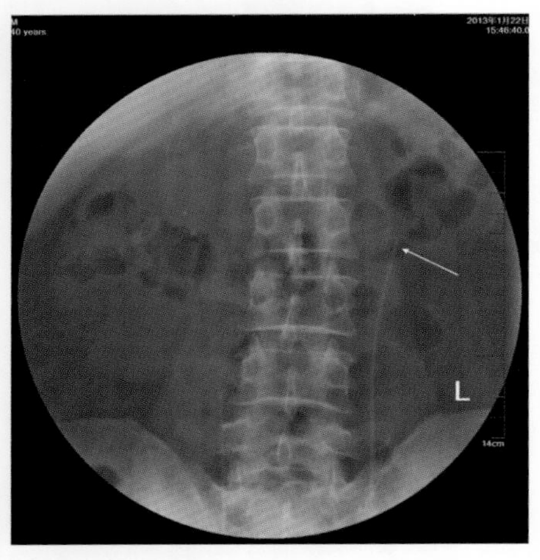


图 10-3-10　造影前显示导管的位置(箭头)

### 3.2.7　标准图像显示

1. 透视下实时摄影，为单侧显示，肾盂位于显示野中央，包括输尿管上段。腹部正位(卧位)图像显示野要包括双肾、输尿管和膀胱。

2. 肠道内容物排泄彻底，无高密度肠内容物和气体遮挡。

3. 由于直接注入的对比剂浓度高，肾盂肾盏显示清晰与周围组织对比良好。肾小盏顶端凹陷呈杯口状，肾小盏、肾大盏和肾盂充盈对比剂充盈均匀，边缘锐利。

4. 显示野范围规范，无异物和对比剂污染。图像对比度良好，层次丰富(图 10-3-11)。

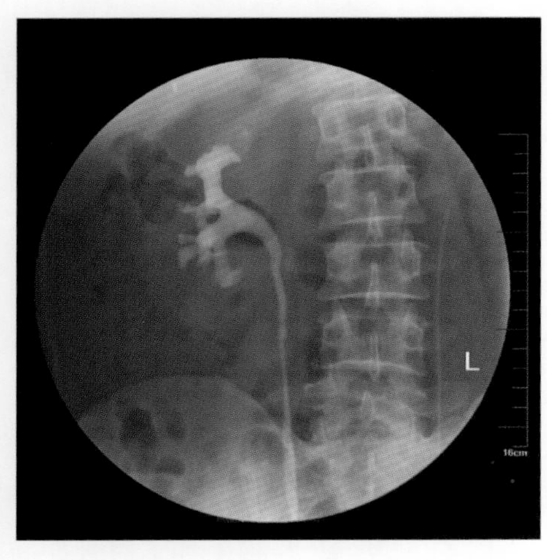


图 10-3-11　标准图像的 X 线表现，肾盂充盈良好

### 3.2.8　常见的非标准图像显示

1. 肠道内容物过多，有高密度影和气体影像重叠。

2. CCD 摄影，投照视野有限，肾盂肾盏未包全(图 10-3-12)。

3. 对比剂注入过量或压力较大，使轮廓过度膨胀，部分出现逆流。

4. 对比剂污染显示野，使观察区内出现高密度影。

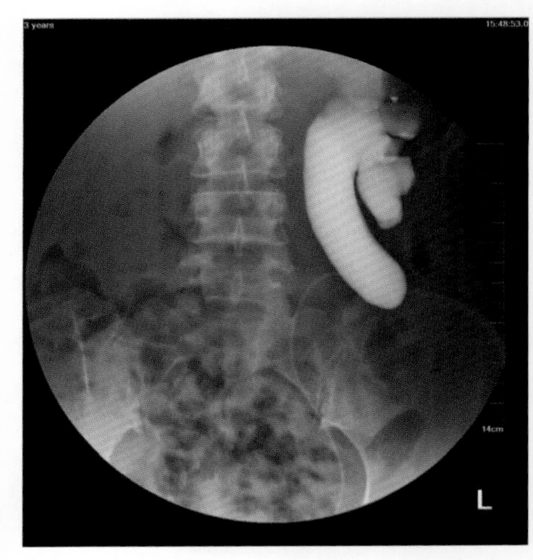


图 10-3-12　中心线下移，肾盂肾盏未包全

### 3.2.9　注意事项

1. 导管上端置入肾盂和输尿管交界处为宜，如位置不适当，及时调整。

2. 注药压力不宜过高，速度不应太快，注药量以被检者肾区有胀感为止。

3. 两侧输尿管导管注射对比剂时，注射速度必须保持同步。被检者一侧肾区有胀感时，该侧停止注药，另侧继续注射至肾区有胀感止。

4. 常规摄影被检者取仰卧前后位，根据诊断需要加照侧位、斜位、头高位或头低位。

5. 确定造影图像满足诊断要求后，才能抽出导管，终止检查。

## 3.3 膀胱造影

### 3.3.1 原理

膀胱造影(cystography)是将对比剂逆行注入膀胱内以显示膀胱的大小、形态、位置及周围组织器官的关系。应采用透视与摄片相结合的步骤和方法进行检查。常规摄影位置为正位、左后斜位和右后斜位3个不同的方向,显示膀胱不同边缘部分,较完整地观察膀胱。也可在透视下进行旋转,发现病变和在显示最好的角度进行点片。

### 3.3.2 适应证

1. 膀胱肿瘤、结石、炎症、憩室。
2. 先天性畸形。
3. 前置胎盘、盆腔内肿瘤、输尿管囊肿及前列腺病变。
4. 膀胱功能性病变,如神经性膀胱、尿失禁及输尿管逆流。

### 3.3.3 禁忌证

1. 膀胱大出血。
2. 尿道严重狭窄。
3. 尿道及膀胱急性感染等。

### 3.3.4 对比剂

浓度为12.5%的碘化钠、76%泛影葡胺或非离子型对比剂300mgI/1ml。造影时将对比剂加生理盐水1:1稀释,用量无严格限制。成人一般为150~200ml,小儿视年龄而定。另外,空气亦常用于膀胱造影,用量为250~300ml,通常注气到患者有胀感为止。

### 3.3.5 造影前准备

1. 清洁灌肠清除肠道内容物及气体。
2. 检查前患者自解小便,排便困难者插管导尿排尿。
3. 准备局部消毒用具:3%红汞、棉球、消毒巾等。
4. 选用适合患者年龄用的导尿管,成人使用12~14号导尿管,小儿使用8~10号导尿管。

### 3.3.6 造影方法

1. 患者仰卧检查台上,用红汞消毒尿道外口和导尿管。
2. 导尿管顶端涂润滑剂(石蜡油)后,经尿道插入膀胱,固定导管与尿道外口。
3. 在透视下将对比剂徐徐注入膀胱,注药中不断转动患者,多角度观察。
4. 注药完毕后夹住导尿管以防对比剂反流。
5. 摄取前后位及左、右后斜位:

(1)膀胱前后位:人体仰卧摄影台上,双下肢伸直,人体正中矢状面与台面中线垂直并重合,两双肢至于身体两侧并稍分开;深呼气后屏气曝光;中心线向足侧倾斜10°经髂前上棘连线中点与耻骨联合连线中点射入到IR中心(图10-3-13)。70±5kV,AEC控制曝光,适当照射野。

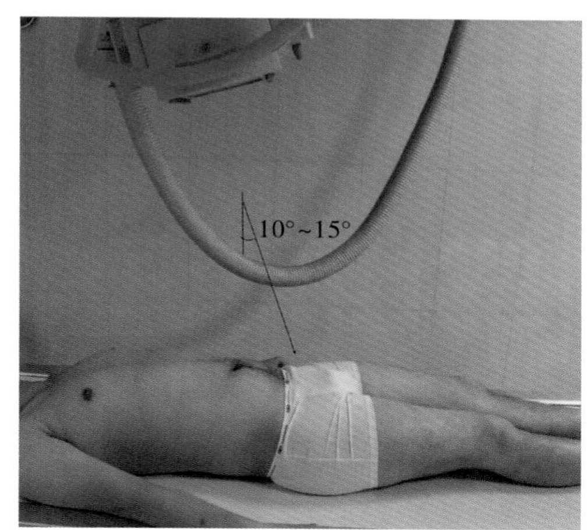


图10-3-13 膀胱区前后位摄影摆位图,示中心线入射点和倾斜角度

(2)膀胱斜位:人体斜卧摄影床上,身体向左或右旋转,使躯干正中矢状面与台面呈45°。中心线垂直通过膀胱区(耻骨联合上4cm向左或右5cm处)射入。70±5kV,AEC控制曝光,适当照射野(图10-3-14)。

6. 确认拍摄图像符合诊断要求,造影成功后,可拔出导管。

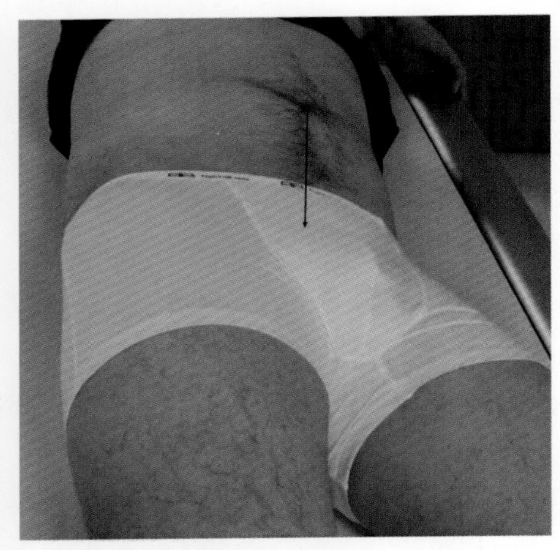

图 10-3-14　膀胱斜位摄影摆位图,示被检者体位和中心线入射点

### 3.3.7　标准图像显示

1. 膀胱为密度增高椭圆形影,充盈良好(图 10-3-15)。

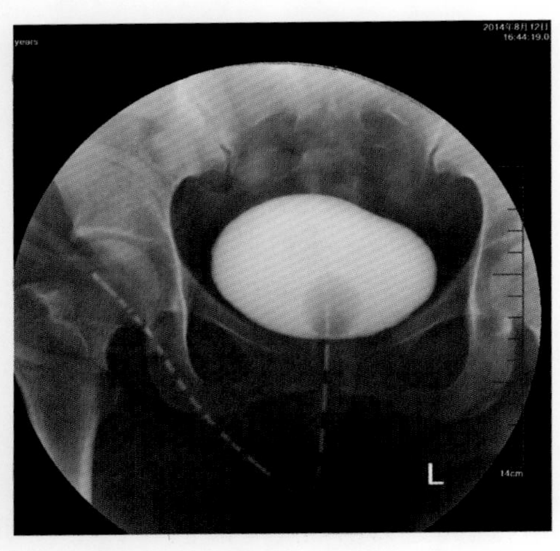


图 10-3-15　标准膀胱造影正位 X 线表现

2. 前后位显示膀胱两侧壁及顶部边缘。膀胱位置居中,位于耻骨联合之上,与耻骨联合无重叠。

3. 右后斜位观察膀胱的右前缘及左后缘,膀胱下部遮盖右侧髋关节和股骨头上部。左后斜位显示膀胱左前缘及右后缘,膀胱下部遮盖左侧髋关节和股骨头上部(图 10-3-16,图 10-3-17)。

4. 对比剂浓度密度适中、均匀,既能衬托出高密度结石,又不遮掩软组织密度病变。

5. 图像对比度好,分辨率高,层次丰富。视野内无异物、对比剂等伪影。

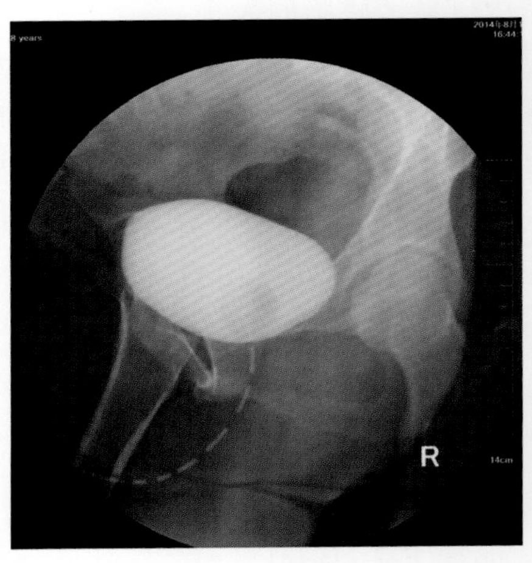


图 10-3-16　标准膀胱造影右后斜位 X 线表现

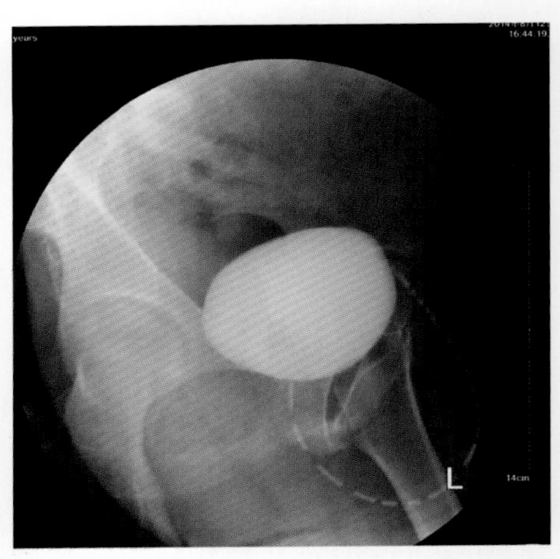


图 10-3-17　标准膀胱造影左后斜位 X 线表现

### 3.3.8　常见的非标准图像显示

1. 注射对比剂量不足,膀胱充盈不良,不利于病变的显示。或过量注入对比剂,使膀胱过于充盈。

2. 对比剂浓度不适当,过高时可遮掩结石和其他病变。

3. 正位图像,中心线入射角不准确,膀胱与耻骨联合重叠(图 10-3-18)。

4. 左后斜位或右后斜位倾斜角度过大或过小,致观察膀胱不全面。

6. 曝光条件不当,结构被过于穿透或穿透不足。

7. 显示野内有伪影。

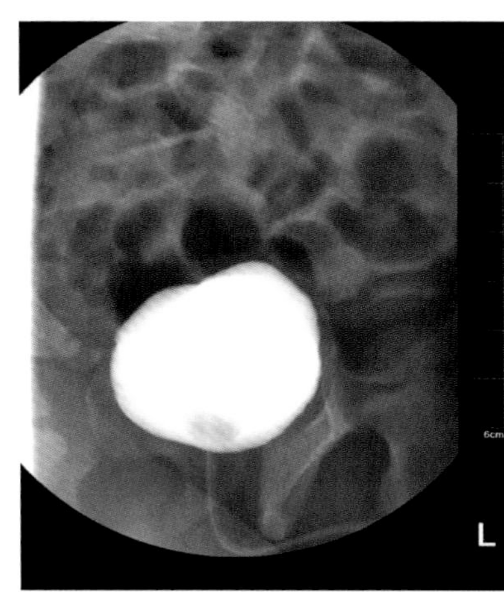


**图 10-3-18** 正位图像,中心线入射角不准确,膀胱与耻骨联合重叠

### 3.3.9 注意事项

1. 严格按照无菌技术进行规范操作。

2. 插导尿管是动作要轻柔,避免刺伤尿道。特别要注意男性尿道存在两个生理弯曲,插管时必须消除弯曲,以便导管顺利插入膀胱。

3. 在观察膀胱内小肿瘤、异物及结石时,可向膀胱内注入气体进行膀胱充气造影,亦可同时注入气体和碘液做双对比造影,能更清楚小病变。

4. 膀胱结石或者肿瘤性病变患者进行造影时,可应用低浓度对比剂,以免掩盖病变。

5. 在注入对比剂过程中,可同时转动患者体位透视观察,发现病变及时点片。

6. 确认造影成功后,方能拔出导管。嘱患者自解小便,并多饮水有利于对比剂排出和预防感染。

## 3.4 尿道造影

### 3.4.1 原理

尿道造影(urethrography)一般用于男性尿道疾病的诊断,是临床诊断尿道疾病的一种常用的方法。男性尿道较长,约16~22cm,管道狭长,有3个狭窄(分别是与膀胱交界处、尿道膜部和尿道外口)。尿道造影能显示尿道全程和管腔情况。使对比剂充盈尿道有两种方法,一是注入法,二是自排法。

### 3.4.2 适应证

1. 尿道结石、肿瘤、瘘管及尿道周围囊肿。

2. 先天性尿道畸形如后尿道瓣膜形成、双尿道及尿道憩室。

3. 前列腺肥大、肿瘤及炎症。

4. 尿道外伤或炎性狭窄。

### 3.4.3 禁忌证

1. 急性尿道炎。

2. 龟头局部炎症。

3. 尿道外伤性出血。

### 3.4.4 对比剂

浓度为12.5%的碘化钠、76%泛影葡胺或非离子型对比剂300mgI/1ml。将对比剂稀释2~3倍。注入法用量20~30ml,自排法用量150~200ml。

### 3.4.5 造影前准备

1. 选择造影方法,向被检者详细说明造影过程,使其充分配合。

2. 检查前患者自解小便,排便困难者插管导尿排尿。

3. 准备局部消毒用具:3%红汞、棉球、消毒巾等。

4. 选取适于患者年龄用的导尿管,成人使用12~14号导尿管,小儿使用8~10号导尿管。

### 3.4.6 造影方法

1. 患者仰卧检查台上,用红汞消毒尿道外口和导尿管。导尿管顶端涂润滑剂(石蜡油)。

2. 注入法:

(1)将导尿管插入尿道口少许,用胶布固定或橡皮筋缠绕阴茎龟头处固定导管,防止对比剂外溢。

(2)牵拉前尿道与身体长轴垂直,由导管注入 20 ~ 30ml 对比剂。

(3)注入一定量对比剂,嘱患者做排尿动作,使随意括约肌松弛,利于后尿道充盈。并继续注药的同时进行曝光摄片(图 10-3-19)。

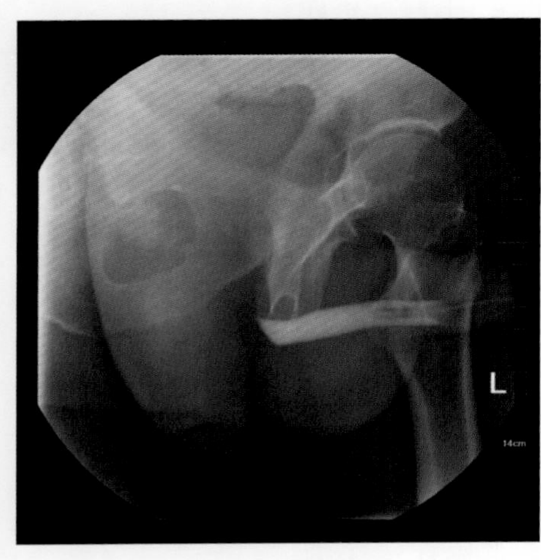


图 10-3-19 注药法尿道造影过程,示边注药边点片

(4)前尿道狭窄不易插入导管者,将注射器乳头直接插入尿道外口,紧抵阴茎头部注入对比剂摄影,能使全尿道显影。

3. 自排法:

(1)将导尿管插入膀胱,并固定导尿管。

(2)注射 150 ~ 200ml 对比剂进入膀胱后拔出导管。

(3)将患者置于摄影位置,在透视和动态 DR 的动态观察下,嘱被检者排尿,于排尿过程中点片(图 10-3-20)。

4. 摄影技术:

(1)尿道造影常摄影左后斜位或右后斜位,体位设计要点:患者侧斜卧摄影床上,人体冠状面与台面层 30°,髋关节弯曲,抬高侧足部踏摄影床上并外展以免与尿道重叠,将阴茎拉直尽量不与大腿重叠;中心线垂直通过耻骨到达 IR 中心(图 10-3-21)。70 ± 5kV,AEC 控制曝光,

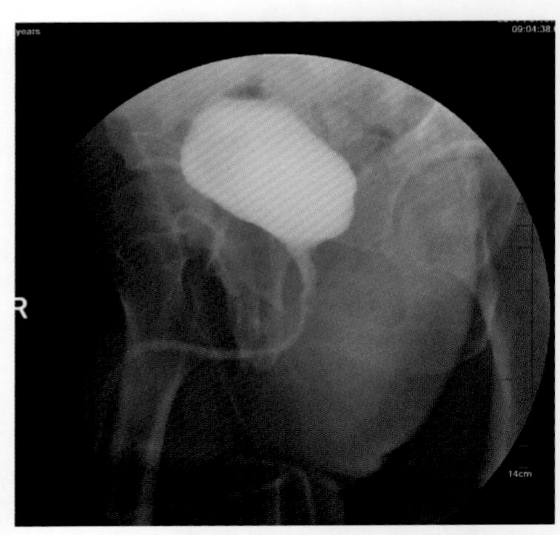


图 10-3-20 自排法尿道造影过程,排尿过程中点片

适当照射野。

(2)亦可用前后位,体位设计要点:人体仰卧摄影台上,双下肢伸直,人体正中矢状面垂直并重合台面中线;将阴茎顺直置于人体正中不与其他软组织重叠;中心线垂直通过耻骨联合到达 IR 中线,屏气下曝光(图 10-3-22)。70 ± 5kV,AEC 控制曝光,适当照射野。

具体摄影见第 3 章 3.4 后尿道正位和 3.5 后尿道斜位。

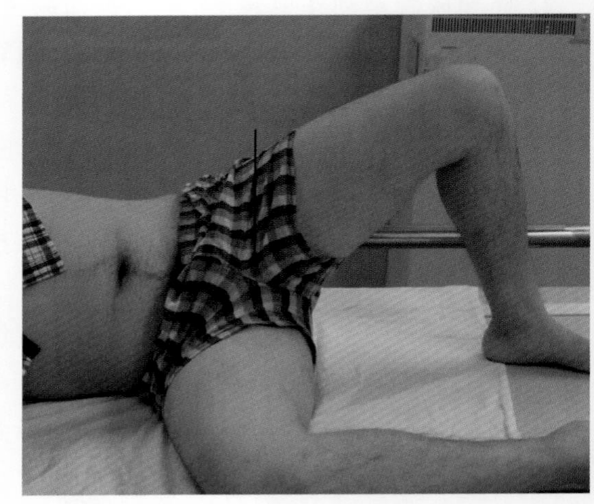

图 10-3-21 后尿道斜位摄影摆位图,标记线为中心线摄入点

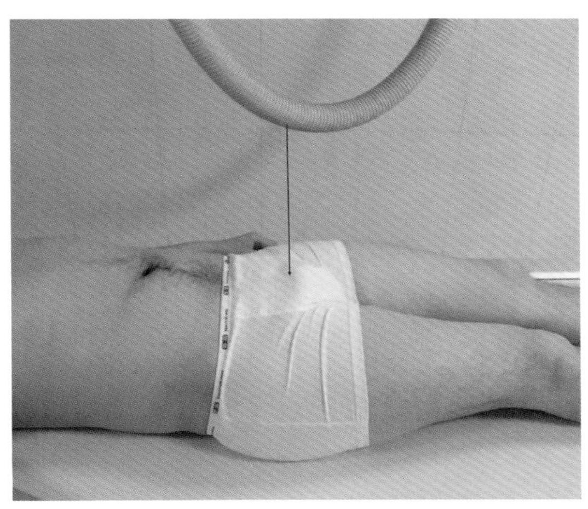

图 10-3-22 后尿道前后位摄影摆位图，标记线为中心线摄入点

### 3.4.7 标准图像显示

1. 尿道和膀胱包括在显示野内，并位于图像中部。

2. 尿道全程显示，包括下部、尿道内口、前列腺部、膜部和海绵体部。

3. 尿道内口与耻骨联合无重叠。尿道弯曲度能充分展开，无缩短（图 10-3-23）。

4. 尿道内对比剂充盈连续，无断续等假象。

5. 无对比剂污染等伪影。

6. 图像对比度好、分辨率高。尿道内对比剂与周围组织形成明显的对比。

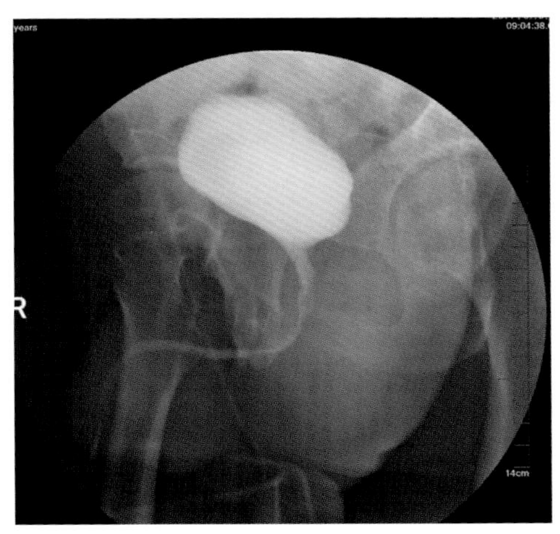


图 10-3-23 标准尿道造影 X 线表现，尿道充分展开，能显示尿道全部

### 3.4.8 常见的非标准图像的显示

1. 尿道内对比剂充盈不均匀，形成断续等假象，或显示不完全，给诊断造成困难。

2. 投照位置不适当，尿道弯曲部分缩短、重叠（图 10-3-24）。

3. 取景偏斜，尿道未包全在显示野内。

4. 对比剂浓度较低，与周围对比不足。

5. 图像内有对比剂等异物污染。

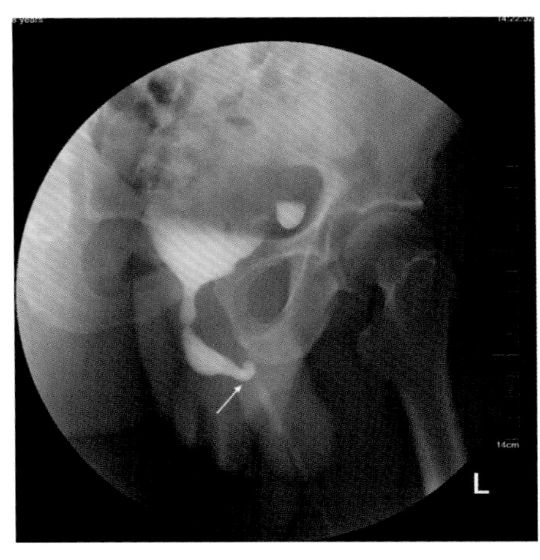


图 10-3-24 尿道未充分展开，部分段重叠呈轴位（箭头）

### 3.4.9 注意事项

1. 严格遵守无菌操作，做好消毒步骤。

2. 对受检者详细解释造影过程，争取其充分配合。

3. 进行尿道插管时，注意消除生理弯曲，使插管顺利。

4. 注入法造影时，注药压力不宜过高。特别是有尿道狭窄者，必须严格控制压力以防破裂，对比剂进入组织间隙及血管内。

5. 后尿道狭窄、先天性尿道畸形等应选择自排法造影，可使后尿道松弛，管腔增大，利于观察。

6. 如被检者不习惯卧位排尿，不能行自排法造影时，可选择注入法。

7. 造影时，操作者应严密观察，根据情况选择最佳位置，把握抓拍时机点片。

## 3.5 口服法胆道造影

### 3.5.1 原理

口服法胆道造影（cholangiography by oral administration）是口服后经肝脏代谢、胆道排泄的对比剂，使胆道显影。常用的对比剂为碘番酸，其在胃内不溶解，进入小肠内则能溶于碱性肠液，被动扩散透过肠黏膜吸收到血液。与血浆蛋白结合率高，主要与血浆白蛋白结合。在肝脏代谢，转化为不透 X 线的葡糖醛酸结合物（糖苷体），随胆汁排泄至毛细肝管、各级肝内胆管、左右肝管、肝总管和胆总管，同时进入胆囊，再经胆道和胆囊浓缩，使胆道在 X 线下显影。经肝脏代谢后的对比剂排入肠道不被再吸收。

此造影胆道显影与否和显影好坏决定于以下因素：①肠道的对比剂吸收能力。②与血浆蛋白质结合能力。③肝脏的代谢功能和胆汁的生成。④胆道系统的通畅情况。⑤胆囊和胆管的胆汁浓缩的功能。对比剂在胆囊内被浓缩 4～10倍。食物的刺激即脂肪餐后，植物神经反射性使胆囊收缩，将含高浓度对比剂的胆汁经胆囊管、胆总管排泄到十二指肠，故此过程即可显示胆囊的功能，又能显示胆道的通畅情况和形态。

### 3.5.2 适应证

1. 可疑胆囊及胆道的结石，但平片不能发现者。平片有结石的阳性发现需要进一步证实者。
2. 慢性胆囊炎。
3. 胆道肿瘤。
4. 先天畸形。

### 3.5.3 禁忌证

1. 肝硬化、肝炎以及重度黄疸。
2. 急性胆囊炎，胆囊炎急性发作。
3. 急、慢性肾炎与尿毒症。
4. 急性肠胃炎与幽门梗阻、严重呕吐。
5. 腹泻和肠道吸收障碍者。
6. 严重甲状腺功能亢进。

### 3.5.4 对比剂

1. 碘啊酚酸：成人一次 3g，每片 0.5g 共 6 片。

2. 碘番酸：成人一次 3g，每片 0.5g 共 6 片。该药胆囊显影率高，为常用的对比剂。

### 3.5.5 造影前准备

1. 检查前 1～2d 少吃渣食物。

2. 检查前 1d 禁服泄药、肠内容物显影药物。

3. 检查前 1～3d 进食高脂食物，有利于胆囊排空。服药当晚（检查前 1d）进素食。

4. 检查前日晚饭后禁食，睡前可饮少量水。若用碘番酸做对比剂，晚餐食用适量的脂肪和蛋白质，能够促进肠道内碘番酸的吸收和经肝脏的排泄。

5. 行肝、肾功能检查。

6. 嘱咐患者造影日携带 2 个油煎鸡蛋、一杯牛奶备用。

7. 检查当日空腹，并清洁灌肠。

### 3.5.6 造影方法

1. 检查前 1d 行胆区摄影，摄影技术见图 10－3－25。

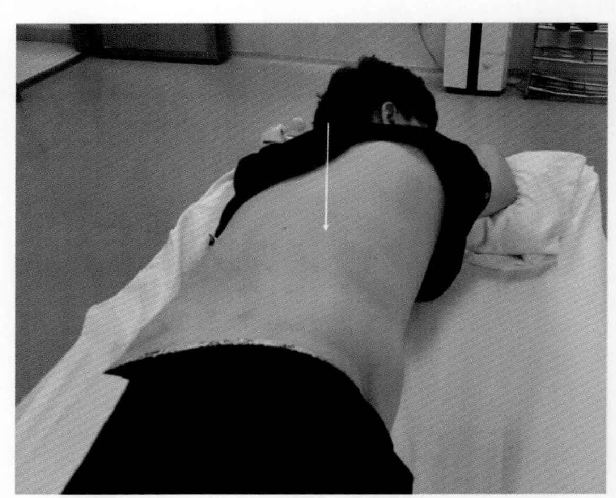

**图 10－3－25** 胆囊俯卧位摄影摆位图，右侧抬高，右侧腋中线位于台面中线，标记线为中心线入射点与入射方向

(1)被检者呈俯卧位,右侧腋中线与检查床中线重合。

(2)右侧腹部抬高,使冠状位与台面成20°~30°。

(3)75~80kV,AEC自动控制曝光,适当照射野。

(4)中心线经第1腰椎水平,棘突右侧10cm处垂直摄入。屏气曝光。

2. 检查前1d晚餐后4h,口服对比剂碘番酸0.5g共6片,为避免胃肠道反应,每5min服1片。体重超过80kg者给予双剂量。

3. 服药12h后即第2天上午8点,透视观察胆囊显影情况及胆囊体表位置,然后摄片。

4. 服药14h、16h分别摄第2幅和第3幅图像,观察胆囊浓缩功能。

5. 如果胆囊显影满意,嘱被检者进食脂肪餐。

6. 脂肪餐后30min、60min、120min分别进行摄影,观察胆囊收缩功能及胆道显影情况。

7. 如胆囊收缩不明显,则延迟1-2h摄影。

8. 进食脂肪餐30min后,取仰卧右后斜位:

(1)被检者仰卧,右侧腋中线与台面中线重合(图10-3-26)。

(2)左侧抬高,冠状面与台面呈15°~30°角。

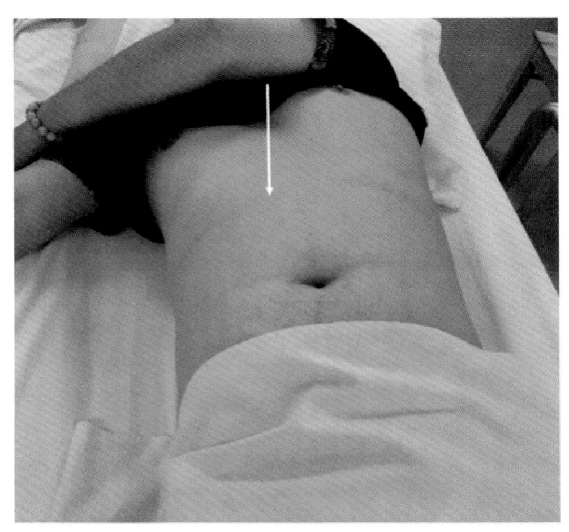

**图10-3-26** 胆囊仰卧位摄影,左侧抬高,右侧腋中线位于台面中线,标记线为中心线入射点与入射方向

(3)曝光条件和显示野同上。中心线平第1腰椎垂直入射。

### 3.5.7 标准图像显示

1. 造影全部图像显示野上缘平第10胸椎中部,下缘平第4腰椎下缘,胸腰椎椎体中部,外侧第11、12肋骨外侧(图10-3-27)。

2. 胆囊、左右肝管、肝总管和胆总管位于视野中部,不与脊柱重叠(图10-3-28)。

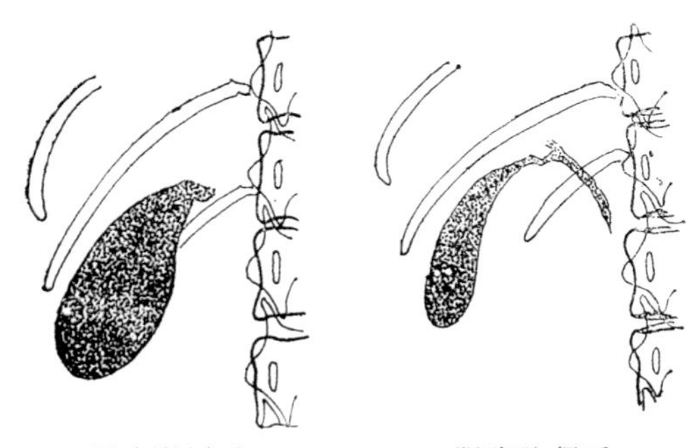


**图10-3-27** 标准胆囊造影示意图,左图为胆囊显影表现,右图为脂肪餐后表现

3. 胆道内对比剂密度较高,能观察到:胆囊位于右上腹,大多在第12胸椎至第2腰椎之间,常呈梨形或其他形态,边缘清晰。脂肪餐后的胆囊缩小,同时见胆囊管及胆总管。胆总管延腰椎右缘行走,下段略向外行进入十二指肠降部。胆囊管细而短,有时呈S状弯曲,腔内可见螺旋状黏膜皱襞。

4. 无明显肠内容物和肠气干扰,无其他异物等伪影。

6. 图像对比度好、分辨率高,层次丰富,结构显示清楚。

### 3.5.8 常见的非标准图像显示

1. 显示野位置不正确或因胆囊、胆管位置变异而造影前定位不准确,胆道未包全。

2. 投照时被检者体位倾斜不足,或中心线入射方向和入射点偏差,胆管和胆囊与脊柱重叠(图10-3-28)。

3. 曝光条件不适当(过度曝光或穿透力不

足），胆囊等结构显示不清。

4. 肠内容物干扰，使胆道显示不清；显示野内出现伪影。

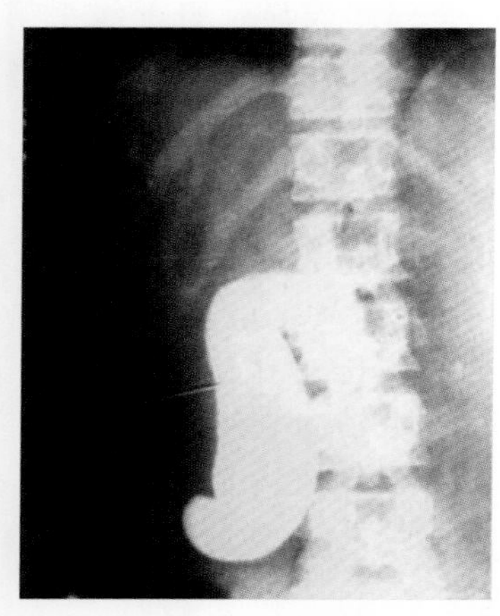

图 10-3-28 投照时被检者体位倾斜不足，或中心线入射方向和入射点偏差，胆管和胆囊与脊柱重叠

### 3.5.9 注意事项

1. 口服胆囊造影机制复杂，造影成功与否受多种因素影响，操作人员应详细告知被检者检查过程，嘱被检者充分做好造影前的准备。

2. 由于造影时间较长，在检查中应使被检者充分休息，检查过程中可饮糖水，但应禁食。

3. 双剂量造影用药量较大，对肝肾功能不良者应谨慎使用。

4. 如口服胆囊造影不成功，不再重复检查，立即改静脉胆道造影。

5. 注意把握好摄影时间，口服对比剂后4h胆囊可显影，但 14～19h 胆囊显影最佳。肝外胆管可在服脂肪餐后 15～30min 胆囊收缩时显影。

6. 脂肪餐后观察胆道，注意取右后斜位，根据是，胆管的解剖位置相对于胆囊而言偏左下，取右后斜位时，含有对比剂比重大的胆汁，在胆囊内下沉到胆囊体的近端，此部分胆汁先排出，即含对比剂浓度高的胆汁刚好位于胆管内，使胆管的显影良好。

7. 服脂肪餐 60min 取俯卧左前斜 20°～30°，观察胆囊收缩和排空功能。

8. 对比剂在体内代谢、廓清较慢，一般24h内可排出 50%，全部排出需 5d 以上。造影完毕后，嘱患者多饮水，有助于对比剂从体内排出。

## 3.6 静脉胆道造影（静脉注入法和静脉滴注法）

### 3.6.1 原理

静脉胆道造影（intravenous cholangiography）是经静脉注入或滴注由肝脏代谢的对比剂胆影葡胺，肝细胞分泌对比剂的代谢产物到胆汁内，随胆汁分布在各级胆管和胆囊，然后排泄到十二指肠，使以上结构在 X 线下显影。在胆囊内的对比剂浓缩，脂肪餐后胆囊收缩可使胆囊和胆囊管显影。胆影葡胺蛋白结合率很高，主要与血浆白蛋白结合。静脉注射后迅速广泛分布到各组织的细胞外液。10～15min 肝管和总胆管已能在 X 线片上显影，40～80min 达高峰，胆汁内对比剂浓度可达血浆浓度的 30～100 倍。胆囊在 1h 左右开始显影，2h 显影浓密，偶可在 24h 延迟显影。

造影的影响因素有肝脏代谢功能是否正常、胆道系统的通畅性和胆囊的浓缩功能有关。根据肝脏功能的和代谢情况静脉胆道造影分为静脉注入法胆道造影（mainline cholangiography）和静脉滴注法胆道造影（vein transfusion cholangiography）。前者应用于肝功能和代谢正常，蛋白结合率较高和无明显黄疸的患者，后者用于肝功能和代谢异常，黄疸，蛋白结合率较低的以及常规的静脉注入法造影效果不佳的患者。

### 3.6.2 适应证

1. 胃肠道疾病或其他疾病致使消化道吸收不良，口服胆囊造影不显影。

2. 胆管内梗阻性疾病如胆道结石、肿瘤。

3. 胆道炎症。

4. 胆囊和胆管结石、肿瘤，胆囊炎。

5. 胆囊功能障碍。

6. 胆道外压性病变：肝门和胆管附近淋巴结肿大、肝门区肿瘤、胰头部和十二指肠降部肿瘤。

7. 先天性胆道畸形。

### 3.6.3 禁忌证

1. 碘过敏。

2. 严重的肝、肾功能损害。

3. 严重的阻塞性黄疸。

4. 严重的心肌病变。

5. 严重的甲状腺功能亢进和甲状腺危象。

### 3.6.4 对比剂

50% 胆影葡胺（Meglumine lodipamide, Biligrafin, Cholografin），静脉注入法用量 20ml，肥胖者和静脉滴注静脉造影用量 40ml。

### 3.6.5 造影前准备

1. 检查前 1 ~ 2d 少吃渣食物，服用缓泻剂。

2. 检查前 1 ~ 3d 进食高脂食物，有利于胆囊排空。

3. 行肝、肾功能检查。

4. 阻塞性黄疸患者在检查前 3d 静脉注射 50% 的葡萄糖溶液 60ml + 维生素 C 0.5g，每天 1 次。

5. 嘱咐患者造影日携带 2 个油煎鸡蛋、一杯牛奶备用。

6. 检查当日空腹，并清洁灌肠。

7. 准备消毒用具：消毒托盘、碘伏、棉签。另有止血胶布等。

### 3.6.6 造影方法

1. 造影前行胆区摄影，以便与造影图像对比。摄影技术：

（1）被检者呈仰卧位，右侧腋中线与检查床中线重合。

（2）左侧腹部抬高（左前斜位），使冠状位与台面成 20° ~ 30°。

（3）75 ~ 80kV，AEC 自动控制曝光，适当照射野。

（4）中心线经第 1 腰椎水平，前正中线右侧 10cm 处垂直射入（图 10-3-25，图 10-3-26）。

（5）屏气曝光。

2. 静脉注入法：

（1）被检者仰卧，预先备好投照体位。

（2）静脉注射 50% 胆影葡胺，缓慢注射，10 ~ 15min注射完毕。

（3）于 20min、40min、60 及 120min 分别行胆道摄影。

（4）120min 内胆囊显影，如胆囊显影满意，嘱被检者进食脂肪餐，餐后 15min 摄影。如显影浅淡可延迟照片时间，胆囊不显影则可结束检查。

3. 静脉滴注法：

（1）50% 胆影葡胺 40ml，加 5% 葡萄糖液 60 ~ 80ml，总量为 100 ~ 120ml 行静脉滴注，约 30min 滴注完毕。

（2）立即摄影观察胆管显影情况，随后每隔 30min 摄影 1 次，共摄影 3 次。

（3）120min 摄影观察胆囊，如胆囊显影不佳，延迟至 180min 摄影。

（4）胆囊显影满意后，嘱被检者进食脂肪餐，餐后 15min 摄影。如显影浅淡可延迟照片时间，胆囊不显影则可结束检查。

4. 此两种静脉胆道造影在胆囊不显影的情况下，如有诊断的需要，可 24h 后再行胆囊摄影。

5. 摄影技术同上。

### 3.6.7 标准图像显示

1. 图像显示野上缘平第 10 胸椎中部，下缘平第 4 腰椎下缘、胸腰椎椎体中部，外侧第 11、12 肋骨外侧（图 10-3-27）。

2. 胆囊、左右肝管、肝总管和胆总管位于视野中部，不与脊柱重叠（图 10-3-27）。

3. 胆道内对比剂密度较高，能观察到：胆囊位于右上腹，大多在第 12 胸椎至第 2 腰椎之间，常呈梨形或其他形态，边缘清晰。脂肪餐后的胆囊缩小，同时见胆囊管及胆总管。胆总管延腰椎右缘行走，下段略向外行进入十二指肠降部。胆囊管细而短,有时呈 S 状弯曲,腔内可见螺旋状黏膜皱襞。

4. 无明显肠内容物和肠气干扰,无其他异物等伪影。

5. 图像对比度好、分辨率高,层次丰富,结构显示清楚。

### 3.6.8 常见的非标准图像显示

1. 显示野位置不正确或因胆囊、胆管位置变异而造影前定位不准确,胆道未包全。

2. 投照时被检者体位倾斜不足,或中心线入射方向和入射点偏差,胆管和胆囊与脊柱重叠(图 10-3-28)。

3. 曝光条件不适当(过度曝光或穿透力不足),胆囊等结构显示不清。

4. 肠内容物干扰,使胆道显示不清;显示野内出现伪影。

### 3.6.9 注意事项

1. 静脉法所用造影剂,适用于口服法造影胆囊未显影的患者。因对比剂经肝脏随同胆汁排入胆管,其浓度较高,不需浓缩即可使胆囊显影,不受胃肠吸收因素的影响。

2. 在静脉注入法,操作者应遵守注射时间的规定,慢速注射,使对比剂与血浆蛋白充分结合,胆汁中浓度增加,减少经肾排泄量。

3. 肝功能不良或黄疸患者,选用静脉滴注法,其显影率高,但注意做到造影前规范用药。

4. 对肝肾功能不良者应谨慎使用。

5. 被检者投照体位取仰卧位,使冠状面与台面的夹角方向正确。

6. 把握好摄影时间。

7. 本品主要从肝胆道统排泄,肝功能正常者在 3 ~4d 内从粪便中排出约 52% ~72%;肝、肾功能都正常者 24h 内经肾排泄约 10% ~15%;肝功能受损者经肾排出增多,结合型不能通过肾小球滤出。肝、肾功能异常患者造影后,应提示临床给予一定的护肝和改善肾功能的治疗。

## 3.7 术后胆道造影

### 3.7.1 原理

术后胆道造影(postoperative cholangiography)也称为胆道“T”形管造影(cholangiography by T-shape canal),是通过胆道术后所留置在胆管的的 T 形引流管注入对比剂,对比剂逆行充盈各级胆管、胆囊,随即行 X 线摄影。常用于胆道手术后探查肝内、外胆管内的残余结石、再生结石及胆总管远端狭窄。胆道“T”形管造影也用于胆道和其周围肿瘤手术后以观察胆道通畅情况。

### 3.7.2 适应证

1. 适用于因胆道结石、肿瘤、炎性狭窄、先天性疾病手术后带有“T”形管引流的患者,1 ~2 周内均可进行。

2. 可疑结石残留。

3. 术后胆道阻塞或出现黄疸症状。

4. 拔除引流管前的常规检查。

5. 无严重胆道感染,出血或胆汁清亮不混浊者。

### 3.7.3 禁忌证

1. 严重的胆道感染和出血者,造影可引起炎症扩散或引起再次大出血。

2. 碘过敏者。

3. 心、肾功能严重损害者。

4. 甲状腺功能亢进者。

5. 急性胰腺炎或胰腺炎急性发作。

### 3.7.4 对比剂

浓度为 12.5% 的碘化钠、76% 泛影葡胺或非离子型对比剂 300mgI/1ml,用量每次 20ml,可重复多次注射。胆道扩张、胆囊未切除、T 管一端插入于十二指肠者,可适当增加用量,一般不超过 60ml。

### 3.7.5 造影前准备

1. 准备消毒用品。

2. 生理盐水并加热到摄氏 37℃。

3. 造影前抽出管内胆汁，用温生理盐水进行冲洗胆道。

### 3.7.6 造影方法

1. 被检者仰卧，取头低位，约30°（图10-3-29）。

2. 严格消毒，消毒引流管、引流管周围皮肤。

3. 随后经引流管先抽出胆汁10ml与对比剂混合，使之稀释。

4. 继续将胆管内空气和胆汁抽出，保持一定的负压。

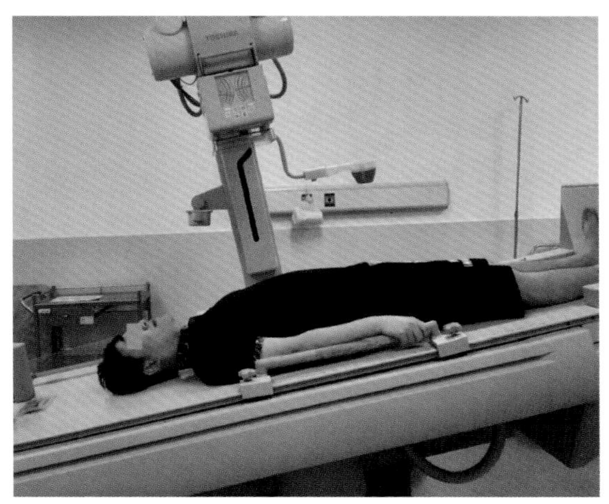

图10-3-29 T管造影摆位图，呈头低足高体位

5. 在透视的监控下，缓慢注入已混合的对比剂，先左侧卧位注入10ml，使左侧肝管分支充盈；而后转至仰卧位，再注入余下的10ml。

6. 对比剂注射完毕，立即摄影。

7. 胆管充盈良好，15min后再摄影，观察其排空情况。

8. 摄影技术：

(1)患者仰卧，头低足高位。

(2)于胆囊、胆管、肝区前后正位摄影。

(3)75～80kV，AEC自动控制曝光，适当照射野，中心线对准右锁骨中线与肋弓交点垂直入射。

(4)若左、右肝管及其分支互相重叠或胆囊影覆盖于胆总管上，须摄侧位片或者斜位。

### 3.7.7 标准图像显示

1. 对比剂浓度适当，各级胆管显示清楚，与软组织对比明显，边缘清楚锐利。

2. 肝内胆管各级分支能显示（图10-3-30）。

3. 胆管内对比剂密度均匀，无气体等假象形成的充盈缺损。

4. 视野包括肝脏右上缘、十二指肠水平部、脊柱和下部肋骨外侧缘。

5. 肝内外胆管、胆囊及十二指肠均能显示。

6. 肝总管、胆总管位于脊柱右侧，未与脊柱重叠。

7. T管位置正确，引流管与胆管无重叠。

8. 视野内无对比剂污染，无异物等伪影。

9. 图像曝光条件好，结构显示清晰。

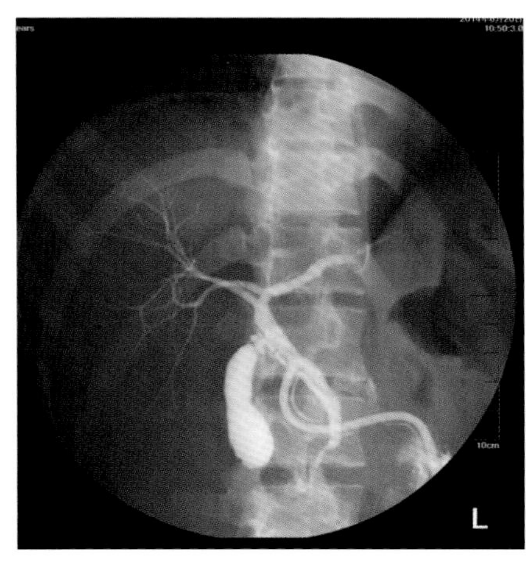


图10-3-30 标准T管胆道造影X线表现，示各级胆管显示清晰，无气泡影

### 3.7.8 常见的非标准图像显示

1. 胆道内对比剂充盈不佳，部分胆管未充盈。

2. 摄影时机把握不当，大量对比剂已经进入十二指肠内。

3. 胆道内出现气体，表现为对比剂的充盈缺损（图10-3-31）。

4. 对比剂密度较淡或密度过高。

5. 投照视野未将胆道系统包全。

6. 图像内出现伪影。

7. 曝光条件不当，因曝光过量或曝光不足致使结构显示不清楚。

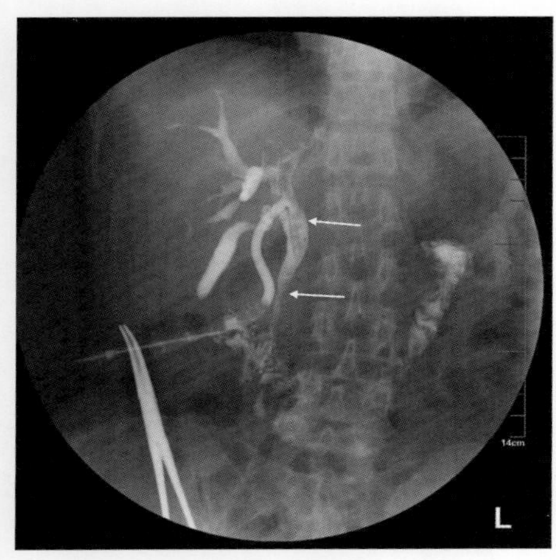


图 10-3-31　胆总管有气泡，产生假像（箭头）

### 3.7.9　注意事项

1. 术后胆道造影为逆行注入对比剂进入胆管内，务必需严格执行无菌操作技术，以防引起胆道感染。

2. 注射前将对比剂加温，减少对比剂对机体的刺激。

3. 注射对比剂前尽量将胆道内的空气和胆汁抽空，使胆道保持负压，有利于对比剂充盈到胆管的各个分支。

4. 注入对比剂速度不得过快，并注意控制压力。密切观察患者，当患者感到肝区饱胀时，则停止注射。否则会刺激 Oddi 括约肌痉挛后开放，大量流入肠道，使胆管显示不佳。

5. 造影需在透视下进行，实时观察胆管的充盈情况，及对比剂是否进入十二指肠。

6. 冲洗胆管和注射对比剂时要防止带入气体，以免误认气泡为阴性结石。

7. 若未达到诊断要求，重复造影一次。

（朱纯生　方学文　张玉兰）

## 参考文献


[1]郭启勇. 实用放射学，北京：人民卫生出版社，2011.

[2]钞俊，李洁欣，邹文元. 碘对比剂过敏反应与临床应用现状及展望. 中国老年保健医学，2014，6（12）：79-81.

[3]曹绒霞，王养民，乔够梅. 碘造影剂推注过程中不良反应观察. 西北国防医学杂志，2006，27（4）：303-304.

[4]丘维佳，张天禹，雷定和. 造影剂的肾毒性：离子型和非离子型造影剂的对比研究. 华夏医学，2004，17（4）：478-480.

[5]郭俊渊. 提高警惕含碘造影剂的严重不良反应. 放射学实践，1998，13（1）：1-2.

[6]马祖文，许良，朱瑾. 碘造影剂不良反应文献的系统评价. 西北药学杂志，2015，29（3）：290-292.

[7]李霞，刘钟生. 造影剂迟发型副作用分析. 国外医学-护理分册，1999，18（2）：91.

[8]李湘军，李湘洪，王景爱. CT 增强扫描中对比剂副反应预防和护理. 医学影像学杂志，2003，13（11）：816.

[9]吴荣荣，陈红欧，魏振满，等. 碘帕醇注射液引起过敏性休克. 药物不良反应杂志，2008，10（5）：371.

[10]张一蔚. 静脉尿路造影对泌尿系疾病应用价值的研究. 中外医学放射技术杂志，1999，04：1.

[11]李大鹏. 浅谈肾积水的 IVP 检查. 实用医技杂志，2003，10（7）：740.

[12]黄树田，张艳辉. 胆石症行腹腔镜下胆囊切除术后经T 型管造影 472 例 X 线分析. 吉林医学，2005，26（8）：866-867.

[13]吴恩惠. 肝胆胰影像诊断学. 2 版. 北京：人民卫生出版社，1986.

# 中英文词汇对照

## A

鞍背　saddle back
鞍结节　tuberculum sellae
鞍状关节　saddle-joint）

## B

薄膜晶体管　thin film transistor,TFT
斑点　spot
半月板　meniscus
鼻窦后前23°位　23°postero-anterior position of sinus
鼻窦37°后前位　37°postero-anterior position of sinus
鼻根　radix nasi
鼻骨　nasal bone
鼻骨侧位 nasal bone lateral position
鼻骨轴位　nasal bone axis position
鼻棘　nasal jujube
鼻尖　apex nasi
闭孔　obturator formamen
鼻泪管　canalis nasolacrimalis
鼻腔　nasal cavity
鼻咽腔　pharyngonasal cavity
鼻翼　nosewing
标识X射线谱 identifying X-ray spectrum
变压器　transformer
标准化　standardization
髌骨　patella
髌骨轴位　patella axial position
髌韧带　ligamentum patellae
不良反应　adverse reaction

## C

操作台　console
层次　gradation
肠道　intestine
场效应晶体管　field effect transistor
尺骨　os ulna
耻骨　pubis
耻骨结节　tubercula pubicum
耻骨弓　arcus pubis
耻骨联合　pubic symphysis
耻骨联合　symphysis ossium pubis
尺骨茎突　styloid process of ulna）
耻骨上支　rami superior ossis pubis
耻骨梳　pecten ossis pubis
耻骨体　corpora ossis pubis
耻骨下支　remi inferior ossis pubis
尺桡骨侧位　ulnar and radius lateral position
尺桡骨正位　ulnar and radius orthophoria
尺桡近侧关节　proximal radioulnar joint
尺桡远侧关节　distal radioulnar jojnt
齿状突　odontoid process
窗宽　window width
窗位　widow level
Cooper 韧带　Cooper ligament
穿透性　penetrability
垂体窝　pituitary fossae
存储　memory

## D

大多角骨　large multangular bone
大脑　cerebrum
大转子　trochanter major
大血管　large vessel
胆道　biliary tract
胆道"T"形管造影　cholangiography by T- shape canal
氮气　nitrous oxide
低密度　low density
骶骨岬　sacropromontory
骶髂关节　articulationes sacroiliaca
骶髂关节前后位　articulationes sacroiliaca anter-posterior position）
骶髂关节斜位　articulationes sacroiliaca　oblique position
骶、尾椎侧位　sacrum and coccyx lateral position
骶椎前后位　sacrum anter-posterior position
骶椎　sacrum
碘苯酯　iophedylatum
碘苯六醇　iohexol
碘比多　iopamiro
碘必乐　iopamidol
碘过敏　Iodine allergy）

碘化钠　sodium iodide
碘化铯　cesium iodide
碘化铯晶体　cesium iodide crystal
碘卡明酸　iocramic acid
碘卡明葡胺　myelotrast dimer-X, bisconray
碘克沙醇　Iodixanol
电离效应　ionization effect
碘曲伦　iotrolan)
碘普罗胺　iopromide
碘水制剂　iodine water prescriptions
电子源　electron headstream
电子流　electron flow
蝶鞍　sella
蝶鞍侧位 sella lateral position
蝶骨　sphenoid bone
蝶骨大翼　greater wing of sphenoid bone
蝶骨翼突　processus pterygoideus
蝶骨小翼　small wing of sphenoid bone
顶层电极层　top electrode layer
顶骨　parietal bone
动、静脉　artery and vein
定影　fixation
对比度　contrast
对比剂反应　contrast agent reaction
对比增强数字乳腺摄影　contrast-enhanced digital mammography, CEDM
窦道造影　sinography

## E

额骨　frontal bone)
颚骨　palatine bone
耳　ear
2～5指侧位　lateral position　of 2－5 finger
2～5指正位　orthotopic of 2－5 finger
耳屏　antilobium
二氧化碳　carbon dichloride
耳状关节面　ear-like articular surface

## F

反斯氏位　inverse stenver's position
泛影钠　hypaque sodium
泛影葡胺　urografin
放大器　amplifier
放大位　magnifying, M
防护用品　defending facility
放射工作许可证　Radiation Work Licence
肺部　lungs
肺底　base of lung
腓骨　fibula
肺尖　apex pulmonis
分辨力　resolution
非晶硒平板探测器　amorphous selenium plate director
非晶硒层　amorphous selenium layer
肺泡　alveolus
肺小叶　lobuli pulmonum
分泌性肾盂造影　secretory　pyelography
腹壁　abdominal wall
副鼻窦　paranasal sinus
副鼻窦侧位　paranasal sinus lateral position
腹部　abdomen
腹部侧卧前后位　abdominal lateral decubitus position
腹部侧位　abdominal lateral position
腹部倒立前后位　abdominal upside-down anter-posterior position
腹部倒立侧位　upside-down lateral position
腹部分区　abdominal region
腹部仰卧前后位　abdominal supine anter-posterior position
腹部站立后前位　abdominal standing post-anterior position
腹部站立正位　abdominal standing orthotopia
跗骨　tarsale
腹股沟韧带　inguinal ligament
腹膜　peritoneum
腹膜后造影　retroperitoneal roentgenography
腹膜腔造影　celiacography
腹腔脏器　celiac organ
腹直肌旁线　linea pararectalis
服务器　server
跗跖关节　tarsale metatarsus joint

## G

感光体　sensitizer
干颈角　shaft-neck angle
肝脏　liver
冈上肌出口位　supraspinatus outlet position
高密度　high density
膈肌顶点　apex of diaphragm
膈下肋骨正位　rib orthophoria underneath diaphragm
跟骨　calcaneus
跟骨侧位　calcaneus lateral position
跟骨轴位　calcaneus axial position
跟距关节　calcaneus huckle joint
跟骰关节　calcaneus cuboid joint
跟舟关节　calcaneus navicular joint
肱骨　humerus
肱骨大结节　humerus major tubercle
肱骨滑车　trochlea
肱骨小结节　humerus tubercule
肱骨侧位　humerus lateral position)
肱骨上段穿胸位　upper humerus position through chest

肱骨正位　humerus normotopia
弓状线　lineae arcuata
肱桡关节　humeroradial joint
股骨　femur
股骨干　shaft femur
股骨颈　neck of femur
股骨头　caput femoris
股骨侧位　femur lateral position
股骨正位　femur orthophoria
骨盆　pelvis
骨盆侧位　pelvic lateral position
骨盆出口位　pelvic outlet position
骨盆前后位 pelvic anterior and posterior position
骨盆入口位　pelvic inlet position
骨盆正位　pelvic orthophoria
骨盆斜位 pelvic oblique position
钩骨 hamate bone
管电压　tube voltage
关节腔造影 arthrography
冠突　coronoid process
冠突窝　fossae coronoidea
冠状缝　coronal suture
冠状面　coronal plane
光扫描器(light scanner)
光电倍增管　photomultiplier
光学密度　optical density

## H

颏部　chin
颏顶位　chip top position
横断面　transverse plane
横隔　diaphragm
横突　transverse process
寰枢关节　atlantoaxial joint
环状软骨　annular cartilage
寰椎　atlas
厚度　thickness
颅后窝　posterior cranial fossa
后交叉韧　posterior cruciate ligament
后正中线　posterior midline
华氏位　water's　position
踝关节　ankle joint
踝关节侧位　ankle lateral position
踝关节正位　ankle orthophoria
灰阶　gray scale
喙突　coracoid

## I

伊索显　isovist

## J

基板层　basic plate
集电矩阵　Collection matrix layer
继发射线　second X-rays
记录　recording
计算机放射摄影系统　computed radiography,CR
激光器　laser apparatus
激光相机打印　laser printer
季肋区　regiones hypochondriaca
棘孔　Jujube hole
脊髓造影　myelography
棘突　spinous process
脊柱　vertebral column
假性盆腔　false pelvic cavity
甲状软骨　cartilagines peltata
肩峰　acromion
肩关节　shoulder joint
肩关节正位 shoulder joint normotopia
肩胛骨　scapula
肩胛骨侧位　scapula lateral position
肩胛骨外展位　scapula extented postion
肩胛骨正位　scapula normotopia
肩胛骨下角　inferior angle of scapula
肩胛下淋巴结　lymphonodi subscapulares
肩胛下线　infrascapular line
尖淋巴结　nodi lymphatici apicales
间脑　deutencephalon
肩锁关节　articulatio acromioclavicularis
较低密度 mild density
焦点　focal point
胶片 film
剑突　cartilago ensiformis
结肠　colon
解剖颈　anatomical neck
介入手术　interventional operation
接受媒体　receiving medium
近侧腕关节　proximal wrist joint
筋膜　fascia
胫腓骨侧位　shin and fibula bone lateral position
胫腓骨正位　shin and fibula bone orthophoria
胫骨　tibia
胫骨粗隆　tuberositas tibiae
胫骨平台　tibial plateau
静脉胆道造影　intravenous cholangiography
静脉滴注法胆道造影　vein transfusion cholangiography
静脉窦　venous sinus

静脉尿路造影　intravenous urinary tract radiography
静脉肾盂造影　intravenous pyelography，IVP
静脉注入法胆道造影　mainline cholangiography
经皮血管造影　percutaneous angiography
警示灯　caution light
警示标志　caution symbol
茎突　belonoid
茎突侧位　belonoid lateral position
茎突正位　belonoid　orthophoria
颈椎　cervical vertebra
颈椎侧位　cervical vertebra lateral position
颈椎过伸位　cervical vertebra flex position
颈椎过伸位　cervical vertebra extension position
颈椎后前位　cervical vertebra anter-posterior position
颈椎张口位　cervical vertebra open mouth position
颈椎双斜位　cervical vertebra　Dual Oblique position
距骨　huckle bone
橘皮征　orange peel sign
距小腿关节　talocrural joint

## K

刻录光盘　recording disc
髁间隆起　intercondylar eminence
柯氏位　caldwell's position
空间分辨力　spatial resolution
空气　atmosphere
髋骨　hipbone
髋关节　hip joint
髋关节侧位　hip joint lateral
髋关节侧斜位　hip joint lateral and oblique position
髋关节水平侧位　hip joint horizontal lateral position
髋关节蛙式位　hip joint frog position
髋关节正位　hip joint orthophoria
髋臼　acetabulum
眶上裂　fissurae orbitalis superior
眶上裂位　fissurae orbitalis superior
眶下裂　fissurae orbitalis inferior）
眶下裂位 inferior orbital fissure position
口　mouth
口服法胆道造影　cholangiography by oral administration
口角　corner of the mouth
口腔　oral cavity
口腔曲面全景摄影　oral cavity curve panoramic photography
口咽腔 pharyngo-oral cavity
扩展头尾位 expandcranio-caudal location ，XCCL

## L

劳氏位　Law's position
泪骨 lacrimal bone
肋骨　rib
肋弓　rib arch
肋弓下缘　margo inferior of costal arch
肋面　facies costalis
肋软骨　cartilago costalis
犁骨　vomer
连续性 X 线光谱　successional X-ray spectrum
量子检测效率　quanta check effect
硫酸钡　barium sulfate
颅底　basis crania
颅底内面观　basis cranii internal aspect
颅底外面观　basis cranii outside aspect
颅底位　basis cranii axial position
颅骨侧面观　skull lateral aspect
颅骨前面观　skull anterior aspect
颅腔　cranial cavity
伦氏位　Runstrom's position

卵圆孔　forame novale
硫化锌镉　zncds
滤线栅　grid

## M

密度　density
密度分辨力　density resolution
面骨 45°后前位　45° bones of facial cranium postero-anterior position
面颅骨　facial bones
面颅骨　bones of facial cranium
眉间　intercilium
梅氏位　Mayer' s position
模糊度　ambiguity）
模拟/数字　analog/digital，A/D
模拟图像　analog imaging
模/数转换器　analog /digital converter，A/D converter
拇指骨　thumb phalange
拇指侧位　lateral position of thumb
拇指正位　Thumb orthophoria

## N

脑池造影　cisternography
脑垂体　pituitary
脑干　brainstem
脑回　gyrus
脑颅骨　cranial bones
脑膜中动脉 arteriae meningea media
脑血管造影　cerebrum angiography
内眦　medial canthus
内侧　inside
内侧副韧带　medial collateral ligament

内侧楔骨　internal coneiform bone
内侧髁　interal condyle
内踝　internal ankle
内耳道　internal acoustic meatus
内耳道后前位　internal acoustic meatus postero-anterior position
内耳道经眶位　internal acoustic meatus orbit position
内上髁　epicondylus medialis
内上象限(upper inner quadrant)
内、外侧位　medio-lateral, ML
内下象限　lower inner quadrant
内、外斜位　medio-lateral oblique, MLO
逆行胆道造影　retrograde biliary tract
逆行肾盂造影　retrograde pyelography
尿道/膀胱造影　urethra/bladder radiography
尿道前后位　urethra anter-posterior position
尿道斜位　urethra　oblique position
尿道造影　urethrography
颞骨　temporal bone
颞骨岩部　petrosal bone
颞颌关节　temporomandibular joint
颞下颌关节　articulatio mandibularis
颞下颌关节闭口位　temporomandibular joint mouth-closed position
颞下颌关节张口位　temporomandibular joint mouth-open position
颞下窝　zygomatic fossae

## O

欧乃派克　omnipaque

## P

拍摄　photograph
排泄管　ductus excretorius
排泄性尿路造影　excretory urography
膀胱　bladder
膀胱区前后位　bladder anter-posterior position
膀胱区斜位　bladder oblique position
膀胱造影　cystography
盆腔　pelvic cavity
脾脏　spleen
屏－片乳腺X线摄影　screen － filmmammography
屏－片系统　screen-film system)
平板探测器　flat detector

## Q

脐　umbilicus
气脑造影　pneumoenaphalography
脐区　regiones umbilica
气体　gas
髂骨　iliac bone
髂骨体　corpora ossis ilium
髂骨上缘　upper margin of iliac crest
髂骨翼　wing of ilium
髂骨翼斜位　oblique position of iliac wing
髂棘　iliac crest
髂结节　ilium tuber
髂区　regiones ilium
髂后下棘　post-inferior thorn of ilium
髂前上棘　anter-superior thorn of ilium
髂窝　fossa iliaca
颅前窝　anterior cranial fossa
前交叉韧　anterior cruciate ligament
潜影　latent image
前正中线　lineae mediana anterior
切线位　tangent, TAN
清晰度　definition
颧弓　zygomatic arch
颧弓轴位　zygomatic axis position
颧骨　zygoma
全视野数字乳腺X线摄影　full-field digital mammography, FFDM

## R

桡骨　radius
桡骨茎突　styloid process of radius
人工(植入物)乳腺成像　The augmented breast ID
人字缝　lambdoidal suture
乳房悬韧带　suspensory ligament of breast
乳沟位　cleavage, CV
乳头后线　posterior nipple line, PNL
乳突　mastoid process
乳突　mastoid
乳腺　mamma breast
乳腺小叶　fine lobe of mammary gland
乳腺叶　lobe of mammary gland

## S

三角骨　ossa pyramidale
三叉神经　trigeminal
散射线　scatter X-rays
筛板　plate ethmoidale
筛骨　ethmoid bone
筛孔　foramina ethmoidale
上腹　superiorabdomen
上段胸椎正侧位　upper thorax vertebra lateral position
上方　above
上关节突　superior articular process
上颌骨　maxilla
上颌神经　crotaphitic nerve
上外下内斜位　superolateral to inferomedial oblique, SIO

上消化道造 upper gastrointestinal contrast
上肢带骨 cingulum membri superioris
舌骨 hyoid bone
舌下神经管 anterior condyloid foramina
肾 kidney
生理积聚或生理排泄法 physiological aggregation or physiological secreting method
生殖系统 senital system
十二指肠 duodenum
实际焦点 practical focal point
视神经孔 foramina opticum
视神经孔位 foramina opticum position
失真 distortion
矢状缝 sagittal suture
矢状面 sagittal plane
术后胆道造影 postoperative cholangiography
输尿管 ureter
输乳管 lactiferous duct
数字化全脊柱拼接成像 digitizing whole spinal column splices imaging
数字化全下肢正位拼接成像 digitizing montage imaging in full-leg normotopia
数字化X线影像 digitalizing X-ray imaging
数模转换 digital/analog,D/A
数字乳腺断层摄影 digital breast tomosynthsis, DBT
数字图像 digital image
枢椎 epistropheus
随机信号 random signal
手部侧位 hand lateral position
手部后前位 hand postero-anterior position
手部后前斜位 hand postero-anterior oblique position
双肾区前后位 double kidney region anter-posterior position
斯氏位 Stenver's position
锁骨 clavicalis
锁骨正位 clavicalis normotopia
锁骨中线 midclavicular line
锁骨轴位 clavicalis axial position

## T

"T"管胆管造影 "T"-tube radiography
探测器 detector
探测器矩阵 detector matrix
汤氏位 Towne's position
天然对比 nature contrast
调制传递函数 modulation transfer function
听鼻线 listen to the nose line
听眦线 canthomeatal line
听眶线 orbitomeatal line
听口线 oralmeatal line
听眉线 listen to the eyebrow line
瞳间线 interpupillary line
骰骨 cuboid bone
头颅侧位( skull lateral position
头颅后前位 skull postero-anterior position
头颅骨 skull
头颅切线位 skull tangential projection
头颅水平侧位 skull horizontal lateral position
头颅轴位 skull axial position
头尾位 cranio-caudal, CC
头状骨 capitate bone
图像处理器 imaging processor
图像质量 imaging quality

## U

优维显 ultravist

## W

外侧 outside
外侧副韧带 lateral collateral ligament
外侧髁 external condyle
外侧淋巴结 nodi lymphatici laterales
外侧楔骨 external coneiform bone
外眦 outer canthus
外耳孔 porus acusticus externus
外踝 external ankle
外科颈 surgical neck
外、内侧位 lateral- medio,LM
外壳 crust
外上髁 lateral epicondyle
外上象限 outside upper quadrant
外下象限 outside lower quadrant
豌豆骨 lenticular bone
腕骨 carpal bones
腕骨间关节 intercarpal joints
腕掌关节 carpometacarpal joints
腕关节侧位 wrist lateral position
腕关节正位 wrist orthophoria
胃底 gastro-bottom
尾骨前后位 coccyx anter-posterior position
威廉·孔拉德·伦琴 Wilhelm Conrad Rŏntgen
胃体 gastro-body
尾头位 from the bottom up, FB
伪影 artifacts
尾椎 coccyx
钨酸钙 tungstate

## X

X线 X-ray
X线导向乳腺穿刺活检 X-ray stereotactic biopsy, X-ray STB

X线导向术前钢丝定位　pre-operative wire location, X-ray POWL
X线管　X-ray tube
X乳腺X线摄影　X-ray Mammography
X线图像　X-ray imaging
膝关节　knee joint
膝关节侧位　knee lateral position
膝关节正位　knee orthophoria
吸收作用　absorbing effect
稀土元素　lanthanon
细支气管　fine bronchia
下鼻甲骨　inferior turbinate bone
下方　below
下关节突　inferior articular process
下颌骨　jawbone, mandible
下颌骨后前位 mandibula postero-anterior position
下颌骨侧斜位　mandibula lateral oblique position
下颌角　angle of mandible
下颌神经　inferior maxillary nerve
下颌支　rami mandibulae
下消化道造影　lower gastrointestinal contrast
下肢带骨　lower limb gridle
显影　develop
显示屏　display
像素　pixel
向内侧旋转位, rotarymedio , RM
向外侧旋转位 rotary leteral, RL
小多角骨　small multangular bone
小脑　epencephala
小转子　small trochanter
消化道　digestive tract
楔骰关节 coneifor cuboid joint
楔舟关节　coneifor navicular joint
心血管造影　cardiac angiography
心脏　heart
心脏右前斜位　right anterior oblique of heart
心脏左前斜位　left anterior oblique of heart
胸部　thorax
胸部侧位　thorax lateral position
胸部后前位　thorax postero-anterior position
胸部前弓位　thorax anterior arch position
胸部仰卧正位　supine thorax orthophoria
胸大肌　musculi pectoralis major
胸骨　sternum
胸骨柄　manubrium sterni
胸骨侧位　sternum lateral position
胸骨后前位　sternum posterior anterior position
胸骨角　sternal angle
胸骨静脉切迹　vein incisure of sternum
胸骨旁线　parasternal line
胸骨旁淋巴结　nodi lymphatici parasternales
胸骨体　corpora sterni
胸肌淋巴结　lymphonodi pectorals
胸锁关节　articulationes sternoclavicularis
胸锁关节后前位　articulationes sternoclavicularis postero-anterior position)
胸锁关节斜位　articulationes sternoclavicularis oblique position
胸椎　thoracic vertebra
胸椎侧位　thorax vertebra lateral position
胸椎后前位　thorax vertebra anter-posterior position
许氏位　Schuller's position
溴化银　silver bromide
嗅神经　nervus olfactorius

## Y

压迫　stress
压迫器　compressor
眼　eye
眼眶　orbit
眼眶薄骨位　orbit thin bone position
眼眶侧位 orbit lateral position
眼眶正位　orbit orthophoria
阳极靶面　anodic target
氧气　oxygen
仰卧位正位　abdominal supine orthotopia
腰区　regiones waist
腰骶关节侧位　lumbosacralis joint lateral position
腰骶关节前后位　lumbosacralis joint anter-posterior position
腰椎　lumbar vertebra
腰椎侧位　lumbar vertebra lateral position
腰椎过屈位 lumbar vertebra flex position
腰椎过伸位　lumbar vertebra extension position
腰椎前后位　lumbar vertebra anter-posterior position
腰椎正位　lumbar vertebra orthodontic position
腰椎斜位　lumbar vertebra oblique position
腋后线　posterior axillary line
腋淋巴结　lymphonodi axillares
腋前线　anterior axillary line)
腋尾位 axilla trail, AT
腋中线　midaxillary line
翼腭窝　pterygopalatine fossa
胰腺　pancreas
荧光　fluorescence
荧光屏　fluorescence screen
荧光效应　fluorescence effect
硬脑膜　endocranium

影像接收器　imaging receiver, IR
影像板　imaging plate, IP
鹰嘴　olecranon
鹰嘴窝　anconal fossa
远侧指间关节　distal interphalangeal joints
圆孔　foramen rotundum
源像距　source image dislance, SID
月骨　semilunar bone
跃迁　transition)
有效焦点　effective focal point

## Z

噪声　noise
造影检查　roentgenography
掌骨　metacarpale
掌指关节　metacarpophalangeal joints
遮光器　shade
增感屏　intensifying screen
枕骨　occipital bone
枕骨大孔　foramina magnum
枕骨斜坡　occipital　slope
阵列　array
真性盆腔 true pelvic cavity
枕外粗隆　external occipital protuberance
正中矢状面　median sagittal plane
直接数字化 X 线摄影　Direct Digital Radiography, DR
指骨　phalange
跖骨　metatarsus
趾骨　phalanx
指间关节　proximal interphalangeal joints
趾骨间关节　inter-phalanx joint
直接引入法　direct introduction method
支气管树　bronchia tree
支气管造影　bronchoroentgenography
跖趾关节　metatarsus phalanx joint
中等密度　middle density
中耳　middle ear
肿瘤栓塞　tumor embolization
终末细支气管　end bronchia
颅中窝　middle cranial fossa
中间楔骨　meddle　coneiform bone
中枢神经系统　central nervous system
中央淋巴结　nodi lymphatici centrales
蛛网膜粒　arachnoid villus
蛛网膜下腔造影　subarachnoid space roentgenography
自动曝光控制　automic exposure control, AEC
子宫输卵管造影　uterotubography
自由上肢骨　bones of free upper limb
自由下肢骨　bone of free lower limb
中心线　center beam
中央区　centre area
椎板　vertebral plate
椎弓　vertebral arch
椎弓根　radix arcus vertebrae
椎骨　vertebra
椎间关节　articuli intervertebrales
椎间孔　foramen intervertebrale
椎孔　vertebral foramen
椎体　vertebral body
椎体钩　uncus corporis vertebrae
周围区　peripheral area
舟状骨　navicular bone
舟状骨尺侧偏斜位　centrale ulnar position
纵隔　mediastinum
纵膈面　facies mediastinum
肘关节 elbow joint
肘关节侧位 elbow joint lateral position
肘关节正位　elbow joint orthophoria
足部负重侧位　foot burdened lateral position
主动脉造影　aortography
足内侧斜位　foot inside oblique position
足外侧位　foot outside lateral position
足外斜侧位　foot outside oblique position
足正位　foot orthophoria
准直装置　collimation installation
足舟骨　foot navicular bone
坐骨　ischium
坐骨大切迹　greater sciatic notch
坐骨棘　sciatic spine
坐骨结节　ossa sedentarium
坐骨结节　tubercula of ischii
坐骨支　rami ossis ischii
坐骨上支　rami superior ossis ischii
坐骨下支　remi inferior ossis ischii
坐骨体　corpora ossis ischii
坐骨小切迹　incisurae ischiadca small
坐骨小切迹　lesser sciatic notch
左、右胸锁关节斜位　left or right articulationes sternoclavic-ularis oblique position